天正软件—电气系统 T-ELec2013 使用手册

北京天正软件股份有限公司 编著

中国建筑工业出版社

图书在版编目（CIP）数据

天正软件—电气系统 T-ELec2013 使用手册/北京天正软件股份有限公司编著. —北京：中国建筑工业出版社，2013.3

ISBN 978-7-112-15048-9

Ⅰ. ①天… Ⅱ. ①北… Ⅲ. ①房屋建筑设备-电气设备-建筑设计-计算机辅助设计-应用软件-手册 Ⅳ. ①TU85-39

中国版本图书馆 CIP 数据核字（2013）第 023168 号

天正电气 T-Elec2013 是天正公司积累多年的扛鼎之作，支持 AutoCAD2000～2013 为平台，是天正公司总结多年从事电气软件开发经验，结合当前国内同类软件的特点，搜集大量设计单位对电气软件的功能需求，向广大设计人员推出的专业高效的软件。本书系统讲解天正软件—电气系统T-Elec2013，适合于应用该软件进行建筑电气设计的人员使用。

* * *

责任编辑：郭 栋 张 磊

责任设计：张 虹

责任校对：刘梦然 党 蕾

天正软件—电气系统 T-ELec2013 使用手册

北京天正软件股份有限公司 编著

*

中国建筑工业出版社出版、发行（北京西郊百万庄）

各地新华书店、建筑书店经销

霸州市顺浩图文科技发展有限公司制版

北京云浩印刷有限责任公司印刷

*

开本：787×1092 毫米 1/16 印张：24 字数：598 千字

2013 年 7 月第一版 2013 年 7 月第一次印刷

定价：**55.00** 元

ISBN 978-7-112-15048-9

(23100)

前　言

以 AutoCAD2002～2013 为平台的天正电气是天正公司总结多年从事电气软件开发经验，结合当前国内同类软件的各自特点，搜集大量设计单位对电气软件的设计需求，向广大设计人员推出的全新智能化软件。在专业功能上，该软件体现了功能系统性和操作灵活性的完美结合，最大限度地贴近工程设计。

建筑图绘制

天正电气包含天正建筑软件的基本绘图功能，可绘制增强自定义对象的建筑平面图。本软件在电气平面图绘制中既支持天正建筑绘制的建筑条件图，也兼容 8. X、7. X、6. X 、3. X 绘制的建筑条件图。

平面图绘制

提供多种平面设备和导线布置方法，灵活的右键菜单编辑功能，可方便地绘制动力、照明、弱电、变配电室布置和防雷接地平面图。所有图元采用参数化布置，一次性信息录入，标注与材料表统计自动完成。所绘制平面图可进行自动生成配电箱系统图，并导入负荷计算。

系统图绘制

天正电气在系统图提高了智能化水平。可自动生成照明系统图、动力系统图、低压单线系统图，电力系统主接线图，还可方便绘制各种弱电系统图及二次接线图。其中自动生成的配电箱系统图同时还完成负荷计算功能。此外系统提供数百种常用高、低压开关柜回路方案，50 种华北标办原理图集供用户选择。

电气计算

天正电气提供全面的电气计算功能，适用于建筑电气设计。包括：负荷计算、无功功率补偿、照度计算、逐点照度计算、短路电流计算、低压短路计算、电压损失计算、避雷计算、继电保护计算、电缆敷设长度计算及高压短路电流计算等。计算结果均可导入 WORD 或 EXCEL 进行保存。

工业模块

三维桥架支吊架、变配电室、滚球避雷、折线避雷、电缆敷设、高压短路。

文字表格

用天正可方便地书写和修改中西文混合文字，可使组成天正文字样式的中西文字体有各自的宽高比例，方便地输入和变换文字的上下标，输入特殊字符。表格命令其人机交互界面也使用了类似 Excel 的电子表格编辑对话框界面（可与 Excel 进行导入导出），用户可以完整地把握如何控制表格的外观表现，制作出有个性化的表格。表格对象除了独立绘制外，还在材料表自动统计等处获得应用。

全新图库

天正的图库管理程序界面是使用 MFC 面向对象技术编制的全新对话框界面，图块检索使用分类明晰的树状目录结构。类别区、名称区和图块预览区之间也可随意调整最佳可视大小及相对位置，采用了平面化工具栏，支持拖动技术，符合 Windows 新版本的外观风格与使用习惯。

菜单与工具条

具有图标与文字菜单项的屏幕菜单，新式推拉式屏幕菜单支持鼠标滚轮滚动操作，层次清晰，最大级数不超过 3 级。智能化右键菜单，智能感知激活对象类型，动态组成相关菜单并自动提示各项功能，菜单编制格式向用户完全开放。

特有的自定义的工具条，用户可以随意生成个性化配置，并可定义各操作的简化命令，适合用户习惯。

在线帮助

天正电气【在线帮助】和【在线演示】令上手更容易！电气常用规范查询电子手册，提供常用的导线载流量、穿管直径等数据信息，边绘图边查阅，甩掉图板的同时甩掉设计手册。同时提供超值建筑规范查询和电气规范查询，以 HTML 帮助形式内置几十本常用电气工程设计规范和常用建筑法律条文。

资源下载

天正电气【资源下载】命令，向用户提供最新试用版、插件及补丁下载。

在推出天正电气 2013 版后，由于新版本的技术层次比旧版本有了很大的提高，如果大家能熟练掌握天正电气，相信都能获益匪浅。但升级到新版本，一定量的升级转移的培训工作是必不可少的，俗语说："磨刀不误砍柴工"是有道理的。请各位关心天正的朋友光临天正主页 www. tangent. com. cn，欢迎提出您的宝贵建议以及批评意见。今天，天正软件的新版本已经吸收了不少用户的建议，未来的发展更有赖于您的大力支持。

目　　录

第 1 章

系统的安装与初始设置

☞ 帮助文档资源

介绍了获得天正电气有关帮助文档的途径。

☞ 用户手册的组织与使用

本手册的各章内容简介和排版格式，使用的字体和术语规定。

☞ 系统的安装与配置

天正电气安装方法及硬件配置。

☞ 天正系统文件简介

介绍天正目录下用户可能接触到的文件。

☞ 软件基本概念及重要命令

使用天正软件之前必须掌握的一些基本概念和重要命令。

☞ 初始设置

用天正电气绘图时首先必须对电气的平面图和系统图中的导线、标注及文字等进行整体的设置。

☞ 用户界面

使用天正电气应该掌握的基础知识。

1.1 帮助文档资源

天正软件-电气系统的文档包括使用手册、联机文档、多媒体演示学习工具和天正网站。

1.1.1 用户手册

天正电气的使用手册即本书，以书面文字形式全面、详尽地介绍天正电气的功能和使用方法。

1.1.2 联机资源

• 在线演示：FLASH 多媒体教程和功能示范。

• 在线帮助：即本书的电子版本，以 Windows 帮助文件的形式介绍天正电气的功能和使用方法。

• 电气手册：电气设计资料查询系统，以 Windows 帮助文件的形式帮助设计人员在线查询资料。

• 建筑规范：提供常用建筑设计规范，如防火规范。

• 电气规范：提供常用电气设计规范。

• 版本信息：天正电气发行时的最新的有关说明。

• 日积月累：天正电气启动时将提示有关软件使用的小诀窍。

• 资源下载：提供天正最新试用版及天正插件下载。

• 补丁下载：天正电气启动平台选择时，勾选高级选项中自动检查最新版本，软件会检查是否有可用最新补丁下载。

1.1.3 其他帮助资源

通过北京天正软件股份有限公司的 Web 站点，可获得天正电气及其他产品的最新消息，包括软件升级和补充内容。此外还可以在天正用户论坛上交流和探讨天正电气的使用与学习心得。公司网址：http：//www. tangent. com. cn。

1.2 用户手册的组织与使用

1.2.1 本手册的组织

本手册是北京天正工程软件有限公司开发的建筑电气设计软件的配套文档，提供了对软件功能的详细介绍和使用说明。本手册属天正软件的组成部分，受国家颁布《软件保护条例》的保护，未经北京天正工程软件有限公司书面许可，不得翻印及引用其内容。

本手册的内容组织包括如下章节和附录，下面按设计的一般过程对内容加以系统的介绍，供阅读时参考。

第 1 章——介绍了天正电气的安装与启动，以及用天正设计的主要工作流程与本软件的应用基础。

第 2 章——介绍平面设计的内容，详细介绍了在平面图中绘制设备和导线的方法，及平面标注与材料表统计。同时还包括对避雷和接地部分以及变配电室的绘制。

第 3 章——介绍系统图、电路图设计的内容，详细介绍了系统中绘制元件及导线的方法，及对强、弱电系统的设计和绘制方法。

第 4 章——介绍了电气设计中常用的计算方法。

第 5 章——介绍了三维桥架二三维同步设计与电缆敷设，详细介绍了桥架的绘制统计，三维支吊架绘制、统计。三维碰撞检查，电缆敷设中的提取清册，电缆的自动敷设，电缆长度、器材统计。

第 6 章——天正的字处理系统，包括电气文字、单行文字、多行文字和表格制作及编辑。

第 7 章——天正的标注系统：标注尺寸和经常使用的各类符号的标注。

第 8 章——介绍绘图工具命令。本章内容独立于其他章节，可以先行阅读。

第 9 章——介绍如何设定出图比例、图面布置以及打印输出。

第 10 章——介绍图库管理系统、图层管理系统。

1.2.2　排版格式的惯用法

本手册以及本公司其他手册中的术语、字体和排印格式均采用下列统一约定。

1. 按键名称

在介绍软件功能时，常需提到按下键盘上的某个按键，本手册以＜按键名＞这样的格式表示按键的名称。

在文中以＜回车＞表示“Return”键或“Enter”键，而在命令行响应的后面以↵表示；

键盘下端的“空格”键（“Space”），以＜空格＞表示；

对于组合键如＜Ctrl＋C＞表示同时按下＜Ctrl＞键及＜C＞键；

在键盘上常以↑表示的上档键，以＜Shift＞表示；

控制键以＜Fn＞表示，n 为 1 到 12。

2. AutoCAD 命令名称

在天正的使用中常常还要结合使用 AutoCAD 的命令，这些命令名称以首字母大写方式表示，后面可跟带圆括号的中译名，例如：Line（线）。

3. 天正命令名称与格式

由天正软件定义的命令以中文名称为主，带有方括号，后面可跟带圆括号的英文简化命令名称，例如：【任意布置】（RYBZ），该中文命令名称也就是菜单项名称。

对话框的控件（如按钮、列表框等）名称以方括号中的黑体字表示：如［加入］。

在每个命令前面均冠以三个数字的章节号，后缀大写的英文命令名称。

在每个命令的后面有相应的图标菜单，并用菜单位置、和功能两项以黑体字来描述。例如：

2.1.2　任意布置（RYBZ）

菜单位置：【平面】→【布设备】→【任意布置】

功能：在平面图中绘制各种电气设备图块。

引用的参考资料名称加书名号，如：请参见《AutoCAD 2000 用户手册》。

4. 字体与交互术语约定

惯用法	用　途
小写英文	用户在命令行中键入的所有 AutoCAD 命令与天正命令
大写英文	文内的 AutoCAD 有名物体，如图形对象名、图层名、块名、线型名、字体名等，以及系统变量名
宋体中文	手册中的说明文句均采用宋体中文
楷体中文	命令行显示的信息内容及页眉等
黑体中文	说明、警告等引词及对话框的控件名称
斜宋体中文	对英文显示与菜单的译文或对命令行显示响应的提示
下划线楷体	对命令行显示的响应内容

在与图形编辑屏幕和对话框界面进行交互操作时，用下列术语进行操作的描述。

交互术语	涵　义
选取/选择/拾取	用 AutoCAD 拾取框或窗选功能选取物体
点取、点一下	十字光标在屏幕任何位置取点
拾取框	选取图形中物体时所使用的方框状光标
十字光标/光标	图形中取点用的十字线
单击/左击	用鼠标左键在对话框界面上点取一次
右击	用鼠标右键在对话框界面上点取一次
双击	用箭头状光标在对话框界面上连续点取两次
控件	对话框界面上起控制作用的构件，如按钮等
对象捕捉	用十字光标按照预设的方式在图形对象上取点

1.3 系统的安装与配置

1.3.1 天正的软硬件环境要求

天正电气软件基于 AutoCAD 2002～2013 版开发，因此对软硬件环境要求与 AutoCAD 2002～2013 版相同。

硬件与软件	最低要求	推荐要求
机型	Pentium/133	Pentium Ⅲ及更高档次的机器
内存	64MB	128MB 以上
显示器	800×600×256	1024×768×16 位
屏幕尺寸	14 英寸	17 英寸及更大
鼠标器	推荐新型的多键带滚轮鼠标，利用鼠标实时缩放和平移	
数字化仪	可切换为鼠标功能（天正不使用数字化仪菜单，但支持数字化仪的定标操作）	
绘图设备	根据经济能力与应用水平进行选配。出施工图可用各种笔式、喷墨打印机；校核图输出可用针式打印机；渲染效果图的输出，除了屏幕照相外，可选用彩色喷墨、热升华、热转印打印机等	
操作系统	简体中文 Window vista、Windows7、WindowsXP。 Windows 98/Me 也可以运行天正电气，但不在天正正式支持的操作系统之列	
图形支撑软件	中英文 AutoCAD 2002～2013，本书统称 AutoCAD 20XX	

1.3.2 天正电气的安装和启动

天正电气的正式商品以光盘的形式发行，安装之前请阅读自述说明文件。在安装天正电气软件前，首先要确认计算机上已安装 AutoCAD 20XX，并能够正常运行。运行天正软件光盘安装目录中的 setup. exe，按照安装步骤所指示的每一步安装天正电气，开始安装拷贝文件后，根据用户机器的配置情况大概需要 1～5 分钟可以安装完毕。

按照提示完成所有步骤后，结束安装。形成“天正软件”工作组，工作组中包含天正电气图标及其他相关的图标，桌面上同时有天正电气的快捷图标，双击图标即可运行天正电气。

特别注意，如果安装了新的 AutoCAD 20XX 兼容版本，那么上一次安装的天正电气图标并不能自动转到新的 AutoCAD 20XX 上，用户可以重新安装天正电气，但是不选择任何部件，只是让安装程序重新设置好新的环境。如果用户安装了多个 AutoCAD 20XX，那么天正电气会安装在每个 AutoCAD 20XX 上。

1.4 天正系统文件简介

天正电气安装完毕后，安装位置下有以下文件夹：

• “dwb”存放天正图库，其中 *. tk *. dwb *. slb 为一组图库，如：

■circuit. * 原理图库

■Element. * 电气元件图库

■Equip. * 设备图库

■LoopLib. * 回路库

■titleblk. * 图框库

■LinePat. * 填充图案

用户可利用【系统工具】→【图库管理】管理图库：

• “drv”目录存放单机版加密锁驱动程序

• “flash”目录存放【在线演示】必要的动画文件

• “Lisp”目录存放系统 lisp 程序

• “sys15”目录存放 R2000 和 R2002 专用的系统文件

• “sys16”目录存放 R2004～ R2006 专用的系统文件

• “sys17”目录存放 R2007～ R2008 专用的系统文件

• “sys18”目录存放 R2010～ R2012 专用的系统文件

• “sys18x64”目录存放 64 位 R2010～ R2012 专用的系统文件

• “sys19”目录存放 R2013 专用的系统文件

• “sys19x64”目录存放 64 位 R2013 专用的系统文件

• “sys”目录存放系统必要文件、字体文件、菜单文件等

sys 目录下有些文件可由用户定制：

■TCH. TMN 为天正菜单文件，可用记事本打开编辑。

■ACAD. LIN 线形文件，用户可定制特殊导线线形，如“----F---F----”，本文件最后

几行有天正提供的例子，用户可参考修改。如：

天正电气专业线形

* TEL，电话线 ----F----F----F----F----F----F--

A,2.8,−0.10,["F",_TEL_DIM,S=0.07,R=0.0,X=0,Y=−0.1],−0.24

■acad.pgp 可自定义快捷命令，用户也可方便地利用【设置工具条】来修改 PGP 文件。本文件最后几行有天正提供的例子，用户可参考修改。如：

天正命令：修改文字 DD，* xgwz

> **注意：**修改 acad.pgp 文件后，需重新启动天正电气，新的快捷键命令才能生效。

1.5　软件基本概念

1.5.1　天正对象

自从 ObjectARX 问世，AutoCAD 的扩展能力被提高到一个新的高度。天正公司根据中国大陆工程设计的规范，定义了一系列适合于工程设计的基本图元，这些基本图元称为天正对象，如墙、门窗、柱子等。

AutoCAD 基本对象，如直线（Line）、圆弧（Arc）、圆（Circle）、多段线（Pline）等，只有一种显示形态。而天正对象具备两种显示形态，一种显示形态适合于工程图纸的表达，另一种形态适合于真实模型的表达。这就是多视图的概念，适合工程图纸的表达称为二维视图，适合真实模型的表达称为三维视图。

天正对象，包括用来建立平面的各种构件对象（如墙体等，称天正构件对象），以及用来标注和说明这些构件的标注对象（如尺寸标注、文字、表格等，称天正标注对象）。

天正构件对象用模型空间的尺寸来度量，而天正标注对象则用图纸空间的尺寸来度量，这样大大方便了图纸的输出，特别是经常调整模型的输出比例时，天正的标注对象自动适应新的输出比例。

天正对象使得图纸编辑功能可以使用通用的编辑机制，包括 AutoCAD 基本编辑命令、夹点、对象编辑、对象特性、特性匹配（格式刷）。

天正图档由天正对象和 AutoCAD 基本对象构成。AutoCAD 的 DWG 文件是中国工程设计行业电子图档的事实标准，天正图档是 DWG 的扩展，扩展后的 DWG 功能大大提高，但产生了图纸交流的问题。

1.5.2　图纸交流

图纸交流是一个普遍存在的基本问题，设计单位内部、设计单位和房地产商都要用电子文档来交流表达设计。尽管都是 DWG 文件，由于 AutoCAD 平台版本和天正软件版本的不同，图纸交流并非全部进行顺利。

AutoCAD 不同版本的图形文件格式是不一样的，高版本的自动辨认并升级低版本的图形文件。低版本的 AutoCAD 不能打开高版本的图形文件，但是高版本的可以生成低一级版本的图形文件格式。这里的版本指的是 AutoCAD 的主版本编号，如 R14、R15（2000～

2002)、R16 (2004～2006)、R17 (2007～2009)、R18 (2010～2012)、R19 (2013)。

天正对象的引入使得图纸交流的问题变得更加复杂。AutoCAD 本身不能辨识和解释天正对象，而为了减少图形文件的大小，天正对象又没有提供代理图形（即天正程序不在的时候的替代图形）。因此在没有天正解释器的 AutoCAD 或其他应用程序是无法阅读包含天正对象的图档。下面提供 2 种解决图纸交流的方法：

1. 天正插件：安装了天正插件的环境，AutoCAD 打开天正图档时，自动加载天正解释器。天正插件由天正公司免费向公众发行，可以通过天正网站 http://www.tangent.com.cn 下载天正插件 Tplug2013；

2. 另存 T3、T5、T7、T8：在天正电气环境下运行天正的【图形导出】或【批转旧版】命令，选择天正 3 格式。

> **请注意与下面“另存”有所区别：**
> 另存 R14、R15：用 AutoCAD 的 SaveAs 命令选择文件格式 AutoCAD R14 或 AutoCAD 2000，本命令无法解决天正图档交流问题。

1.5.3 夹点操作

用夹点进行编辑是一种自由的交互式编辑方式。夹点是一些出现在选定实体上的几何线段上的小方框。通过选择和拖动夹点，可以修改或复制对象。

ACAD 基本图元夹点操作：

当选中某实体后，单击夹点即可激活它。夹点被激活后 ACAD 进入 STRETCH 模式，然后显示编辑提示行。输入回车或空格，将依次在下列编辑模式内循环：STRETCH，MOVE，ROTATE，SCALE 和 MIRROR。提示如下：

* * STRETCH * *

<Stretch to point>/Base point/Copy/Undo/eXit：

在任何模式中使用 Shift 键，按下 Shift 键同时选取一个高亮度显示的对象时将撤消对该对象的选取，但保留夹点。第二次按下 Shift 键同时选择此对象将撤消对象上的夹点显示。

天正对象夹点操作：

不同的天正对象根据实际编辑需要定义了不同的夹点特性，如：

天正表格夹点行为（如图 1-5-3-1）：

移动表格　移动第1列　移动第2列　移动第3列　移动第4列

第一行第1列	第一行第2列	第一行第3列	第一行第4列
第二行第1列	第二行第2列	第二行第3列	第二行第4列
第三行第1列	第三行第2列	第三行第3列	第三行第4列

角点缩放

图 1-5-3-1　表格夹点

对于表格的尺寸调整，可以通过拖动图中的夹点，获得合适的表格尺寸。在生成表格时，总是按照等分生成列宽，通过夹点可以调整各列的合理宽度。

天正尺寸夹点行为　　表 1-5-3

标注线两侧夹点	用于尺寸线的纵向移动(垂直于尺寸线),用来改变成组尺寸线的位置,尺寸界线定位点不变(长度随之动态改变)
尺寸界线端夹点	作为首末两尺寸界线,此夹点用于移动定位点或更改开间(沿尺寸标注方向)方向的尺寸
内部尺寸界线夹点	端夹点用于更改开间方向尺寸,当拖动夹点至重合于相邻夹点时,两尺寸界线合二为一,起到标注合并的作用
尺寸文本夹点	用于移动尺寸文字,该夹点行为等同于 AutoCAD 的同类夹点

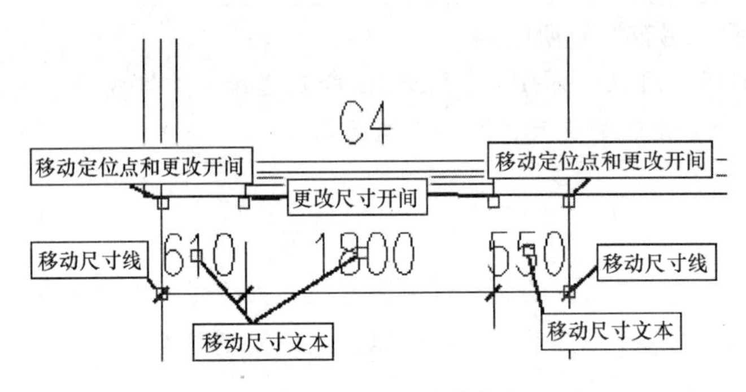

图 1-5-3-2　天正尺寸夹点

1.5.4　特性表

在设计过程中，可以利用对象特性窗口来浏览对象特性，对象特性管理器（OPM）是一个可变大小的非模式对话框，可以显示或隐藏。利用 OPM，我们可以：

1. 显示当前选择集的特性和特性的值。

2. 当没有选择集时，显示当前激活图形的特性，这些特性值可以修改。

3. 可以修改单个对象的特性，由快速选择构造的选择集中对象共同的特性和多个选择集中对象的共同特性。

4. 在修改特性时，可以实时地看到修改后的结果。

注意：OPM 使用后，可以不再用 Attedit，Ddedit，Pedit，Hatchedit，Dimedit 等命令。

天正对象支持对象特性操作。

结合天正命令【对象选择】可使您的设计后期修改事半功倍！

如希望修改整张图纸照明导线的线宽：

1. 执行命令【对象选择】；

2. 选中其中一根照明导线，并回车（范围是整张图纸）；

3. 所有的照明导线都被选中了，打开“特性表”；

4. 修改“全局宽度”特性值即可完成所有照明导线的修改（图 1-5-4）。

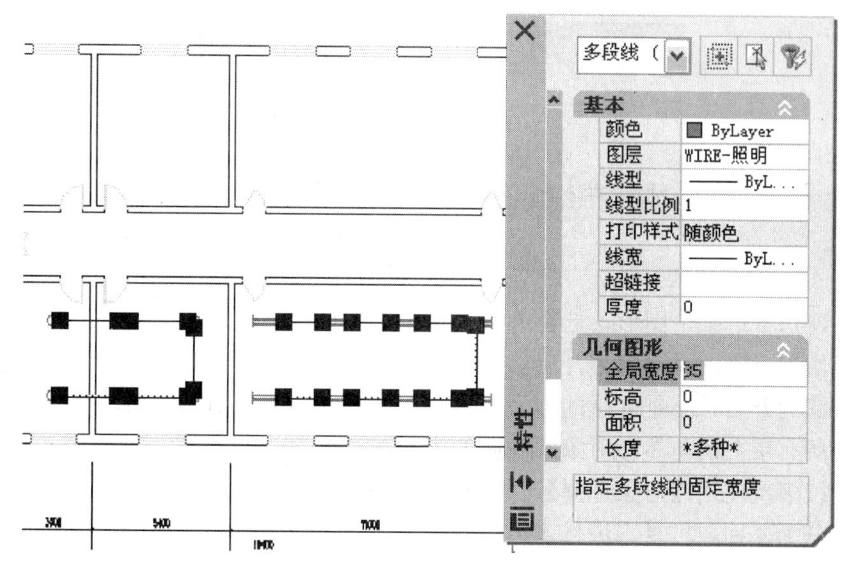

图 1-5-4　选择所有照明导线

1.6　软件重要命令

1.6.1　图形导出（T93_TSaveAs）

命令位置：【文件布图】→【图形导出】（天正工具条第五个按钮）

功能：将当前天正 DWG 图转化为旧版本天正 DWG 图或 AutoCAD 直接能打开的版本。支持图纸空间布局的导出。

图纸交流问题，所表现形式就是天正图档在非天正环境下无法全部显示，即天正对象消失。为解决上述问题引出本命令。为方便老用户使用，天正做到向下兼容，以保证新版建筑图可在老版本天正软件中编辑出图，为考虑兼容起见，本命令直接将图形转存为 ACAD R14 版本格式。由于对象分解后，丧失了智能化的特征，因此分解生成新的文件，而不改变原有文件。具有同样类似功能的命令还有：【批转旧版】【分解对象】，前者可对于若干天正格式文件同时转换，后者可对本图中部分图元进行转换。

1.6.2　过滤选择（GLXZ）

菜单位置：【天正工具条第三个按钮】→【过滤选择】

功能：先选参考对象，选择其他符合参考对象过滤条件的图形，生成预选对象选择集。

本命令用于对相同性质的图元的批量操作。如对建筑条件图进行的批量删除操作；在后期设计中，对之前的设计做整体修改……【过滤选择】结合【特性表】或【对象编辑】等命令可以使您的工作事半功倍。

执行本命令首先点取参照对象，该选取的对象表明需要操作的图元的性质，然后再选择需要操作的图元。例如：如果想在图中删除所有的文字，首先需要在某一文字上点一

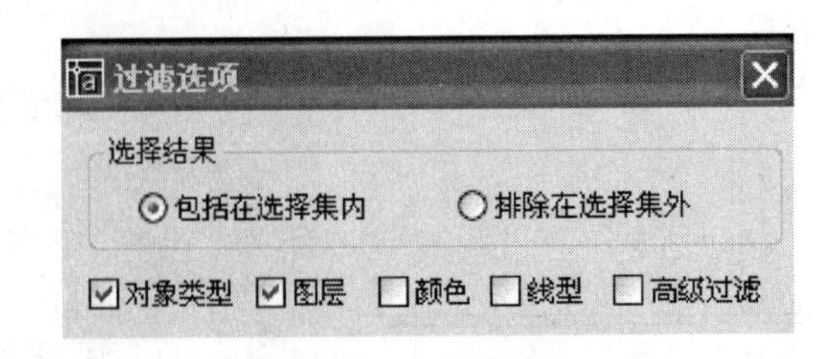

图 1-6-2-1 过滤选择

下，然后用窗口框选整个图形，选择的结果是整个图形范围内的文字。

在缺省情况下，图层对象为开启状态，用户可以在点取参考对象时关闭或开启图层过滤。图层过滤为开启状态是选择的即为参考对象所在图层上的图元，图层过滤为关闭状态时选择的是所有层上的与参考对象同性质的图元。

可以连续多次使用【对象选择】，各次选择的结果自动叠加。

过滤器分为 4 种，可复选进行多重过滤。

■对象类型

■图层

■颜色

■线型

■高级过滤

其中最后一项“高级过滤”是精确过滤，同一过滤中再区分出不同种类，例如：选择过滤出照明设备中的双管荧光灯，图 1-6-2-2 中所示过滤结果都是以双管荧光灯为参照图元进行的过滤选择。

高级过滤功能总结：如果按“对象类型”是图块过滤，命令执行后的结果是选中与参考图块同名的所有图块。如果按“对象类型”是文字过滤，命令执行后的结果是与参考文字内容一致的所有文字。

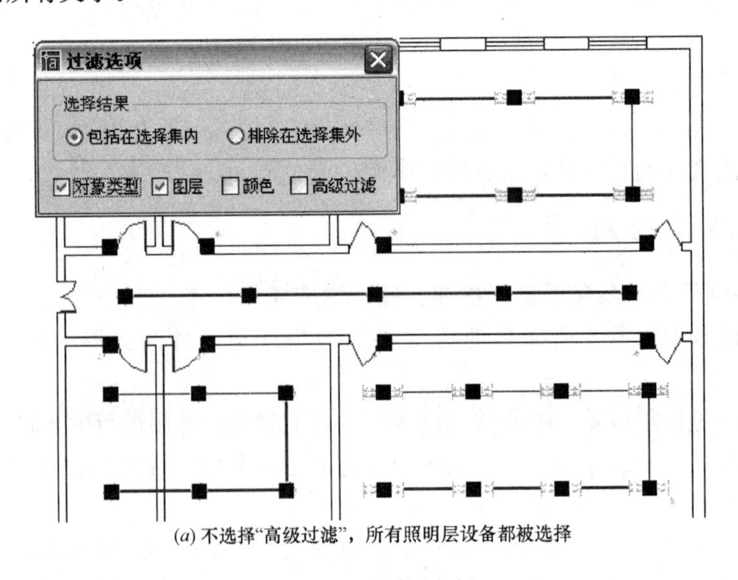

(a) 不选择“高级过滤”，所有照明层设备都被选择

图 1-6-2-2 过滤选择实例（一）

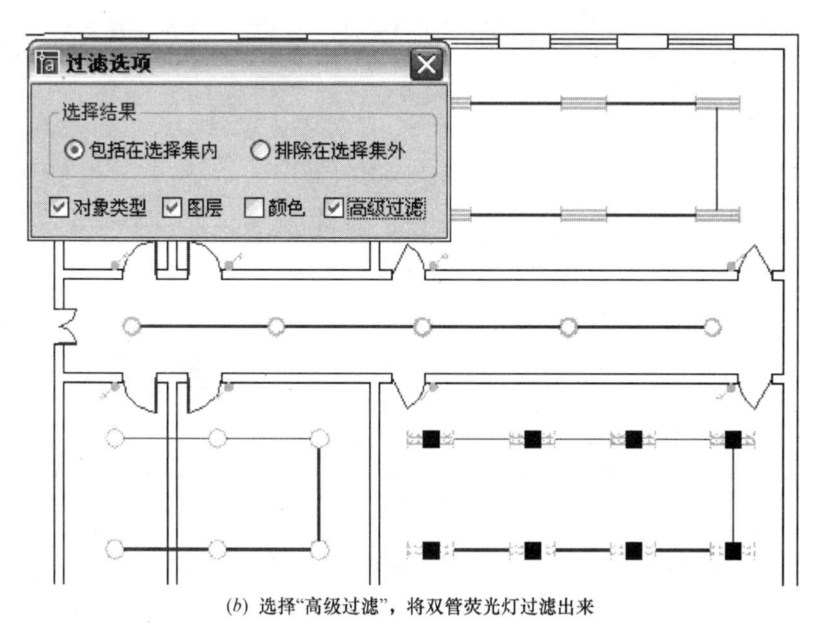

(*b*) 选择“高级过滤”，将双管荧光灯过滤出来

图 1-6-2-2　过滤选择实例（二）

1.6.3　天正拷贝（TZKB）

菜单位置：【天正工具条第四个按钮】→【天正拷贝】

功能：对 ACAD 对象与天正对象均起作用，能在复制对象之前对其进行旋转、镜像、改插入点等灵活处理，而且默认为多重复制，十分方便。

执行本命令，命令行提示：

请选择要拷贝的对象：

请点选基点＜左下角＞：

点取位置或｛转 90 度［A］/左右翻转［S］/上下翻转［D］/改转角［R］/改基点［T］｝＜退出＞：

用户所选的全部对象将随鼠标的拖动复制至目标点位置，本命令以多重复制方式工作，可以把源对象向多个目标位置复制。还可利用提示中的其他选项重新定制复制，特点是每一次复制结束后基点返回左下角。

本命令的简化命令是 CP，用户大量的操作是复制，本命令可替代 ACAD 的 COPY 命令，不仅可以直接的多次复制，而且实现拷贝过程中的翻转、转角等问题。

1.6.4　线型管理（XXGL）

菜单位置：【设置】→【线型管理】

功能：将 CAD 中加载的线型库导入到天正线型库中。

对话框功能介绍（见图 1-6-4-1）：

［本图线型］　当前 CAD 的线型，可以通过打开 CAD 的“线型管理器”加载其他线型。

［天正线型库］　当前天正线型库中的线型样式。

［添加入库］　将“本图线型库”中的线型添加到“天正线型库中”。

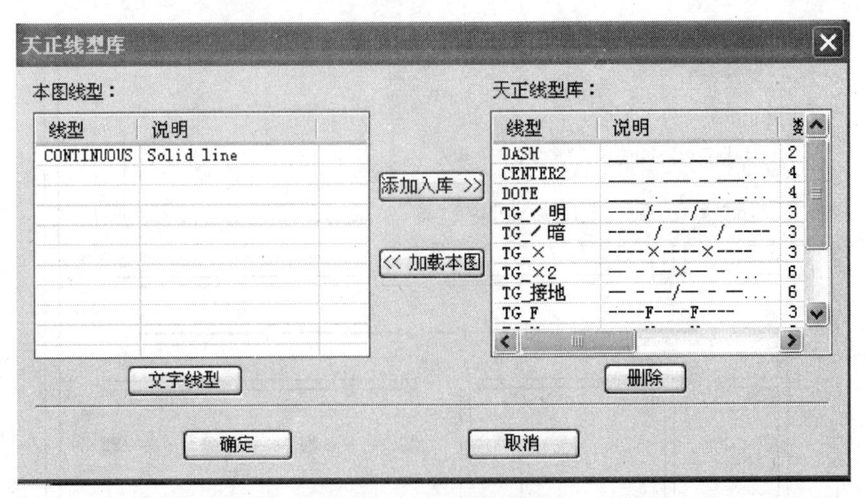

图 1-6-4-1　线型管理图框

[加载本图]　将本“天正线型库中”中的线型添加到“本图线型库”。

[删除]　删除在“天正线型库”中已经加载的线型。

[文字线型]　创建带文字的线型，点击［文字线型］。弹出以下对话框图 1-6-4-2。

[线型]　选择导线的线型。可自定义带文字的导线线型。点击“新建”按钮后，按照对话框中创建线型的示意图，输入各个参数即可。

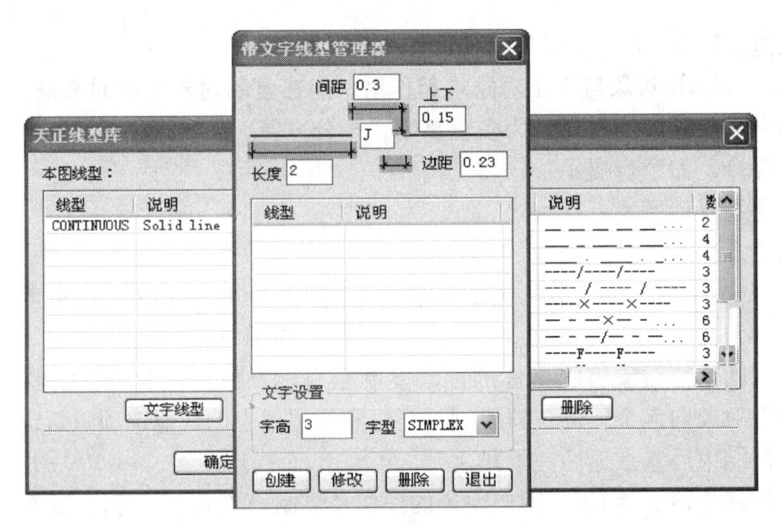

图 1-6-4-2　线型修改实例

> **注意：**
>
> 1. 对于平面图中正在使用的自定义线型，不能对其进行删除操作。
> 2. 新建带文字的线型只对当前图有效。

1.6.5　工程管理（GCGL）

在新版本首次引入了工程管理的概念，工程管理工具是管理同属于一个工程下的图纸（图形文件）的工具，命令在文件布图菜单下，启动命令后出现一个界面如图 1-6-5-1

所示。

单击界面上方的下拉列表，可以打开工程管理菜单，其中选择打开已有的工程、新建工程等命令，如图 1-6-5-2 所示。

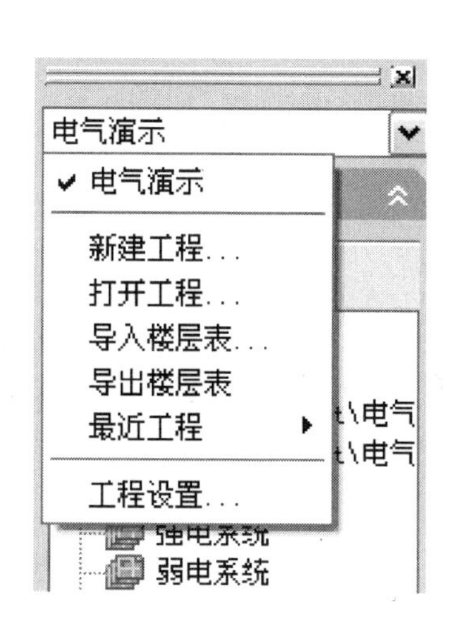

图 1-6-5-1 【工程管理】

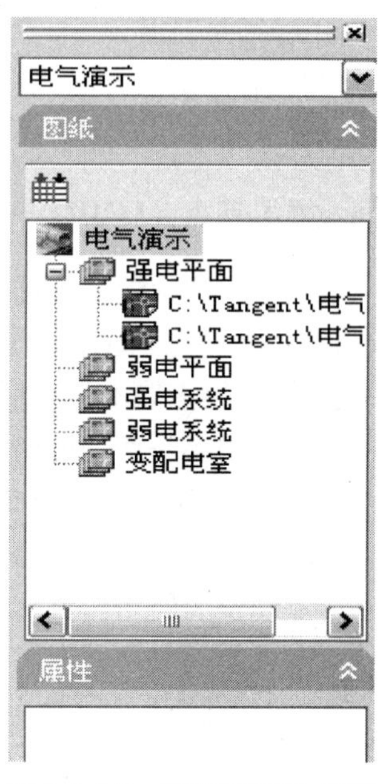

图 1-6-5-2 【工程管理】菜单

首先介绍的是“新建工程”命令，为当前图形建立一个新的工程，并为工程命名。

在界面中分为图纸、属性栏，在图纸栏中预设有强电平面、弱电平面、强电系统、弱点系统、变配电系统等多种图形类别，首先介绍图纸栏的使用：

图纸栏是用于管理以图纸为单位的图形文件的，右击工程名称，出现右键菜单，在其中可以为工程添加图纸或分类。如图 1-6-5-3 所示。

在工程任意类别右击，出现右键菜单，功能也是添加图纸或分类，只是添加在该类别下，也可以把已有图纸或分类移除（如图 1-6-5-4）。

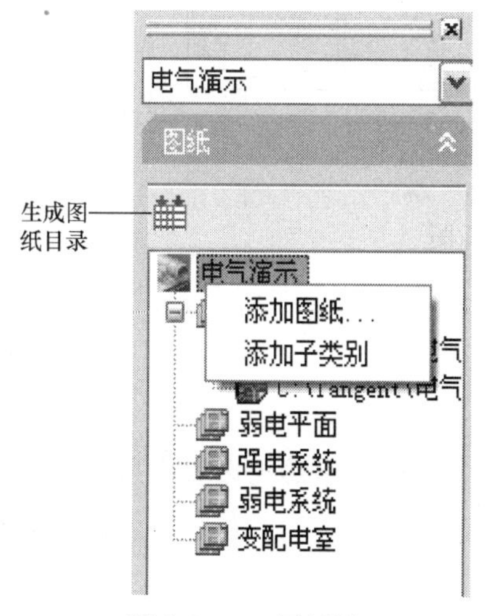

图 1-6-5-3　图纸栏

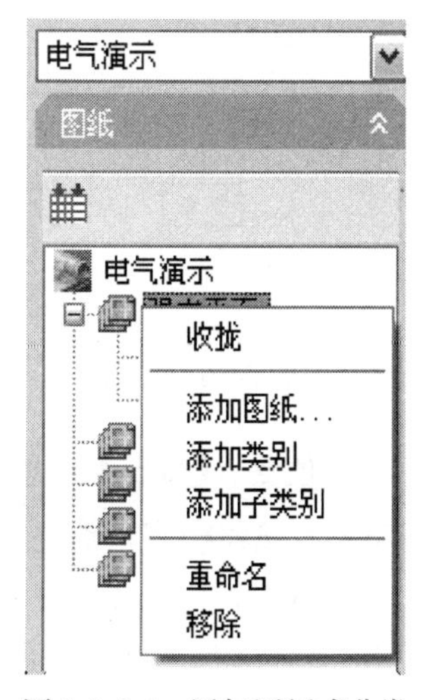

图 1-6-5-4　添加图纸或分类

单击添加图纸出现文件对话框，在其中逐个加入属于该类别的图形文件，注意事先应该使同一个工程的图形文件放在同一个文件夹下。

打开已有工程的方法：单击工程名称下拉列表，可以看到建立过的工程列表，单击其中一个工程即可打开。

打开已有图纸的方法：在图纸栏下列出了当前工程打开的图纸，双击图纸文件名即可打开。

1.6.6　楼层基点（LCJD）

菜单位置：【设置】→【楼层基点】（LCJD）

功能：设置楼层基点。

鼠标或右键点取本命令后，命令行提示：

“请选择楼层基点<退出>：”

当选择楼层基点后，命令行提示：

“请输入楼层名称<退出>：”

“请点该楼层一角<退出>：”

“请点该楼层对角<退出>：”

流程图如图 1-6-6 所示：

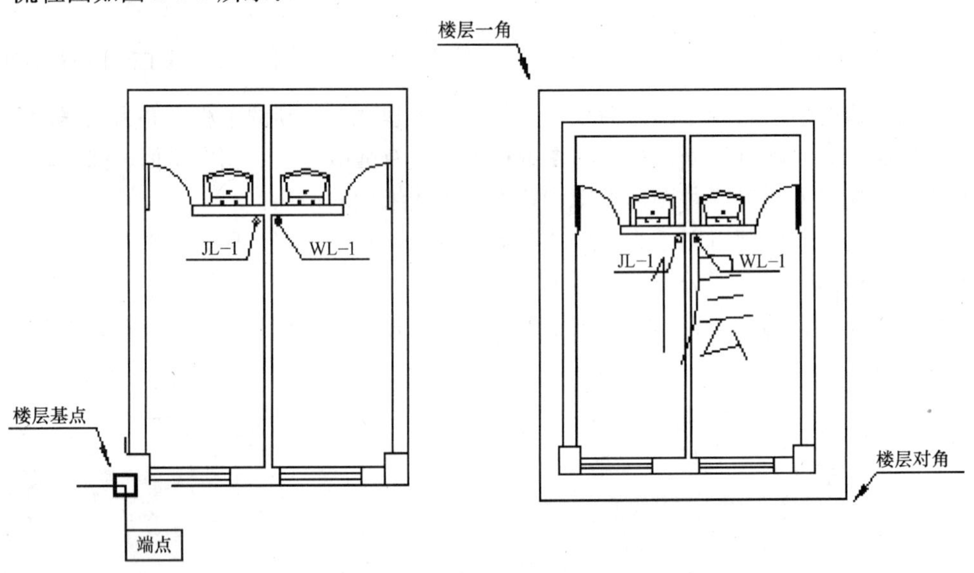

图 1-6-6　楼层基点示意图

1.6.7　楼层复制（LCFZ）

菜单位置：【设置】→【楼层复制】（LCFZ）

功能：按照楼层基点进行楼层之间的复制，此命令执行前必须先设置楼层基点。

鼠标或右键点取本命令后，命令行提示：

“请选择要复制的图元退出>：”

当选择楼层中图元后，弹出对话框（图 1-6-7-1）：

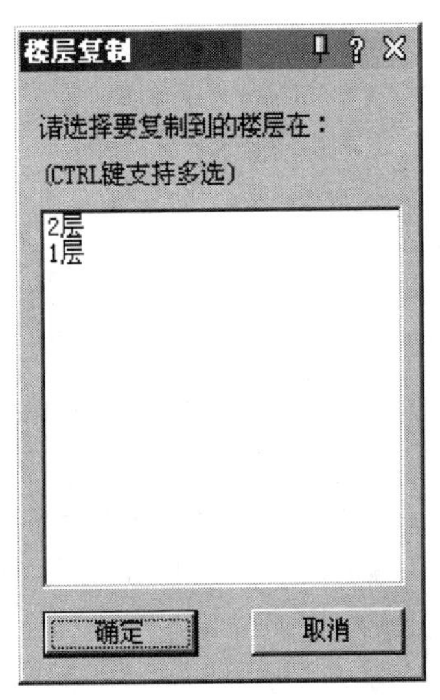

图 1-6-7-1　楼层复制对话框

“请选择要复制目标楼层框（或在对话框选择楼层名）＜退出＞：”
示例见图 1-6-7-2 和图 1-6-7-3。

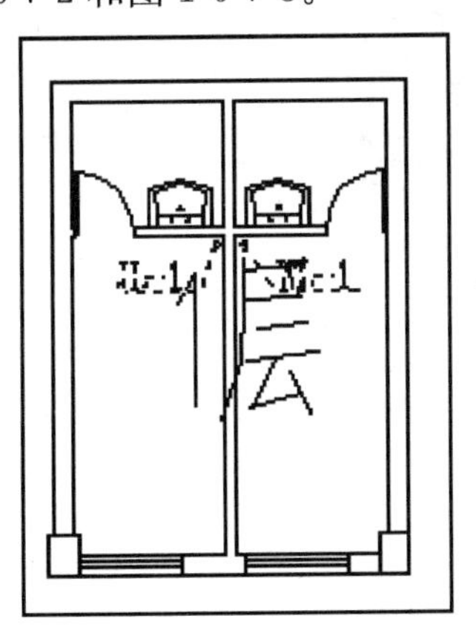

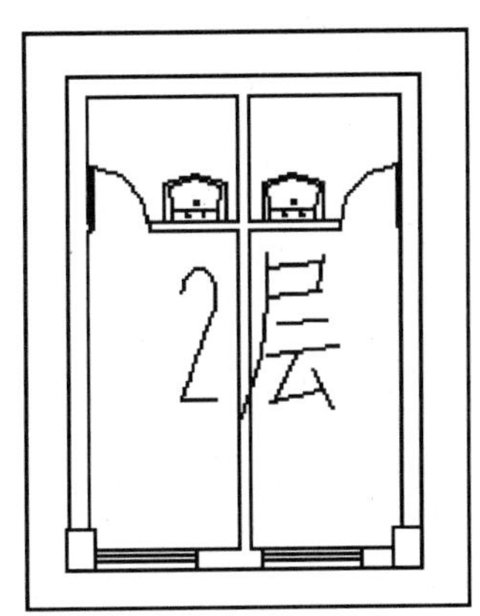

图 1-6-7-2　选择图源

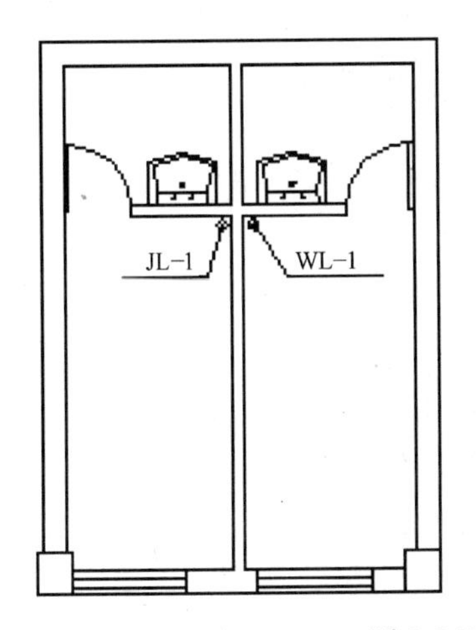

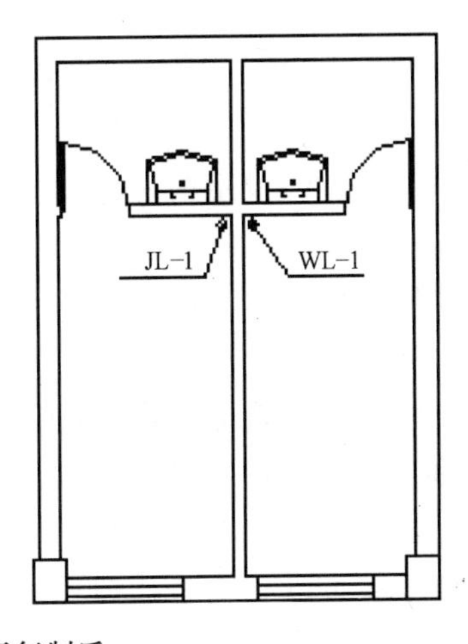

图 1-6-7-3　图元复制后

1.7　初始设置（options）

菜单位置：【设置】→【初始设置】→【电气设定】

功能：设置绘图中图块尺寸、导线粗细、文字字形、字高和宽高比等初始信息。

菜单上选取本命令后，屏幕上出现如图 1-7-1 所示的［选项］对话框，选择本对话框的［电气设定］标签，进入电气初始设置界面。

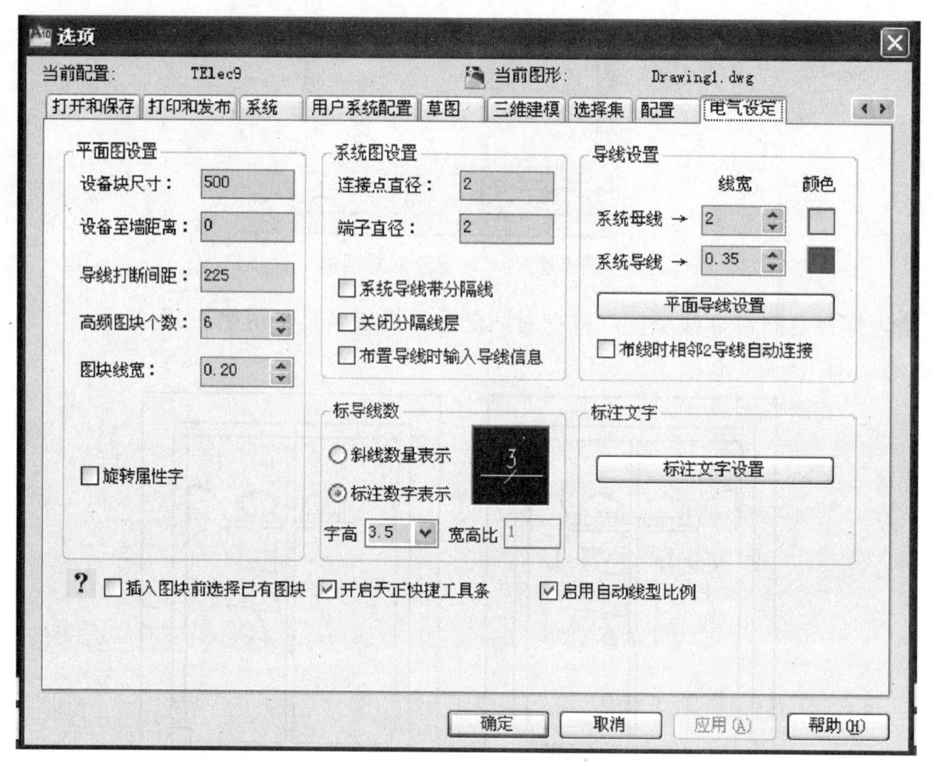

图 1-7-1　选项对话框

利用此对话框可以对绘图时的一些默认值进行修改，对话框中各项目说明如下：

［设备块尺寸］　用于设定图中插入设备图块时图块的大小。这个数字实际上是该图块的插入比例。

［设备至墙距离］　设定沿墙插设备块命令中设备至墙线距离的默认尺寸（图中实际尺寸）。

［导线打断间距］　设定导线在执行打断命令时距离设备图块和导线的距离（图中实际尺寸）。

［高频图块个数］　系统自动记忆用户最后使用的图块，并总是置于对话框最上端方便用户及时找到。默认为 6，可根据个人使用情况调整。如图 1-7-2 所示，图库开关设备中第一行显示的 6 个图块并不是开关设备，而是最近常用的 6 个图块。

［旋转属性字］　默认为否：即程序在旋转带属性字的图块时，属性字保持 0°。例如电话插座在平面图沿墙布置后，“TP”始终保持面向看图人。

［图块加粗］ 加粗平面设备图块。

［连接点直径］ 为绘制导线连接点的直径，其数值是出图时的实际尺寸。

［端子直径］ 为绘制固定或可拆卸端子的直径，其数值是出图时的实际尺寸。

［系统导线带分隔线］ 此设定可控制【系统导线】“绘制分隔线”的默认设定。此外也影响自动生成的系统图导线是否画分隔线。

［关闭分隔线层］ 分隔线主要应用于系统图导线的绘制，可起到图面元件对齐的作用，在出图时，可［关闭分隔线层］关闭该层。设置更改之后，单击［OK］退出，图中已有的标注文字字形、元件名称、导线数标注式样将按新设置修改过来。

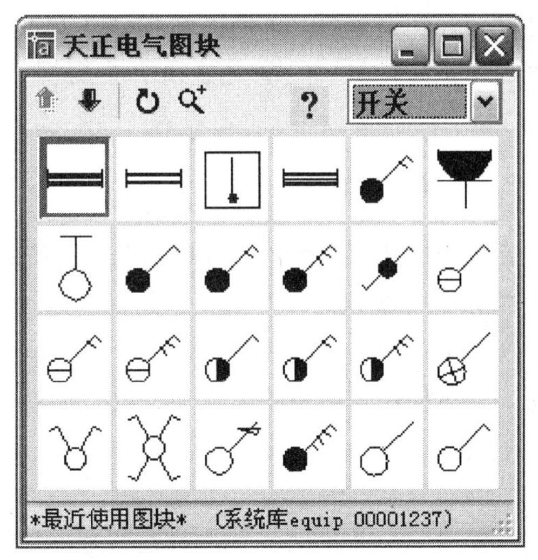

图 1-7-2 高频使用图块

［标注文字］ 栏中可以设置电气标注文字的样式、字高、宽高比。(如【导线标注】、【灯具标注】等绘制的文字)

［文字样式］ 用于选择标注文字的样式。天正自动提供“_TCH_DIM”“_TCH_LABLE”

［字高］ 用于设定所标注文字的大小。

［宽高比］ 设定标注文字的字宽和字高的比例，用来调整字的宽度。

［开启天正快捷工具条］ 用于设置是否在屏幕上显示天正快捷工具条。

［插入图块前选择已有图块］ 保留 3. x 版绘图习惯，除【任意布置】外平面布置命令在执行后首先提示用户选择图中已有图块，可提高绘图速度。

［系统母线］［系统导线］ 用来设定系统图导线的宽度、颜色。设定颜色可以单击颜色选定按钮，便会弹出颜色设置对话框，这种对话框与一些在其他 AutoCAD 命令中调用的颜色设置对话框完全相同。注意如需要绘制细导线，可将线宽设为 0 即可。系统图元件的宽度默认设定为“系统导线”的宽度。

［布线时相邻 2 导线自动连接］ 主要针对于【平面布线】绘制的导线是否与相邻导线自动连接成一根导线。

［平面导线设置］ 请参见第二章中 2.3 节［导线设置］。

［导线数标注样式］ 栏中的两个互锁按钮用于选择导线数表示符号的式样。这主要是对于三根导线的情况而言的，可以用三条斜线表示三根导线，也可以用标注的数字来表示。

设置更改之后，单击［OK］退出，图中已有的标注文字字形、元件名称、导线数标注样式将按新设置修改过来。

1.8 用户界面

天正电气对 AutoCAD 20XX 的界面做出了重大补充。保留 AutoCAD 20XX 的所有下拉菜单和图标菜单，不加以补充或修改，从而保持 AutoCAD 的原汁原味。天正建立自己的菜单系统，包括屏幕菜单和快捷菜单，天正的菜单源文件是 tch. tmn，编译后的文件是 tch. tmc。

1.8.1 屏幕菜单

天正的所有功能调用都可以在天正的屏幕菜单上找到，以树状结构调用多级子菜单。菜单分支以▶示意，当前菜单的标题以▼示意。所有的分支子菜单都可以左键点取进入变为当前菜单，也可以右键点取弹出菜单，从而维持当前菜单不变。大部分菜单项都有图标，以方便用户更快的确定菜单项的位置（如图 1-8-1-1 所示）。

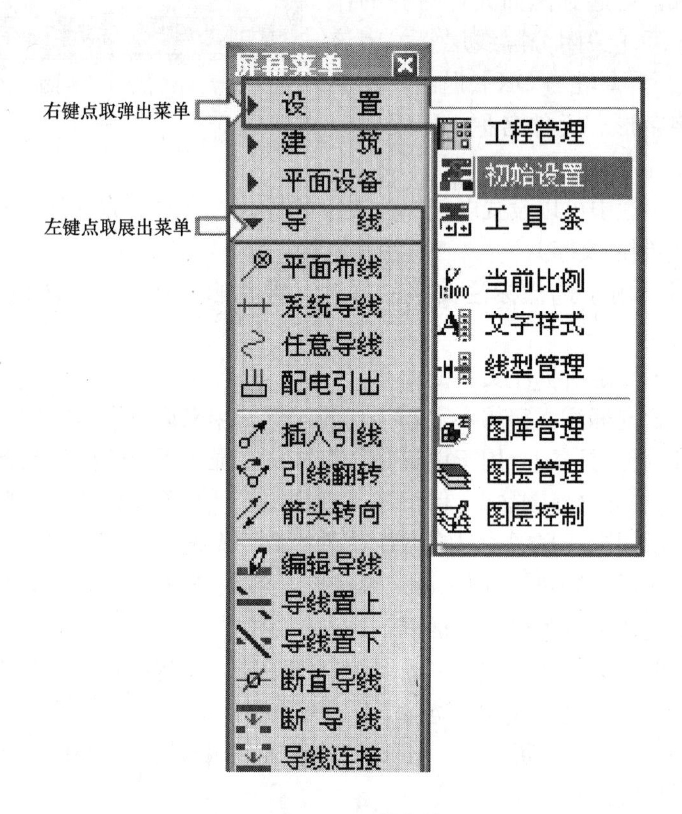

图 1-8-1-1 屏幕菜单

当光标移到菜单项上时，AutoCAD 的状态行就会出现该菜单项功能的简短提示。

提示： 1. 对于屏幕分辨率小于 1024×768 的用户所存在的菜单显示不完全现象，天正特别设置了可由用户自定义的不同展开风格菜单，在天正菜单空白处点击鼠标右键，于弹出的对话框中进行选择即可（如图 1-8-1-2 所示）。

2. 如果菜单被关闭，使用热键 Ctrl＋“＋”或 CtrlF＋F12 重新打开。

3. 右键点击菜单命令，选择“实时助手”会自动弹出本命令的帮助文档。

4. 如果屏幕菜单显示不全，可以使用鼠标滚轮来实现屏幕菜单的滚动显示。

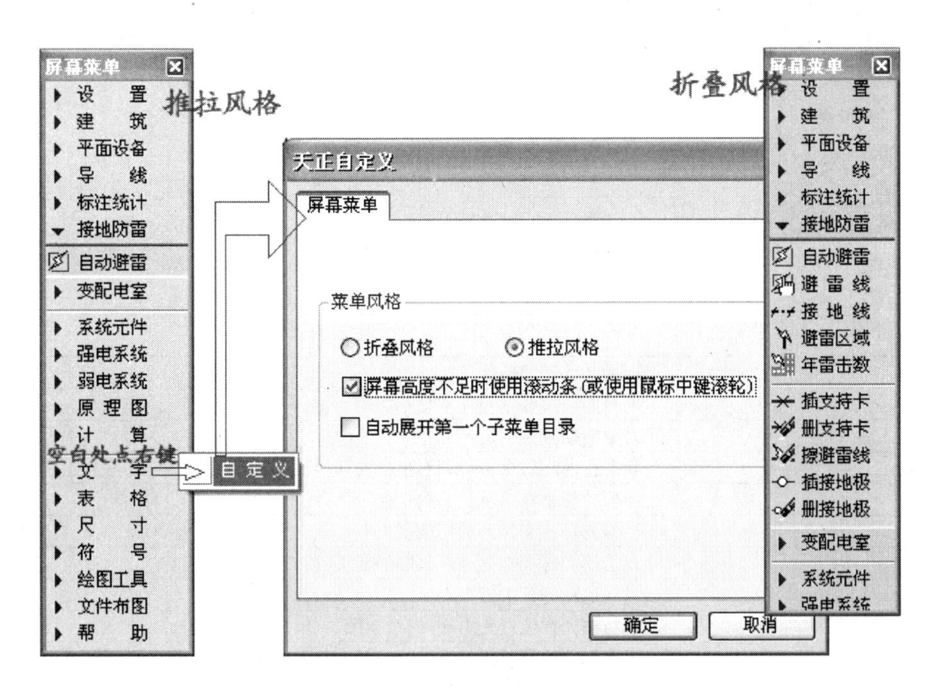

图 1-8-1-2　自定义菜单风格

1.8.2　快捷菜单

快捷菜单又称右键菜单，在 AutoCAD 绘图区，单击鼠标右键（简称右击）弹出。

快捷菜单根据当前预选对象确定菜单内容，当没有任何预选对象时，弹出最常用的功能，否则根据所选的对象列出相关的命令。当光标在菜单项上移动时，AutoCAD 状态行给出当前菜单项的简短使用说明。天正的有些命令利用预选对象，有些则不利用预选对象。对于单选对象当命令，如果与点取位置无关，则利用预选对象，否则还要提示选择对象。

1.8.3　命令行

1. 键盘命令

天正电气大部分功能都可以用命令行输入，屏幕菜单、右键快捷菜单和键盘命令三种形式调用命令的效果是相同的。对于命令行命令，以简化命令的方式提供，例如【任意布置】命令对应的键盘简化命令是 RYBZ，采用汉字拼音的第一个字母组成。少数功能只能菜单点取，不能从命令行键入，如状态开关等。

2. 命令交互

天正电气对命令行提示风格做出了比较一致的规范，以下列命令提示为例：

请给出欲布置的设备数量｛旋转 90 度[R]｝<1>

花括号前头为当前的操作提示，花括号后为回车所采用的动作，花括号内为其他可选的其他动作，键入方括号内的字母进入该功能，键入方括号内的字母无需回车。这和 AutoCAD 20XX 中文版的命令行风格类似，只是 AutoCAD 不支持单键转入其他动作。下面是 AutoCAD 中文版命令行风格示意：

当前动作或［动作 1(A)/动作 2(B)］＜默认值＞：

3. 选择对象

要求单选对象时，遵循前述命令行交互风格，如：

请选择起始点＜退出＞：

1.8.4　热键

天正补充了若干热键，以加速常用的操作，以下是常用热键定义：

F1	帮助文件的切换键
F2	屏幕的图形显示与文本显示的切换键
F3	对象捕捉开关
F6	状态行的绝对坐标与相对坐标的切换键
F7	屏幕的栅格点显示状态的切换键
F8	屏幕光标正交状态的切换键
F9	屏幕的光标捕捉（光标模数）的开关键
F11	对象追踪的开关键
“Tab”键	以当前光标位置为中心，缩小视图
Ctrl+“−”	文档标签的开关
Ctrl+“+”	屏幕菜单的开关

1. 快捷工具条

用户可根据自己绘图习惯采用“快捷工具条”执行天正命令，如图 1-8-4-1 所示第二个按钮。天正工具条具有位置记忆功能，并融入 ACAD 工具条组。【选项】→【天正设置】中关闭工具条。使用【工具条】命令，可以使用户随心所欲地定制自己的图标菜单命令工具条（前 5 个不可调整），即用户可以将自己经常使用的一些命令组合起来做工具条放置于桌面上的习惯位置。天正提供的自制工具条菜单可以放置天正电气的所有命令放置到自制的工具条中。

图 1-8-4-1　部分快捷工具条

下面介绍一下定制快捷工具条的具体步骤：

(1) 执行【工具条】命令后，弹出如图 1-8-4-2 所示的对话框，默认为【平面设备】菜单组及其下属的所有命令。

(2) 在菜单组的下拉列表中，选择将要加入快捷工具条的命令所属的上一级菜单。

如【只关选层】所属的菜单组为【图层】，如图 1-8-4-3 所示。

(3) 选定【图层】菜单组后，对话框左侧命令列表中列出所有图层操作命令，选择【只关选层】，单击［加入≫］按钮，［确定］后即可将此命令加入快捷工具条，并在对话框左侧命令列表中显示，如图 1-8-4-4 所示。

(4) 如果要从快捷工具条中删除某个命令，则选定命令后，单击［≪删除］按钮即可。

(5) 如果要调整【只关选层】命令在快捷工具条中的布置顺序，则选定【只关选层】

图 1-8-4-2　定制天正工具条对话框

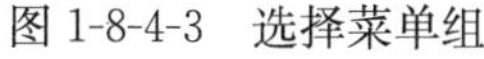
图 1-8-4-3　选择菜单组

图 1-8-4-4　定制天正工具条

后，通过点击对话框右侧的［向上↑］、［向下↓］两个按钮来反复调整位置。

（6）在［快捷命令］后的编辑框中直接输入字母、数字等可以直接定义相应命令的快捷键。

1.8.5　在位编辑

1. 在位编辑框

在位编辑框是从 AutoCAD2006 的动态输入中首次出现的新颖编辑界面，天正软件-建筑系统把这个特性引入到之后的 AutoCAD 平台，使得这些平台上的天正软件都可以享用这个新颖界面特性，对所有尺寸标注和符号说明中的文字进行在位编辑，而且提供了与其他天正文字编辑同等水平的特殊字符输入控制，可以输入上下标、钢筋符号、加圈符号，还可以调用专业词库中的文字，与同类软件相比，天正在位编辑框总是以水平方向合适的大小提供编辑框修改与输入文字，而不会受到图形当前显示范围而影响操控性能。

2. 文字内容的在位编辑方法（图 1-8-5-1）

启动在位编辑：对标有文字的对象，双击文字本身，如各种符号标注；对还没有标文字的对象，右击该对象从右键菜单的在位编辑命令启动，如没有编号的门窗对象；对轴号对象，双击轴号圈范围。

在位编辑选项：右击编辑框外范围启动右键菜单，文字编辑时菜单内容为特殊文字输入命令，轴号编辑时为轴号排序命令等。

取消在位编辑：按 ESC 键、在右键菜单中单击取消。

确定在位编辑：单击编辑框外的任何位置、右键菜单中单击确定、在编辑单行文字时回车。

切换在位编辑：对存在多个字段的对象，可以通过按 TAB 键切换当前编辑字段，如切换表格的单元、轴号的各号圈、坐标的 XY 数值等。

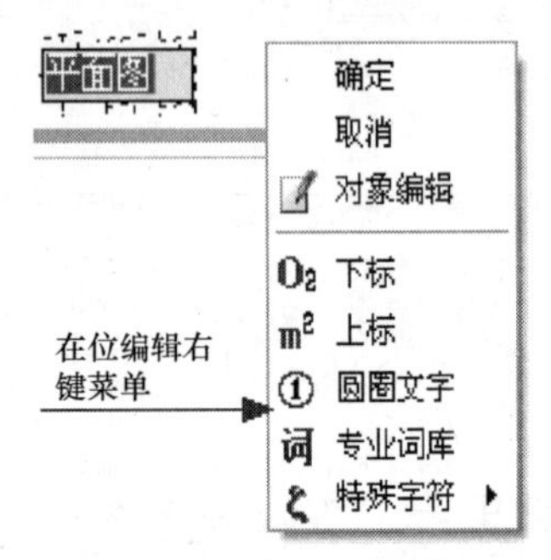

图 1-8-5-1　文字内容的在位编辑方法

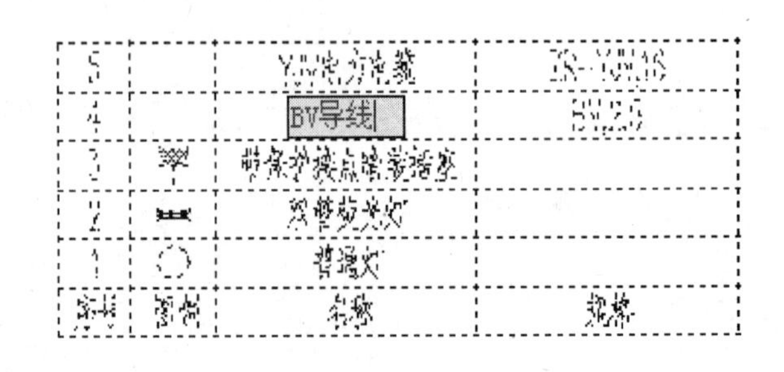

图 1-8-5-2　表格内容的在位编辑方法

3. 表格内容的在位编辑方法（图 1-8-5-2）

启动在位编辑：双击需要修改的单元格即可启动在位编辑功能，在位编辑启动后即可使用通过按 TAB 键和↑ ↓ ← → 方向键来切换当前编辑字段，选择需要编辑的单元格，或单击其他单元格进行修改。其他相关操作同文字内容的在位编辑。

第 2 章
平面图

☞ 设备布置

在电气平面图中绘制设备图块的各种方法，包括任意插入、沿墙插入和矩形布置等。

☞ 设备编辑

对插入图中的设备块进行编辑的命令，包括替换、缩放、移动、旋转及属性字修改等。

☞ 导线

提供设置与布置各种导线的方法。

☞ 编辑导线

对导线进行编辑，如打断，连接，改颜色，改线型等。

☞ 标注与平面统计

在平面中对导线，设备进行标注及材料表统计。

☞ 接地防雷

在平面中绘制接地线，防雷线，接地极，并对其进行编辑。

☞ 变配电室

提供在平面中绘制变配电室的各种工具。

在平面图中布置设备是建筑电气设计中的一个重要步骤。用天正电气在平面图布置电气设备就是将一些事先制作好的设备图块插入到建筑平面图中，在新版的天正电气中更加增强了自动化的功能，使用户能够在执行命令时从预演图中看到效果图从而最终确定结果。并且天正电气有一套存取方便，很容易操作的图库管理系统。系统提供和用户自己制作的每一个图块都可以方便地通过对话框中的幻灯片查到并取出来绘制图中。图块插入前可通过调整［初始设置］的［平面设备尺寸］值来控制插入图块的尺寸，设备插入有多种方法，设备插入后还可以用【设备缩放】、【设备旋转】、【设备移动】等设备编辑命令来调整和改变设备达到要求。【沿墙插入】的命令可自动确定设备靠墙绘制时的绘制方向；辅助网格线帮助您有规则地排列布置设备。利用天正电气提供的造块命令您还可以方便地自己制作所需各种设备图块。以下各节中将详细介绍以上提到的各项功能。

其中【任意布置】、【沿线单布】、【平面布线】和【任意导线】命令支持 UCS 旋转的图形。

2.1　设备布置

在天正电气中，将以前的强电和弱电设备置于一个库中，由［设备图块选择］对话框中的下拉菜单进行选择，减少了用户点击鼠标的次数增快了速度，同时方便了查找。在天正电气中只要在设计图中单击鼠标右键在弹出的右键菜单中选择【任意布置】命令，就可弹出设备库；另一个的选择设备库的方法是在菜单中选择【平面设备】中的任一命令也可弹出设备库。在选设备的对话框中，利用选择框可选定待绘制的设备块。

设备块插入图中后，其大小、方向也许不尽如人意，此外，您也可能需要随设计的改动更换或擦除一些已插入的设备块。因此程序提供了丰富灵活的设备编辑功能，通过这些设备块编辑命令可帮助您完成这方面的工作。

2.1.1　设备图块尺寸的设定与修改

在图中绘制设备块时，天正电气并不询问设备块的绘制尺寸。绘制后图块的大小是由两个因素确定的：(1) 造块时给定的尺寸；(2)［初始设置］中［设备块尺寸］的设定值。

造块时给定的尺寸确定所造出块的尺寸大小，造的块越大当然插入的图块也越大。［平面设备尺寸］的设定值实际上是给定图块绘制比例，因此这个值越大插入的图块也越大。

使用中如果感到所有的图块尺寸都过小（或过大），可以使用【初始设置】命令（即［选项］中的［电气设定］），将［平面图设置］中的［设备块尺寸］设定值加大（或减小）；如果觉得其中一些块尺寸合适，而另一些块过大（或过小），则应该重新制作这些块，并在确定其尺寸时适当地减小（或加大）。这两项工作都要在块绘制前进行。

另一个改变设备图块尺寸的方法是在图块绘制后用【设备缩放】命令来改变其大小。如果觉得前两种方法不好理解，建议您还是采用这个命令来调整设备块的大小。

设备块绘制命令按其绘制时角度确定方式可分为两类。一类为自由绘制，绘制的角度由用户根据实际情况定义；另一类为沿墙绘制，绘制角度可自动随墙线的方向变化。

【任意布置】、【矩形布置】、【两点均布】、【弧线均布】和【沿线均布】为第一类，其余为第二类。本节中的以下各小节将分别介绍这些命令的用法。

在天正电气的平面设备布置中用户可以从图库中选择要布置的图块，也可以从图中已经布置的图块中选取，具体的操作方法如下，在【选项】对话框的［电气设定］栏的左下角有一个［插入图块前选择已有图块］的选择框（图 2-1-1 所示），如果选择了该编辑框，则在执行布置设备的命令前命令行都会提示：

图 2-1-1　【插入图块前选择已有图块】选择框

请选择已有设备块＜从图库中选取＞：

用户可以从图中选取已经布置过的设备，省去了从［设备图块选择］对话框中选取设备的操作。

> **注意**：由于在天正电气中所有的设备和导线都已经被赋信息，所以如果是从图中选择设备块进行布置设备的操作，则再次插入图中的设备块与所选源设备的信息参数相同，用户可以通过设备标注修改布置到图中的设备。

2.1.2　任意布置（RYBZ）

菜单位置：【平面设备】→【任意布置】

功能：在平面图中绘制各种电气设备图块。

右键菜单位置：选中一个或多个设备，单击鼠标右键弹出如图 2-1-2-1 所示对话框，移动鼠标到［设备布置］又弹出延伸对话框，再将鼠标移到［任意布置］点击左键即可。

图 2-1-2-1　【任意布置】右键菜单

在菜单中选取本命令后，命令行提示：

请指定设备的插入点{转 90[A]/放大[E]/缩小[D]/左右翻转[F]/连导线[W]}＜退出＞：

同时屏幕上出现如图 2-1-2-2 所示的［设备图块选择］对话框，当鼠标移到图块幻灯片的上方时会在对话框下方的提示栏中显示该图块设备的名称，单击对话框中所需要的图块幻灯片就可选定图

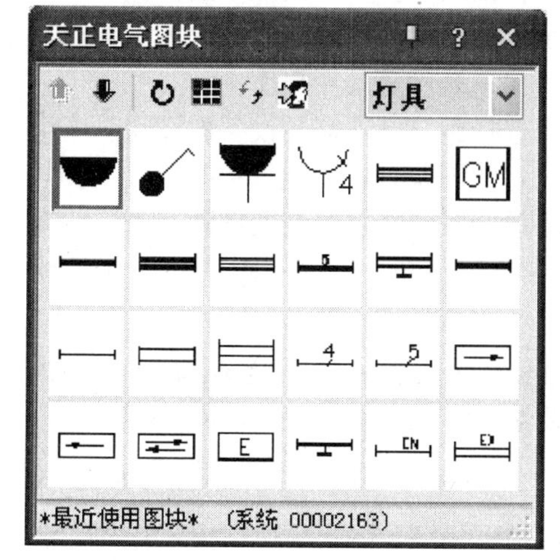

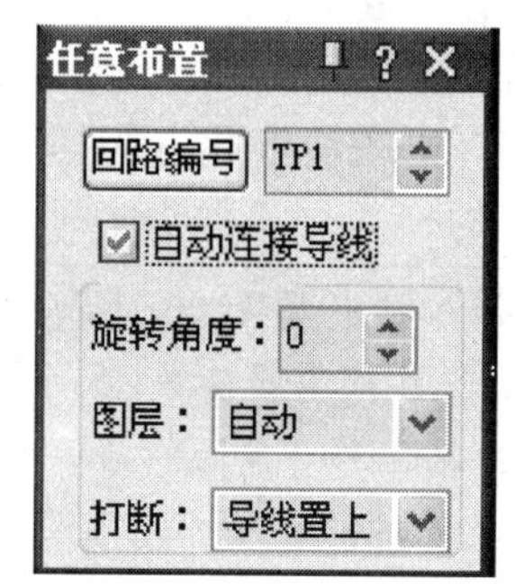

图 2-1-2-2　设备图块选择对话框

块。右侧对话框用于指定回路并设定在任意布置设备的同时是否连接导线，在［自动连接导线］前打勾，可实现边布置边连接导线的功能，并可在其下面的［图层］下拉列表框中选择导线所属的类型及图层。

［向上翻页］ 当［设备图块选择］对话框中的显示的设备块超过显示范围时可以通过单击此按钮进行向上的翻页。

［向下翻页］ 当［设备图块选择］对话框中的显示的设备块超过显示范围时可以通过单击此按钮进行向下的翻页。

［旋转］ 当此按钮处于按下状态时，用户使用命令［任意布置］在图中绘制图块后，命令行提示：

请拖动选择对象或输入角度：

图块将以绘制点为中心进行旋转预演，当达到用户需要的角度，单击鼠标左键即可以该角度绘制设备，如果单击鼠标右键则图块水平绘制。该按钮只适用于【任意布置】，对于【矩形布置】、【两点均布】、【弧线均布】和【沿线均布】几个命令该按钮不起作用，图块仍以水平绘制。

［布局］ 当单击此按钮时会弹出如图 2-1-2-3 所示的选项菜单，使用户能够按照自己的需要进行图块显示的行列布置。

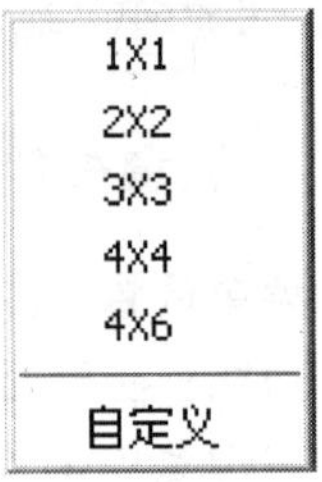

1X1
2X2
3X3
4X4
4X6
自定义

图 2-1-2-3 布局菜单

［交换位置］ 用于调整设备块在图库对话框中的显示位置。使用方法如下：假如用户要将常用的某设备 A 放在方便选择的位置上，而此位置上目前是设备 B，那么，可以首先选中设备 B 的位置，单击［交换位置］按钮，在弹出的设备图库列表中选择设备 A，这样即可实现设备块 A 和 B 的显示位置交换。

［设备选择］ 下拉菜单，用户可以通过对话框右侧的［设备选择］下拉菜单选择需要在图中插入的设备。在下拉菜单中用横线分成了强电、弱电和箱柜三类；其中强电包括了灯具、开关、插座和动力设备，弱电包括了电话、电视、消防和广播设备，当用户通过下拉菜单选中其中一项时，在［设备图块选择］对话框中将显示相应的强、弱电或箱柜设备。同时在［设备图块选择］对话框中将显示该类设备系统图库和用户图库的所有图块，软件默认将用户库中的设备块放在［设备图块选择］对话框中的前面，而系统库中的设备块接在用户库中最后一个图块后面显示，当鼠标移到图块幻灯片的上方时在提示栏中设备名称后面的括号中会提示该图块的位置在系统库还是用户库中。

用户可以通过以上这些按钮的组合选择到自己所需要设备的图块。本命令为循环执行的操作，即可以不断的在屏幕上绘制选定的图块。在绘制设备时［设备图块选择］对话框仍然浮动在屏幕上，用户可在绘制设备的同时选择要绘制的图块。选定设备后直接用鼠标在屏幕上取点，则图块以此点为插入点绘制到图中，绘制图块的尺寸是预先在［初始设置］中设定好的。

注意： 插入时中有 转 90［A］/放大［E］/缩小［D］/左右翻转［F］/连导线［W］/X 轴偏移［X］/Y 轴偏移［Y］7 个选项，用户根据绘图需要动态插入。

其中，X 轴偏移［X］/Y 轴偏移［Y］是天正电气新增的增强功能。用户在布置设备过程中，在命令行输入“X/Y”（不需要回车确认），分别实现设备块在 X 轴、Y 轴上使得实际插入设备块的位置在指定插入点的基础上偏移一定的距离。

> **注意：**选择灯具、开关和插座设备，绘制后置于 EQUIP—照明层；选择动力设备绘制后置于 EQUIP—动力层；选择消防设备绘制后置于 EQUIP—消防层；选择电话、电视和广播设备绘制后置于 EQUIP—通信层；选择箱柜设备绘制后置于 EQUIP—箱柜层。对于设备编辑命令这些层都支持。用户可用【图层管理】命令对以上 4 层进行切换显示，所连导线及其标注也随之显示或关闭。

2.1.3 矩形布置（JXBZ）

菜单位置：【平面设备】→【矩形布置】

功能：在平面图中由用户拉出一个矩形框并在此框中绘制各种电气设备图块。

右键菜单：选中一个或多个设备，单击鼠标右键弹出如图所示对话框，移动鼠标到［设备布置］又弹出延伸对话框，再将鼠标移到［矩形布置］点击左键即可。

在菜单中或右键选取本命令后，弹出如图 2-1-3-1 所示的［矩形布置］对话框与［天正电气图块］对话框。

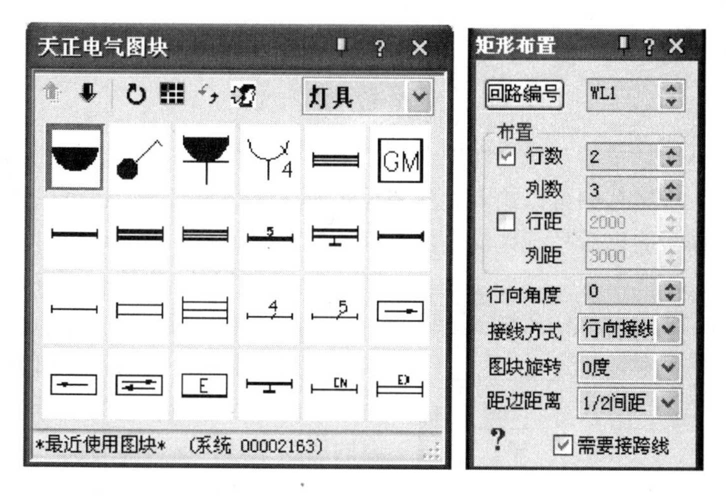

图 2-1-3-1 【矩形布置】对话框

本命令中选定要绘制设备类型的方法与【任意布置】命令完全相同。选定设备块后（假设要绘制的是灯具块），命令行提示：

请输入起始点｛选取行向线［S］｝<退出>：

用户可以在屏幕上点取矩形框起始角点，这时矩形框行向角度为水平方向，接着命令行提示：

请输入终点：

在屏幕上点取矩形框的终止点，接着命令行提示：

请选取接跨线的列<不接>：

选取跨线的连接位置，则命令结束，同时关闭矩形布置对话框，设备像预演所示那样插入图中。

用户可以通过拉伸矩形框的另一个角点来预演矩形框的大小和所布置的设备的排列点具体位置及形状，如图 2-1-3-2 所示，预演时同样可以通过［矩形布置］对话框调整设备的个数、行向角度和接线方式。拉到满意的位置点击鼠标左键就会在屏幕上按照所预演的形式布置设备，并按所选择的接线方式在设备间连接并打断导线，最后再连接垂直于接线方式的方向上在设备间连接导线。

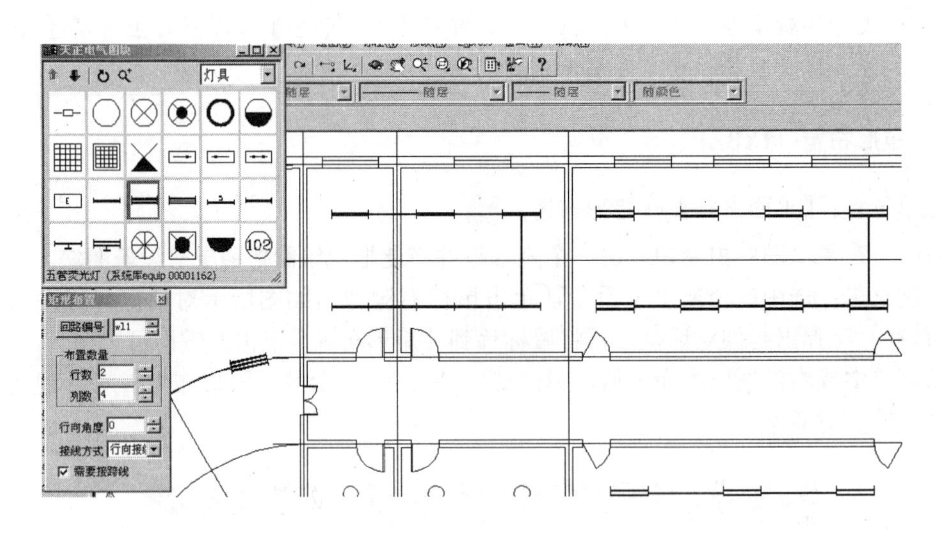

图 2-1-3-2　矩形布置房间荧光灯示例

［矩形布置］ 对话框的各功能详细介绍如下：

［回路编号］ 编辑框中可以输入设备和导线所在回路的编号，也可以通过旋转按钮控制回路编号，该编号为以后系统生成提供查询数据，同时也可输入该编号的名称及备注信息。当点击［回路编号］按钮时会弹出如图 2-1-3-3 所示的［回路编号］对话框，在该对话框中的列表中用户可以选择回路的编号，同时用户可以在对话框下边的编辑框中直接输入需要的回路编号，通过［增加＋］、［删除－］按钮在列表中添加回路的数据以便下次选择，最后单击［确定］按钮就可以把回路编号输入到［回路编号］编辑框中。

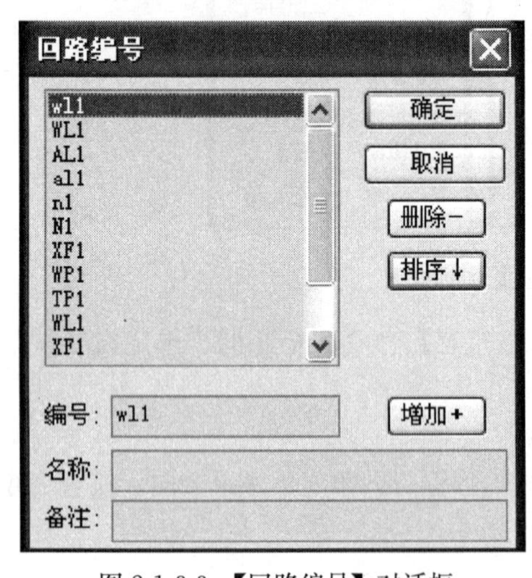

图 2-1-3-3 【回路编号】对话框

［布置］栏中的［行数］和［列数］编辑框用于确定用户拉出的矩形框中要布置的设备图块的行数和列数的数量，可以直接在该编辑框中输入或通过点取旋转按钮上下控制数量。［行距］和［列距］编辑框用户设置行方向与列方向上设备间的间距，直接输入参数。布置时根据框选出的矩形框范围，和行距列距，软件可自动排列设备的行列及数量。用户可自行选择布置方式。

［行向角度］ 编辑框用于输入或选择绘制矩形布置设备的整个矩形的旋转角度，用户可从布置设备时的预演中随时调整其旋转角度。

在使用本命令的过程中，如果用户并不清楚角度的具体数值时，可采用“选取行向线”的方式，来确定布置角度。具体操作如下：

(1) 我们首先需要做一条符合的角度参照线。

(2) 执行［矩形布置］命令，命令行提示：

请输入起始点｛选取行向线［S］｝<退出>：

此时输入字母“S”，命令行提示：

从当前图中选取行向线<不选取>：：

用户可以在屏幕上点取选择事先做好的矩形框起始角点符合的角度参照线，接下来的操作不再详述，结果如图 2-1-3-4 所示。

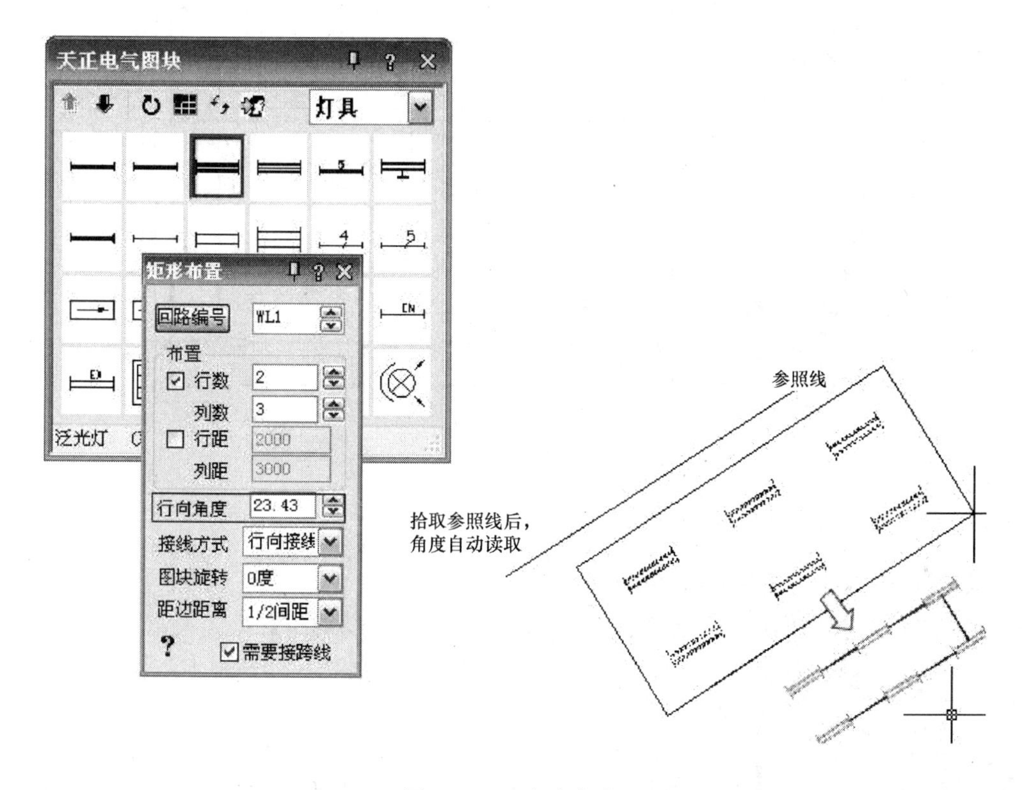

图 2-1-3-4 行向角度

［接线方式］ 下拉列表框用于通过下拉菜单选择设备之间的连接导线的方式。当设备绘制到图中后设备之间会用当前导线层以行向或列向的方向连接导线，简化了用户在绘制设备后再连接导线的工作。

［图块旋转］ 编辑框用于输入或选择待布置设备的旋转角度。

［需要接跨线］ 选择框，与接线方式相配合，如果选择的是行向接线，则矩形布置结束后会在纵向连接一条横跨一列设备的方向连接一条导线，相反如果选择列向接线，则矩形布置结束后会在行向连接一条横跨一行设备的方向连接一条导线。

［距边距离］ 编辑框用于输入或选择矩形布置设备的最外侧设备与布置设备时框选的矩形选框边框的距离，该距离以矩形布置同方向上设备间的间距为参考变量。实际布置效果如图 2-1-3-5 所示。

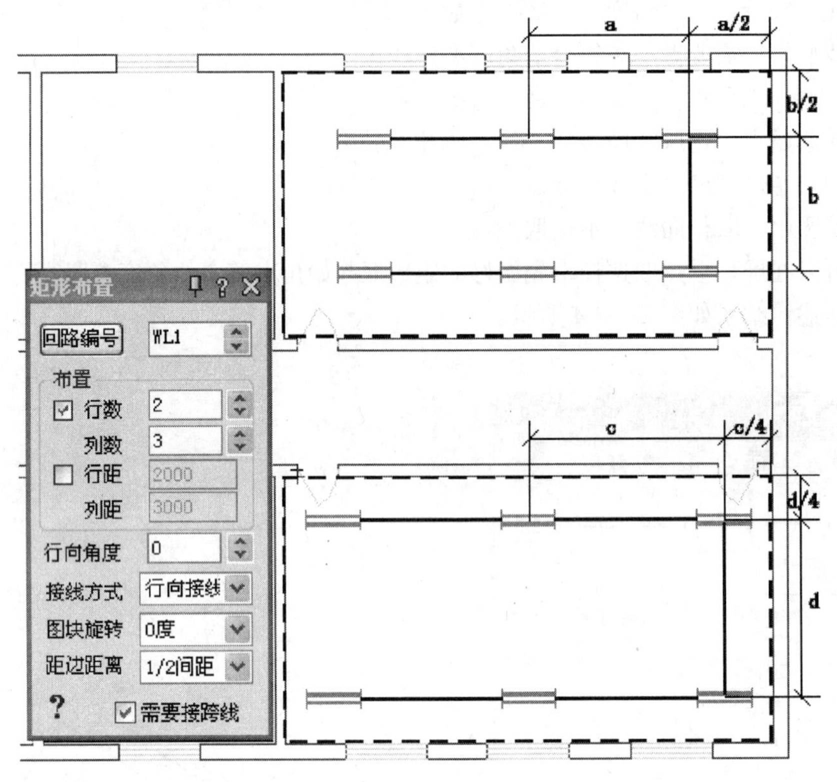

图 2-1-3-5　距边距离

2.1.4　扇形布置（SXBZ）

菜单位置：【平面设备】→【扇形布置】

功能：在扇形房间内按矩形排列进行各种电气设备图块的布置。

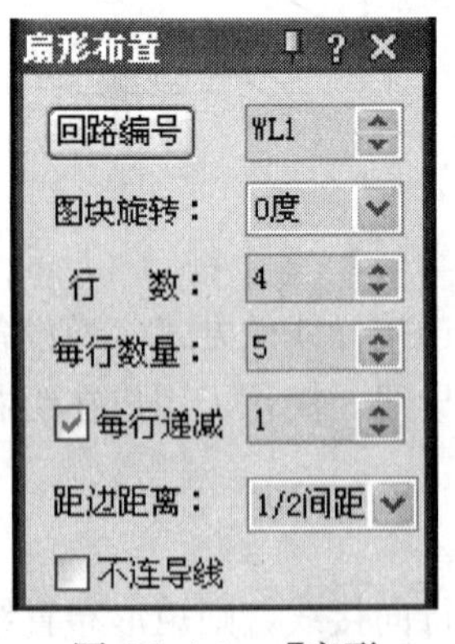

图 2-1-4-1　【扇形布置】对话框

可以布置各种角度的扇面形状，如：扇形、扇饼形、扇形环等。

在菜单中或右键选取本命令后，不仅弹出如图 2-1-2-2 所示的对话框而且弹出如图 2-1-4-1 所示的［扇形布置］对话框。该对话框中［回路编号］编辑框的使用方法与矩形布置命令中的相同，［图块旋转］用来选择设备插入时的旋转角度，用户可以通过布置设备时的预演效果，随时在该编辑框后的下拉菜单中选择 0、90、180、270 度的角度数值以调整设备的旋转角度。［行数］更改选取扇面内需要布置设备的弧行数。［每行数量］用来设定扇形面外弧上沿线插入设备的数量。［每行递减］选择在布置所选设备时，从外弧到内弧的过渡中每条弧线上需要布置的设备数量是否需要递减，如果选择“递减”，则可选择每行递减的数量。［居中对齐］、［两端对齐］选择设备均匀布置时的对齐方式（参照 2.1.5【两点均布】）。［不连导线］选择框用来选择是否在设备之间连接导线。

本命令中选定要插入设备类型的方法与【任意布置】命令的相同。选定设备块后，屏幕命令行提示：

请输入扇形大弧起始点＜退出＞：

用户可以在屏幕上点取外弧的起始点，接着命令行提示：

请输入扇形大弧终点：

在屏幕上点取外弧的终止点，命令行提示：

点取扇形大弧上一点：

在屏幕上指定外弧上一点，命令行提示：

点取扇形内弧上一点：

此时用户可以通过拉伸扇面的内弧点来预演扇面的大小和所布置的设备的排列点具体位置及形状，根据预演效果及自己的要求在屏幕上点取任意一点以确定内弧的位置，单击鼠标左键就会在预演的插入点布置设备如图 2-1-4-2 所示。

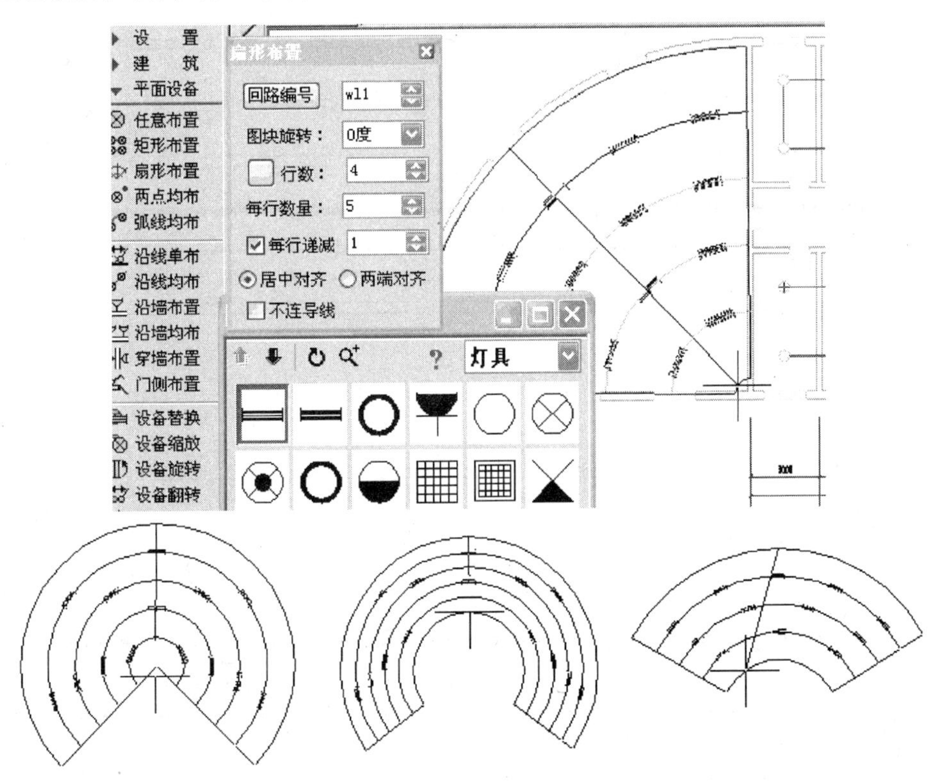

图 2-1-4-2 ［扇形布置］示例

预演时同样可以通过［扇形布置］对话框调整所布设备的行数、设备旋转角度、设备数量及递减和选择是否接线，拉到满意的位置点击鼠标左键就会在屏幕上按照所预演的形式布置设备，并按所选择的接线方式在设备间连接并打断导线。

2.1.5 两点均布（LDJB）

菜单位置：【平面设备】→【两点均布】

功能：平面图中在两个指定点之间沿一条直线均匀布置各种电气设备图块。

在菜单中或右键选取本命令后，不仅弹出如图 2-1-2-2 所示的对话框而且弹出如图 2-

1-5-1 所示的［两点均布］对话框。该对话框中［回路编号］编辑框的使用方法与【矩形布置】的相同。

图 2-1-5-1 【两点均布】对话框

［布置方式］ 编辑栏提供［数量］、［间距］两种布置方式：

［数量］ 选项用来输入两点之间沿直线插入设备的数量。［居中对齐］、［两端对齐］选择设备均匀布置时的对齐方式，如图 2-1-5-2 和图 2-1-5-3 所示。

［间距］ 选项用来指定设备间距，以按照固定的间距插入设备。

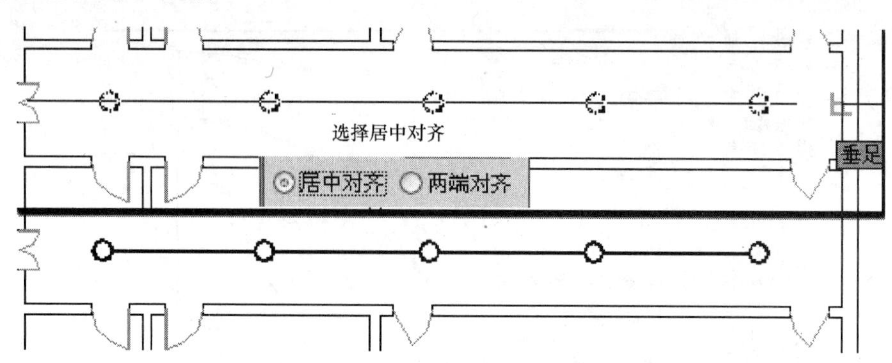

图 2-1-5-2A ［两点均布］居中对齐示例

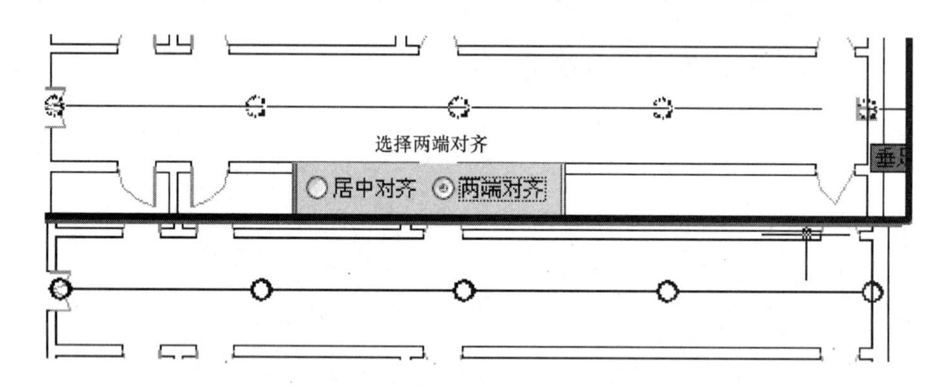

图 2-1-5-2B ［两点均布］两端对齐示例

本命令中选定要插入设备类型的方法与【任意布置】命令的相同。选定设备块后，屏幕命令行提示：

请输入起始点<退出>：

点取图中要绘制设备的起始点，这时会在屏幕上预演设备的排列点具体位置及形状，预演过程如图 2-1-5-2 和图 2-1-5-3 所示，同时命令行提示：

请输入终止点<退出>：

拉伸预演的直线到所要求的位置，单击鼠标左键就会在预演的插入点布置设备。

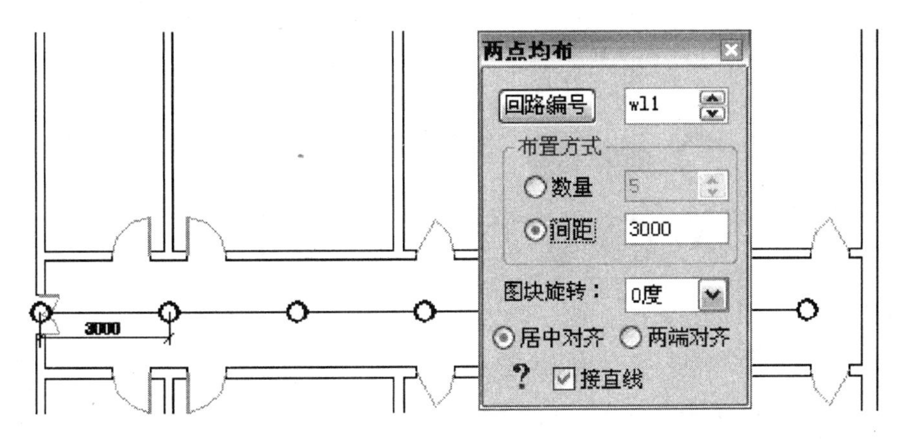

图 2-1-5-3　定距布置示例

2.1.6　弧线均布（HXJB）

菜单位置：【平面设备】→【弧线均布】

功能：平面图中在两个指定点之间沿一条弧线均匀布置各种电气设备图块。

在菜单中或右键选取本命令后，弹出如图 2-1-5-1 所示的［两点均布］对话框。该对话框的使用方法基本不变，只是［接直线］选择框是选择在设备之间布置弧导线还是直导线。

［居中对齐］、［两端对齐］选择设备均匀布置时的对齐方式（参照【两点均布】图 2-1-5-2 所示）。

本命令中选定要插入设备类型的方法亦与【任意布置】命令的相同。选定设备块后，屏幕命令行提示：

图 2-1-6-1　【弧线均布】右键菜单

请输入起始点＜退出＞：

取图中要插入设备的起始点，这时会在屏幕上预演设备的布置点，预演过程如图 2-6-2 所示，同时命令行相继提示：

请输入终止点＜退出＞：

点取弧上一点：

拉伸预演的弧线到所要求的位置，单击鼠标左键就会在预演的插入点布置设备如图 2-1-6-2 所示。

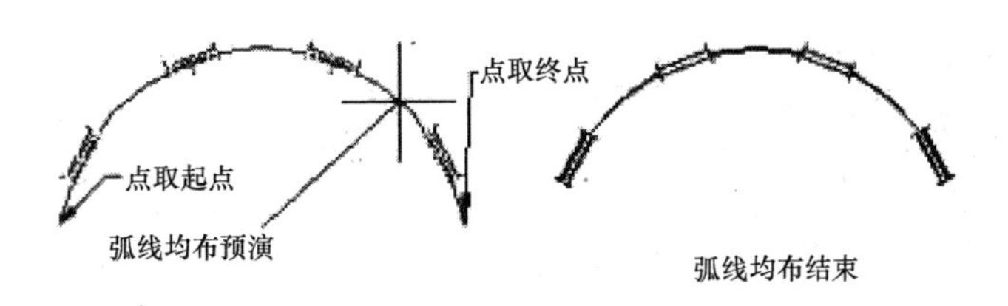

图 2-1-6-2　【弧线均布】示例

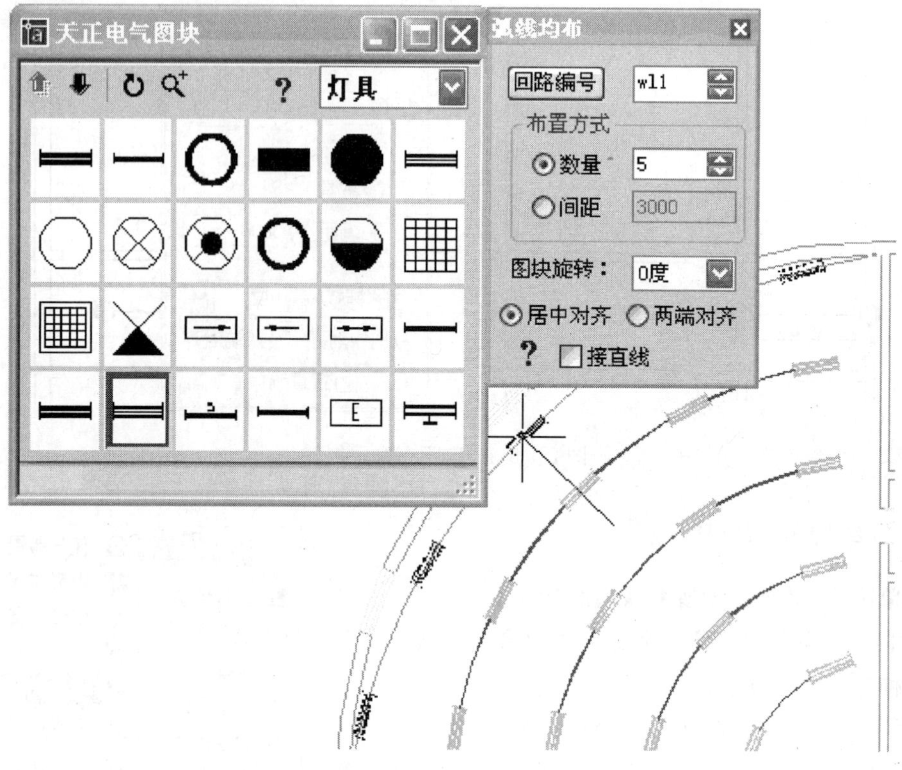

图 2-1-6-3 【弧线均布】示例

2.1.7 沿线均布（YXJB）

菜单位置：【平面设备】→【沿线均布】

功能：在平面图中沿一条线均匀布置各种电气设备图块，图块的插入角依选中线的方向而定。

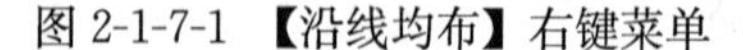
图 2-1-7-1 【沿线均布】右键菜单

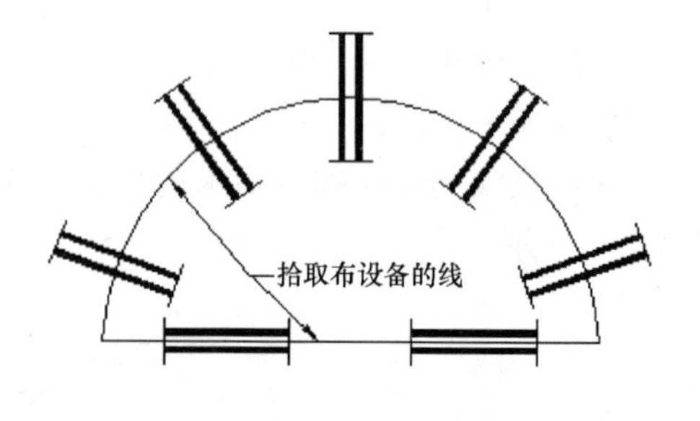

图 2-1-7-2 【沿线均布】示例

本命令中选定要插入设备类型的方法与【任意布置】命令完全相同。选定设备块后(假设要插入的是灯具块)，命令行提示：

请拾取布置设备的墙线、直线、弧线(支持外部参照)＜退出＞

用拾取框拾取一根线后，命令行提示：

请给出欲布置的设备数量{旋转90度[R]}＜1＞

键入灯具数量后，天正电气沿选中的线均匀布置指定数量的灯具（见图2-1-7-2）。如果用户想使插入的设备旋转90度，则输入R，再键入灯具数量，就会发现插入图中设备已经旋转了90度。所谓均匀布置是指两端设备到选中线端点的距离为两设备之间距离的一半。本命令对弧线也有效。

我们建议用户一般使用【两点均布】和【弧线均布】命令，因为这两个命令在插入设备的同时会在设备间连接导线。

2.1.8 沿线单布（YXDB）

菜单位置：【平面设备】→【沿线单布】

功能：在一条直线、弧线或墙上插入开关或插座等设备，动态决定插入方向。

本命令中选定要插入设备类型的方法亦与【任意布置】命令的相同，选定要绘制设备类型。同时命令行提示：

请拾取布置设备的墙线、直线、弧线(支持外部参照){门侧布置[A]}＜退出＞

根据命令行提示选取要布置设备的墙线、直线、弧线，然后通过鼠标的移动使设备沿墙线、直线或弧线的上下左右四个方向移动，选择合适的方向插入设备；如果用户按下【任意布置】中【设备图块选择】对话框上所示的［旋转］按钮，此时用户可以使插入图中的设备沿着自己的圆心进行旋转，调整到合适的角度再插入设备。通过此种方法可以再插入设备时避开图中其他设备或导线。

推荐使用：由于本命令在沿墙插入过程中不要求墙线的图层、线型等参数，只要是LINE，PLINE，甚至是建筑条件图是图块也可，大大提升了软件的适应性。

2.1.9 沿墙布置（YQBZ）

菜单位置：【平面设备】→【沿墙布置】

功能：在平面图中沿墙线插入电气设备图块，图块的插入角依墙线方向而定。右键菜单位置选中一个或多个设备，单击鼠标右键弹出如图2-1-9-1所示对话框，移动鼠标到［设备布置］又弹出延伸对话框，再将鼠标移到［沿墙布置］点击左键即可。

图2-1-9-1 【沿墙布置】右键菜单

选定要插入设备类型的方法与【任意布置】命令的相同。选定设备块后，屏幕命令行提示：

请拾取布置设备的墙线:＜退出＞

点取的插入点必须位于直或弧线墙上。设备沿墙线的方向插入，然后，重复上一个提示，以便您在另一个位置插入设备，设备是可以通过图2-1-2-2所示的悬浮对话框进行选择。图 2-1-9-2 所示为［沿墙插入］的例子。本命令不仅适用于建筑 5.0 的墙体，对建筑 3.X 的 line 线墙体也同样有效。同时【沿墙布置】时设备离墙体的距离是可以调整的，具体方法是通过［选项］中的［电气设定］来调整。

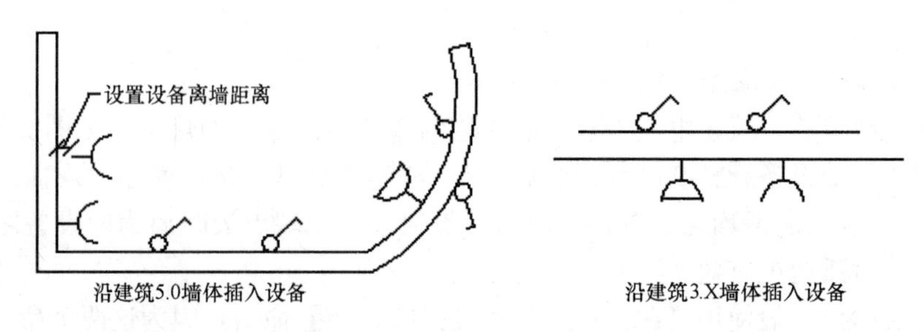

图 2-1-9-2　【沿墙布置】示例

2.1.10　沿墙均布（YQJB）

菜单位置：【平面设备】→【沿墙均布】

功能：在平面图中沿墙线均匀布置电气设备图块，图块的插入角依墙线方向而定。

右键菜单：选中一个或多个设备，单击鼠标右键弹出如图 2-1-10-1 所示对话框，移动鼠标到［设备布置］又弹出延伸对话框，再将鼠标移到［沿墙均布］点击左键即可。

图 2-1-10-1　【沿墙均布】右键菜单

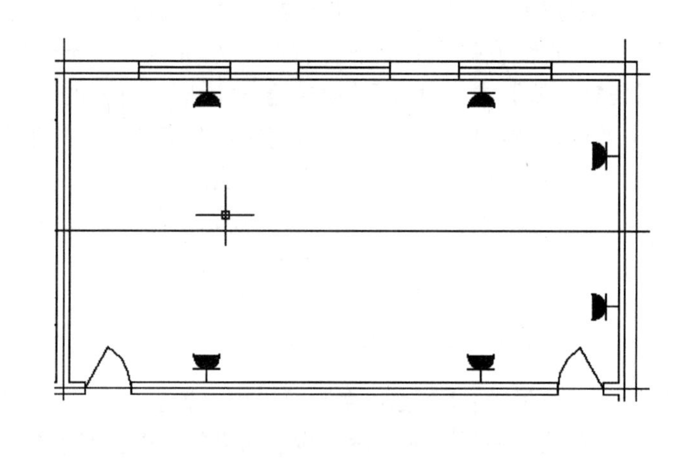

图 2-1-10-2　沿墙均布示例

本命令与【沿线均布】命令相似，只是在设备插入时不仅会自动根据墙线的方向来确定图块的插入方向，而且会沿着墙线等距均匀的插入设备。图 2-1-10-2 所示为【沿墙均布】的例子。

2.1.11　穿墙布置（CQBZ）

菜单位置：【平面设备】→【穿墙布置】

功能：在用户指定的两点连线与墙线的交点处插入设备。

本命令主要用于在一排房间的隔墙上对称配置插座（如图 2-1-11 所示）。

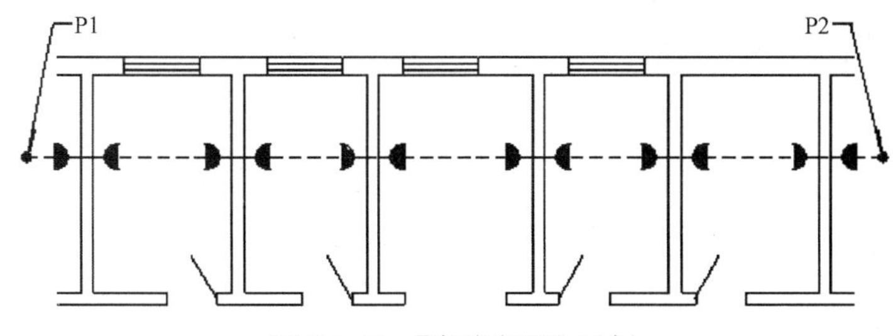

图 2-1-11 【穿墙布置】示例

开始时选定要插入设备类型的方法与【任意布置】命令的相同。选定要布置的设备块原型后，命令行提示：

请点取布设备直线的第一点<退出>：

如图所示，点取第一点 P1 后，继续提示：

请点取布设备直线的第二点<退出>：

点取第二点 P2 后，天正电气在 P1、P2 两点间连线与墙线的交点处沿墙插入选定的设备。

是否需要连导线<N>：

本命令对弧线墙同样有效。

2.1.12 门侧布置（MCBZ）

菜单位置：【平面设备】→【门侧布置】

功能：在沿门一定距离的墙线上插入开关。

本命令主要用于在门侧插入灯开关。在菜单上选取本命令后，弹出如图 2-1-12-1 所示对话框：

首先在开关类型选择对话框中选定要插入的开关图块，根据提示用户可输入开关距门的距离，这个距离为开关到门的距离，布置开关的方向为开门一侧的墙线上。

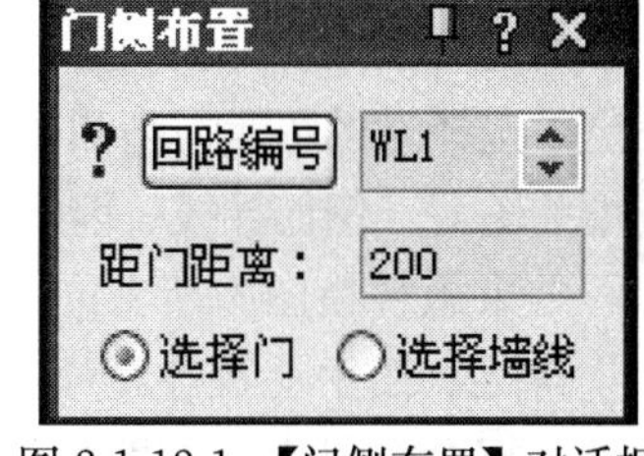

图 2-1-12-1 【门侧布置】对话框

1. 如果选择“选择墙线”选项，命令行提示：

请拾取靠近门侧的墙线 <退出>

2. 如果选择“选择门”选项，命令行提示 ：

请拾取门<退出>：

拾取要布置开关的门，单击鼠标右键，则在开门一侧的墙线上布置了开关（如图 2-1-12-2 示例所示）。

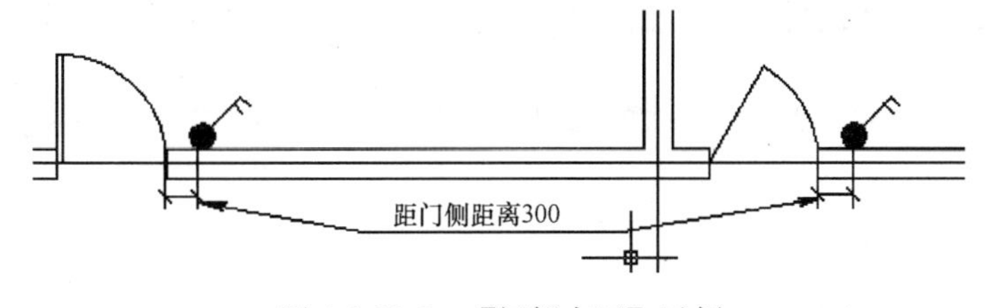

图 2-1-12-2 【门侧布置】示例

2.1.13 依线正交（YXZJ）

菜单位置：【设置】→【依线正交】

功能：按线的角度来改变坐标系的角度。

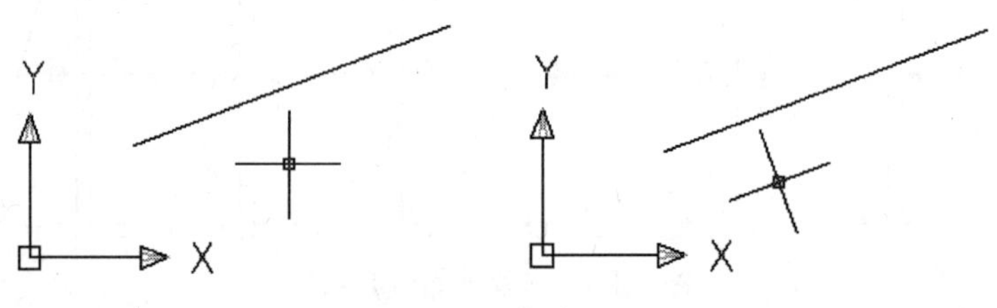

图 2-1-13　依线正交

2.2　设备编辑

设备块插入图中后，其大小、方向也许不尽如人意，此外，您也可能需要随设计的改动更换或擦除一些已插入的设备块。因此程序提供了丰富灵活的设备编辑功能，通过这些设备块编辑命令可帮助您完成这方面的工作。

2.2.1　设备替换（SBTH）

菜单位置：【平面设备】→【设备替换】

功能：用选定的设备块来替换已插入图中的设备图块。

运行本命令后，选定要用来替换已插入图中设备块的设备图块的方法与【任意布置】命令的相同。选定设备块后，命令行提示：

请选取图中要被替换的设备(多选)<替换所有同名设备>：

此时可用 AutoCAD 提供的各种选定图元的方式来选择要被替换的设备。由于程序中已设定了选择时的图元类型和图层的过滤条件，因此您可不必担心开窗选择会选中其他图层和类型的图元（例如导线、墙线等）。选定后，选中的设备被替换成从对话框中选取的设备。

如果想替换图中所有同名设备则单击鼠标右键，命令行接着提示：

请选取图中要被替换的设备(单选)<退出>：

根据命令行提示在图中选择要替换设备的样板，这时只需要单击所有同名设备中的一个就会发现其他的同名设备都会被新设备所替换。

设备块被替换后，所有与此设备块相连的导线仍然能与新换的块相连（如图 2-2-1 所示）。

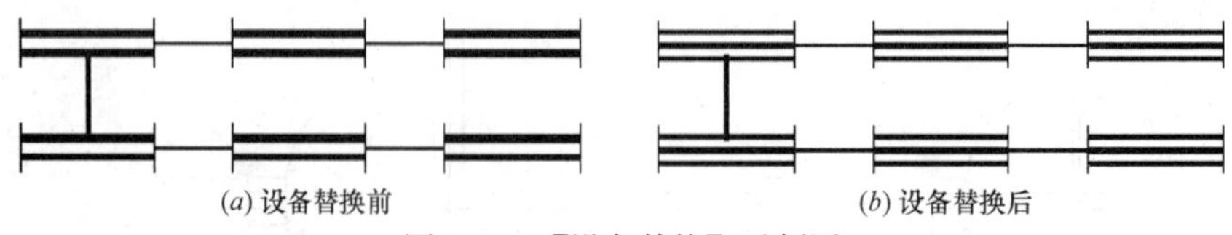

(*a*) 设备替换前　　(*b*) 设备替换后

图 2-2-1　【设备替换】示例图

2.2.2　设备缩放（SBSF）

菜单位置：【平面设备】→【设备缩放】

功能：改变平面图中已插入设备图块的大小（插入比例）。

右键菜单位置是选中一个或多个设备，单击鼠标右键弹出如图 2-2-2-1 所示对话框，将鼠标移到【设备缩放】点击鼠标左键即可。

如果用户用右键菜单，则只能对所选设备进行缩放，如果是用菜单命令则可以对图中所有同名设备进行缩放。

在菜单上选取本命令后，屏幕命令行提示：

请选取要缩放的设备<缩放所有同名设备>：

可以用 AutoCAD 提供的各种选图元方式选定要放大（或缩小）的设备，选定设备后，命令行提示：

请选取要缩放的样板设备<退出>：

缩放比例<1.0>：

这个放大倍数是指按所选设备尺寸为1而定的倍数。令放大倍数小于1，就意味着将选定图块缩小。输入放大倍数后，所有选定的设备图块按指定的倍数放大（或缩小）。为了使用户能够直观地看到设备缩放后的大小，本命令提供了预演的功能，用户可以通过拉伸鼠标来控制设备被缩放的程度，当用户满意后单击鼠标左键就会以预演的大小插入图块，具体过程如图 2-2-2-2 所示（左边为预演过程，右边为缩放设备后的结果）。

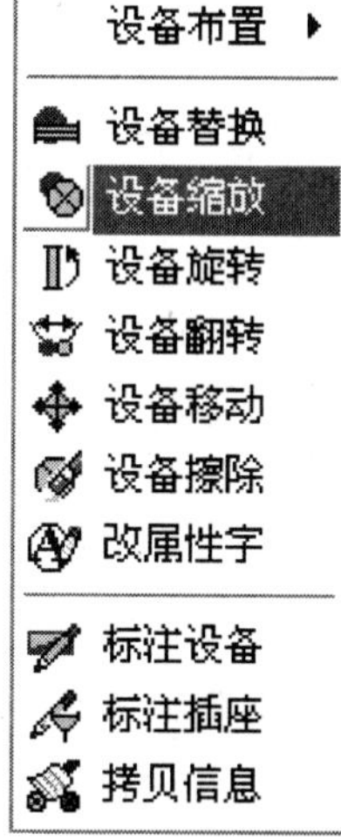

图 2-2-2-1 【设备缩放】右键菜单

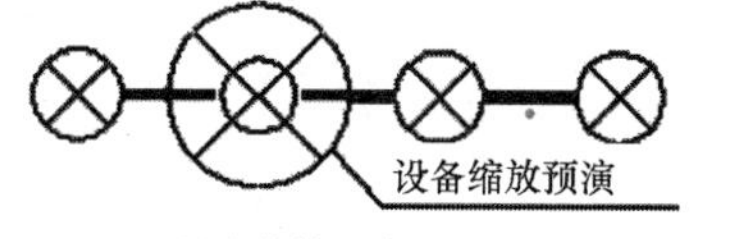

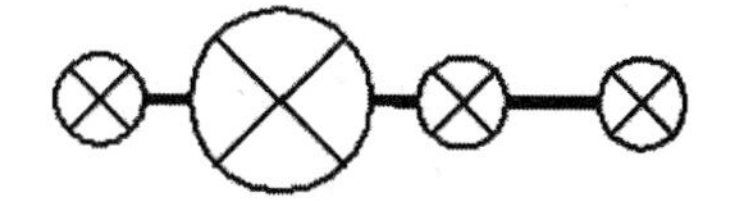

图 2-2-2-2 【设备缩放】示例图

如果要对图中所有同名设备进行缩放，在菜单上选取本命令后，单击鼠标右键，再点取样板设备调整缩放比例，满意后单击鼠标左键就会发现所有同名设备按照样板设备比例进行了缩放。

命令结束后与此设备块相连的导线仍然能与缩放后的块相连。

2.2.3 设备旋转（SBXZ）

菜单位置：【平面设备】→【设备旋转】

功能：将已插入平面图中的设备图块旋转至指定的方向，插入点不变。

在菜单上或右键点取本命令后，屏幕命令行提示：

请拖动选择对象或输入角度：

在图中用 AutoCAD 提供的各种选图元方式选定要旋转角度的设备后，此时可以输入要转到的角度，也可以通过用鼠标进行拖拽从预演的图形确定角度，开关设备的以圆的中心点旋转，其他设备以插入点为中心旋转，调整好角度后，选定的设备图块便旋转至指定的方向，如图 2-2-3 所示左边为推拽过

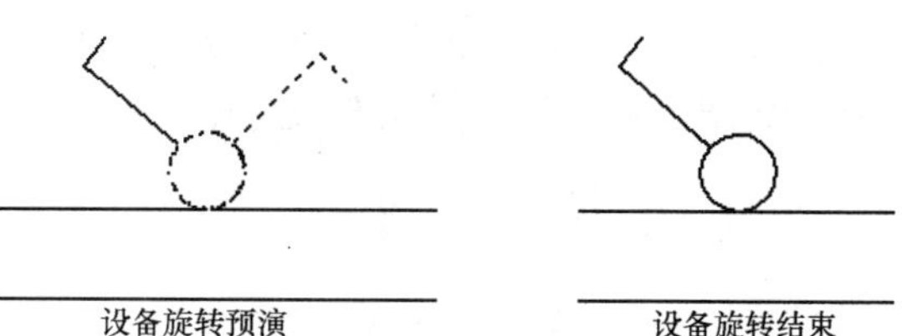

图 2-2-3 【设备旋转】示例

程，右边为旋转结束后的所要求的图形。

2.2.4　设备翻转（SBFZ）

菜单位置：【平面设备】→【设备翻转】

功能：将平面图中的开关设备沿其 Y 轴方向作镜向翻转。

在菜单上或右键选取本命令后，屏幕命令行提示：

请选定要翻转的设备＜退出＞：

在图中用 AutoCAD 提供的各种选图元方式选定要翻转的设备图块后，选中的图块作如图 2-2-4 所示的镜向翻转。

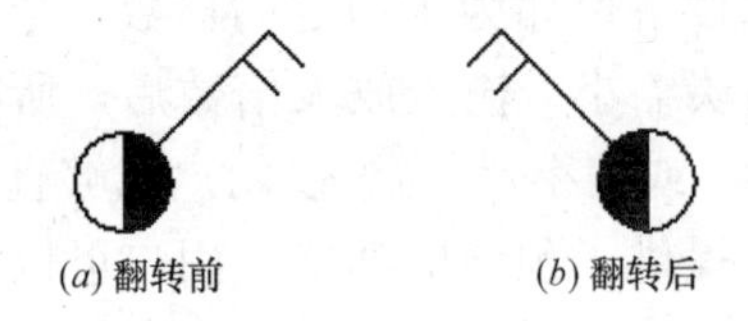

图 2-2-4　设备翻转示例

2.2.5　设备移动（SBYD）

菜单位置：【平面设备】→【设备移动】

功能：移动平面图中的设备图块。

在菜单上或右键点取本命令后，屏幕命令行提示：

请选取要移动的设备＜退出＞：

拾取了要移动的设备后，命令行提示：

目标位置：

再点取要移到的位置后，拾取的这个设备便被移动到指定的位置。如果有导线与这个设备相连，那么相连的导线也将随设备一起移至新的位置（图 2-2-5）。

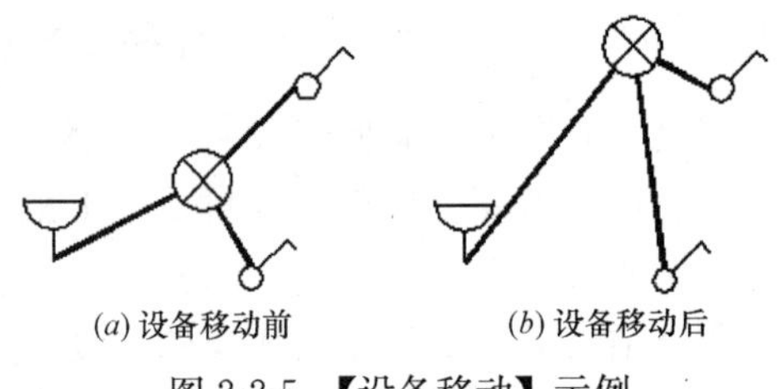

图 2-2-5　【设备移动】示例

2.2.6　设备擦除（SBCC）

菜单位置：【平面设备】→【设备擦除】

功能：擦除图中的设备块。

在菜单上或右键点取本命令后，屏幕命令行提示：

请选取要删除的设备＜退出＞：

根据提示选定要擦除的设备块之后，选中的设备块即被擦除。由于选定时能够自动滤掉不在设备层上的图元，因此选取时比 AutoCAD 的 Erase（删除）命令方便、快捷。

2.2.7　改属性字（GSXZ）

菜单位置：【平面设备】→【改属性字】

功能：修改平面图设备块中的属性文字。

在菜单上选取本命令后，命令行提示：

请选取要修改其中属性文字的设备图块：

此时可以用 AutoCAD 的各种选图元的方法选中要修改属性文字的设备图块，也可以＜回车＞，选一种同名图块。之后命令行提示：

图 2-2-7　属性字修改示例

请输入修改后的文字 ＜退出＞：

输入新的属性文字之后，被选中的设备图块中的属性文字就被修改成新输入的文字（如图 2-2-7 所示）。

本命令支持多选设备。

2.2.8　移属性字（YSXZ）

菜单位置：【平面设备】→【移属性字】

功能：移动平面图设备块中的属性文字的参考位置。

2.2.9　造设备（ZSB）

菜单位置：【平面设备】→【造设备】

功能：用户根据需要制作或对图块进行改造，并加入到设备库中。亦可把多个自由设备进行组合，所造的组合设备插入图纸后，各个设备可作为单独的块进行编辑。

平面设备布置实际上就是在平面图中插入各种预先制作好的图块。天正电气为您准备了您作图所需的大部分图块。但出于各种需要您总还难免会需要插一些天正电气提供的图库中没有的设备图块，此时就需要利用本节所介绍的各种命令制作新的图块，或对已有图块进行改造重制。

在菜单上选取本命令后，命令行提示：

请选择要做成图块的图元＜退出＞：

在图中拾取要改造的图块后，命令行提示：

请点选插入点 ＜中心点＞：

当选择的图块，程序判断大于 1 个以上的天正图块时，进行造设备组合。例如在图纸上选择如图：

图 2-2-9-1　设备图块选择对话框

命令行继续提示

“请选择要组合的设备图元＜退出＞”：

选择完毕后右键确定。

确定后设备组合直接入到设备组合库中。

当用户想要调用此图块，只需在插入图块时从［设备图块选择］对话框中选择“设备组合”类型，就会看见刚才所造设备被放在系统库设备的前面。见图 2-2-9-1。

这时选择图块的插入点，并从中心点引出一条橡皮线如图 2-2-9-2 所示，把鼠标移动到准备做插入点的位置，单击鼠标左键即可；取消时默认插入点为其中心点。命令行接着提示：

请点取要作为接线点的点（图块外轮廓为圆的可不加接线点）<继续>：

这时可在需要的位置点取，插入一些接线点；如果你所选图块的外形为圆则可不必添加接线点，因为在天正电气中圆形设备连导线时，导线的延长线是过圆心的。

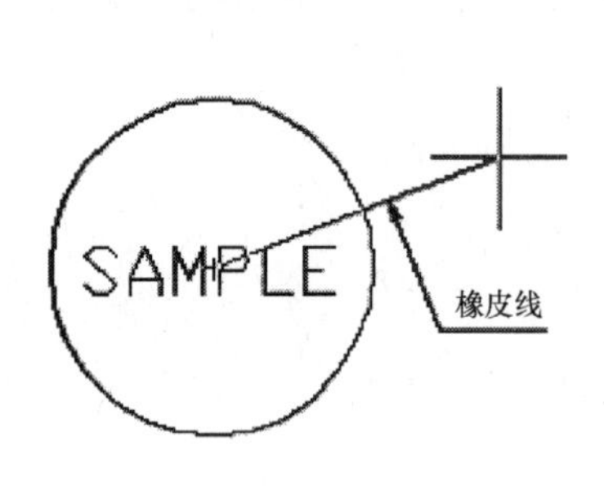

图 2-2-9-2　造设备示例图

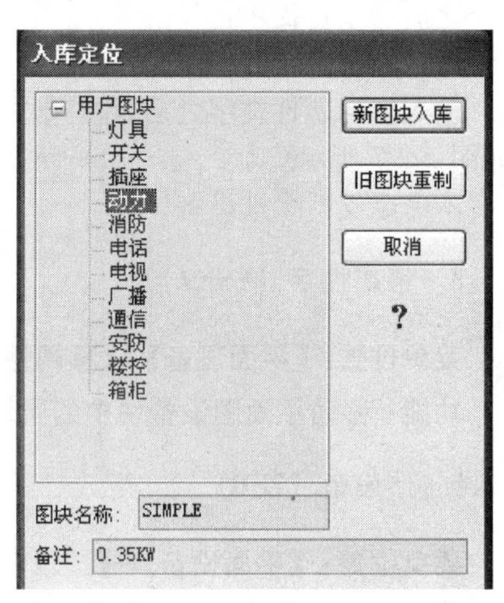

图 2-2-9-3　入库定位对话框

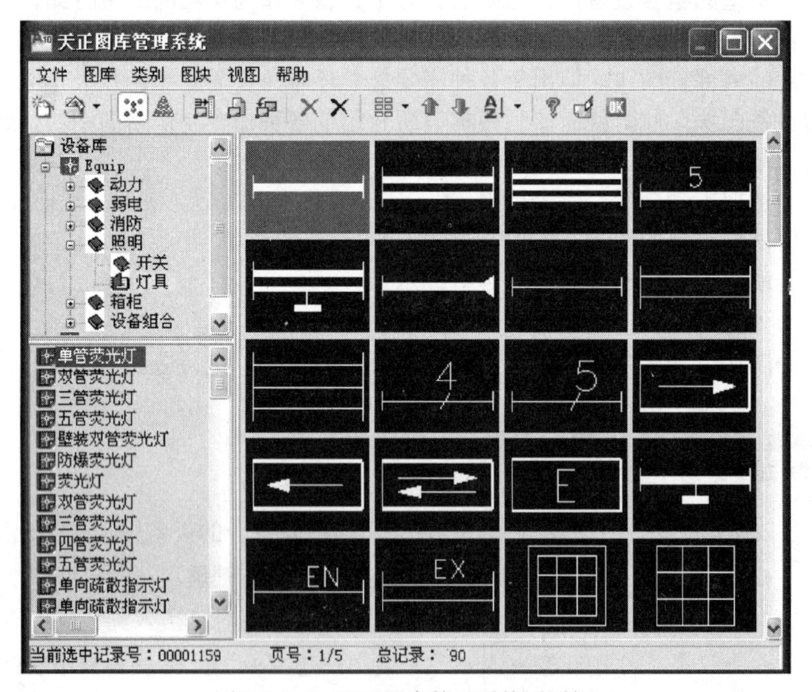

图 2-2-9-4　天正图库管理系统对话框

编辑完毕后会弹出如图 2-2-9-3 所示的［入库定位］对话框，此时弹出的图库为强电设备图库，在树状结构中选取所要入库的设备类型，并在［图块名称］编辑框中输入设备的名称，单击［新图块入库］按钮即可以存入所需的图块，当用户想要调用此图块，只需在插入图块时从［设备图块选择］对话框中选择设备类型，就会看见刚才所造设备被放在系统库设备的前面。如果单击［旧图块重制］按钮则会弹出如图 2-2-9-4 所示［天正图库管理系统］对话框，在图库的系统库或用户库中双击要被替换的设备块，则原先的图块被新的图块所替换，图块的位置不变，如果不输入新的名称则名称也不变。

例如用“沿墙布置”布置方式时进行设备组合图块插后，见图 2-2-9-5。

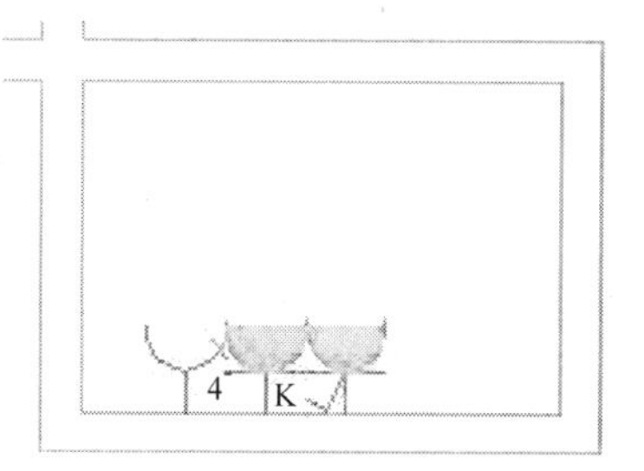

图 2-2-9-5 插入组合设备

建议：用户在新图中进行入库操作，以加快速度。

2.2.10 块属性（KSX）

菜单位置：【平面设备】→【块属性】

功能：在制作设备或元件图块时加入属性文字。

在造设备时，有些时候用户需要在设备中输入一些文字，此时用户可以通过此命令在所要造的设备图块中加入文字，在图块中加属性文字与加一般文字相比，优点是文字在图块插入时能始终保持水平位置，并且在图块插入后还可以用【改属性字】命令来修改该文字。不过用本命令插入的属性文字只能是英文的大写文字。执行本命令时，首先命令行提示：

请输入要写入块中的属性文字<退出>：

输入文字后，命令行提示：

请点取插入属性文字的点(中心点) <退出>：

点取要插入的点后，命令行提示：

字高<100.0>：

属性文字插入图中，注意这里的插入点是在文字的中心。

属性文字的编辑可以通过【改属性字】修改（详见 2.2.7），也可以通过双击带属性文字的设备来修改，双击后弹出如图 2-2-10-1 所示的［增强属性编辑器］对话框，来实现对属性文字的修改。

［增强属性编辑器］ 还可以实现对属性文字的相关编辑及设备块的特性编辑，详见图

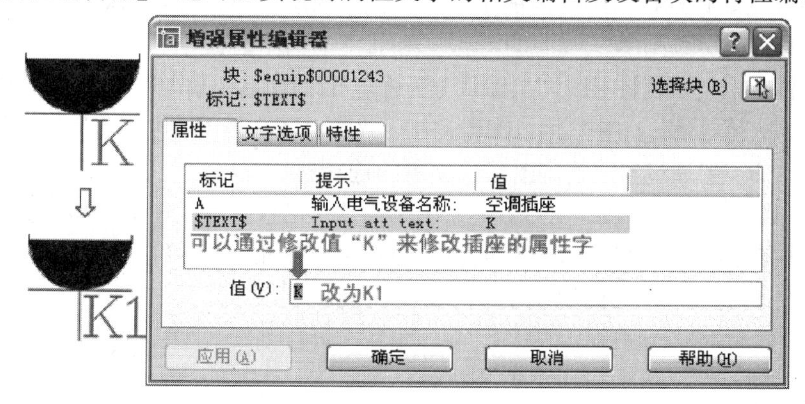

图 2-2-10-1 属性编辑

2-2-10-2、图 2-2-10-3 所示

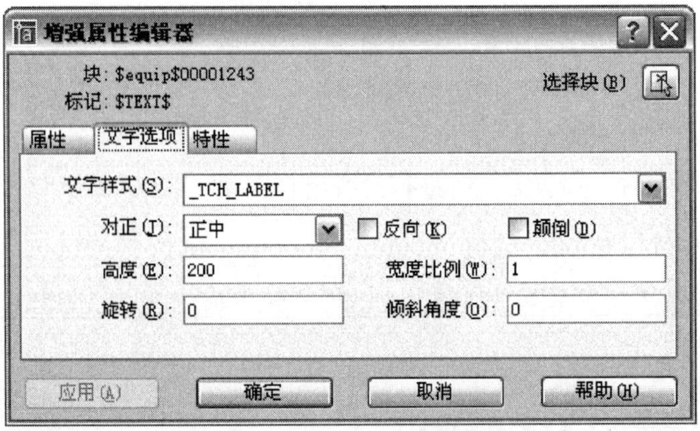

增强属性编辑器
块: $equip$00001243
标记: $TEXT$
选择块(B)
属性 | 文字选项 | 特性
文字样式(S): _TCH_LABEL
对正(J): 正中　反向(K)　颠倒(D)
高度(E): 200　宽度比例(W): 1
旋转(R): 0　倾斜角度(O): 0
应用(A)　确定　取消　帮助(H)

图 2-2-10-2　文字选项

图 2-2-10-3　设备块特性

2.3　导线

在平面绘图中导线占了很重要的一部分。其中主要包括了编辑导线和布导线两个部分，编辑导线主要是选择所画导线的宽度、颜色、图层、回路编号和标注，而平面布导线有【平面布线】、【系统导线】、【任意导线】和【配电引出】命令。

天正软件—电气系统将导线图层默认分为强电 6 个图层、弱电 9 个图层、消防 6 层；系统默认名称为火警电话、火警广播、火警控制、火警电源、WIRE-电视、WIRE-网络 等，用户可根据自己的需要通过勾选这些图层选项前的选择框，来决定是否选择和定制这些图层。如图 2-3-2 平面导线设置对话框所示，其中根据需要自己选择定义了火警电话层，名称“火警电话”可以根据需要自己修改，其他参数的修改与系统默认导线层的设置相同。

天正软件—电气系统的图层结构图（图 2-3-1）：

下面介绍一下对各导线层颜色、线宽、线型（可自创新线型）、标注的初始设置。

[平面导线设置]　可通过以下方式执行：

【初始设置】→电气设定→[平面导线设置]按钮；

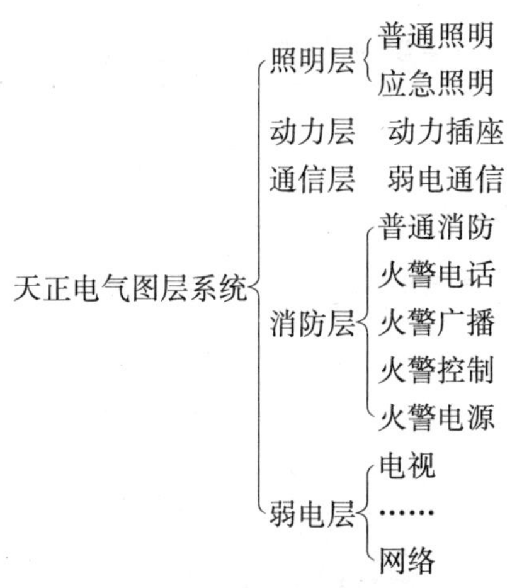

图 2-3-1　图层结构图

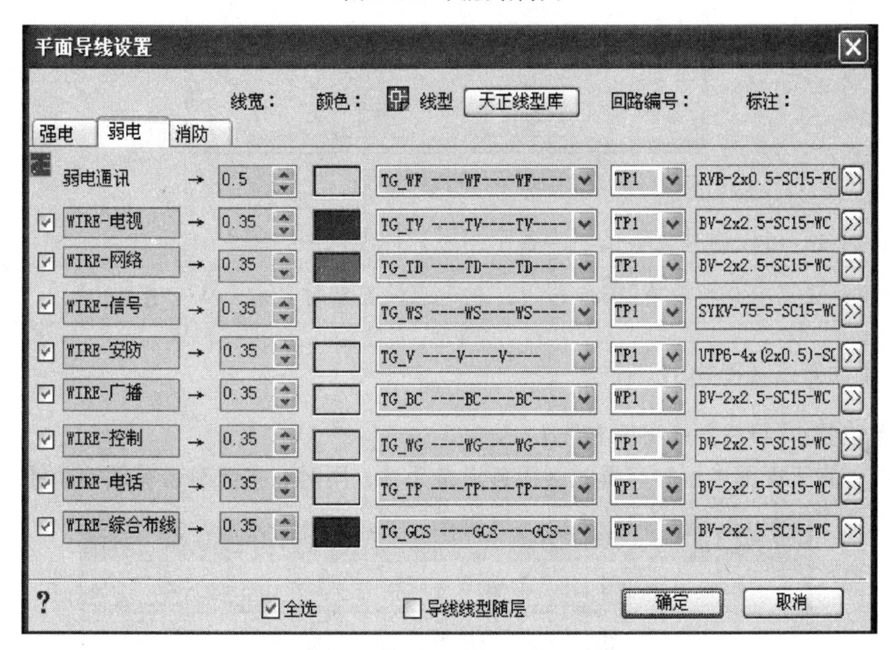

图 2-3-2　[平面导线设置] 对话框

【平面布线】→[导线设置]按钮；

[平面导线设置] 对话框中显示了各个导线层默认的线宽、颜色、线型和标注信息。

线宽：用户可以在线宽编辑框中输入或通过旋转按钮调整线宽。

颜色：如果单击每个导线层的颜色编辑框，会弹出 [选择颜色] 对话框，用户可以在这里选择导线层的颜色。

线型：用户还可以通过线型的下拉菜单选择需要的线型；如果没有需要的线型可以使用 [新建—F—] 按钮打开 [带文字线型管理器] 来实现线型的自定义功能（详细操作方式参照 1.6.4【线型管理】）。

标注：在 [标注] 编辑框中用户可以直接输入该导线层默认的导线标注，也可以通过单击编辑框旁边的按钮在弹出的图 2-3-3 [导线标注] 对话框中更改导线的标注（标注的具体修改方法详见 2.5.9 导线标注）。

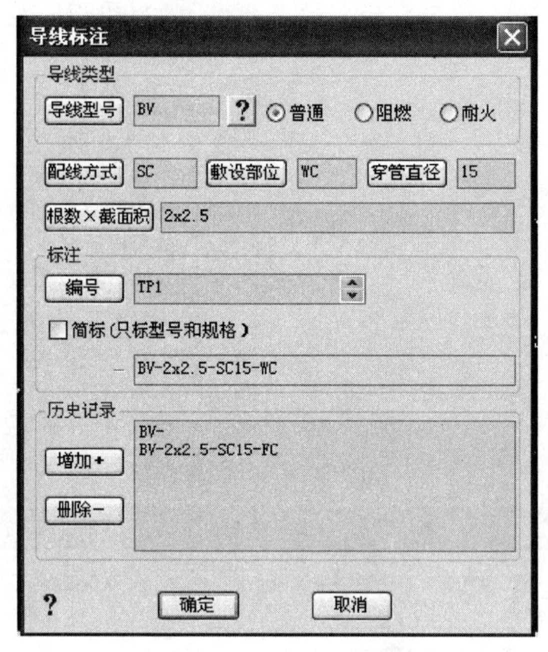

图 2-3-3　导线标注对话框

回路编号：可以通过旋转按钮为各个图层选择默认回路编号。

注意：设置项目前带有▣标志的，表示此设置只对当前 DWG 有效。

2.3.1　平面布线（PMBX）

菜单位置：【导线】→【平面布线】

功能：在平面图中绘制直导线连接各设备元件，同时在布线时带有轴锁功能。

图 2-3-1-1　选择当前导线层对话框

在菜单上或右键选取本命令后，弹出如图 2-3-1-1 所示的［设置当前导线层］对话框，该对话框的使用方法如下：

［导线层选择］ 下拉菜单，用户可以通过对话框左上角的［导线层选择］下拉菜单选择所绘制导线的图层。在下拉菜单中包括了 WIRE-照明、WIRE-应急、WIRE-动力、WIRE-消防、WIRE-通信等几个导线层，用户可以绘制导线的过程中随意选择和变更。

［颜色］ 编辑框显示当前导线图层的颜色。

［回路编号］ 按钮点击时会弹出如图 2-1-3-3 所示的［回路编号］对话框，在该对话框中的列表中用户可以选择回路的编号，同时用户可以在对话框下边的编辑框中直接输入需要的回路编号，通过［增加+］、［删除-］按钮在列表中添加回路的数据以便下次选择，最后单击［确定］按钮就可以把回路编号输入到［回路编号］编辑框中。

［回路编号］ 编辑框中可以输入设备和导线所在回路的编号，也可以通过旋转按钮控

制回路编号，该编号为以后系统生成提供查询数据。

［导线置上/下］、［不断导线］　下拉菜单，控制两相交导线的打断方式。

在选定了导线的一切数据后，屏幕命令行提示：

请点取导线的起始点 <退出>：

点取起始点后，会从起始点引出一条橡皮线，该橡皮线所演示的就是最后布线时导线的具体长度形状及位置。此时命令行会反复提示：

直段下一点｛弧段［A］/选取行向线(G)/回退［U］｝<结束>：

在旋转橡皮线时是按一定度数围绕起始点转动角度的，可以选择平行于某参考线（行向线），这样做的目的是为了出施工图美观。同时命令行会反复提示：

直段下一点｛弧段［A］/选取行向线(G)/回退［U］｝<结束>：

至<回车>结束（或单击鼠标左键，在弹出的对话框中选择［确定］即可）。可以键入“G”关闭或打开选择行向线功能。在操作过程中如果发现最后画的一段或几段导线有错误，可以键入“U”回退到发生错误的前一步，然后继续绘图工作。如果在绘制过程需要从绘直线方式改变到绘弧线的方式，可以键入“A”，命令行提示：

弧段下一点｛直段［L］/回退［U］｝<结束>：

点取下一点后，接着提示：

点取弧上一点：

此时可以根据预演的弧线确定弧线上的一点；反之，如果需要从绘弧线方式改变到绘直线方式，则可键入“L”。

导线与设备相交时会自动打断，并且画导线时是每点取一点后就会在两点之间连上粗导线，再提示用户输入下一点。

画导线过程中，如果需要连接设备，一般有两种情况：

1. 点取起始设备，再点取最后一个设备，那么在这两个设备所在的直线上或附近的设备会自动连接。（如图 2-3-1-2 所示）

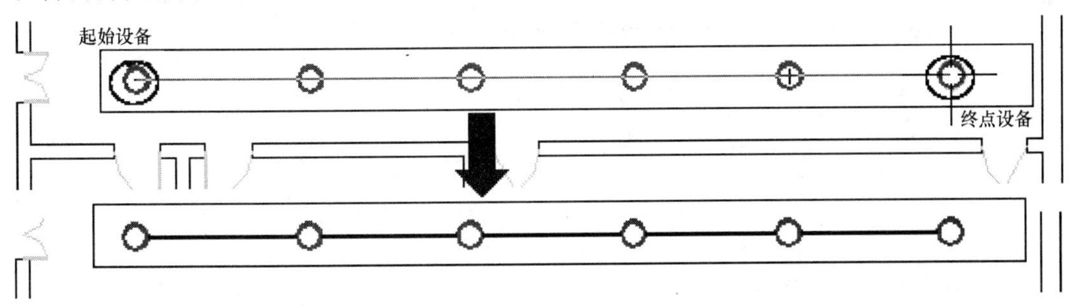

图 2-3-1-2　平面布线示例

2. 在每个设备图块一般只需点取一次，而且可以随便点在这个图块的任意位置，天正电气将按“最近点连线”原则，自动确定设备上接线点的位置。但如果您希望人为地控制设备上的出线点，则可以在同一设备上再点取一次，这时第二次点取到的设备上的点便作为下一点连接的接线点，而不再自动选择最近点作为接线点了。

所谓“最近点连线”原则是在画点与设备的连线或设备与设备的连线时都是取设备中距离对方最近的那个接线点作为连线点。这样画导线的优点是画设备间的连线时每个设备块只需点取一次，而且大多数情况下能画出理想的连线。另一方面，如果希望画出理想的连

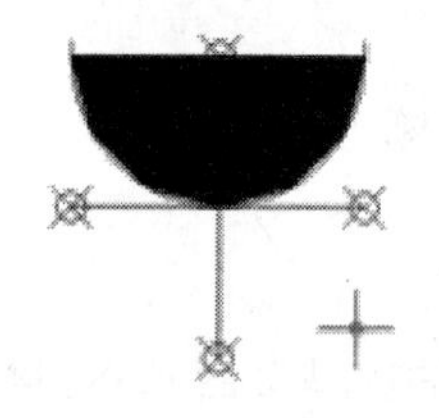
图 2-3-1-3　设备接线点

线，也需要您在自己制作设备图块时要在适当的位置设置一定数量的接线点（一般一个设备可设置 3、4 个接线点，如图 2-3-1-3）。

对于大部分设备块，天正电气都按“最近点连线”原则连线［如图 2-3-1-4（*a*）所示］；只有外形为圆的设备块，不用以此原则连线，而是采用连线的延长线经过圆心的原则［如图 2-3-1-4（*b*）所示］。

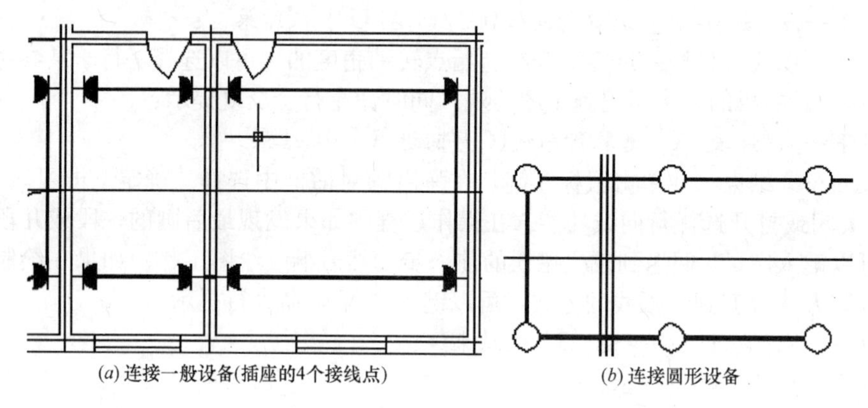
(*a*) 连接一般设备(插座的4个接线点)　(*b*) 连接圆形设备

图 2-3-1-4　通用布线连线原则示例

> **注意：**
> 1. 如果设备接线点不满意，可利用【造设备】的设备重制进行更正。
> 2. 在执行【平面布线】中如不希望以“最近点连线”原则，可在“直段下一点”的提示时再次点取本设备的接线位置。见图 2-3-1-5。

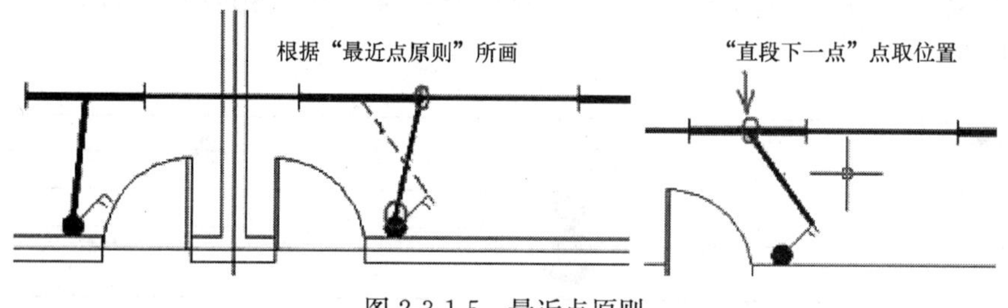

图 2-3-1-5　最近点原则

2.3.2　系统导线（XTDX）

菜单位置：【导线】→【系统导线】

功能：绘制系统图或原理图中导线，并在导线上按固定的间距画短分格线。

【系统导线】命令绘制导线便于利用分格导线上的分格来作为插入元件的基准点。

使用［系统导线］命令绘制的导线上按等间距绘有一条条短分格线，这些分格线的间隔为 750，恰好是元件块长度的一半。在导线上插入元件时，插入点应尽量选在分格线与导线的交点上，这样既能使图形美观，还可避免绘图的错误。

选取本命令后，弹出图 2-3-2-1 所示的［系统导线设置］悬浮式对话框，在这个对话框中用户可以通过一对互锁按钮选择是绘制母线还是馈线，还可以调整线宽编辑框确定所绘制系统导线的线宽；单击母线或馈线所对应的颜色编辑框可以弹出［选择颜色］对话框，选择系统导线的颜色；如果选定［绘制分格线］选择框者所绘制的馈线带有分格线，否则没有分格线；如果选定［空心母线］选择框则所绘母线为空心母线，否则为实心母线（如图 2-3-2-2 所示）。

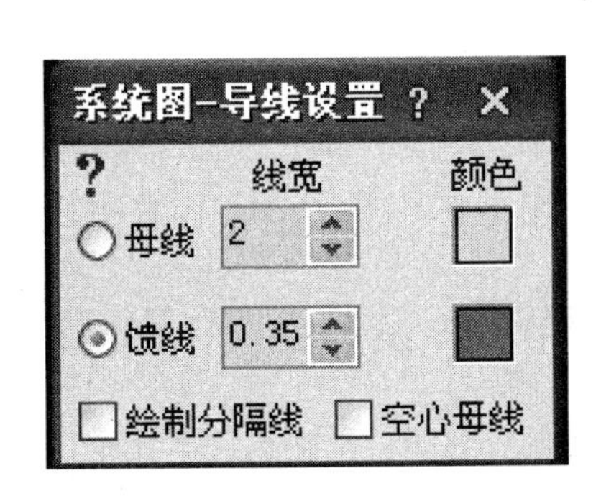

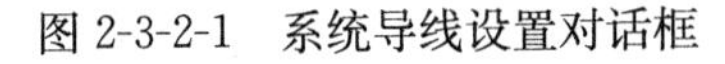
图 2-3-2-1　系统导线设置对话框

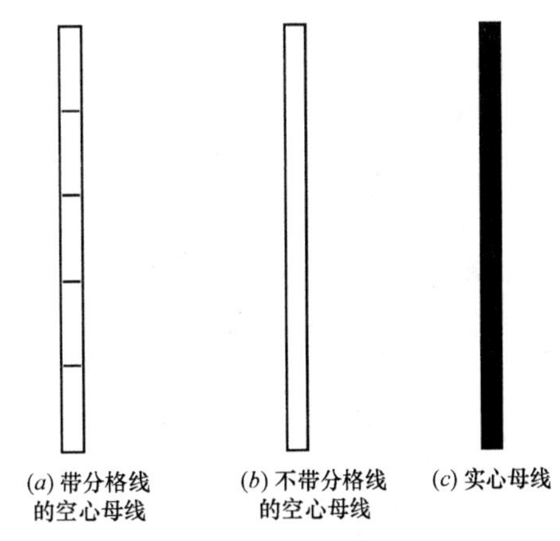

图 2-3-2-2　系统母线示例图

系统导线
- 母线
  - 空心母线
  - 实心母线
- 普通导线

设置好系统导线数据后，屏幕命令行提示：

请点取导线的起点{回退[U]}＜退出＞：

点取起始点后，反复提示上面的话，在操作过程中如果发现最后画的一段或几段导线有错误，可以键入“U”回退到发生错误的前一步，然后继续绘图工作。直至＜回车＞退出。

用本命令绘制的导线与【平面布线】绘制的有三点不同：

（1）以距离为 750（元件长度的一半）倍数绘制导线，还可以根据需要在导线上以 750 为间隔插入分格线。

（2）只能用于绘直导线，不能绘弧线。

（3）因为系统图导线都是垂直或水平的，所以“正交”。

当需要在绘制的导线中插入元件图块时，应尽量用本命令来绘制导线。

> **窍门：**插入分格线的优点在于可以保证对齐插入元件后，出图前可在【电气设定】中关闭分隔层。如果用户不习惯绘制分格线，也可在【电气设定】中修改［绘制分格线］默认设置。

2.3.3　任意导线（RYDX）

菜单位置：【导线】→【任意布线】

功能：在平面图中绘制直或弧导线。

在菜单上或右键选取本命令后，会弹出图 2-3-1-1 所示的［选择当前导线层］对话框，该对话框的使用方法参考 2.3.1【平面布线】绘制。

同时屏幕命令行提示：

请点取导线的起始点：(当前导线层->WIRE-照明；宽度->0.20；颜色->红)或{点取图中曲线[P]/点取参考点[R]}<退出>：

点取起始点后，命令行反复提示：

直段下一点{弧段[A]/回退[U]}<结束>：

直至<回车>退出画导线程序。在画直线过程中如果需改为画弧线，可键入“A”，提示就改为：

弧段下一点{直段[L]/回退[U]}<结束>：

在这个提示下点取下一点后，接着提示：

点取弧上一点{输入半径[R]}：

可以以三点定弧的方式画弧线，也可以输入曲线半径画弧线。如果要再改回画直线，就键入“L”。

如果用户想由图中的某 LINE、ARC 线或 PLINE 线生成导线，则在执行本命令后根据提示键入“P”，则命令行接着提示：

选择一曲线(LINE/ARC/PLINE)：

用户可以从图中选取一条直线、曲线或 PLINE 线，就会发现该选中线上方覆盖了一条导线，而原来的线仍然存在。

此种方法与【平面布线】命令不同点是：画导线时与设备相交时并会自动打断，并且画导线时是先画出细导线的模拟图，等用户［确定］后，才把细导线加粗。

2.3.4 配电引出（PDYC）

菜单位置：【导线】→【配电引出】

功能：从配电箱引出数根接线。

在菜单上或右键选取本命令之后，屏幕命令行提示：

请选取配电箱<退出>：

根据提示用户在图上点取要引出导线的配电箱，并且是配电箱上引出导线的端线，所谓连接引出导线的端线是指配电箱图块上要画引出线的那条直线边。点取端线后，弹出如图 2-3-4-1 所示的［箱盘出线］对话框，从此对话框中用户可以设置箱盘出线的方法，以及引出导线在图中的布置位置。这里我们为配电箱引出导线提供了两种方法：直连式和引出式，这两种方法在对话框中设为了互锁栏。用户可以根据图纸的情况选择不同的引出导线的方法。具体操作方法如下：

(1) 直连式就是引出的多条导线直接连在配电箱上，这种方法会改变配电箱大小。选择直连式时，点取配电箱上连接引出导线的一条端线，同时就会发现在这条端线上会有与［箱盘出线］对话框中［分支数量］编辑框中数目相同的橡皮线拉伸，而每两条引出导线之间的距离可以通过［分支间距］编辑框进行调整，初始间距由所选配电箱的端线的长度和初始分支数量相除得到（如图 2-3-4-2（*a*）所示），同时每条引出导线长短都相差一个［分支间距］的距离，可以通过鼠标的移动来调整是从配电箱左还是右逐个减少长度，这样方便用户向左或向右引出与配电箱引出线相连的回路导线，如果用户选择了［等长引出］选择框，则配电箱引出导线等长。预演过程中同时可以通过［箱盘出线］对话框进行调整。用户由预演图中调整合适后，单击鼠标左键就会根据预演图绘出配电箱引出导线，同时会自动调整配电箱到合适大小（如图 2-3-4-2（*b*）所示，分支数量=6、分支间距=250）；同时用户可以在［起始编号］编辑框中输入回路的起始编号，这样就会按照此起始编号依次对每个回路进行编号，并且依次递增回路编号的序号；在导线选择的下拉菜单中用户可以选择引出导线所在层。

图 2-3-4-1　箱盘出线对话框

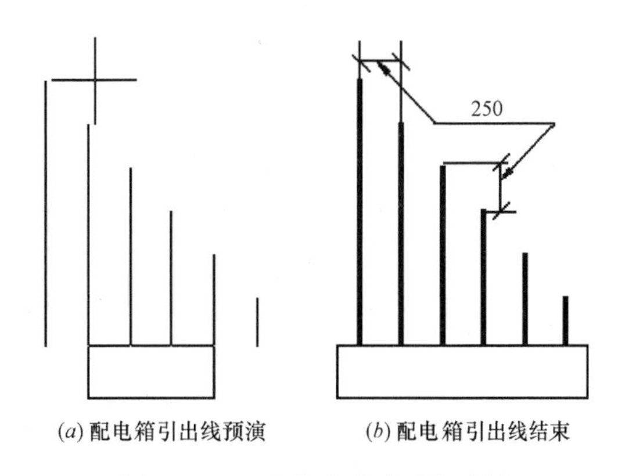

图 2-3-4-2　配电直连式引出示例

（2）引出式就是通过一条导线把所有的引出导线连接起来，这样可以不改变配电箱的大小。选择引出式时，同直连式一样点取一条端线，也会预演引出导线的分布情况。这时［箱盘出线］对话框中［引线距离］编辑框变为可编辑状态，在里面可以输入引出线的长度，对话框中其他项的使用方法与直连式相同（如图 2-3-4-3（*a*）所示）。当画完引出导线后，配电箱大小不变（如图 2-3-4-3（*b*）所示，分支数量=6、分支间距=250、引线距离=300）。

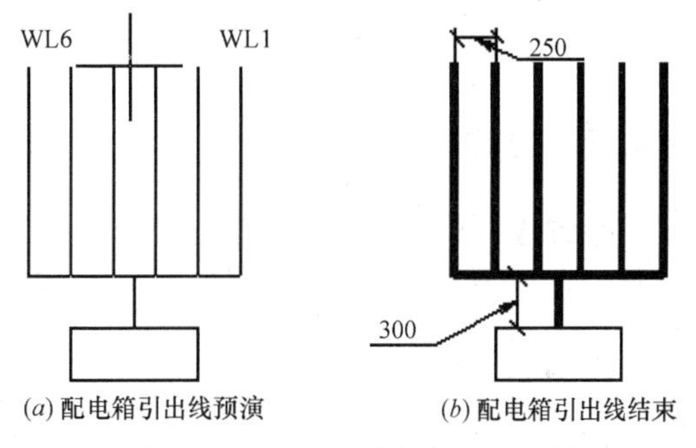

图 2-3-4-3　配电引出式引出示例

在用本命令绘出配电箱引出线后，回路编号会自动给出，天正电气所给出的回路编号如图 2-3-4-3（*a*）所示，从右到左分别为 WL1、WL2、……WL6。如果想更改回路编号，用户可用【标注统计】→【回路编号】进行调整。配电箱名称可在【电气设定】中进行修改。

注意：【弱电系统】—【分配引出】命令与本命令类似。

2.3.5　插入引线（CRYX）

菜单位置：【导线】→【插入引线】

功能：插入表示导线向上、向下引入或引出的图块。

在菜单上选取本命令后，弹出如图 2-3-5-1 所示的［插入引线］对话框，此对话框为悬浮式对话框，用户可以选择上引线、下引线、上下引线和同侧双引四种形式，同时可以通过选择［箭头转向］和［引线翻转］选择框来调整箭头形式达到用户的要求，并可在引线大小下拉列表中选择引线的大小。

同时屏幕命令行提示：

请点取要标出引线的位置点 <退出>：

点取要插入的位置，则引线的图块插入在指定位置。

表示引线的图块共有四种（如图 2-3-5-2 所示）。利用本命令菜单上面的［引上］开关菜单项可控制要插入的引线图块类型。插入后的引线箭头位置形式如果不合适，可用［引线翻转］命令和［箭头转向］命令修改。

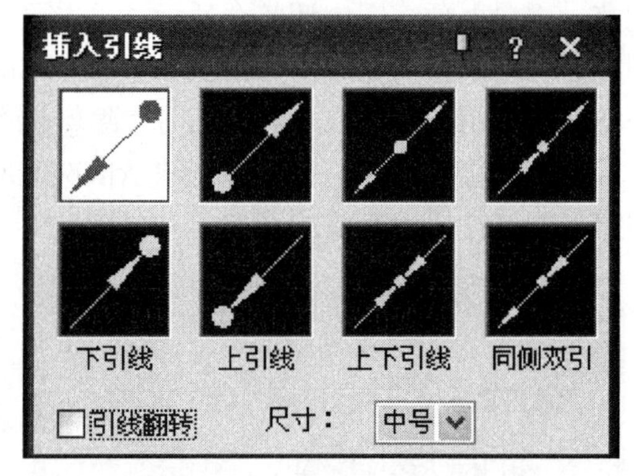

图 2-3-5-1　插入引线对话框

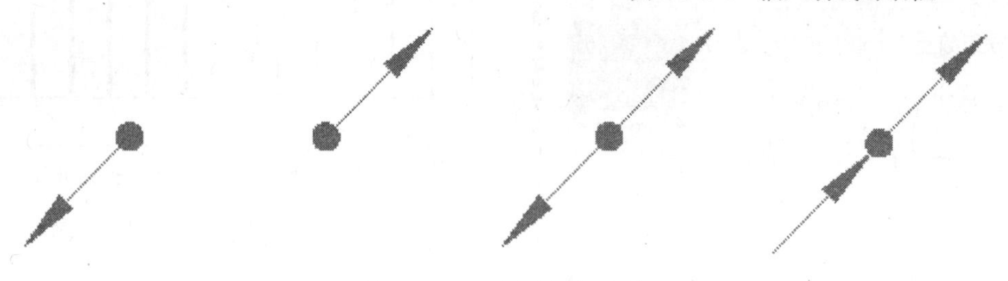

图 2-3-5-2　上下引线示例

2.3.6　引线翻转（YXFZ）

菜单位置：【导线】→【引线翻转】

功能：将插入的引线图块做以 Y 轴为翻转轴的镜向翻转。

图 2-3-6-1　【引线翻转】右键菜单　　　　图 2-3-6-2　【引线翻转】示例

右键菜单位置是选择一个引线箭头后单击鼠标右键弹出如图 2-3-6-1 所示右键菜单，选择［引线翻转］。

在菜单上选取本命令后，屏幕命令行提示：

请选定一个要翻转的引线 <退出>：

用拾取框拾取要翻转的引线图块后，这个图块做镜像翻转（如图 2-3-6-2 所示）。

2.3.7　箭头转向（JTZX）

菜单位置：【导线】→【箭头转向】

功能：改变用【上下引线】命令插入的引线图块箭头的指向。

右键菜单位置是选择一个引线箭头后单击鼠标右键弹出如图 2-3-7-1 所示右键菜单，

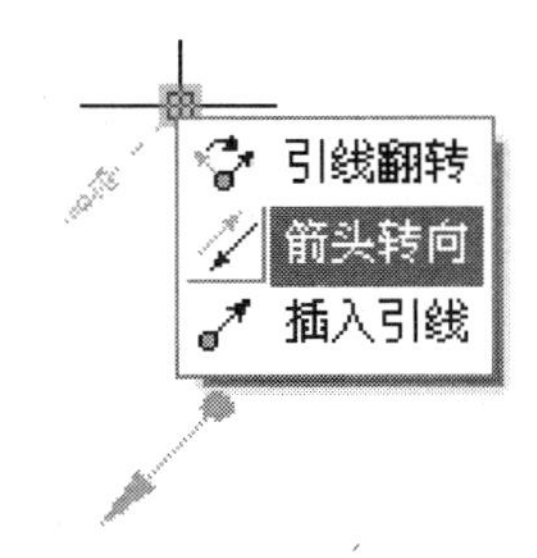

图 2-3-7-1　【箭头转向】右键菜单

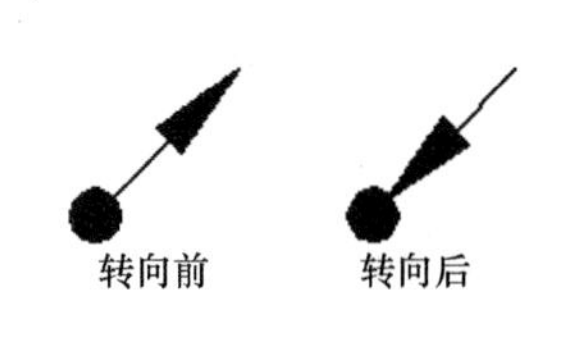

图 2-3-7-2　【箭头转向】示例

选择［箭头转向］。

用［上下引线］命令插入的引线图块，箭头方向都是从引线点向外的。如果希望箭头的指向改变方向，可使用本命令。在菜单上选取本命令后，命令行提示：

请选定一个要翻转的引线<退出>：

拾取后，箭头转向完成（如图 2-3-7-2 所示）。

2.3.8　沿墙布线

菜单位置：【导线】→【沿墙布线】

功能：以墙线、Line 线、弧线做参考，平行绘制导线。

右键菜单位置 选择导线后单击鼠标右键则弹出如图所示的右键菜单，选择［沿墙布线］。

在菜单上或右键选取本命令后，命令行提示：

请点取导线的起始点［输入参考点(*R*)］<退出>：

取起始点后，此时命令行提示：

请拾取布置导线需要沿的直线、弧线<退出>：

点击布置导线需要沿的墙线或者直线、弧线后，命令行提示：

请拾取布置导线需要沿的直线、弧线<退出>请输入距线距离<1021>：

输入距离参照线的距离 500，则绘制出距参照线 500 的导线，下一步只需点击参照线，则自动绘制出距离参照线 500 的导线，如图 2-3-8。

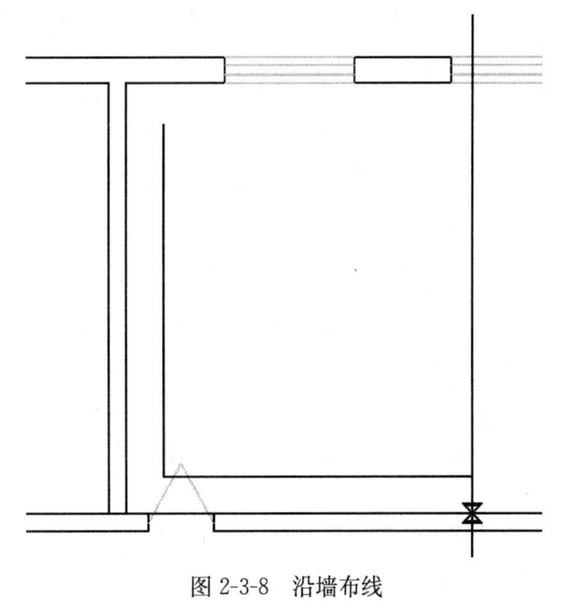

图 2-3-8　沿墙布线

2.4　编辑导线

编辑导线主要是对已经布好的导线进行修改。【导线置上】、【导线置下】等命令主要用于与其他导线或设备相交处断开，其他几个命令主要是对导线本身进行处理。

天正软件—电气系统对导线的编辑新增两大特征：

（1）双击导线，弹出编辑导线对话框，并对其进行编辑。

（2）特性匹配功能（通常所说的格式刷），可以对导线之间的信息进行拷贝；也可以将普通 LINE 线或 PLINE 线刷为天正导线。

2.4.1　编辑导线（BJDX）

菜单位置：【导线】→【编辑导线】

功能：改变导线层、线型、颜色、线宽、回路编号和导线标注信息。

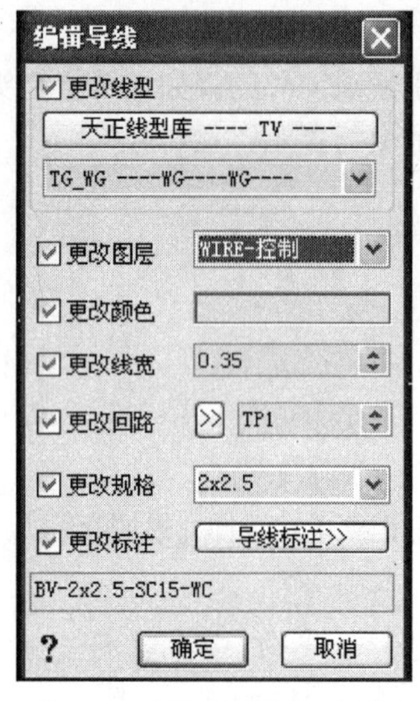

图 2-4-1 【编辑导线】对话框

在菜单上或右键选取本命令后，命令行提示：

请选取要编辑导线＜退出＞：

选取要编辑的导线后，弹出如图 2-4-1 所示的［编辑导线］对话框，用户可以在此对话框中对所选导线的所有信息和属性进行修改。在此对话框中可以看到包括［更改图层］、［更改线型］、［更改颜色］、［更改线宽］、［更改规格］、［更改回路］和［更改标注］几个选择框，用户如果要更改导线的某个属性只需选中要修改的选择框，这时就会看见后面的编辑框或下拉菜单变成可编辑的状态，只需从这些选项中选择或输入新的信息就会更改导线的属性；对［导线标注］按钮点击后会弹出［导线标注］对话框中更改导线的标注，标注的具体修改方法将在 2.5.9 导线标注中讲解。

在天正软件—电气系统中可以直接绘特殊照明线、通信线及弱电线路等特殊线型。同时也可以通过此命令对已画如图中的导线类型进行更改。

在天正软件—电气系统中的特殊线型中增加了 TV 线、电话线等弱电导线，用户也可以通过【自定义带文字线型管理器】自己制作弱电导线（详细方法参见 1.6.4【线型管理】命令）。

> **注意：**特殊线型如“避雷线”“接地线”需要字体文件 sr.shx 才能在非天正系统下打开，建议用户用命令【避雷线】【接地线】绘制，就不会有上述问题出现。

2.4.2　线型比例（XXBL）

菜单位置：【导线】→【线型比例】

功能：改变虚线层线条的线型，同时可改变特殊线型虚线的线型。

在菜单上选取本命令后，如果原来图中虚线层上的线为连续线型，则屏幕命令行提示：

请选择需要设置比例的线＜退出＞：

根据命令行提示选择要改变线型的导线后，命令行接着提示：

请输入线型比例 ＜1000＞：

此时可以输入一定的线型比例，数字越大，虚线中每条短线的长度和间隔就越大。对于 1∶100 的出图比例，默认线型比例为 1000。输入这个比例后，天正电气将虚线层上的线变为虚线。如果图中虚线层上的线原来就是虚线，则在选取本命令后将这些虚线都变为连续线。

2.4.3　导线置上（DXZS）

菜单位置：【导线】→【导线置上】

功能：将与被选中导线相交的导线或设备在相交处截断。

在菜单上或右键选取本命令后，命令行提示：

请选取导线<退出>：

此时可选取直导线，当选择了多根导线时，命令行会提示用户确定唯一的直线。与被选中导线相交的所有导线均在相交处被截断。为了使出图达到理想的效果，用户可以根据自己的需要调整导线打断的间距，调整的方法需要使用【初始设置】命令（即【选项】中的【电气设定】），弹出【选项】对话框。在【平面图设置】栏中的【导线打断间距】编辑框中输入打断间距即设置完毕，如图 2-4-3 所示。

图 2-4-3　设置导线打断间距

> **注意：** 平面统计导线及管时，系统未考虑导线打断部分误差。

2.4.4　导线置下（DXZX）

菜单位置：【导线】→【导线置下】

功能：将被选中导线在与其他导线或设备相交处截断。

在菜单上或右键选取本命令后，命令行提示：

请选取要被截断的导线<退出>：

可以选取一根或多根导线，同样命令行会提示用户确定唯一一根导线。选中的导线在与其他导线或设备块相交处被截断。同【导线置上】一样打断间距也是由【初始设置】中的【导线打断间距】确定。

【导线置上】命令与【导线置下】命令的不同点从图 2-4-4 可以看出。

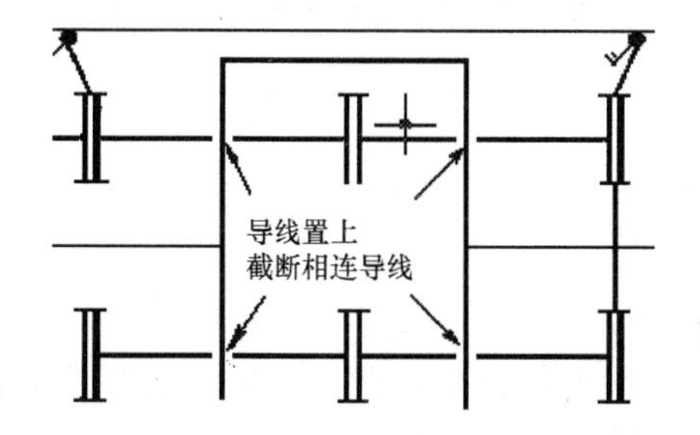

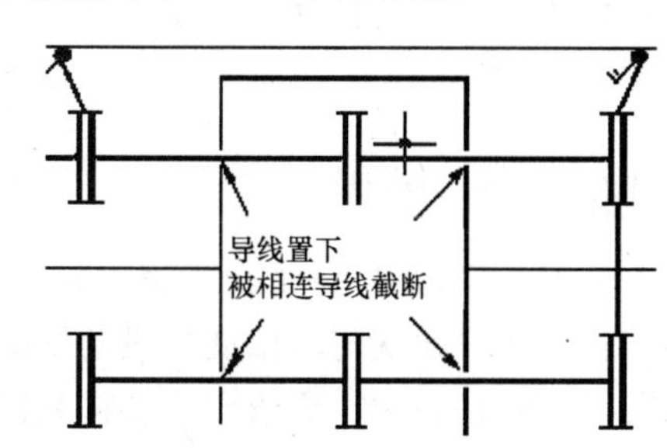

图 2-4-4　导线置上、导线置下示意图

> **注意：** 在菜单上选择【导线置上】和【导线置下】时，可以用框选选择图中所有的导线，这时选择范围内的所有相交导线都会自动打断进行处理。

2.4.5 断导线（DDX）

菜单位置：【导线】→【断导线】

功能：用选定导线上两点的方法，截断导线。

本命令主要用于【导线置上】和【导线置下】命令不能满足需要的情况，手动打断一段直线。在菜单上或右键选取本命令后，命令行提示：

请选取要打断的导线 <退出>：

从图中选取需要打断的直线，同时所选的点也就是导线上要打断的起始点，选定后命令行接着提示：

再点取该导线上另一截断点 <退出>：

按提示在导线上选取另一截断点后，导线在这两点间被截断。本命令适用与所有导线层导线，对空心母线同样适用，如图 2-4-5 打断空心母线示例图所示。

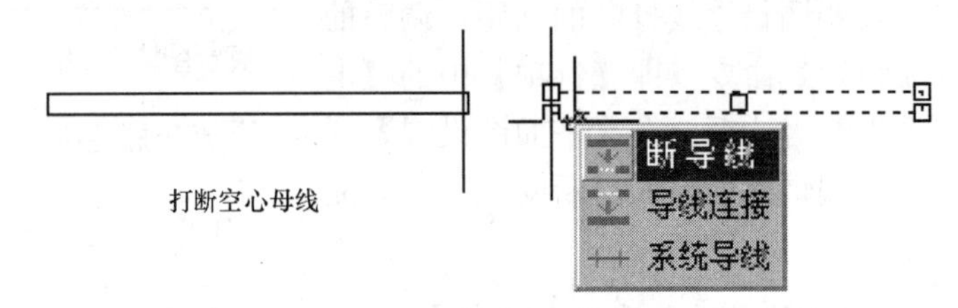

图 2-4-5　断空心母线示例图

2.4.6 导线连接（DXLJ）

菜单位置：【导线】→【导线连接】

功能：将被截断的两根导线连接起来。

在菜单上或右键选取本命令后，命令行相继提示：

请拾取要连接的第一根导线<退出>：

再拾取第二根导线<退出>：

根据提示拾取要相连的两根导线后，这两根导线被连接起来。在连接弧导线时，拾取弧导线上的点要选在靠近连接处的一端。

> **注意：**【导线连接】命令只能选择 2 根被打断的导线，即要求他们在同一直线或同一弧线上。

2.4.7 断直导线（DZDX）

菜单位置：【导线】→【断直导线】

功能：将直导线从与其相交的设备块处断开。

在布导线时，有时需要依次连接排列在一条直线上的设备，此时可先用【任意布线】命令连接两端的两个设备块［如图 2-4-7（*a*）］，然后用本命令将这条导线从设备块处断开［如图 2-4-7（*b*）］。在菜单上选取本命令后，屏幕命令行提示：

请点取一根要从设备处断开的导线 <退出>：

用拾取框拾取这根导线后，选中的导线便从与之相交的设备块处断开。与【平面布线】

一样，两设备之间连线遵循“最近点连线”的原则。

本命令对弧导线无效。

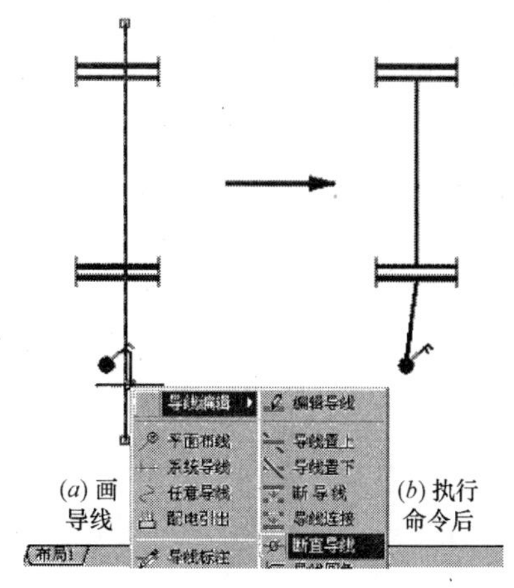

图 2-4-7 【断直导线】示例图

2.4.8 导线擦除（DXCC）

菜单位置:【导线】→【导线擦除】

功能：擦除各导线层上的导线。

在菜单上或右键选取本命令后，屏幕命令行提示：

请选取要擦除的导线 <退出>：

用 AutoCAD 的各种选图元的方法选中要擦除的导线后，选中的导线被擦除。用本命令选取导线时可以不必担心选中除导线外的其他图元。

2.4.9 擦短斜线（CDXX）

菜单位置:【导线】→【擦短斜线】

功能：专门用于擦除接地线、通信线等特殊线型中的短斜线的命令。

在菜单上或右键选取本命令后，屏幕命令行提示：

请选取要擦除的导线中的短斜线 <退出>

选取后，选中短斜线被擦除。由于本命令是专用于擦短斜线的，因此选取时不会选中其他图元。本命令主要是用于擦除那些擦特殊线型粗导线时偶然遗留下来的短斜线。

2.4.10 导线圆角（DXYJ）

菜单位置:【导线】→【导线圆角】

功能：将直导线之间用弧导线相连。

在布导线时，有时需要对工程图中一些特殊情况的导线用弧导线相连，此时可用【导

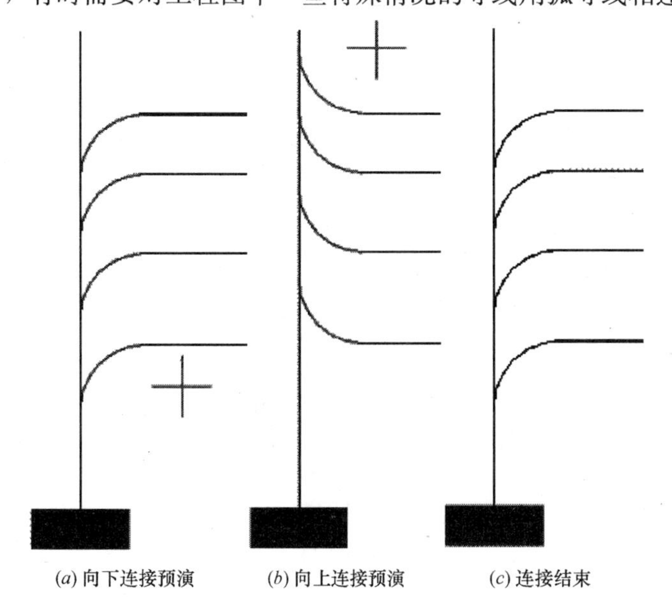

图 2-4-10 【导线圆角】示例图

线圆角】命令进行处理。在菜单上选取本命令后，屏幕命令行提示：

请拾取连接的主导线＜退出＞：

根据命令行提示拾取一根要连接的主导线后，命令行接着提示：

请拾取要圆角的分支导线＜倒拐角＞：

再选取一组需要与主导线相连的分支导线，选定后命令行接着提示：

请输入倒角大小 ＜500＞：

输入连接分支导线与主导线之间弧导线的倒角大小，此时会在主导线与分支导线之间的钝角方向连接一条指定倒角的弧导线。当分支导线与主导线之间垂直时可以用鼠标拖拽动态演示弧导线的连接方向（如图 2-4-10【导线圆角】示例图所示），本命令对弧导线无效。

注意：倒角大小为 0 时，可实现若干根导线同时延长某根导线。

2.4.11 导线打散（DXDS）

菜单位置：【导线】→【导线打散】

功能：将 PLINE 导线打断成 *n* 个不相连的导线。

在布导线时，系统根据初始设置“布线时相邻 2 导线自动连接”可将连续绘制的导线连成一根导线。有时需要把这根导线打散时，可用此命令。在菜单上选取本命令后，屏幕命令行提示：

请选取要打散的导线＜退出＞：

2.4.12 开关连灯（KGLD）

菜单位置：选中灯具或开关右键→【开关连灯】

功能：自动连接开关和最近的灯。

选中灯具或开关，单击鼠标右键弹出如图 2-4-12-1 所示的右键菜单，将鼠标移到［开关连灯］点击鼠标左键即可。

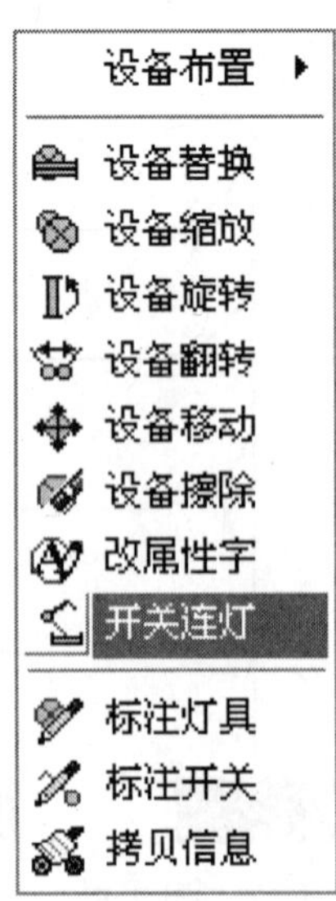

图 2-4-12-1　【开关连灯】菜单位置

在右键菜单上选取本命令后，命令行提示：

请选择开关<退出>：

框选需要连接灯具的开关后，命令行提示：

请选择开关<退出>：指定对角点：找到 8 个：

执行过程及执行结果如图 2-4-12-2 所示。

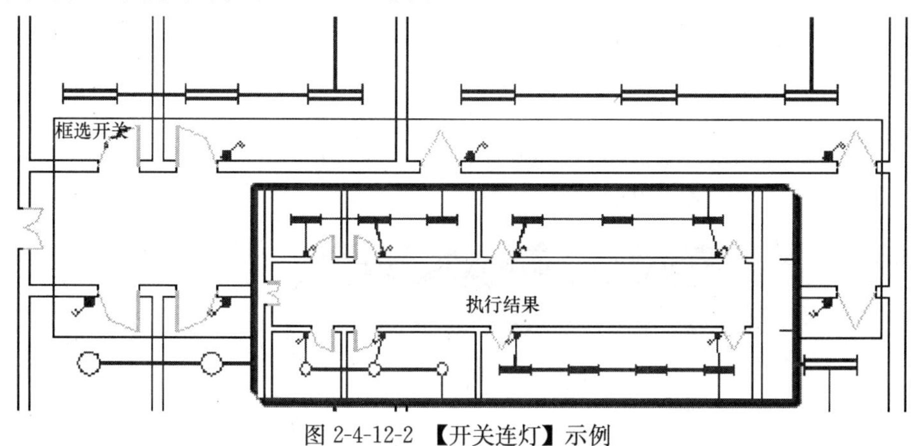

图 2-4-12-2 【开关连灯】示例

2.5 标注与平面统计

一般意义的平面图标注就是为图中的导线、设备标上其型号、规格、数量等。但天正软件—电气系统的标注命令除了在图中写入标注文字外，还将一些标注信息附加在被标注的图元上，以便生成材料表时搜取使用。

天正软件—电气系统在对平面图中的导线和设备进行标注时，共完成两方面的工作：一方面在图中写入标注内容，另一方面将标注的有关信息附到被标注的导线或设备图块上。这样在造材料统计表时，天正软件—电气系统能够自动搜索附加在导线和设备上的信息，从而统计出其型号和数量。另外附加在导线和设备图块上的信息还可以在下一次被重新标注时，或对其他导线和设备进行标注时被利用。

如果您想在造统计表时利用天正软件—电气系统的自动搜索功能得到比较准确和尽可能多的信息，就要在进行标注时遵守规则，尽量标注准确、完全；反之如果不需要天正软件—电气系统帮助您造材料表，或对材料表中的数据准确程度不太在乎，标注时就可以随便一些。

插入在平面图中的设备图块虽然可能是来自不同的图块库，但在插入后图块本身并未带有任何标记，一个图块放在灯具库还是放在开关库完全是人为的划分，只是为了图块插入时选择方便。真正为设备图块打上标记是在对这个图块进行标注之后。进行标注之后 的设备块，造材料统计表时才能分辨其类型，否则不管是什么设备，都归在“未注设备”一类里。【导线标注】和【标导线数】的标注内容并不可以在【造统计表】时被利用，不被列入表中。

2.5.1 设备定义（SBDY）

菜单位置：【标注统计】→【设备定义】

功能：对平面图中各种设备进行统计显示在对话框上同时可以对同种类型的设备进行

信息参数的输入和修改，同时将标注数据附加在被标注的设备上。

设备标注开始前我们首先要讲一下【设备定义】命令，虽然对于每种设备我们都可以单独进行参数信息的定义，可是通过本命令可以统计出图中所有的设备，并对每类设备进行赋值，这样做的好处是可以对图中所有的设备进行参数赋值避免遗漏，同时同类设备只需赋值一次，如果该类设备中有几种不同的设备参数，再用下面所介绍的【标注灯具】等命令分别修改设备参数即可。

在菜单上选取本命令后弹出如图 2-5-1 所示的［定义设备］对话框，在对话框上方有［灯具参数］、［开关参数］、［插座参数］、［配电箱参数］和［用电设备］五个标签，每个标签所代表的表格中都列出了如标签题目所示的相应设备的标注信息，用户可以点击上面的标签进行各类设备表格的更换。

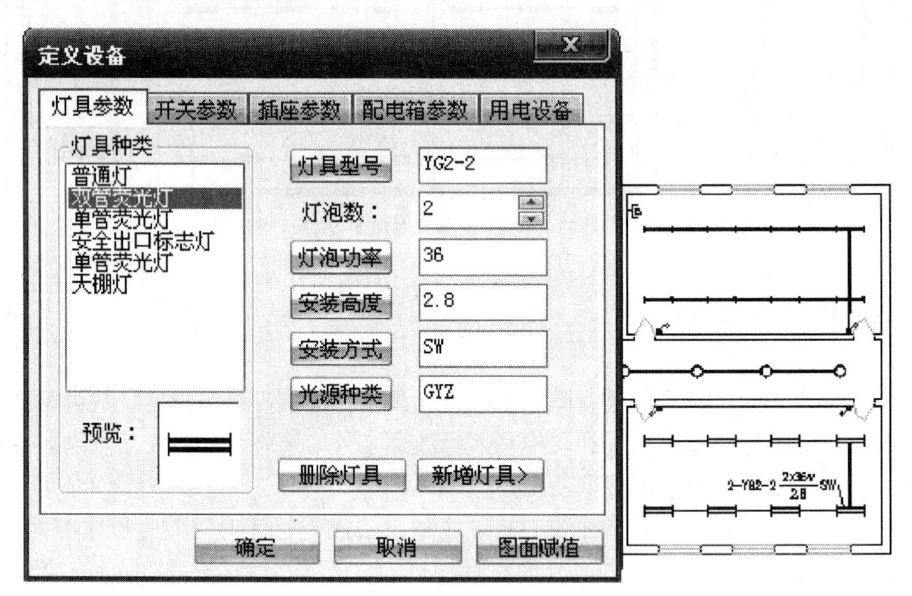

图 2-5-1 设备定义对话框

每张表格的形式都差不多，在表格的左边的列表框中列出了图中所有的属于该类设备的名称，同种类型的设备只列出一次。当选择其中一种设备后会在列表框的下方显示出该种设备的演示图，同时会在表格的右边列出该种设备的所有需要参数，在此对话框中分别输入［灯具型号］、［灯泡数］、［灯泡功率］、［安装高度］、［安装方式］和［光源种类］等编辑框的参数后（并不要求输入所有的参数），单击［确定］按钮后即完成了对该灯具的参数输入，也可以单击每个参数前面的按钮，则弹出该种参数的选择对话框，用户可以在该对话框中选择、增加或删除参数数据。对于［开关参数］、［插座参数］、［配电箱参数］和［用电设备］几个标签中参数的输入的方法是一样的，只是所需设备参数不同而已。在这个对话框中也可以对该类型设备的参数进行修改，修改完毕后单击退出本对话框并储存修改数据，单击［取消］按钮则退出本对话框但参数数据不变。需要注意的是当用此方法进行设备参数的输入或修改后，则该种类型的所有设备参数都相同，也就是以刚输入数据为准。如图 2-5-1 所示的图中当在左边的列表中选择二管荧光灯，在下面的预演框中会演示二管荧光灯的幻灯片，同时会在右边各参数编辑框中显示出该设备的各项参数，如果单击［确定］按钮则图中所有投光灯的参数以上图中的参数为准，如果不想改变其他投光灯的参数只需单击［取消］按钮即可。

2.5.2 拷贝信息（KBXX）

菜单位置：【标注统计】→【拷贝信息】

功能：可复制图中已有设备的信息至目标设备（此命令也可用于导线之间信息的复制拷贝，但回路信息无法拷贝）。

在菜单上或右键选取本命令后，屏幕命令行提示：

请选择拷贝源设备或导线(左键进行拷贝,右键进行编辑)<退出>

本命令采用动态显示技术，当鼠标划过图元时，信息自动显示。根据命令行提示选择要拷贝信息的源设备或导线，单击鼠标左键则拷贝信息，否则单击右键弹出相应设备或导线的参数输入对话框，在该对话框中进行修改可以更改设备或导线参数信息。

选择好源设备后，命令行接着提示：

请选择拷贝目标设备或导线(同时按 CTRL 键进行编辑)<退出>

单击要拷贝信息的目标设备则源设备或导线的各项参数都已经拷贝到目标设备或导线上，我们可以通过下面的例子进行操作讲解。

例：在已执行过【设备定义】的图中，新增单管荧光灯（因此他们无信息），拷贝已有单管荧光灯信息，赋值并检查。如图 2-5-2。

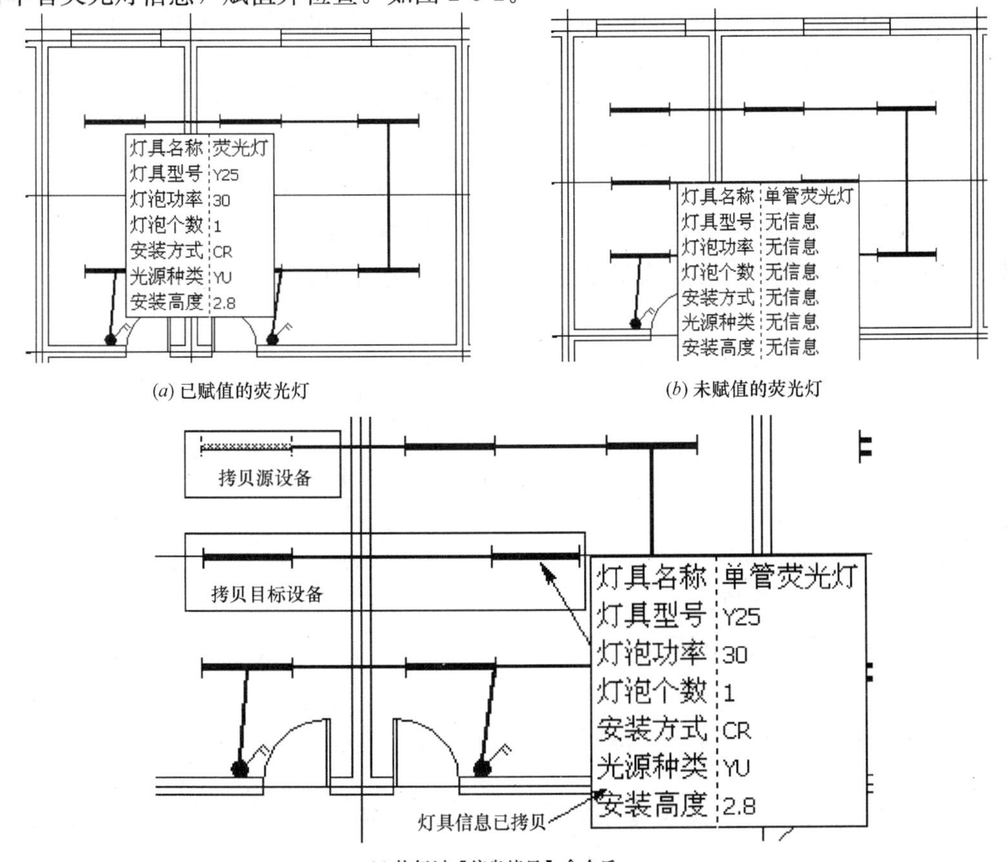

图 2-5-2 拷贝信息示例

2.5.3 标注灯具（BZDJ）

菜单位置：【标注统计】→【灯具标注】

功能：按国标规定格式对平面图中灯具进行标注，同时将标注数据附加在被标注的灯具上，并对同种灯具进行标注。

在菜单上选取本命令后，弹出如图 2-5-3-1 所示的［灯具信息标注］悬浮式对话框。

同时屏幕命令行提示：

请选择需要标注信息的灯具：＜退出＞

此时可用各种 AutoCAD 选图元方式选定要标注的灯具，也可选图块符号相同的几个灯具。则所选灯具的各项参数都显示在［灯具信息标注］对话框中，可以对其中的参数进行修改，与【设备定义】命令不同的是本命令不仅可以标注信息，而且可以对同种灯具分别进行不同参数的输入，选择完毕后命令行提示：

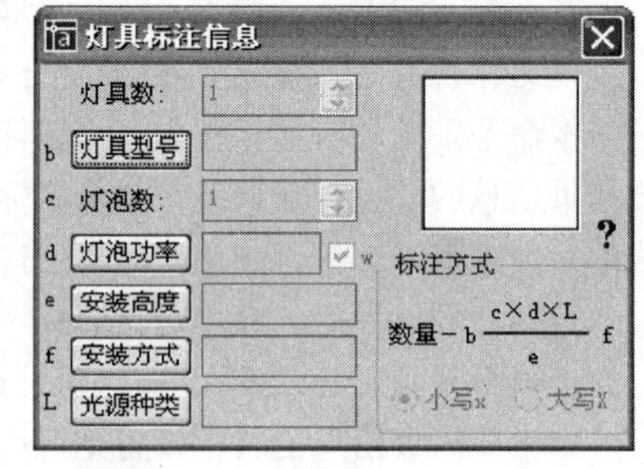

图 2-5-3-1 灯具信息标注对话框

请输入标注起点{修改标注[S]}＜退出＞：

根据命令行提示选择标注引线的起始点，然后再选择标注的放置点，标注的左右方向由引线的角度自行调整，用户可用鼠标调整。我们通过下面的例子进行操作讲解。

例：在已执行过【设备定义】的图中，对 2 双管荧光灯进行标注，执行本命令后选择要标注的 2 双管荧光灯，弹出［灯具信息标注］对话框，我们修改［安装方式］编辑框，点取［安装方式］按钮，弹出［安装方式］对话框，从列表中选取需要的安装方式，确定后返回安装方式，其他参数的选择与安装方式参数类似［如图 2-5-3-2（*a*）所示］。在图中点取标注引线的起点，此时会出现标注的预演，用户可以通过鼠标移动此标注信息放到合适的位置，最后点取引线的终点，标注会自动调整放置方向［如图 2-5-3-2（*b*）所示］。

按《电气简图用图形符号》GB 4728.11—2008 的规定，图中灯具标注文字的书写格式为：

$$a-b\frac{c\times d\times l}{e}f$$

式中 a——灯具数量；

b——灯具型号；

c——灯具内灯泡数；

d——单只灯泡功率（W）；

e——灯具安装高度（m）；

f——安装方式；

l——光源种类。

标注灯具时的标注信息来自【标注统计】→【设备定义】所输入的灯具信息，或者用本命令也可以输入或更改此灯具的标注信息。

灯具标注信息的字体大小可以在【初始设置】（即［选项］中的［电气设定］）中设

定，在［标注文字］一栏中（如图 2-5-3-3 所示），［文字样式］可以通过下拉菜单选择，［字高］和［宽高比］可以在编辑框中直接输入值。

灯具标注信息
灯具数：
2
灯具型号
YG2-2
灯泡数：
2
灯泡功率
36
安装高度
2.8
安装方式
S
标注方式
数量－b c×d×L/e f
安装方式
SW
DS
W
C
R
CR
WR
S
确定
取消
增加+
删除－
SW
线吊式
要标注的灯具

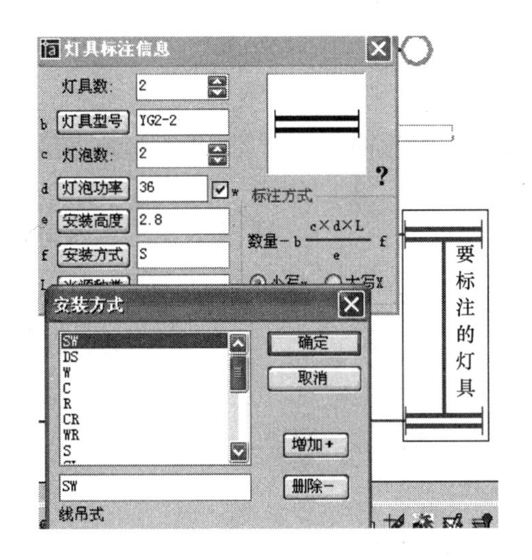

(*a*) 选取标注灯具并修改参数

灯具标注信息
灯具数：
2
灯具型号
YG2-2
灯泡数：
2
灯泡功率
36
安装高度
2.8
安装方式
SW
光源种类
安装方式修改
标注方式
数量－b c×d×L/e f
小写x
大写X
2-YG2-2 2×36W/2.8 SW

(*b*) 点取标注起始点完成标注

图 2-5-3-2　灯具标注

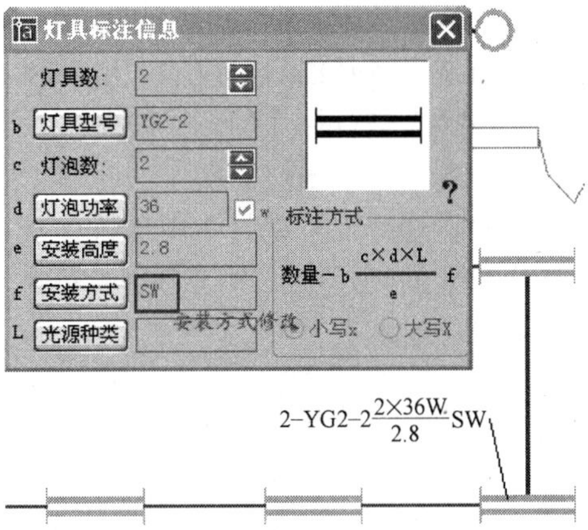

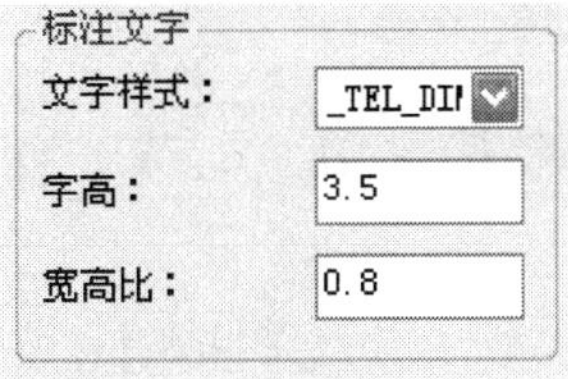

标注文字
文字样式：
_TEL_DI
字高：
3.5
宽高比：
0.8

图 2-5-3-3　选项对话框中标注文字栏设定

2.5.4　标注设备（BZSB）

菜单位置：【标注统计】→【标注设备】

功能：按国际规定形式对平面图中电力和照明设备进行标注，同时将标注数据附加在被标注的设备上。

在菜单上选取本命令后，弹出如图 2-5-4-1 所示的［用电设备标注信息］悬浮式对话框。同时屏幕命令行提示：

请选择需要标注信息的用电设备：<退出>

此时可用各种 AutoCAD 选图元方式选定要输入标注信息的设备，一次只能标注一个设备。

用电设备标注信息
设备编号：
1
额定功率
0.015
规格型号
标注方式：a/b
a：设备编号
b：额定功率，KW

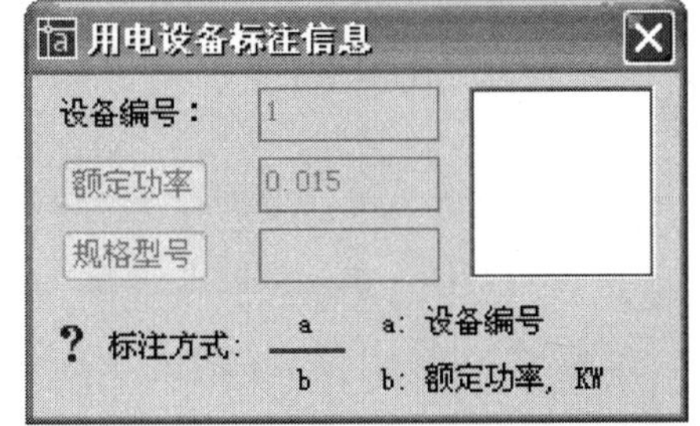

图 2-5-4-1　设备标注信息对话框

［用电设备标注信息］对话框中显示该种设备的各项参数，在此对话框中分别输入或修改［设备编号］、［额定功率］和［规格型号］等编辑框的参数后（并不要求输入所有的参

数)，命令行接着提示：

请输入标注起点{修改标注[S]}<退出>：

请给出标注引出点<不引出>：

根据命令行提示选择标注引线的起点，再在图中点取标注引线的终点，则标注根据引线方向自动调整放置。标注形式如［用电设备标注信息］对话框下面所示。

如果所选设备是消防、广播、电视和电话等弱电设备时，标注形式是不同的，我们通过对扬声器插座进行标注的例子说明：

在图中选择一个扬声器插座这时在［用电设备标注信息］对话框中只出现了［规格型号］编辑框，选择规格型号，单击确定规格型号确定（如图 2-5-4-2（*a*）所示），在图中点取标注引线的起始点和终点，标注完成（如图 2-5-4-2（*b*）所示）。

(*a*) 选择弱电设备规格型号

(*b*) 完成并放置标注

图 2-5-4-2　弱电设备标注示例

2.5.5　标注开关（BZKG）

菜单位置:【标注统计】→【标注开关】

功能：对平面图中开关进行信息参数的输入，同时将标注数据附加在被标注的开关上。

在菜单上选取本命令后，弹出如图 2-5-5 所示的［开关标注信息］悬浮式对话框，同时屏幕命令行提示：

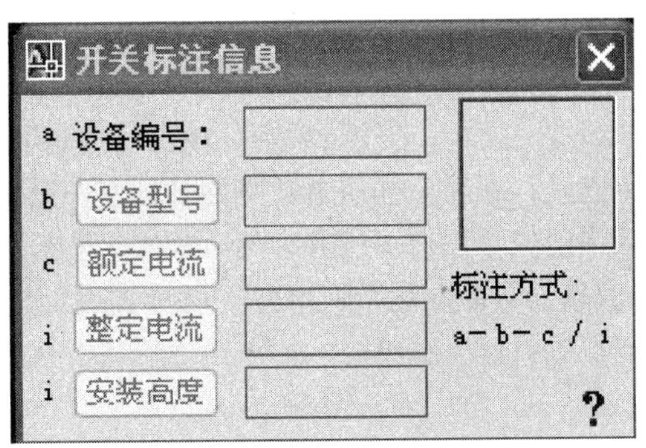

图 2-5-5　开关标注信息对话框

请选择需要标注信息的开关:＜退出＞

此时可用各种 AutoCAD 选图元方式选定要输入标注信息的开关，一次只能标注一个开关。

［用电设备标注信息］对话框中显示该种设备的各项参数，在此对话框中分别输入或修改［回路编号］、［设备编号］、［额定电流］、［整定电流］、［规格型号］和［安装高度］等编辑框的参数后（并不要求输入所有的参数），命令行接着提示：

请输入标注起点{修改标注[S]}＜退出＞:

请给出标注引出点＜不引出＞:

根据命令行提示选择标注引线的起点，再在图中点取标注引线的终点，则标注根据引线方向自动调整放置。标注形式如［用电设备标注信息］对话框下面所示。

根据《电气简图用图形符号》GB 4728.11—2008 的规定，开关或熔断器标注的格式为：

$$a—b—c/i$$

式中：a——设备编号；

b——规格型号；

c——额定电流（A）；

i——整定电流（A）。

2.5.6　标注插座（BZCZ）

菜单位置:【标注统计】→【标注插座】

功能：对平面图中所选插座进行信息参数的输入，同时将标注数据附加在被标注的插座上。

在菜单上选取本命令后，屏幕命令行提示：

请选择需要标注信息的插座:＜退出＞

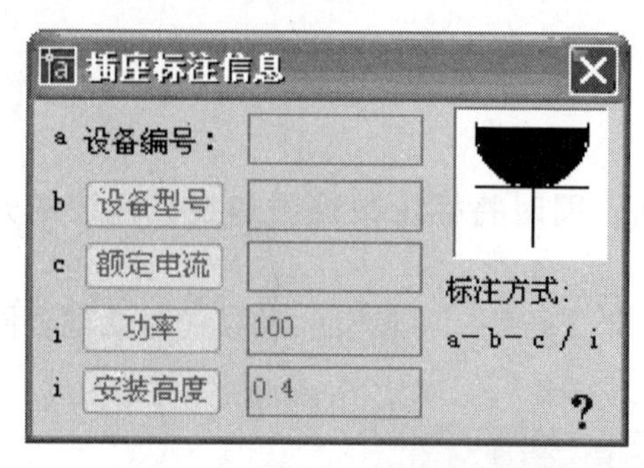

图 2-5-6　插座标注信息对话框

此时可用各种 AutoCAD 选图元方式选定要输入标注信息的插座，一次只能标注一个插座。

［插座标注信息］对话框（也可以选择一个插座后单击鼠标右键选取【标注信息】命令弹出本对话框），下面我们将对此对话框中的各项参数进行说明：

在此对话框中分别输入［回路编号］、［插座编号］、［额定功率］、［规格型号］和［安装高度］等编辑框的参数后（并不要求输入所有的参数），单击［确定］按钮后即完成了对该插座的参数输入。如果图中已经存在与该插座参数相同的插座，则可以单击对话框上的［取已注插座＜］按钮，对话框消失，用户可用各种 AutoCAD 选图元方式选定要得取标注信息的插座后，［插座标注信息］对话框重新弹出并把所选插座的标注信息显示在该对话框中，用户可以根据这些数值进行修改编辑，然后单击［确定］按钮后即完成了对插座的参数输入。

2.5.7　标导线数（BDXS）

菜单位置：【标注统计】→【标导线数】

功能：按国标规定在导线上标出导线根数。

在菜单上或右键选取本命令后，弹出如图 2-5-7-1 所示的［导线数］悬浮式对话框，同时屏幕命令行提示：

请选取要标注的导线(2 根[2]/3 根[3]/4 根[4]/5 根[5]/6 根[6]/自定义[A])＜退出＞：

标导线数有以下几点：

（1）用户可以通过点取对话框中对应导线根数的按钮，或者通过直接在命令行输入导线根数的方法实现对导线根数的标注。

（2）系统默认提供 2～6 根导线根数的标注，如果用户要标注的导线根数大于 6 根，可以通过点取对话框中［自定义］按钮，或者根据命令行提示在命令行输入“A”（自定义）两种方法，实现标注任意根数的操作。

图 2-5-7-1　导线数对话框

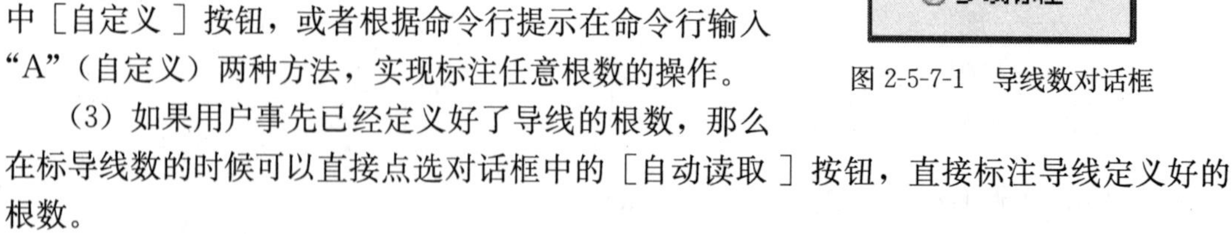

（3）如果用户事先已经定义好了导线的根数，那么在标导线数的时候可以直接点选对话框中的［自动读取］按钮，直接标注导线定义好的根数。

（4）［单选标注］实现点选单根导线的标导线数操作。

（5）［多线标注］可以采用框选的方式，一次对多条导线同时标注导线数。

（6）标 3 根及 3 根以下的导线根数时标注的形式有两种（如图 2-5-7-3 所示）。更换标注形式的方法是在【初始设置】中（即［选项］中的［电气设定］），通过选择［选项］对话框中［导线数标注样式］一栏中的一组互锁按钮更换两种不同的标注形式。

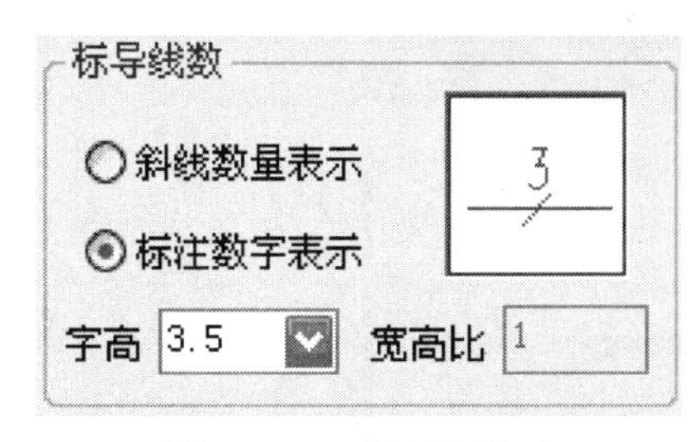

图 2-5-7-2　标导线数示

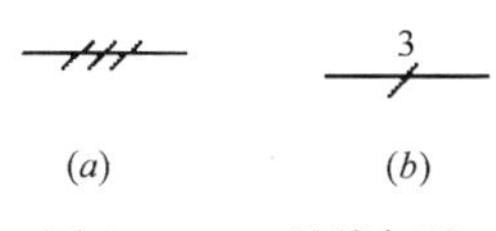

图 2-5-7-3　导线标注

> **注意**：天正标注与导线实际信息是关联的，修改了信息标注会自动改变，因此也可利用【拷贝信息】【导线标注】等命令修改导线数标注

2.5.8　改导线数（GDXS）

菜单位置：【标注统计】→【改导线数】

功能：修改标出的导线根数。

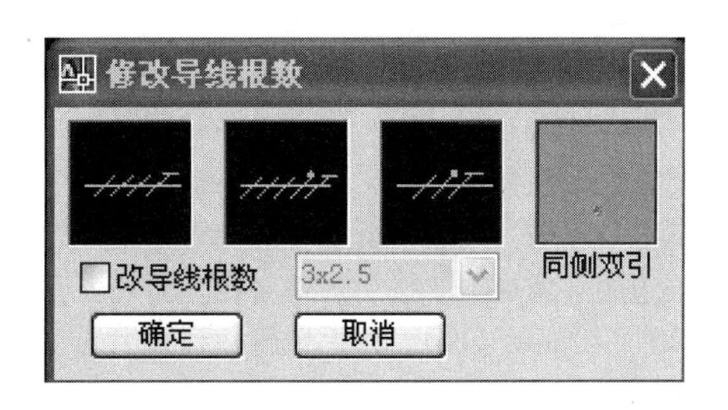

图 2-5-8　修改导线根数编辑框

在菜单上或右键选取本命令后，屏幕命令行提示：

请选择要修改的导线根数标注<退出>

并弹出图 2-5-8 所示的修改导线根数对话框，选中［改导线根数］选择框，后面的编辑框变成可编辑状态，修改编辑框中的导线根数，单击［确定］按钮则导线根数标注自动修改。

2.5.9　导线标注（DXBZ）

菜单位置：【标注统计】→【导线标注】

功能：按国标规定的格式标注平面图中的导线。

在菜单上或右键选取本命令后，屏幕命令行提示：

请拾取要标注的导线 <退出>：

在拾取要标注的导线时请注意拾取的位置与以下标注文字引出线的起点位置有关。拾取后屏幕上出现如图 2-5-9-1 所示的［导线标注］对话框。在这个对话框中列出了导线标注时所需要的参数，这些参数既有键入和列表选词条的输入数据方式，也有根据已输入的数据自动计算出来的方式。

下面依次介绍一下对话框中各项目的使用方法：

［导线型号］右边是一组导线类型的互锁按钮，分别为阻燃和耐火选项；可在编辑框

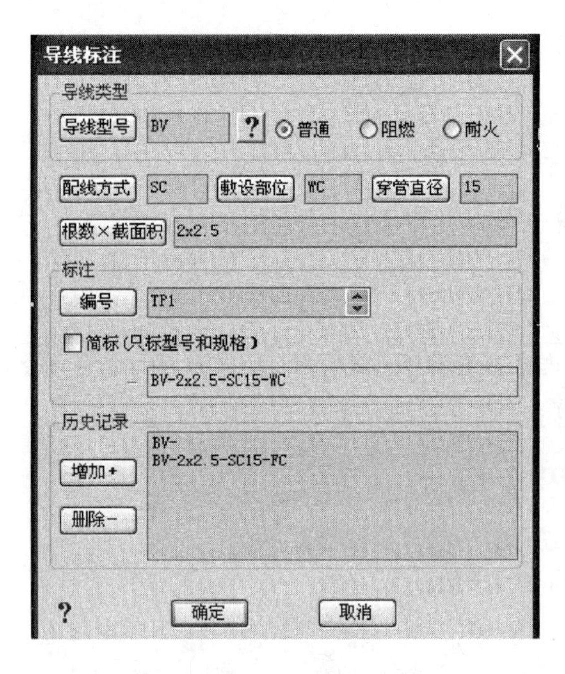

图 2-5-9-1　导线标注对话框

中直接键入数据；也可单击该按钮弹出图 2-5-9-2 所示的对话框进行导线型号的选择。在本对话框最下面的编辑框中可以输入列表中所没有的导线型号，如果想把该词条存入列表框中可以单击对话框右下边的［增加+］按钮，就会在上面列表框中的最后一项后面加入该词条（如图 2-5-9-2 中增加了 new type）。如果想删除列表中的一项，则须选中要删除的词条单击［删除-］按钮即可。

点击?会弹出该导线的载流量参数表（图 2-5-9-3），数据来源华北标办 92DQ。

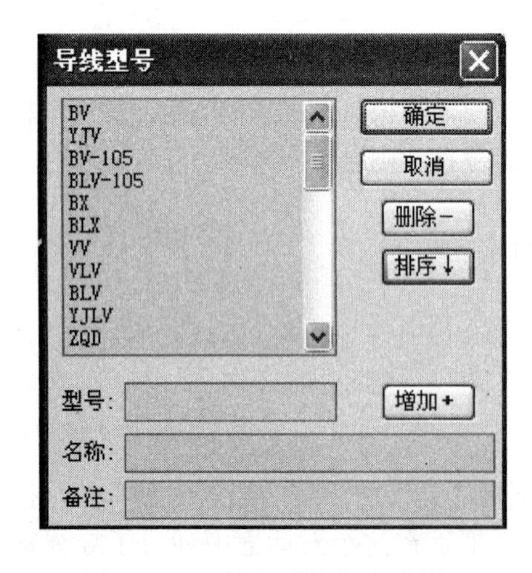

图 2-5-9-2　导线型号选型对话框

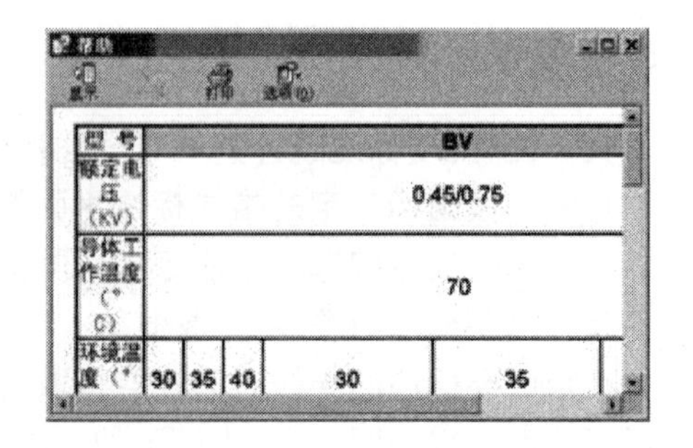

图 2-5-9-3　导线载流量查询

［配线方式］按钮，单击该按钮弹出图 2-5-9-4 所示［配线方式］对话框，此对话框的操作方法与［回路编号］对话框相似，可以用来选择导线的配线方式。

［敷设部位］按钮，单击该按钮弹出图2-5-9-5所示［敷设部位］对话框，此对话框可以用来选择导线的敷设部位，操作方法与［回路编号］对话框相似。

图2-5-9-4　配线方式对话框

图2-5-9-5　敷设部位对话框

［穿管直径］按钮虽然与以上三项的按钮放在一起，但使用方法却不同。只有在“导线型号”、“配线方式”、“根数”和“截面积”四项数据都输入了之后，才能够使用这个按钮。条件具备的情况下单击此按钮，天正电气将自动计算出所需的导线穿线管直径。不过这个按钮的使用受到一定的限制：（1）所输入的四项数据必须是标准的（亦即天正软件—电气系统可识别的），对于有些导线型号和配线方式，天正软件—电气系统可能无法判定所需的穿管直径；（2）所计算的管径是针对当前［根数］和［截面积］编辑框中数据的，如果以上几项中任何一项发生改变虑要重新单击此按钮进行计算。后一条件请您要特别注意，以免标注错误的数据。这里的穿管直径的计算数据来自《华北标办92DQ1》。

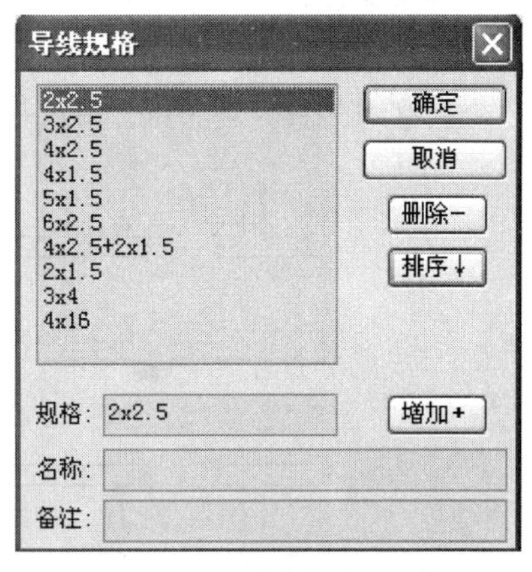

图2-5-9-6　导线规格对话框

［编号］一项可输入导线的回路编号。

［历史记录］栏中为用户提供了存储常用的导线标注信息的列表框。用户可以通过单击［增加＋］按钮将［标注示例］中的一组数据送到列表框中，如果想删除列表框的数据，就先用鼠标选中错误项（使其亮显），然后单击［删除－］按钮，该项数据便被删除。这些存储在列表框中的数据在下次调用此对话框时仍存在，用户就可以不用再次输入参数只需直接从列表框中选择需要的标注信息即可。（推荐用户使用）

例1：标注某根已有信息导线：

（1）选择导线，鼠标划过目标导线时，系统自动显示其参数信息，如果正确在标注起始位置左键点选导线［图2-5-9-7（*a*）］。

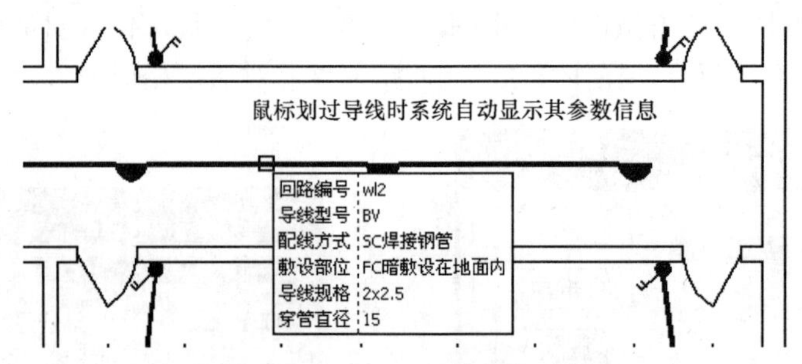

图 2-5-9-7（*a*） 导线标注示例 1

屏幕命令行提示：

请给出标注引出点<沿线>：

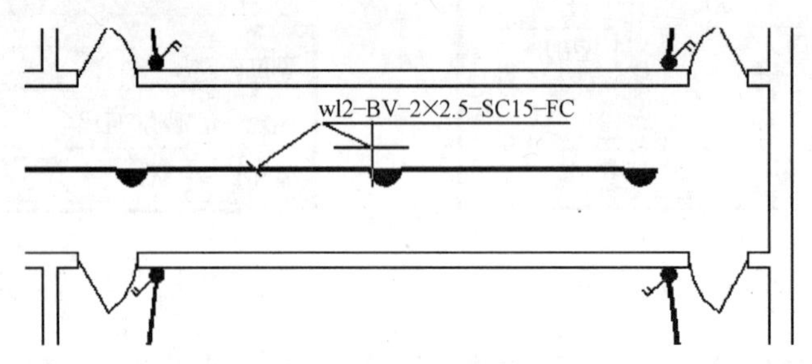

图 2-5-9-7（*b*） 导线标注示例 1

（2）点取引出点执行引出标注［图 2-5-9-7（*b*）］

屏幕命令行提示：

请给出文字线方向<退出>

水平方向左右移动拖拽，确定最终标注位置。

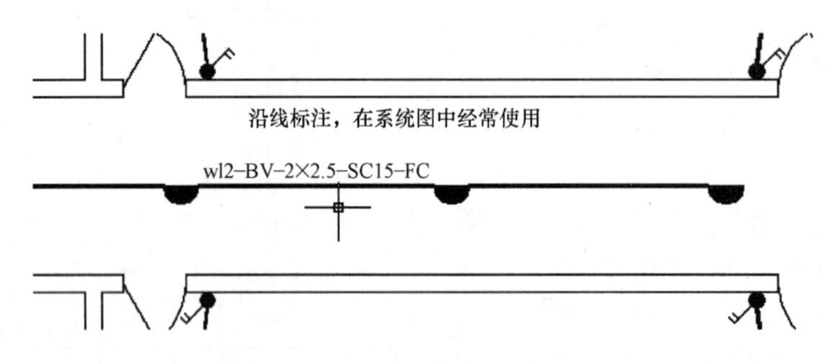

图 2-5-9-7（*c*） 导线标注示例 1

（3）选择沿线标注，标注会根据导线角度自动调整其角度［图 2-5-9-7（*c*）］。

例 2：修改某根导线信息并标注：

选择导线，鼠标划过目标导线时，系统自动显示其参数信息，如果标注信息不正确右键点选导线，弹出导线标注对话框（图 2-5-9-8）

最后，点击“确定”回到例 1 进行标注。与“标导线数”类似，凡是已有标注系统将立即更新标注。同灯具标注信息的字体一样导线的标注信息字体的字形、大小及宽高比可以在［初始设置］编辑框中进行调整。

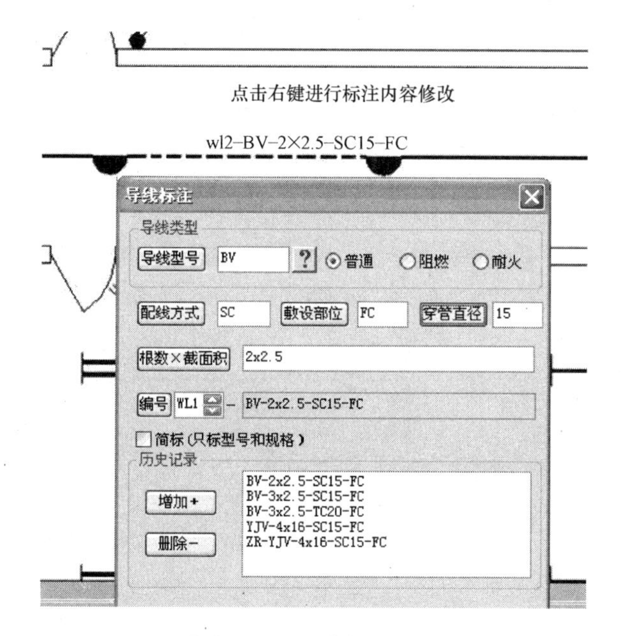

图 2-5-9-8　导线标注示例 2

2.5.10　多线标注（DXBZ）

菜单位置：【标注统计】→【多线标注】

功能：用于多根标注信息相同的导线在一起标注时的导线标注。

在菜单上或右键选取本命令后，命令行依次提示：

请点取标注线的第一点<退出>：

请拾取第二点<退出>：

此处取两点形成的直线要截取所有要标注的导线，则所有被截取的导线都处于被标注范围。点取两点后会发现这条直线成为标注线，起点和终点分别为与其相交的第一和最后一条导线的交点，并且每条与它相交的导线都会在交点处生成一条短斜线。

例 1：引出式，多用与平面图标注（图 2-5-10-1）

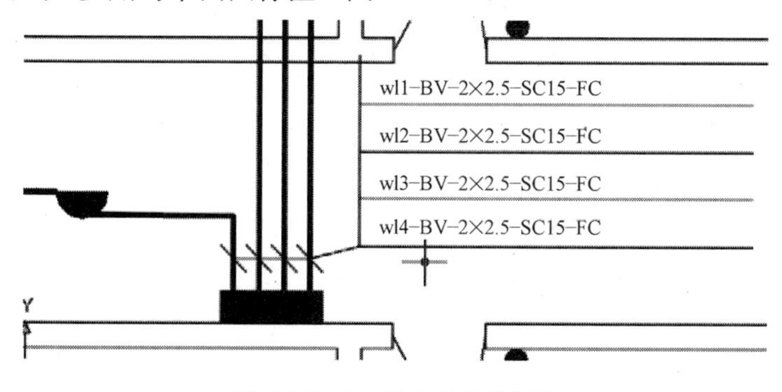

图 2-5-10-1　引出式多线标注

屏幕命令行提示：

请给出文字线方向{只标注回路编号[A]}<退出>：

窍门：在此处选择 A，只标注回路编号

例 2：沿线式，多用与系统图标注（图 2-5-10-2）

屏幕命令行提示：

请给出标注引出点<不引出>：

此处选择回车（沿线）

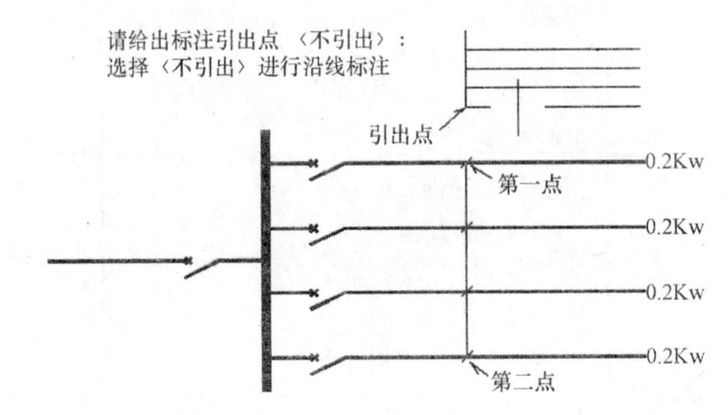

图 2-5-10-2（*a*）　沿线式多线标注

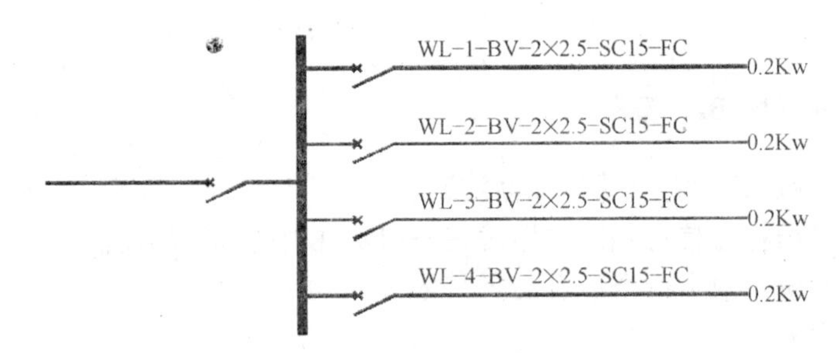

图 2-5-10-2（*b*）　沿线式多线标注（结果）

2.5.11　沿线文字（YXWZ）-T-

菜单位置：【标注统计】→【沿线文字】

功能：在导线上方写入文字或断开导线并在断开处写入文字。

在菜单上或右键选取本命令后，屏幕命令行提示：

请输入要标注的文字<F>：

输入要标注的文字后，命令行反复提示：

请拾取要标注的导线[多选导线(M)]<退出>：

拾取要标注的导线，同时拾取的位置也是要写入文字的位置，可以反复在导线上点取要输入标注文字的点。导线上写入文字时有以下两种情况：

(1) 在导线上指定位置写入标注文字，同时从写文字处断开，如图 2-5-11（*a*）所示；

T　T　　　　F　F

(*a*) 打断导线并写入文字　　(*b*) 在导线上方写入文字

图 2-5-11　【沿线文字】示例

（2）在导线指定位置的上方写入标注文字，但不打断导线［如图 2-5-11（*b*）所示］。

这两种标注形式的切换可以在【电气设定】命令中设定，在［弱电导线沿线文字］一栏中，有［打断导线］和［导线之上］一组互锁按钮，选定一个按钮后，会在互锁按钮旁边的预演框中预演文字的标注形式，单击［确定］按钮选定沿线文字的标注形式并退出［选项］对话框。

天正软件—电气系统支持同时对多条导线一次写入相同的沿线文字，命令交互过程如下：

请输入要标注的文字＜F＞：

请拾取要标注的导线［多选导线(M)］＜退出＞：　　输入“M”

输入“M”后，即可直接选择导线，支持框选和累加选择两种选择方式。

本命令用于对弱电导线的沿线文字标注（如广播线沿线文字是“B”、TV 沿线文字是“TV”而电话线沿线文字是“F”），但由于【编辑导线】命令可以直接把一段导线转变成弱电导线（旧标准中的弱电导线标注），省去了用户在弱电导线上逐个输入沿线文字的麻烦，所以本命令一般用于绘制新标准中弱电导线文字在导线上方的弱电导线。

2.5.12　沿线箭头（YXJT）

菜单位置：【标注统计】→【沿线箭头】

功能：沿导线插入表示电源引入或引出的箭头。

在菜单上或右键菜单选取本命令后，屏幕命令行提示：

请拾取要标箭头的导线＜退出＞：

在导线上点取要插入箭头的点后，会在拾取点上沿导线方向插入一个箭头，但此时插入的箭头只是预演箭头可以通过鼠标进行拖拽确定箭头的指向，单击鼠标左键后箭头按预演的方式绘出，如图 2-5-12 所示。

图 2-5-12 【沿线箭头】标注示例

2.5.13　回路编号（HLBH）

菜单位置：【标注统计】→【回路编号】

功能：为线路和设备标注回路号。

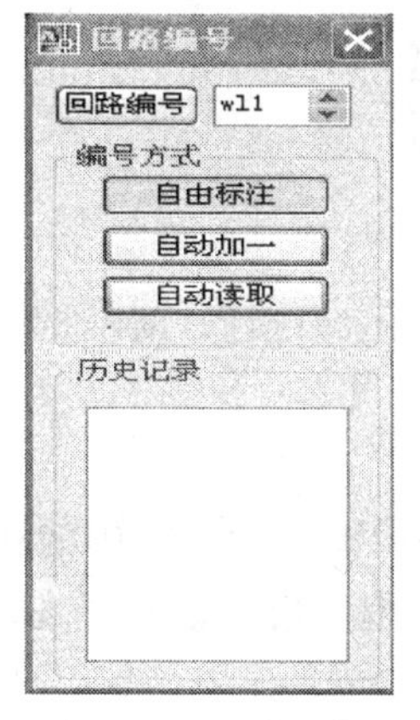

图 2-5-13 【回路编号】对话框

在菜单上或右键选取本命令后，弹出如图 2-5-13 所示的对话框：

对话框中有三种编号方式：自由标注、自动加一、自动读取。

［自由标注］方式是根据对话框中［回路编号］的设定值，对所选取的导线进行标注。

［自动加一］方式是以对话框中［回路编号］的设定值为基数，每标注一次，回路编号的值即自动加一，可以依次实现递增标注。

［自动读取］方式是不受对话框中［回路编号］设定值影响的一种回路编号标注方式，可以自动读取导线本身设置的值。

注意：1. 不论采取哪一种标注方式，在标注的同时导线本身的信息也会随之改变，即导线包含的回路编号信息与标注一致。

2. 天正标注与导线实际信息是关联的，修改了信息标注会自动改变，因此也可利用【拷贝信息】【导线标注】等命令修改导线回路编号。

窍门：如果希望多根导线同时标注，可参考 2.5.10【多线标注】。

注意：天正标注与导线实际信息是关联的，修改了信息标注会自动改变，因此也可利用【拷贝信息】【导线标注】等命令修改导线回路编号。

2.5.14　平面统计（PMTJ）

菜单位置：【标注统计】→【平面统计】

功能：统计平面图中的设备数据，用这些数据生成材料统计表，并绘入图中。

材料数据统计工作，可以对一张图进行。统计的数据除数量一项外，都取自图中设备的标注内容或是设备块中事先写入的属性。因此保证数据统计准确的前提是要保证标注时输入数据的准确。

在屏幕上选取本命令之后，屏幕命令行提示：

请选择统计范围：<全部>

如果用户所有平面图在同一 DWG 中，选择“全部”（回车）可进行整个工程图统计。弹出图 2-5-14-1“统计范围”对话框。点击“加入”从图中选取楼层所有图元，并输入层数（对于标准层统计结果为楼层倍数）。依次将各楼层“加入”统计范围后，“开始统计”，弹出图 2-5-14-2 统计结果对话框。

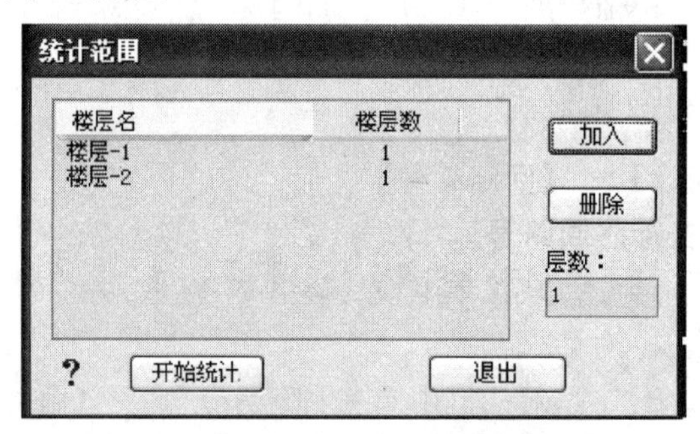

图 2-5-14-1　统计范围实例

以上操作也可采用在屏幕上选择要统计设备的范围，进行指定区域统计。对话框列表框中列出了被统计的所有设备。在通常情况下，如果用户没有执行【定义设备】，规格一栏中则为空（导线除外）。同时统计可对导线及穿管进行裕度设置。

［表格高度］［文字高度］［文字样式］分别用来调整最后所生成的统计表格中的行高度和文字的大小及文字样式，对于生成后的表格其他特性修改可点取表格右键命令【表格编辑】进行。

［表头置下］设置自动绘制的统计表表头方向。

［裕度设置］可对统计到的导线与传感做出裕度设置。

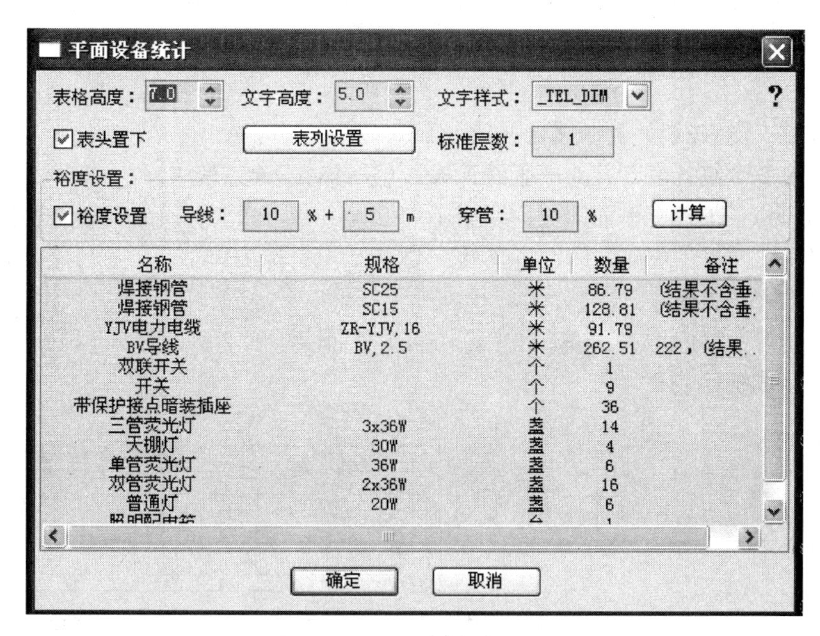

图 2-5-14-2　设备统计对话框

命令行提示：

点取位置或{参考点[R]}<退出>：

在图中点取要放置统计表格的插入点（插入点以表格的左上角为准），点取后会根据用户前面的设定而插入图中（如图 2-5-14-3）。用户可以用［全屏编辑］或［单元编辑］命令等表格编辑命令对设备统计表格进行编辑和修改。

序号	图例	名称	规格	单位	数量	备注
11		焊接钢管	SC15	米	60.1	结果不含垂直长度
10		BV导线	BV,2.5	米	120.2	结果不含垂直长度
9		扬声器插座		个	5	
8		扬声器插座	ZIDF-20	个	1	
7		暗装双极开关		个	8	
6		隔爆灯	1x36W	盏	12	
5		防爆荧光灯	1x36W	盏	8	
4		双管荧光灯	YG2-2 2x36W	盏	2	
3		双管荧光灯		盏	6	
2		普通灯		盏	6	
1		组合开关箱		台	1	

图 2-5-14-3　设备统计表格示例

注意：1. 天正软件—电气系统导线统计结果不包含垂直导线的长度和导线由于交叉而打断的长度。

2. 统计表所列出设备以管—导线—消防—通信—动力设备—开关—插座—灯—配电箱排列。如果用户还需要进行个别调整，可利用表格右键命令【表行编辑】X“交换行”。关于表格其他详细命令参见第五章。

3. 天正软件—电气系统的统计结果拷贝到新图后图例可以正常显示。

2.5.15 合并统计（HBTJ）

菜单位置：【标注统计】→【合并统计】

功能：将 2 个统计表合并为一张统计表。（只针对于天正表格）

如果用户将某工程中平面图分别存于不同 DWG 中，对于上述命令则无法统计，必须分别对 DWG 进行逐个统计，然后将统计表 COPY 至目标 DWG 下，执行【合并合并】即可完成对多 DWG 的统计工作。

例如：对照明平面图（图 2-5-15-1）和插座平面图（图 2-5-15-2）进行分别统计。

合并后生成统计表。

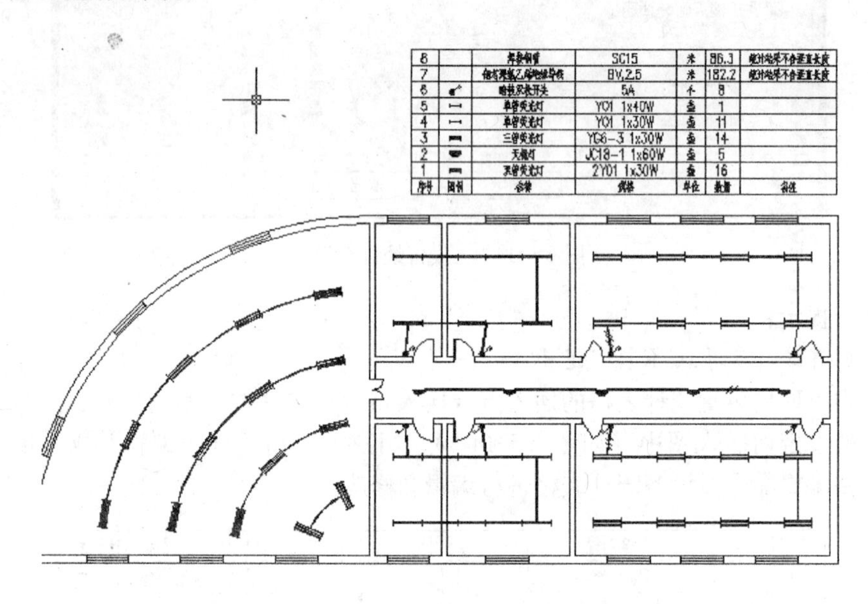

图 2-5-15-1 照明平面图及其统计表

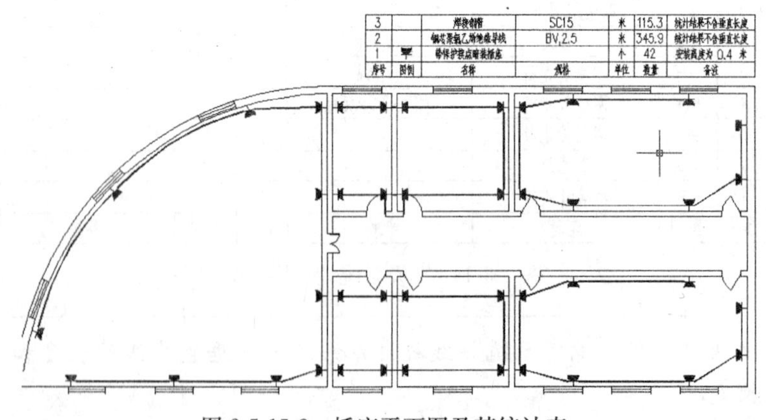

3 焊接钢管 SC15 米 115.3 统计结果不含垂直长度
2 铜芯聚氯乙烯绝缘导线 BV,2.5 米 345.9 统计结果不含垂直长度
1 带保护接点暗装插座 个 42 安装高度为 0.4 米
序号 图例 名称 规格 单位 数量 备注

图 2-5-15-2 插座平面图及其统计表

2.5.16 消重设备

位置：【标注统计】→【消重设备】

功能：删除重合的相同设备和相同导线，以免材料统计或系统生成出错。

在菜单上或右键选取本命令后，屏幕命令行提示：

请选择范围<退出>：

命令执行情况及结果参见图 2-5-16：

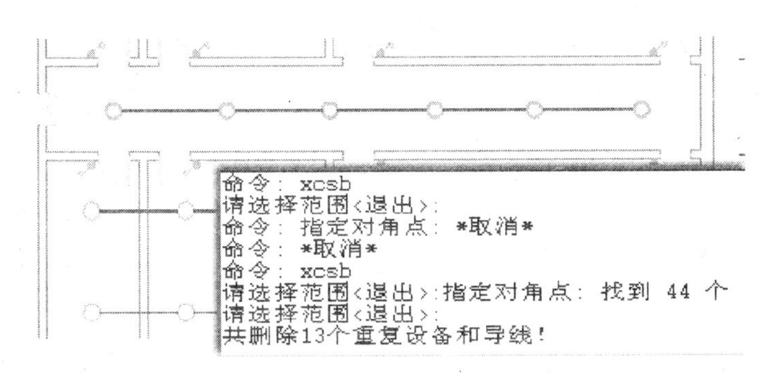

图 2-5-16　命令执行情况及结果

2.5.17　统计查询（TJCX）

菜单位置：【标注统计】→【统计查询】

功能：重新统计计算材料表某项数量，与材料表中数量对比。

平面统计生成的材料统计，选取其中某一图例，软件自动在图中选中相应图块，并计算其在图中全部数量。

在屏幕上选取本命令之后，屏幕命令行提示：

请点取要查询材料的表行<退出>

选取某行需查看的图例，如图 2-5-17-1：

序号	图例	名称	规格	单位	数量	备注
10		焊接钢管	SC15	米	114.1	结果不含垂直长度
9		焊接钢管	SC25	米	78.9	结果不含垂直长度
8		BV导线	BV,2.5	米	228.2	结果不含垂直长度
7		YJV电力电缆	ZR-YJV,16	米	78.9	结果不含垂直长度
6		双联开关	10A	个	8	1.4
5		带保护接点暗装插座		个	36	0.4
4		天棚灯	30W	盏	4	
3		双管荧光灯	2Y12 2x36W	盏	36	2.8
2		普通灯	20W	盏	6	
1		动力照明配电箱		台	1	2.5

图 2-5-17-1　选取查询表行

选取表行后，软件在图中进行选中，屏幕命令行提示：

总共选中了 4 个图块

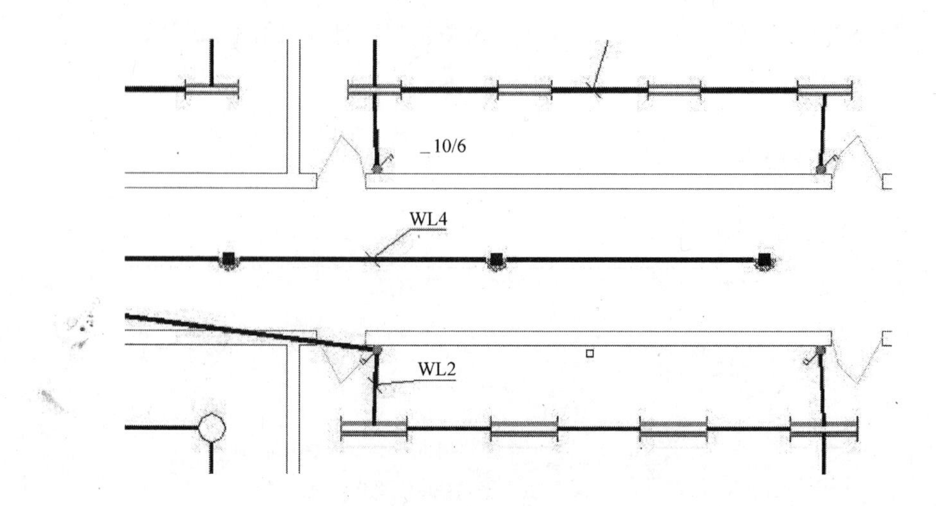

图 2-5-17-2 统计选中设备

2.6 接地防雷

避雷线的绘制过程与一般导线的绘制过程基本相同。为避免在制作材料表自动搜索导线时将避雷线也误认为导线，绘制避雷线时应使用专用的命令，而不要用一般的画导线命令。

2.6.1 自动避雷（ZDBL）

菜单位置：【接地防雷】→【自动避雷】

功能：自动搜索封闭的外墙线，沿墙线按一定偏移距离绘制避雷线，同时插入支持卡。

在菜单上选取本命令后，屏幕命令行提示：

请在要布避雷线的外墙线(封闭)外点一下:<退出>:

此时要点在作为基准的外墙线上，而这个外墙线也必须是封闭的，否则自动搜索可能会出错。[取消] 或单击鼠标右键可退出本命令。点取墙线后，天正软件—电气系统开始搜索墙线，如果搜索成功，命令行提示：

请输入避雷线到外墙线或屋顶线的距离 <120>:

此时可以键入，也可以利用橡皮线点取这段距离（默认值为 120）。输入后天正软件—电气系统根据搜到的外墙线和给定的偏移距离绘出避雷线。这样的避雷线还只是没有插入支持卡的避雷粗线。绘出避雷线后，命令行接着提示：

请输入支持卡的间距 <1000>:

同样可以键入，也可以利用橡皮线点取这段距离，这样就会在粗避雷线上以给定的距离间距插入支持卡。图 2-6-1 是【自动避雷】的例子。

外墙线不封闭，或情况比较复杂时，墙线的搜索可能会失败。

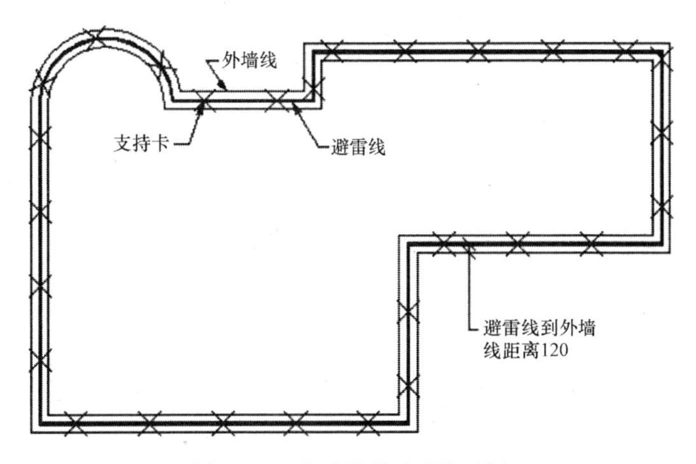

图 2-6-1　自动绘制避雷线示例

2.6.2　避雷线（BLX）

菜单位置：【接地防雷】→【避雷线】

功能：手工点取作为绘制避雷线基准的外墙线位置，沿墙线按一定的偏移距离绘制避雷线。

本命令是【自动避雷】命令的补充，如果执行【自动避雷】命令时搜索墙线失败，可使用本命令手工点取确定作为绘避雷线基准的外墙线的位置，从而绘出避雷线。在菜单上选取本命令后，屏幕命令行提示：

请点取导线的起始点：或｛点取图中曲线[P]/点取参考点[R]｝＜退出＞：

点取外墙线的起始点后，命令行反复提示：

直段下一点｛弧段[A]/回退[U]｝＜结束＞：

依次点取外墙线上的各转折点，如果碰到弧线墙可键入“A"，改为取弧线状态，同时还要在点取弧线终点后，再根据提示点取弧墙上的一点。

如果用户想由图中的某 LINE、ARC 线或 PLINE 线生成避雷导线，则在执行本命令后根据提示键入“P”，则命令行接着提示：

选择一曲线(LINE/ARC/PLINE)：

用户可以从图中选取一条直线、曲线或 PLINE 线。

所有墙线上转折点都点取过之后或选取了一条要生成避雷导线的线后，屏幕命令行提示：

选择一曲线(LINE/ARC/PLINE)：

用户可以从图中选取一条直线、曲线或 PLINE 线。

所有墙线上转折点都点取过之后或选取了一条要生成避雷导线的线后，屏幕命令行提示：

请点取避雷线偏移的方向 ＜不偏移＞：

点取偏移方向后（默认为不偏移），命令行提示：

请输入避雷线到外墙线或屋顶线的距离 ＜120＞：

输入或利用橡皮线点取这段距离后，天正软件—电气系统根据点取的外墙线位置和给定的偏移距离，绘出避雷线并以间距等于 1000 插入支持卡。图 2-6-2-1 为【避雷线】手工点取墙线绘制避雷线的例子。

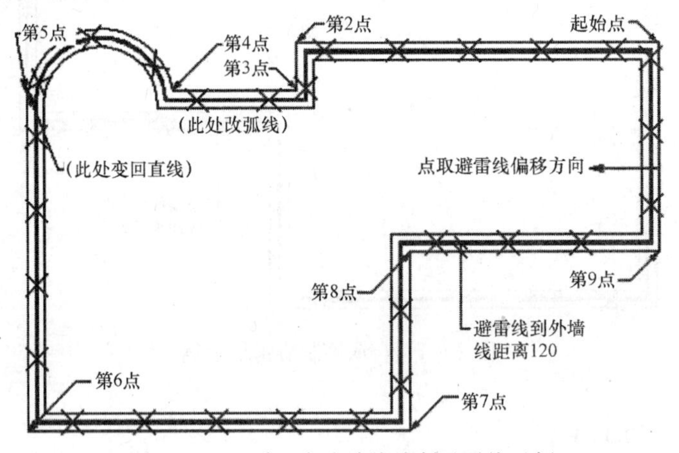

图 2-6-2-1　手工点取墙线绘制避雷线示例

图 2-6-2-2 为【避雷线】从图中选取一条存在的直线、曲线或 PLINE 线生成避雷线的例子。

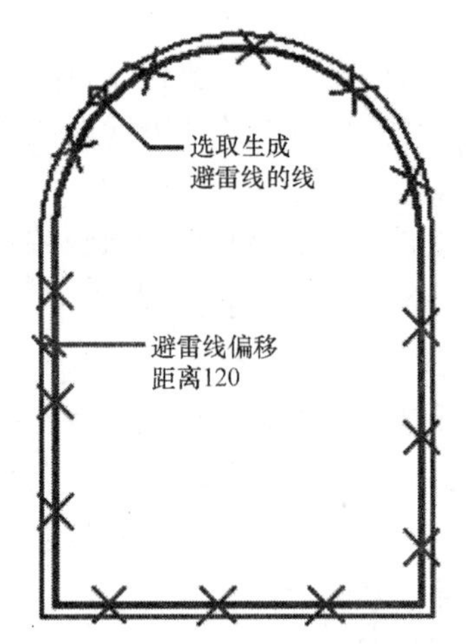

图 2-6-2-2　手工点取墙线绘制避雷线示例

2.6.3　接地线（JDX）

菜单位置：【接地防雷】→【接地线】

功能：在平面图中绘制接地线。

本命令与【任意导线】命令几乎完全相同。只是用本命令画出的线是在接地线层上的。

在菜单上选取本命令后，屏幕命令行提示：

请点取接地线的起始点或 {点取图中曲线[P]/点取参考点[R]}<退出>：

点取起始点后，命令行反复提示：

直段下一点 {弧段[A]/回退[U]} <结束>：

依次点取接地线的转折点，键入“A”可改为画弧线状态；绘制完成时，<回车>便结束本命令执行。如图 2-6-3 为接地线绘制示例。

图 2-6-3 接地线绘制示例图

也可键入“P”，从图中选取一条直线、曲线或 PLINE 线生成接地线。

> **注意**：如果要删除接地线上可以用【导线擦除】命令，而接地线上的短斜线可以用【擦短斜线】命令擦除。

> **注意**：用上述天正电气命令所绘制接地线和避雷线与导线线型中“接地线”“避雷线”不同，后者为特殊线型绘制的一整体对象，但在非天正环境下打开时，需要 sr. shx 文件，而前者不需要，且支持卡和短斜线可擦除。

2.6.4 擦避雷线（CBLX）

菜单位置：【接地防雷】→【擦避雷线】

功能：擦除避雷线。

在菜单上选取本命令后，屏幕命令行提示：

请选取要擦除的避雷线 <退出>：

用各种 AutoCAD 选图元方式选定要擦除的避雷线后，选中的避雷线被擦除。使用本命令不会选到除避雷线以外的其他图元。

2.6.5 删支持卡（SZCK）

菜单位置：【接地防雷】→【删支持卡】

功能：删除平面图中避雷线支持卡。

在菜单上选取本命令后，屏幕命令行提示：

请选择要删除支持卡的范围<退出>

根据提示选取要擦除的避雷线支持卡（尽可以放心地开窗选取），选中的支持卡便被擦除了。使用本命令擦除支持卡，在选取目标时就十分容易，因为避雷线不会被选中。

2.6.6 插接地极（CJDJ）

菜单位置：【接地防雷】→【插接地极】

功能：在接地导线的线段中插入接地极。

在菜单上选取本命令后，命令行反复提示：

请点取要插入端子的点<退出>：

可以直接在图中点取要插入端子的点，也可以通过捕捉点在导线上插入端子，在插入端子的同时也就会把该导线在插入点打断。如图 2-6-6 所示。

本命令中接地极图块实际上就是电路图中固定端子图块，因此在【初始设置】的【系

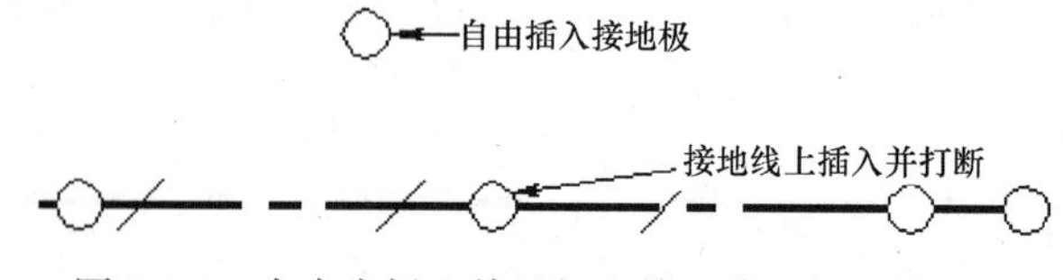

图 2-6-6 在自由插入接地极和接地线上插入接地极

统设置】中设定了端子直径，也就同时设定了接地极直径。

2.6.7 插支持卡（CZCK）

菜单位置：【接地防雷】→【插支持卡】

功能：在避雷线上沿避雷线的角度任意插入支持卡。

在菜单上选取本命令后，屏幕命令行提示：

请指定支持卡的插入点 <退出>：

根据提示选取要插入支持卡的避雷线的位置，则会沿避雷线的角度在该点插入一个支持卡。

2.6.8 年雷击数（NLJS）

菜单位置：【接地防雷】→【年雷击数】

功能：计算建筑物的年预计雷击次数。

年雷击数计算的命令用来计算建筑物的年预计雷击次数。这些计算程序设计依据来自于《建筑物防雷设计规范》GB 50057—2010。该计算的计算参数主要有建筑物的等效面积、校正系数和年平均雷击密度等 。

在菜单上选取本命令后，屏幕上出现如图 2-6-8-1 所示的［建筑物年雷击次数计算］对话框。在这个对话框里可以完成建筑物年预计雷击次数的计算。这个计算结果可以作为确定该建筑物的防雷类别的一个依据。本程序是根据《建筑物防雷设计规范》50057—2010 而设计的，程序中所用的计算公式来自于该标准中的附录一。

该对话框上部［建筑物等效面积计算］栏中的各个参数是用来计算建筑物等效面积的，其中建筑物的［长］、［宽］、［高］三个编辑框必须手动输入值，输入后单击［计算建筑物等效面积（平方公里）］按钮就可以计算出建造物的等效面积，并显示在按钮左边的编辑框中，如果用户已经知道建筑物的等效面积也可以直接输入。

单击［校正系数值］按钮，屏幕上出现如图 2-6-8-2 所示的［选定校正系数］对话框。在这个对话框中的四个互锁按钮中任选其一，便确定了校正系数值并显示在下面的［选定系数值］编辑框中，然后单击［确定］按钮可返回主对话框。主对话框中的校正系数值是可以直接输入参与计算的。

单击［年平均雷击密度］按钮，屏幕上出现如图 2-6-8-3 所示的［雷击大地年平均密度］对话框，在这个对话框中的［省、区］和［市］列表框中分别选定省、市名，该地区的年平均雷暴日就会显示在［年平均雷暴日］编辑框中，如果用户想更改该地区雷暴日的数据可以在［年平均雷暴日］编辑框中键入新值后单击［更改数据］按钮，那么新值就会存储到数据库中以后也会以新值作为计算的依据。平均密度便自动完成计算同时显示在

图 2-6-8-1　建筑物年雷击次数对话框

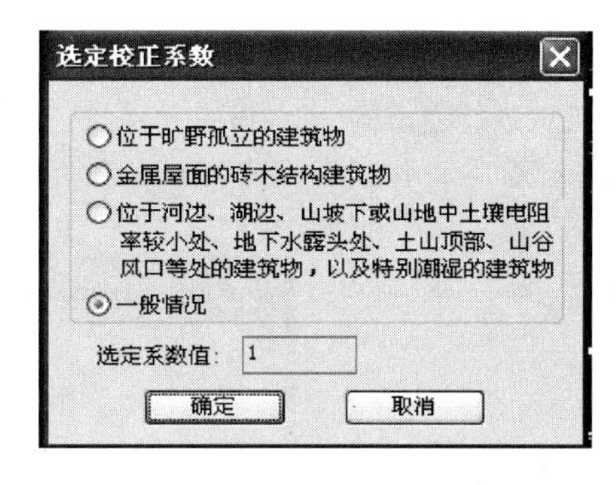

图 2-6-8-2　选择校正系数对话框

[计算平均密度] 编辑框中。这个计算中用到的各地区的年平均雷暴日数据来自《建筑物电子信息系统防雷技术规范》GB 50343—2004 以及《工业与民用配电设计手册》第三版。单击 [确定] 按钮可返回主对话框中的 [年平均雷击密度] 编辑框中，这个值可以在主对话框中直接键入。

所有三个计算所需数据输入之后，单击 [计算年预计雷击数 (次/年)] 按钮，计算结果便出现在主对话框中。

点击 [绘制表格] 按钮可把刚才计算的结果绘制成 ACAD 表格插入图中。此表为天正表格，点击右键菜单可导出 EXCEL 文件进行备份，如图 2-6-8-4 所示。

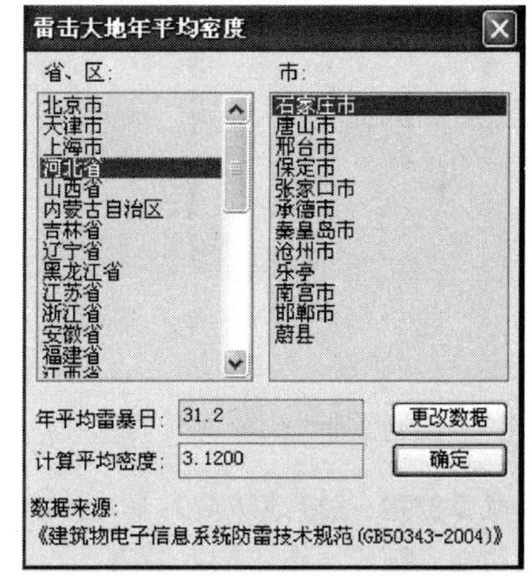

图 2-6-8-3　雷击大地年平均密度对话框

建筑物数据				当地气象参数		计算结果
建筑物的长L[m]	建筑物的宽W[m]	建筑物的高H[m]	等效面积Ae[km²]	年平均雷暴日Td[d/a]	雷击大地年平均密度Ng[次/(km²·a)]	预计雷击次数N[次/a]
50.00	50.00	50.00	0.0434	35.7	2.5042	0.1087

图 2-6-8-4　天正表格

2.6.9　删接地极 (SJDJ)

菜单位置:【接地防雷】→【删接地极】

功能：删除平面图中接地线上的接地极。

在菜单上选取本命令后，屏幕命令行提示：

请选择要删除的接地极：<退出> 支持框选

根据提示选取要擦除的接地线接地极（尽可以放心地框选），选中的接地极便被擦除了。使用本命令擦除接地极，在选取目标时就十分容易，因为接地线及接地线上的短斜线都不会被选中。

2.6.10 避雷设置（BLSZ）

菜单位置：【接地防雷】→【滚球避雷】→【避雷设置】

功能：进行避雷的 一些设置：保护范围颜色、标注设置、字体大小及颜色等。

点击该命令，弹出设置菜单（图 2-6-10）：

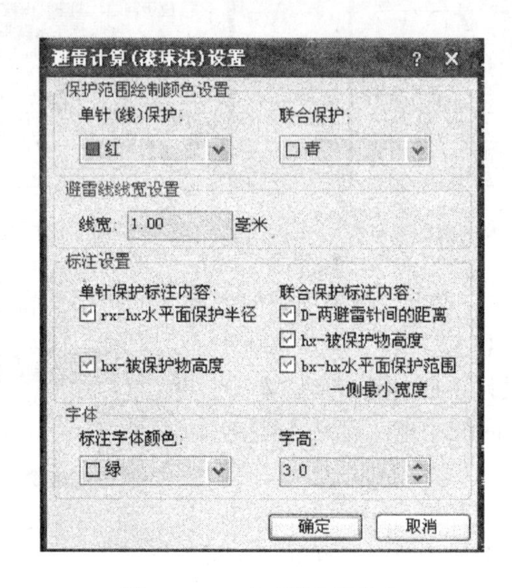

图 2-6-10 避雷针设置菜单

2.6.11 插避雷针（CBLZ）

菜单位置：【接地防雷】→【插避雷针】

功能：在平面图中插入避雷针。

【防雷等级】：可根据防雷等级选择滚球半径，其中滚球半径分四个等级：“30m、45m、60m、100m”，可通过下拉框进行选择。

【避雷针属性】：其包括避雷针的编号（同一张 DWG 图中，插入的避雷针编号不得重复，对话框底部会提示）、针高［一般指避雷针有效高度+相对保护建筑物高度（根据工程实际情况，有可能为建筑物总高，也可能为建筑物的一部分高度）］保护高度指被避雷针保护的建筑高度。

【维数】：插入避雷针时其显示为二维状态还是三维状态可互相切换。

屏幕命令行提示：

请点取插入点：<退出>

插避雷针

防雷等级

滚球半径: 30m

避雷针属性

组号: 1

编号: 1

编号字高: 3.0

图块系数: 1

针高(m): 25

保护高度:

编号	保护高度
1	15

组1中编号1可以使用

图 2-6-11　【插避雷针】对话框

在图上点取插入点后，则避雷针被布置在图面上，同时自动生成其保护范围，若插入多针，则自动生成联合保护范围。

2.6.12　改避雷针（GBLZ）

菜单位置:【接地防雷】→【滚球避雷】→【改避雷针】

功能：修改已插入的避雷针的参数。

在菜单上选取本命令后，选择需要调整的避雷针后弹出对话框也可直接双击避雷针进行编辑：

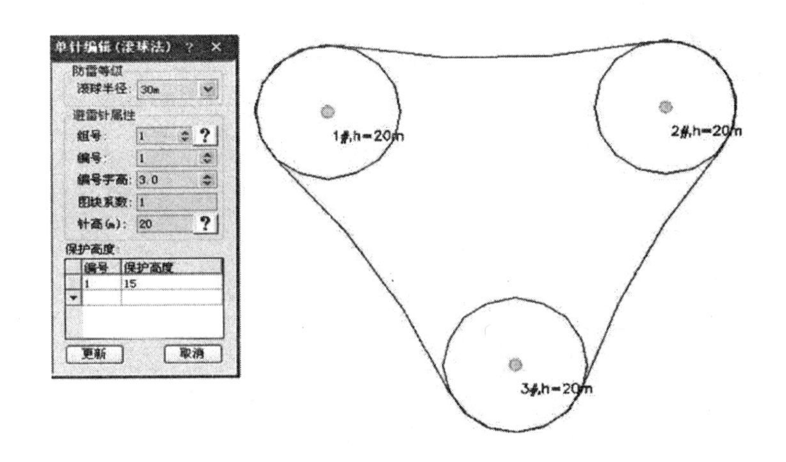

图 2-6-12-1　单针编辑

可修改避雷针的属性，如针高改为 25m，点击更新后，图面保护范围随之更新，如图 2-6-12-2 所示。

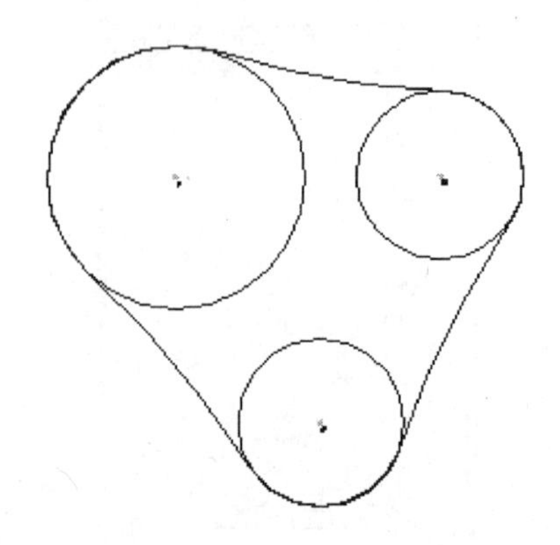

图 2-6-12-2　编辑后的二维保护平面

2.6.13　删避雷针（SBLZ）

菜单位置：【接地防雷】→【滚球避雷】→【删避雷针】

功能：删除布置的避雷针。

在菜单上选取本命令后，命令行提示：

请选择要删除的数据源对象：<退出>

框选要删除的避雷针，确定后即可删除，也可直接采用 CAD 的命令删除，同时其联合防护区域自动更新。

2.6.14　单针移动（DZYD）

菜单位置：【接地防雷】→【滚球避雷】→【单针移动】

功能：移动布置的避雷针。

在菜单上选取本命令后：

鼠标点选要移动的位置即可，平面联合保护范围也随之更新。

当然，避雷针也支持 CAD 的 MOVE 命令移动，其移动后，避雷针联合防护范围也随之自动更新。

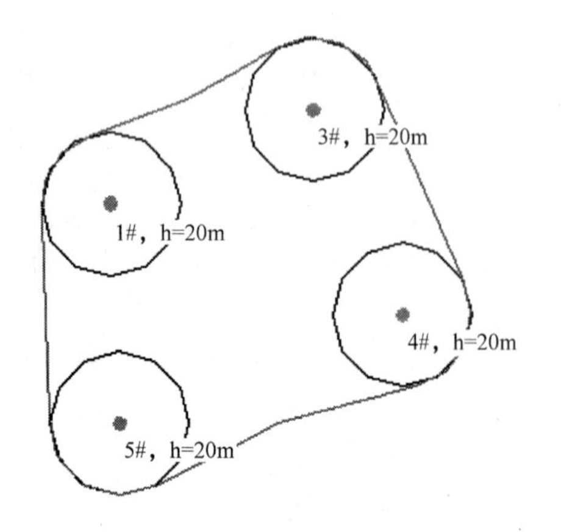

图 2-6-14-1　避雷针针移动前

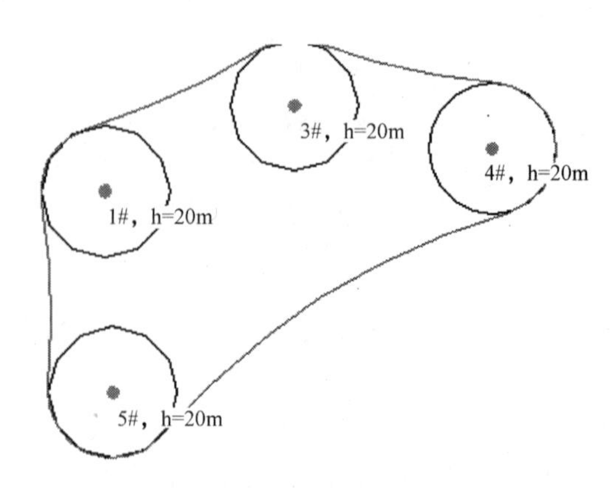

图 2-6-14-2　避雷针针移动后

2.6.15　标注半径（BZBJ）

菜单位置：【接地防雷】→【滚球避雷】→【标注半径】

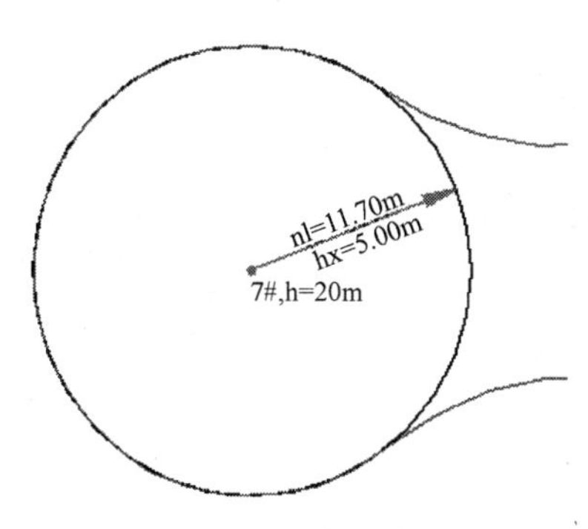

图 2-6-15　标注半径

功能：标注避雷针保护半径值。

在菜单上选取本命令后，命令行提示：

请选择要标注的对象：<退出>

可点选或框选单个避雷针的保护范围，选中后，命令行提示：

选择标注的方向：

2.6.16　标注 BX 值（BZBX）

菜单位置：【接地防雷】→【滚球避雷】→【标注 BX 值】

功能：标注双针间距及双针连线到联合保护区域边线的最短距离 BX 值。

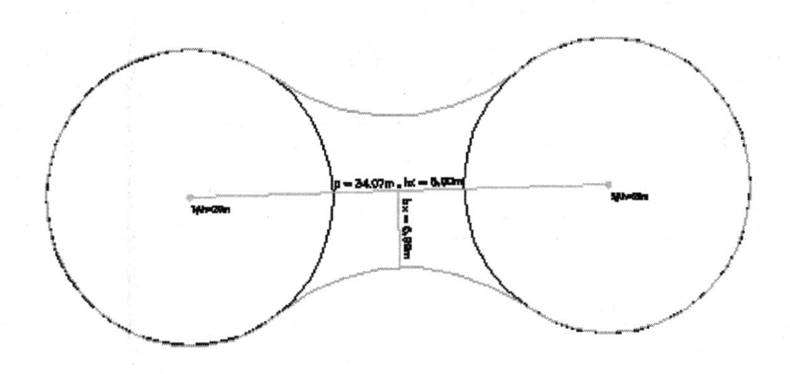

图 2-6-16　标注 BX 值

在菜单上选取本命令后，命令行提示：

请选择第一个对象：<退出>

可点选或框选第一个避雷针的保护范围，选中后，命令行提示：

请选择第二个对象：<退出>

可点选或框选第二个避雷针的保护范围，选中后，命令行提示：

请选择区域边界：<退出>：

点击联合保护边界即可，则两针间距离及 BX 值被标注上 .

2.6.17　单避雷表（DBLB）

菜单位置：【接地防雷】→【滚球避雷】→【单避雷表】

功能：绘制防雷范围单针保护表。

在菜单上选取本命令后，命令行提示：

请选择单针防护表的插入位置<退出>：

可点击插入位置，防雷范围单针保护表即被绘制。

防雷计算单针保护范围表

避雷针编号	滚球半径hr(米)	避雷针高度h(米)	保护高度hx(米)	保护半径rx(米)	备注
1#	100	25.00	5.00	34.92	
2#	100	25.00	5.00	34.92	
3#	100	25.00	5.00	34.92	
4#	100	25.00	5.00	34.92	
5#	100	25.00	5.00	34.92	
6#	100	25.00	5.00	34.92	
7#	100	25.00	5.00	34.92	
8#	100	25.00	5.00	34.92	
9#	100	25.00	5.00	34.92	
10#	100	25.00	5.00	34.92	
11#	100	25.00	5.00	34.92	
12#	100	25.00	5.00	34.92	

图 2-6-17　防雷计算单针保护范围表

2.6.18　双避雷表（SBLB）

菜单位置:【接地防雷】→【滚球避雷】→【双避雷表】

功能：绘制防雷范围双针保护表。

防雷计算双针联合保护范围表

避雷针编号	滚球半径hr(米)	保护高度hx(米)	两针间距d(米)	联合保护范围bx(米)	备注
1#－2#	100	5.00	64.59	26.50	
1#－3#	100	5.00	90.60	16.97	
2#－3#	100	5.00	100.05	12.05	
2#－4#	100	5.00	99.69	12.26	
3#－4#	100	5.00	104.96	9.04	
3#－6#	100	5.00	78.85	21.88	
3#－7#	100	5.00	109.58	5.83	
4#－5#	100	5.00	62.71	20.40	
4#－6#	100	5.00	127.66	---	
4#－7#	100	5.00	68.03	25.50	
4#－8#	100	5.00	105.77	8.50	
5#－7#	100	5.00	123.77	---	
5#－8#	100	5.00	57.17	28.42	
5#－11#	100	5.00	119.95	---	
6#－7#	100	5.00	84.17	19.80	
6#－9#	100	5.00	92.23	16.19	
[illegible]	100	5.00	[illegible]	[illegible]	

图 2-6-18　防雷计算双针联合保护范围表

在菜单上选取本命令后，命令行提示：

请选择双针防护表的插入位置<退出>：

鼠标点取插入位置，则防雷范围双针保护表即被插入。

2.6.19　计算书（JSS）

菜单位置:【接地防雷】→【滚球避雷】→【计算书】

功能：出防雷范围避雷针保护计算书。

2.6.20　建筑高度（JZGD）

菜单位置:【接地防雷】→【滚球避雷】→【建筑高度】

功能：对建筑物（闭合 PLINE 线或 3D 实体）进行高度赋值。

点击该命令，命令行提示：

请选择 *PLINE* 线或 3*D* 实体：

点击建筑物外轮廓（闭合 PL 线），命令行提示：

请输入高度（m）：

输入赋值高度确定即完成对该建筑物的赋值。

2.6.21　查看三维（CKSW）

菜单位置：【接地防雷】→【滚球避雷】→【查看三维】

功能：可查看局部几针对建筑物的三维保护情况。

在菜单上选取本命令后，命令行提示：

请选择要预览的数据源对象<退出>：

框选查看部分或整体的避雷针三维保护均可。

2.6.22　还原二维（HYEW）

菜单位置：【接地防雷】→【滚球避雷】→【还原二维】

功能：可由局部三维转成二维显示。

点击该命令，由局部三维转成二维显示。

2.6.23　绘避雷线（HBLX）

菜单位置：【接地防雷】→【滚球避雷】→【绘避雷线】

功能：绘制避雷线，自动计算其联合防护范围能够查看起三维防护区域。

点击该命令，由局部三维转成二维显示。

在菜单上选取本命令后，命令行提示：

请点取避雷线起始点［平行于参照避雷线（*P*）/指定角度 0～360（*A*）］<*P*>：

能够同时对避雷线进行编辑、修改、及参数标注，移动一根避雷线联合防护范围自动更新。

图 2-6-23-1　避雷线平面图

避雷线也支持 CAD 的 MOVE 命令移动，其移动后，避雷线联合防护范围也随之自动更新。

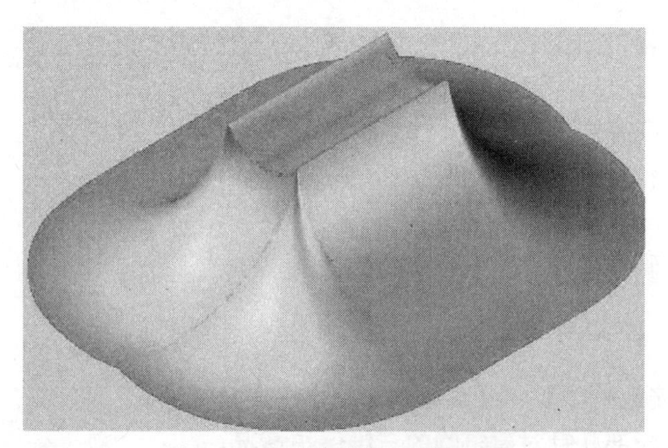

图 2-6-23-2 避雷线三维效果图

2.6.24 改避雷线（GBLX）

菜单位置：【接地防雷】→【滚球避雷】→【改避雷线】

功能：修改已绘制的避雷线参数。

在菜单上选取本命令后，命令行提示：

请选择需要修改的避雷线：<退出>

对避雷线进行编辑、修改后，避雷线联合防护范围可自动更新。

图 2-6-24 改避雷线对话框

2.6.25 删避雷线（SBLX）

菜单位置：【接地防雷】→【滚球避雷】→【删避雷线】

功能：删除已绘制的避雷线

在菜单上选取本命令后，命令行提示：

请选择要删除的避雷线：<退出>

点选确定后即可删除所选避雷线。

2.6.26 单线移动（DXYD）

菜单位置：【接地防雷】→【滚球避雷】→【单线移动】

功能：删除已绘制的避雷线

在菜单上选取本命令后，命令行提示：

请选择要移动到的位置<退出>

选择要移动位置的避雷线，命令行提示：

请指定基点<退出>：

选择基点后，命令行提示：

请选择要移动到的位置<退出>

鼠标点选要移动的位置即可，平面联合保护范围也随之更新。

避雷线支持CAD的MOVE命令移动，其移动后，避雷线防护范围也随之自动更新。

2.6.27　避雷剖切（BLPQ）

菜单位置:【接地防雷】→【滚球避雷】→【单线移动】
功能：生成避雷针（线）防护的剖面图
在菜单上选取本命令后，命令行提示：
请输入剖切编号＜1＞：
执行本命令后，命令行提示：
点取第一个剖切点＜退出＞：
执行本命令后，命令行提示：
点取第二个剖切点＜退出＞：
执行本命令后，命令行提示：
点取剖视方向＜当前方向＞：
执行本命令后，命令行提示：
请点取剖面放置位置＜退出＞：
鼠标点取插入位置，则防雷范围剖面图即被插入。

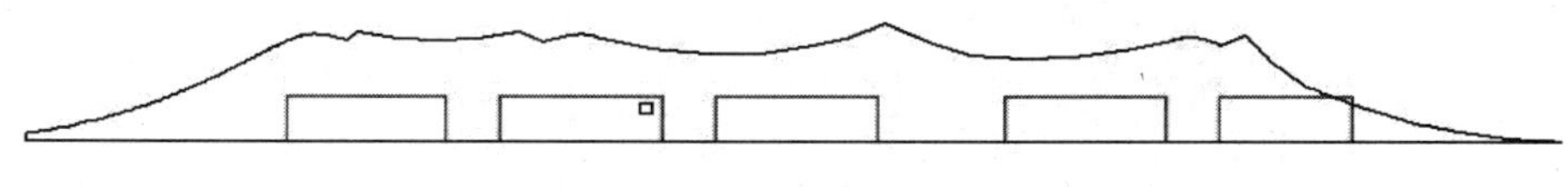

图 2-6-27　防雷保护范围剖面图

2.7　变配电室

变配电室的绘制工作大致可以分为三部分：
(1) 房屋建筑；
(2) 室内变配电设备；
(3) 生成剖面及尺寸标注。
房屋建筑部分和尺寸标注的大部分绘制工作可用建筑图绘制命令和尺寸标注命令完成，一些特殊的工作，可用专用的变配电室绘制命令来完成 ，如生成剖面。另外室内的变配电设备，如变压器、配电柜、走线槽等也可使用专用的变配电室绘制命令来完成。

2.7.1　绘制桥架（HZQJ）

菜单位置:【变配电室】→【绘制桥架】
功能：在平面图中绘制桥架（三维）。
绘制桥架时，其绘制基准线分【水平】、【垂直】设置，对于【水平】有“上边”、“中心线”、“下边”三种选择，默认“中心线”；对于【垂直】有“底部”、“中心”、“顶部”三种选择，默认“底部”；【偏移】指绘制电缆沟时，实际绘制准线距选择的基准点的距离。【锁定绘制角度】指在绘制电缆沟过程中，基准线在允许的偏移角度范围内（15度），

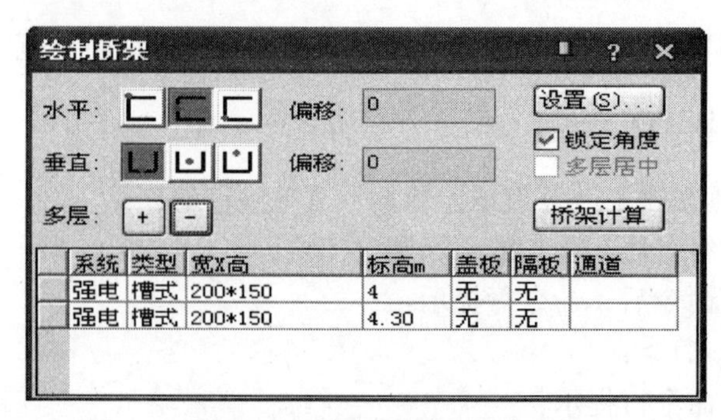

图 2-7-1-1　绘制桥架对话框

绘制的电缆沟角度不偏移，否则，则电缆沟角度随基准线的角度；“+”“—”指增加或删除一行桥架；桥架属性栏包括“类型”、“宽高”、“标高”、“盖板”属性，可通过选择或直接修改其属性。

点击【设置】按钮，弹出设置对话框，如图 2-7-1-2：

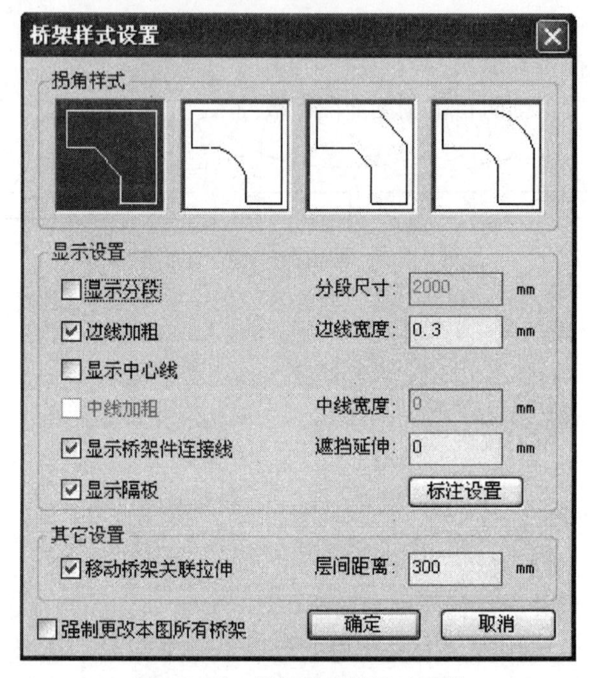

图 2-7-1-2　桥架样式设置对话框

可通过幻灯片选择桥架弯通等构件的拐角样式；“显示设置”包括以下内容：

【显示分段】：指是否显示桥架分段；

【分段尺寸】：可以设置桥架分段的尺寸；

【边线宽度】：设置桥架边线的宽度；

【边线加粗】：勾选显示桥架边线按照桥架设置的边线宽度进行加粗；

【显示中心线】：控制是否显示桥架中心线；

【遮挡虚线显示】：控制两段不同标高有遮挡关系的桥架是否显示遮挡虚线；

【显示桥架件连接线】：控制是否显示桥架如弯通、三通等构件与桥架相连的连接线；

在“其他设置”中有以下内容：

【移动桥架关联拉伸】：可以控制相关联的桥架通过“MOVE”命令移动其中一段桥架，其他相关联的桥架是否联动；

【层间距离】：指当增加一层桥架时，其标高为其上一层桥架标高＋该设置的层间距离；

在【标注设置】中，可对桥架标注的文字、标注的样式进行设置，如图 2-7-1-3：

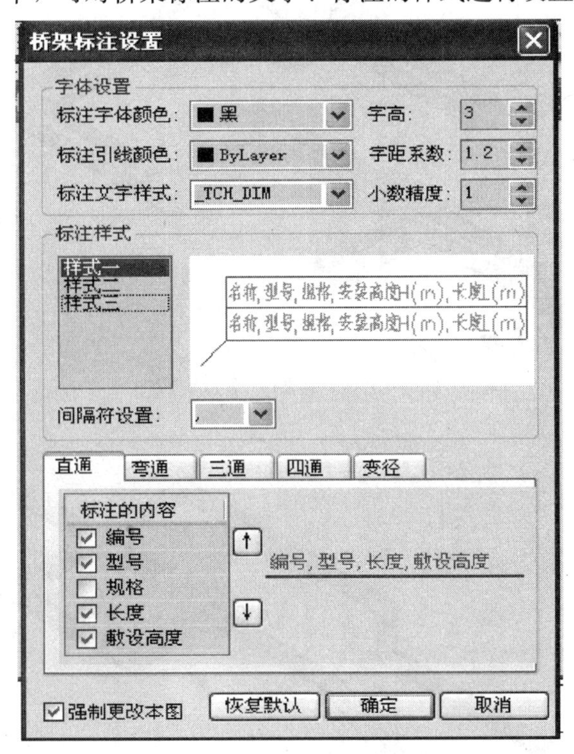

图 2-7-1-3　桥架标注设置

字体设置中：可对字体的颜色、字高、字距系数等参数进行设置；

标注样式：有三种标注样式可以选择，右边有相应的幻灯片显示；最下面可对桥架的标注内容进行设置、选择，上下箭头可以控制其标注排列的顺序；

对桥架设置完毕后，进行绘制，命令行已经提示：

“请选取第一点：”

选取桥架第一点后，命令行继续提示：

“请选取下一点[回退(*u*)]：”

绘制完毕后的桥架平面图如图 2-7-1-4：

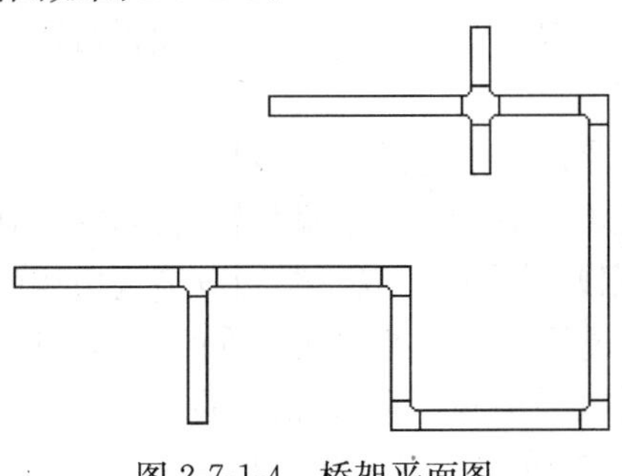

图 2-7-1-4　桥架平面图

桥架的绘制是智能的一个过程，其自动生成弯通、三通、四通等构件，图 2-7-1-5 和图 2-7-1-6 为桥架三维效果图。

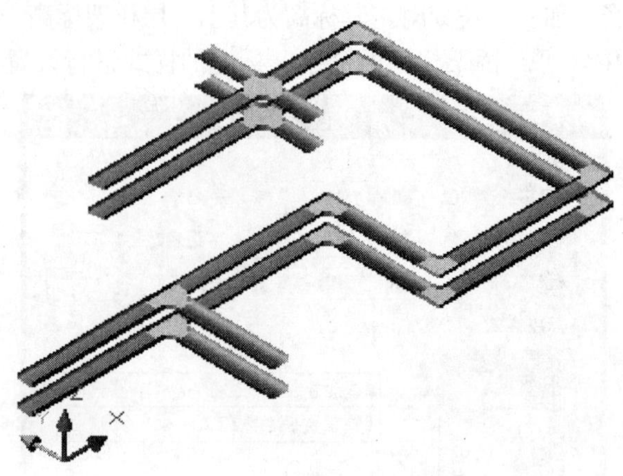

图 2-7-1-5 桥架三维效果图 1

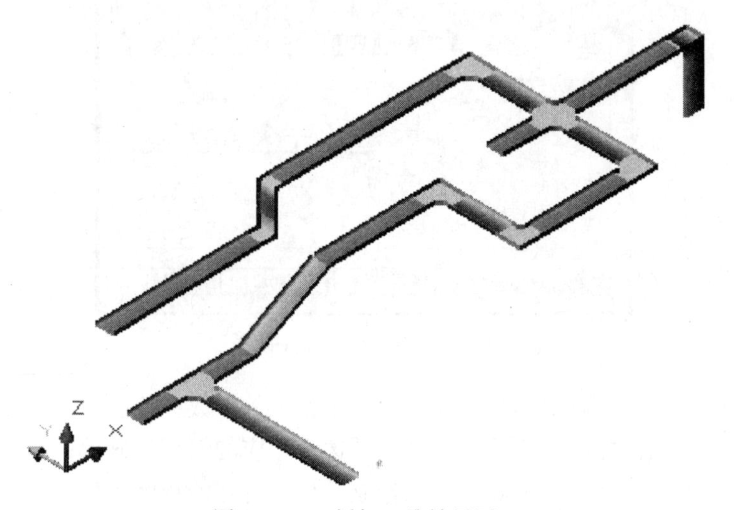

图 2-7-1-6 桥架三维效果图 2

2.7.2 绘电缆沟（HDLG）

菜单位置：【变配电室】→【绘电缆沟】

功能：在平面图中绘制电缆沟。

在菜单上选取本命令后，弹出如图 2-7-2-1 所示设置对话框，同时命令行提示：

“请选取第一点：”

首先电缆沟有三种倒角形式可供选择，绘制时，其绘制基准线可以有“上边”、“中心线”、“下边”三种选择，默认“中心线”；【偏移】指绘制平面电缆沟时，实际绘制准线距选择的基准点的距离。【沟宽】、【沟深】以及绘制电缆沟边线的【线宽】均可设定；【锁定绘制角度】指在绘制电缆沟过程中，基准线在允许的偏移角度范围内（15 度），绘制的电缆沟角度不偏移，否则，则电缆沟角度随基准线的角度；支架设置参数包括：【形式】、【间距】、【长度】、【线宽】等参数。支架【形式】有以下几种可以选择，如图 2-7-2-2：

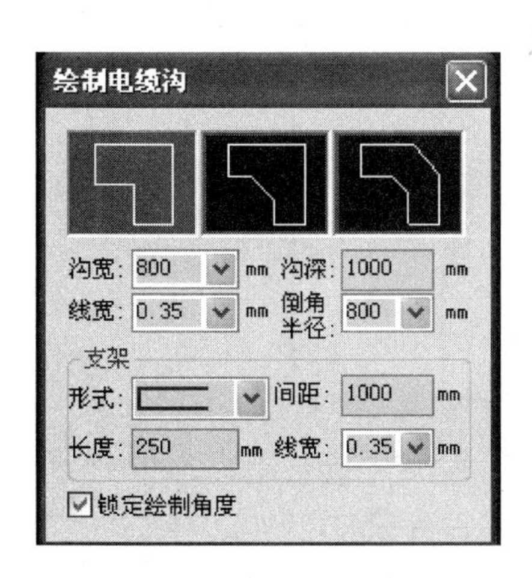

图 2-7-2-1　绘制电缆沟

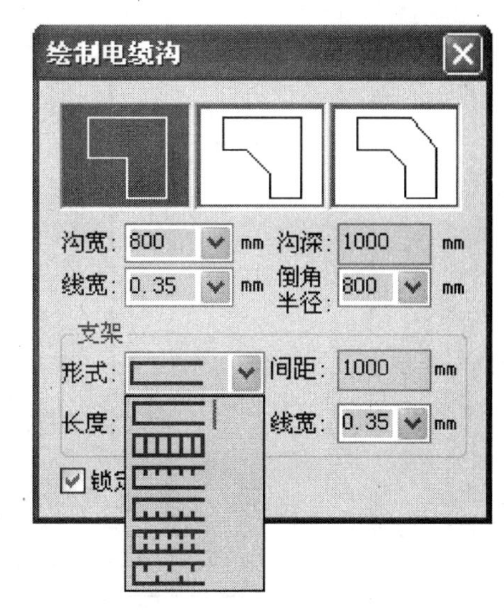

图 2-7-2-2　支架的形式选择

电缆沟参数设置完毕后，进行绘制，确定第一点位置后，命令行提示：

“请选取下一点[回退(u)]：”

当绘制完毕后，如图 2-7-2-3：

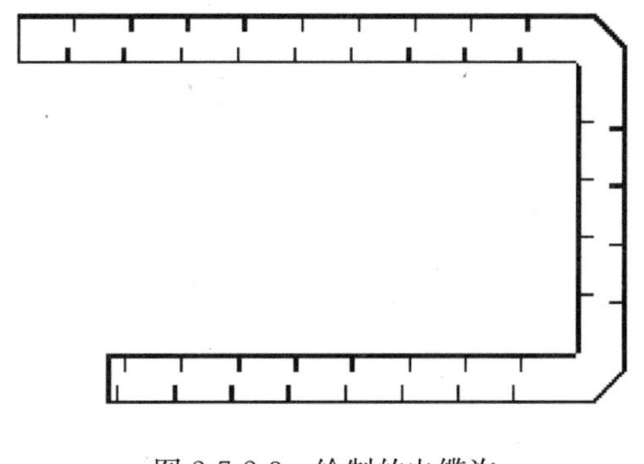

图 2-7-2-3　绘制的电缆沟

2.7.3　改电缆沟（GDLG）

菜单位置：【变配电室】→【改电缆沟】

功能：修改平面电缆沟参数。

在菜单上选取本命令后，命令行提示：

“选择要编辑的电缆沟<退出>：”

选取要编辑的电缆沟，可多选，被选中的电缆沟变虚，确定弹出修改对话框，如图 2-7-3-1：

可以在要修改对应项前面勾选栏打勾后，即可修改其对应参数。可修改电缆沟的沟宽、沟深、包括其边线线宽、支架形式、支架间距、支架长度及包括电缆沟是否成虚线显示等参数。如上图修改电缆沟支架形式，确定后，电缆沟平面图如图 2-7-3-2：

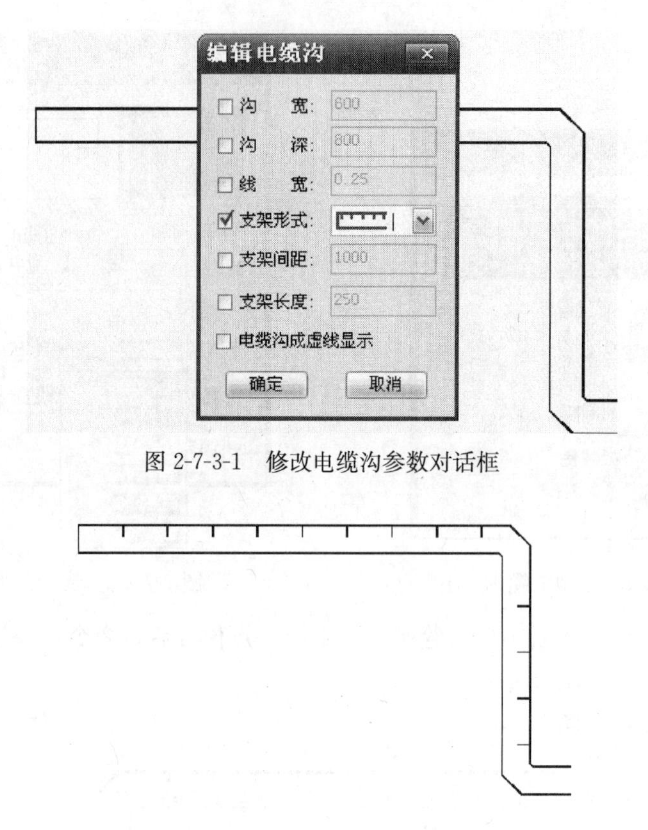

图 2-7-3-1 修改电缆沟参数对话框

图 2-7-3-2 修改后的电缆沟

2.7.4 连电缆沟（LDLG）

菜单位置:【变配电室】→【连电缆沟】

功能：连接电缆沟自动生成三通弯头。

在菜单上选取本命令后，命令行提示如下：

请选择两段或三段电缆沟!

选择确定即可自动完成连接。示例见图 2-7-4-1 和图 2-7-4-2。

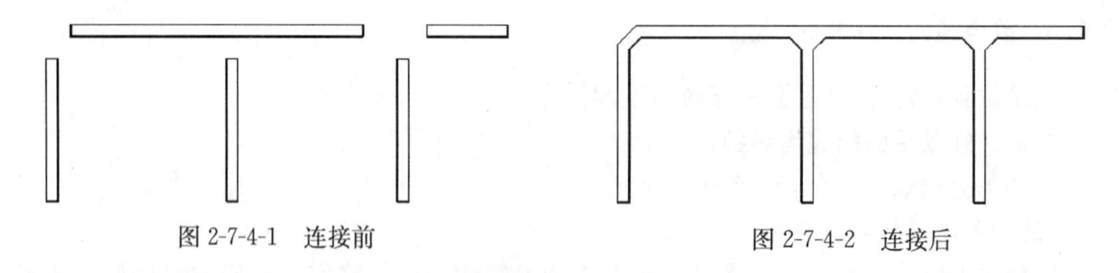

图 2-7-4-1 连接前　　图 2-7-4-2 连接后

2.7.5 插变压器（CBYQ）

菜单位置:【变配电室】→【插变压器】

功能：在变配电室设计图中插入干式或油式变压器设备。

在菜单上选取本命令后，屏幕上出现如图 2-7-5-1 所示的［变压器选型插入］对话框。

在对话框右边上部是一个选择干式或油式变压器的下拉列表框，选择油式变压器后则对话框界面变成如图 2-7-5-2 所示的油式变压器选型插入对话框，现在分别介绍对话框在这两种界面时的使用方法：

（1）如图 2-7-5-1 所示，在下拉列表框的下部有一组选择放置变压器平面方向的互锁按钮，单击某一个按钮，选择合适的放置平面，左边的［设备类型示意图］中便出现对应设备的示意图；在干式变压器中还提供了简图和精图两种插入图块的互锁按钮，位于［设备类型示意图］下方，用户可以根据图纸要求选择；在对话框的右下角是干式变压器尺寸设定的编辑框，包括 X 轴和 Y 轴长两个编辑框（由于变压器包括平面、正立面和侧立面，所以用 X 轴和 Y 轴代表了变压器的长、宽、高）。选择和输入完毕后，单击［确定］按钮，这时命令行提示：

请点取变压器的插入点 <退出>：

点取变压器的插入点，命令行接着提示：

旋转角度<0.0>：

通过输入或鼠标拖拽确定变压器的旋转角度后，就会在屏幕上按要求插入变压器。

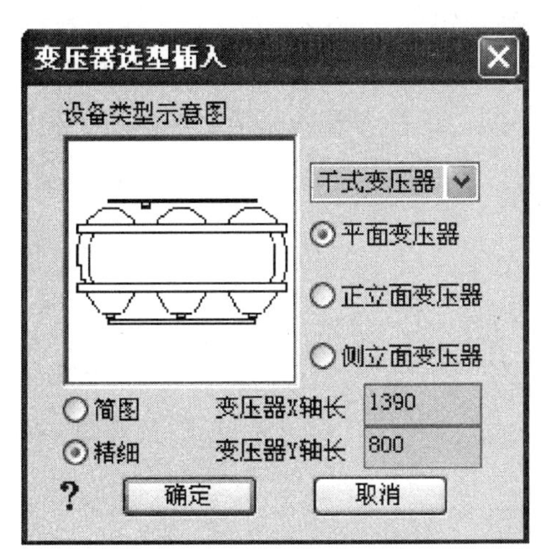

图 2-7-5-1 干式变压器选型插入对话框图

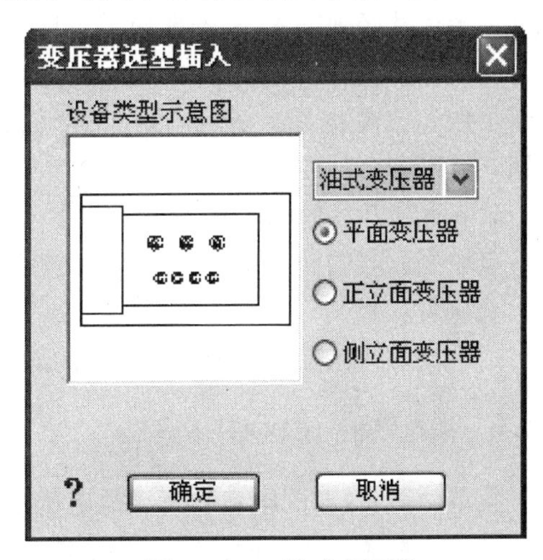

图 2-7-5-2 油式变压器选型插入对话框

（2）如图 2-7-5-3 所示为油式变压器的选型对话框，在此对话框中只在下拉列表框的下部有一组选择放置变压器平面方向的互锁按钮，单击某一个按钮，选择合适的放置平面，左边的［设备类型示意图］中便出现对应设备的示意图，选定平面后单击［确定］按钮弹出与所选的平面类型相对应的［油式变压器尺寸设定］对话框。如果选择的是［平面变压器］，弹出如图 2-7-5-3 所示的［平面变压器尺寸设定］对话框，下面我们对此对话框中的功能进行说明：

对话框左边是［变压器示意图］，图中不仅展现平面变压器的形状，而且表示出右边各项尺寸的意义。在对话框右边的各编辑框中，可以输入要插入平面变压器的各项尺寸。其中：［变压器总长 L］和［变压器总宽 D］的尺寸是必须输入的。而其余的五个细部尺寸是否需要，取决于［其他尺寸随长、宽变化］选择框是否选择。如果选定这个选择框（方框中有“√”），则这五个尺寸不必输入，或者说输入了也不起作用。在插入变压器时，

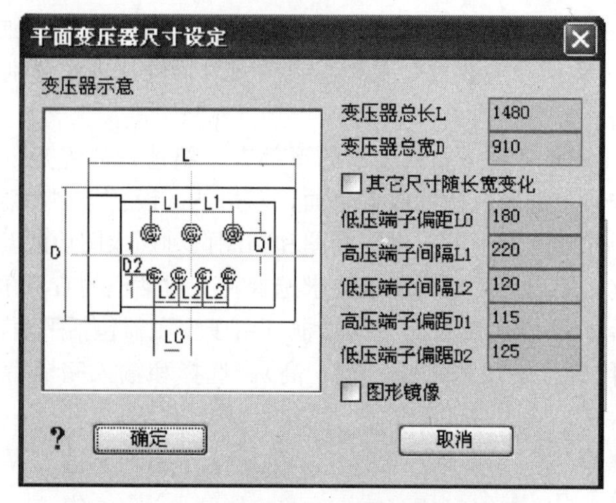

图 2-7-5-3 平面油式变压器尺寸设定对话框

这五个尺寸天正电气按变压器的长、宽数据，自动设定。而如果这个选择框未被选择，那么这五个尺寸必须输入。[图形镜像] 选择框如果被选定（方框中有“√”），变压器按镜像方式插入。正立面和侧立面的 [油式变压器尺寸设定] 对话框与平面的类似，只是由于端子个数和位置发生改变所以端子的间隔和偏距不同。选择和输入完毕后，单击 [确定] 按钮，这时命令行提示：

请点取变压器的插入点 <退出>:

点取变压器的插入点，命令行接着提示：

旋转角度<0.0>:

通过输入或鼠标拖拽确定变压器的旋转角度后，就会在屏幕上按要求插入变压器。

2.7.6 插电气柜 (CDQG)

菜单位置：【变配电室】→【插电气柜】

功能：在变配电室设计图中按要求个数和形状插入电气柜设备。

在菜单上选取本命令后，屏幕上出现如图 2-7-6-1 所示的 [绘制电气柜平面] 对话框。

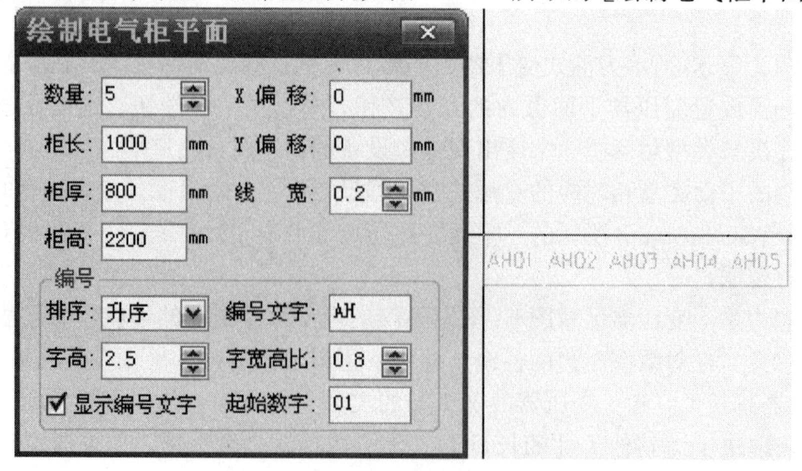

图 2-7-6-1 绘制电气柜平面对话框

可输入要绘制的配电柜的数量、柜子的参数：[柜长]、[柜高]、[柜厚]。

[X偏移]、[Y偏移] 指柜子的实际插入点与默认插入点相比X轴、Y轴偏移的距离。

[线宽] 指插入的配电柜平面轮廓线的宽度，可根据不同需求任意设定。

[显示编号文字] 可通过勾选确定是否显示配电柜编号文字。

[编号文字] 填写确定其编号：如 AH

[起始数字] 填写确定其起始数字编号：如 01

配电柜编号文字可通过 [字高]、[字宽高比] 来调整其文字大小等属性。

[排序] 包含"升序"、"降序"功能来调整配电柜的排列顺序。

再执行"插配电柜"对如上配电柜的参数设定过程中，可动态预览整体效果。

这时命令行提示：

请点取电气柜的插入点＜退出＞：请选择电气柜的插入点 [切换插入点（S）/左右翻转（F）/90度翻转（R）]：

若切换插入点直接输入S

输入F则配电柜左右翻转

输入R则配电柜90度翻转

点取电气柜的插入点，则配电柜插入到平面上。如图2-7-6-2：

图2-7-6-2 平面配电柜

2.7.7 标电气柜（BDQG）

菜单位置：【变配电室】→【标电气柜】

功能：标注电气柜编号，可以多选进行递增标注。

在菜单上选取本命令后，命令行提示：

"请选择第一个柜子＜退出＞："

鼠标点取要标注的第一个配电柜，命令行继续提示：

"请输入起始编号＜AH01＞："

输入起始编号AA01后，命令行提示：

"请选择最后一个柜子＜退出＞："

鼠标点取最后一个要标注的柜子，则柜子的编号被依次标出，如图2-7-7：

图2-7-7 电气柜插入选型对话框

> **注意：**【标电气柜】该功能可以将配电柜的编号重新标注。

2.7.8 删电气柜（SDQG）

菜单位置：【变配电室】→【删电气柜】

功能：删除电气柜，相邻柜子以及尺寸可以联动调整。

在菜单上选取本命令后，命令行提示：

“选择要删除的柜子＜退出＞：”

鼠标点取要删除的配电柜，可多选，如图 2-7-8-1：

被选中的柜子变虚，确定，AA02 与 AA04 则被删除，如图 2-7-8-2，同时命令行提示：

“选择要靠近的柜子＜退出＞：”

图 2-7-8-1　选中的要删除的电气柜　　　图 2-7-8-2　删除后的电气柜

根据命令行提示，选择要靠近的柜子，则其他未被删除的配电柜统一向其方向对齐，如图 2-7-8-3：

同时命令行提示：

“是否重新对编号进行排序＜Y＞：”

确定后，命令行继续提示：

“请选择第一个柜子＜退出＞：”

点取第一个柜子，命令行提示：

“请选择第一个柜子＜退出＞：”

鼠标点取第一个要标注的柜子，命令行提示：

“请输入起始编号＜AA01＞：”

输入起始编号后，命令行继续提示：

“请选择最后一个柜子＜退出＞：”

点取最后一个配电柜，则配电柜的编号重新被依次标注，如图 2-7-8-4：

图 2-7-8-3　对齐后的电气柜　　　图 2-7-8-4　重新标注后的配电柜

2.7.9　改电气柜（GDQG）

菜单位置：【变配电室】→【改电气柜】

功能：修改电气柜参数，相邻柜子以及尺寸可以联动调整。

在菜单上选取本命令后，命令行提示：

“选择要编辑的柜子＜退出＞：”

鼠标点取要编辑的配电柜，可多选，被选中的柜子变虚，确定弹出修改对话框，如图 2-7-9-1：

可以在要修改对应项前面勾选栏打勾后，即可修改其对应参数。可修改配电柜的柜长、柜厚、柜高，可以更改其编号，包括编号文字的 字高、字宽比例、

字体样式，同时包括是否显示编号等设置。见图 2-7-9-2 和图 2-7-9-3。

同时，双击单个配电柜，一样会弹出修改电气柜参数的对话框，可对其进行参数

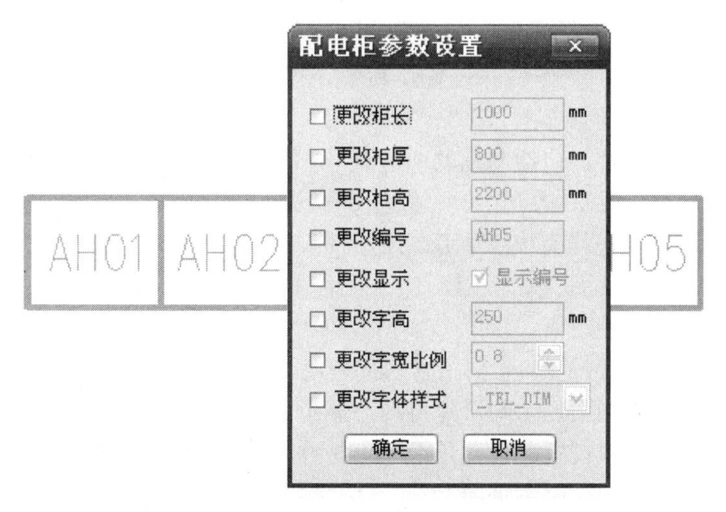

图 2-7-9-1　修改电气柜参数对话框

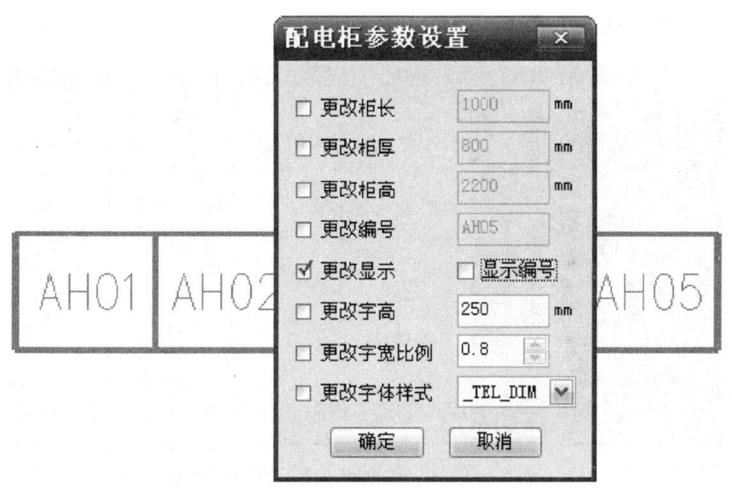

图 2-7-9-2　隐藏配电柜编号

图 2-7-9-3　被隐藏编号的配电柜

修改。

2.7.10　剖面地沟（PMDG）

菜单位置：【变配电室】→【剖面地沟】

功能：参数化绘制剖面地沟。

在菜单上选取本命令后，弹出如图 2-7-10-1 所示的［剖面地沟］对话框，该对话框中可以定义剖面地沟的形状、大小。下面我们将对本对话框的具体操作进行介绍：

1. 在“样式设定”中可对已经设置好的该电缆沟参数进行保存及删除。

2. 沟体设置：包括［宽度］、［深度］、［墙厚］、［壁厚］参数输入，以及是否显示［预埋钢筋］、［接地扁钢］等构件设置，其中，接地扁钢设置是否显示，左边的幻灯片可动态预览。

3. “基础参数”设置：包括基础的［边宽］、［厚度］两项参数设置。

4. “支架”参数设置：［左边］、［右边］通过勾选确定电缆沟电缆支架的方向，若两者都选，则电缆沟两边均有支架，反之则不带，左边电缆沟剖面显示幻灯片可动态预览。支架的［长度］、［间距］、［层数］、［顶距］等参数均可设置。其中［顶距］指支架上表面到盖板下表面的距离。

5. “盖板”参数设置：［厚度］指盖板的厚度，［加盖板］勾选与否可设置电缆沟是否有盖板。左边电缆沟剖面显示幻灯片可动态显示。

6. “绘制设定”参数设置：包含是否［带标注］以及绘制的放大系数。［插入］指将设置好的参数化电缆沟绘制到平面上。

7. “桥架”参数设置：电缆沟剖面图中是否放置桥架，桥架规格由宽高控制。

绘制的电缆沟剖面如图 2-7-10-2：

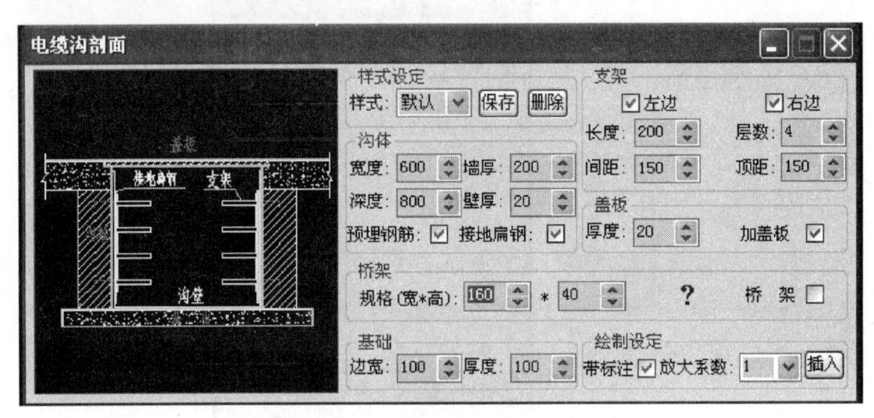

图 2-7-10-1　剖面地沟模式对话框

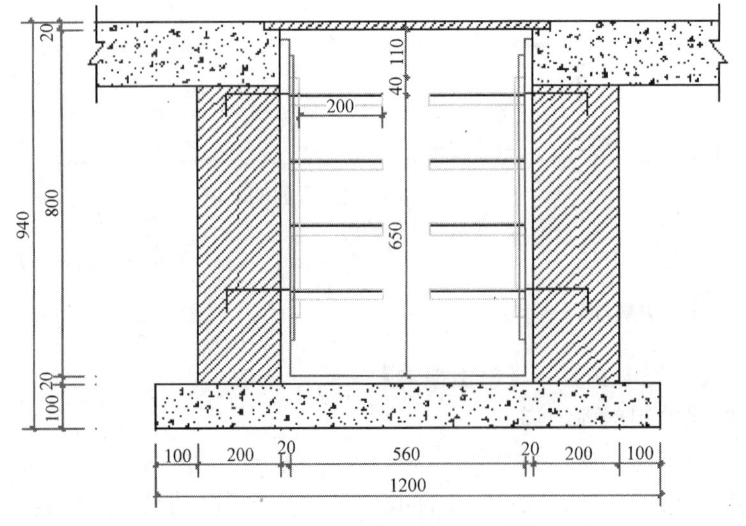

图 2-7-10-2　剖面地沟形式示例

2.7.11　生成剖面（SCPM）

菜单位置：【变配电室】→【生成剖面】

功能：根据变配电室平面图生成剖面图。

在菜单上选取本命令后，命令行提示：

“请输入剖切编号＜1＞：”

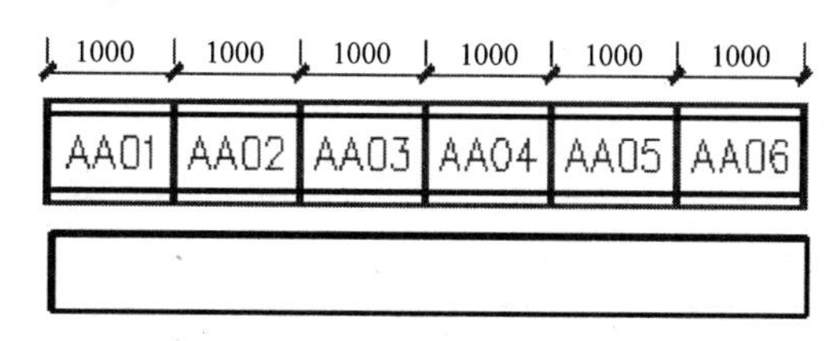

图 2-7-11-1　柜下-柜外电缆沟形式

输入剖切编号确定后，命令行提示：

“点取第一个剖切点＜退出＞：”

点取第一个剖切点后，命令行继续提示：

“点取第二个剖切点＜退出＞：”

点取第二个剖切点后，命令行提示：

“点取剖视方向＜当前方向＞：”

执行完毕后，弹出对话框（图 2-7-11-2）：

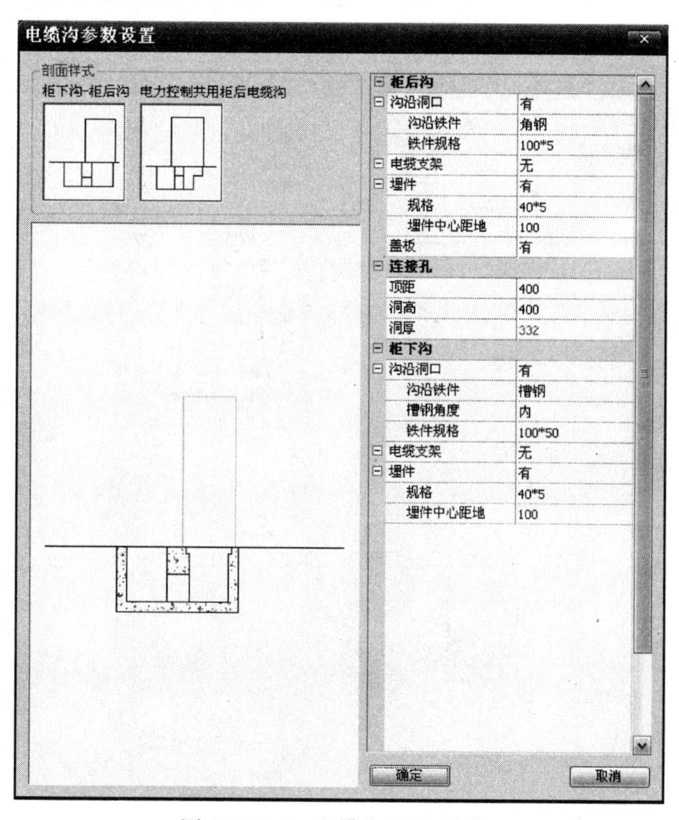

图 2-7-11-2　电缆沟设置对话框

可以选择剖面样式，下面为动态预览，右边为电缆沟、连接孔及盖板等参数设置。其中电缆沟的沟宽、沟深、支架的形式等数据是从平面上读取的，其他的参数（包括支架形式）可以进行设置。设置完成后，点击“确定”，则生成相应的剖面图。如图 2-7-11-3：

当平面图的形式为以下时，如图 2-7-11-4：

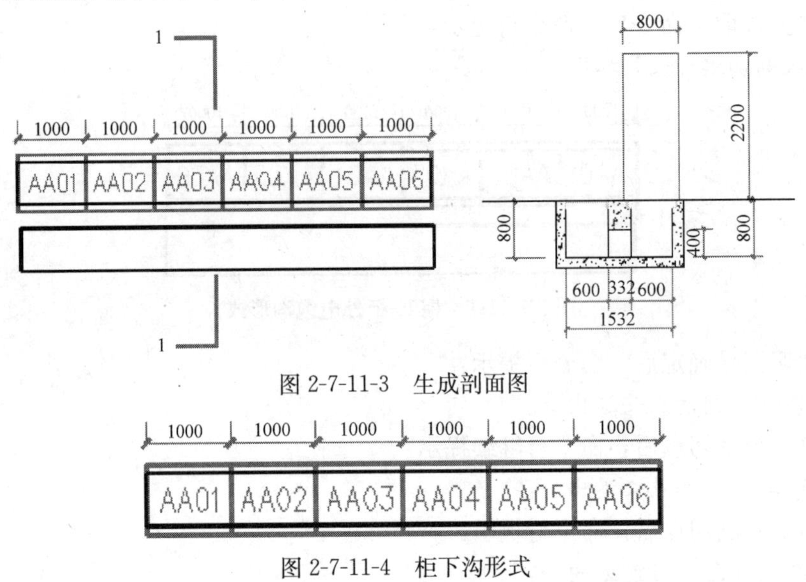

图 2-7-11-3　生成剖面图

图 2-7-11-4　柜下沟形式

则生成的电缆沟参数设置对话框如下：可选择“柜下沟”、“电缆夹层”两种形式，如图 2-7-11-5：

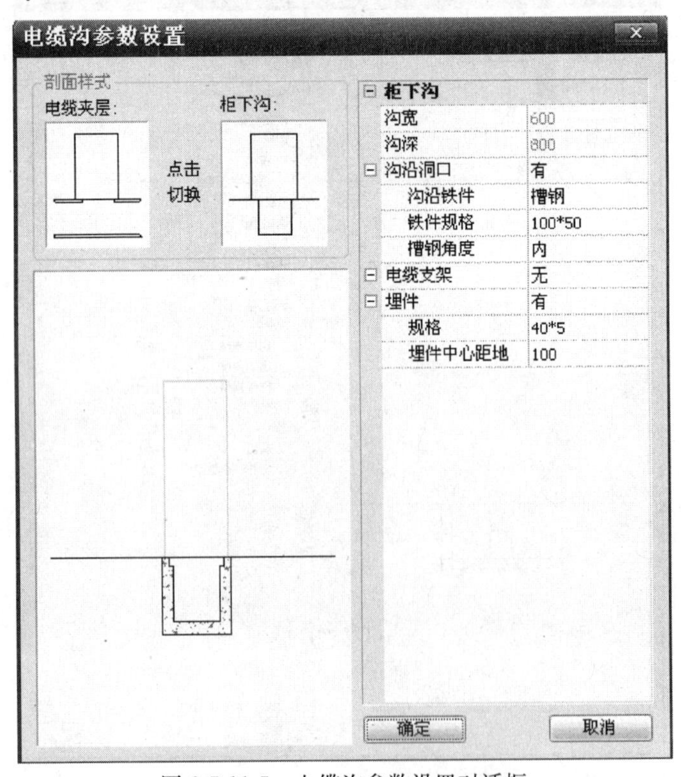

图 2-7-11-5　电缆沟参数设置对话框

其他参数设置完成后，确定则生成其剖面，如图 2-7-11-6：

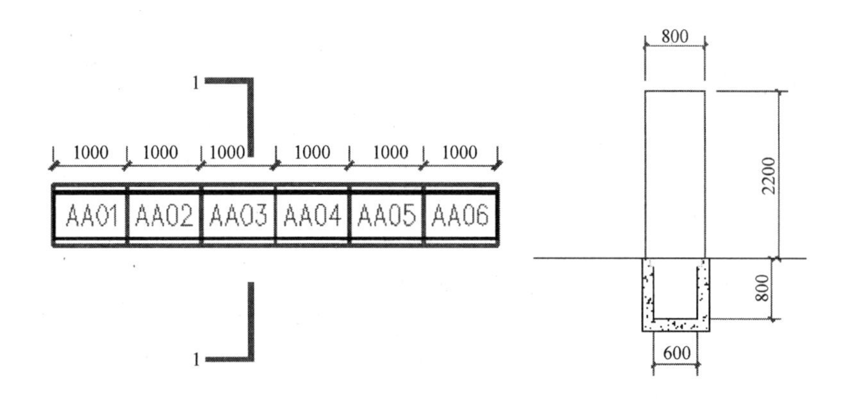

图 2-7-11-6　柜下沟剖面形式

若除以上两种情况外，则变配电室生成剖面直接生成，当中不弹出电缆沟参数设置对话框，直接生成其剖面。

2.7.12　国标图集（LAYFILL）

菜单位置：【变配电室】→【国标图集】

功能：从国标图集中选取相应的标准图插入。

该图集目前收录了 03D-201 室内变压器布置标准图。

2.7.13　逐点标注（T93 _ TDIMMP）

菜单位置：【尺寸】→【逐点标注】

功能：本命令是一个通用的灵活标注工具，对选取的一串给定点沿指定方向和选定的位置标注尺寸。特别适用于没有指定天正对象特征，需要取点定位标注的情况，以及其他标注命令难以完成的尺寸标注。

点取菜单命令后，命令行提示：

起点或［参考点(R)］＜退出＞：点取第一个标注点作为起始点；

第二点＜退出＞：点取第二个标注点；

请点取尺寸线位置或［更正尺寸线方向(D)］＜退出＞：

拖动尺寸线，点取尺寸线就位点，或键入 D 选取线或墙对象用于确定尺寸线方向。

请输入其他标注点或［撤消上一标注点(U)］＜结束＞：

逐点给出标注点，并可以回退；

……

请输入其他标注点或［撤消上一标注点(U)］＜结束＞：

继续取点，以回车结束命令。

2.7.14　配电尺寸（PDCC）

菜单位置：【变配电室】→【配电尺寸】

功能：标注高低压配电柜尺寸。

在菜单上选取本命令后，命令行弹出提示：

"请选取要标注尺寸的配电柜<退出>："

选择要标注的配电柜，命令行提示：

"请指定尺寸线位置（当前标注方式：连续）或［整体（T）/连续（C）/连续加整体（A）］<退出>："

确定尺寸标注位置，则配电柜尺寸自动被标注，如图 2-7-14：

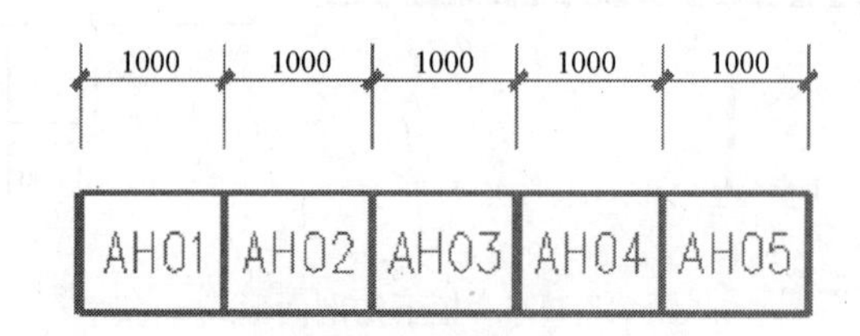

图 2-7-14　生成配电柜尺寸

2.7.15　卵石填充（LSTC）

菜单位置：【变配电室】→【卵石填充】

功能：用卵石图案来填充某个区域。主要用于画变压器室内油池底部的卵石层。

本命令主要用于画如图 2-7-15 所示的变压器室内油池底部的卵石层。本命令只能在矩形框内填充卵石，在菜单上选取本命令之后，命令行提示：

请点取要填充边界的起点 <退出>：

在图中点取要填充卵石的矩形框的一个顶点，命令行接着提示：

请输入终点 <退出>：

点取矩形框的对角点，取好了要填充卵石的矩形边界后，命令行提示：

请输入填充比例<200>：

在取默认比例时，每个卵石的大小约为 200×150，如果您希望在填充区内的卵石图案都是完整的，可调整此比例来实现。填充好的卵石图案如图 2-7-15 所示：

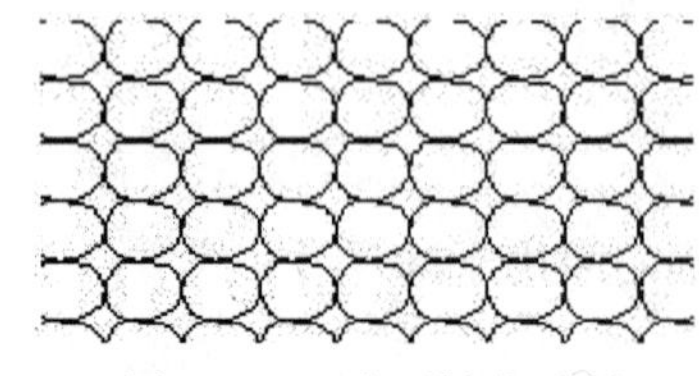

图 2-7-15　卵石填充示例

2.7.16　桥架填充（TEL _ FILL）

菜单位置：【变配电室】→【桥架填充】

功能：提供灰度、斜线、斜格等五种填充方案，填充桥架。

在菜单上选取本命令后，命令行提示：

请选择要填充的桥架：<退出>

点取桥架，命令行继续提示：

请选择填充样式［斜线 ANSI31（1）/斜网格 ANSI37（2）/正网格 NET（3）/交叉网格 NET3（4）/灰度 SOLID（5）］：

可根据自己的需要选择 1、2、3、4、5 来选择填充样式，默认的填充样式为：<斜线 ANSI31>：，直接点右键或回车即可，则相关联的桥架即被填充。见图 2-7-16。

图 2-7-16 桥架填充

2.7.17 层填图案（LAYFILL）

菜单位置:【变配电室】→【层填图案】

功能：在选定层上封闭的曲线内填充各种图案，可作为线槽填充的补充。

在菜单上选取本命令之后，命令行提示：

请点取一个填充轮廓线(取其图层) <退出>:

选取轮廓线后，命令行会反复提示：

再选取填充轮廓线 <全选>:

直到按［Enter（回车）］键确认后弹出如图 2-7-17-1 所示对话框：

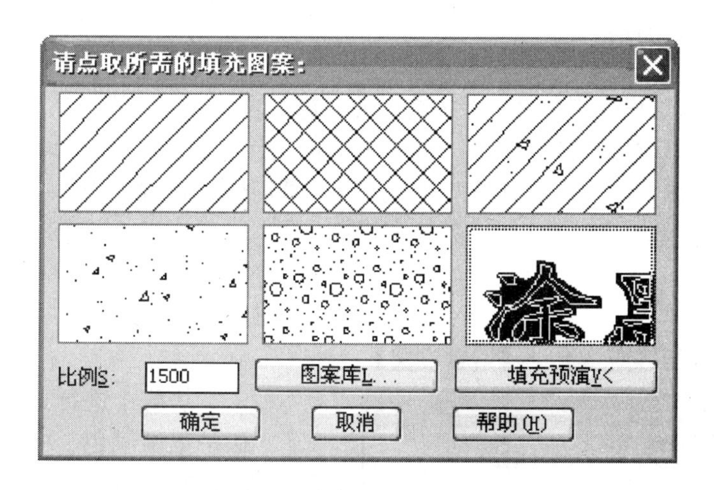

图 2-7-17-1 填充图案

［填充预演 V］：可以预演当前的填充状况，以供用户参考选择的填充比例、填充图案是否合适。点击后会真实地反映填充情况，同时命令行提示：

按［Enter（回车）］键返回：

回车后返回到 图案填充对话框。

［图案库 L］：点击此按钮进入图案库对话框，可以通过［次页 N］、［前页 P］切换页面查看更多的图案。

【层填图案】解决了【图案填充】线槽相交造成线槽不闭合的情况下不能完成填充的问题。填充结果如图 2-7-17-2 所示。

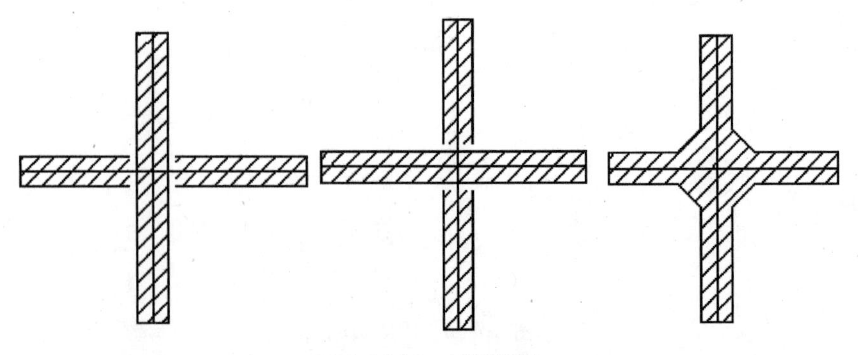

图 2-7-17-2 层填图案

2.7.18 删除填充（SCTC）

菜单位置：【变配电室】→【删除填充】

功能：删除图中填充的图案。

在菜单上选取本命令后，命令行提示：

请选择要删除的填充:<退出>

框选要删除的填充图案。

2.8 折线法避雷

常用避雷针（这里仅指单针）保护范围的计算方法主要有折线法和滚球法，“滚球法”的主要特点是可以计算避雷针（带）与网格组合时的保护范围，但计算相对复杂，投资成本相对大；“折线法”的主要特点是设计直观，计算简便，节省投资，适用于建筑物高度较低建筑。

2.8.1 避雷设置

菜单位置：【折线避雷】→【避雷设置】

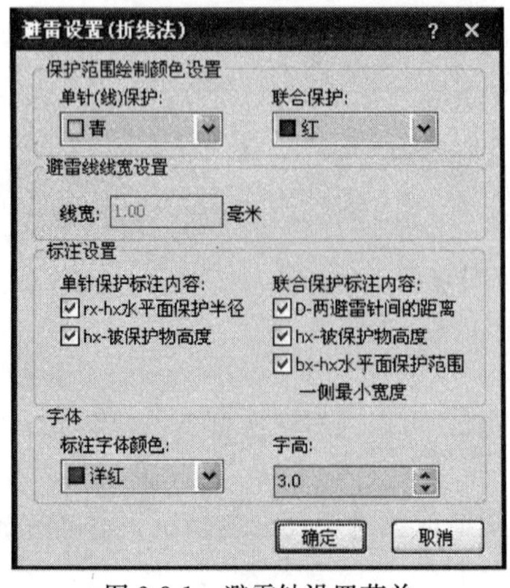

图 2-8-1 避雷针设置菜单

功能：进行避雷的一些设置：保护范围颜色、标注设置、字体大小及颜色等。

点击该命令，弹出设置菜单（图 2-8-1）：

保护范围绘制颜色设置可以设置单针保护范围颜色、联合保护范围颜色；

标注设置可以任意选择标注的内容；

标注的字体可以选择颜色、字高。

2.8.2 插避雷针

菜单位置:【折线避雷】→【插避雷针】

功能:在平面图中插入避雷针。

在菜单上选取本命令后,弹出对话框(图2-8-2-1):

【避雷针属性】:

组号:可对同一张图纸中避雷针进行分组。不同组之间可独立生成保护范围等,相互不影响。

编号:同一张DWG图中,插入的避雷针编号不得重复,对话框底部会提示。

图块系数:调整避雷针标记大小。

针高:一般指避雷针有效高度+相对保护建筑物高度(根据工程实际情况,有可能为建筑物总高,也可能为建筑物的一部分高度)保护高度指被避雷针保护的建筑高度。

【布置于山地和坡地】:保护发电厂、变电所用的山地和坡地上的避雷针,由于地形、地质、气象及雷电活动的复杂性,其保护范围应有所减小。

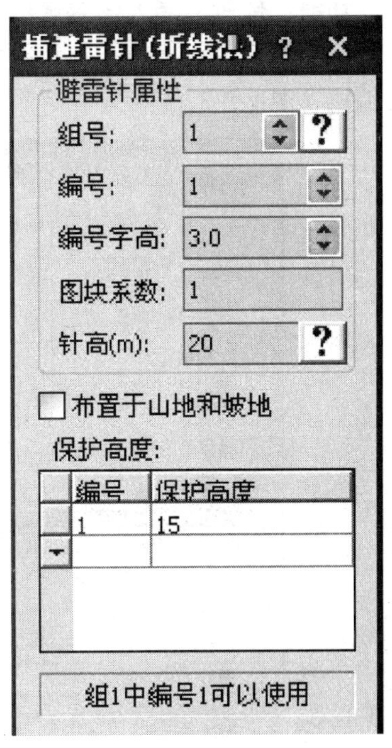

图2-8-2-1 插避雷针(折线法)

在避雷针属性中输入避雷针的编号、针高及保护高度。输入保护高度后,在平面布置避雷针,则自动生成高度为15m的二维保护平面。

若避雷针的编号已经存在则在对话框最下端红色高显提示编号重复。见图2-8-2-2。

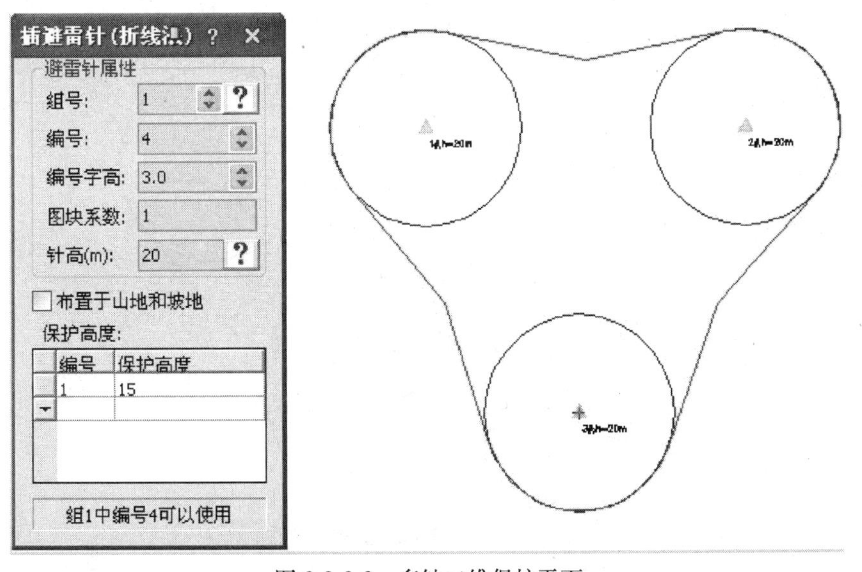

图2-8-2-2 多针二维保护平面

2.8.3 改避雷针

菜单位置:【折线避雷】→【改避雷针】

功能：修改已插入的避雷针的参数。

在菜单上选取本命令后，选择需要调整的避雷针后弹出对话框也可直接双击避雷针进行编辑（图 2-8-3-1）：

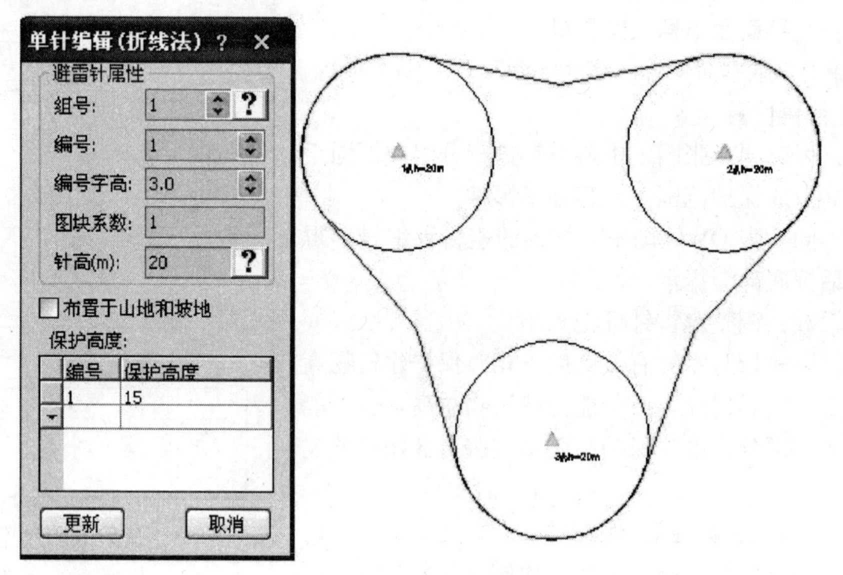

图 2-8-3-1　单针编辑

可修改避雷针的属性，如针高改为 25m，点击更新后，图面保护范围随之更新，如图 2-8-3-2：

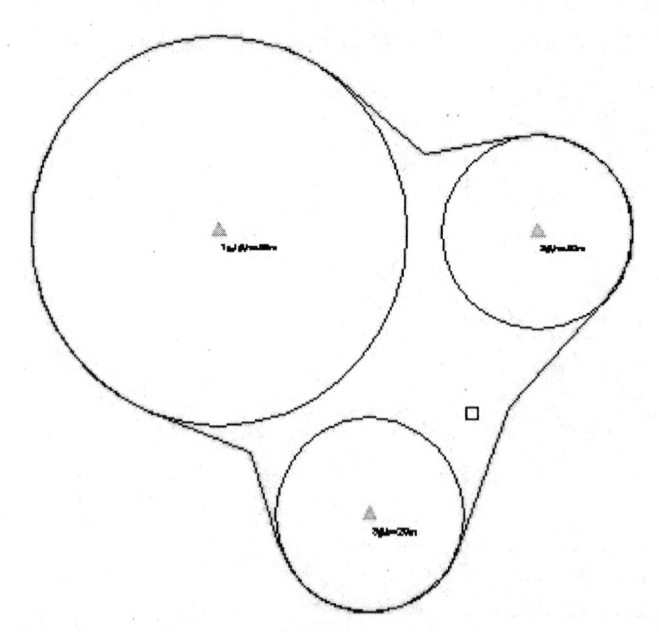

图 2-8-3-2　编辑后的二维保护平面

2.8.4　删避雷针

菜单位置：【折线避雷】→【删避雷针】

功能：删除布置的避雷针。

在菜单上选取本命令后，命令行提示：

请选择需要删除的避雷针：＜退出＞

框选要删除的避雷针，确定后即可删除，也可直接采用CAD的命令删除，同时其联合防护区域自动更新。

2.8.5 单针移动

菜单位置：【折线避雷】→【单针移动】

功能：移动布置的避雷针。

在菜单上选取本命令后，命令行提示：

请选择要移动的避雷针：＜退出＞

选择要移动位置的避雷针，命令行提示：

点取目标位置＜退出＞：

鼠标点选要移动的位置即可，平面联合保护范围也随之更新。见图2-8-5-1和图2-8-5-2。

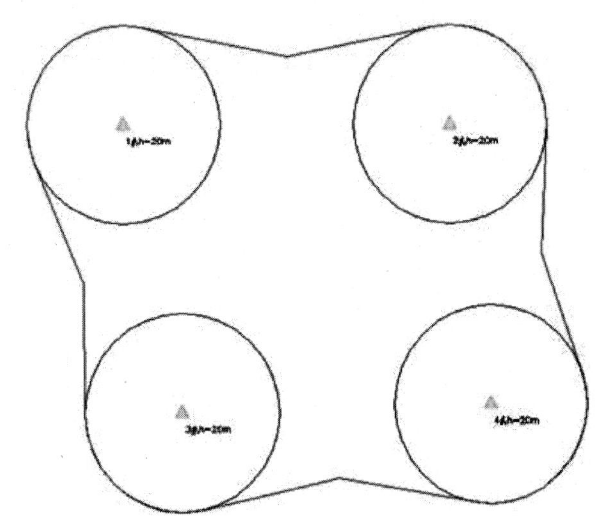

图2-8-5-1　避雷针针移动前

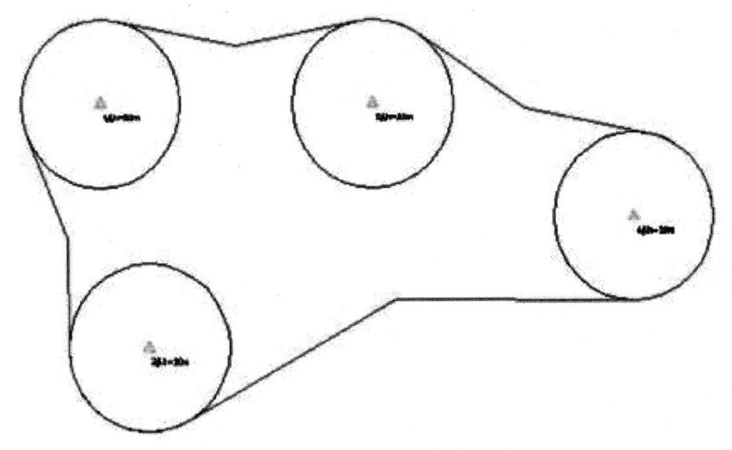

图2-8-5-2　避雷针针移动后

2.8.6 标注半径

菜单位置:【折线避雷】→【标注半径】

功能：标注避雷针保护半径值。

在菜单上选取本命令后，命令行提示：

请选择要标注的对象:＜退出＞

可点选或框选单个避雷针的保护范围，选中后，命令行提示：

选择标注的方向：

鼠标点取一个方向即可，则保护半径会随此方向被标注上。见图 2-8-6。

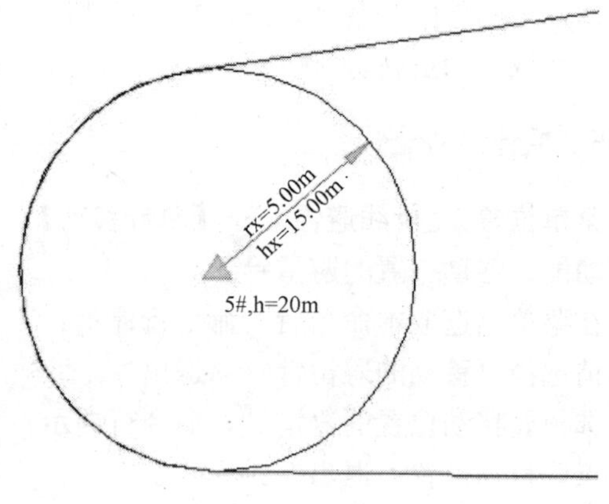

图 2-8-6　标注半径

2.8.7 标注 BX 值

菜单位置:【折线避雷】→【标注 BX 值】

功能：标注双针间距及双针连线到联合保护区域边线的最短距离 BX 值。

在菜单上选取本命令后，命令行提示：

请选择第一个保护圆:＜退出＞

可点选或框选第一个避雷针的保护范围，选中后，命令行提示：

请选择第二个保护圆:＜退出＞

可点选或框选第二个避雷针的保护范围，选中后，命令行提示：

请选择两保护圆之间的保护区域边界:＜退出＞:

点击联合保护边界即可，则两针间距离及 BX 值被标注上。见图 2-8-7。

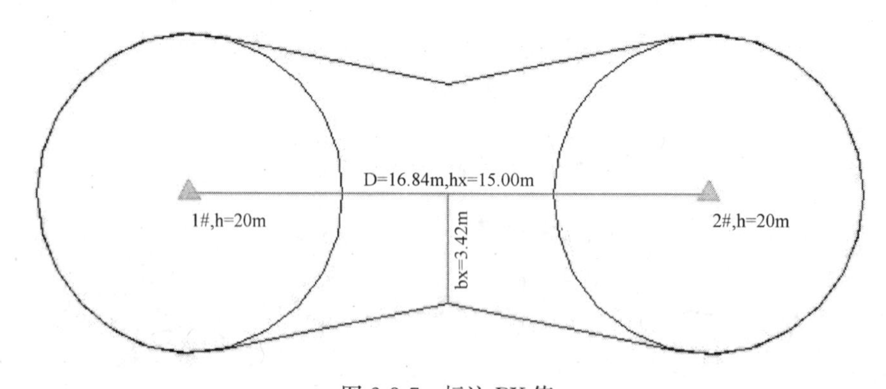

图 2-8-7　标注 BX 值

2.8.8 单避雷表

菜单位置:【折线避雷】→【单避雷表】

功能：绘制防雷范围单针保护表。

在菜单上选取本命令后，命令行提示：

请选择 避雷针单针保护范围表 插入位置＜退出＞:

可点击插入位置，防雷范围单针保护表即被绘制。见图 2-8-8。

避雷针单针保护范围表

避雷针组号	避雷针编号	针高h(米)	高度影响系数p	保护高度hx(米)/保护半径rx(米)	备注
1	1#	20.00	1.00	15.00/5.00	
1	2#	20.00	1.00	15.00/5.00	
1	3#	20.00	1.00	15.00/5.00	
1	4#	20.00	1.00	15.00/5.00	
1	5#	20.00	1.00	15.00/5.00	

图 2-8-8　防雷计算单针保护范围表

2.8.9　双避雷表

菜单位置：【折线避雷】→【双避雷表】

功能：绘制防雷范围双针保护表。

在菜单上选取本命令后，命令行提示：

请选择 避雷针双针联合保护范围表 插入位置＜退出＞：

鼠标点取插入位置，则防雷范围双针保护表即被插入。见图 2-8-9。

避雷针双针联合保护范围表

避雷针组号	避雷针编号	针高h(米)	保护高度hx(米)	两针距离D/D'(米)	联合保护宽度bx(米)	备注
1	1#-2#	20.00	15.00	16.84	3.42	
1	1#-3#	20.00	15.00	14.83	3.66	
1	1#-4#	20.00	15.00	33.74	0.38	
1	1#-5#	20.00	15.00	23.36	2.50	
1	1#-6#	20.00/25.00	15.00	35.95/30.95	1.04	
1	2#-3#	20.00	15.00	20.04	3.00	
1	2#-4#	20.00	15.00	17.57	3.33	
1	2#-6#	20.00/25.00	15.00	28.13/23.13	2.53	
1	3#-4#	20.00	15.00	31.02	1.03	
1	3#-5#	20.00	15.00	25.58	2.12	
1	3#-6#	20.00/25.00	15.00	24.01/19.01	3.14	
1	4#-6#	20.00/25.00	15.00	22.80/17.80	3.30	

图 2-8-9　防雷计算双针联合保护范围表

2.8.10　计算书

菜单位置：【折线避雷】→【计算书】

功能：出防雷范围避雷针保护计算书。

第 3 章 系统图

☞导线

系统图中的一些导线绘制编辑命令与平面图中相同，本章不再介绍。

☞元件

介绍元件的插入方法以及元件的复制、移动、替换、擦除、翻转、标注等命令，及自定义用户元件。

☞强电系统

提供了简单绘制照明系统、动力系统、任意配电系统和开关柜系统图的方法，也可自动根据一张绘制好的平面图生成系统图。

☞弱电系统

提供绘制有线电视系统图的命令。

☞消防系统

提供一系列绘制消防系统图及平面图的命令。

☞原理图

提供一系列绘制二次接线图的有关命令。

3.1　导线

有关系统图中导线的相关命令包括导线设置、分格导线、任意导线、编辑导线、导线擦除、分格擦除、导线置上、导线置下、断导线、导线连接等命令与平面图中的相关命令完全相同，其使用方法在平面图说明中有介绍，用户可参看有关章节。

3.2　元件

3.2.1　元件插入（YJCR）

菜单位置：【系统元件】→【元件插入】

功能：在系统图中将元件图块插入到导线中。

【元件插入】为电气绘图中的常用命令，多处的右键菜单中均含有此命令。要在系统图中绘制元件，可以单击此处菜单中【元件插入】命令，或者点出右键菜单执行此命令。

执行此命令弹出［天正电气图块］对话框如图3-2-1-1所示。当鼠标移到元件图块幻灯片上时会在对话框下方的提示栏中显示该图块元件的名称。

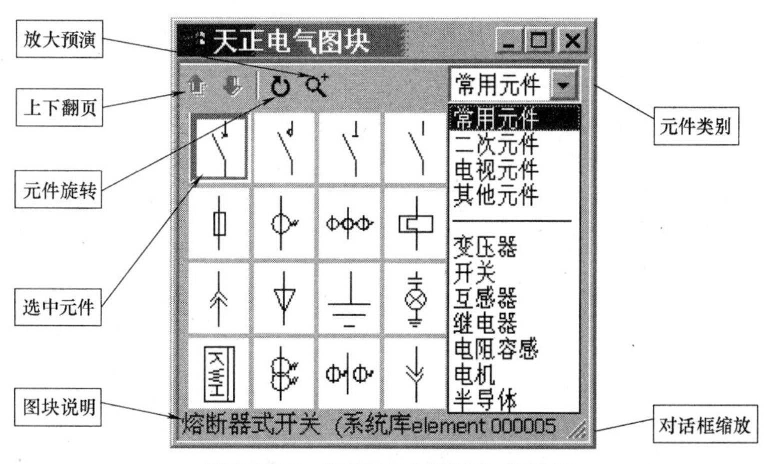

图3-2-1-1　［天正电气图块］对话框

点中类别选择区的下拉按钮可以选择元件类别为一次元件、二次元件、电视元件或有线电视等。根据需要选择欲插入元件的类别，找到相应元件单击鼠标，红色边框表示当前选中的元件。对话框的顶部的图标按钮为不同的功能命令，当鼠标移至图标上方时会显示该按钮功能的提示，单击按钮执行相应功能。下面我们对每个按钮的用法加以说明：

「向上翻页」　当元件图块数超过显示范围时可以通过单击此按钮进行向上的翻页。

「向下翻页」　当元件图块数超过显示范围时可以通过单击此按钮进行向下的翻页。

「旋转」　当此按钮处于按下状态时，用户使用一些命令可按一定角度插入元件。

「放大」　当单击此按钮时会弹出被选定的元件的放大图如图3-2-1-2所示，使用户可以通过以上这些按钮的组合选择到自己所需要元件的图块。

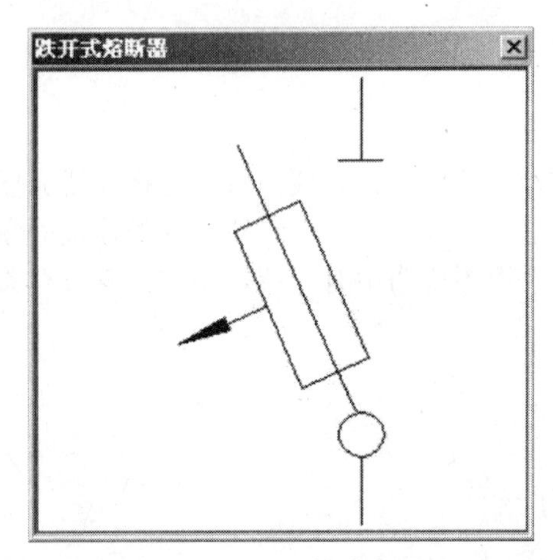

图 3-2-1-2 元件放大图

同时，命令行提示：

请指定设备的插入点〈退出〉：

在屏幕上选取点插入元件，回车退出。

若选取的插入点在导线上，指定的元件图块依导线方向插入到导线中并且导线被自动打断，若此时选择了「旋转」按钮，则旋转不起作用。

若选取的插入点不在导线上时，如果在插入元件对话框中选择了旋转，则命令行提示：

请拖动选择对象或输入角度：拖动鼠标或输入角度

天正元件直接采用粗线绘制，且宽度可调，为当前系统导线的宽度。如果仍然希望采用细线绘制，可将系统导线宽度设为 0。

> **注意：** 元件的宽度由系统导线的线宽决定。天正系统元件图库在 DWB \ element. tk，element. dwb，element. slb，用户库在 element _ U 下

3.2.2 元件复制（YJFZ）

菜单位置：【系统元件】→【元件复制】

功能：在系统图或原理图中复制已插入图中的元件图块。

本命令用于插入元件，与【元件插入】命令不同的是本命令不使用对话框的方法在元件图库中选择元件类型，而是取图中一个已有的元件图块作为插入元件时的原型。

在菜单上选取本命令后，命令行提示：

请选取要复制的元件〈退出〉：（可多选）点选屏幕上一个已有的元件

选中原型后命令行提示：

目标位置：在屏幕上选取点插入元件，回车退出

此时与【元件插入】命令一样，也应点取导线上的点，点取后，在该点以前面选到的元件为原型，插入一个元件，同样导线被打断。若插入点无导线，则提示输入新插入元件的旋转角度并有旋转预演，回车按预演角度插入，点右键依原角度插入，输入角度则按输入的角度插入。

图 3-2-2 为元件复制示例。

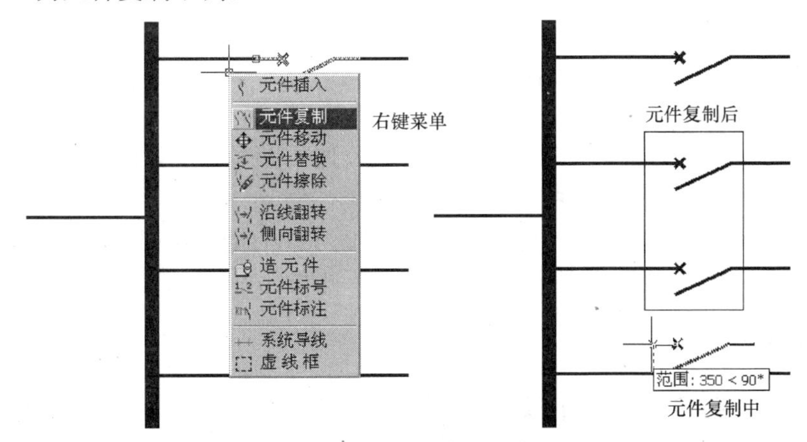

图 3-2-2　元件复制示例

3.2.3　元件移动（YJYD）

菜单位置：【系统元件】→【元件移动】

功能：将已插入导线中的元件移动位置。

在菜单上选取本命令后，命令行提示：

请选取要移动的元件〈退出〉：(可多选)

点选或者框选屏幕上已有的元件

选中元件后命令行提示：

目标位置：

在屏幕上选取点插入元件，回车退出

被选中的元件由鼠标拖动到需要放置的新的插入点，如果点取的插入点在导线上，则该元件插入到该导线中，导线被打断。如果新的插入点无导线，则同【元件复制】命令一样可以将此元件旋转插入。如果是从导线中移出的元件，则移动后原来位置导线自动连接。

元件移动的命令执行情况如图 3-2-3 所示。

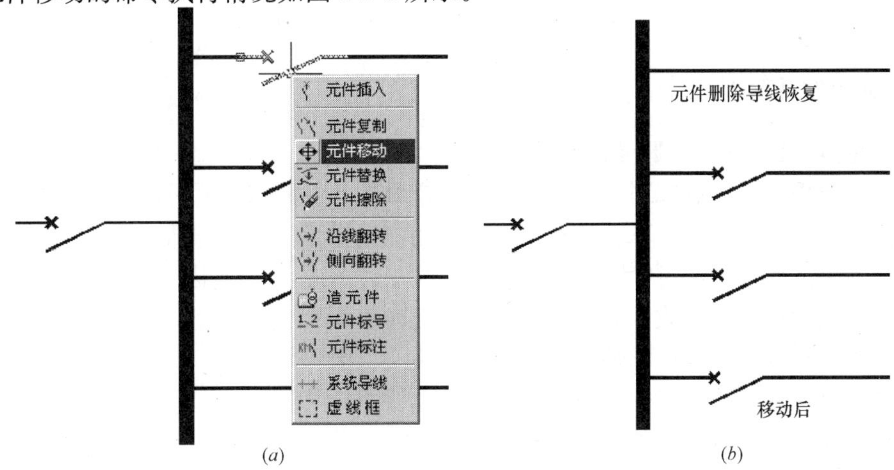

图 3-2-3　元件移动示例

(a) 元件移动前；(b) 元件移动后

3.2.4 元件替换（YJTH）

菜单位置：【系统元件】→【元件替换】

功能：用选定的元件来替换已插入图中的元件图块。

在菜单上选取本命令后，屏幕弹出［天正电气图块］对话框如图 3-2-1-1 所示，依照 3.2.1 节中所述的方法在对话框中选取一个元件作为替换的原型，命令行提示：

请选取图中要被替换的设备：点选或者框选屏幕上已有的元件回车确认替换

可以逐个点取要被替换的元件，也可以框选，回车后选中的元件被新的原型替换。

3.2.5 元件擦除（YJCC）

菜单位置：【系统】→【元件】→【元件擦除】

功能：将已插入的元件擦除。

在菜单上选取本命令后，命令行提示：

请选取图中要擦除的元件〈退出〉：

点选或者框选屏幕上已有的元件

用 AutoCAD 各种选图元的方法选定要擦除的元件后，选定的元件被擦除。如果原来元件是插入在导线中的，系统将元件擦除后断开的导线自动连接起来。

图 3-2-5 为元件擦除示例。

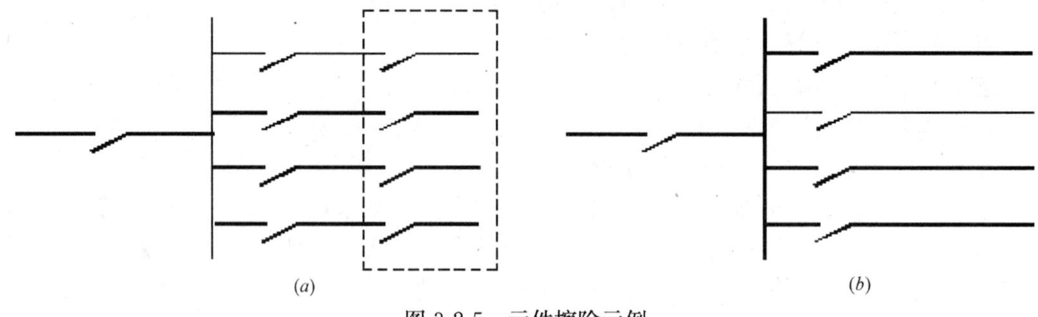

图 3-2-5 元件擦除示例

(*a*) 元件擦除前；(*b*) 右侧元件擦除后

3.2.6 造元件（ZYJ）

菜单位置：【系统元件】→【造元件】

功能：根据需要绘制或对已有图块进行改造做成元件图块入元件库。

虽然天正软件——电气系统的元件库中为用户提供了一些绘图所需要的元件，但是仍然有用户需要的元件图块可能没有收入到元件库中，为此，系统提供了造元件命令来根据需要制造新的元件图块并收入到元件库中以备随时使用。

在菜单上选取本命令后，命令行提示：

请选择要做成图块的图元〈退出〉：

点选或框选要做成元件的图元回车结束选取

选择完新元件块的组成图元后回车，命令行提示：

请点选插入点〈退出〉：

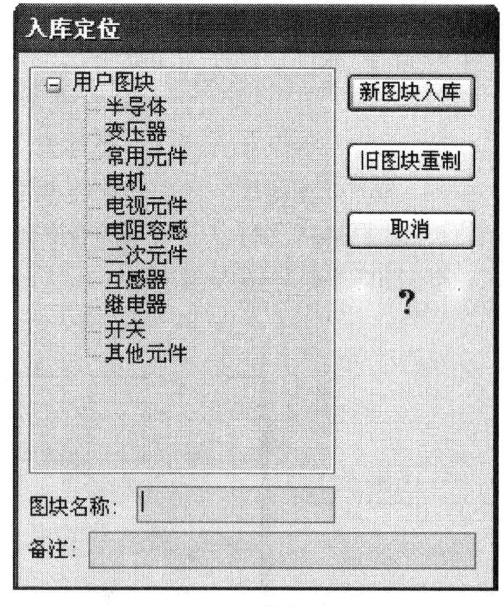

图 3-2-6 元件擦除示例

选择新元件块的图块插入点，回车放弃造块

在需要造的新元件块上选择一点作为新元件块的插入点，该点在执行插入元件等命令时用来定位。

单击鼠标左键点选插入点后，屏幕弹出如图 3-2-6 所示的［入库定位］对话框。此时当前图库为元件图库，在树状结构中选取所要入库的元件类型，并在［图块名称］编辑框中输入元件的名称，单击［新图块入库］按钮即可以存入所需的图块。也可选择［旧图块重制］按钮进入图库管理系统选择要重制的图块，重新制作该图块。

> **注意：**因为 PLINE 线带有宽度，所以制作元件时最好用 PLINE 线

3.2.7 元件标注（YJBZ）

菜单位置：【系统元件】→【元件标注】

功能：对系统图中所选元件进行信息参数的输入，同时将标注数据附加在被标注的元件上，并对元件进行标注。此命令可同时对多个元件进行标注。

在菜单上选取本命令后，屏幕命令行提示：

请选择元件范围＜整张图＞：

选择需要标注的元件，或点击右键对全图范围内的元件进行选择，命令行接着提示：

请选择样板元件〈退出〉：

确定后，弹出如图 3-2-7-1 所示的［元件信息］对话框

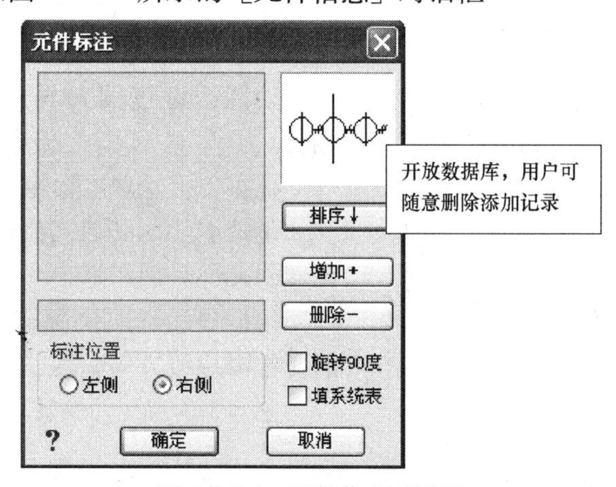

图 3-2-7-1 元件信息对话框

［旋转 90 度］ 针对于竖向布置的元件标注，可将标注文字旋转 90 度与元件、导线平行。

［填系统表］ 应用在订货表上标注的情况。

［标注位置］ 也针对于竖向布置的元件标注，设置标注文字在元件左侧还是右侧。对于横向布置的元件，标注文字始终位于元件上方。

图 3-2-7-2 为元件标注示例，标注步骤如下。

（1）选择右键菜单一【元件标注】

（2）选择标注范围——整个配电箱系统图

（3）选择样板元件——带漏电保护断路器。

（4）图 3-2-7-2（*b*），回路 wl3～wl8 所有元件标注完毕！

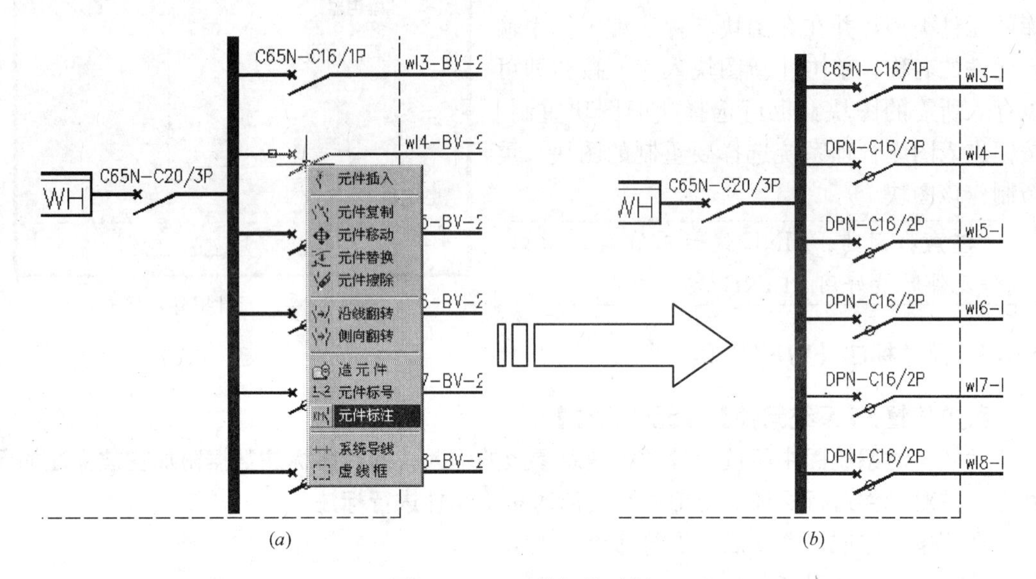

图 3-2-7-2 元件标注示例
（*a*）选中要标注元件；（*b*）标注完毕

3.2.8 沿线翻转（YXFZ）

菜单位置：【系统元件】→【沿线翻转】

功能：将已插入导线的元件沿导线方向翻转。

在菜单上选取本命令后，屏幕命令行提示：

请选取要翻转的元件〈退出〉：点选已有的待翻转的元件，回车退出

根据提示选取要翻转的元件，执行后选中的元件沿导线方向翻转。

图 3-2-8 为元件翻转示例。

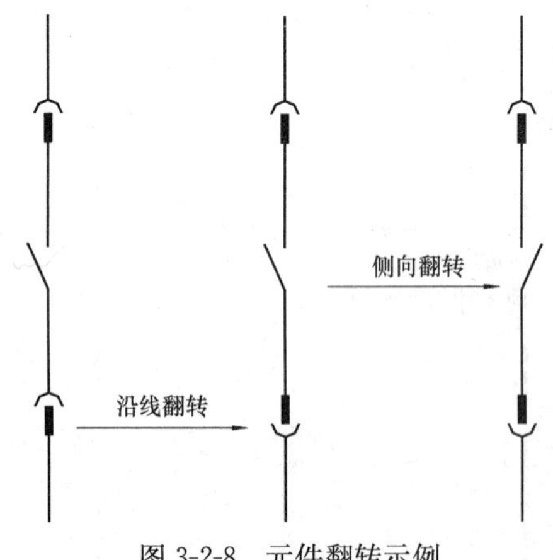

图 3-2-8 元件翻转示例

3.2.9 侧向翻转（CXFZ）

菜单位置：【系统元件】→【侧向翻转】

功能：将已插入导线的元件以导线为轴作侧向翻转。

在菜单上选取本命令后，屏幕命令行提示：

请选取要翻转的元件〈退出〉：

点选已有的待翻转的元件，回车退出

根据提示选取要翻转的元件执行后，选中的元件以导线为轴作侧向翻转。

3.2.10　元件标号（YJBH）

菜单位置：【系统元件】→【元件标号】

功能：在元件两侧进行编号标注。

本命令常用于二次接线图标注。

选取要标注的元件，命令行接着提示：

请输入方框处要标注的字符：

在各根选中的导线处出现方框时，依次输入要标注的文字后，标注完成。如图3-2-10。

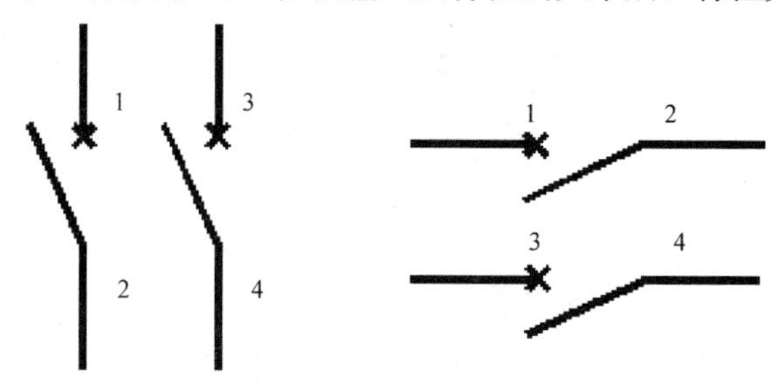

图3-2-10　元件标号示例

3.2.11　元件宽度（YJKD）

菜单位置：【系统元件】→【元件宽度】

功能：修改系统图所有同名元件的宽度。

天正元件直接采用粗线绘制，且宽度可调，为当前系统导线的宽度。如果仍然希望采用细线绘制，可将系统导线宽度设为0。本命令可用来修改图中所有同名元件的宽度。

命令行接着提示：

请选择元件〈退出〉

请输入元件的宽度（0 ～ 1）〈退出〉：

输入的宽度为实际出图时元件的宽度（mm），ACAD表示为输入宽度×当前比例。

例如：图3-2-11细元件改为0.35mm。

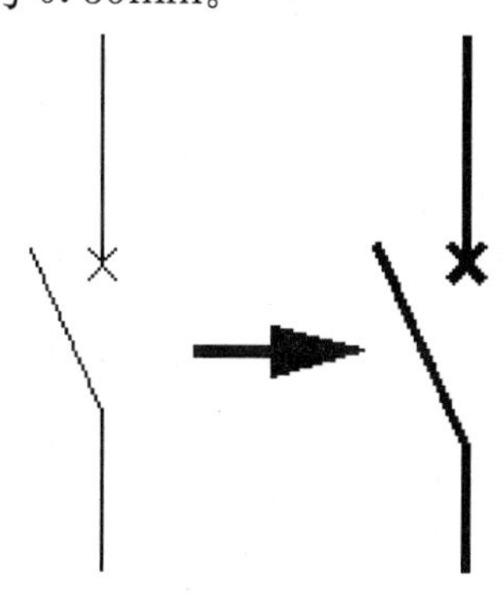

图3-2-11　元件改宽度示例

3.3 强电系统

强电系统提供了自动绘制照明系统、动力系统及任意定制的配电箱系统图的命令以及绘制高、低压开关柜的系统图。

在生成系统图时，系统图中母线和普通导线的颜色和宽度以及所连接元件的线宽可以在【电气设定】中进行修改。

3.3.1 回路检查（HLJC）

菜单位置：【强电系统】→【回路检查】

功能：

1. 搜索全图或者指定范围存在的回路号与回路中设备功率进行统计，并将检查统计结果在对话框界面中显示，赋值后的导线回路编号也在该界面显示；

2. 对图中的导线进行赋值功能；

在菜单上点取本命令后，命令行提示“请选择图纸的范围”，选定范围，弹出“回路赋值检查”对话框，其中显示出框选范围内的所有回路。任意点击一个回路，可对此回路进行显示检查，如点击 WL4，如图 3-3-1-1，显示出 WL4 回路，为白色闪烁。可以逐一检查回路。

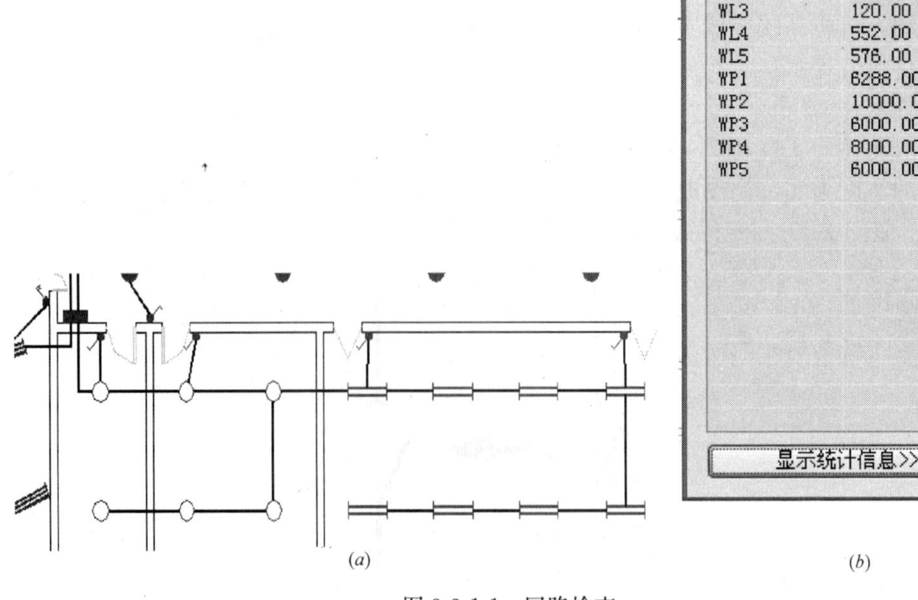

(*a*) (*b*)

图 3-3-1-1 回路检查

（*a*）回路检查显示；（*b*）回路赋值检查对话框

点击“回路赋值”命令行提示：“请选择赋值导线”，点取一回路如图 3-3-1-2。

命令行提示：“请输入新的回路编号”例如输入：WL1 确定后，则所有亮闪的导线其回路编号均为 WL1。连续赋值时，回路号会自动递增。

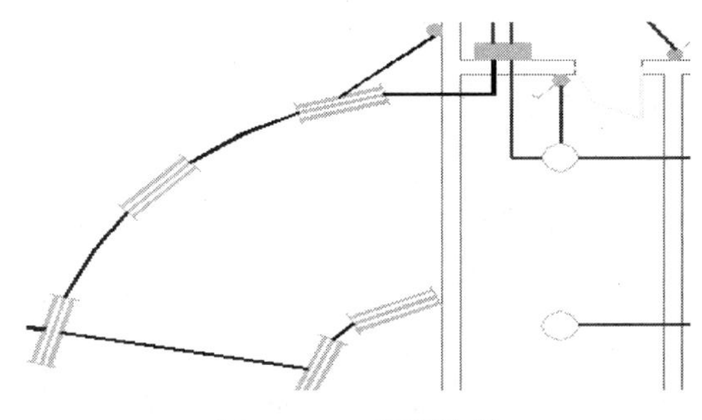

图 3-3-1-2　回路赋值

点击 显示统计信息>> 按钮，可查看任意回路设备数量，如图 3-3-1-3：

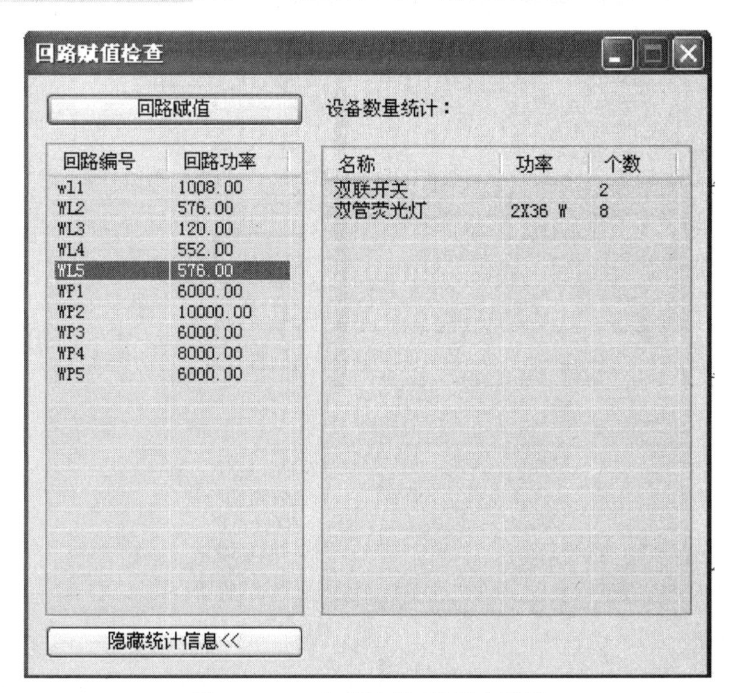

图 3-3-1-3　查看任意回路设备数量

3.3.2　照明系统（ZMXT）

菜单位置：【强电系统】→【照明系统】

功能：绘制简单的照明系统图。

在菜单上点取本命令后，弹出如图 3-3-2 所示的［自动生成照明系统图］对话框。

用户根据实际需要选择回路数后绘制系统图，还可以选取［绘制方向］选择框选择生成的系统图横向或者纵向排列，如对话框右侧预览框中预演所示。

系统对［引入线长度 S］，［支线间隔 D］，［支线长度 L］提供了多个数据供用户选择。

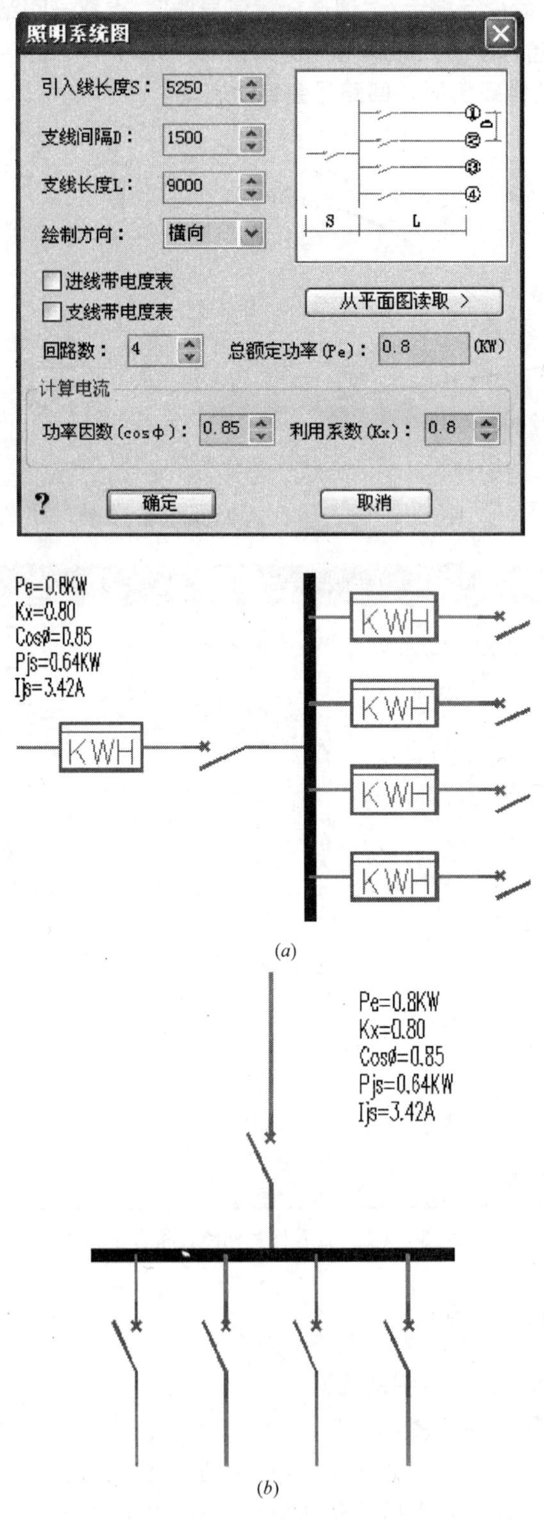

(a)

(b)

图 3-3-2　自动生成照明系统图示例

(a) 横向绘制，带电度表；(b) 竖向绘制，不带电度表

[回路数] 用户可以通过旋转按钮调整，如果是从平面图中读出来的为搜索得来，不得更改。同时可以根据需要选择 [进线带电度表] 和 [支线带电度表] 两个选择框，选择是否在进线和支线上添加电度表。

[总额定功率] 编辑框中输入系统的额定功率，为计算电流计算提供数据。

[从平面图读取] 详见本章节【配电系统】。

在 [计算电流] 中的 [功率因数] 和 [利用系数] 编辑框中输入数据可进行简单电流计算，并将计算结果附在系统图旁。

在绘出的照明系统图中标出了每条回路的编号和负载。

对于要求绘制复杂的照明系统图，或希望 [计算电流] 根据三相平衡进行计算，用户应选择【配电系统】命令来绘制。

3.3.3 动力系统 (DLXT)

菜单位置：【强电系统】→【动力系统】

功能：绘制简单的动力系统图。

点取本命令屏幕弹出 [动力配电系统图] 对话框如图 3-3-3-1 所示。

此对话框分上下两部分，上部分左侧为系统图示意框，右侧为一些编辑框，通过编辑这些数据对将要绘制的动力系统图进行设定。下部分为回路标注编辑框。下面对对话框中这些内容进行介绍。

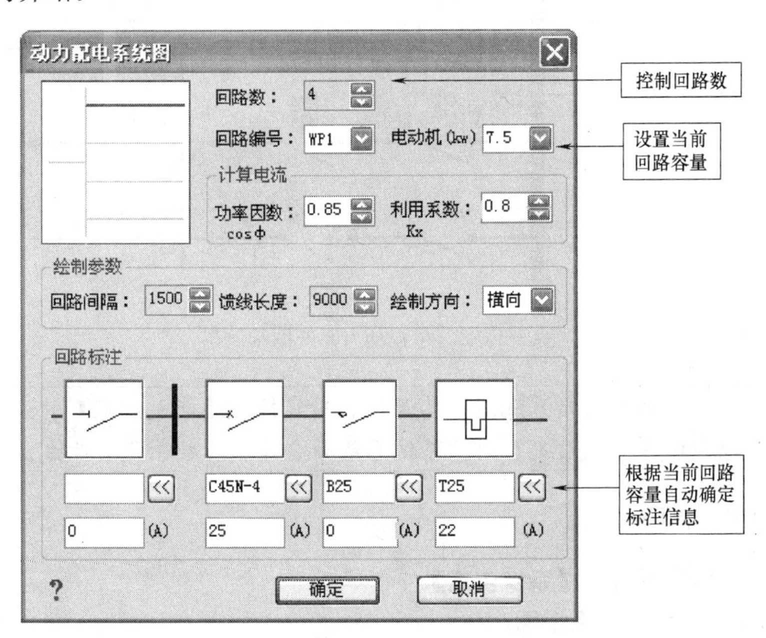

图 3-3-3-1　动力配电系统图对话框

[系统图示意框]：显示的是将要绘出的动力系统图的简单图形形状，对某一条线路进行编辑时示意图形中某导线显示为红色。

[回路数]：选择回路数，系统图示意框中的图像根据回路数增减发生变化。

[回路编号]：该编号为系统自动给出，通过选择不同的回路编号来选择回路作为当前回路进行相应编辑，选中的当前回路在系统图示意框中用红色表示。

［电动机］：系统给出几个常用电动机供选择，用户可根据系统图示意框中红线提示选择该线路上的电动机。根据所选择的不同的电动机，在对话框下面的回路标注中自动根据“华北标 92DQ”给出该回路标注。

［回路间隔］、［馈线长度］：见图 3-3-3-2。其中横线表示某一条回路。

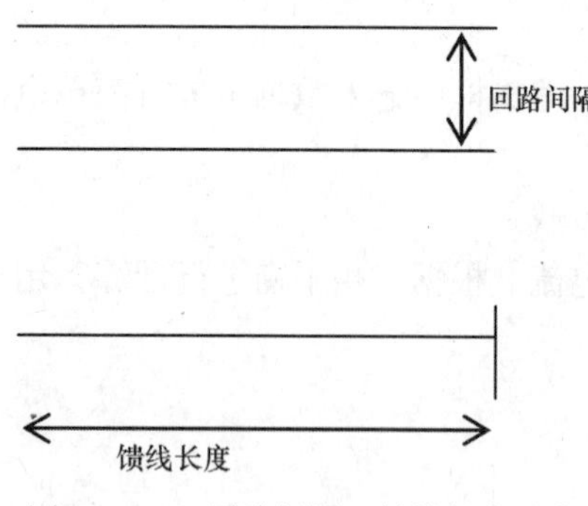

图 3-3-3-2　回路间隔、馈线长度示意

［绘制方向］：绘制动力系统图时回路排列的方向，有横向和竖向两种选择。

［回路标注］：第一行显示为动力系统回路绘制中元件的样式，该样式不得更改。下两行为当前回路的标注，根据该回路所选择的电动机系统依据“华北标”自动给出标注，可以手动修改，其中型号可以从型号库中选择，具体方法见下节介绍。

［计算电流］的使用方法及作用与【照明系统】相同。

图 3-3-3-3 为图 3-3-3-1 确定后生成的动力系统图。

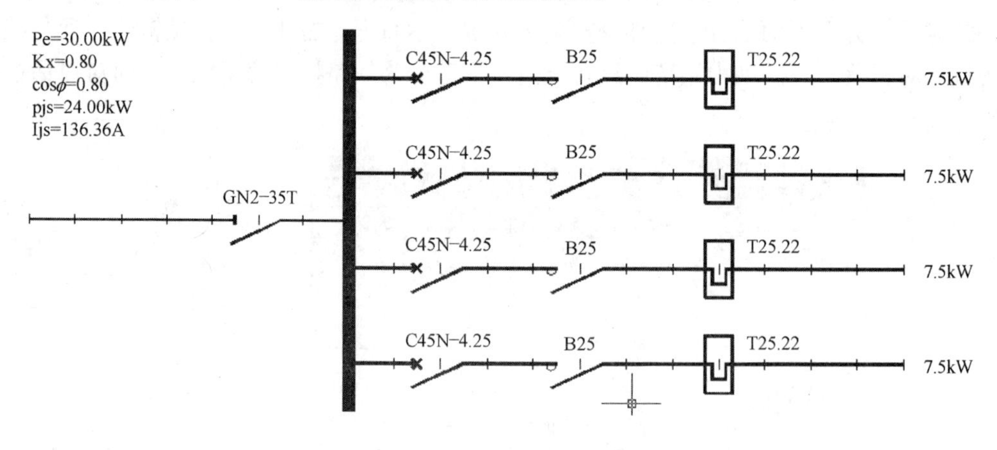

图 3-3-3-3　生成动力系统图示例

> **注意：** 自动生成的配电箱系统图，其母线和馈线根据【电气设定】的设置的颜色和宽度绘制。分隔线由【电气设定】的“系统导线带分隔线”控制是否生成。

3.3.4　系统生成（XTSC）

菜单位置：【强电系统】→【系统生成】

功能：自定义配置任意系统图。

本命令是上述 2 命令（照明系统，动力系统）的综合和完善。适于绘制任何形式的配电箱系统图，（也可由平面图读取），并完成三相平衡的电流计算。

点取本命令屏幕弹出［配电箱系统图］对话框如图 3-3-4-1 所示。

［系统图预览］：显示的是将要绘出的配电箱系统图的简单图形形状示意，对某一条线路进行编辑时示意图形中某根线显示为红色表示为当前编辑线路。

［回路间隔］、［馈线长度］、［绘制方向］：设置绘图参数。可以选择也可以手动输入。

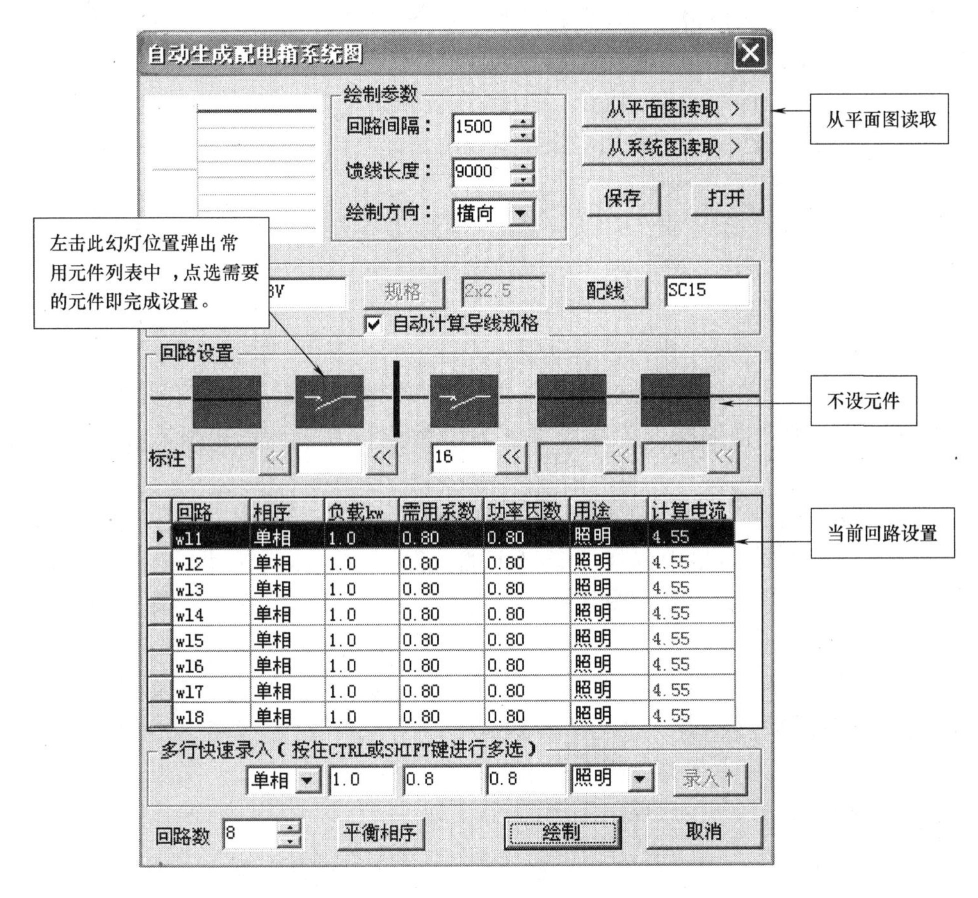

图 3-3-4-1 ［配电箱系统图］对话框

［导线参数］：定义或修改各回路的导线型号等。

［从平面图读取］：根据平面图读取系统图信息。

［从系统图读取］：拾取已有系统图信息。

［保存］［打开］：用户可将本次设置的配电箱系统图方案存成文件以供今后调用。

［回路设置］：

① 选择元件

回路设置中五个元件预览框显示该配电箱系统图进线和馈线所使用的元件，其中前两个为进线元件，后三个为当前回路的馈线元件。如无元件，则选择线。例如如果进线只有一个元件，则另一个元件可以选择线，即空选。

选择元件有 2 种方法：1. 可以将对话框下面提供的 8 种常用元件拖拽至指定位置即可；2. 点击元件预览框，在弹出［天正图库管理系统］对话框中选择元件库中某一元件（可双击确认）。

② 输入元件标注

用户既可以在编辑框中直接输入元件型号又可以点击编辑框右侧的按钮调出［元件标注］对话框在库中选择元件型号。详见 3.2.7【元件标注】。

各回路的参数以表格的形式表现：

[回路]：通过点选表格中每条支路回路编号后的小按钮，来进行该支路回路编号的相应编辑，选中的当前线路在图片框中用红色表示。

[负载]：当前回路的总负荷（kW）。如果系统图由平面图读取，则“负载”为系统通过自动搜索得到平面图中该回路用电设备总功率。此时要求用户必须在平面图绘制后执行【设备定义】，给所有设备赋额定功率。根据回路负载，系统给出相应断路器整定电流（其原则是回路电流×1.25）；此外，所得到的断路器整定电流与自动生成 BV 导线标注也存在对应关系：（16A.2.5；20A.4；25A.6；32A.10；40.16 …）

[需用系数]、[功率因数]、[用途]：通过点选表格中每条支路相应参数后的小按钮，来进行该支路个参数的选择，也可以手动输入，选中的当前线路在图片框中用红色表示。

[回路数]：可以手动输入或点选上、下方向列表按钮来增加或减少支路数。如果系统图由平面图读取，则“回路数”为系统通过自动搜索得到平面图中所有已定义的回路总数。

[多行快速录入]：用户可以利用该功能同时进行多条支路参数的设置。按住 CTRL 或者 SHIFT 键，同时在表格中选择两条以上的支路，在［多行快速录入］栏中输入对应的参数，然后单击［录入↑］按钮，即准确、快速地一次完成多条支路的参数值设定。

[平衡相序]：默认为“单相”。点击“平衡相序”按钮，系统自动根据各回路负载指定回路相序（最接近平衡），用户也可手工输入各回路相序信息。系统可自动标注导线相序（L1，L2，L3），还可以根据三相平衡进行电流计算。

实例：根据平面图自动生成照明系统图。（图中导线已标明其回路编号）

> **注意：**为了便于读者看图，图上人为的用矩形或椭圆形框出各回路区域。如果平面图绘制过程中没有给导线正确输入回路编号，可按下列方法进行修改：
>
> 操作：选中导线→右键菜单→导线编辑→修改回路编号

步骤：

1：打开对话框，点取［从平面图读取>］选择平面图所有图元。

2：对话框出现平面图信息：［回路编号］包含所有回路编号；［回路负荷］包含每条回路下的总负载（系统搜索该回路中所有用电设备额定功率之和）。（如图 3-3-4-2）

3：WP1～WP3 为插座回路，馈线上“断路器”自动改为“带漏电保护的断路器”。

4：点击“平衡相序”，程序可自动确定各回路相序，并根据三相平衡进行负荷计算。

5：在进线位置插入“电度表”。

6：点击［绘制］，选取插入点，完成系统图绘制。

7：执行【元件标注】标注元件（详见 3.2.7）。

8：执行【虚线框】命令进行绘制配电箱虚线。

9：如需要增加备用回路，可在第 4 步前点击“回路数”增加，然后在“回路用途”选择“备用”即可。

绘制完毕，如图 3-3-4-4。

10：负荷计算，选择［系统图导入］，返回 ACAD 选择已生成的图 3-3-4-4 系统图中的系统母线，系统自动搜索获得各回路数据信息。（负荷计算的详细操作参见 4.2）

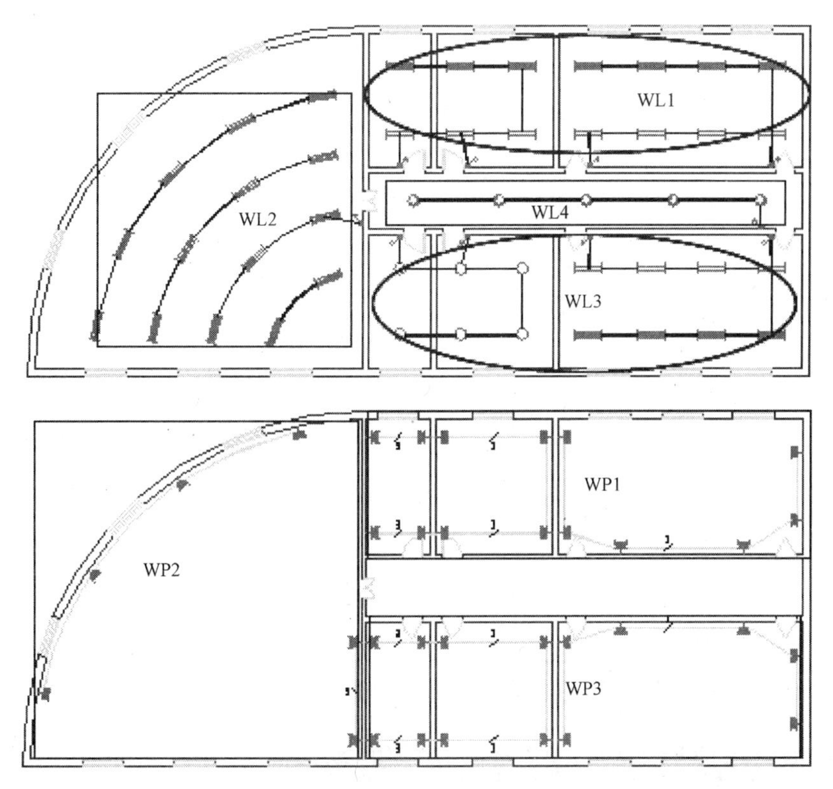

图 3-3-4-2　准备生成系统图的平面图示例

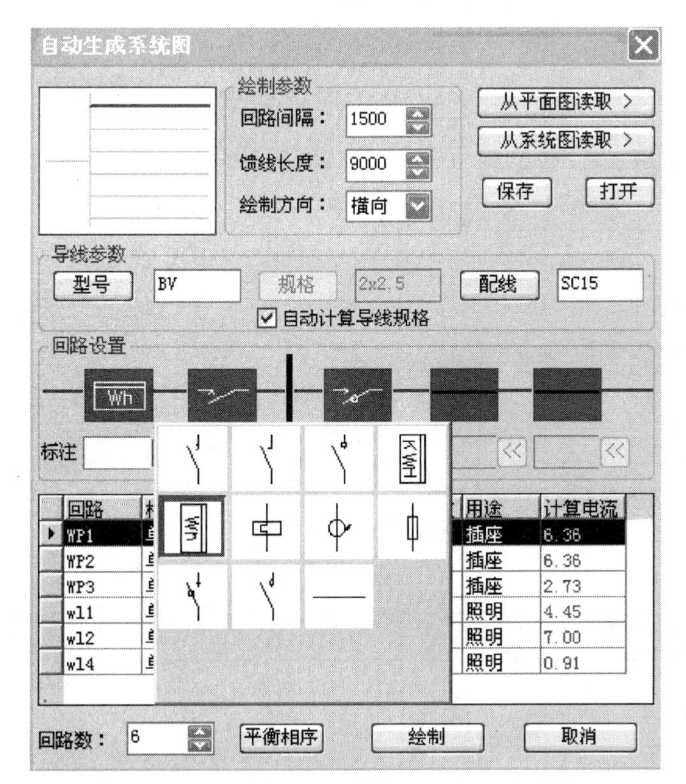

图 3-3-4-3　更改 wl4 回路设置，wl5～wl8 同上

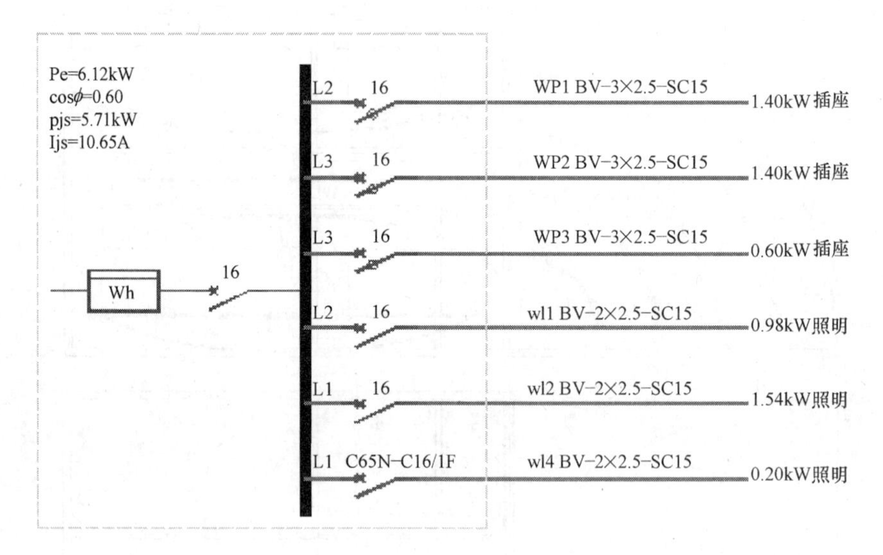

图 3-3-4-4　系统图绘制结束

点击［计算］按钮，计算出“有功功率 P_{js}”、“无功功率 Q_{js}”、“总功率因数”、“视在功率 S_{js}”、“计算电流 I_{js}”等计结果并显示到［计算结果］栏中，如图 3-3-4-5 所示。

负荷计算

回路	相序	负载(kW)	需用系数	功率因数	有功功率	无功功率	视在功率	计算电流	备注
WL1	L1相	0.94	0.80	0.80	0.75	0.56	0.94	4.27	
WL2	L1相	0.58	0.80	0.80	0.46	0.35	0.58	2.64	
WL3	L1相	0.12	0.80	0.80	0.10	0.07	0.12	0.55	
WL4	L3相	0.55	0.80	0.80	0.44	0.33	0.55	2.50	
WL5	L1相	0.58	0.80	0.80	0.46	0.35	0.58	2.64	
WP1	L3相	6.00	0.80	0.80	4.80	3.60	6.00	27.27	
WP2	L1相	10.00	0.80	0.80	8.00	6.00	10.00	45.45	
WP3	L3相	6.00	0.80	0.80	4.80	3.60	6.00	27.27	
WP4	L2相	8.00	0.80	0.80	6.40	4.80	8.00	36.36	
WP5	L2相	6.00	0.80	0.80	4.80	3.60	6.00	27.27	
wl1	L1相	0.07	0.80	0.80	0.06	0.04	0.07	0.32	

退出　系统图导入　恢复上次数据　导出数据　导入数据　计算　计算书　绘制表格　变压器>>

计算参数
同时系数kp：0.9　同时系数kq：0.97　进线相序：◉三相 ○单相　☑三相平衡

计算结果(不计入补偿容量)
有功功率(Pjs)：30.24 (kW)　总功率因数：0.78　计算电流(Ijs)：59.08 (A)
无功功率(Qjs)：24.44 (kVAR)　视在功率(Sjs)：38.88 (kVA)

无功补偿计算
补偿后功率因数：0.9　有功负荷系数：0.75　无功负荷系数：0.8

计入无功补偿容量

变压器	归属回路	视在功率	有功功率	无功功率	电流(A)	无功补偿	实际补偿	负荷率	变压器的型号	变压器的容量
S1		34.15	30.24	15.87	51.89	8.57		80	S9	200

?

图 3-3-4-5　负荷计算

点击［绘制表格］按钮，可把刚才计算的结果绘制成 ACAD 表格插入图中。此表为天正表格，如图 3-3-4-6 所示。

序号	分属变压器	用电设备组名称或用途	总功率	需用系数	功率因数	额定电压	设备相序	视在功率	有功功率	无功功率	计算电流	备注
1	S1	WL1	0.94	0.80	0.80	220	L1相	0.94	0.75	0.56	4.27	
2	S1	WL2	0.58	0.80	0.80	220	L1相	0.58	0.46	0.35	2.64	
3	S1	WL3	0.12	0.80	0.80	220	L1相	0.12	0.10	0.07	0.55	
4	S1	WL4	0.55	0.80	0.80	220	L3相	0.55	0.44	0.33	2.50	
5	S1	WL5	0.58	0.80	0.80	220	L1相	0.58	0.46	0.35	2.64	
6	S1	WP1	6.00	0.80	0.80	220	L3相	6.00	4.80	3.60	27.27	
7	S1	WP2	10.00	0.80	0.80	220	L1相	10.00	8.00	6.00	45.45	
8	S1	WP3	6.00	0.80	0.80	220	L3相	6.00	4.80	3.60	27.27	
9	S1	WP4	8.00	0.80	0.80	220	L2相	8.00	6.40	4.80	36.36	
10	S1	WP5	6.00	0.80	0.80	220	L2相	6.00	4.80	3.60	27.27	
11	S1	wl1	0.07	0.80	0.80	220	L1相	0.07	0.06	0.04	0.32	
S1负荷	S1	有功/无功同时系数:0.90,0.97	30.24	总功率因数:0.78		进线相序:三相		34.15	30.24	15.87	51.89	
S1无功补偿			补偿前0.76			补偿后0.9		补偿量8.57				

图 3-3-4-6　负荷计算表格

3.3.5　低压单线（DYDX）

菜单位置：【强电系统】→【开关柜】

功能：自定义绘制低压单线系统图。

点取本命令屏幕弹出［低压单线系统］对话框如图 3-3-5-1 所示。

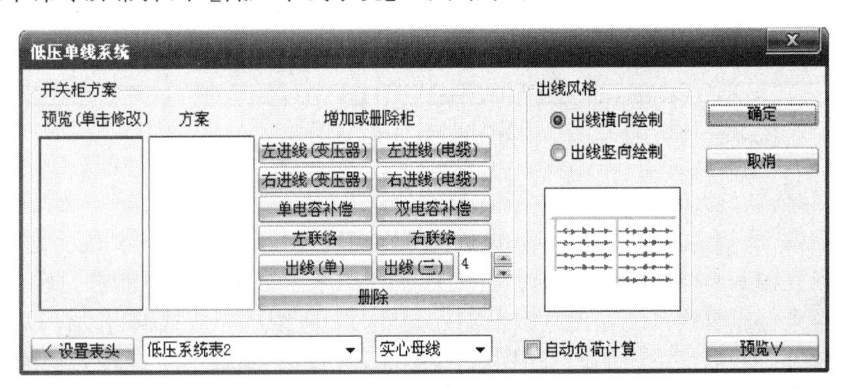

图 3-3-5-1　低压单线系统对话框

下面我们就本对话框中的各个功能进行说明：

［预览（单击修改）］是回路方案的预演框，显示所选列表中的相应回路方案的图形示意，同时用户可以通过点击预演图从弹出的相应回路方案中选取需要的回路方案。

［方案］：列出用户要组成的低压单线系统图中所包含的每个回路方案的名称及开关柜中的出线数，列表中的回路方案通过点击列表右侧的一排按钮来添加、删除和调整。

［左进线］、［右进线］、［电容补偿］、［左联络］、［右联络］、［出线］和［删除］：通过点击这些按钮在低压单线系统图中增加或删除回路方案，同时在［方案］中列出所定制的回路方案。

［母线形式］：用户可根据设计习惯在下拉列表中选取母线是空心还是实心。

［设置表头］：在［设置表头］的下拉框中可以选择已经设置好的表头。同时用户也可以根据设计习惯，点取［＜设置表头］按钮自行定义表头的形式，具体使用方法见【套用表格】命令。

［出线风格］：通过［出线竖向绘制］和［出线横向绘制］这一对互锁按钮选择开关柜

在低压单线系统图中的绘制方向，在按钮的右侧有相应的预演图形象显示。

［预览］点击该按钮可以在对话框下方预览用户定义的低压单线系统图。

绘制完毕，如图 3-3-5-2：

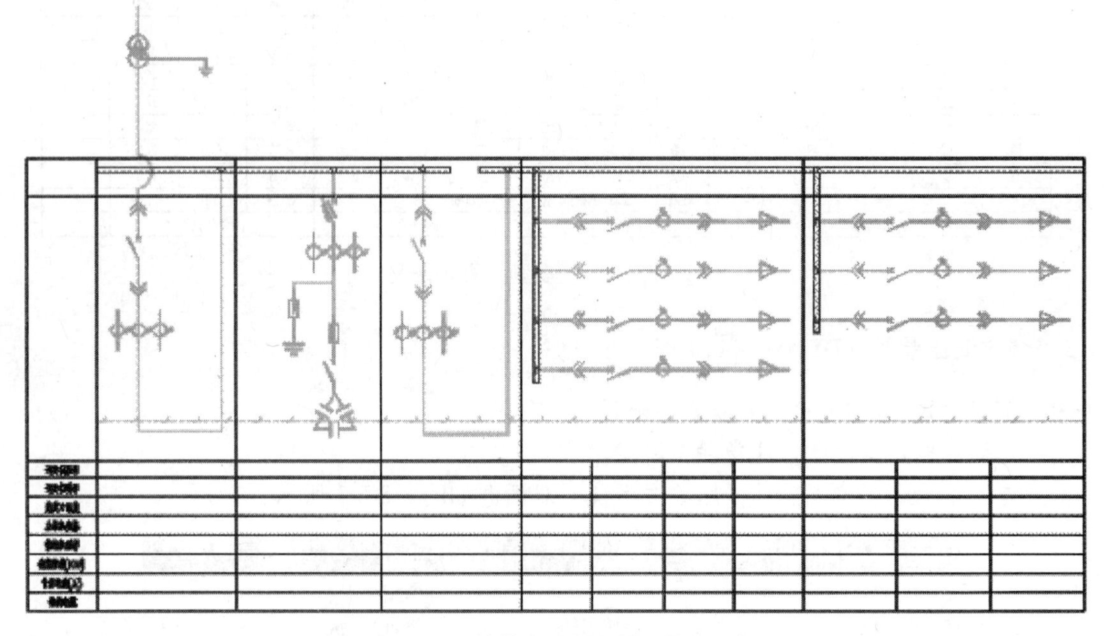

图 3-3-5-2　出线横向绘制的低压单线系统图

［自动负荷计算］可以控制低压单线系统是否可以自动计算负荷。

天正软件——电气系统的低压单线系统可以实现负荷的自动计算功能。对于出线本身而言，用户在输入出线的系统容量、需用系数和功率因数值以后，能够自动计算出线电流；对于整个低压单线系统，出线数据输入完成后，进线的相应数据自动计算。

天正软件——电气系统的表格编辑功能中的表列相关编辑功能有较大功能改进。［表列编辑］、［增加表列］、［删除表列］都是针对回路方案的修改，以［增加表列］为例，对此功能进行简要的介绍：

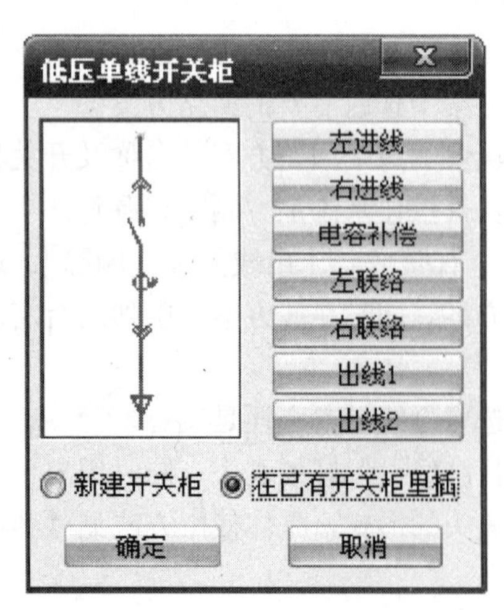

图 3-3-5-3　选择编辑方案、回路方案

（1）选中表格，点击右键，在右键菜单中选择“增加表列”即弹出如图 3-3-5-3 所示的对话框。

（2）在图 3-3-5-3 所示的对话框中，可以选择“新建开关柜”或者“在已有的开关柜中插入”两种操作，选择“在已有的开关柜中插入”选项。

（3）另外可点击“电容补偿”按钮，选择插入一个电容补偿回路，具体的回路方案可通过点击“回路方案”预演框，在弹出的回路库中选择，如图 3-3-5-4 所示。

（4）回路方案选择完毕，自动回到原对话框，点击确定。

（5）完成在低压单线系统中插入电容补偿的操作。

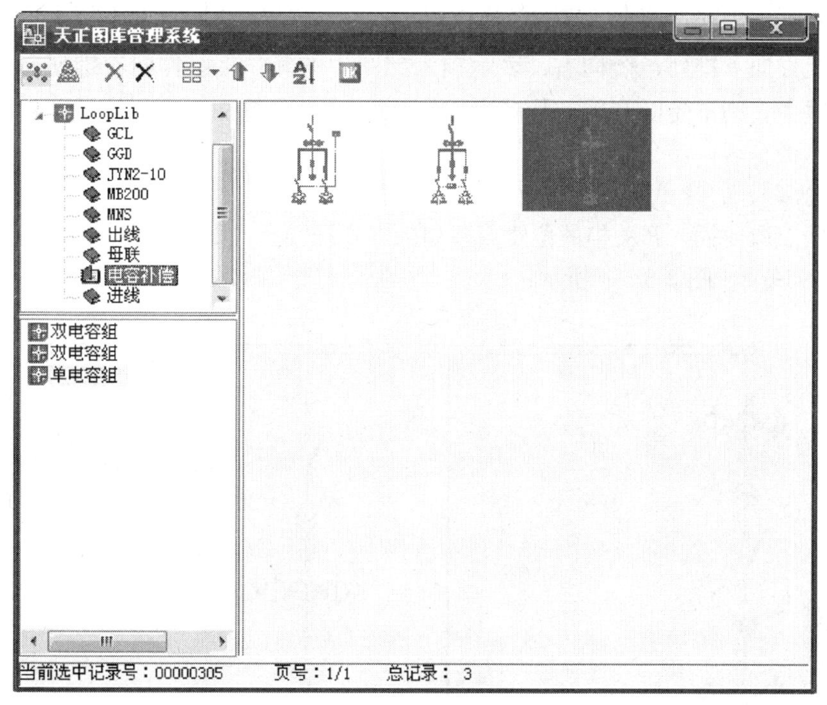

图 3-3-5-4　回路库

3.3.6 插开关柜（CKGG）

菜单位置：【强电系统】→【插开关柜】

功能：将图库中的组件绘制到系统图或原理图中。

采用本命令，用户可根据个人需要，自由绘制高、低压系统图。

点取本命令屏幕弹出［回路柜］悬浮式对话框如图 3-3-6-1 所示。

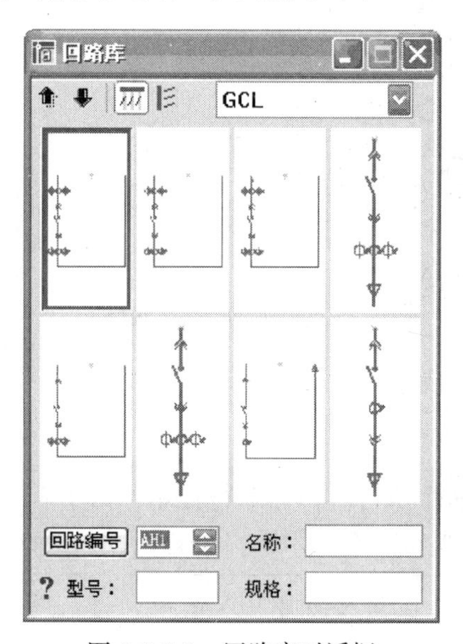

图 3-3-6-1　回路库对话框

在本对话框中存在两个特殊的图标按钮，“”和“”。向下：表示插入到图中的开关柜组件向下排列；向右：表示插入到图中的开关柜组件向右排列。如果开关柜插入到母线中，则不受以上方向限制。

点取本命令后，命令行提示：

请指定插入点〈退出〉：

在图中点取要插入开关柜的位置点，如果点到母线上，则沿母线方向插入。

如图 3-3-6-2～图 3-3-6-4 所示：

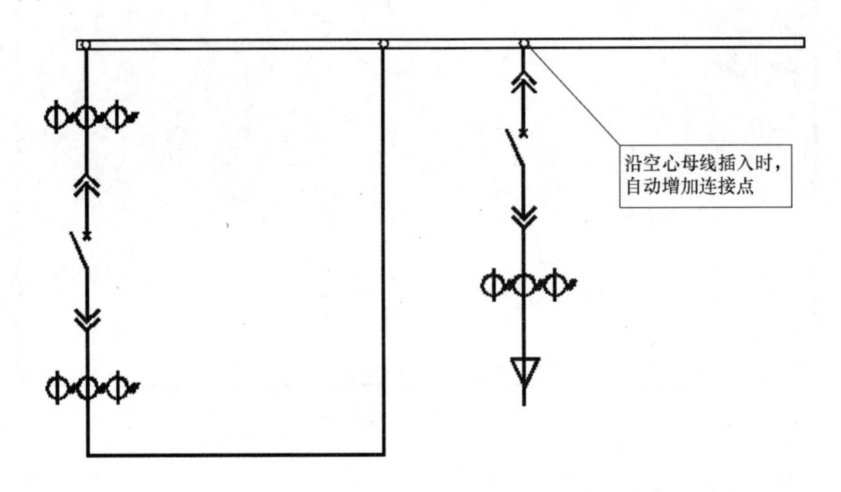

图 3-3-6-2　沿空心母线插入开关柜

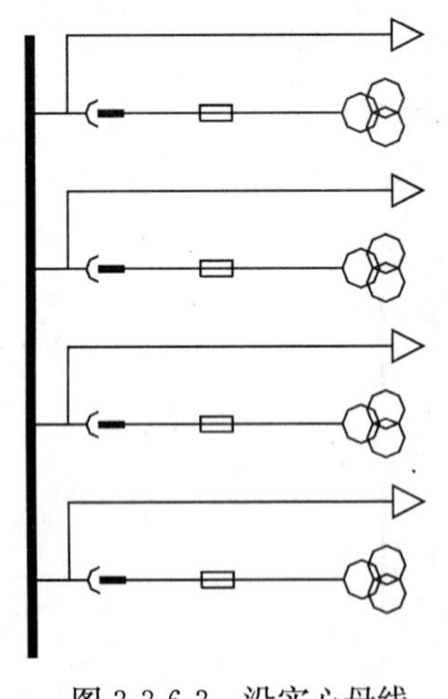

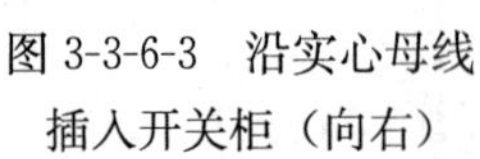

图 3-3-6-3　沿实心母线插入开关柜（向右）

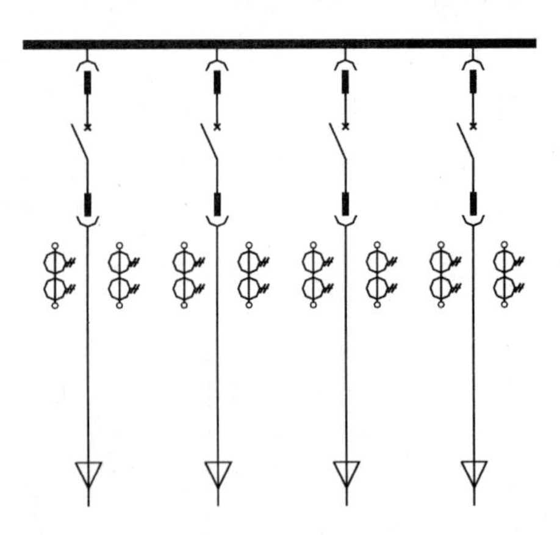

图 3-3-6-4　沿实心母线插入开关柜（向下）

在执行【插开关柜】命令执行时，命令行提示：

请指定设备的插入点〈退出〉：在图中选择位置插入对话框中选择的开关柜或回车退出

> **注意：**开关柜的信息，在插入同时写入图中，将来【套用表格】时可自动填写出来。开关柜图库位于：dwb/looplib. tk looplib. slb looplib. dwb

3.3.7　造开关柜（ZKGG）

菜单位置：【强电系统】→【造开关柜】

功能：用户自定义开关柜图块入库。

天正软件——电气系统提供 GCL，GGD，MNS，JYN 系列数百种回路方案供用户选择，但是如果仍然满足不了实际工程中需要，用户可利用本命令自定义回路方案。

用本命令造开关柜可以在绘制系统图的过程中直接用本命令选取一部分来造开关柜。造成的开关柜作为块入库，以便用户用【开关柜】命令绘制开关柜。在使用本命令的过程中被选定的作为造开关柜的图形在原来的图中不受影响。

在菜单上选取本命令后，屏幕命令行提示：

请选取造开关柜的导线、元件〈退出〉：

选择图元完毕后，命令行继续提示：

请点选插入点〈退出〉：

在图中选取该组开关柜的插入点，此点即为以后该开关柜插入时的定位插入点，如图 3-3-7（*a*）所示。

命令行接着提示：

请点取连接母线的接线点位置〈继续〉：

在图形上选取接线点，此点为开关柜沿母线插入时和母线连接的位置加入连接点的点。选定之后单击鼠标右键，屏幕中弹出［入库定位］对话框如图 3-3-7（*b*）所示。

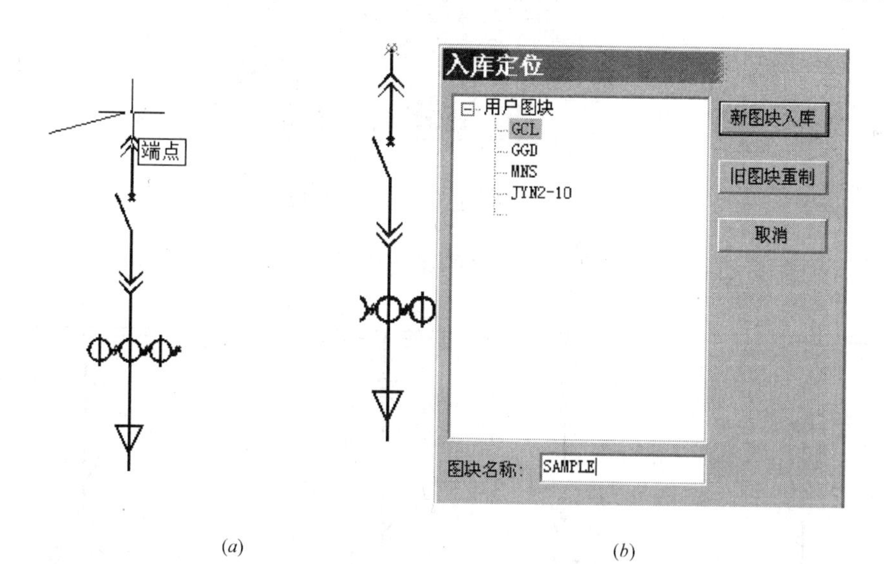

图 3-3-7　造开关柜示例

（*a*）选择插入点；（*b*）接线点示意和入库定位

在这个对话框中即可以选定新造的开关柜所要放置的位置，也可以替换原来的旧图块，操作方法与【造设备】命令相似，在组件名称编辑框中输入新建开关柜的名称，选定的图元就被造成开关柜图块存入到用户图库中。

如果在放置时需要新的图库目录，则需要使用图库管理系统进行图库编辑。

窍门： 用户可利用【图库管理】命令将个人最常用的方案集中到某一新建目录下，这样可提高查找、插入速度。

开关柜的名称、型号、规格在对话框如图 3-3-7（*b*）“图块名称”中输入，并以“#”分隔。

3.3.8 套用表格（TYBG）

菜单位置：【强电系统】→【套用表格】

功能：在高低压系统图中绘制表格。

在图上选取本命令后，弹出如图 3-3-8-1 所示的［系统表格设定］对话框。首先从下拉列表中选择表头，用户可以在列表中对已经有的表格形式根据自己的设计要求进行必要修改，修改通过下面的［增加+］、［删除］和［修改］按钮进行。

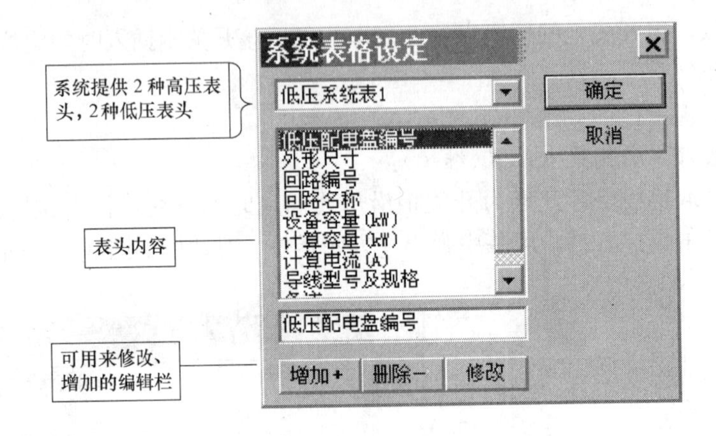

图 3-3-8-1 系统表格设定对话框

选择好表头后，在图中选取要添加表格的系统图的母线，如图 3-3-8-2 所示。

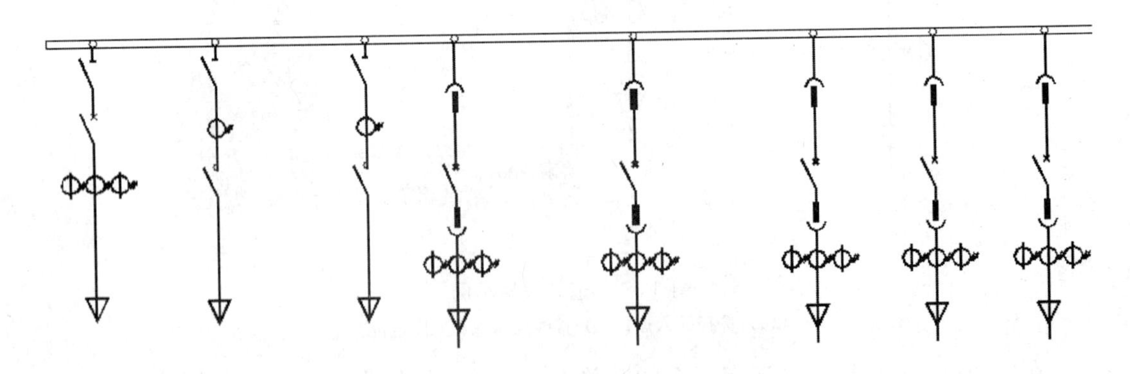

图 3-3-8-2 点取母线添加表格

执行完毕，系统表自动生成后，开关柜的信息也自动填入表中，如图 3-3-8-3 所示。

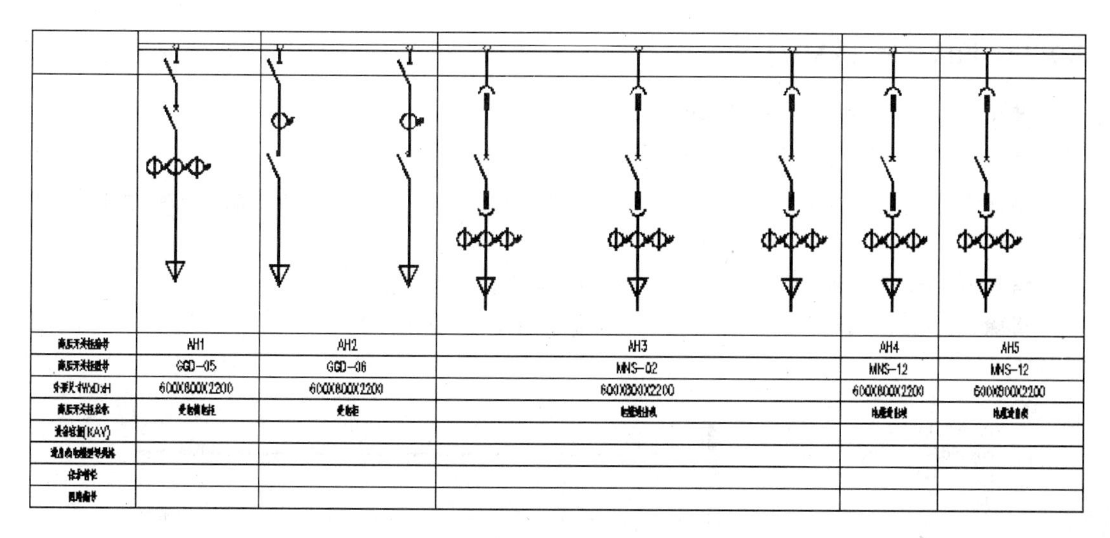

图 3-3-8-3　套用表格结束

3.3.9　虚线框（XXK）

菜单位置：【强电系统】→【虚线框】

功能：在系统图或电路图中绘制虚线框。

在菜单上选取本命令后，屏幕命令行提示：

请点取虚线框的一个角点〈退出〉:

点取一点后，命令行提示：

再点取其对角点〈退出〉:

点取对角点后，系统在“虚线”层上绘制一个方框，如图 3-3-9 所示。在系统图或电路图中有时需要绘制这样的虚线框圈定一部分线路。

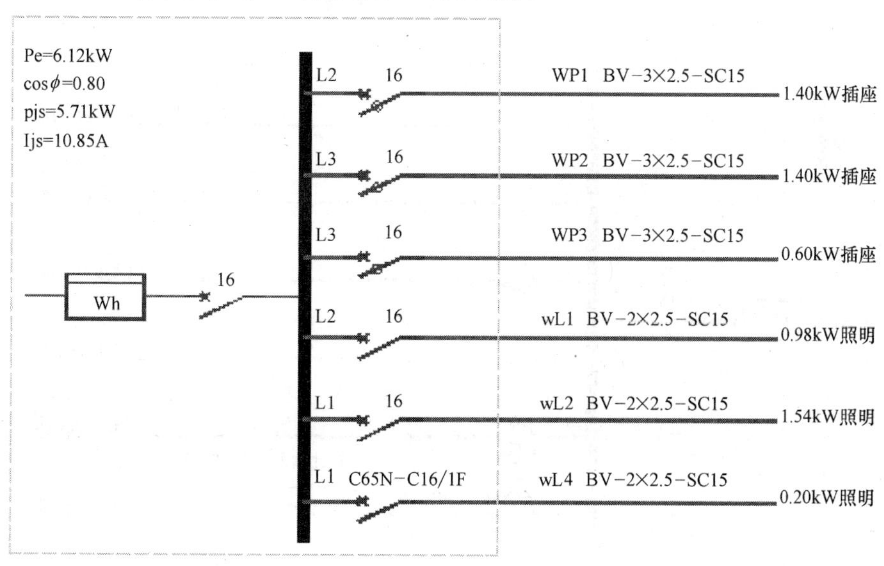

图 3-3-9　绘虚线框示例

3.3.10 沿线标注（YXBZ）

菜单位置：【强电系统】→【沿线标注】

功能：同时选取多根导线，沿这些导线标注文字。

本命令主要用于在系统图或电路图中沿导线标注文字。执行本命令后，命令行提示过程如下：

请输入起始点：〈退出〉　　　　　　（根据提示输入起始点）

请输入终止点：〈退出〉　　　　　　（根据提示输入终止点）

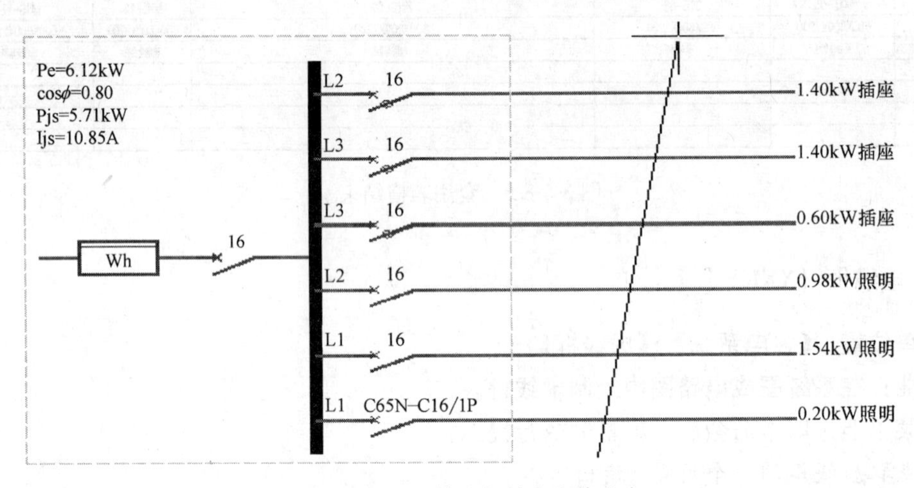

图 3-3-10-1　输入起始点和终止点

选取要标注导线的方式：点取两点，终点选取完毕后所有两点连线截取到的导线被选中。选中要标注的导线后，单击鼠标右键，过的第一条待标注导线上方出现“方框”指示输入标注的位置，如图 3-3-10-2 所示。

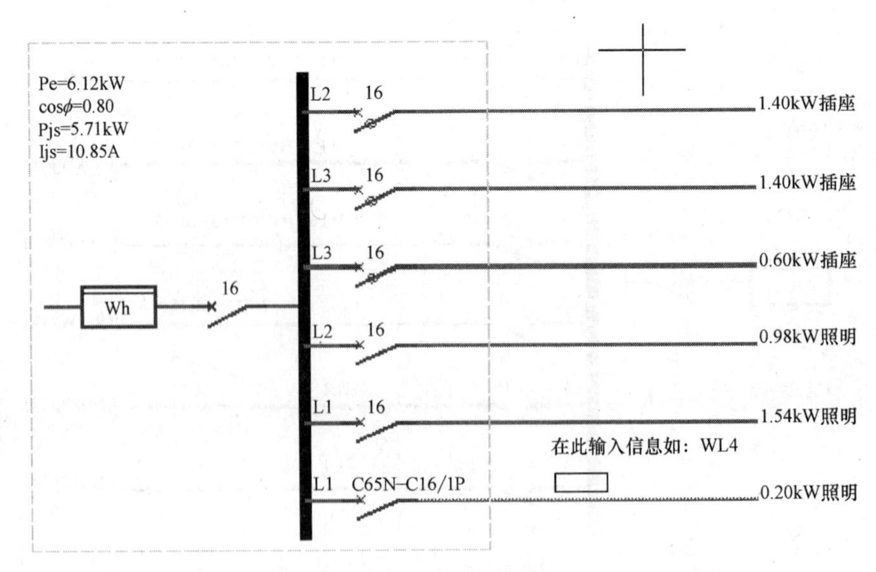

图 3-3-10-2　沿线标注 1

同时命令行会提示：

请输入方框处要标注的字符：

输入：WL4 后，继续提示：

请输入方框处要标注的字符：　WL3

此时的结果如图 3-3-10-3 所示。

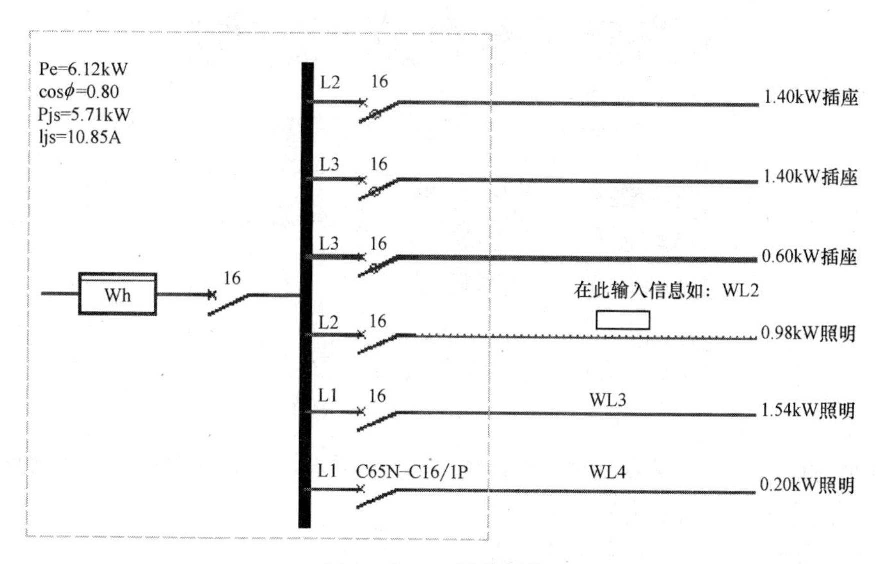

图 3-3-10-3　沿线标注 2

根据提示继续操作，在各根选中的导线处出现的方框处都依次输入要标注的文字后，标注完成。如图 3-3-10-4 为沿线标注的示例。

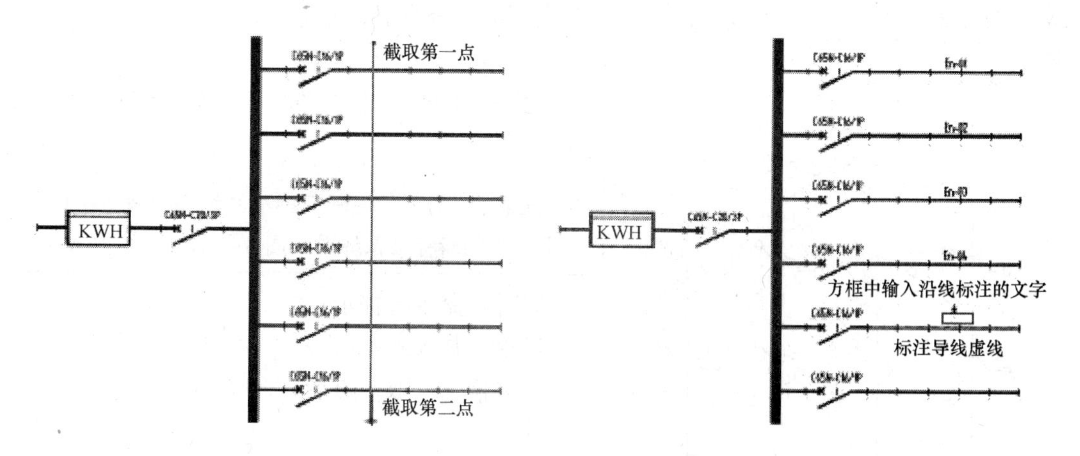

图 3-3-10-4　沿线标注的示例

3.4　弱电系统

弱电系统提供了有线电视系统等弱电系统的绘制方法。

3.4.1 有线电视（YXDS）

菜单位置：【弱电系统】→【有线电视】

功能：参数化绘制一个有线电视系统。

点取本命令，屏幕弹出［电视天线设定］对话框如图 3-4-1-1 所示。

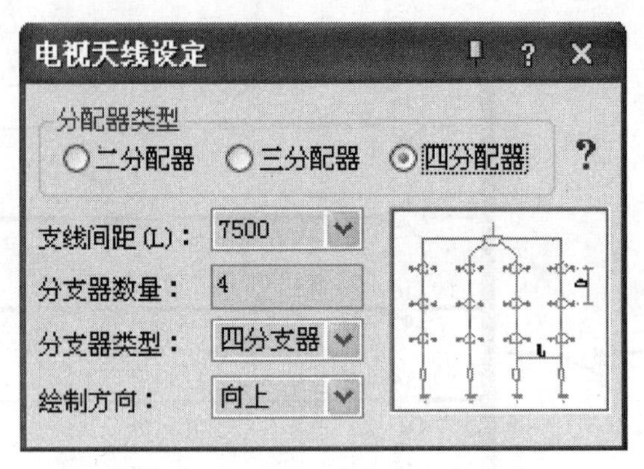

图 3-4-1-1　［电视天线设定］对话框

在这个对话框中设定要绘制的天线系统形式及相关尺寸即可按需求绘制天线系统。对话框中各项的作用和使用方法如下：

［系统示意图］：用于显示系统的形式。

［分配器类型］：三个互锁按钮用于选择主分配器类型，确定分支的数量。

［支线间距（L）］：用下拉列表框选择各种间距。

［分支器数量］：输入每条支路上分支器的数量。

［分支器类型］：下拉列表可选择分支器类型为一分支器，二分支器，三分支器及四分支器。

［绘制方向］：复选框选择分支器绘制的方向。

> **注意：**“向下”绘制旧标准系统图（图 3-4-1-2）；“向上”绘制新标准系统图（图 3-4-1-3）。

同时，命令行提示：

请输入插入点〈退出〉

在屏幕上点取一点后，命令行提示：

目标位置：

同时在屏幕上有鼠标拖动的分支器的预演，选定合适位置在图中绘制天线，直接＜回车＞则在点取点绘制天线系统。

有线电视系统图框架绘制完毕后，用户还可利用【电视元件】【分配引出】命令进行详细绘制。

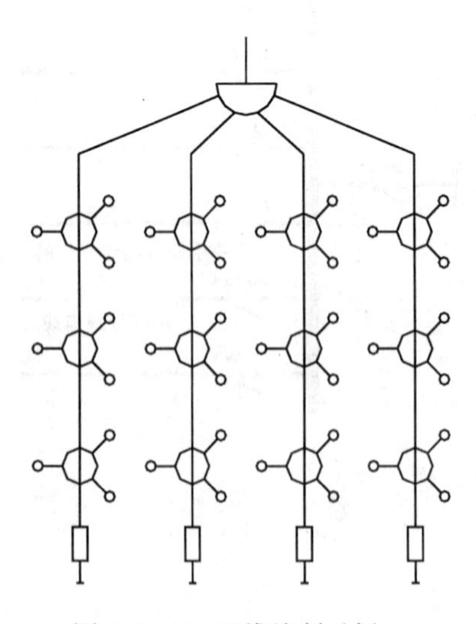

图 3-4-1-2　天线绘制示例一（四分配器，分支器 3 个，三分支器，向下绘制旧标准系统图）

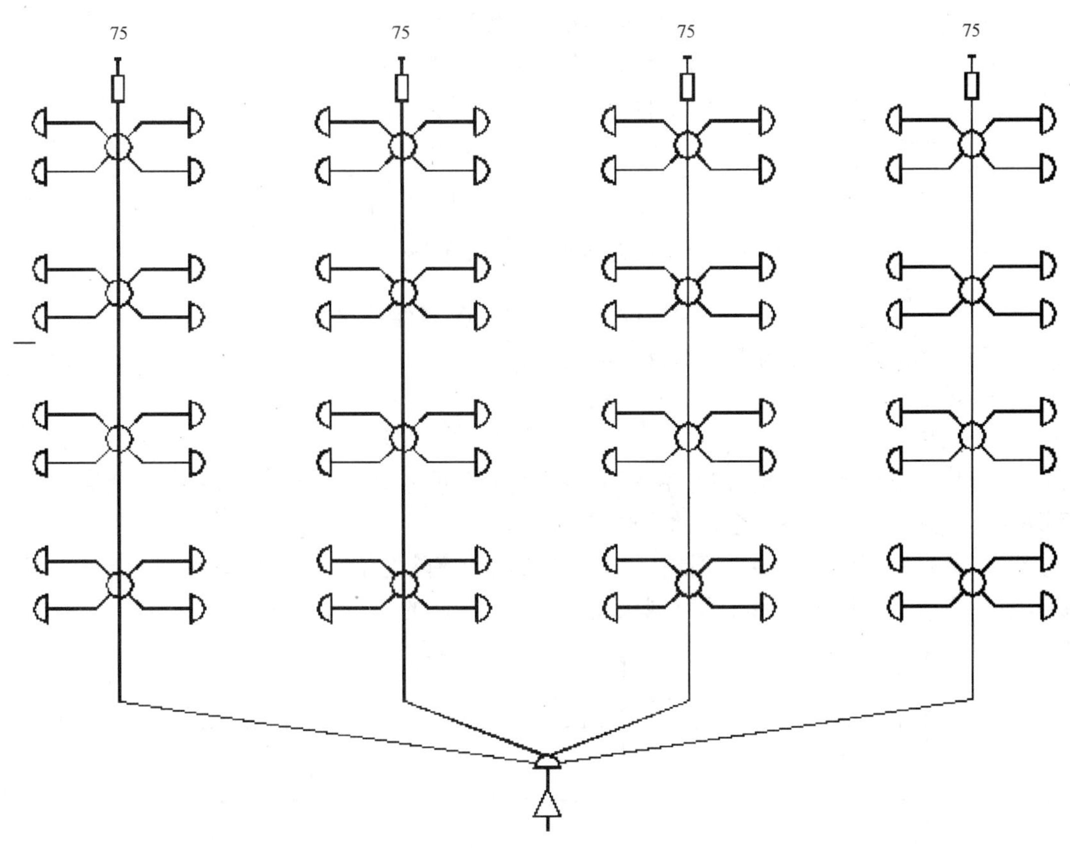

图 3-4-1-3 天线绘制示例二（四分配器，分支器4个，二分支器，向上绘制新标准系统图）

3.4.2 电视元件（DSYJ）

菜单位置：【弱电系统】→【电视元件】

功能：在天线系统图中插入电视元件。

点取本命令，屏幕弹出选择分支器对话框，如图 3-4-2 所示。

命令行提示：

请指定设备的插入点｛转90[A]/放大[E]/缩小[D]左右翻转[F]｝〈退出〉：

具体操作参见 2.1.2【任意布置】。

图 3-4-2 ［选择分支器］对话框

3.4.3 分配引出（FPYC）

菜单位置：【弱电系统】→【分配引出】

功能：从分配器上引出数根接线。

本命令类似于【配电引出】，可以在任意图块的弧线上平行引出数根导线。

点取本命令，命令行提示：

请选取分配器〈退出〉：

此时，可以选择图中任意包含弧线图块。

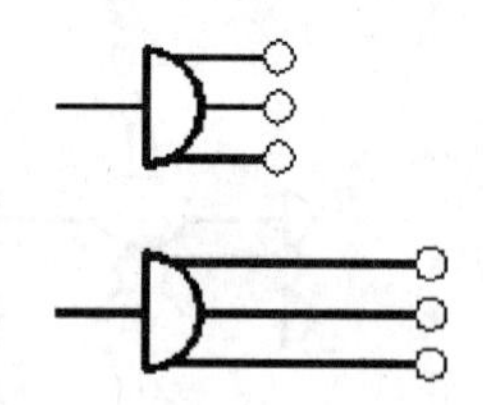

图 3-4-3 ［分配引出］实例（上面的为默认长度）

请给出引出线的数量〈3〉：

请输入出线间距 <等距>：

此时可在图中给出出线的间距，默认为弧线等分点引出。输入完毕后，系统通过动态演示提示用户给出引出线的长度，默认（回车）为 375。（图 3-4-3）

3.4.4 绘连接点（HLJD）

菜单位置：【原理图】→【绘连接点】

功能：画原理图表示交叉导线连接的圆点。

在菜单上选取本命令后，命令行提示：

请点取插入点：

在屏幕上点取插入点插入圆点，插入后上述命令重复提示以便插入下一点，直到<回车>退出结束。取点时系统会自动捕捉方便插入。

图 3-4-4 为固定端子、可卸端子和连接点绘制和擦除的示意图，这些图中绘制的点可以用任何方式直接擦除，擦除后导线仍然是连接在一起的。

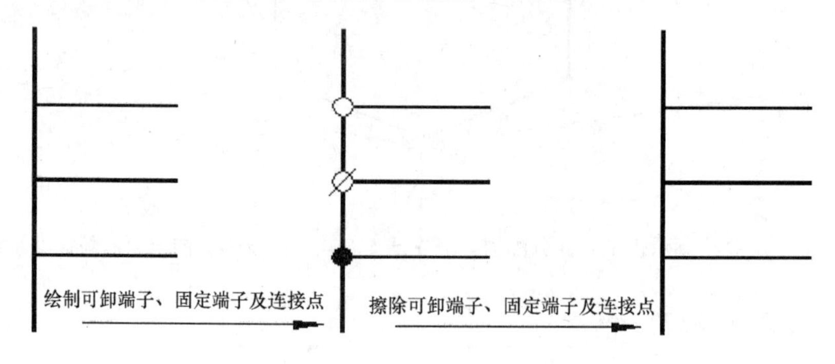

图 3-4-4 绘制擦除端子示意图

3.4.5 虚实变换（XSBH）

命令位置：【绘图工具】→【虚实变换】

功能：使线型在虚线与实线之间进行切换。

在菜单上执行本命令后，命令行提示：

请选择要变换的图元〈退出〉

在平面图中选择要转变线型的图元（LINE 线、PLINE 线、曲线等都行），如果选的是虚线，确定后变为实线；如果所选线型是实线，命令行接着提示：

请输入线型{1:虚线 2:点划线 3:双点划线 4:三点划线}<虚线>

用户可由命令行提示输入 1、2、3、4 选择要将实线转变成的线型，如果单击鼠标右键则默认将实线转变成普通虚线。

3.4.6 线型比例（XIBL）

菜单位置：【导线】→【线型比例】

功能：改变虚线层线条的线型，同时可改变特殊线型虚线的线型。

在菜单上选取本命令后，如果原来图中虚线层上的线为连续线型，则屏幕命令行提示：

请选择需要设置比例的线〈退出〉：

据命令行提示选择要改变线型的导线后，命令行接着提示：

请输入线型比例＜1000＞：

此时可以输入一定的线型比例，数字越大，虚线中每条短线的长度和间隔就越大。对于1∶100的出图比例，默认线型比例为1000。输入这个比例后，天正软件——电气系统将虚线层上的线变为虚线。如果图中虚线层上的线原来就是虚线，则在选取本命令后将这些虚线都变为连续线。

3.5 消防系统

消防系统提供了消防系统图、平面图等的绘制方法。

3.5.1 消防干线（XFGX）

菜单位置：【消防系统】→【消防干线】

功能：自动生成消防系统图干线。

消防系统干线定义的目的是定义消防系统的基本形式。单击本命令后弹出如图3-5-1-1所示的［消防系统干线］对话框，在该对话框中定义了绘制消防系统干线的常用参数，下面我们将给予介绍：

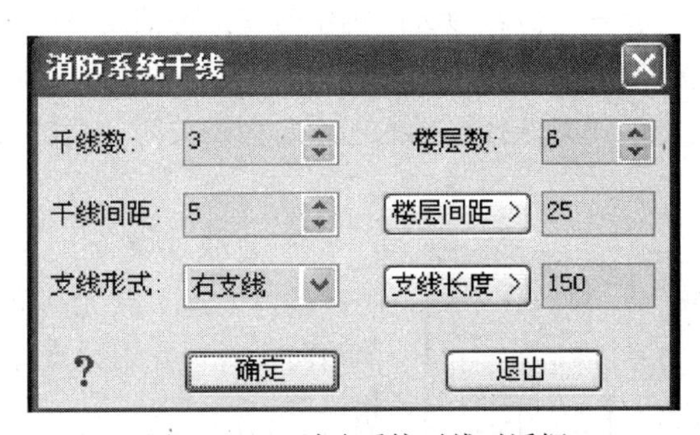

图3-5-1-1 消防系统干线对话框

［干线数］：键入组成消防系统的垂直干线数量，确定干线的数量。

［楼层数］：键入建筑楼层，即成消防系统的水平支线数量。

［干线间距］：键入数值，确定每个干线之间的距离。

［楼层间距］：确定每层之间的距离，也就是水平支线之间的间距。

［支线形式］：用下拉菜单的形式确定水平支线的引出方向，包括左支线、右支线和左右支线三种形式。

［支线长度］：确定水平支线引出的长度。

当所有参数输入完毕后，单击确定按钮，屏幕命令行提示：

请输入插入点〈退出〉：

在图中点取消防系统干线的插入位置，则绘制出消防系统干线图（如图 3-5-1-2 所示）。

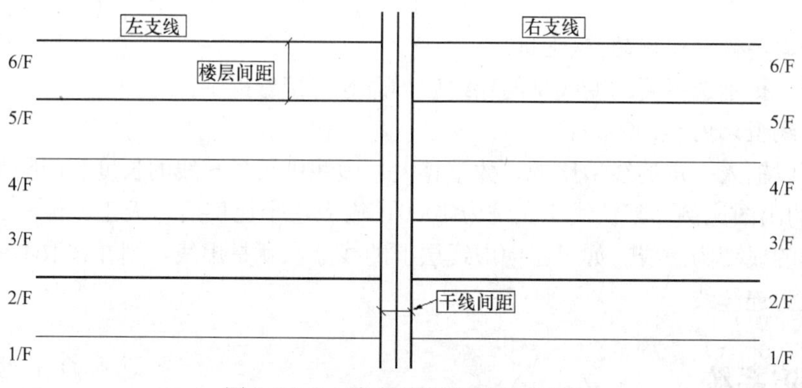

图 3-5-1-2　消防系统干线绘制示例

消防系统的灵活应用：本软件不仅用于消防系统设计，还能进行各种具有干线、支线及元件挂接形式特征的所有系统图，如综合布线系统、楼宇自动化系统等。对此用户所要做的是在菜单上增加一些相关元件而已。

3.5.2　消防设备（XFSB）

菜单位置：【消防系统】→【消防设备】

功能：在图中和所绘制好的消防系统干线上插入消防块。

本命令是在所绘制好的消防系统干线中插入消防设备，用本命令插入到图中的消防设备可以自动和导线连接，并且可以在插入时确定每层该种消防设备的数量。

在菜单上点取本命令后弹出如图 3-5-2-1 所示的［消防设备］悬浮式对话框，同平面设备的插入方法相同，可以随时选择要插入的设备而不关闭［消防设备］对话框，下面介绍其特有的使用方法：

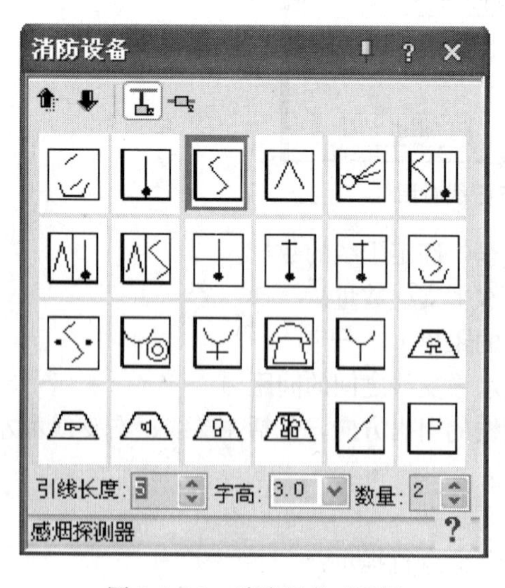

图 3-5-2-1　消防设备对话框

［垂直放置设备］　点取干线或其他消防设备，以这一点为基准在垂直的方向放置当前消防设备，并用分支导线与干线或其他设备相连接。

［水平插入设备］　点取要插入元件的干线或支线，使插入图中的设备沿导线方向插入并打断导线。

［引线长度］　确定引线长度，该引线为用［垂直放置设备］插入消防设备时连接该设备与干线或其他设备的分支导线。

［字高］　表示插入消防设备时表示设备数目的属性字的高度。

［数量］　表示插入消防设备时表示设备数目的属性字的具体数值。

当把对话框中的所有参数设置完毕后，在消防设备的图库选择要插入到图中的消防设备，然后根据命令行提示选择要插入设备的插入点，则完成消防设备的插入（如图 3-5-2-2）。

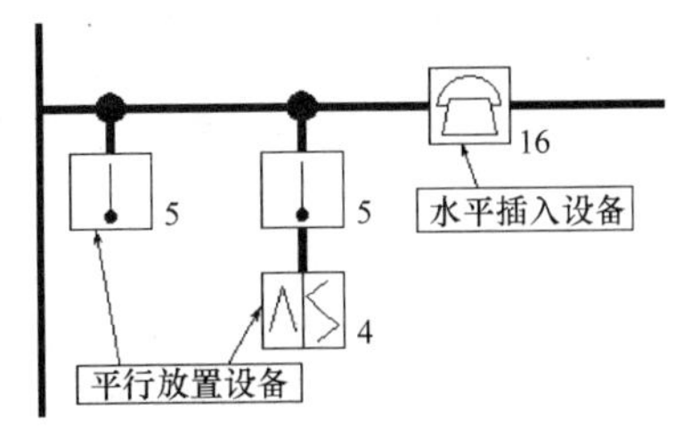

图 3-5-2-2　消防设备插入示例

3.5.3　设备连线（SBLX）

菜单位置：【消防系统】→【设备连线】

功能：用导线将弱电系统图中多个设备垂直相连。

点击本命令后，命令行提示：

请拾取一根要连接设备的直导线〈退出〉：

拾取要连接设备的直导线后命令行提示：

请选取要与导线相连的设备〈退出〉：

框选设备（如图 3-5-3-1 所示）后，命令行提示：

请选取要与导线相连的设备〈退出〉〈退出〉：指定对角点：找到 4 个

命令执行结果如图 3-5-3-2 所示。

图 3-5-3-1　【设备连线】示例　　图 3-5-3-2　【设备连线】结果

3.5.4　温感烟感（WGYG）

菜单位置：【消防系统】→【温感烟感】

功能：自动计算房间内布置探头数量，自动布置且可查看保护范围。

本命令用于房间、走廊等建筑物内的烟感和温感探头的自动计算及布置，框选房间范围，软件可根据设置参数，自动计算需要布置探头的数量，同时可查看每个探头的保护范围，避免出现保护盲区。对话框见图 3-5-4-1。

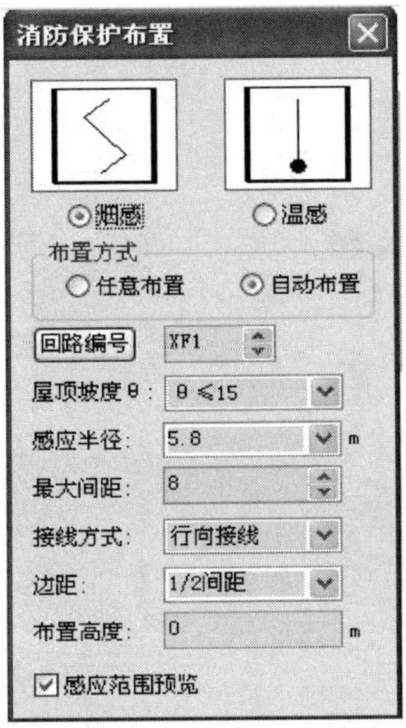

图 3-5-4-1　温感烟感对话框

点取本命令，命令行提示：

请输入起始点[选取行向线(S)]〈退出〉：

在图中框选房间，选定后单击鼠标右键，命令行接着提示：

请输入终点〈退出〉：

随着鼠标的拖动，软件会自动根据设置的参数计算出探头数量，并在图面中可以得到预览，以及每个探头的保护范围，如图 3-5-4-2。

用户可根据预览到的保护范围，对软件参数进行调整，直至无保护盲区。点取终点后，软件自动将探头插入图中（图 3-5-4-3）。

点击对话框中 感应范围预览 ，可对探头的感应

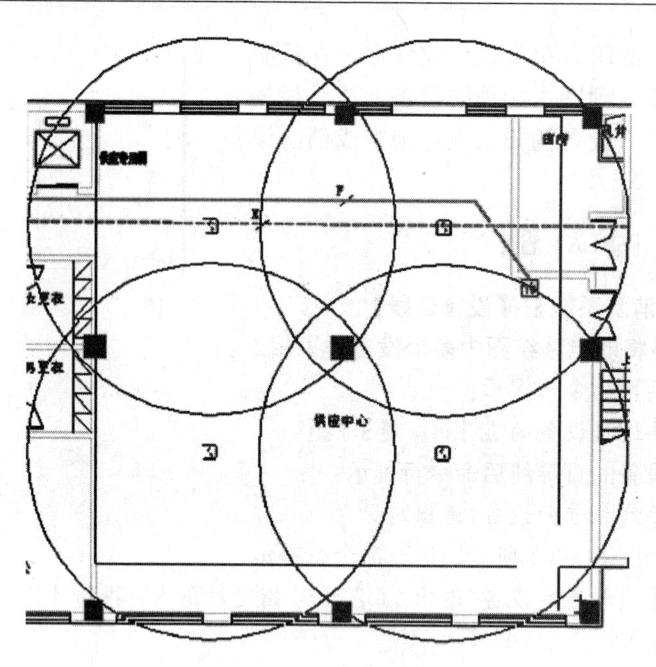

图 3-5-4-2　温感烟感布置预览

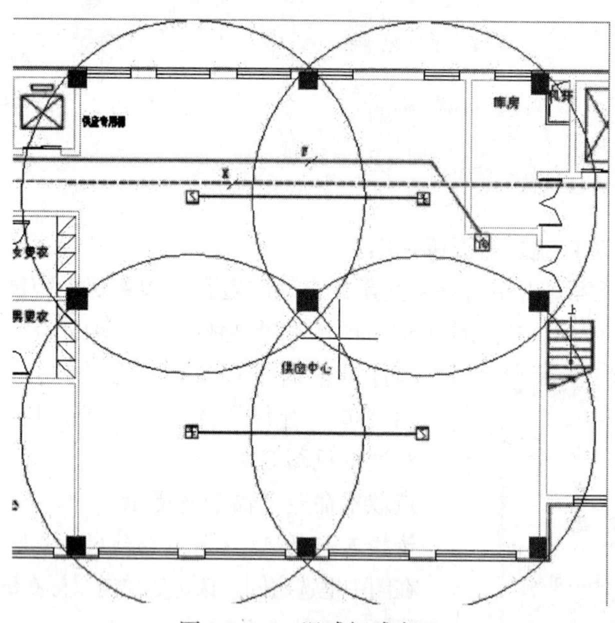

图 3-5-4-3　温感烟感布置

范围进行开启及关闭。

注：退出软件后，软件会关闭保护范围预览。

3.5.5　消防统计（XFTJ）

菜单位置：【消防系统】→【消防统计】

功能：统计消防系统图中的消防设备并生成材料表。

本命令用于统计图中所有消防设备的数量。在系统图中所统计的每种设备数量为：所有该类设备右下角表示消防设备数量的属性字的数值相加之和；在平面图中所统计的每种设备数量为：平面图中该种消防设备在平面图中所插入的图块数量。

在菜单上点取本命令后，屏幕命令行提示：

请选择统计范围<全部>

在图中框选或点取鼠标右键选择全图，这时命令行接着提示：

点取位置

或{参考点[R]}〈退出〉：

根据命令行提示在图中选取材料表的插入位置（如图 3-5-5）。

图例	名称	数量
	火灾电话插孔	25
	火灾警报扬声器	9
	气体探测器	11
	手动报警装置	8
	报警电话	16
	感光感烟探测器	4
	感温探测器	5

图 3-5-5 消防设备统计表

3.5.6 消防数字（XFSZ）

菜单位置：【消防系统】→【消防数字】

功能：在造消防块时插入消防设备个数的属性字，辅助造消防块。

本命令是辅助造消防块时使用的，使造好的消防块含有个数属性字，便于在消防统计时计算出每个消防设备的数目。在平面图布置的消防设备中消防数字是不显示的，在系统图中用【消防设备】命令插入的消防设备，如果其个数大于 1 则会在消防设备的右下角显示该消防设备的数量，否则也不显示消防数字。

点取本命令，命令行提示：

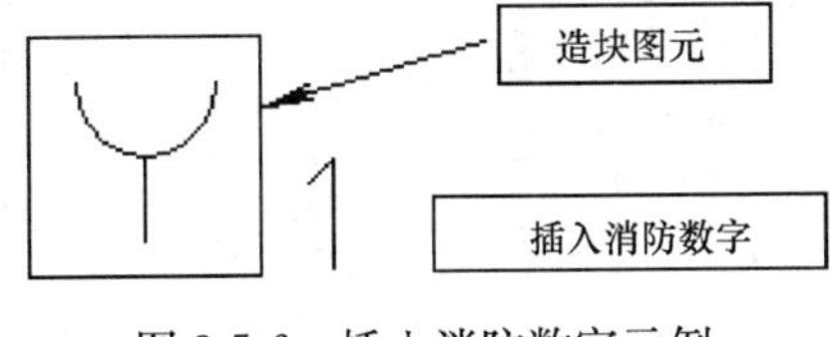

图 3-5-6 插入消防数字示例

请点取插入属性文字的点(中心点)〈退出〉：

在要制作的消防块的右下角点取，这时会在要造消防设备的图元旁边显示消防数字“1”，接着执行【造消防块】命令，就可以制作一个天正电气的消防设备。

3.5.7 造消防块（ZXFK）

菜单位置：【消防系统】→【造消防块】

功能：用户根据需要制作消防块，并存入到消防设备库中。

本命令用于制作消防设备块，在天正软件——电气系统中的消防设备块都应该含有设备个数的属性字，可以方便消防设备的统计，而且消防设备的平面图和系统图是用的同一个设备库，这就使得造消防设备与其他设备不同，即不能用【造元件】命令也不能用【造设备】命令。

点取本命令，命令行提示：

请选择要做成图块的图元〈退出〉：

在图中框选要制作图块的图元，选定后单击鼠标右键，命令行接着提示：

请点选插入点 <中心点>：

这时选择图块的插入点，并引出一条橡皮线，把鼠标移动到准备做插入点的位置，单击鼠标左键即可。命令行接着提示：

请点取要作为接线点的点(图块外轮廓为圆的可不加接线点) <继续>：

这时在点取一些接线点，并以小叉显示接线点的位置；如果你所选图块的外形为圆则可不必添加接线点，因为在天正软件——电气系统中圆形设备连导线时，导线的延长线是过圆心的。接线点是在【平面布线】时导线与设备连接的位置点。选好接线点后弹出与【造设备】时相同的对话框，同样即可以新图入库，也可以替换图库中原有的图块。此时消防设备制作完毕。

3.5.8 消防图库 (XFTK)

菜单位置：【消防系统】→【造消防块】

功能：从消防图库选取标准图插入。

在天正软件——电气系统的消防图库中包含了 04X501 火灾报警及消防控制图集中常用消防控制系统示意图，用户可以从消防图库中直接调用标准图集插入图中。

在菜单上点取本命令，弹出如图 3-5-8 所示的［天正图集系统］对话框。

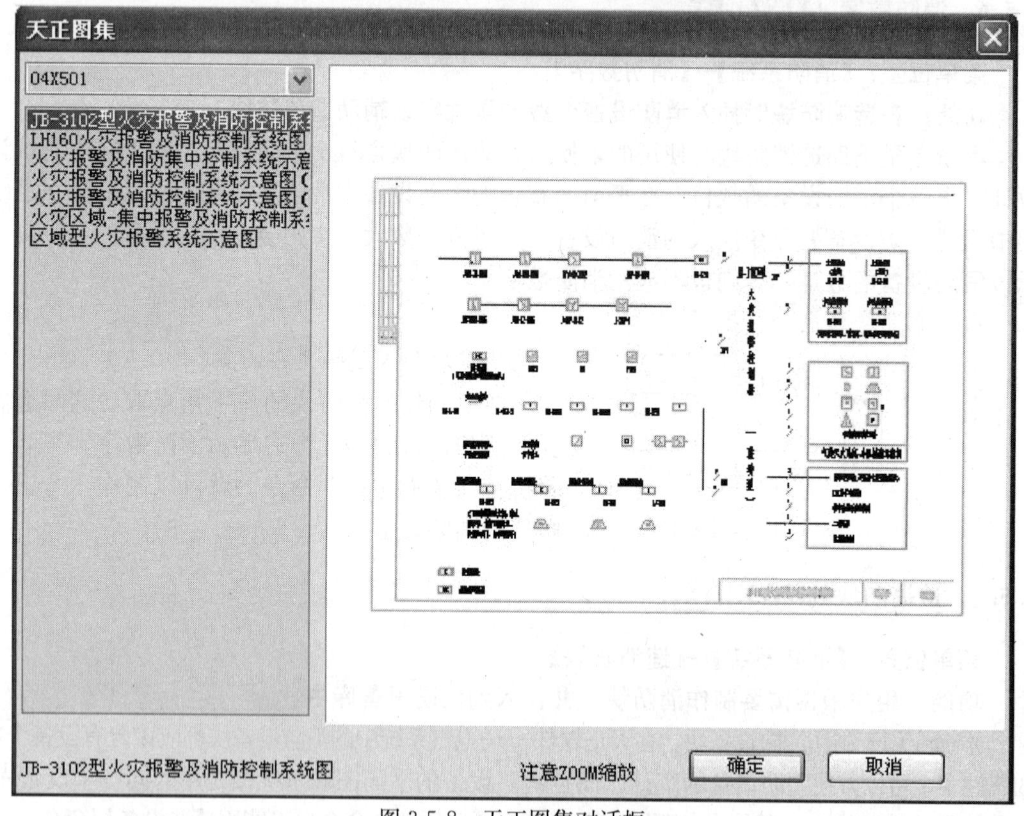

图 3-5-8　天正图集对话框

在本对话框的左上角的列表框中列出所有标准图类别，左下角显示各类别下的示意图名称。选定相应示意图可在右侧预演 dwg 完全内容，用户可点击鼠标中箭或滚轮详细查看 DWG 内容，点击【确定】插入该 DWG，命令行提示：

请点选插入点〈退出〉：

点取标准图集的插入位置，则标准图插入到图中，结束本命令。

3.6 原理图

提供二次接线的原理图绘制命令。

3.6.1 原理图库（YLTK）

菜单位置：【原理图】→【原理图库】

功能：从原理图库选取标准图插入。

在天正软件——电气系统的原理图库中包含了华北标办原理图集，用户可以从原理图库中直接调用标准图集插入图中。

在菜单上点取本命令，弹出如图 3-6-1 所示的［天正图集］对话框。

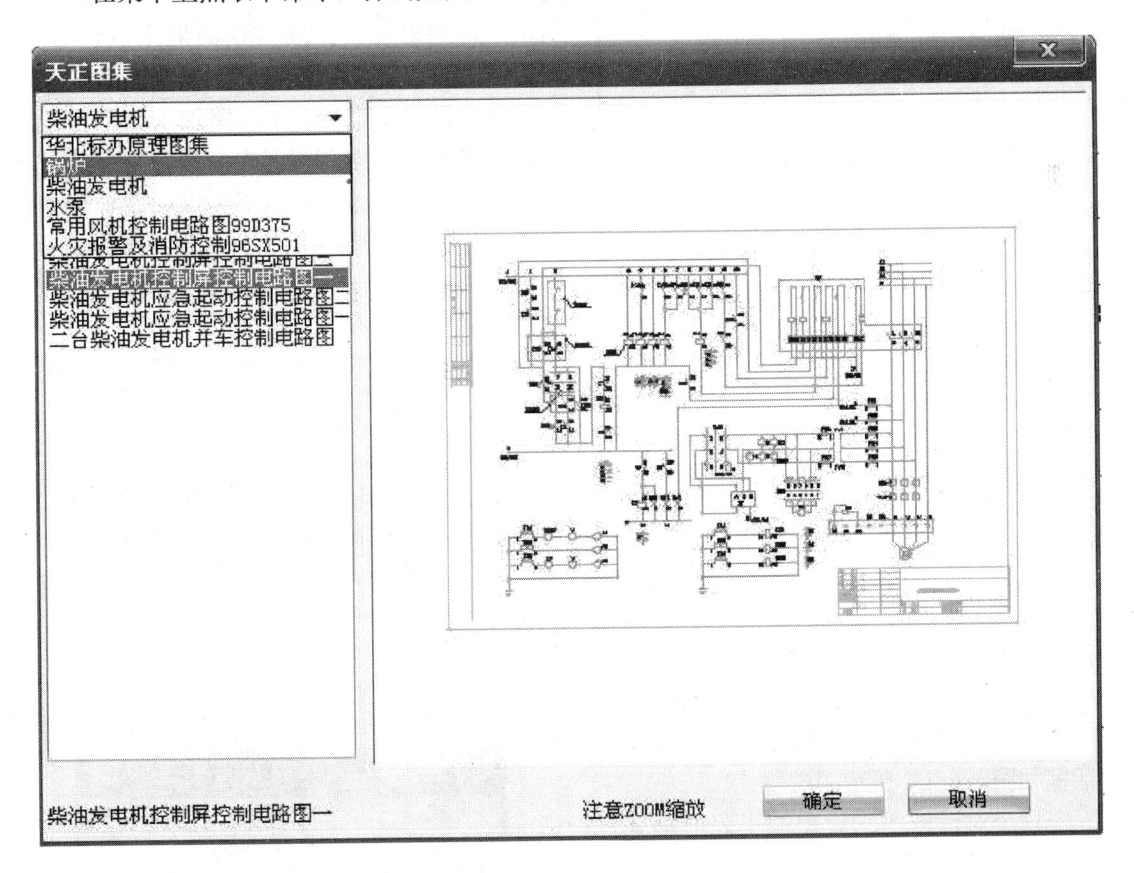

图 3-6-1　天正图集对话框

在本对话框的左上角的列表框中列出所有原理图，左下角显示其幻灯片。点击【浏览DWG】可在右侧预演 dwg 完全内容，用户可点击鼠标中箭或滚轮详细查看 DWG 内容，点击【确定】插入该 DWG，命令行提示：

请点选插入点〈退出〉：

点取标准图集的插入位置，则标准图插入到图中，结束本命令。

3.6.2 电机回路（DJHL）

菜单位置：【原理图】→【电机回路】

功能：绘制电机主回路，并选择适当启动方式、测量保护等接线形式。

本命令主要是用来绘制电机主回路，不论什么样的主回路都是由基本形式构成的，复杂之处只是在于附加的功能有所不同。在菜单上点取本命令弹出如图 3-6-2 所示的［电机主回路设计］对话框，下面我们介绍本对话框的操作：

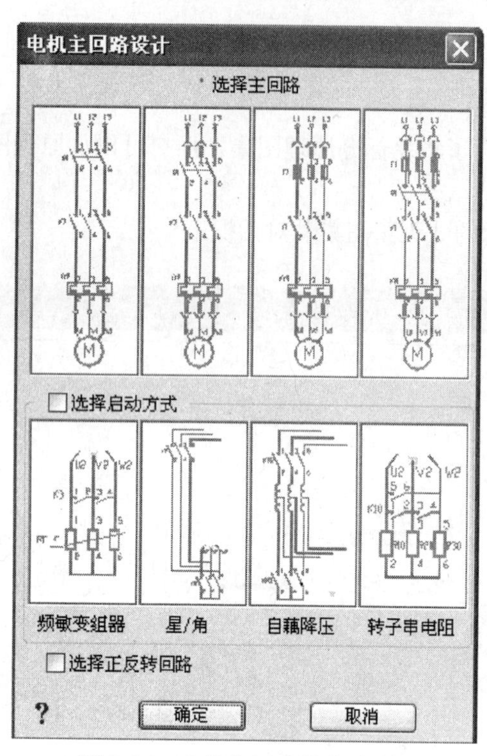

图 3-6-2　电机主回路设计对话框

首先在对话框上选择主回路基本形式。对话框里提供了四种主回路方案供用户选择，当用户用左键在主回路的预演框中点选后，则该方案被选定。

如果我们还需要对主回路加入其他接线方式则选中［选择启动方式］选择框：这时用户可用鼠标选择对话框中提供的四种启动方式：频敏变组器、星/角、自藕降压、转子串电阻。选择的启动方式回路自动加在主回路上。

用户也可以选择用户可以选择［选择正反转回路］选择框，加入正、反转运行方式，该部分被自动加在主回路上。

通过这些操作用户可以绘出复杂的电机主回路，然后选择插入点插入到图中。

3.6.3 端子表（DZB）

菜单位置：【原理图】→【绘端子板】

功能：用参数化方法绘制接线图中的端子板。

点取本命令，屏幕弹出［端子板设计］对话框如图 3-6-3-1 所示。

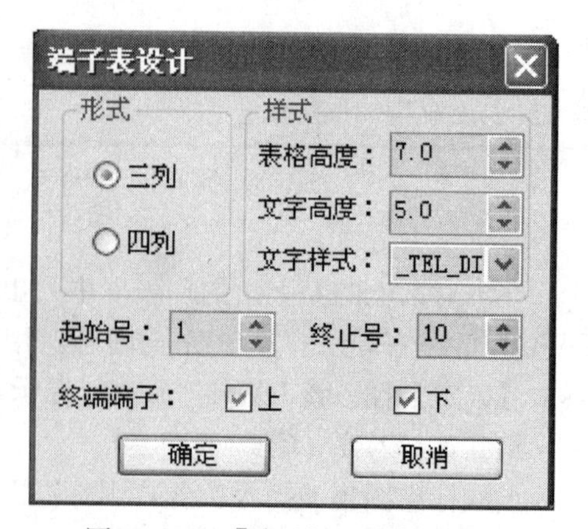

图 3-6-3-1　［端子板设计］对话框

这个对话框用于设定端子表的形式，对话框中各项用法如下：

［形式］：在其中有［三列］、［四列］一对互锁按钮，通过选择端子表的列数可以决定绘出的端子表列数形式（如图 3-6-3-2 所示为四列端子表）。

［样式］：是对端子表格的样式的设计，其中［表格高度］指生成的端子表的表格间距；［文字高度］指端子表表格中的文字的高度；

［文字样式］指端子表中文字的样式。

［起始号］：端子表列数起始号，指从上往下数除去表头和上部终端端子行的第一列的起始数字。

［终止号］：端子表列数终止号，指从下往上数除去下部终端端子行的那列的数字。［终止号］和［起始号］的数值之差决定了整个端子表的列数。

［终端端子］：包括了［上］、［下］两个选择框，由用户选择是否在端子表中加入上部终端端子行或下部终端端子行。

在对话框中设置好端子表的各项参数后，点击「确定」按钮，对话框消失，命令行提示：

点取表格左上角位置或｛参考点[R]｝〈退出〉：

在屏幕上点取某一点后端子表自动绘制到图中（如图 3-6-3-2 所示）。

端子排

上部终端端子

	1	←起始号	
	2		
	3		
	4		
	5		
	6		
	7		
	8		
	9		
	10	←终止号	

下部终端端子

四列端子表

图 3-6-3-2　生成端子表示例

程序生成端子表为空表，内容由用户手工填写（可用表格填写功能）。

3.6.4　端板接线（DBJX）

菜单位置：【原理图】→【端板接线】

功能：在端子表的各端子处引出导线。

综合旧版多个命令将“短接两个端子”“试验端子”“连接型试验端子”“联络端子”“接地端子”“端板引线”“增加接线”。

在绘制好端子表的各端子处引出引线或在端子上连接各种端子。

在菜单上选取本命令后，弹出如图 3-6-4-1 所示的［端子排—接线］悬浮式对话框，

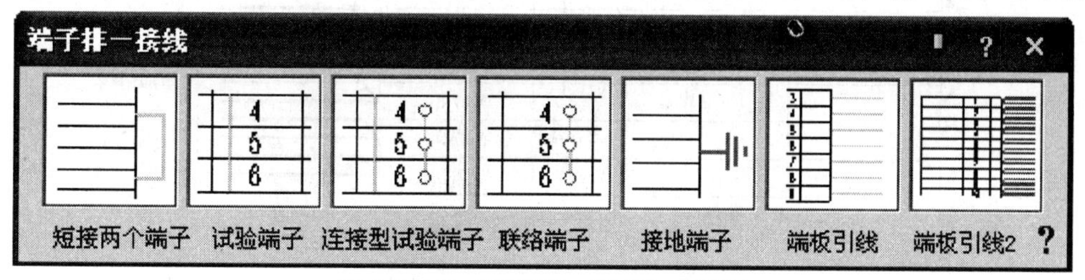

图 3-6-4-1　［端子排—接线］对话框

在本对话框中提供了各种端子接线和引出线的形式，用户可以选中需要的端子和引线形式后，再在所绘制的端子表中进行绘制端子和引线的操作。

我们首先说明［端子排－接线］对话框中各个端子或引线：

［短接两个端子］：指在两个端子之间连接导线使之短接，所绘制的形式如预演框所示。命令行提示：

点取第一个单元格：

在要短接的起始行上点一下。（只能在第一列或最后一列选择）

点取最后一个单元格：

在要短接的终止行上点一下。（只能在第一列或最后一列选择）

［联络端子］：在每相邻的两行之间插入联络端子，所绘制的形式如预演框所示。命令行提示：

点取第一个单元格：在要绘制联络端子的起始行上点一下。

点取最后一个单元格：在要绘制联络端子的终止行上点一下。

［试验端子］：在点取的一行内插入试验端子，所绘制的形式如预演框所示。操作同［联络端子］。

［连接型试验端子］：在点取的一行内插入试验端子和每相邻的两行之间插入联络端子，所绘制的形式如预演框所示。操作同［联络端子］。

［接地端子］：在端子表插入接地端子，所绘制的形式如预演框所示。命令行提示：

点取第一个单元格：在要绘制联络接地端子的单元格上点一下。

［端板引线］：在端子表上所选端子侧引出出线电缆，所绘制的形式如预演框所示。命令行提示：

点取第一个单元格：在要引出出线电缆的起始行上点一下。

点取最后一个单元格：在要引出出线电缆的终止行上点一下。

［端板引线 2］：在端子表上所选端子侧引出出线电缆，并且每个出线电缆都有另外一条分支引出电缆，操作同［端板引线］。

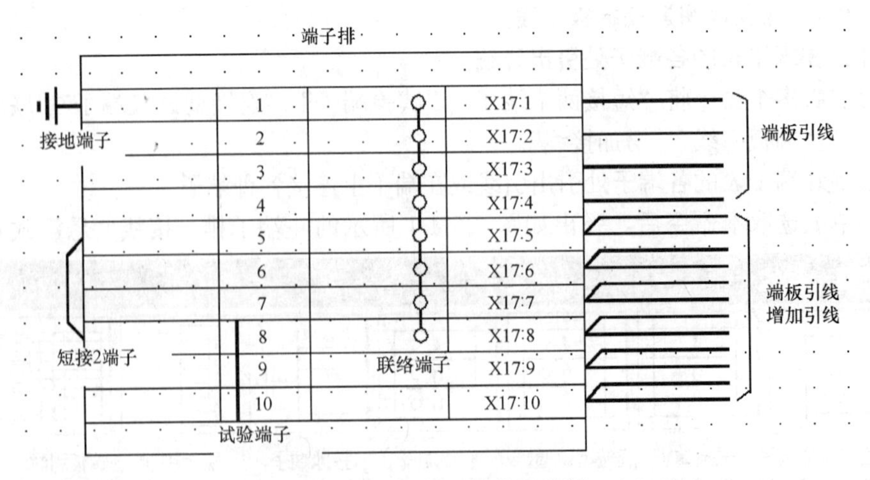

图 3-6-4-2　端子排接线示例

3.6.5 转换开关（ZHKG）

菜单位置：【原理图】→【转换开关】

功能：在回路中插入转换开关。

本命令是在已画好的导线上绘制转换开关。

执行本命令后，命令行提示：

请输入起点(与此两点连线相交的线框将插入转换开关)〈退出〉：

请输入终点〈退出〉：

根据提示依次点取转换开关两条侧边虚线的始、末点，转换开关两边虚线便画好，被这两条虚线截到的导线亮显。这时命令行接着提示：

请输入转换开关位置数(3 或 6)〈3〉

输入“3”或“6”确定转换开关的位置数（如图 3-6-5 指示），然后按命令行提示：

请输入端子间距〈1400.000000〉

从图中选取或直接键入数值确定转换开关中端子之间的距离，再按命令行提示：

请拾取不画转换开关端子的导线<结束拾取>：

此时可拾取不画转换开关端子的导线，使其不参与绘制转换开关。之后，在虚线与导线的交叉点处被插入端子。最后还可以点取转换开关中其他虚线的始、末点，画出这些虚线。

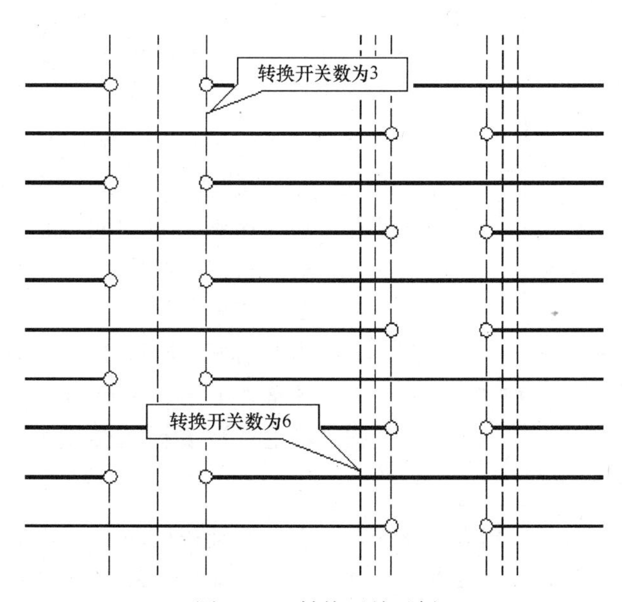

图 3-6-5 转换开关示例

3.6.6 闭合表（BHB）

菜单位置：【原理图】→【闭合表】

功能：绘制转换开关闭合表。

在菜单上选取本命令后，弹出如图 3-6-6-1 所示的［转换开关闭合表］对话框，下面我们对本对话框的使用加以详细的说明：

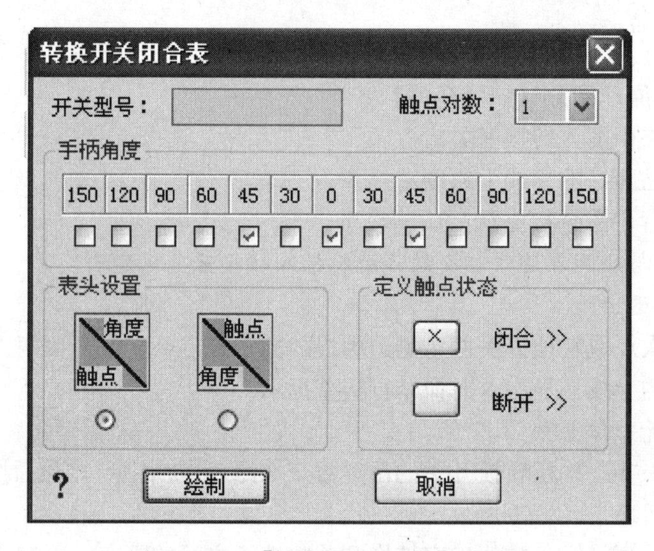

图 3-6-6-1　［转换开关闭合表］对话框

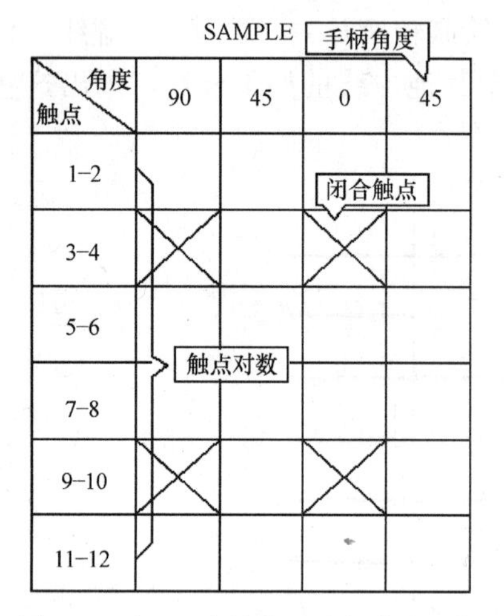

图 3-6-6-2　生成转换开关闭合表示例

［开关型号］：在编辑框中输入开关的型号，生成闭合表时置于表头。

［触点对数］：从下拉菜单中选取触点的对数，如图 3-6-6-2 中所指示。

［手柄角度］：在要添加到表格中的手柄角度下面的选择框中打勾。

［表头设置］：提供了两种表头的形式。

［定义触点状态］：在闭合表中选择触点是闭合还是断开，点取按钮后退出对话框，点取触点单元格，加入表示触点状态的符号。

定义好闭合表中的所有参数以后单击［确定］按钮，退出本对话框，屏幕命令行提示：

点取表格左上角位置或｛参考点[R]｝〈退出〉：

在屏幕上选取要插入转换开关闭合表的位置点，则表格插入图中。

> **注意：**定义触点状态：闭合、断开是独立于主对话框命令。绘制完毕闭合表后，重新打开对话框选择“闭合”可在表格上设置“X”，选择“断开”为取消“X”。
>
> “X”的大小可以在【表格编辑】—“行距系数”控制

3.6.7　固定端子（GDDZ）

菜单位置：【原理图】→【固定端子】

功能：在原理图中插入表示固定端子的圆。

在菜单上选取本命令后，命令行依次提示：

请点取要插入端子的点〈退出〉:

反复逐点在图中插入端子。

3.6.8　可卸端子（KXDZ）

菜单位置:【原理图】→【可卸端子】

功能：在原理图中插入表示可卸端子的符号。

本命令与上节【固定端子】命令基本相同。

3.6.9　绘连接点（HLJD）

菜单位置:【原理图】→【绘连接点】

功能：画原理图表示交叉导线连接的圆点。

在菜单上选取本命令后，命令行提示：

请点取插入点:

在屏幕上点取插入点插入圆点，插入后上述命令重复提示以便插入下一点，直到<回车>退出结束。取点时系统会自动捕捉方便插入。

图3-6-9为固定端子、可卸端子和连接点绘制和擦除的示意图，这些图中绘制的点可以用任何方式直接擦除，擦除后导线仍然是连接在一起的。

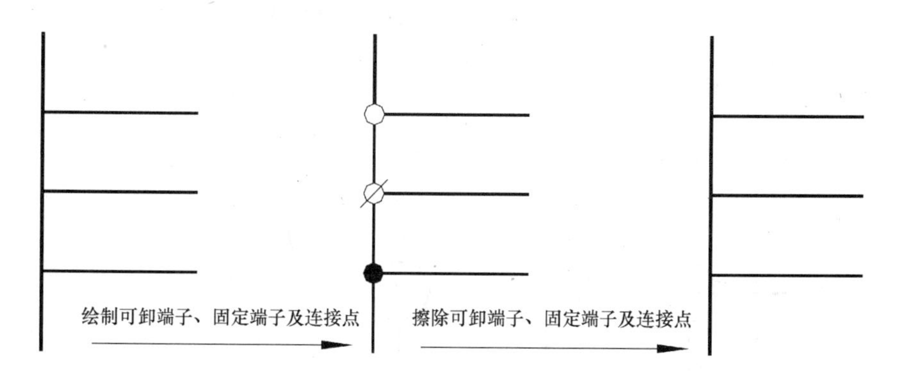

图3-6-9　绘制擦除端子示意图

3.6.10　擦连接点（CLJD）

菜单位置:【原理图】→【擦连接点】

功能：擦除原理图中的连接点。

在菜单上点取本命令后，命令行提示：

请选择要删除的连接点:〈退出〉

点选或框选要擦除的连接点后，回车或鼠标右键，所选中的连接点擦除，用本命令擦除连接点程序会自动过滤其他图元，避免误删除。

3.6.11　端子擦除（DZCC）

菜单位置:【原理图】→【端子擦除】

功能：擦除原理图中的固定端子或可卸端子。

在菜单上点取本命令后，命令行提示：

请选择要删除的端子：〈退出〉

点选或框选要擦除的端子后，回车或鼠标右键，所选中的端子擦除，用本命令擦除端子程序会自动过滤其他图元，避免误删除。见图 3-6-9 实例。

3.6.12　端子标注（DZBZ）

菜单位置：【原理图】→【端子标注】

功能：为图中一组端子标注端子标号。

本命令支持多端子同时标注，第一个端子需要输入标注位置，其他标注以其到端子的位置为参考做相应偏移。

命令行提示：

请选择要标注的端子〈退出〉

请选择标注位置(图 3-6-12)

请输入端子标注：(注意红色端子为当前需要标注的端子)

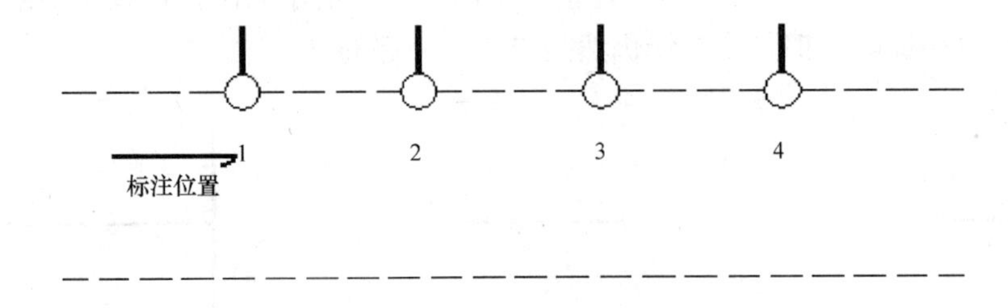

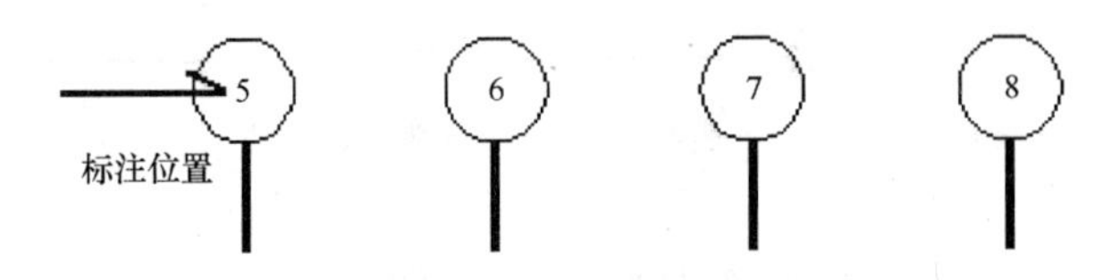

图 3-6-12　端子标注位置示意图

> **注意：**端子的大小可在【电气设定】中设置。对于图 3-6-12 下方的标注方法：标注在端子内部，可将端子直径设为 6，在输入“标注位置”时空回车即可。

3.6.13　沿线标注（YXBZ）

菜单位置：【原理图】→【沿线标注】

功能：同时选取多根导线，沿这些导线标注文字。

本命令主要用于在系统图或电路图中沿导线标注文字。执行本命令后，命令行提示：

请输入起始点：〈退出〉

请输入终止点：〈退出〉

选取要标注导线的方式：点取两点，所有两点连线截取到的导线被选中。选中要标注的导线后，单击鼠标右键，命令行接着提示：

请输入方框处要标注的字符：

在各根选中的导线处出现方框时，依次输入要标注的文字后，标注完成。如图3-6-13为沿线标注的示例。

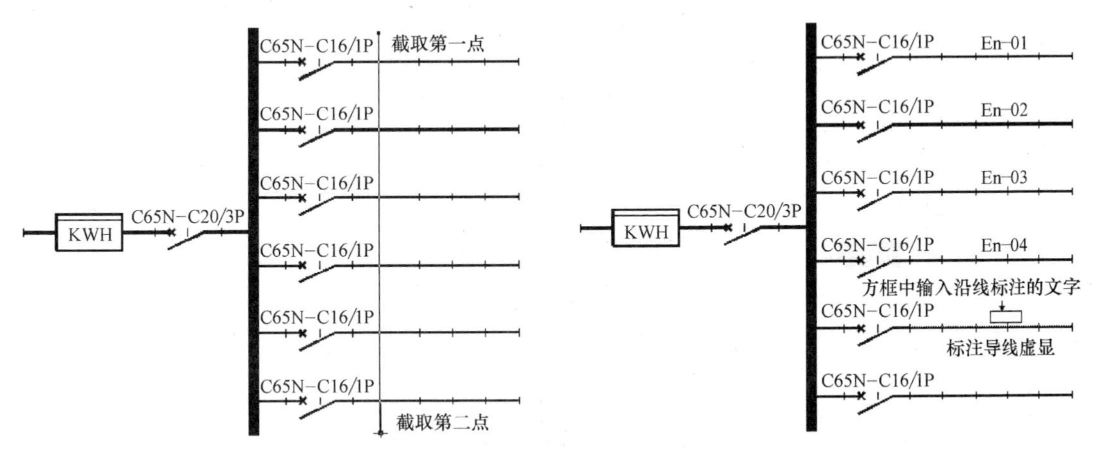

图3-6-13　沿线标注示例

目标位置：

移动沿线标注文字到用户指定位置，命令执行完毕。

3.6.14　绘制多线（HZDX）

菜单位置：【原理图】→【绘制多线】

功能：同时连续绘制多条系统导线，提高绘图效率。

在菜单上选取本命令后，屏幕命令行提示：

请选择需要引出的导线：〈新绘制〉：

不选择任何导线，直接右键选择尖括号内的选项“新绘制”，命令行提示如下：

请给出导线数〈3〉：

请给出导线间距<750>：

输入起始点〈退出〉：

输入终止点〈退出〉：

根据命令行的提示，依次选择输入一次要绘制的导线根数、导线间的距离后，即可绘制导线，绘制过程如命令行所示，绘制结果如图3-6-14-2所示。

本命令还提供绘制引出导线的功能，执行本命令后，如下：

请选择需要引出的导线：〈新绘制〉：

可框选要引出导线的导线

选取要引出导线的位置〈退出〉：

选择要引出导线，如图3-6-14-1所示

输入终止点：〈退出〉：

选择要引出导线，如图3-6-14-1所示

也可根据用户需求，快速的绘制其他导线。

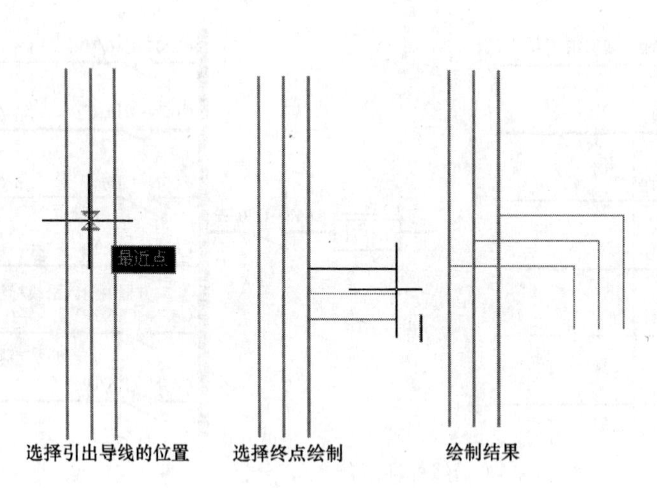

图 3-6-14-1　在原有导线绘制的引出线

图 3-6-14-2　新绘制三条间距为 750 的导线

第 4 章
电气计算

☞照度计算

用利用系数法计算房间配灯数和校验照度。

☞负荷计算

负荷计算可以直接输入数据，也可以在系统图中搜索数据。计算结果可以存入系统图，并标注在图中。

☞线路电压损失计算

计算线路的电压损失，可同时计算多负载点。

☞短路电流计算

计算供电系统的短路电流。

☞无功补偿计算

计算指定功率因数下的无功功率补偿所需的电容器容量。

☞年雷击数计算

计算建筑物的年预计雷击次数。

☞低压短路计算

计算用于民用建筑电气设计中的低压短路电流。

☞截面查询

由计算电流查询导线或者电缆的截面积。

☞继电保护计算

计算各种继电保护的整定值。

☞高压短路电流计算

计算短路电流。

4.1 照度计算

本节中所介绍的【照度计算】命令主要用于根据房间的大小、计算高度、灯具类型、反射率、维护系数以及房间要求的照度值确定之后，选择恰当的灯具，然后计算该工作面上达到标准时需要的灯具数，并对计算结果条件下的照度值进行校验。

4.1.1 照度计算方法

工程上用于照度计算的方法很多。本程序中采用的是利用系数计算法，用于计算平均照度与配灯数。利用系数由带域空间法计算，即先利用房间的形状、工作面、安装高度和房间高度等求出室空间比（支持不规则房间的计算）；然后再由照明器的类型参数，天棚、墙壁、地面的反射系数求出利用系数，最后根据房间照度要求和维护系数就可以求出灯具数和照度校验值。

在本程序中，我们即可以查表得出常用利用系数，也可以由用户自定义输入参数求得特殊灯具的利用系数。

新表中的利用系数来自《照明设计手册》第二版，并录入了其相应的灯具。

旧表得利用系数的数据来自《民用建筑电气设计手册》一书。

自定义利用系数计算方法取自中国建筑工业出版社出版的《建筑灯具与装饰照明手册》一书，计算中所需的等照度曲线数据除一小部分取处自中国建筑工业出版社出版的《建筑电气设计手册》一书外，大部分来自《建筑灯具与装饰照明手册》。点光源（如白炽灯）与线光源（如荧光灯）的计算公式本是不同的，但这里把荧光灯按点光源处理，所以此程序中对所有光源都按点光源的计算公式计算。本程序不能计算面光源的直射照度，如需计算，也只能将其简化为点光源来计算。

带域空间法计算利用系数吸收了各国的研究成果，理论上比较完善，适用于各种场所。它将光分成直射和反射两部分，将室分成三个空间。其中，光的直射部分用带系数法进行计算，给出了带乘数的概念；反射部分应用数学分析法解方程，抛弃了用经验系数计算的方法。计算简便、准确，是目前较先进的方法。

用本程序计算得出的直射照度，只要光源类型选择的准确，一般来说误差很小；而反射照度计算时由于假设条件比较苛刻，计算得出的又是平均照度，因此可能误差较大。对此，请您在估计计算结果的准确性时加以考虑。

进行照度电流计算的步骤如下：

（1）首先确定房间的参数，即长、宽、面积、工作面高度和灯具安装高度等，由此可得室空间比。

（2）再确定照明器的参数，查表求得利用系数。

（3）最后由房间的照度要求和维护系数得到计算结果：灯具数和照度校验值。

4.1.2 照度计算程序（ZDJS）

菜单位置：【计算】→【照度计算】

功能：用利用系数法计算房间在要求照度下需要的灯具数并进行校验。

单击此命令会弹出如图 4-1-2-1 所示［照度计算］对话框，可以看出该对话框由［房间参数设定］栏、［利用系数］栏、［光源参数设定］栏和［计算结果］栏三部分组成，以下将对每部分中的主要功能进行说明。

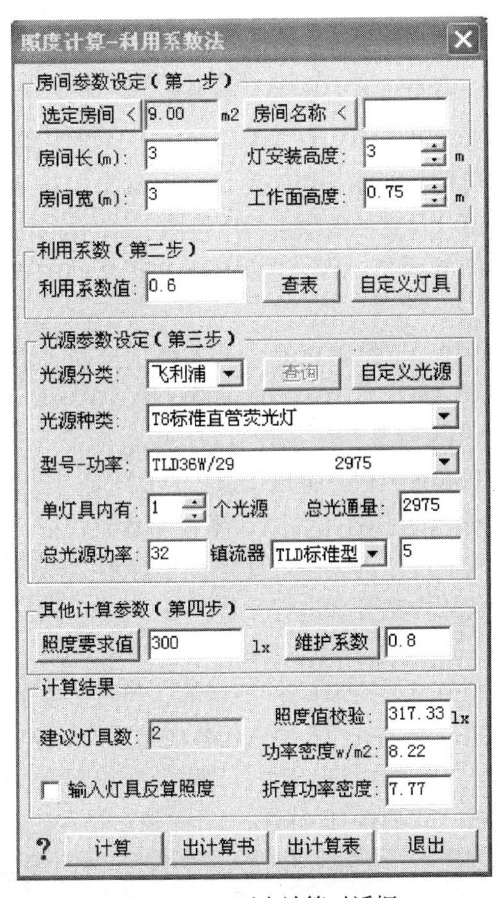

图 4-1-2-1　照度计算对话框

［房间参数设定］栏主要是用来设定房间参数的，其中对于房间的长和宽分由用户自行输入和根据图中的房间选定两种方法：

（1）用户如果想要自行输入房间长和宽，只需在［房间长（m）］编辑框和［房间宽（m）］编辑框中直接输入数值即可。

（2）用户如果想从图中选取房间大小只需单击［选定房间大小<］按钮，这时对话框消失，进入设计图，所要计算照度的房间应在屏幕上的当前图中，图 4-1-2-2 所示，为一个要计算照度的房间。

（3）下面以这个房间的照度计算为例说明如何选取房间参数。

在对话框单击［选定房间大小<］按钮后，对话框消失，屏幕命令行提示：

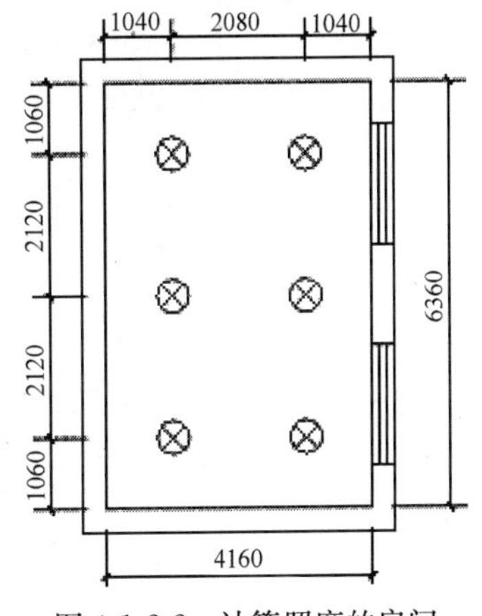

图 4-1-2-2　计算照度的房间

请输入起始点{选取行向线[S]/选取房间轮廓 PLine 线[P]}〈退出〉：

若是异形房间（前提绘制房间的闭和 PL 线，或操作-“建筑”-“房间轮廓”自动生成闭和的 PL 线），则直接输入 P，然后直接点取 PL 线即可，则房间的参数就会被提取。

若是矩形房间则点取房间的一个内角点，此时命令行继续提示：

请输入对角点：

这时需要用户点取房间的另一个对角点，用户在进行选择时，可以看见预演：以默认的矩形框形式预演房间的形状及大小。点取房间的对角点后就完成了对房间大小的选择，会重新弹［照度计算］对话框，并在［房间长（m）］编辑框和［房间宽（m）］编辑框中出现该房间的长和宽的数值（长宽的数值由图中按照 1∶100 的比例自动换算米）。

这种方法不必输入房间的面积，因为本程序会根据房间的长和宽自动在［房间面积（m^2）］编辑框中变更数值。

［灯具安装高度（m）］和［工作面高度（m）］两项分别表示灯具距地面高度和所要计算照度的平面离地的高度。可以手动输入也可通过按钮来增加或减少。

［利用系数］栏主要是用来计算利用系数的，其中包括了［利用系数］编辑框，在编辑框中用户可以直接输入利用系数值，也可以通过点取［查表］和［自定义灯具］按钮，在弹出的两种计算方法的对话框中输入参数计算利用系数并把计算结果返回到［利用系数］编辑框中。利用系数求照度法的关键，只有求出了利用系数才能进行下面的计算，下面我们就两种计算对话框使用方法分别进行介绍。

1.［查表］

当点击［查表］按钮时弹出如图 4-1-2-3 所示的［利用系数-查表法］对话框。

在该对话框中首先确定［查表条件］栏中的各项参数，新表中包括［顶棚反射比］和［墙面反射比］［地面反射比］三个按钮，用户可选择相应反射比值，右侧选择相应灯具，该灯具及其相应的利用系数表均摘录自《照明设计手册》第二版。参数设定后，点击“查

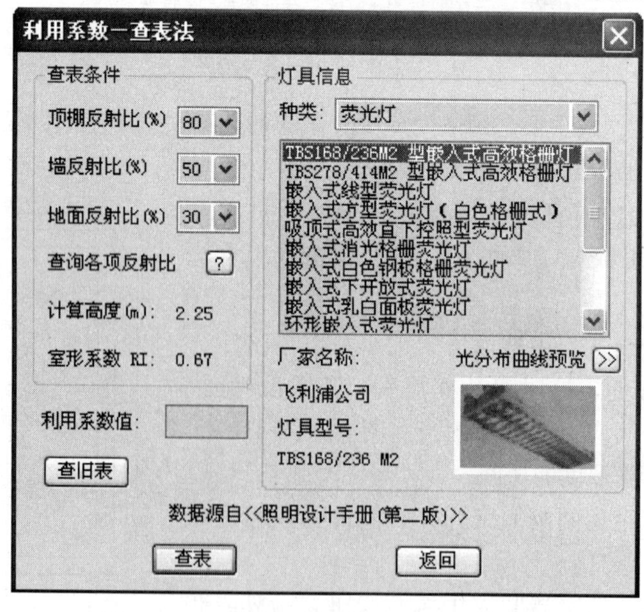

图 4-1-2-3　利用系数计算（查新表）对话框

表”即可求出利用系数值。

如点“查旧表”则弹出以下对话框，在该对话框中首先确定［查表条件］栏中的各项参数，包括［顶棚反射比］和［墙面反射比］二个按钮，用户可以在按钮右边的编辑框中直接输入数据，也可以通过单击按钮弹出如图 4-1-2-4 所示的［反射比选择］对话框（如图 4-1-2-5），它提供了常用反射面反射比和一般建筑材料反射比中一部分材料反射比的参考值。

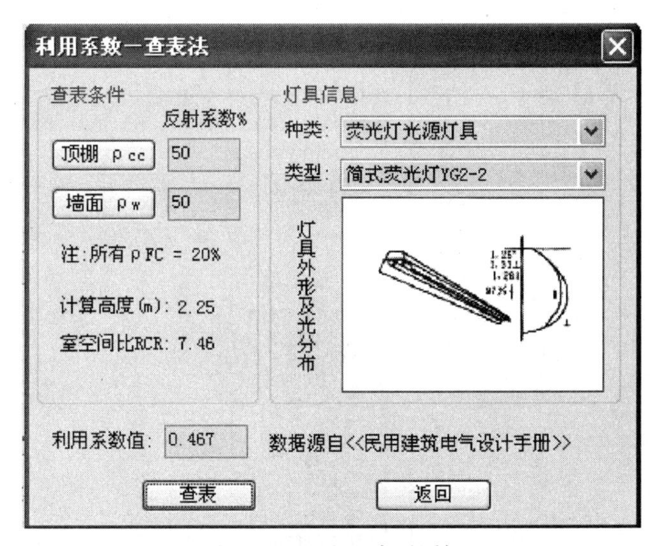

图 4-1-2-4　查旧表对话框

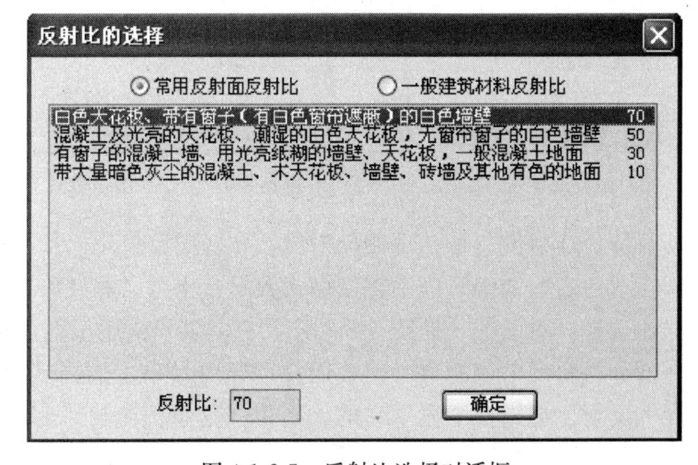

图 4-1-2-5　反射比选择对话框

然后确定［灯具信息］栏中的各项参数，通过［种类］和［类型］两个下拉菜单选择所需灯具的类型，则在下拉菜单下方的［灯具外形及光分布］预演框中显示该灯具的外形及配光曲线图。然后单击［查表］按钮，就在［利用系数值］编辑框中显示查出的利用系数的数值，最后单击［返回］按钮结果返回到主对话框中，此时主对话框中［光源参数设定］栏的各项参数，会根据查利用系数时涉及的光源参数自动智能组成，如图 4-1-2-6 所示。

2. ［自定义灯具］

当点击［自定义灯具］按钮时弹出如图 4-1-2-7 所示的［利用系数-计算法］对话框。该对话框是用来计算利用系数的，在这个对话框中含有大量的参数，下面我们将对对话框的各项功能逐一介绍。

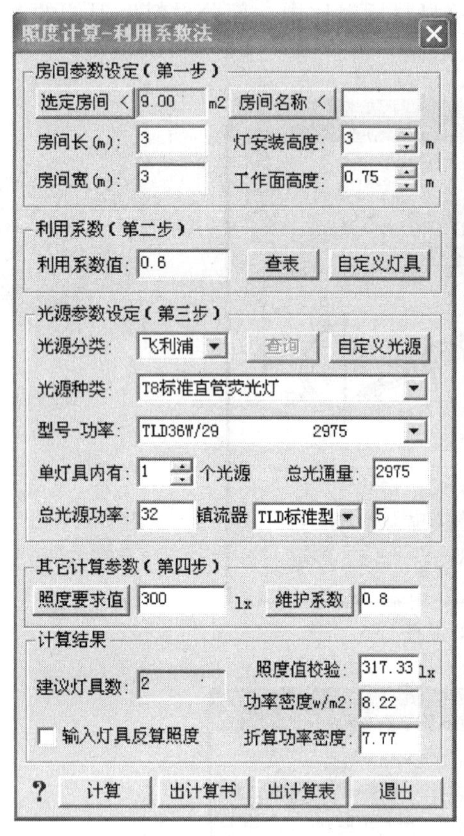

图 4-1-2-6　照度计算对话框

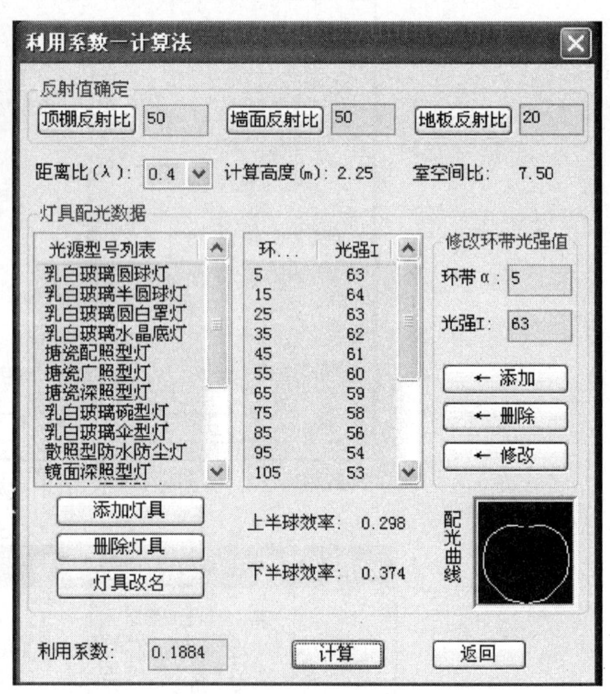

图 4-1-2-7　利用系数计算对话框

首先是确定反射值，反射值包括［顶棚反射比］、［墙面反射比］和［地板反射比］三个按钮，用户可以在按钮右边的编辑框中直接输入数据，也可以通过单击上面三个按钮其中之一弹出［反射比选择］对话框（如图 4-1-2-5），它提供了常用反射面反射比和一般建筑材料反射比中一部分材料反射比的参考值，用户可以通过单击选择其中一项使之变蓝，就会在对话框下面的反射比编辑框中显示它的参考值（这个值是可以修改的），然后单击［确定］按钮就会返回所选择的反射值；也可以通过双击列表中的要选择的项，这样也会返回需要的反射比值。返回的值会显示在相应的［顶棚反射比］、［墙面反射比］和［地板反射比］三个按钮右边的编辑框中。

［距离比（λ）］下拉列表框中列出了可供选择的值，由距离比（最大距高比 L/h，L—房间长度、h—房间高度）可以查出环带系数。

［计算高度（cm）］是不能编辑的，它由［照度计算］对话框中的［灯具安装高度（m）］和［工作面高度（m）］两项相减得到。

［室空间比］也是不能编辑的，它由公式：$RCR=5\times H_{rc}\times(L+W)/(L\times W)$ 求出，

其中 RCR—室空间比、H_{rc}—计算高度、L—房间长度、W—房间宽度。

当以上参数全部给出以后，就开始输入［灯具配光数据］栏中的各项参数值，灯具各方向平均光强值可由配光曲线得到，它主要目的是通过各方向已知光强乘以球带系数得出环带光通量。在本栏中提供了一些常用光源型号的配光曲线（其数据来自《建筑灯具与装饰照明手册》），用户可以在［光源型号列表］中选择需要光源类型的配光曲线，当选取一种光源后会在右边的［环带、光强列表］中显示出该种光源每个环带角度相对应的光强值。同时软件为用户提供了自己添加配光曲线的方法，当用户点击［添加灯具］按钮会在列表的最下面添加一个新的光源名称，用户可以点击［灯具改名］按钮给光源重新命名，也可以点击［删除灯具］按钮从［光源型号列表］中删除选中的光源型号；每种光源的配光曲线用户也可以自由的编辑，当用户在［环带、光强列表］中选取一组数据时，该组数据分别显示到列表右边的［环带 α］和［光强 I］两个编辑框中，用户可以在这两个编辑框中输入新的数据，如果单击［修改］按钮则［环带、光强列表］中选中的一组数据将被新的数据所代替，如果单击［删除］按钮，则该组数据从［环带、光强列表］中删除，如果单击［添加］按钮，则［环带 α］和［光强 I］两个编辑框中的新数据被添加到列表中，由于每个环带角只能对应一个光强，所以如果［环带 α］编辑框中的新数据与列表中某个数据相同时列表会提醒用户重新输入环带角度。

［灯具上半球效率］和［灯具下半球效率］是用来显示照明器上、下半球效率的，所谓上、下半球效率就是灯具上部和下部光输出占光源总光通量的百分比（上部光通量为照明器 0°～90°输出的光通量，下部光通量为照明器 90°～180°输出的光通量）。灯具的上、下半球效率可由配光曲线计算得来，因此当用户选中一组光源的配光曲线或修改某种光源的配光曲线时灯具的上、下半球效率都会相应的变化。在本栏中还有配光曲线的预演图，该图也是随着配光曲线的数据做相应的变化的。

完成参数输入以后用户只要单击［计算］按钮 就可以计算利用系数了，得出的数值会显示在［利用系数］对话框最下边的［利用系数］编辑框中，然后单击［返回］按钮则该编辑框中的数值返回到主对话框［利用系数］按钮右边的编辑框中。

［光源参数设定］栏主要是用来选定照明器光通量参数和计算利用系数的，其中［光源分类］下拉列表框，［光源种类］下拉列表框和［型号一功率］下拉列表框必须通过下拉菜单选择，但这几项都有着联系，其中［光源分类］决定着［光源种类］和［光源型号］，［光源种类］又决定着［光源型号］，这样分类可以明确的划分灯具的类别方便用户查找所需要的灯具类型近似光通量。这里说“近似”是因为灯具的光通量除了与功率有关外，还与电压有关，而这里未考虑电压的因素，因此所得光通量仅对于 220V 电压是准确的。在本栏的下边有一个光源个数编辑框可以确定每一个光源中所含光源的个数，如果调整光源个数，则相应的光通量也会改变，光通量的大小为单个光源光通量乘以光源个数。

接下来只要确定房间的照度要求值和维护系数两项参数。房间的照度要求值可以由用户在［房间照度要求值（lx）］编辑框中输入，也可通过单击［房间照度要求值（lx）］按钮后弹出上图所示的［照度标准值选择］对话框（如图 4-1-2-8），该对话框列出了一些常用建筑各个不同场所对照度的要求参考值，在该对话框的上部有一个下拉菜单，用户可以通过它选择建筑物的类型，当选定建筑物后，在列表中会出现该种建筑物中的主要场所及其要求的照度值，用户可双击一条记录或通过选择其中一条记录则其照度值就会显示在

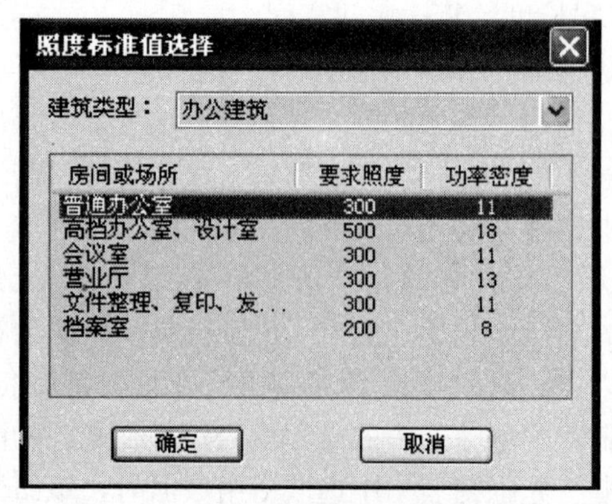

图 4-1-2-8　照度标准值选择对话框

[照度参考值（lx）] 编辑框中（该值用户是可以根据实际情况修改的），再单击 [返回] 按钮，则该值被写在 [房间照度要求值（lx）] 编辑框中。

维护系数是由于照明设备久经使用后，工作面照度值会下降，为了维持一定的照度水平，计算室内布灯时要考虑维护系数以补偿这些因素的影响。单击 [维护系数] 按钮，弹出图 4-1-2-9 所示的 [维护系数] 对话框，列举了常用的几种条件下的维护系数的值，双击选取并返回该维护系数。

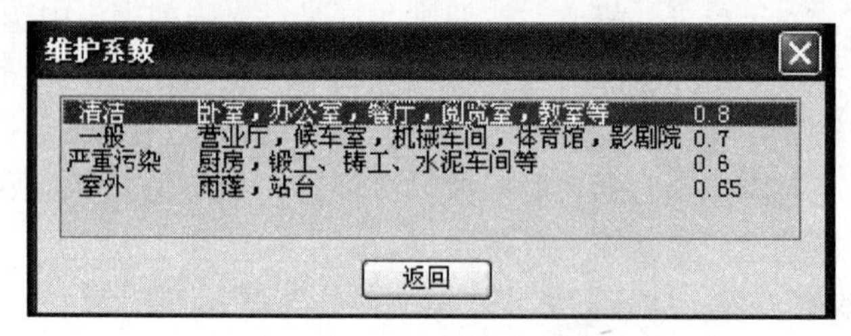

图 4-1-2-9　维护系数对话框

这样照度计算所需要的参数都已输入或选择完毕，只要单击 [计算] 按钮，所需要计算的结果就会显示在 [计算结果] 栏中的 [灯具数]、[照度校验值（lx）] 和 [功率密度] 编辑框中，另外勾选 [输入灯具反算照度]，可输入灯具，重新计算照度，如图4-1-2-10所示。

点击 [出计算书] 按钮可将所得的照度计算结果以计算书的形式直接存为 WORD 文件。

点击 [出计算表] 按钮可将所得的照度计算结果以计算表的形式在平面图上显示。

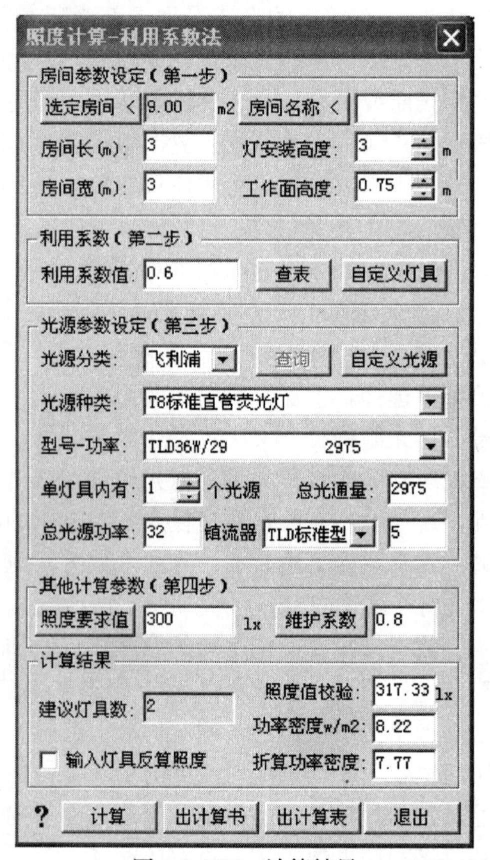

图 4-1-2-10　计算结果

4.1.3　多行照度计算程序（ZDJS2）

菜单位置：【计算】→【多行照度】

功能：同时计算多个房间照度，并根据计算结果提供多种自动方案，计算方法同照度计算。

多行照度计算方法同照度计算，采用利用系数法，在图纸中框选房间后，可同时对已设置的每一个房间进行照度计算，界面如图4-1-3-1：

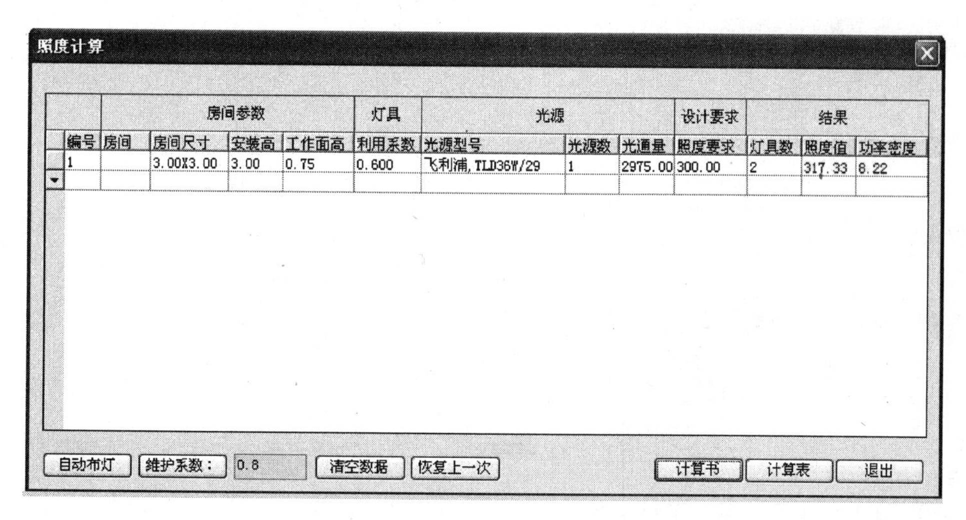

图 4-1-3-1 多行照度 1

房间尺寸：在图纸中框选房间范围，点击房间尺寸下的表格，出现按钮，点击选择房间（见图 4-1-3-2）。

房间参数			
房间	房间尺寸	安装高	工作面高
	3.00X3.0	3.00	0.75

图 4-1-3-2 房间尺寸

全部设置完成后如图 4-1-3-3：

照度计算

	房间参数				灯具	光源			设计要求	结果		
编号	房间	房间尺寸	安装高	工作面高	利用系数	光源型号	光源数	光通量	照度要求	灯具数	照度值	功率密度
1	办公室	10.76X5.76	3.00	0.75	0.678	飞利浦,TLD36W/29	2	5950.00	300.00	6	312.43	7.07
2	办公室	10.76X5.76	3.00	0.75	0.678	飞利浦,TLD36W/29	2	5950.00	300.00	6	312.59	7.07
3	会议室	5.76X5.16	3.00	0.75	0.601	飞利浦,TLD36W/29	2	5950.00	300.00	3	288.63	7.37
4	休息室	5.76X2.76	3.00	0.75	0.491	荧光灯,YZ40RR(36W)E	2	4000.00	150.00	2	197.60	5.16

自动布灯 维护系数： 0.8 清空数据 恢复上一次 计算书 计算表 退出

图 4-1-3-3 多行照度 2

设置完成后，选取一个房间，点击自动布灯按钮，弹出对话框，提供集中自动方案供选择，同时可手工调节灯具数量，如图 4-1-3-4：

选取方案后，点击预览，可在图中自动将灯具插入，输入 Y 即可完成操作（图 4-1-3-5）。

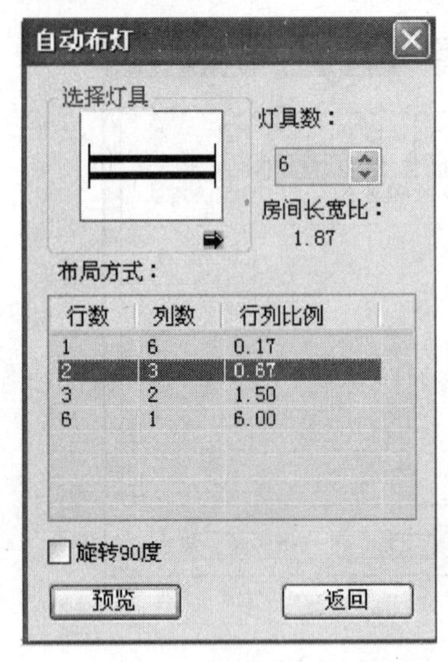

图 4-1-3-4　自动布灯对话框

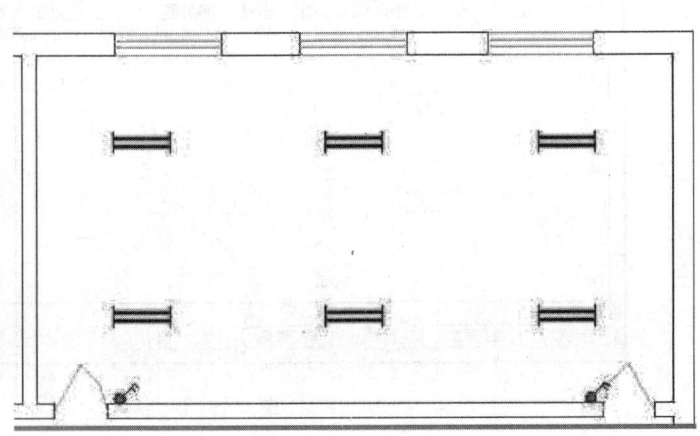

图 4-1-3-5　自动布灯

多行照度功能支持按房间编号出计算表和计算书。

4.2　负荷计算（FHJS）

菜单位置：【计算】→【负荷计算】

功能：计算供电系统的线路负荷。

本计算程序采用了供电设计中普遍采用的需要系数法（《工业与民用配电设计手册》）。需要系数法的优点是计算简便，使用普遍，尤其适用于配、变电所的负荷计算。本计算程序进行负荷计算的偏差主要来自三个方面：其一是需要系数法未考虑用电设备中少数容量特别大的设备对计算负荷的影响，因而在确定用电设备台数较少而容量差别相当大的低压分支线和干线的计算负荷时，按需要系数法计算所得结果往往偏小。其二是用户使用需要系数与实际有偏差，从而造成计算结果有偏差。其三是在计算中未考虑线路和变压器损耗，从而使计算结果偏小。

负荷计算命令有两种获取负荷计算所需数据的方法：

（1）在系统图中搜索获得（主要是适用于［照明系统］、［动力系统］和［配电系统］命令自动生成的系统）。

（2）利用对话框输入数据。

对话框中各项的功能如下：

［用电设备组列表］以列表形式罗列出所需计算的各组数据，包括：名称、相序、负载容量、需要系数（Kx）、功率因数（COSφ）、有功功率（kW）、无功功率（kVar）、视在功率（kVA）、计算电流（A）。

［系统图导入］返回 ACAD 选择已生成的配电箱系统图母线，系统自动搜索获得各回路数据信息。

［恢复上次数据］可以恢复上一次的回路数据。

［导出数据］将回路数据导出文件（＊FHJS）保存。

［导入数据］将保存的＊FHJS文件导入进来。

［同时系数 kp］、［同时系数 kq］、［进线相序］用户可输入整个系统进线参数。

［三相平衡］新功能！如果用户详细输入每条回路相序（按 L1、L2、L3），系统可以采用“三相平衡”法根据单项最大电流值计算总的计算电流。（附加要求：需要系数、功率因数各组必须一致）。

［计算结果］包含“有功功率 P_{js}”、“无功功率 Q_{js}”、“总功率因数”、“视在功率 S_{js}”、“计算电流 I_{js}”。

［变压器选择］［无功补偿］为2个互斥按钮，用户可根据上面计算结果进行变压器的选择和无功补偿计算。

当选择［无功补偿］时，用户输入无功补偿参数［补偿后功率因数］（0.9～1.0），输入［有功补偿系数］、［无功补偿系数］系统根据负荷计算结果返回［补偿容量］。

当选择［变压器选择］时，用户输入参数［负荷率］及变压器厂家、型号，系统根据负荷计算结果选择变压器额定容量。

［计算］按钮，点击该按钮后，计算出“有功功率 P_{js}”、“无功功率 Q_{js}”、“总功率因数”、“视在功率 S_{js}”、“计算电流 I_{js}”等结果并显示到［计算结果］栏中。

［出计算书］按钮，点击该按钮后，可将负荷计算结果以计算书的形式直接存为WORD文件。

［绘制表格］按钮，点击该按钮后，可把刚才计算的结果绘制成 ACAD 表格插入图中。此表为天正表格，点击右键菜单可导出 EXCEL 文件进行备份。

［退出］按钮，点击该按钮后，结束本次命令并退出对话框。

图 4-2-1　负荷计算主对话框

实例：如何利用已存在系统图，再增加一条水泵回路，进行负荷计算。

1. 点击“系统图导入”，对话框消隐后，选择母线。该系统图所有回路信息（回路编号，回路负载）导入计算对话框。（步骤 1，图 4-2-2）

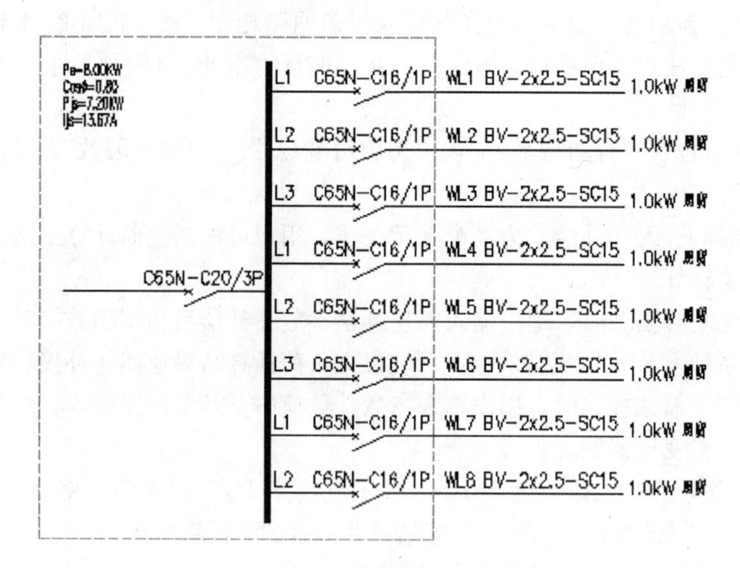

图 4-2-2　步骤 1 系统图导入：选择母线

2. 直接在表格增加一个用电设备组。手工填写“回路”、“负载”、选择“相序”填写“功率因数”、“需用系数”也可点击“功率因数”或“需用系数”的单元格右侧，弹出数据对话框，从数据库中选择。

3. 所有设备组皆可以双击进入图 4-2-3 对话框重新编辑。

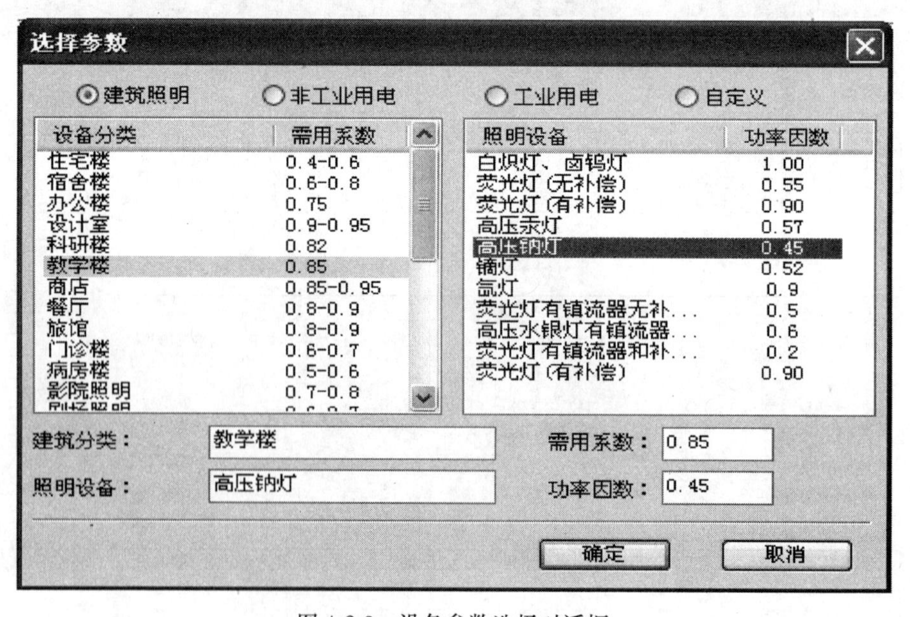

图 4-2-3　设备参数选择对话框

4. 点击“计算”，得到“有功功率”、“无功功率”、“视在功率”、“总功率因数”、“计算电流”。

5. 选择“补偿后功率因数”可得到补偿容量值。

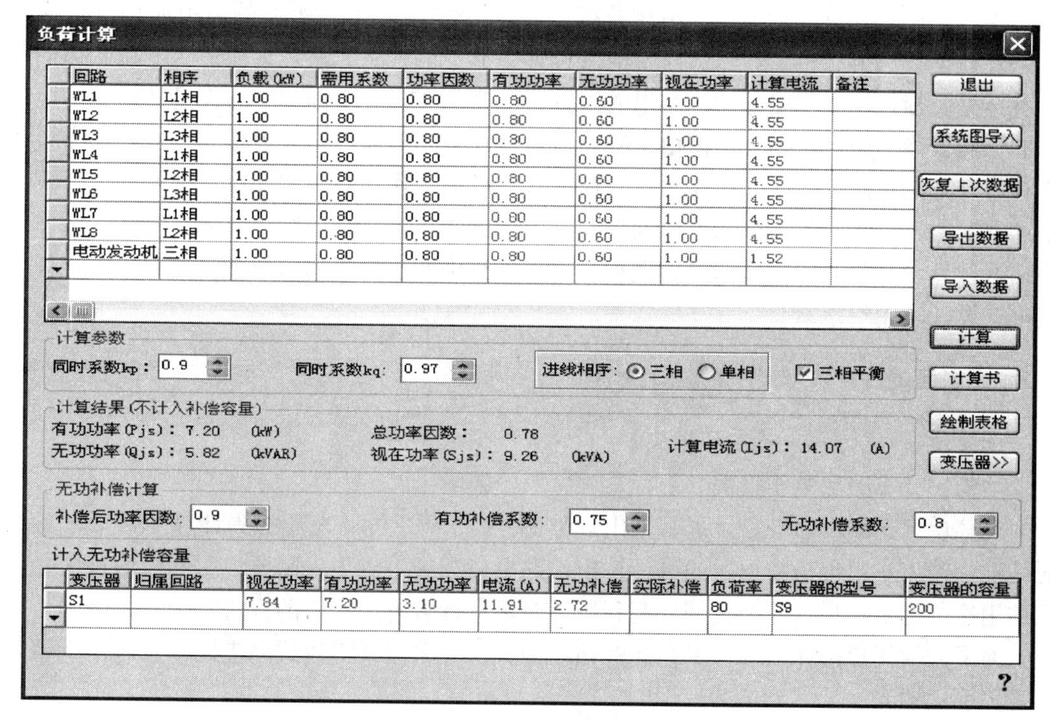

图 4-2-4　负荷计算对话框

6. 点击“变压器选择”，根据“负荷率”、“变压器厂家、型号”可计算出变压器额定容量。

序号	用电设备组名称或用途	总功率	需用系数	功率因数	额定电压	设备相数	视在功率	有功功率	无功功率	计算电流
1	WP1	1.40	0.80	0.80	220	B相	1.40	1.12	0.84	6.36
2	WP2	1.40	0.80	0.80	220	C相	1.40	1.12	0.84	6.36
3	WP3	0.60	0.80	0.80	220	C相	0.60	0.48	0.36	2.73
4	wl1	0.98	0.80	0.80	220	B相	0.98	0.78	0.58	4.45
5	wl2	1.54	0.80	0.80	220	A相	1.54	1.23	0.92	7.00
6	wl4	0.20	0.80	0.80	220	A相	0.20	0.16	0.12	0.91
7	电动发电机	30.00	0.85	0.70	380	三相	27.88	19.50	19.89	42.32
总负荷	同时系数:1.00	34.93	总功率因数：0.72		进线相序：三相		34.93	25.21	24.18	53.07
无功补偿		补偿前0.72			补偿后0.9			补偿量12.09		

图 4-2-5　计算结果

7. 点击“绘制表格”可把刚才计算的结果绘制成 ACAD 表格插入图中。此表为天正表格，点击右键菜单可导出 EXCEL 文件进行备份。

8. 点击“计算书”，也可将计算书直接存为 WORD 文件。

4.3　线路电压损失计算

本节介绍的【电压损失】命令用于计算输电线路的电压损失。

4.3.1　电压损失计算方法

本程序用于计算三相平衡、单相及接于相电压的两相-零线平衡的集中或均匀分布负荷的计算。计算方法主要参考《建筑电气设计手册》的计算方法，近似地将电压降纵向分量看作电压损失。本程序的计算结果的误差主要产生于两个方面：一方面是计算中将电压降的纵向分量当做电压损失，但由于线路电压降相对于线路电压来说很小，故其误差也很小；另一方面用户输入的导线参数、负荷参数、环境工作参数与实际存在误差导致计算结果产生误差，总的来看，第二方面的因素是主要的，其计算结果的误差大小主要决定于用户输入计算参数与实际参数的误差大小。在本计算中所用的数据参数主要来源于《现代建筑电气设计实用指南》。

4.3.2　电压损失计算程序（DYSS）

菜单位置：【计算】→【电压损失】

功能：计算线路电压损失。

在菜单上选取本命令后，屏幕上出现如图 4-3-2 所示的［电压损失计算］对话框。在对话框中输入一组负荷数据，便可计算出线路电压损失。以下先简要说明此对话框中各项目的用途，然后再根据一个实例说明利用此对话框计算电压损失的方法。

为了方便用户选择和参考，在此对话框中大部分采用了下拉式列表框，只有个别编辑框需要手动输入。

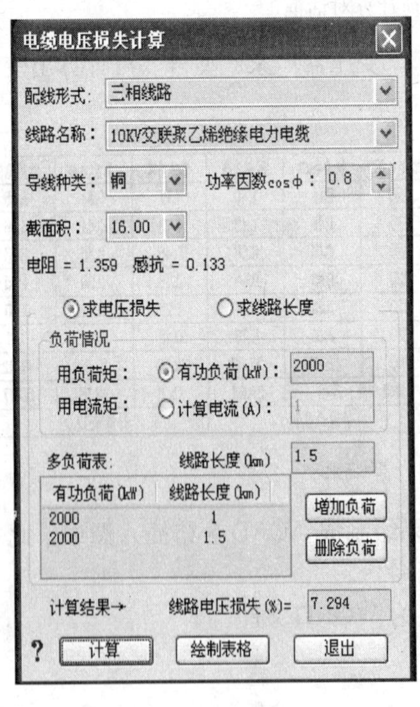

(*a*) 求电压损失对话框

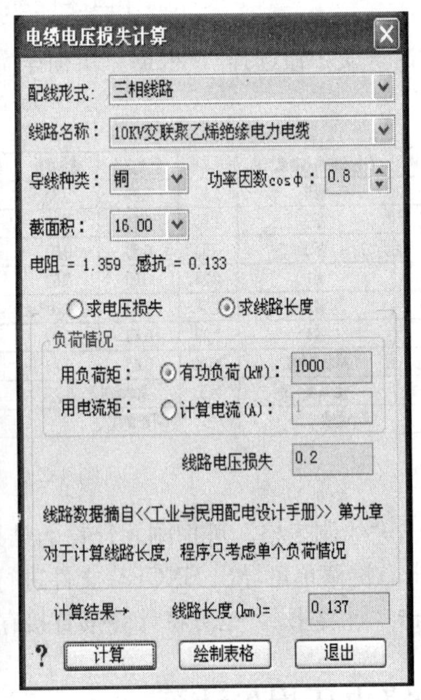

(*b*) 求线路长度对话框

图 4-3-2　电压损失计算对话框

[配线形式] 下拉列表框主要是选择恰当的配线形式，从而确定电压损失的计算公式。对于下拉菜单所提供的四种配线形式对应的计算公式分别为：

(1) 三相线路：

(a) 终端负荷用电流矩：$\Delta U\%=[\sqrt{3}/(4U_e)](R_o\cos\varphi+X_o\sin\varphi)Il=\Delta U_a\%Il$；

(b) 终端负荷用负荷矩：$\Delta U\%=[1/(4U_e{}^2)](R_o+X_o\text{tg}\varphi)Pl=\Delta U_p\%Pl$；

(2) 两相——零线线路负荷：

(a) 终端负荷用电流矩：$\Delta U\%=[1.5\sqrt{3}/(4U_e)](R_o\cos\varphi+X_o\sin\varphi)Il=1.5\Delta U_a\%Il$；

(b) 终端负荷用负荷矩：$\Delta U\%=[2.25/(4U_e{}^2)](R_o+X_o\text{tg}\varphi)Pl=2.25\Delta U_p\%Pl$；

(3) 线电压单相负荷

(a) 终端负荷用电流矩：$\Delta U\%=[2/(4U_e)](R_o\cos\varphi+X_o'\sin\varphi)Il=1.15\Delta U_a\%Il$；

(b) 终端负荷用负荷矩：$\Delta U\%=[2/(4U_e{}^2)](R_o+X_o'\text{tg}\varphi)Pl=2\Delta U_p\%Pl$；

(4) 相电压单相负荷

(a) 终端负荷用电流矩：$\Delta U\%=[2/(4U_{e\varphi})](R_o\cos\varphi+X_o'\sin\varphi)Il=2\Delta U_a\%Il$；

(b) 终端负荷用负荷矩：$\Delta U\%=[2/(4U_{e\varphi}{}^2)](R_o+X_o'\text{tg}\varphi)Pl=6\Delta U_p\%Pl$；

$\Delta U\%$——线路电压损失百分数，%；

$\Delta U_a\%$——三相线路每 1A·km 的电压损失百分数，%A·km；

$\Delta U_p\%$——三相线路每 1kW·km 的电压损失百分数，%kW·km；

U_e(kV)——额定线电压；

$U_{e\varphi}$ (kV)——额定相电压；

X_o'(Ω/km)——单相线路长度的感抗，其值可取 X_o 值；

R_o(Ω/km)、X_o(Ω/km)——三相线路单位长度的电阻和感抗；

$\cos\varphi$——功率因数；

I(A)——负荷计算电流；

P(kW)——有功负荷；

l(km)——线路长度。

> **注意：** 由于我们只选用了单相负荷的计算公式，所以本命令只适用于单相负荷，不支持几个负荷的情况。

[线路名称] 下拉框主要功能是确定所要计算的导线的类型，在这里提供了四种常用导线的型号（由此可知导线的线电压、工作温度等条件）。

[导线种类] 下拉框主要是选择该种导线类型是铜芯还是铝芯。

[截面积] 下拉框主要用来选择导线的截面积大小，当线路名称和导线种类确定后，就会在[截面积]下拉框中出现相应的可供选择的截面积。

选定后会发现此种导线的所有选项被确定后，[截面积]下拉框下面的电阻和感抗的数值相应的确定。

> **注意：** 在此对话框中电阻和感抗仅是参考，不需要用户输入，他是由导线的种类和型号决定的。

[功率因数 cosφ] 编辑框主要用来输入功率因数，此编辑框只能由用户手动输入。

当输入完导线负荷的数据后就开始确定需要计算的数据的情况，在计算要求中为用户提供了更方便的计算自由空间，用户既可以已知线路长度来求电压损失，也可以已知线路的电压损失求线路的长度。用户可以通过［求电压损失］和［求线路长度］两个互锁按钮来确定需要计算的数据。

在用户对计算结果进行选择时，对话框也会做出相应的调整：

（1）当选择［求电压损失］，则显示［线路长度（km）］编辑框，用户可以在其中输入线路长度的数据。如果此时［配线形式］下拉框选中的是［三相线路］和［线电压单相线路负荷］两种配线形式时本对话框提供了多负荷情况的计算，此时会显示［多负荷表］的列表，如图 4-3-2（*a*）所示，用户需要在［线路长度（km）］编辑框和［有功功率（kW）］或［计算电流（A）］编辑框（通过是用电流矩计算还是用负荷矩计算两种情况确定输入哪个数据）中输入数据，单击［增加负荷］按钮在列表中添加一组数据，用户也可以删除列表中的数据，选择一组数据后单击［删除负荷］按钮则该数据从列表中删除；如果［配线形式］下拉框选中的是［两项-零线线路负荷］和［相电压单相线路负荷］两种配线形式时本对话框只提供了单负荷情况的计算，此时不显示［多负荷表］列表，用户只要在［线路长度（km）］编辑框中输入数据就可以进行计算。

（2）当选择［求线路长度］对话框只提供了单负荷情况的计算，如图 4-3-2（*b*）所示，只显示［线路电压损失］编辑框，用户可以在其中输入电压损失百分率数据进行计算。

在负荷情况（终端负荷）分用电流矩计算和用负荷矩计算两种情况，当选择其中的一种方法后，还必须输入相应的参数数据，而另一方法所要输入的参数编辑框变为不可编辑状态，选中［用负荷距］时需要输入有功功率（kW），选中［用电流距］时需要输入计算电流（A）。

当确认一切数据已经输入完毕后就可以进行相应的计算了。

选中一种计算要求后会发现在计算结果一栏中显示的结果编辑框也会根据计算要求发生相应的变化。单击［计算］按钮后会把所要计算的结果显示在相应的编辑框中。

> **注意：** 在此对话框中如果数据输入不全，单击［计算］按钮时会弹出警告对话框，提醒用户输入数据。

以下结合一个实例说明电压损失计算的全过程。

以下为例，已知条件：导线截面积＝16mm（此时可以看见电阻＝1.462，Ω/km），终端负荷用负荷矩计算，其中 $\cos\varphi=0.8$，$P=1000$kW，$l=1$km；求电压损失。

此时可以由已知条件选择［配线形式］为三相线路，［线路名称］为 4kV 交联聚乙烯绝缘电力电缆，［导线种类］为铜，［截面积］为 16.00，［功率因数 $\cos\varphi$］中输入 0.8。

此时会发现电阻＝1.426，感抗＝0.133。

选择用负荷距计算，在有功功率编辑框中输入有功功率 $P=1000$ kW，由于求电压损失，在计算要求中选择求电压损失一栏，并输入线路长度 $l=1$km。

单击会在计算结果中显示［线路电压损失（%）］＝1.562。

单击［退出］按钮结束本次计算。

4.4　短路电流计算

本节中所介绍的命令用于供电网络中短路电流的计算。

4.4.1 短路电流计算方法

短路电流的计算采用从系统元件的阻抗标幺值来求短路电流的方法。参照《建筑电器设计手册》，这种计算方法是以由无限大容量电力系统供电作为前提条件来进行计算的。因为由电力系统供电的工业企业内部发生短路时，由于工业企业内所装置的元件，其容量远比系统容量小，而阻抗较系统阻抗大得多，因此当这些元件（变压器、线路等）遇到短路时，系统母线上电压变动很小，可认为电压维持不变，即系统容量为无限大。在计算中忽略了各元件的电阻值。并且只考虑对短路电流值有重大影响的电路元件。由于一般系统中已采取措施，使单相短路电流值不超过三相短路电流值，而二相短路电流值通常也小于三相短路电流值，因而在短路电流计算中以三相短路电流作为基本计算以及作为校验高压电器设备的主要指标。由于本计算方法假设系统容量为无限大，并且忽略了系统中对短路电流值影响不大的因素。因此计算值与实际是存在一定误差的。这种误差随着假设条件与实际情况的差异增大而增大，但对一般系统这种计算值的精确度是足够了。

4.4.2 计算步骤

进行短路电流计算时采用在示意图中输入数据的方法输入系统和导线的数据；设备校验时所需的数据也存放在同一张示意图中。进行短路电流计算的步骤如下：

(1) 用【定义线路】在对话框中造计算用的示意图。

(2) 在造计算用的示意图的同时对图中设备和导线的数据进行输入和修改。

(3) 用【计算】命令计算短路电流和进行设备校验。设备校验时对各种设备数据进行的修改可以自动存入图中。

计算短路电流所用的这张示意图中包含了所有计算时所需的数据，因此也相当于是一份计算数据文件，最好在计算之后将其保存起来。下一次计算时，如果再调入这张图，图中的数据就可以直接被利用。

4.4.3 短路电流计算（DLDL）

菜单位置:【计　算】→【短路电流】

功能：按示意图中所给定数据，计算系统中某点的短路电流并进行设备校验。

在菜单上选取本命令之后，会弹出如图 4-4-3-1 所示的［短路电流计算］对话框。以下将对本对话框上的按钮和功能键逐一进行说明。

对话框弹出后进行计算前首先要定义线路，定义线路的过程主要包括三部分：

(1) 根据所要计算短路电流的系统组成添加或删除组成系统的元件。组成系统的元件都以按钮的形式排列在本对话框的最右边，可以通过单击这些按钮达到往系统中添加组件的目的，每个按钮的具体操作过程将在后面讲解。

(2) 在中间的白色编辑框中以文字形式显示加入系统中的组件，它的功能是能够对每个加入系统的组件进行修改和编辑并选择计算点。

(3) 左边的黑色框是预演框，它会把每种加入系统的组件以符号的形式显示出来。

往系统中添加组件时必须单击菜单右边的组件按钮，现在就对每个按钮进行介绍：

［线路］ 按钮单击后会弹出如图 4-4-3-2 (*b*) 所示的［线路类型参数］对话框，该对

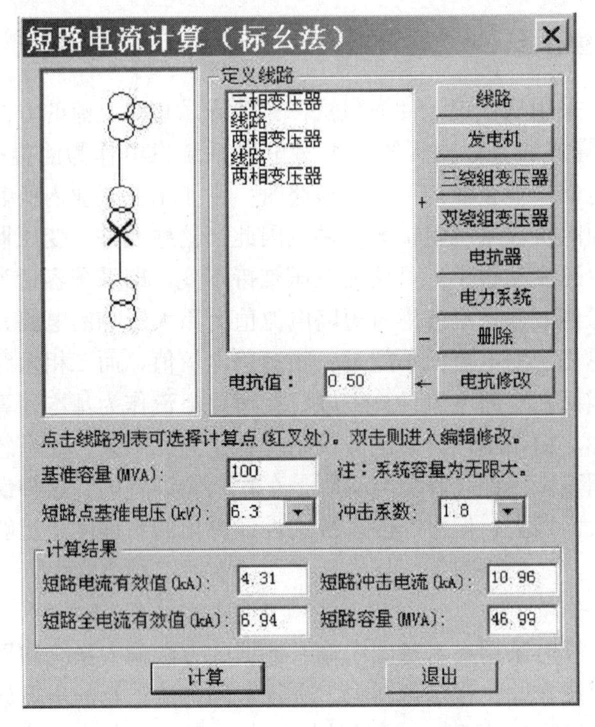

图 4-4-3-1　短路电流计算对话框

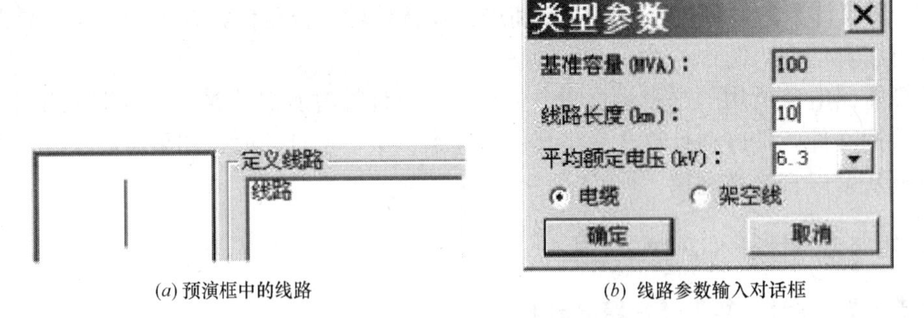

(*a*) 预演框中的线路　　(*b*) 线路参数输入对话框

图 4-4-3-2　线路参数输入示例

话框列出了计算短路电流时线路多需要的参数，其中的基准容量由系统的基准容量决定用户不能单个修改系统中某个组件的基准容量，因此这里的基准容量是不能修改的，而［线路长度］要由用户输入，［平均额定电压］则可以通过下拉菜单从其中选择或输入，这一项要求您选择或输入该导线的电压平均值，也就是导线两端电压的平均值，横导线或左边未标数据的竖导线不能为其赋值。用户还必须确定线路的类型，对话框默认的是电缆，两种类型的导线计算结果不同，所有的参数确定后，用户单击［确定］按钮，则线路的参数就输入完毕，并且会在主对话框中间的编辑框中看见增加了［线路］一个选择项，且在主对话框左边的框中多了一个表示线路的符号（如图 4-4-3-2（*a*）所示）。

［发电机］按钮是用来输入发电机参数的，单击它会弹出如图 4-4-3-3（*b*）所示的［发电机类型参数］对话框，它的基准容量也是由整个系统来决定不能独自修改，后面其他组件都一样不需要输入基准容量以后就不再说明，另两个参数为［发电机额定容量］和

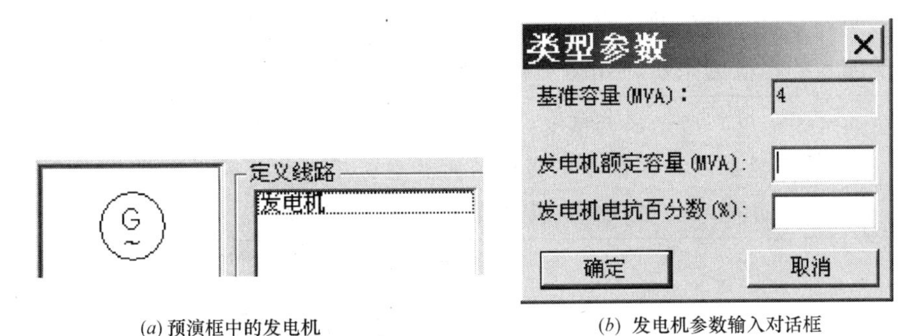

(a) 预演框中的发电机　(b) 发电机参数输入对话框

图 4-4-3-3　发电机参数输入示例

[发电机电抗百分数]，都由用户根据需要输入数值后单击［确定］按钮，和上面相同也会在白色和黑色框中出现加入的发电机相应的条目，如图 4-4-3-3（a）所示。

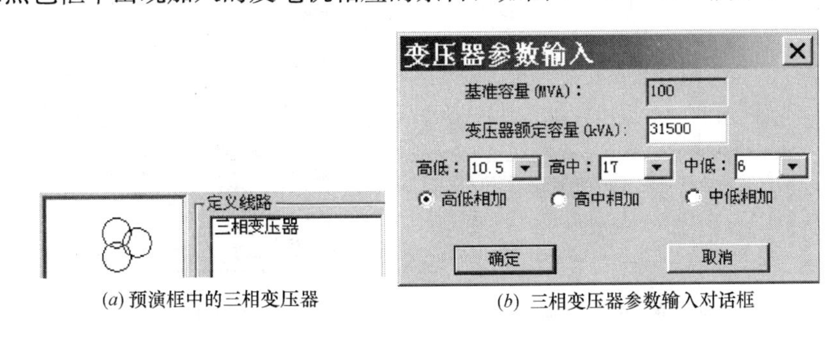

(a) 预演框中的三相变压器　(b) 三相变压器参数输入对话框

图 4-4-3-4　三相变压器参数输入示例

［三绕组变压器］　按钮用来输入三相变压器参数，单击后出现图 4-4-3-4（b）所示的对话框，三相变压器的参数主要包括［变压器额定容量］、变压器各接线端间短路电压百分数和变压器接线端接线方式（变压器在本系统中所使用的接线端），变压器各接线端间短路电压百分数包括高低、高中和中低三种，每种电压百分数即可由下拉列表框选择也可手动输入，对于变压器接线端接线方式由三个互锁按钮来确定，单击其中一个互锁按钮，便是选定其对应的接线方式。单击［确定］按钮即完成参数输入，并在白色和黑色框中出现加入的相应的条目，如图 4-4-3-4（a）所示。

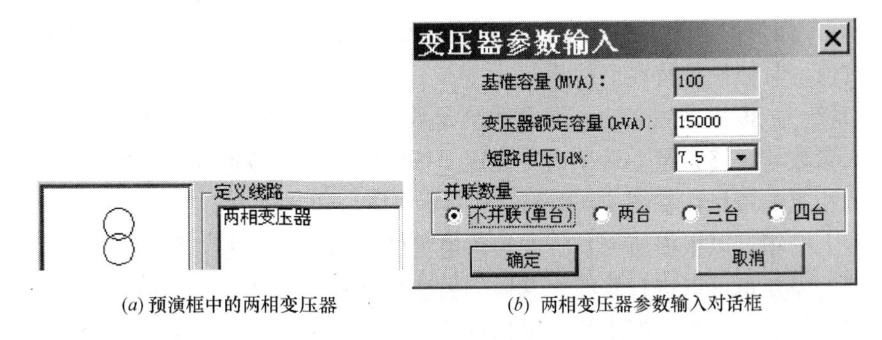

(a) 预演框中的两相变压器　(b) 两相变压器参数输入对话框

图 4-4-3-5　两相变压器参数输入示例

［双绕组变压器］　按钮用来输入两相变压器参数，单击后出现图 4-4-3-5（b）所示的对话框，它的参数有［变压器额定容量］、变压器短路电压百分数和并联的台数（本命令

提供了最多四台双绕组变压器并联)，单击［确定］按钮即完成参数输入，并在白色和黑色框中出现加入的相应的条目，如图 4-4-3-5（*a*）所示。

> **注意：**4-4-3-5（*b*）所示的两项变压器参数输入对话框中双绕组变压器并联时指的是同一类型的变压器并联，本命令不提供不同类型变压器的并联，如需要必须由用户自行计算后手动修改并联后的电抗值，具体操作将在后面介绍。

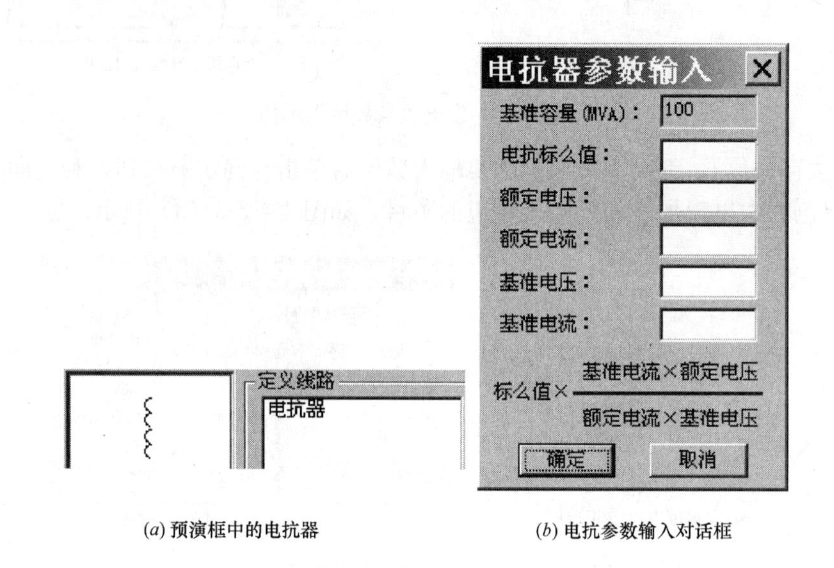

(*a*) 预演框中的电抗器　　(*b*) 电抗参数输入对话框

图 4-4-3-6　电抗器参数输入示例

［电抗器］ 按钮用来输入一个电抗器的各项参数，单击后弹出图 4-4-3-6（*b*）所示的对话框，电抗器是由用户自定义的系统中的一些组件的电抗值的形象表示，用户需要输入［电抗标幺值］、［额定电压］、［额定电流］、［基准电压］和［基准电流］等几项参数，本命令会根据对话框的下边提供的电抗值的计算公式来计算该系统组件的电抗值，完成计算后加入到系统中，单击［确定］按钮即完成参数输入和电抗计算，并在白色和黑色框中出现加入的相应的条目，其中在黑色框中电抗器都以电抗绕组的符号表示出来［如图 4-4-3-6（*a*）所示］，如果用户不知道该组件的各项参数只知道它的电抗值，则可以在输入完成后修改电抗值，具体操作将在后面讲解。

［电力系统］ 按钮是用来输入电力系统参数的，对话框如图 4-4-3-7（*b*）所示，用户只需要输入参数［短路容量］后单击［确定］按钮即完成参数输入，并在白色和黑色框中出现加入的相应的条目，如图 4-4-3-7（*a*）所示。

通过以上按钮可以根据所要计算的短路电流的要求造一个电力系统，如果这些参数不符合您计算的需要也可以进行修改。具体的做法如下：

系统图造好后会在黑色框中显示虚拟系统图，且在中间的白色编辑框相应的显示对应的条目，如果想修改系统的哪个组件则只要双击白色编辑框中对应的条目，就会弹出如图 4-4-3-2、图 4-4-3-3、图 4-4-3-4、图 4-4-3-5、图 4-4-3-6 或图 4-4-3-7 所示的对话框之一，并且会显示该组件原有的参数，只要想修改的地方重新输入新值，再单击［确定］按钮即

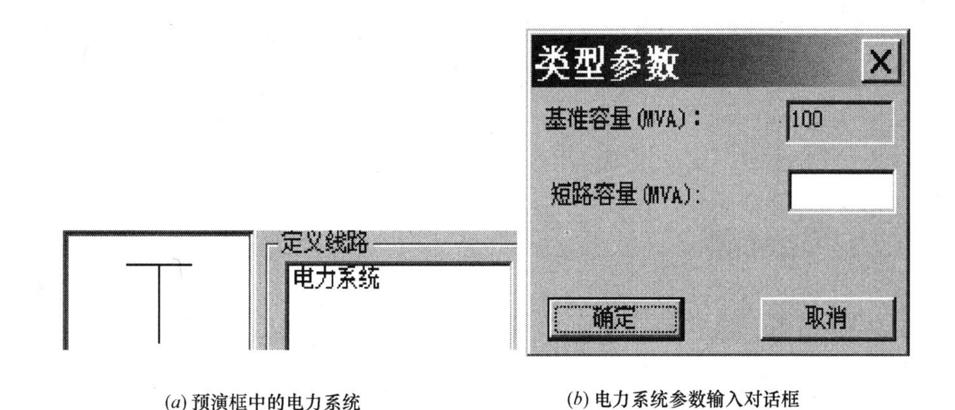

(a) 预演框中的电力系统　　(b) 电力系统参数输入对话框

图 4-4-3-7　电力系统参数输入示例

完成参数修改，修改的结果同时便存入对应的图块中，屏幕上显示的数据也会做相应的改变。

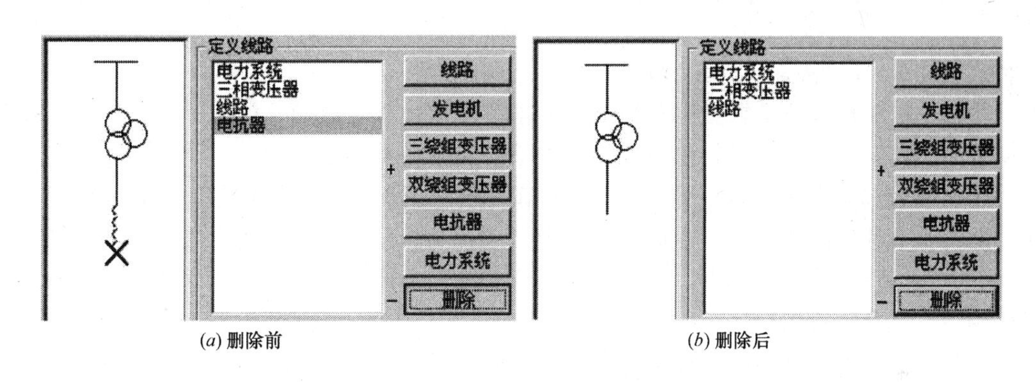

(a) 删除前　　(b) 删除后

图 4-4-3-8　删除演示对话框

如果想删除系统中的某一个组件，只要单击白色编辑框中想删除的条目，再单击主对话框右边一排按钮中的［删除］按钮［如图 4-4-3-8（a）所示］，就会发现在黑色和白色框中相应的组件都会被删除［如图 4-4-3-8（b）所示］。

修改某一组件电抗值的方法：当选中白色编辑框中某一组件时，会在主对话框的［电抗值］编辑框中显示相应的该组件的电抗值，如果想根据实际需要改变或只知道该设备的电抗值，就要在编辑框中输入想要的电抗值，然后单击编辑框右边的［电抗修改］按钮，用户就会发现该设备的电抗值已经被改成需要的值，而与该设备的参数无关。

以上为对电力系统中单个供电设备的编辑和修改，如果想修改整个系统的参数，则需要在主对话框的中部对［基准容量］编辑框进行输入，对［短路点基准电压］下拉列表框和［冲击系数］下拉列表框的下拉菜单中进行选择或编辑。

当一切参数输入完毕后就可以进行计算了，由于系统的短路点可以有多个，为了方便用户选择短路计算点，本命令使用了由用户在白色编辑框中选择一个组件，则表示短路点就在该组件末端，即想要计算某一点的短路点，只需选择该组件。为了直观的让用户看到短路点，本命令采用了用一个红叉表示短路点的方法，如图 4-4-3-8（a）所示，当选中电抗器后，会在黑色预演框中的电抗器后面打一个红叉，即表示短路点在这里。然后单击主菜单最下面的［计算］按钮，计算结果就会显示在［计算结果］栏中，计算结果包括了［短路电流有效值］、［短路冲击电流］、［短路全电流有效值］和［短路容量］四项，结果查看完毕后，单击［退出］按钮则退出并结束本次计算。

4.5 无功补偿计算

计算平均功率因数和指定功率因数下的无功功率补偿所需的电容器容量。

4.5.1 无功补偿计算方法

【无功补偿】命令用于计算工业企业中的平均功率因数及补偿电容容量并计算补偿电容器的数量。所依据的方法取自中国建筑工业出版社出版的《建筑电气设计手册》中的第五章“无功功率的补偿”。

4.5.2 无功补偿计算（WGBC）

菜单位置：【计算】→【无功补偿】

功能：根据已知的负荷数据和所期望的功率因数计算系统的平均功率因数和无功补偿所需的补偿容量，同时计算补偿电容器的数量和实际补偿容量。

在菜单上选取本命令后，屏幕上出现如图 4-5-2-1 所示的［无功功率补偿计算］对话框。无功功率计算的全过程就在此对话框中完成。对话框中各项的功能如下：

［平均负荷系数］ 编辑框，因为将平均负荷换算为计算负荷需引入平均负荷系数 $\alpha=0.7\sim0.8$，该参数由用户输入。

本命令提供了两种不同条件的计算方法，使用了限制整个系统的两个互锁按钮用于确定计算方法，不同的计算方法所需的计算条件数据不同：

(1)［根据计算负荷（新设计电气系统）］计算所需参数如图 4-5-2-1 所示，显示在［参数输入］栏中，包括［有功计算负荷（kW）］、［无功计算负荷（kVar）］、［有功负荷系数］、［无功负荷系数］和［补偿后功率因数］等参数，把这些参数输入在相应的编辑框中。

(2)［根据年用电量（使用一年以上电气系统）］计算，当选取该方法时［输入］栏中的相应参数就会发生改变，新的参数包括［年有功电能耗量（kW·h）］、［年无功电能耗量（kVar·h）］和［补偿后功率因数］等编辑框，还有一个［用电情况］下拉列表框（用来选定该系统的用电程度），把这些参数一一输入。

完毕后就可以单击［计算］按钮就会在［平均功率因数］和［补偿容量（kVar）］编辑框中得到计算结果。同时还会弹出如图 4-5-2-2 所示的［电容器数量计算］对话框，该对话框中唯一的参数是［单个电容器额定容量（kVar）］编辑框，输入单个电容器的额定容量后，单击［计算］按钮就会在［计算结果］栏中得到［需并联电容器的数量］和［实际补偿容量（kVar）］的值。如果想结束计算或不想计算电容器的个数，那么单击［返回］按钮就退出本对话框，返回［无功功率补偿计算］对话框。

单击主对话框的［退出］按钮结束计算并退出此对话框。

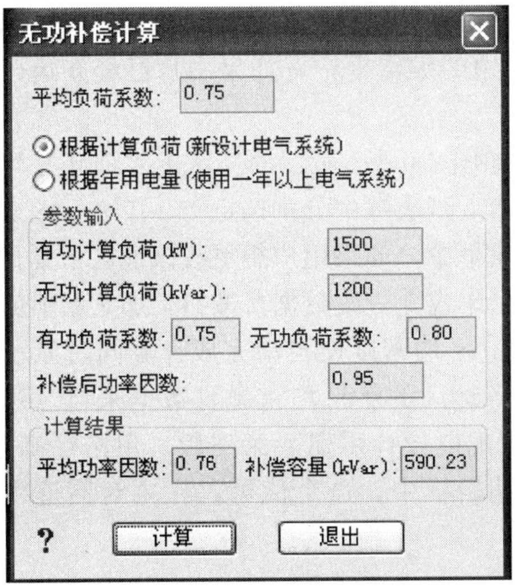

图 4-5-2-1　无功功率补偿计算对话框

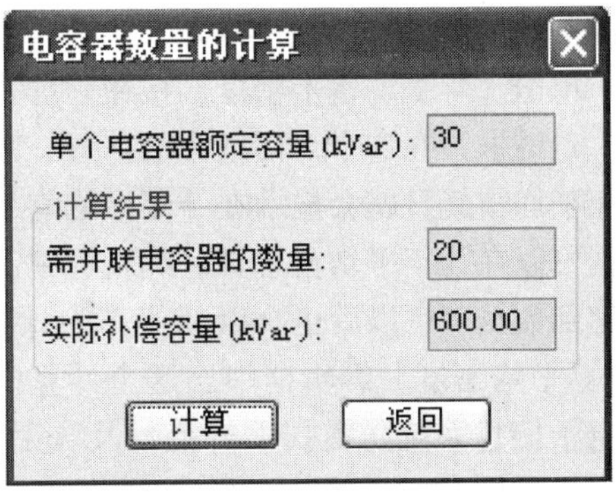

图 4-5-2-2　电容器数量计算对话框

4.6　年雷击数计算

4.6.1　年雷击数计算的方法

年雷击数计算的命令用来计算建筑物的年预计雷击次数。这些计算程序设计依据来自于国家标准《建筑物防雷设计规范》GB 50057—2010。该计算的计算参数主要有建筑物的等效面积、校正系数和年平均雷击密度等。

4.6.2　年雷击数（NLJS）

菜单位置：【接地防雷】→【年雷击数】

功能：计算建筑物的年预计雷击次数。

在菜单上选取本命令后，屏幕上出现如图 4-6-2-1 所示的［建筑物年雷击次数计算］对话框。在这个对话框里可以完成建筑物年预计雷击次数的计算。这个计算结果可以作为确定该建筑物的防雷类别的一个依据。本程序是根据《建筑物防雷设计规范》GB 50057—2010 而设计的，程序中所用的计算公式来自于该标准中的附录一。

该对话框上部［建筑物等效面积计算］栏中的各个参数是用来计算建筑物等效面积

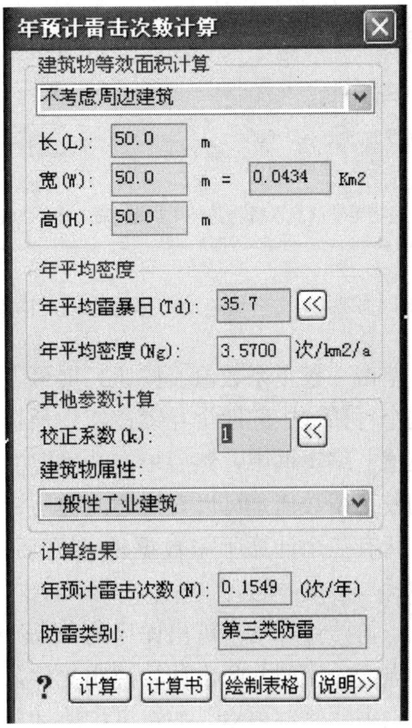

图 4-6-2-1　建筑物年雷击次数对话框

的，其中建筑物的［长］、［宽］、［高］三个编辑框必须手动输入值，输入后自动计算出建造物的等效面积（平方公里），并显示在按钮右边的编辑框中，如果用户已经知道建筑物的等效面积也可以直接输入。

单击［年平均雷击密度］按钮，屏幕上出现如图 4-6-2-2 所示的［雷击大地年平均密度］对话框，在这个对话框中的［省、区］和［市］列表框中分别选定省、市名，该地区的年平均雷暴日就会显示在［年平均雷暴日］编辑框中，如果用户想更改该地区雷暴日的数据可以在［年平均雷暴日］编辑框中键入新值后单击［更改数据］按钮，那么新值就会存储到数据库中以后也会以新值作为计算的依据。平均密度便自动完成计算同时显示在［计算平均密度］编辑框中。这个计算中用到的各地区的年平均雷暴日数据来自《建筑物电子信息系统防雷技术规范》及《工业与民用配电设计手册》第三版。单击［确定］按钮可返回主对话框中的［年平均雷击密度］编辑框中，这个值可以在主对话框中直接键入。

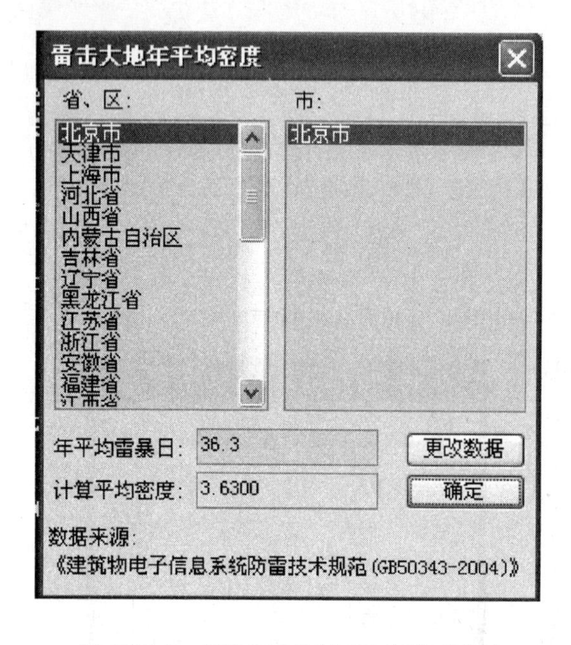

图 4-6-2-2　雷击大地的年平均密度对话框

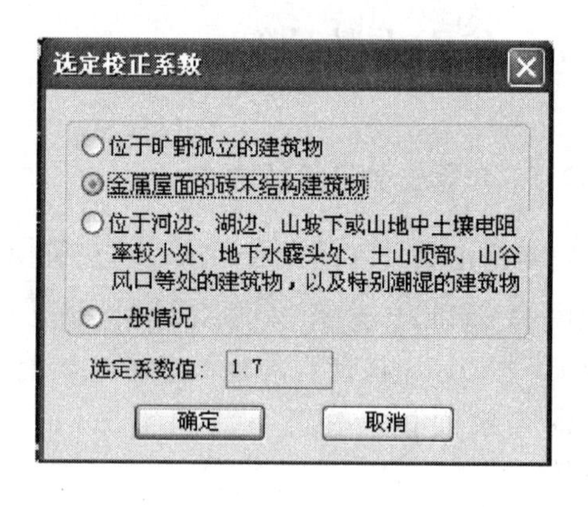

图 4-6-2-3　选定校正系数对话框

单击［校正系数值］按钮，屏幕上出现如图 4-6-2-3 所示的［选定校正系数］对话框。在这个对话框中的四个互锁按钮中任选其一，便确定了校正系数值并显示在下面的［选定系数值］编辑框中，然后单击［确定］按钮可返回主对话框。选择建筑物属性，主对话框中的校正系数值是可以直接输入参与计算的。

所有三个计算所需数据输入之后，单击［计算］按钮，计算结果便出现在主对话框中。

点击［计算书］可出详尽的 Word 计算书。

点击［说明］弹出计算说明文件，如图 4-6-2-4：

点击［绘制表格］按钮可把刚才计算的结果绘制成 ACAD 表格插入图中。此表为天正表格，点击右键菜单可导出 EXCEL 文件进行备份，如图 4-6-2-5 所示。

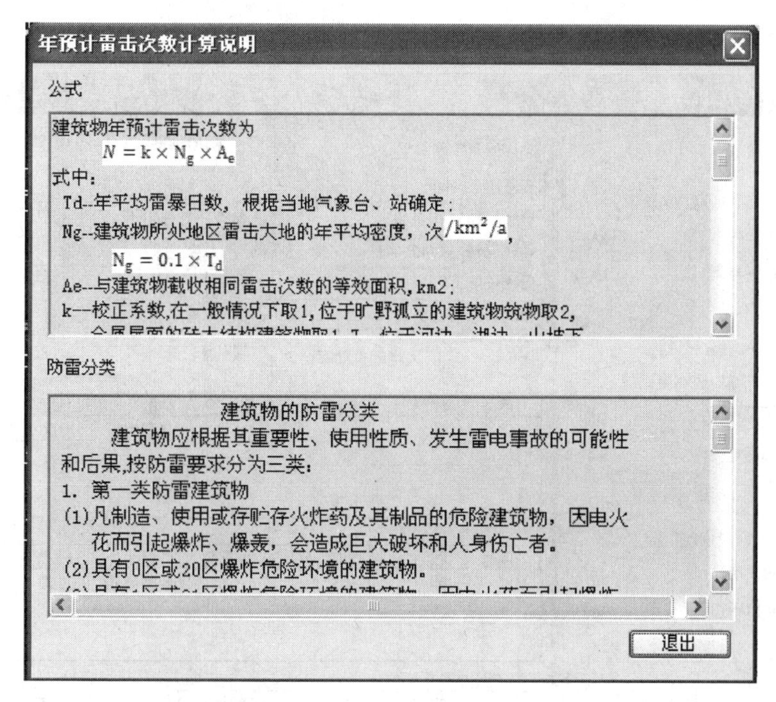

图 4-6-2-4　说明文件

建筑物数据	建筑物的长L(m)	50.0
	建筑物的宽W(m)	50.0
	建筑物的高H(m)	50.0
	等效面积Ae(km^2)	0.0434
	建筑物属性	一般性工业建筑
气象参数	年平均雷暴日Td(d/a)	35.7
	年平均密度Ng(次/(km^2.a))	2.5043
计算结果	预计雷击次数N(次/a)	0.1087
	防雷类别	三类防雷

图 4-6-2-5　计算结果出表格

4.7　低压短路计算

4.7.1　低压短路计算的方法

低压短路电流计算用于民用建筑电气设计中的低压短路电流，主要包括 220/380V 低压网络电路元件的计算，三相短路、单相短路（包括单相接地故障）电流的计算和柴油发电机供电系统短路电流的计算。

4.7.2　低压短路（DYDL）

菜单位置：【计算】→【低压短路】

功能：计算配电线路中某点的短路电流。

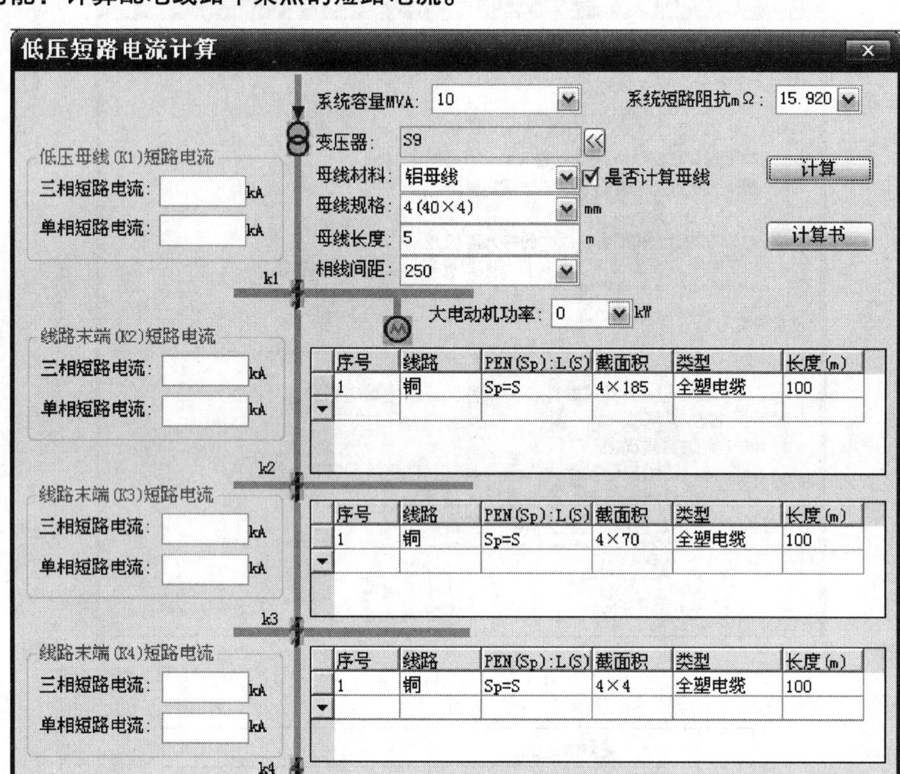

图 4-7-2-1　低压短路电流计算对话框

在菜单上选取本命令后，屏幕上出现如图 4-7-2-1 所示的［低压短路电流计算］对话框。在这个对话框里可以完成低压短路电流的计算。在低压网络中我们主要考虑了系统、变压器、母线和线路的阻抗值，并且考虑了大电机反馈电流对短路电流的影响。下面我们分别讲述对话框中的各项功能：

（1）首先通过下拉菜单选择系统容量（MVA），相应在其右侧会自动通过计算显示出对应的系统短路阻抗值（mΩ）。

（2）选择变压器型号，点击变压器侧按钮，弹出如图 4-7-2-2 对话框：

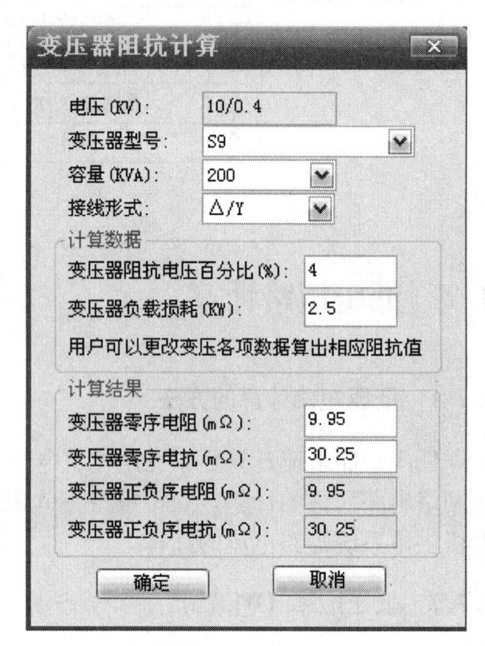

图 4-7-2-2　［变压器阻抗值计算］对话框

通过选择变压器型号、容量及接线方式，在［变压器阻抗百分比（%）］和［变压器负载损耗（kW）］编辑框自动显示该类型变压器的相应的数据，同时得到变压器阻抗值，另外用户可以更改变压器各项数据算出相应阻抗值。单击确定按钮数据返回到主对话框中。

(3) 选择母线：根据以上选择的变压器型号会自动选择出相应的母线规格，也可以通过人为地去选择母线规格。输入母线长度，[相线间距 (mm)] 下拉框选择所要求的母线的各项数据。其中勾选 [是否计算母线] 表示将母线的阻抗计算在内，不勾选反之。

(4) 如计入大电机反馈电流影响只需通过下拉菜单选择大电机功率即可，如不考虑，只需其默认值为 0 即可。

(5) 选择线路：通过各项的下拉菜单选择线路材质、保护线与相线截面积之比、线路截面积、线路类型，同时输入线路长度。可输入多级线路参数。

(6) 点击 [计算]，则在右侧显示出计算的每段电路的三相短路电流以及单相短路电流。

(7) 点击 [计算书]，则输出详尽的 Word 计算书。

4.8　逐点照度计算

4.8.1　逐点照度计算的方法

本节中所介绍的【逐点照度】命令可计算空间每点照度，显示计算空间最大照度、最小照度值。支持不规则区域的计算，充分考虑了光线的遮挡因素，可绘制等照度分布曲线图，输出 Word 计算书。

本程序中采用的是点照度计算法，用于精确计算每点照度。计算方法采用《照明设计手册》第二版第五章照度计算中的第一节与第二节。

在本程序中，灯具及其配光曲线及等光强表的数据均来自《照明设计手册》第二版。

4.8.2　逐点照度 (ZDZD)

菜单位置：【计算】→【逐点照度】

功能：计算空间每点照度，绘制等照度分布曲线图。

点击【逐点照度】或在命令行输入“zdzd”，命令行提示：

请输入房间起始点 {选取房间轮廓 PLine 线 [P]} <退出>:

若是矩形房间，则直接框选，若是异形房间（前提绘制房间的闭和 PL 线，或操作-“建筑”-“房间轮廓”自动生成闭和的 PL 线），则直接输入 P，然后直接点取 PL 线即可，则房间的参数就会被提取。

弹出如图 4-8-2-1 所示 [逐点照度计算] 对话框，可以看出该对话框由 [计算参数] 栏、[计算结果] 栏两部分组成，以下将对每部分中的主要功能进行说明。

[点密度]　默认值是 100，意味将房间的长、宽各分为 100 段，共 10000 个点。

[工作面高度]　输入工作面的高度，默认是 0.75m。

[维护系数]　默认值 0.8，可选择，也可手动修改。

[光通量]　可以手动输入，也可以点击其对应格右侧，弹出相应光源对话框来进行选择。

[灯具配光曲线]　点击其对应格右侧，弹出相应灯具发光强度对话框，选择相应的灯具的光强表。

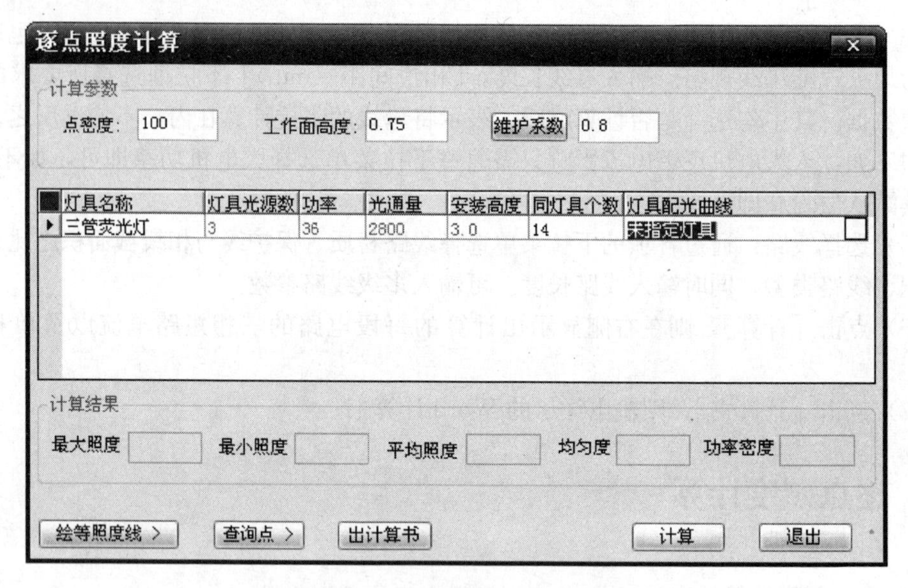

图 4-8-2-1　逐点照度计算对话框

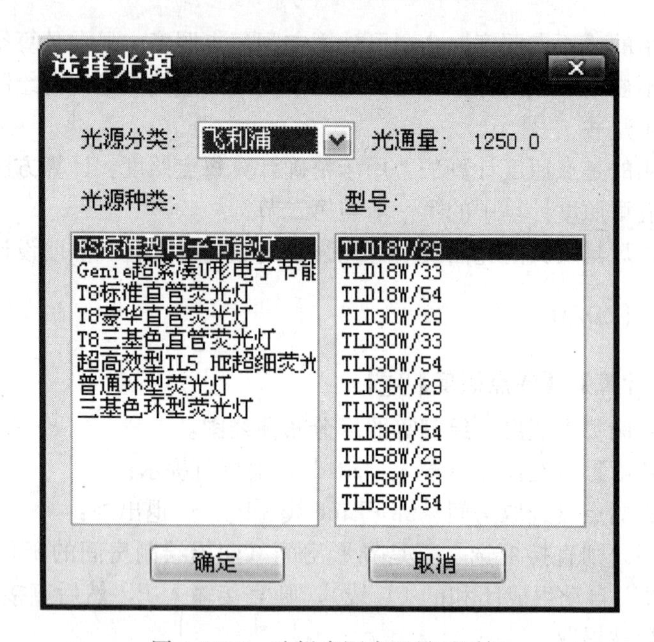

图 4-8-2-2　选择光源光通量对话框

选中灯具发光强度表后，点击计算，在［计算结果］栏中显示最大照度、最小照度、平均照度、照度均匀度、功率密度等值。

点击［绘等照度线］会弹出［等照度曲线设置］对话框，如图 4-8-2-5：

在［等照度线设置］栏，所绘制的等照度曲线最大照度、最小照度、照度间隔可自由设定，右侧可进行颜色设置。设置完毕后，点击［绘等照度线］，可在房间内绘制等照度曲线。

点击［查询点］则可查询计算房间内任意一点照度值（图 4-8-2-7）。

点击［出计算书 ］可出详尽的 Word 计算书。

发光强度表
灯具信息
种类：荧光灯
TBS168/236M2 型嵌入式高效格栅灯
TBS278/414M2 型嵌入式高效格栅灯
嵌入式线型荧光灯
嵌入式方型荧光灯（白色格栅式）
吸顶式高效直下控照型荧光灯
嵌入式消光格栅荧光灯
嵌入式白色钢板格栅荧光灯
嵌入式下开放式荧光灯
嵌入式乳白面板荧光灯
环形嵌入式荧光灯
洗墙荧光灯
厂家名称：
飞利浦公司
灯具型号：
TBS168/236 M2
灯具实物预览：
线光源光强分布属于 C 类曲线
灯具光分布曲线
角度 A-A B-B
0.0 278.0 278.0
5.0 277.0 280.0
10.0 269.0 290.0
15.0 259.0 306.0
20.0 248.0 323.0
25.0 234.0 339.0
30.0 218.0 344.0
35.0 200.0 328.0
40.0 181.0 288.0
45.0 160.0 214.0
50.0 138.0 131.0
55.0 114.0 57.0
60.0 90.0 23.0
65.0 66.0 10.0
70.0 44.0 5.0
确定
取消
数据源自<<照明设计手册(第二版)>>

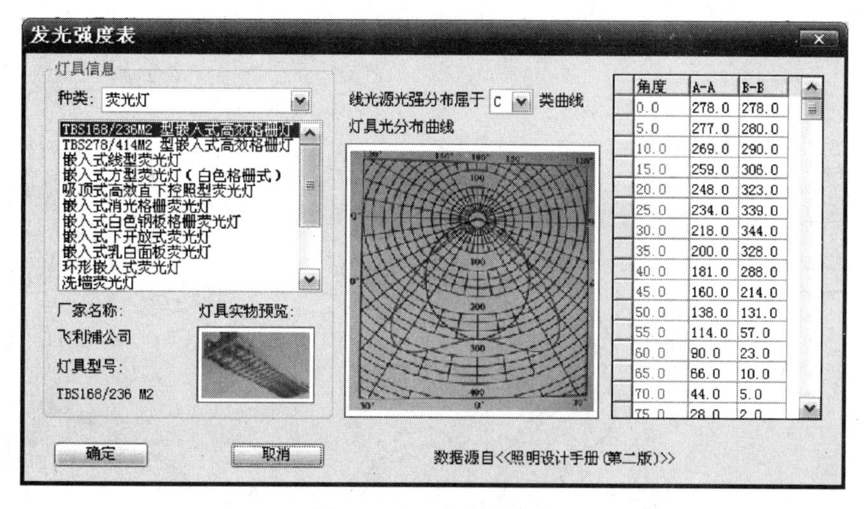

图 4-8-2-3　发光强度表

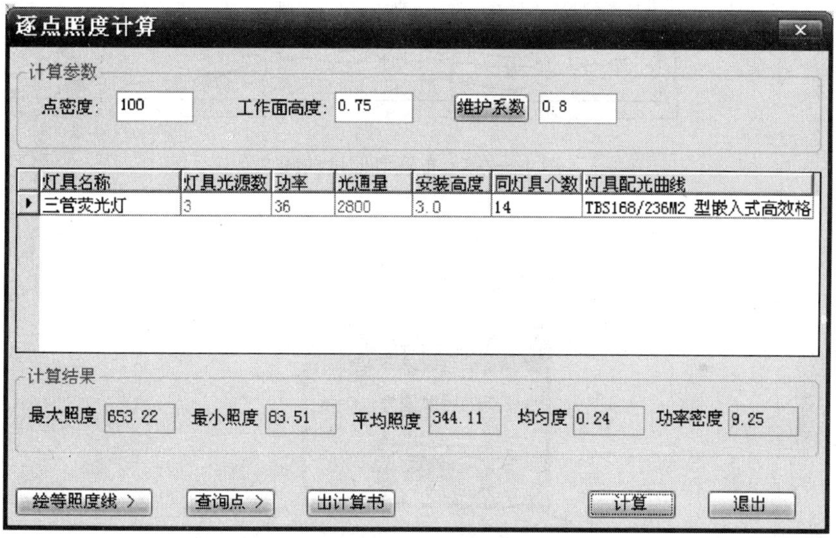

逐点照度计算
计算参数
点密度：100
工作面高度：0.75
维护系数 0.8
灯具名称 灯具光源数 功率 光通量 安装高度 同灯具个数 灯具配光曲线
三管荧光灯 3 36 2800 3.0 14 TBS168/236M2 型嵌入式高效格
计算结果
最大照度 653.22
最小照度 83.51
平均照度 344.11
均匀度 0.24
功率密度 9.25
绘等照度线 >
查询点 >
出计算书
计算
退出

图 4-8-2-4　计算照度

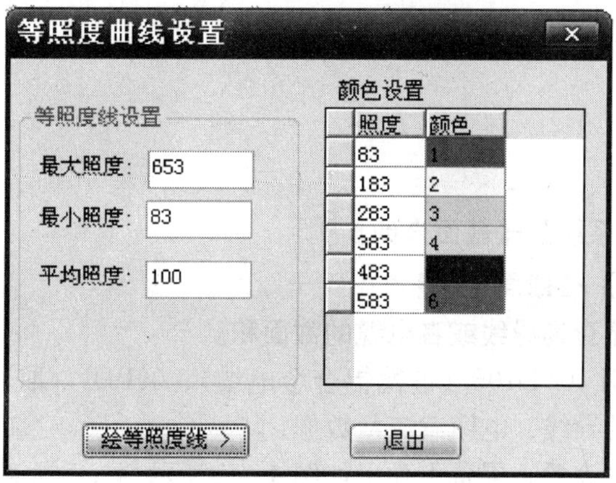

等照度曲线设置
等照度线设置
最大照度：653
最小照度：83
平均照度：100
颜色设置
照度 颜色
83 1
183 2
283 3
383 4
483
583 6
绘等照度线 >
退出

图 4-8-2-5　等照度曲线设置

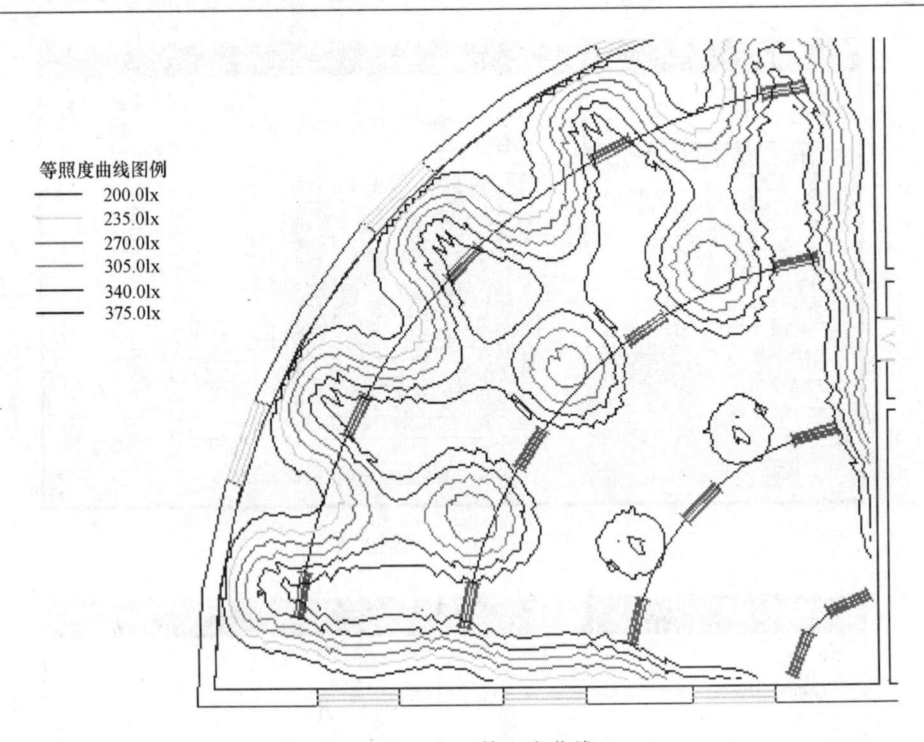

图 4-8-2-6　布置等照度曲线

图 4-8-2-7　点照度查询

4.9　截面查询

菜单位置：【强电系统】→【截面查询】

【计算】→【截面查询】

功能：由计算电流查询导线或者电缆的截面积。

说明：本数据采用 10CD106（世德铝合金电缆）、09BD1（取代 92DQ）、04DX101-1 和华北标办 92DQ 中的导线、电缆载流量数据。

在菜单上选取本命令后，屏幕上弹出如图 4-9-1 所示的［截面查询］对话框，计算电流计算的全过程也在此对话框中完成 共分为两部分“计算电流”及“截面查询”。在本对话框中的编辑框［设备容量（P_e）］、［需要系数（K_x）］、［功率因数（$\cos\varphi$）］等几项需要手动输入数据，当确认无误后，再选择需要计算的相序是三项还是单项，二者的差别主要是计算电流的计算结果不同，而计算功率结果仍然是相同的。

当所有数据输入完毕后，单击［竖向长条］按钮，就会在计算结果中显示出所要求计算电流，单击［标注］按钮退出［截面查询］对话框 并且计算结果将会被标注在图中。此时会在命令行提示：

请点取插入点：<退出>

目标位置：

在图中点取插入标注的位置，则标注放置成功（如图 4-9-2 所示）。

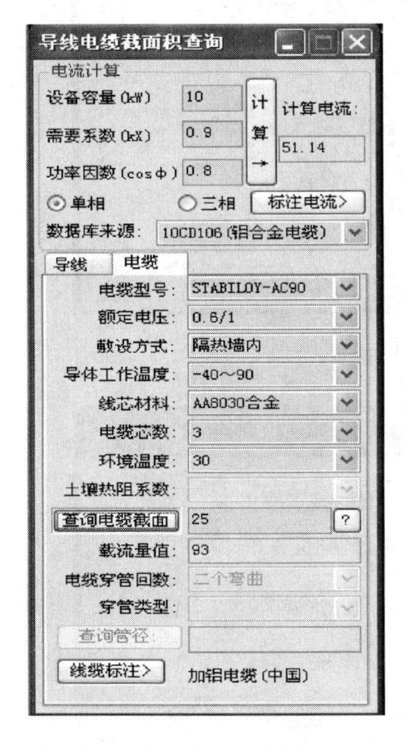

图 4-9-1　截面查询对话框

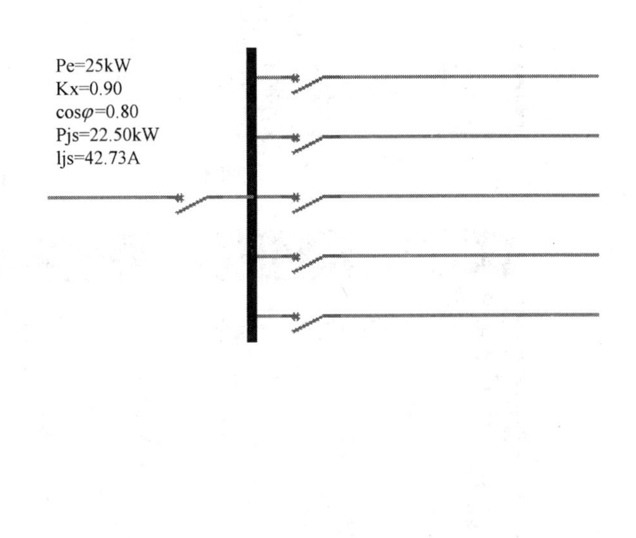

图 4-9-2　计算电流计算结果在图中标注示例

完成电流计算后，选择线路类型--导线或者电缆。首在导线型号下拉菜单中选择“导线的型号”，选择“环境温度”，“敷设方式”、“根数”，点击“查询导线截面”则根据计算电流查询出导线的截面，并显示该截面的载流量，同时弹出该类导线在设定的条件下其所有截面的载流量值，如图 4-9-3：

同时可以对线缆的载流量的温度、回路数等参数进行修正及整定，选定参数后，软件会将整定结果在对话框中显示，如图 4-9-4。

点击确定按钮，软件可将修正后的数据返回，如图 4-9-5：

点击截面数据右边的按钮，则会显示该类导线在设定的条件下其所有截面的载流量值，如图 4-9-6。

点击［线缆标注>］按钮，可在图中标注出查询结果，见图 4-9-7。

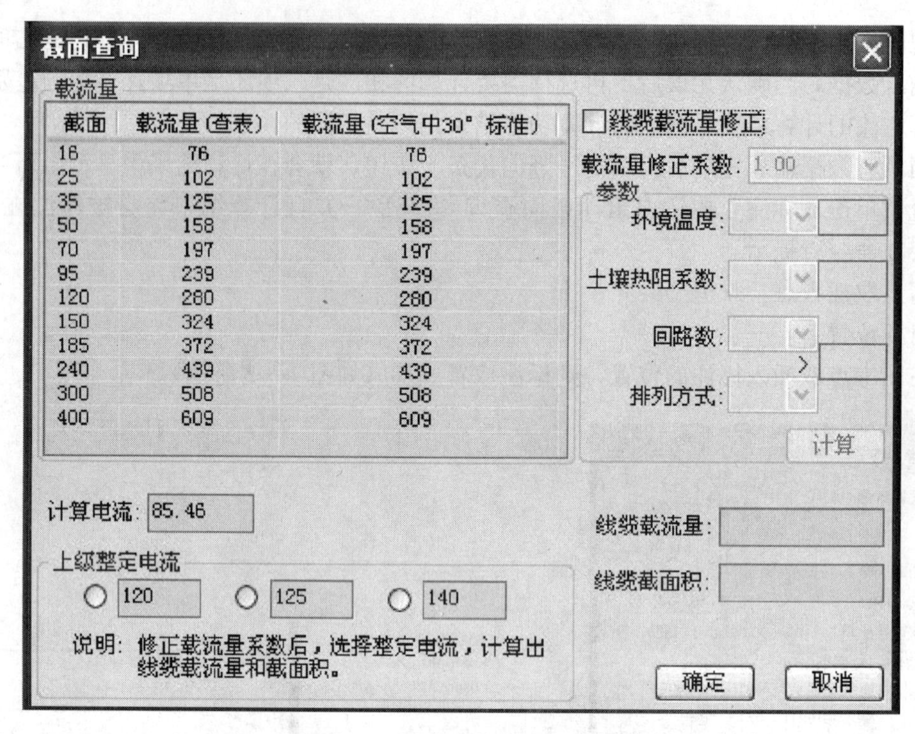

图 4-9-3 截面载流量修正界面

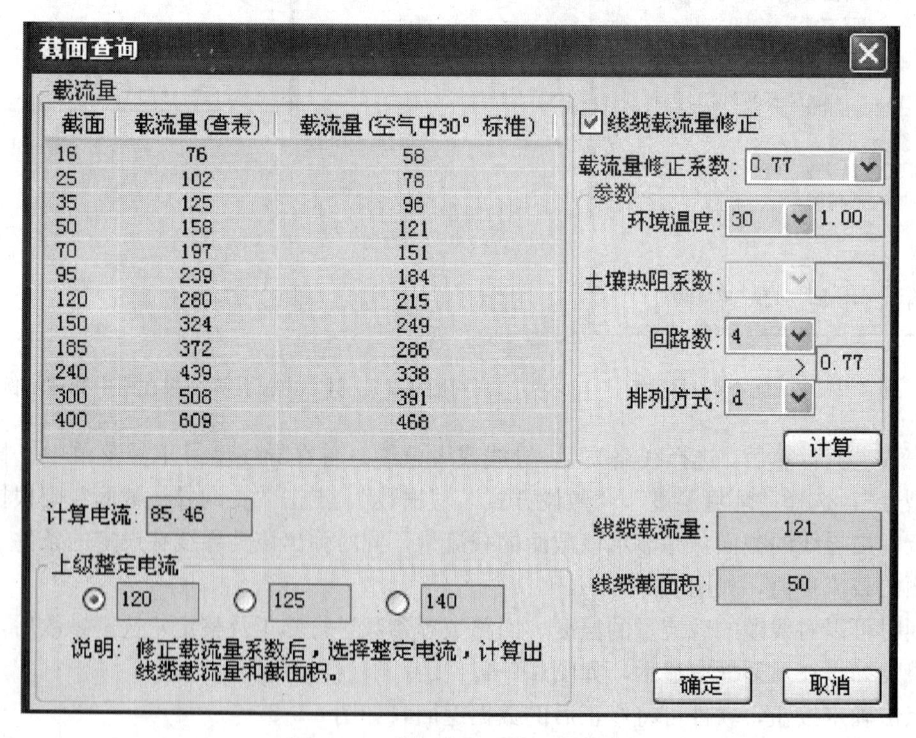

图 4-9-4 截面载流量修正效果图

根据上面的敷设方式，下面可以选择穿管类型，点击“查询管径”则查询出该导线穿管的管径。

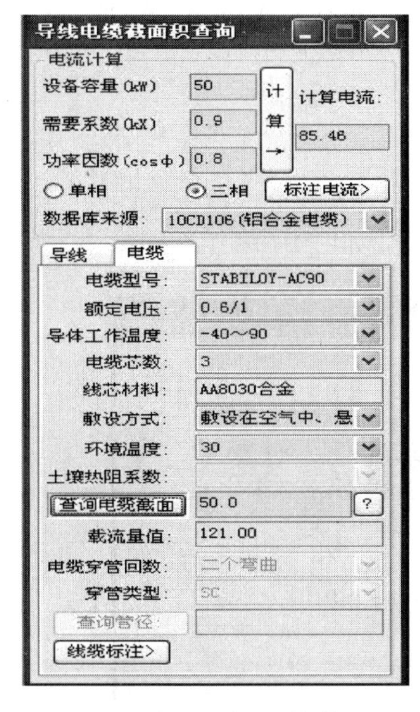

图 4-9-5 截面查询对话框修正后

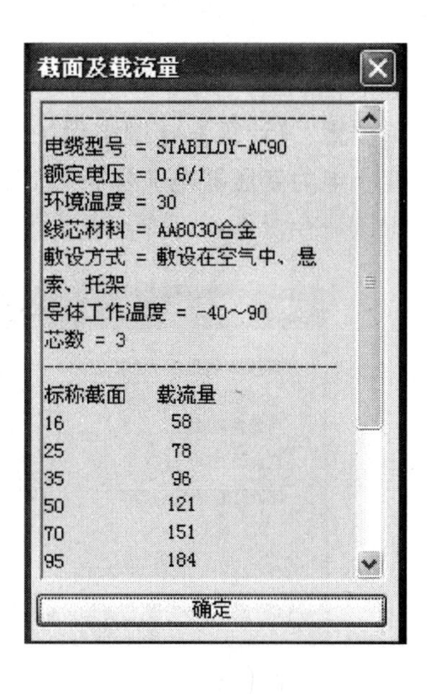

图 4-9-6 截面及载流量

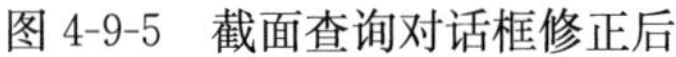

图 4-9-7 线缆标注

4.10 继电保护计算

继电保护整定计算要对各种继电保护给出整定值，是决定保护装置正确动作的关键环节，要满足几点保护和安全自动装置可靠性、选择性、灵敏性、速动性的要求，在不满足时应合理取舍。

该计算部分参照《工业与民用配电设计手册》第三版中的第七章“继电保护和自动装置”。以电力变压器过电流保护整定计算为例：

变压器过电流计算过程和公式：

保护装置的动作电流（应躲过可能出现的过负荷电流）：

保护装置一次动作电流：

$$I_{op}=I_{op}\frac{n_{TA}}{K_{jx}} \quad (A)$$

保护装置灵敏系数［按电力系统最小运行方式下，低压侧两相短路时流过高压侧（保护安装处）的短路电流校验］：

$$K_{sen}=\frac{I_{zk2\cdot min}}{I_{op}}\geqslant 1.5$$

保护装置的地动作时限（应与下一级保护动作时限相配合），一般取 0.5～0.7s。

4.10.1　电力变压器继电保护

菜单位置:【计算】→【继电保护】→【变压器】
功能：电力变压器电流保护整定计算。
执行该命令操作，可弹出电力变压器保护对话框，如图 4-10-1-1：

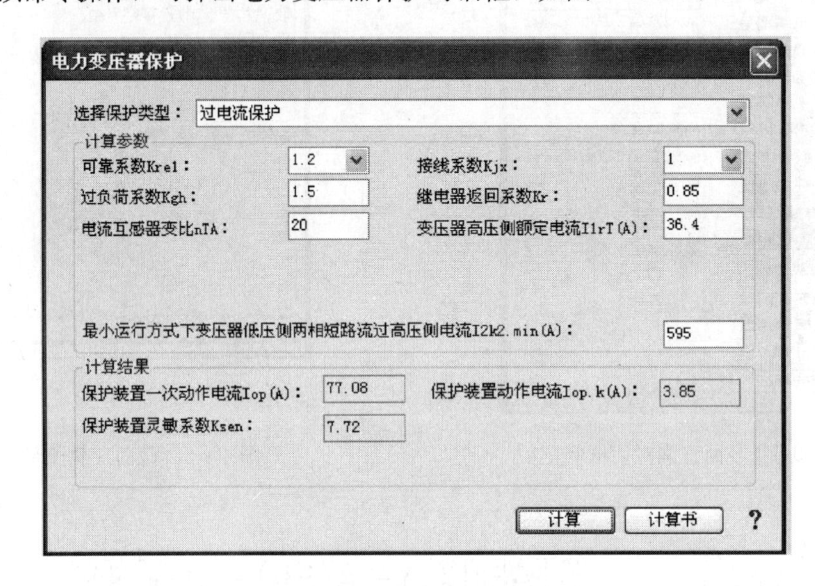

图 4-10-1-1　电力变压器保护 1

点击“选择保护类型”下拉菜单中分为不同计算类型可供选择如图 4-10-1-2：

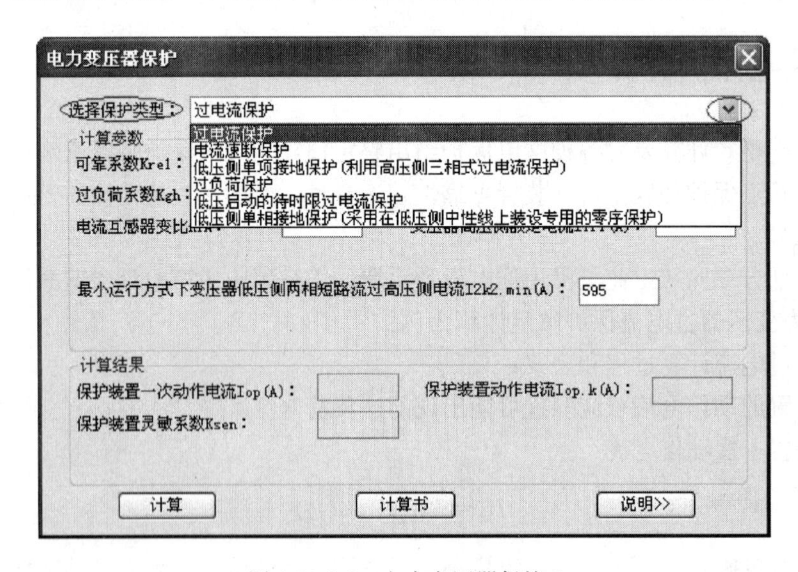

图 4-10-1-2　电力变压器保护 2

选择不同类型继电保护时，用户界面上的计算参数与计算结果，相应切换。
点击［出计算书］按钮可将所得的继电保护计算结果以计算书的形式直接存为

WORD 文件。

电力变压器的继电保护类型包括：

（1）电力变压器过电流保护

（2）电力变压器电流速断保护

（3）电力变压器过负荷保护

（4）电力变压器低压启动的带时限过电流保护

（5）电力变压器低压侧单线接地保护（利用高压侧三相式过电流保护）

（6）电力变压器低压侧单线接地保护（利用在低压侧中性线上装设专用的零序保护）

4.10.2　电容器

菜单位置：【计算】——【继电保护】——【电容器】

功能：6～10kV 电力电容器的继电保护整定计算。

执行该命令操作，可弹出 6～10kV 电力电容器对话框，点击“选择保护类型”下拉菜单中分为不同计算类型可供选择如图 4-10-2：

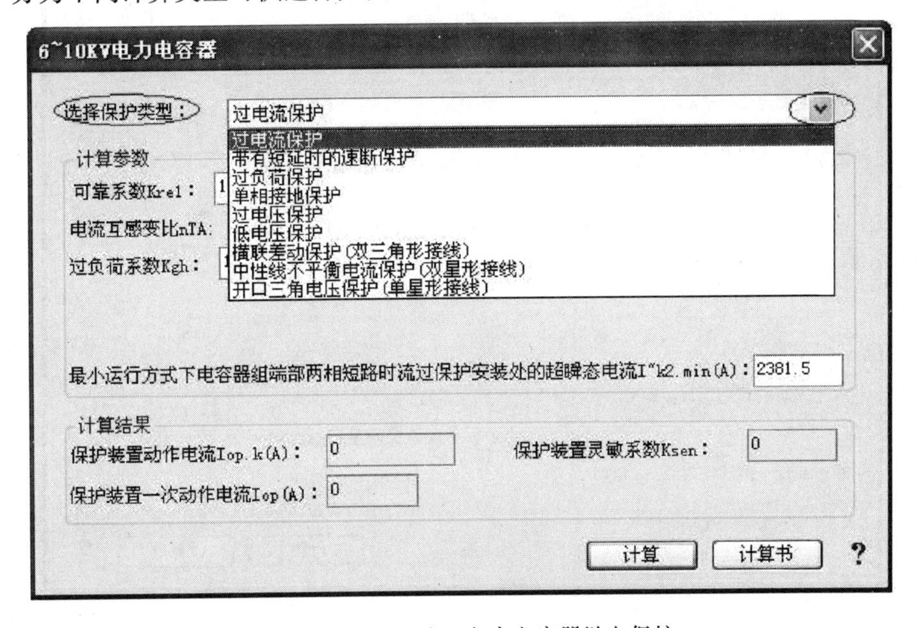

图 4-10-2　6～10kV 电力电容器继电保护

选择不同类型继电保护时，用户界面上的计算参数与计算结果，相应切换。

点击［出计算书］按钮可将所得的继电保护计算结果以计算书的形式直接存为 WORD 文件。

电力电容器的继电保护类型包括：

（1）电力电容器的过电流保护

（2）电力电容器带有短延时的速断保护

（3）电力电容器过负荷保护

（4）电力电容器单相接地保护

（5）电力电容器的过电压保护

（6）电力电容器低电压保护

（7）电力电容器的横联差动保护（双三角形接线）

（8）电力电容器的中性线不平衡电流保护（双星形接线）

（9）电力电容器的开口三角电压保护（单星形接线）

4.10.3　电动机

菜单位置：【计算】→【继电保护】→【电动机】

功能：电力电动机电流保护整定计算。

执行该命令操作，可弹出电力变压器保护对话框，点击“选择保护类型”下拉菜单中分为不同计算类型可供选择如图 4-10-3：

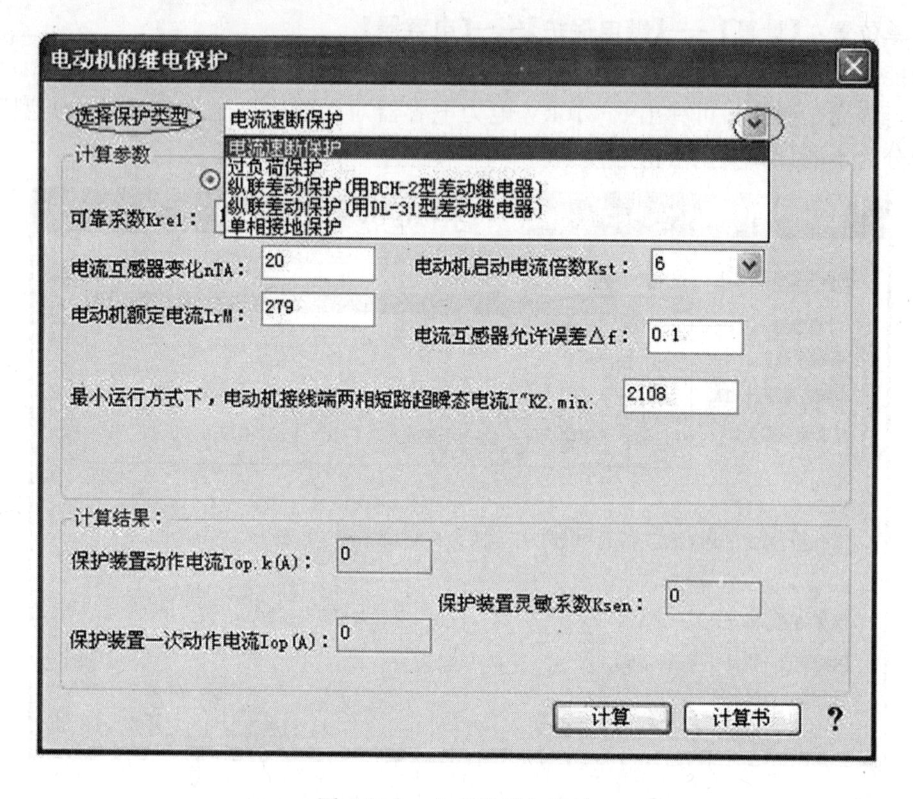

图 4-10-3　电动机继电保护

选择不同类型继电保护时，用户界面上的计算参数与计算结果，相应切换。

点击［出计算书］按钮可将所得的继电保护计算结果以计算书的形式直接存为 WORD 文件。

电动机的继电保护类型包括：

（1）电动机电流速断保护

（2）电动机过负荷保护

（3）电动机纵联差动保护（用 BCH-2 型差动继电器）

（4）电动机纵联差动保护（用 DL-31 型差动继电器）

（5）电动机单相接地保护

4.10.4 电力母线

菜单位置:【计算】→【继电保护】→【电力母线】

功能：6～10kV 母线分段断路器的继电保护整定计算。

执行该命令操作，可弹出 6～10kV 母线分段保护对话框，点击“选择保护类型”下拉菜单中分为不同计算类型可供选择如图 4-10-4：

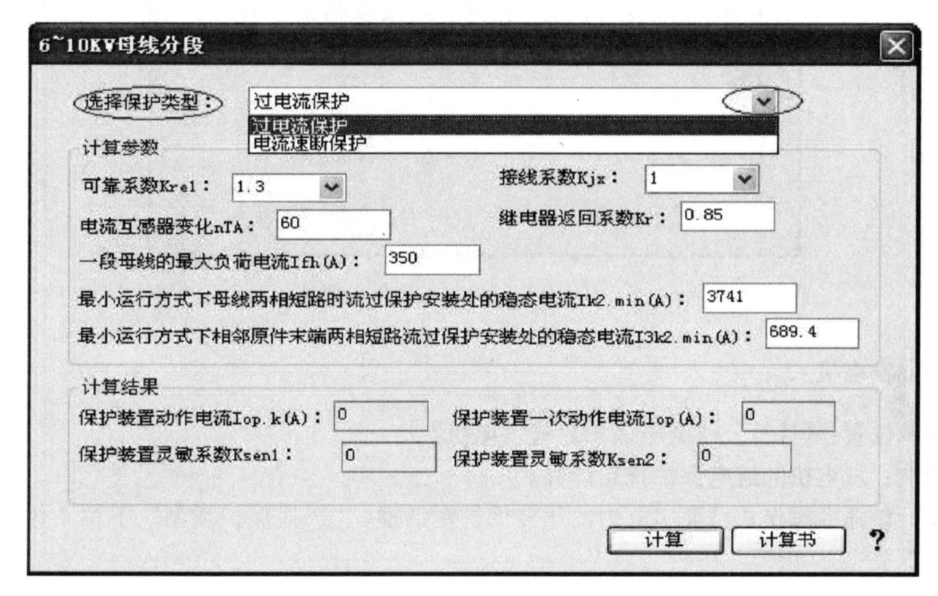

图 4-10-4 6～10kV 母线分段继电保护

选择不同类型继电保护时，用户界面上的计算参数与计算结果，相应切换。

点击［出计算书］按钮可将所得的继电保护计算结果以计算书的形式直接存为 WORD 文件。

电力母线分段继电保护类型包括：

(1) 6～10kV 母线分段断路器过电流保护

(2) 6～10kV 母线分段断路器电流速断保护

4.10.5 电力线路

菜单位置:【计算】→【继电保护】→【电力线路】

功能：6～10kV 线路的继电保护整定计算。

执行该命令操作，可弹出 6～10kV 线路保护对话框，点击“选择保护类型”下拉菜单中分为不同计算类型可供选择如图 4-10-5：

6～10kV 电力线路继电保护类型包括：

(1) 6～10kV 线路过电流保护

(2) 6～10kV 线路无时限电流速断保护

(3) 6～10kV 线路带时限电流速断保护

(4) 6～10kV 线路单相接地保护

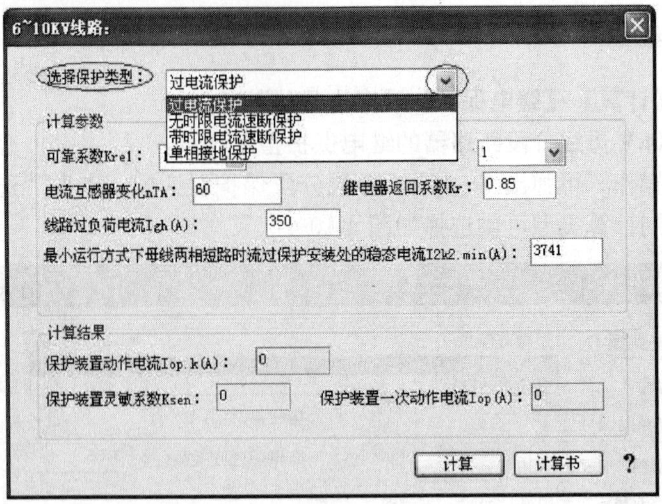

图 4-10-5　6～10kV 线路继电保护

4.10.6　发电机

菜单位置：【计算】→【继电保护】→【发电机】

功能：发电机的继电保护整定计算。

执行该命令操作，可弹出电力变压器保护对话框，“选择保护类型”下拉菜单中分为不同计算类型，如图 4-10-6：

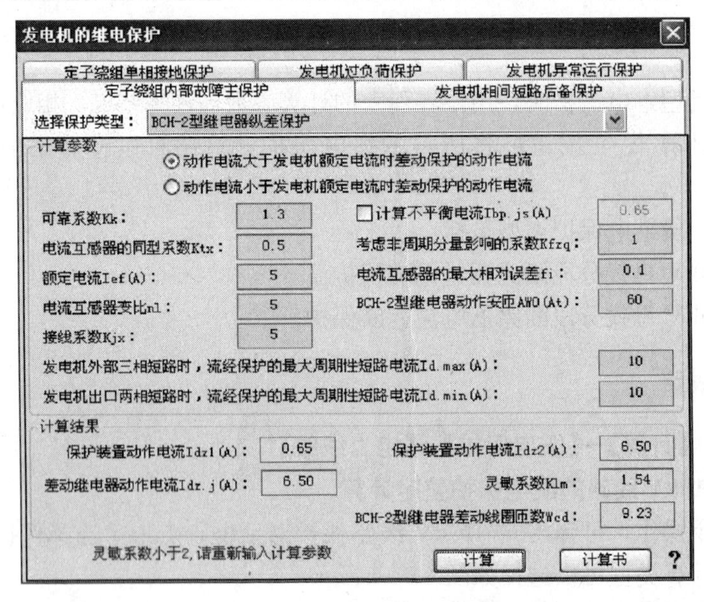

图 4-10-6　发电机继电保护

选择不同类型继电保护时，用户界面上的计算参数与计算结果，相应切换。

发电机继电保护类型包括：

1. 定子绕组内部故障主保护

（1）BCH-2 型继电器纵差保护；（2）比率制动式纵差保护；（3）单元件横差保护。

2. 发电机相间短路后备保护

(1) 复合电压启动或单相式低电压启动的过电流保护;(2) 负序电流保护。

3. 定子绕组单相接地保护

定子单相接地保护。

4. 发电机过负荷保护

(1) 定子绕组过负荷保护;(2) 转子绕组过负荷保护。

5. 发电机异常运行保护

(1) 定子过电压保护;(2) 启停机保护。

4.11 高压短路电流计算

该部分主要是绘制电力系统主接线图,用户可以任意搭建主接线方案。从图中提取数据,系统图自动转换为正序阻抗图、负序阻抗图、零序阻抗图,也可以只有绘制阻抗图。由阻抗图进行自动的高压短路电流计算,可计算三相短路、两相短路、两相对地短路及单相短路,生成短路计算表格和 Word 计算书。该计算部分参照规范手册:

《电力工程电气设计手册》,电气一次部分;

《工业与民用配电设计手册》,第三版;

《导体和电器选择设计技术规程》DLT 5222—2005。

短路电流计算方法:

进行短路计算首先要绘制出计算电路图,可利用【绘主接线】命令绘制出主接线图,设定计算所需的各元件的额定参数,并将元件编号,标记短路点。

使用【自动转换】命令,按照所选择的短路计算点的主接线图自动转化出等效电路图。在此之前先进行【转换设定】,进行参数的设置。可转化为正序阻抗图、负序阻抗图。

也可使用【绘阻抗图】自由搭建阻抗图。

最后【计算设置】设定计算的参数,直接计算短路点的短路电流,可计算三相短路、两相短路、两相对地短路及单相短路,【算非周期】计算各个短路点的非周期电流和热效应值。生成短路计算表格和 Word 计算书。

4.11.1 绘主接线 (HZJX)

菜单位置:【高压短路】→【绘主接线】

功能:绘制电力系统主接线图。

说明:【绘主接线】用来搭建系统主接线。直接调用各种设备的图块插入都图中绘制,点击【绘主接线】或在命令行输入“hzjx”,弹出绘制主接线对话框(图 4-11-1-1):“√”选布置同时赋值选项,点击绘制主接线对话框中的图标,可将图例插入到图中并进行赋值。

1. 点击“电力系统”图标,直接插入图中,弹出赋值对话框对其进行参数赋值如图 4-11-1-2:

可以设置电力系统的参数,如名称、容量、正序电抗 X1、负序电抗 X2、零序电抗等参数进行设置,并且设置完成后形成记忆,下次插入电力系统时参数和上次保持一致,名称数字会自动递增。

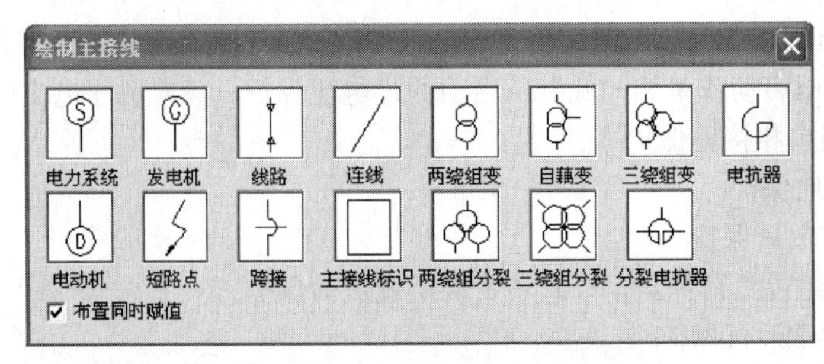

图 4-11-1-1　绘制主接线对话框

点击“说明”，可查看电力系统参数赋值说明，如图 4-11-1-3：

插入到图中如图 4-11-1-4：

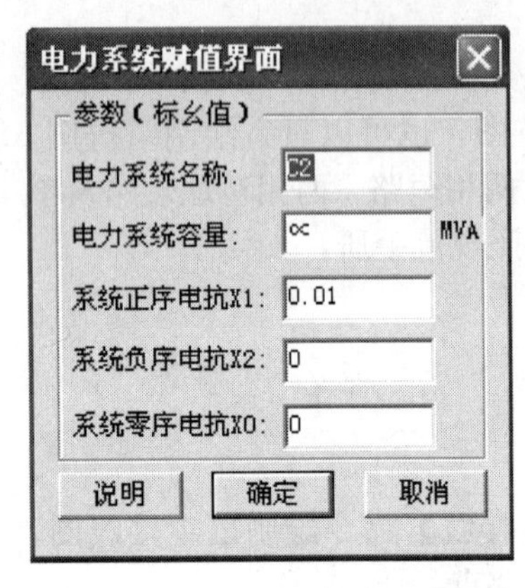

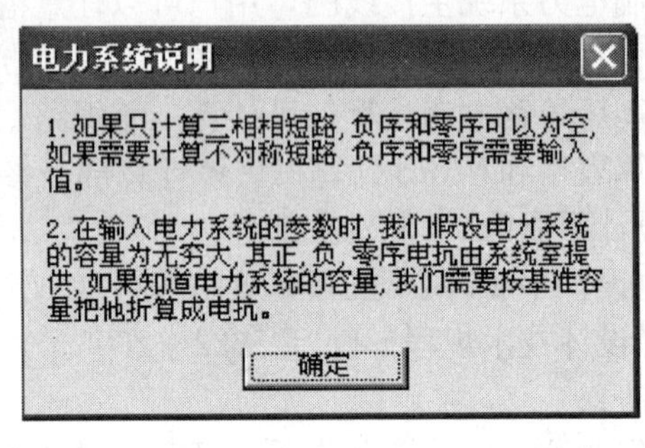

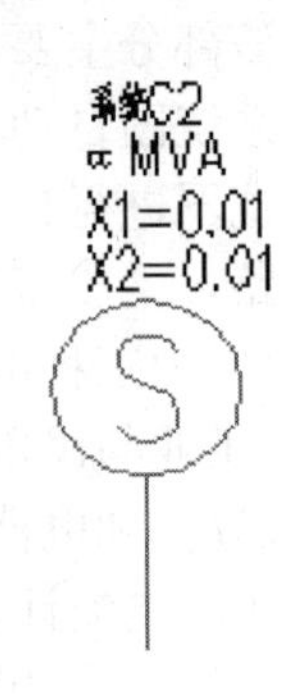

图 4-11-1-2　电力系统赋值界面　　图 4-11-1-3　电力系统说明　　图 4-11-1-4　电力系统

2. 点击“发电机”图标，直接插入图中，弹出赋值对话框对其进行参数赋值如图 4-11-1-5：

可以设置发电机的参数，如设置发电机的类型（包括汽轮机、水轮机）、名称，容量、正序电抗 X1、负序电抗 X2、零序电抗等参数，并且设置完成后形成记忆，下次插入发电机时参数和上次保持一致，名称数字会自动递增。

点击“说明”，可查看发电机参数赋值说明，如图 4-11-1-6：

插入到图中如图 4-11-1-7：

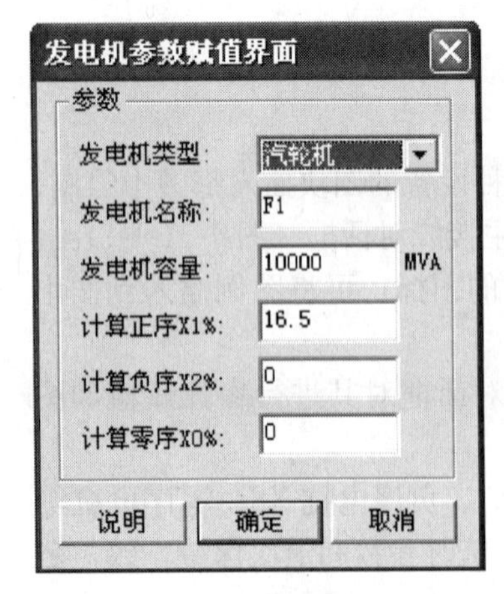

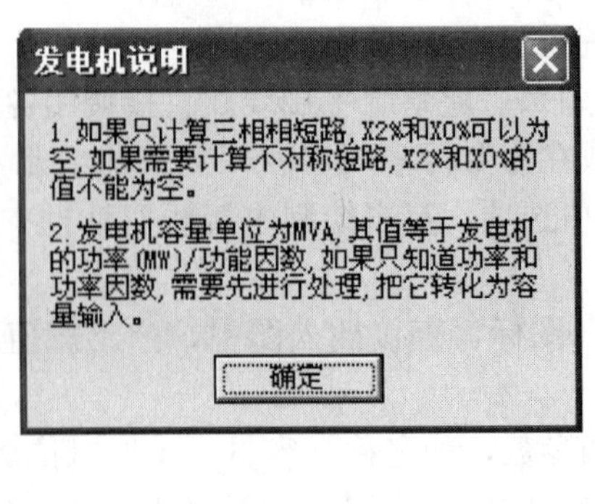

图 4-11-1-5　发电机参数赋值界面　　图 4-11-1-6　发电机说明　　图 4-11-1-7　发电机

3. 点击“线路”图标，直接插入图中，弹出线路参数赋值对话框对其进行参数赋值如图 4-11-1-8：

点击“说明”，弹出线路参数说明对话框，可查看线路参数说明，如图 4-11-1-9：

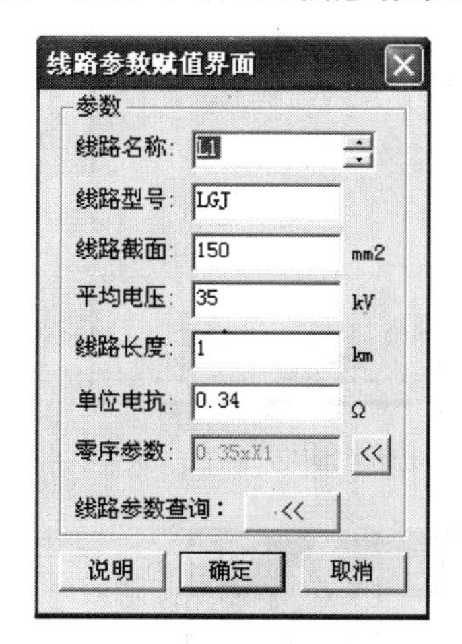

图 4-11-1-8　线路参数赋值对话框

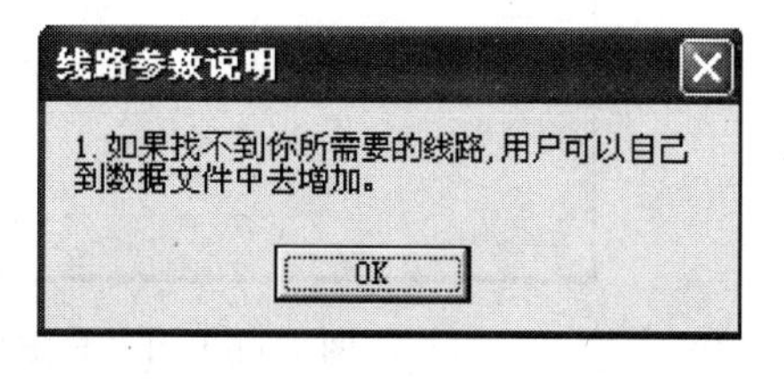

图 4-11-1-9　线路参数说明对话框

用户可以设置线路的参数，点“击线路参数查询”，弹出线路单位电阻、电抗查询对话框。如图 4-11-1-10：

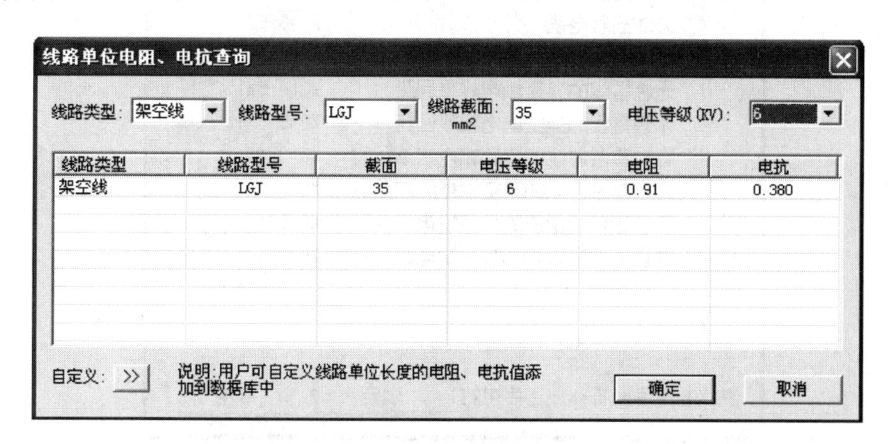

图 4-11-1-10　线路单位电阻、电抗查询对话框

用户可以选择线路的类型，线路型号，线路截面，电压等级，可以直接查询到单位线路的阻抗、电抗。用户也可以使用自定义手动的添加线路单位长度的阻抗、电抗值。

点击自定义，弹出自定义线路单位阻抗、电抗对话框。如图 4-11-1-11：

输入数据点击“添加”，可将数据加入到数据库中保存，并调用。

设定好线路单位阻抗、电抗后，输入线路长度，点击“零序参数”进行设置。如图 4-11-1-12：

用户可以根据线路类型选择零序电抗，也可以自定义手动输入，点击“确定”，插入到图中如图 4-11-1-13：

4. 点击“连线”图标，可以自由连接元件设备，自由绘制支路。

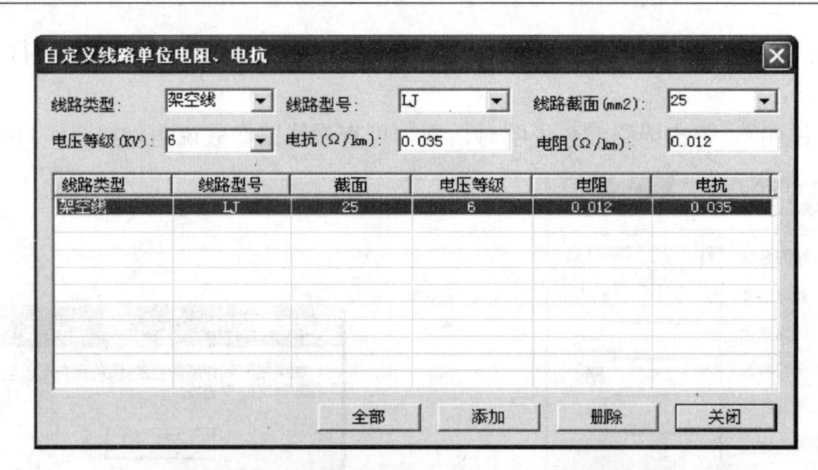

图 4-11-1-11　自定义线路单位电阻、电抗对话框

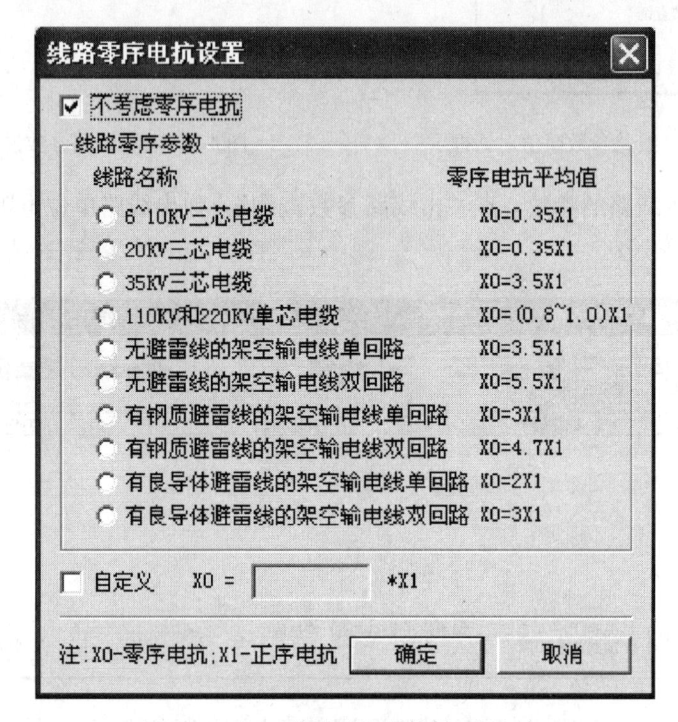

图 4-11-1-12　线路零序电抗设置对话框

5. 点击“两绕组变压器”图标，直接插入图中，弹出两绕组变压器参数赋值对话框对其进行参数赋值如图 4-11-1-14：

点击“说明”，可查看两绕组变压器说明，如图 4-1-11-15：

在赋值界面点击“绕组方式”可以对其绕组方式进行设置。可以设置是否考虑变压器的绕组方式，并对绕组方式进行设定。如图 4-1-11-16：

点击“确定”，插入到图中如图 4-11-1-17：

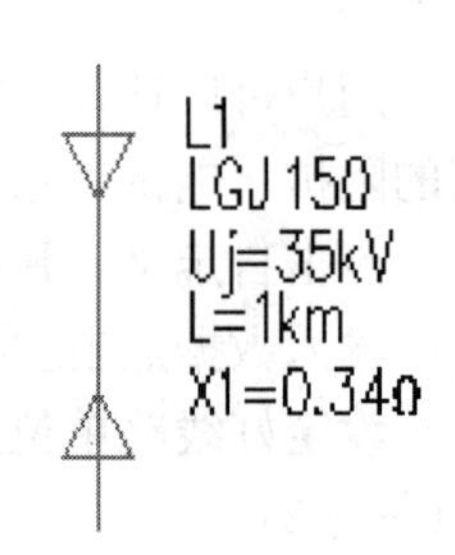

图 4-11-1-13　线路

6. 点击“自耦变压器”图标，直接插入图中，弹出自耦变压器赋值对话框对其进行参数赋值如图 4-11-1-18：

两绕组变压器参数赋值界面
参数
变压器名称:
主变#1
变压器容量:
100
MVA
绕组方式:
不考虑
<<
阻抗百分比Ud%:
7
说明
确定
取消

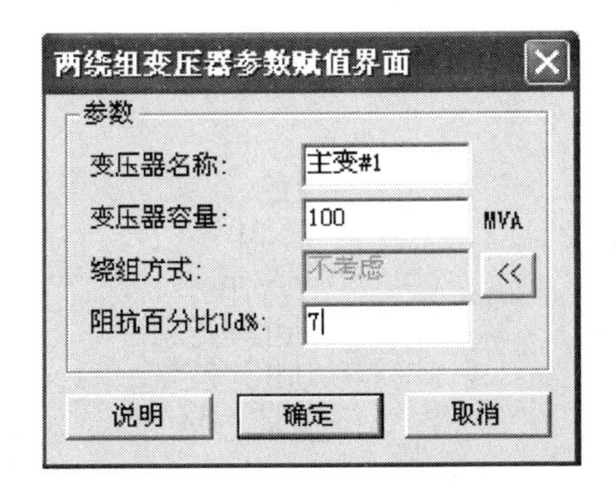

图 4-1-11-14　两绕组变压器参数赋值界面

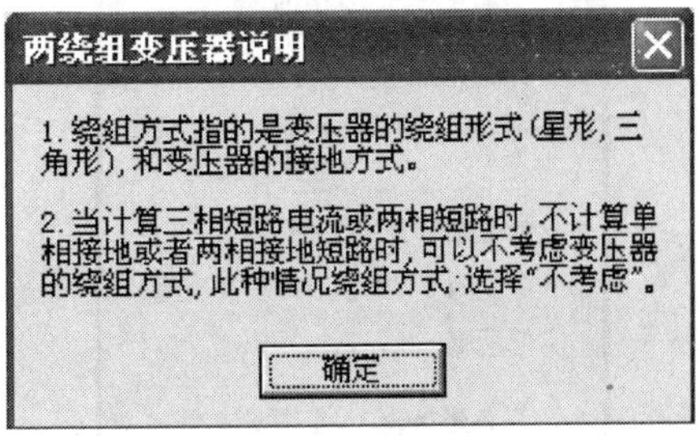

两绕组变压器说明
1. 绕组方式指的是变压器的绕组形式(星形,三角形),和变压器的接地方式。
2. 当计算三相短路电流或两相短路时,不计算单相接地或者两相接地短路时,可以不考虑变压器的绕组方式,此种情况绕组方式:选择"不考虑"。
确定

图 4-11-1-15　两绕组变压器说明界面

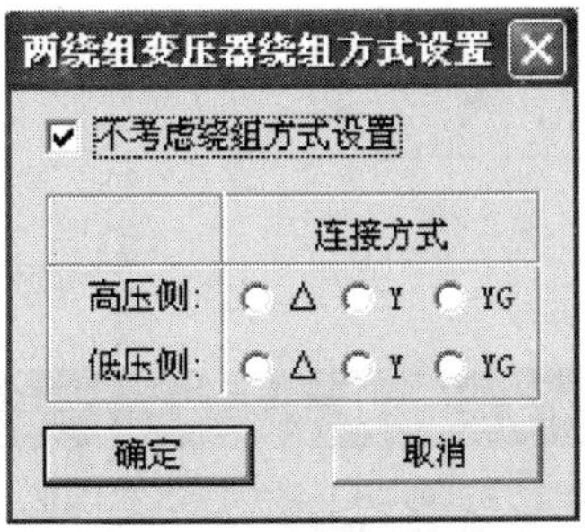

两绕组变压器绕组方式设置
不考虑绕组方式设置
连接方式
高压侧:
Δ
Y
YG
低压侧:
Δ
Y
YG
确定
取消

图 4-11-1-16　两绕组变压器绕组方式设置对话框

主变#1
100MVA
Ud=7%

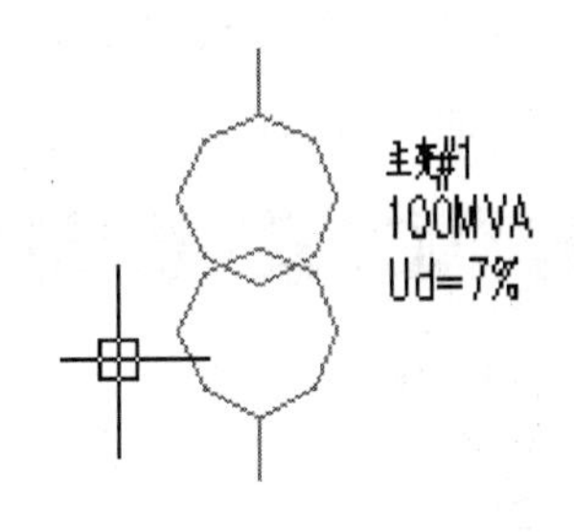

图 4-11-1-17　两绕组变压器

点击“说明”，可查看自耦变压器说明，如图 4-11-1-19：

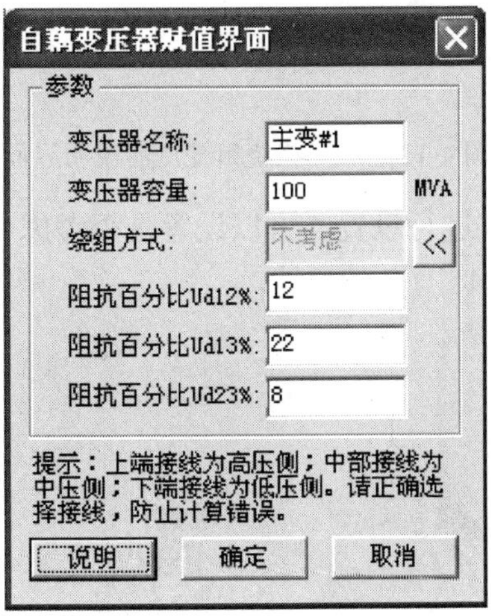

自耦变压器赋值界面
参数
变压器名称:
主变#1
变压器容量:
100
MVA
绕组方式:
不考虑
<<
阻抗百分比Ud12%:
12
阻抗百分比Ud13%:
22
阻抗百分比Ud23%:
8
提示：上端接线为高压侧；中部接线为中压侧；下端接线为低压侧。请正确选择接线，防止计算错误。
说明
确定
取消

图 4-11-1-18　自耦变压器赋值界面

自耦变压器说明
1. 绕组方式指的是变压器的绕组形式(星形,三角形),和变压器的接地方式。
2. 当计算三相短路电流或两相短路时,不计算单相接地或者两相接地短路时,可以不考虑变压器的绕组方式,此种情况绕组方式:选择"不考虑"。
确定

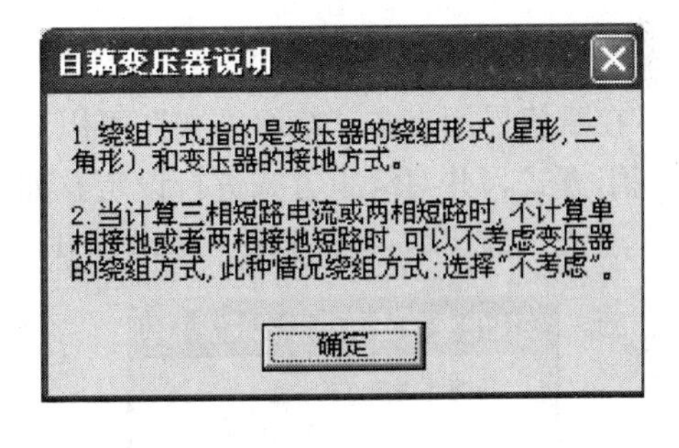

图 4-11-1-19　自耦变压器说明

在赋值界面点击“绕组方式”可以对其绕组方式进行设置。可以设置是否考虑变压器的绕组方式，并对绕组方式进行设定。如图 4-11-1-20：

点击“确定”，插入到图中如图 4-11-1-21：

7. 点击“三绕组变压器”图标，直接插入图中，弹出三绕组变压器赋值对话框对其进行参数赋值如图 4-11-1-22：

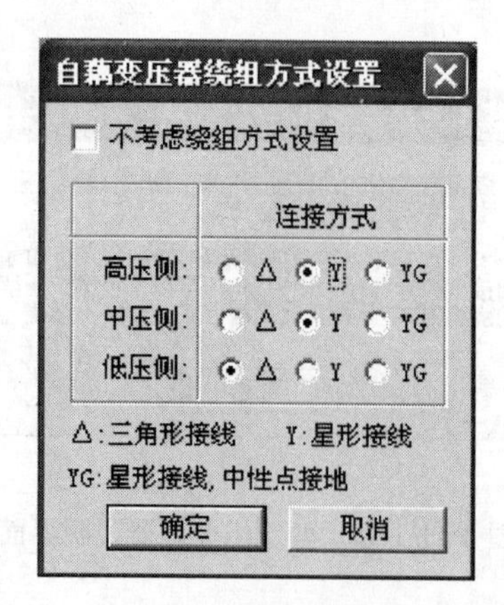

图 4-11-1-20　自耦变压绕组方式设置

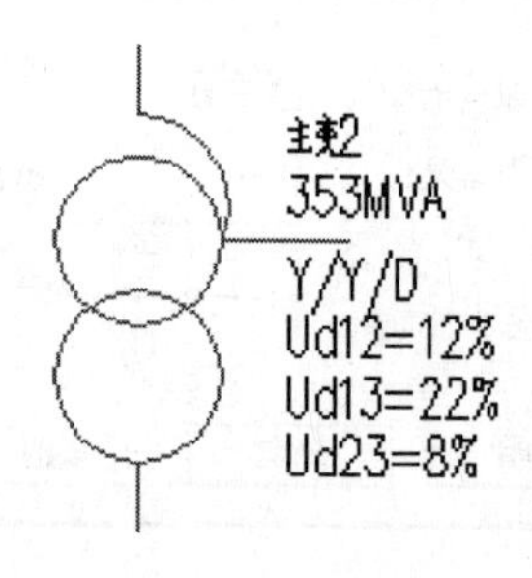

图 4-11-1-21　自耦变压器

点击“说明”，可查看三绕组变压器说明，如图 4-11-1-23：

三绕组变压器赋值界面
参数
变压器名称: 主变#1
变压器容量: 100 MVA
绕组方式: 不考虑 <<
阻抗百分比Ud12%: 12
阻抗百分比Ud13%: 22
阻抗百分比Ud23%: 8
提示：上端接线为高压侧；中部接线为中压侧；下端接线为低压侧。请正确选择接线，防止计算错误。
说明　确定　取消

图 4-11-1-22　三绕组变压器参数赋值界面

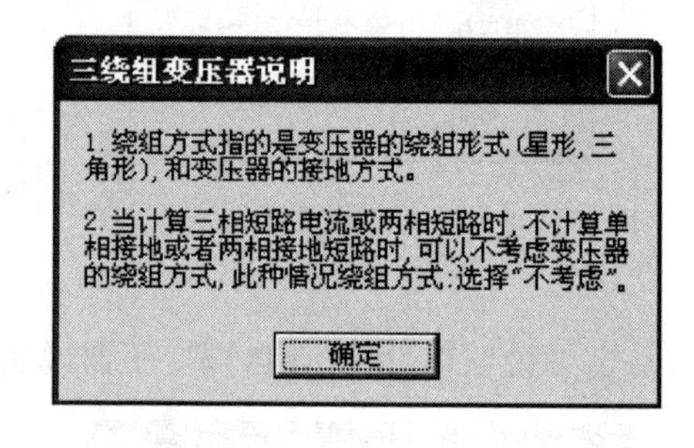

图 4-11-1-23　三绕组变压器说明界面

在赋值界面点击“绕组方式”可以对其绕组方式进行设置。可以设置是否考虑变压器的绕组方式，并对绕组方式进行设定。如图 4-11-1-24：

点击“确定”，插入到图中如图 4-11-1-25：

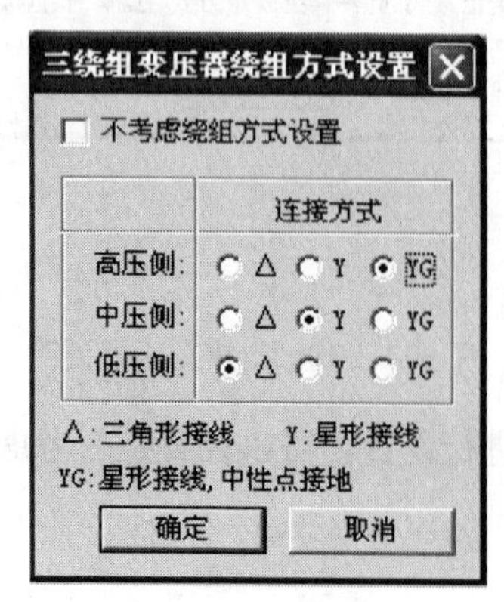

图 4-11-1-24　三绕组变压器绕组方式设置对话框

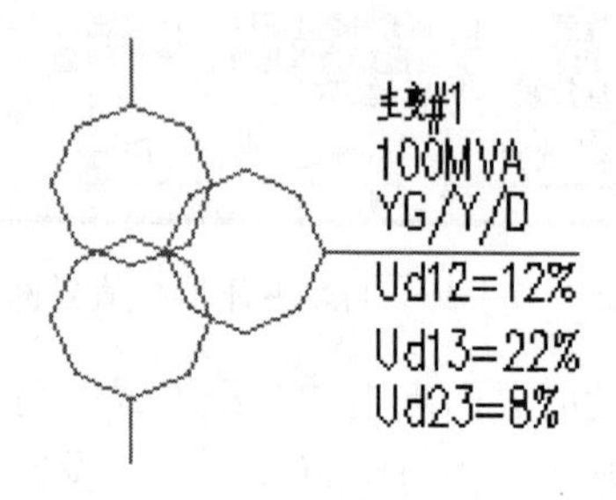

图 4-11-1-25　三绕组变压器

8. 点击“电抗器”图标，直接插入图中，弹出电抗器参数赋值对话框对其进行参数赋值如图 4-11-1-26：

点击“说明”，可查看电抗器说明，如图 4-11-1-27：

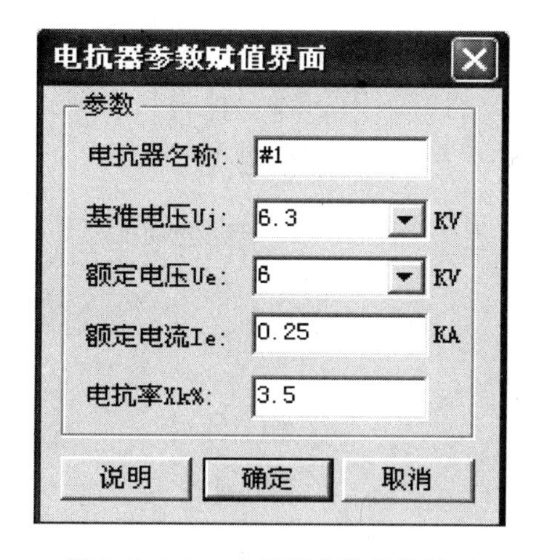

图 4-11-1-26　电抗器参数赋值界面

图 4-11-1-27　电抗器说明界面

在赋值界面用户可以设置电抗器的名称、基准电压、额定电压、额定电流、电抗率等值。插入到图中如图 4-11-1-28：

9. 点击“电动机”图标，直接插入图中，弹出异步电动机赋值对话框对其进行参数赋值如图 4-11-1-29：

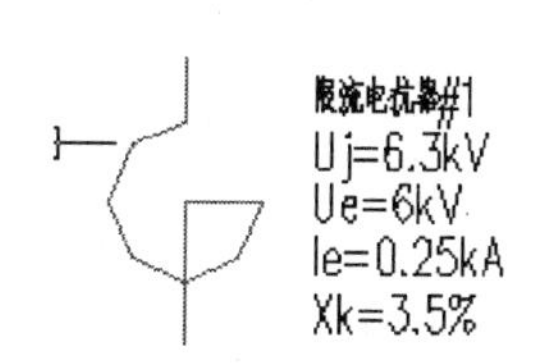

图 4-11-1-28　电抗器

图 4-11-1-29　异步电动机参数赋值界面

点击“说明”，可查看电动机说明，如图 4-11-1-30：

在赋值界面用户可以对其类型、名称、功率进行设置。点击“确定”，插入到图中如图 4-11-1-31：

10. 点击“短路点”图标，直接插入图中，弹出短路点赋值对话框对其进行参数赋值如图 4-11-1-32：

用户可以对短路点的编号、基准电压、冲击系数进行设置。点击“确定”，插入图中，如图 4-11-1-33：

11. 在图中连线出现交叉时，点击“跨接”图标，插入图中连线交叉点。如图 4-11-1-34：

用户在插入跨接线时可以根据需要输入命令 A，使跨接线旋转。

图 4-11-1-30　异步电动机说明

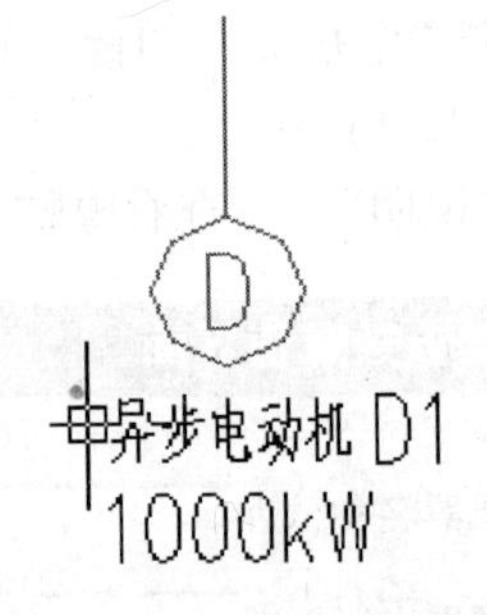

图 4-11-1-31　异步电动机

短路点赋值
短路点编号: d1
短路点基准电压: 115 kV
短路点冲击系数: 1.8
确定　取消

图 4-11-1-32　短路点赋值界面

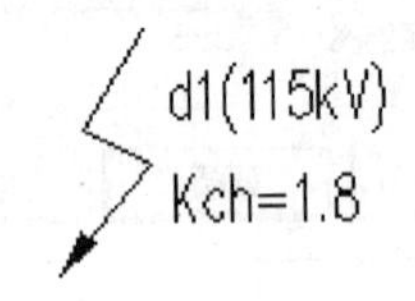

图 4-11-1-33　短路点

12. 在完成主接线图的搭建时，点击“主接线标识”图标，框选主接线图范围。如图 4-11-1-35：

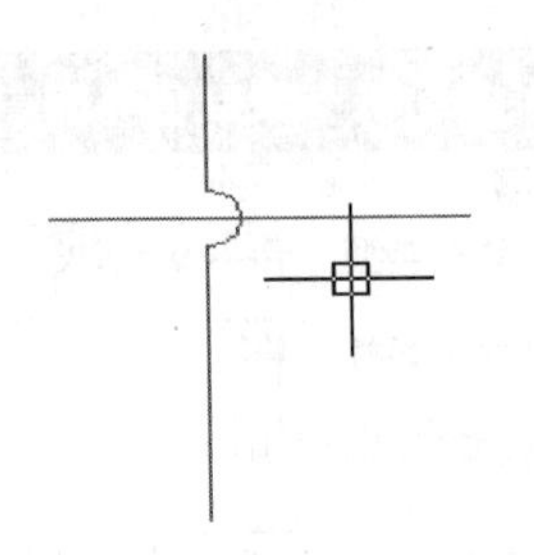

图 4-11-1-34　跨接

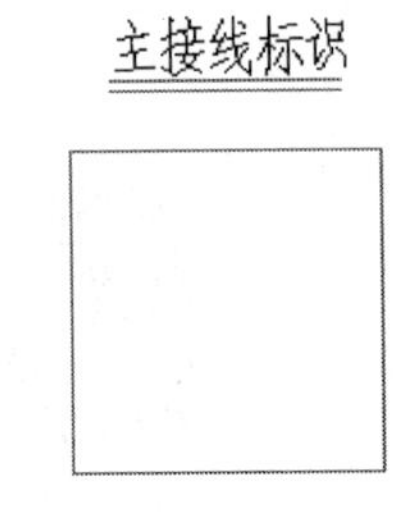

图 4-11-1-35　主接线标识

13. 点击“两绕组分裂变压器”图标，直接插入图中，弹出两绕组分裂变压器参数赋值对话框，对其进行参数赋值如图 4-11-1-36：

点击“说明”，可查看两绕组分裂变压器说明，如图 4-11-1-37：

在赋值界面点击“绕组方式”可以对其绕组方式进行设置。可以设置是否考虑变压器的绕组方式，并对绕组方式进行设定。如图 4-11-1-38：

点击“确定”，插入到图中如图 4-11-1-39：

14. 点击“三绕组分裂变压器”图标，直接插入图中，弹出三绕组分裂变压器参数赋值对话框，对其进行参数赋值如图 4-11-1-40：

两绕组分裂变压器
参数
变压器名称: 厂用变#2
变压器容量: 100 MVA
绕组方式: Y/D/D
半穿越电抗: 15 %
分裂系数Kf: 4
说明
确定
取消

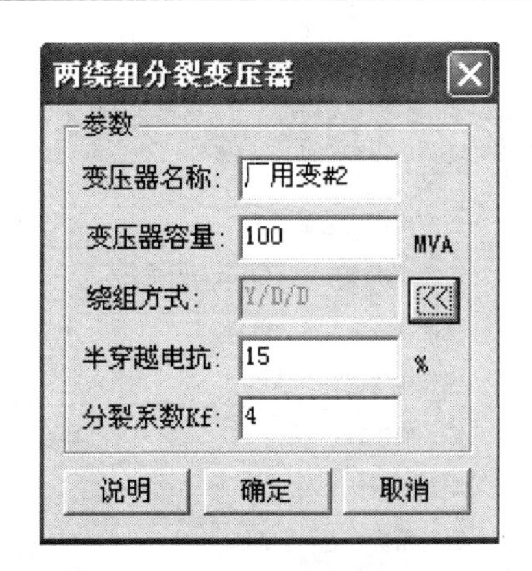

图 4-11-1-36　两绕组分裂变压器参数赋值界面

两绕组分裂变压器说明
两绕组分裂变压器的分裂系数等于4时，此时两绕组分裂变压器为普通单相变压器低压分裂，其X1值计算出来为0，也可以理解成完全分裂。此时这种分裂变压器也可以理解成两个相同的两绕组变压器。
确定

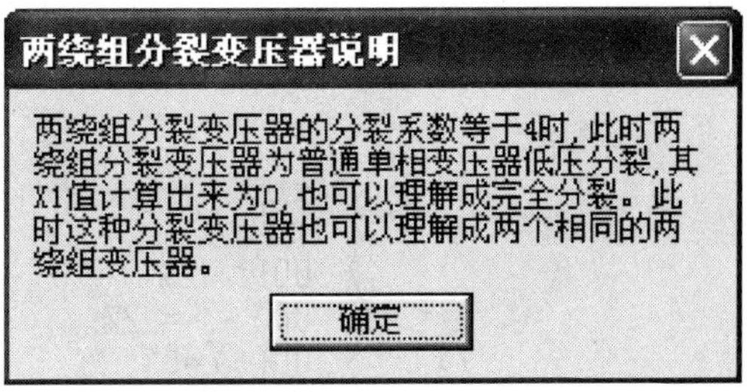

图 4-11-1-37　两绕组分裂变压器说明界面

两绕组分裂变压器绕组...
不考虑绕组方式设置
连接方式
高压侧:(1侧)
△ Y YG
低压分裂侧:(2/2')侧
△ Y YG
确定
取消

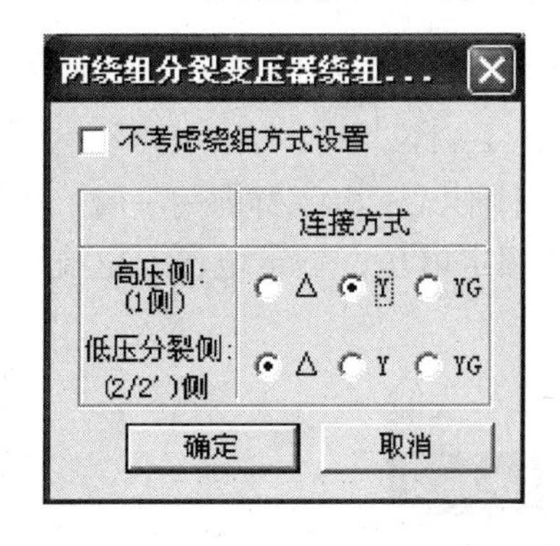

图 4-11-1-38　两绕组分裂变压器绕组方式设置对话框

100MVA
X1-2'=15%
Kf=4

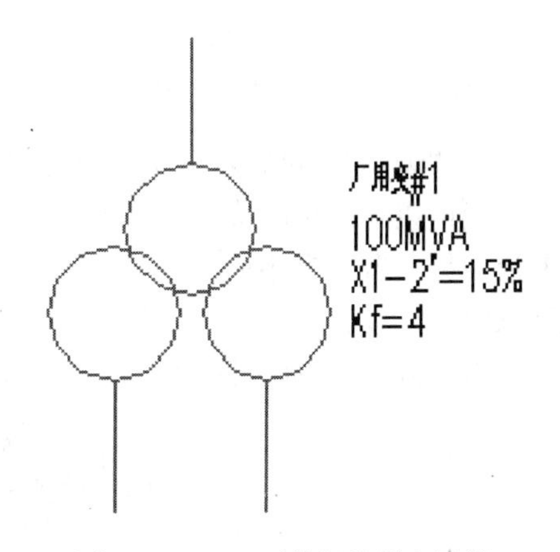

图 4-11-1-39　两绕组分裂变压器

点击“说明”，可查看三绕组分裂变压器说明，如图 4-11-1-41：

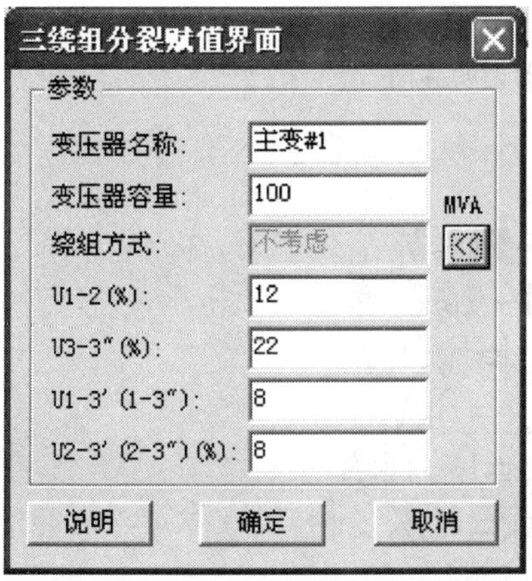

三绕组分裂赋值界面
参数
变压器名称: 主变#1
变压器容量: 100 MVA
绕组方式: 不考虑
U1-2(%): 12
U3-3"(%): 22
U1-3'(1-3"): 8
U2-3'(2-3")(%): 8
说明
确定
取消

图 4-11-1-40　三绕组分裂变压器参数赋值界面

三绕组分裂变压器说明
1. U1-2(%):高中压绕组间的穿越电抗
2. U3-3''(%):分裂绕组间的分裂电抗
3. U1-3'(U1-3'')(%):高压绕组和分裂绕组间的穿越电抗
4. U2-3'(U2-3'')(%):中压绕组和分裂绕组间的穿越电抗
确定

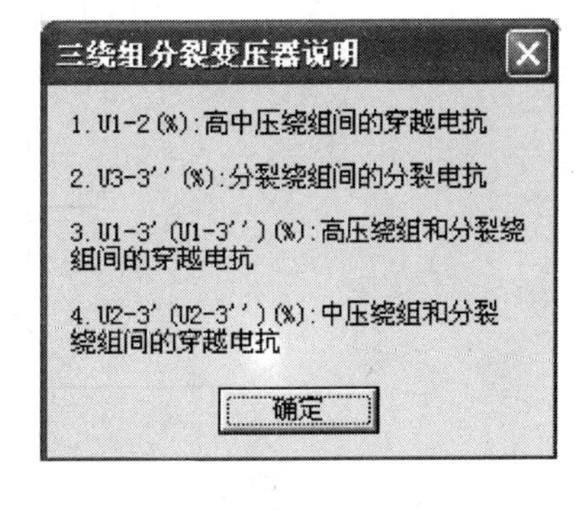

图 4-11-1-41　三绕组分裂变压器说明界面

点击“确定”，插入到图中如图 4-11-1-42：

15. 点击“分裂电抗器”图标，直接插入图中，弹出分裂电抗器器参数赋值对话框，对其进行参数赋值如图 4-11-1-43：

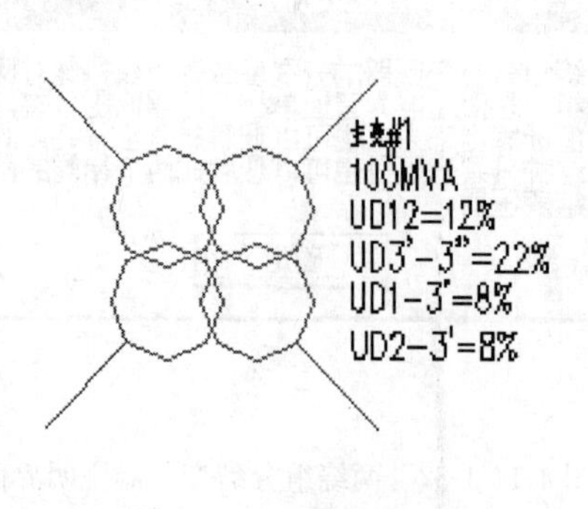

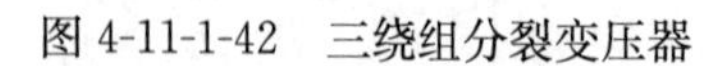
图 4-11-1-42　三绕组分裂变压器

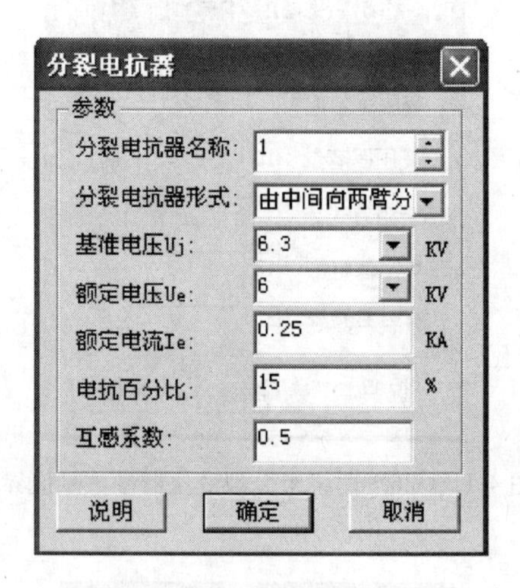

图 4-11-1-43　分裂电抗器参数赋值界面

点击“说明”，可查看分裂电抗器说明，如图 4-11-1-44：

用户可以对分裂电抗器的名称、形式（主要有三种形式：由一臂向另一臂、由中间，一臂流向另一臂、由中间向两臂分流）、基准电压、额定电压、额定电流、电抗百分比、互感系数进行设置。

点击“确定”，插入图中，如图 4-11-1-45：

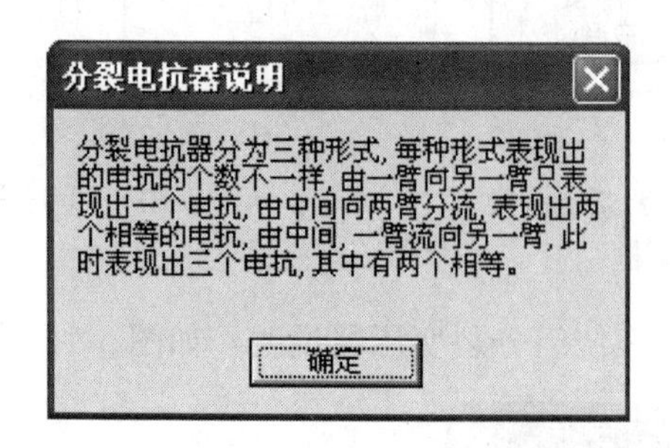

图 4-11-1-44　分裂电抗器说明界面

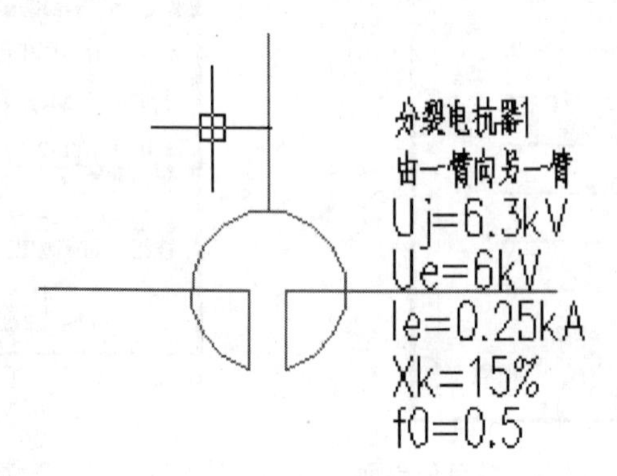

图 4-11-1-45　分裂电抗器

电力设计手册图例（图 4-11-1-46）：

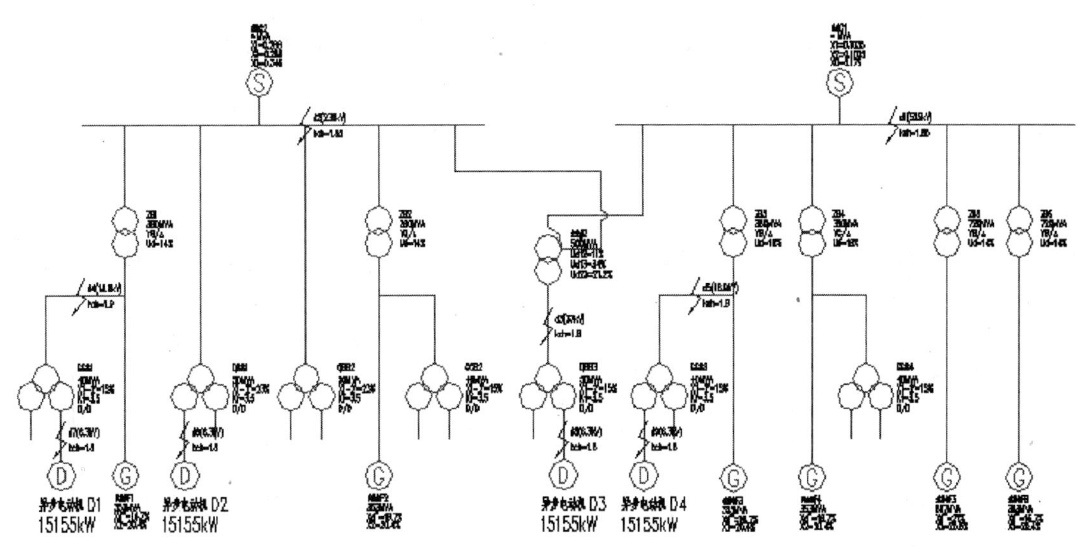

图 4-11-1-46 主接线图

4.11.2 转换设置（ZHSZ）

菜单位置：【高压短路】→【转换设置】

功能：对主接线图转换为阻抗图的参数进行设置

点取该命令后，弹出对话框（图 4-11-2）：

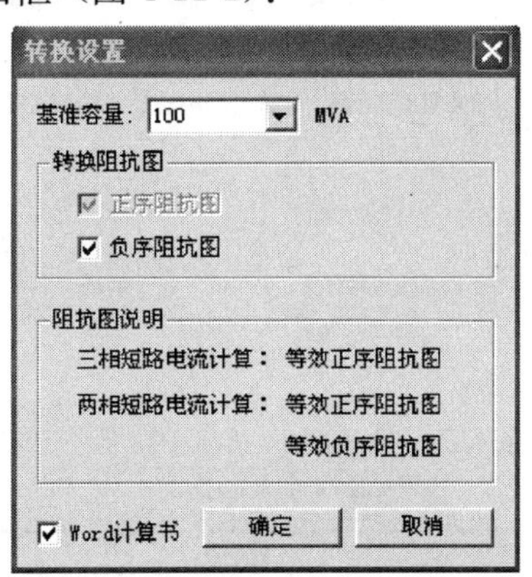

图 4-11-2 转换设置对话框

用户可以设置计算的基准容量，转换阻抗图可以设置是否转换出负序阻抗图，并且可以设置是否在转换的同时出转换阻抗 WORD 计算书。

设置完毕后，点击“确定”，即可生效。

4.11.3 自动转换（ZDZH）

菜单位置：【高压短路】→【自动转换】

功能：将主接线图自动转换为阻抗图

点取该命令后，命令行提示选择主接线图矩形框，如图 4-11-3-1：

确定后自动生成阻抗图如图 4-11-3-2：

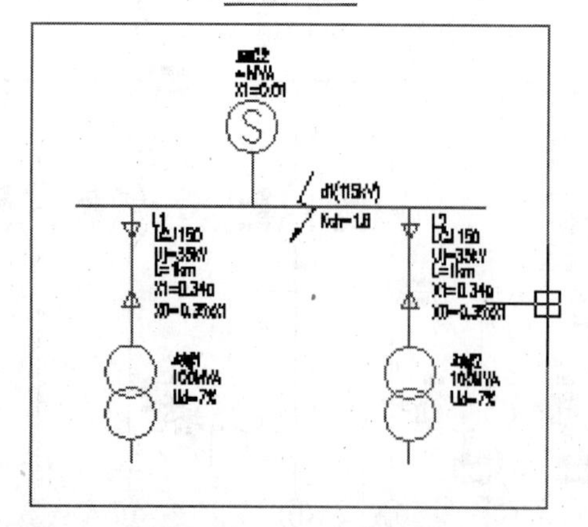

图 4-11-3-1　主接线图

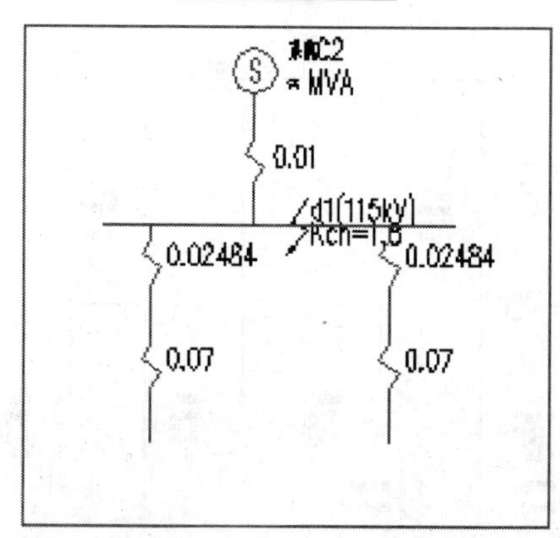

图 4-11-3-2　正序阻抗图

4.11.4　电抗标定 (DKBD)

菜单位置：【高压短路】→【电抗标定】

功能：计算线路及设备的阻抗标幺值，并赋值到相应阻抗图中。

点取该命令后，弹出电抗标定对话框（图 4-11-4-1）：

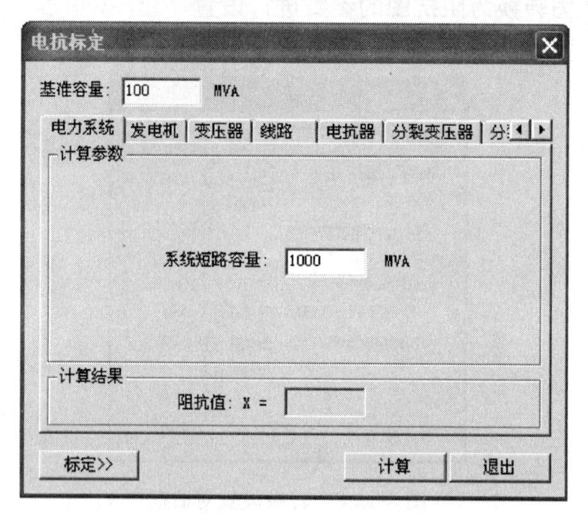

图 4-11-4-1　电抗标定对话框

电抗标定可以对电力系统，发电机，变压器，线路，电抗器，分裂变压器，分裂电抗器进行阻抗值计算，并在图纸中标定。

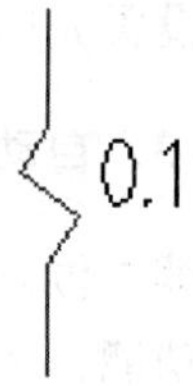

用户设定基准容量，如图一，切到电力系统，设置系统短路容量，点击“计算”，算出系统阻抗 X。

点击“标定”，在图纸上选择要标的阻抗，如图 4-11-4-2：

点击“发电机”，如图 4-11-4-3：

用户在发电机界面，设定发电机容量，超瞬态电抗百分值，点击“计算”，算出发电机阻抗值 X。点击“标定”，在图纸上选择要标的阻

图 4-11-4-2　电力系统阻抗图

抗，如图 4-11-4-4：

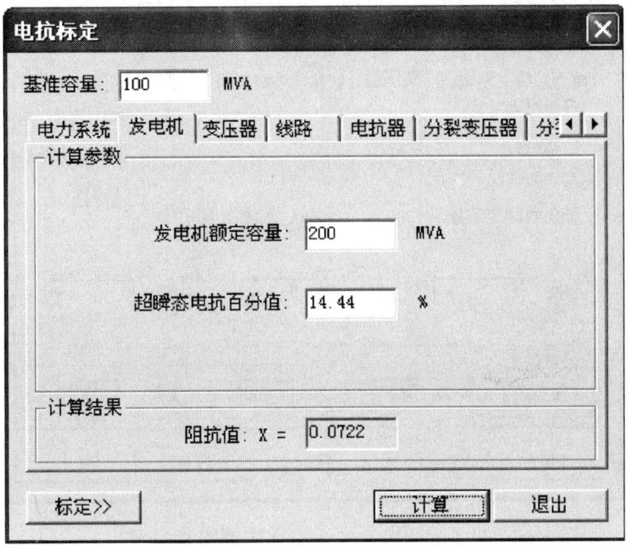

图 4-11-4-3 发电机阻抗计算

图 4-11-4-4 发电机阻抗

点击“变压器”，如图 4-11-4-5：

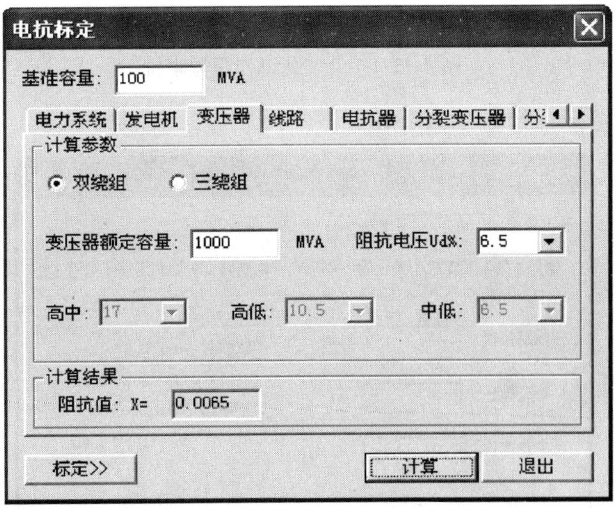

图 4-11-4-5 双绕组变压器阻抗计算

设定发电机的参数，选定类型双绕组，容量，电压，进行计算，算出 X 的值。在图中进行标定。

选定三绕组，设定变压器容量，各阻抗之间电压，进行计算，如图 4-11-4-6：

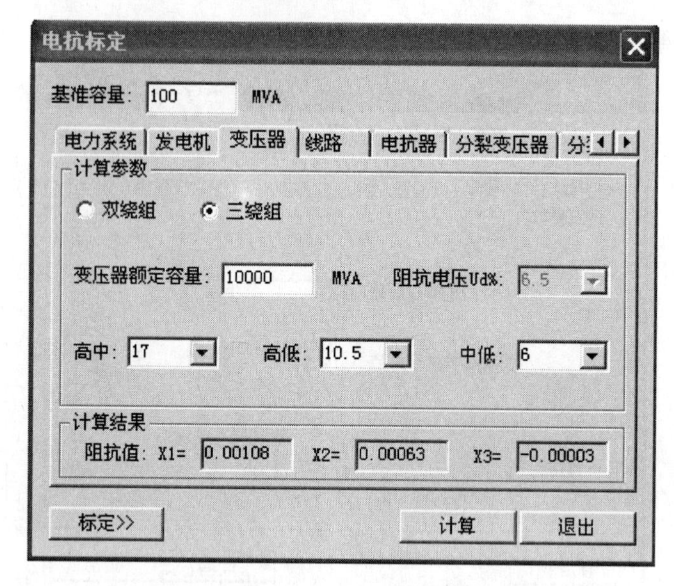

图 4-11-4-6　三绕组变压器阻抗计算

点击“标定”，在图纸上选择要标的阻抗，如图 4-11-4-7：

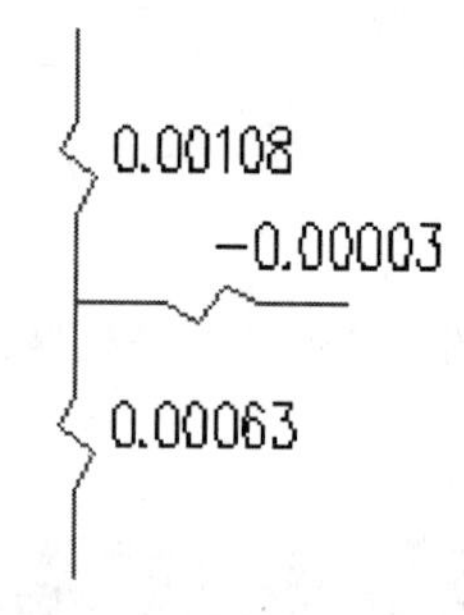

图 4-11-4-7　三绕组变压器阻抗

点击“线路”图标，如图 4-11-4-8：

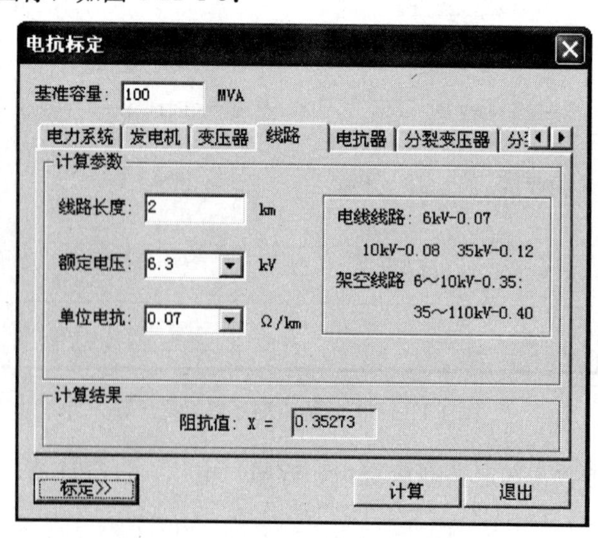

图 4-11-4-8　线路阻抗计算对话框

设置线路长度，额定电压，单位电抗的值，点击“计算”，算出X的值。

点击“标定”，在图纸上选择要标的阻抗，如图4-11-4-9：

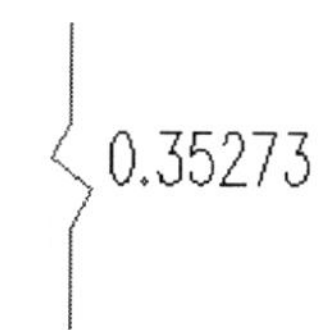

图4-11-4-9　线路阻抗

点击“电抗器”，如图4-11-4-10：

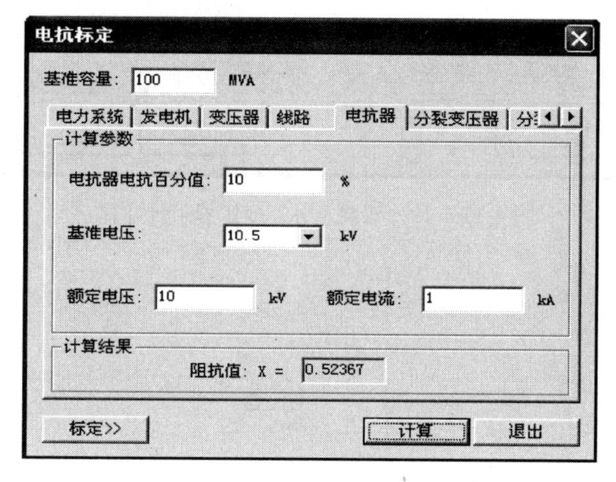

图4-11-4-10　电抗器阻抗计算

设置电抗器电抗百分比，基准电压，额定电压，额定电流，点击“计算”，算出X的值。

点击“标定”，在图纸上选择要标的阻抗，如图4-11-4-11：

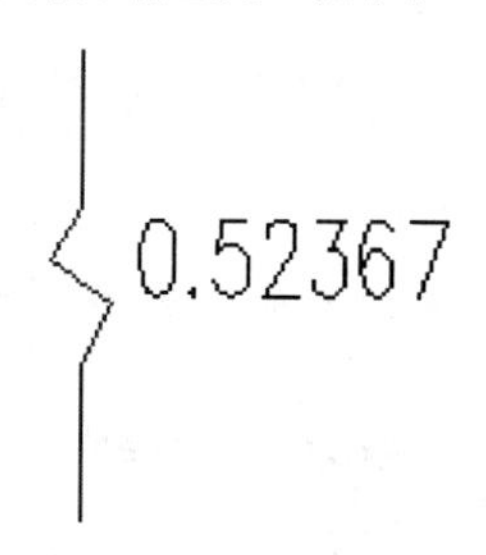

图4-11-4-11　电抗器阻抗

点击“分裂变压器”，选择双绕组分裂变压器，如图4-11-4-12：

设置双绕组分裂变压器的额定容量、分裂系数及半穿越电抗百分值，点击“计算”，算出X的值。

点击“标定”，在图纸上选择要标的阻抗，如图4-11-4-13：

选择三绕组分裂变压器，如图4-11-4-14：

设置三绕组分裂变压器的额定容量、各组抗之间电压百分比，点击“计算”，算出X的值。

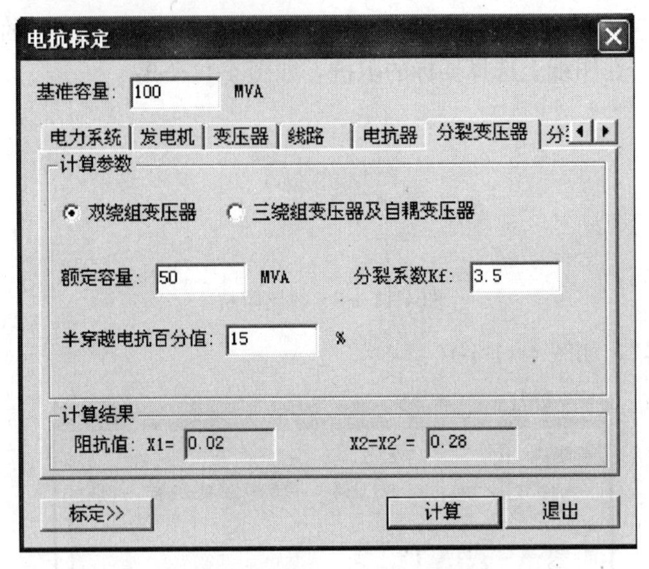

图 4-11-4-12　双绕组分裂变压器阻抗计算

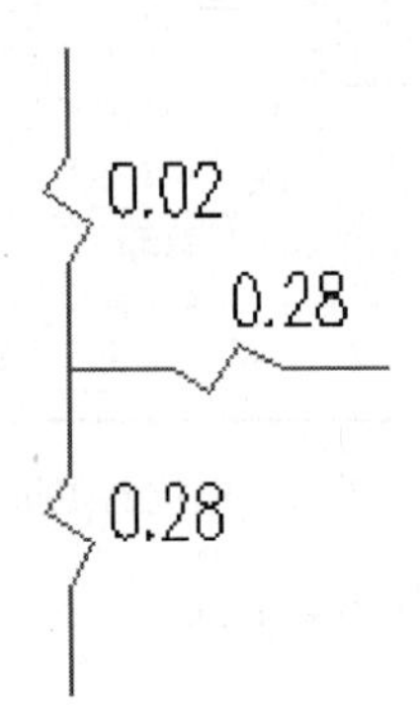

图 4-11-4-13　双绕组分裂变压器阻抗

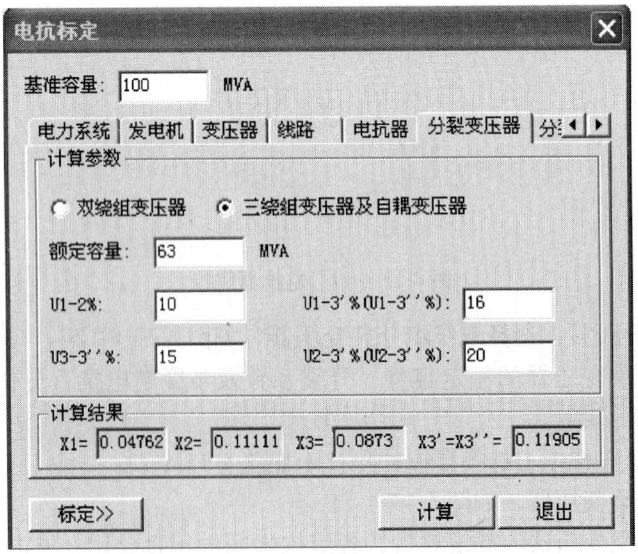

图 4-11-4-14　三绕组分裂变压器阻抗计算

点击“标定”，在图纸上选择要标的阻抗，如图 4-11-4-15：

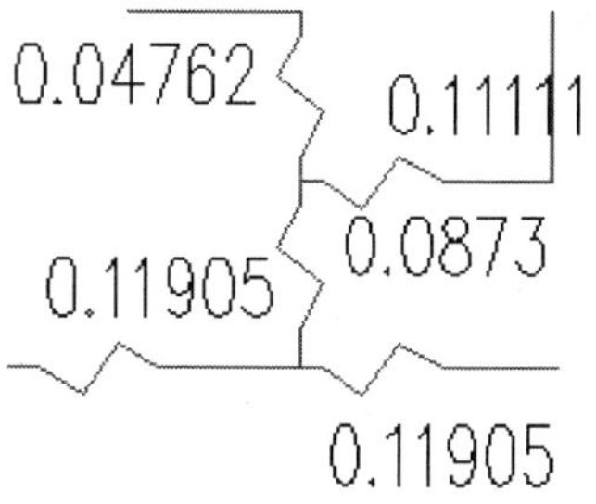

图 4-11-4-15　三绕组分裂变压器阻抗

点击“分裂电抗器”，如图 4-11-4-16：

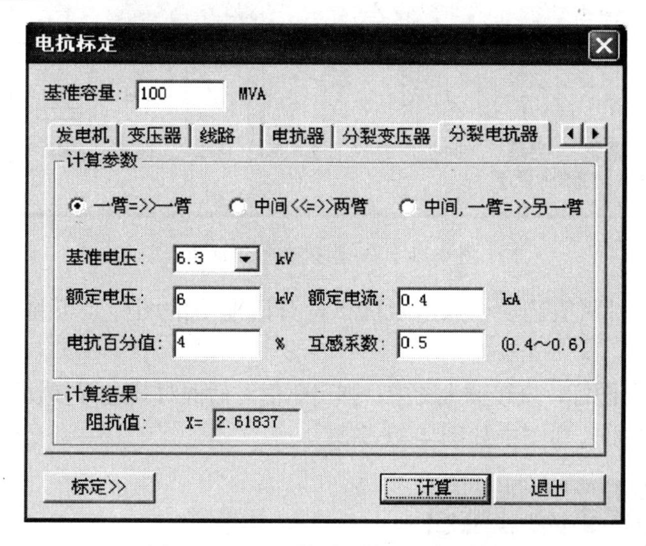

图 4-11-4-16　分裂电抗器阻抗计算

设置分裂电抗器的类型、基准电压、额定电压、额定电流、电抗百分值、互感系数，点击“计算”，算出 X 的值。

选择“由一臂向另一臂”点击“标定”，在图纸上选择要标的阻抗，如图 4-11-4-17：

选择“由中间向两臂分流”点击“标定”，在图纸上选择要标的阻抗，如图 4-11-4-18：

图 4-11-4-17　“由一臂向另一臂”分裂电抗器阻抗

图 4-11-4-18　“由中间向两臂分流”分裂电抗器阻抗

选择“由中间，一臂流向另一臂”点击“标定”，在图纸上选择要标的阻抗，如图 4-11-4-19：

1.30918 −0.43639
1.30918

图 4-11-4-19 “由中间，一臂流向另一臂”分裂电抗器阻抗

4.11.5 绘阻抗图（HZKT）

菜单位置：【高压短路】→【绘阻抗图】

功能：绘制阻抗图

点取该命令后，弹出对话框（图 4-11-5-1）：

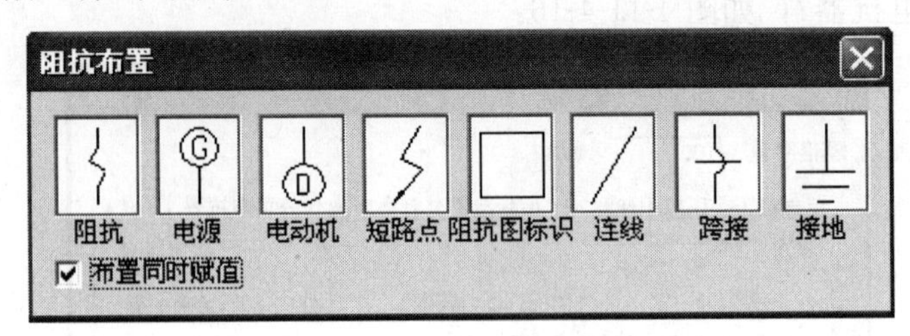

图 4-11-5-1 阻抗布置对话框

“√”选布置同时赋值选项，点击阻抗布置对话框中的图标，可将图例插入到图中并进行赋值。

1. 点击“阻抗”图标，直接插入图中，弹出赋值对话框对其进行参数赋值如图 4-11-5-2：点击“确定”，插入到图中如图 4-11-5-3：

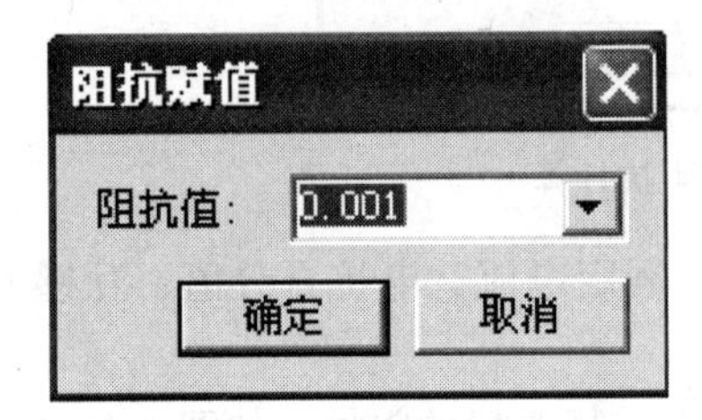

图 4-11-5-2 阻抗赋值对话框

图 4-11-5-3 阻抗

根据阻抗图的需要，阻抗可以进行旋转布置如图 4-11-5-4：

2. 点击“电源”图标，直接插入图中，弹出赋值对话框对其进行参数赋值如图 4-11-5-5：

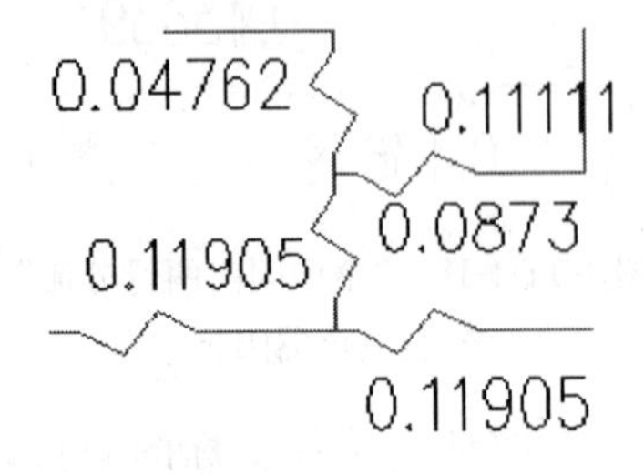

图 4-11-5-4 阻抗

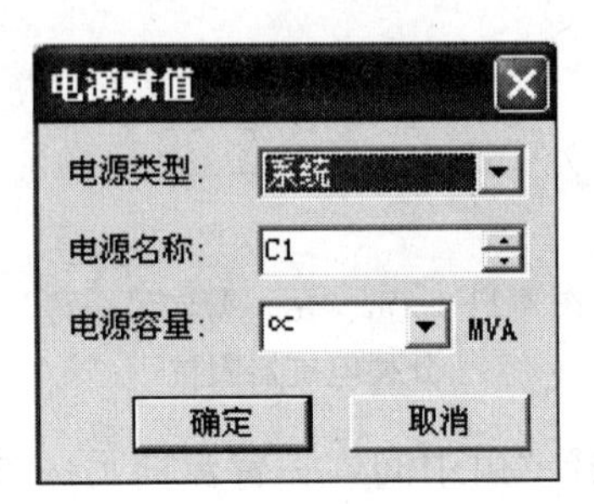

图 4-11-5-5 电源赋值界面

可以设置电源名称、容量及类型（系统、水轮机、汽轮机），并且设置完成后形成记忆，下次插入电源时参数和上次保持一致，名称数字会自动递增。

点击“确定”，插入到图中如图 4-11-5-6：

3. 点击“电动机”图标，直接插入图中，弹出赋值对话框对其进行参数赋值如图 4-11-5-7：

图 4-11-5-6　电源

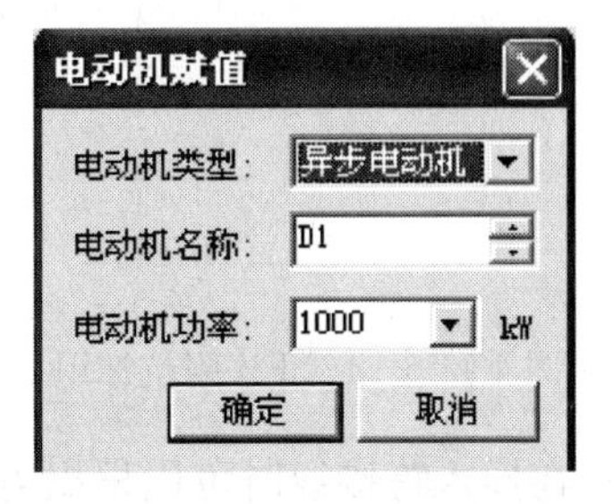

图 4-11-5-7　电动机赋值界面

可以设置电动机类型、名称、功率，并且设置完成后形成记忆，下次插入电动机时参数和上次保持一致，名称数字会自动递增。

点击“确定”，插入到图中如图 4-11-5-8：

4. 点击“短路点”图标，直接插入图中，弹出赋值对话框对其进行参数赋值如图 4-11-5-9：

图 4-11-5-8　电动机

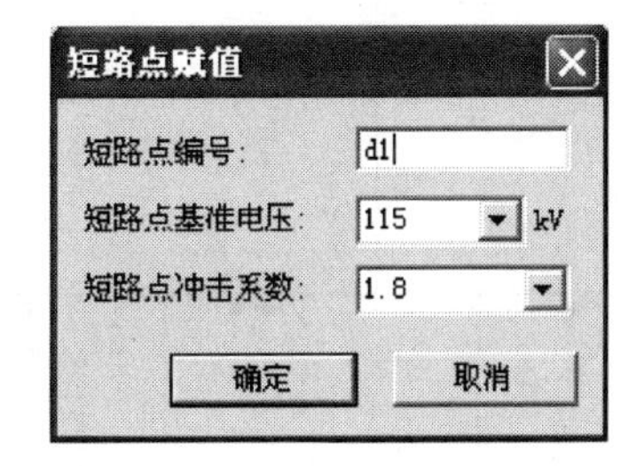

图 4-11-5-9　短路点赋值界面

用户可以对短路点的编号、基准电压、冲击系数进行设置。点击“确定”，插入图中，如图 4-11-5-10：

5. 在完成阻抗图的搭建时，点击“阻抗图标识”图标，弹出阻抗图范围框设置对话框，如图 4-11-5-11：

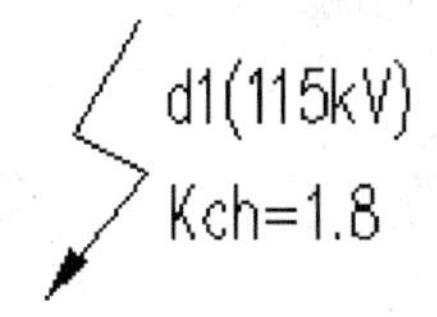

图 4-11-5-10　短路点

图 4-11-5-11　阻抗图范围框设置对话框

点击“确定”，框选阻抗图范围。如图 4-11-5-12：

6. 点击“连线”图标，可以自由连接阻抗、设备元件，自由绘制支路。

7. 在图中连线出现交叉时，点击“跨接”图标，插入图中连线交叉点。如图 4-11-5-13：

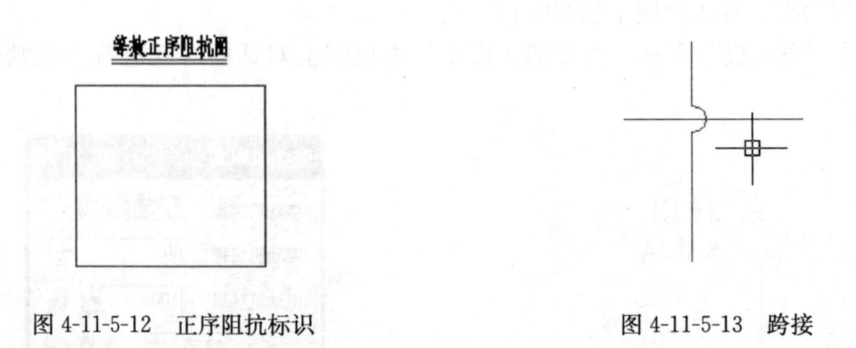

图 4-11-5-12　正序阻抗标识

图 4-11-5-13　跨接

用户在插入跨接线时可以根据需要输入命令 A，使跨接线旋转。

8. 点击“接地”图标，在图中直接插入接地符号。并且接地符号插入时可根据需要进行旋转。如图 4-11-5-14：

图 4-11-5-14　接地

由该功能搭建的阻抗图（图 4-11-5-15 和图 4-11-5-16）：

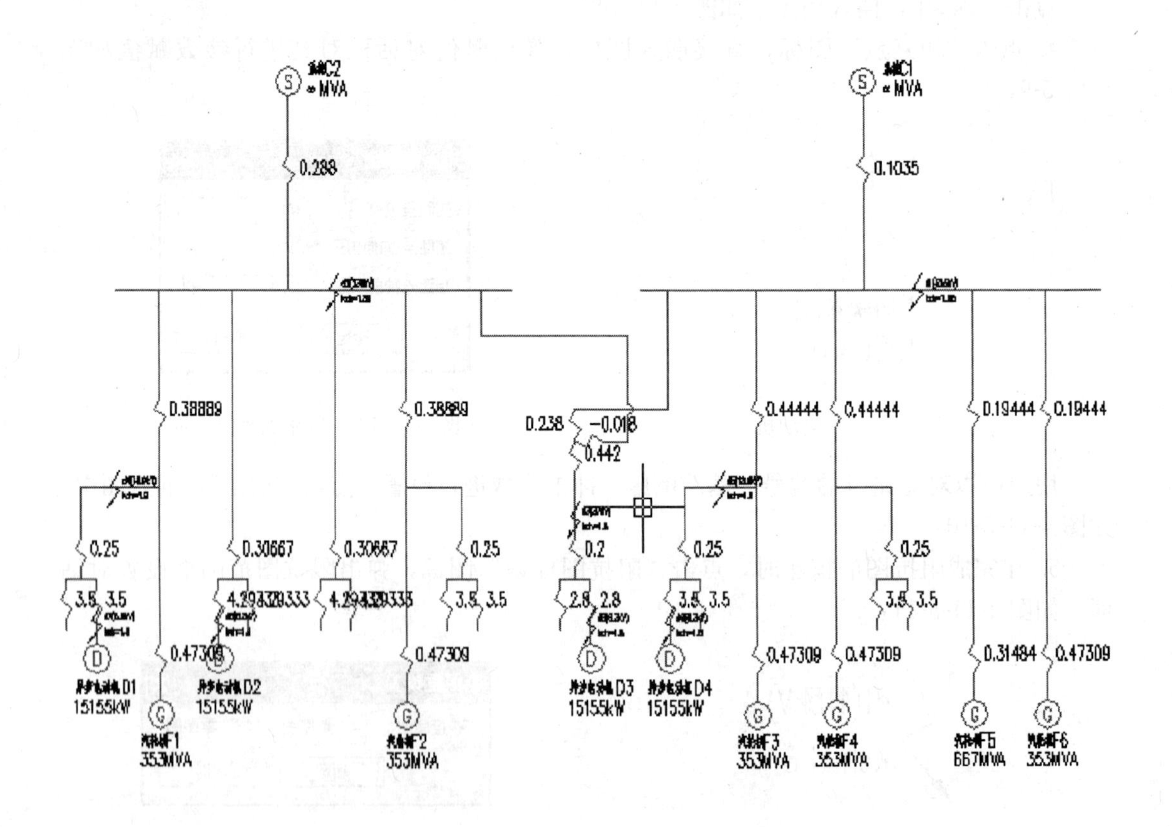

图 4-11-5-15　正序阻抗图

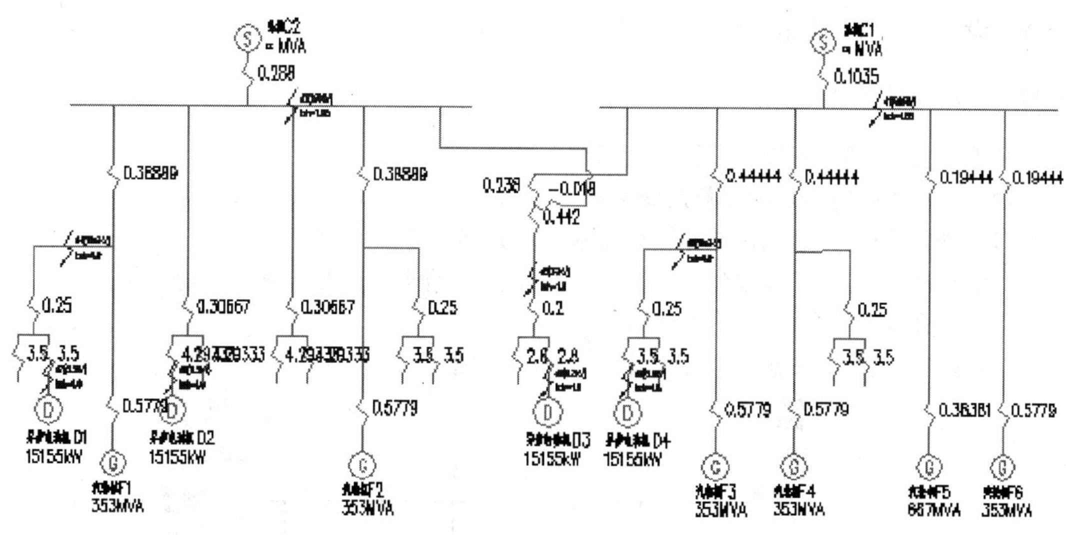

图 4-11-5-16　负序阻抗图

4.11.6　计算设置（JSSZ）

菜单位置：【高压短路】→【计算设置】

功能：短路电流计算的数据进行设置

点取该命令后，弹出对话框（图 4-11-6）：

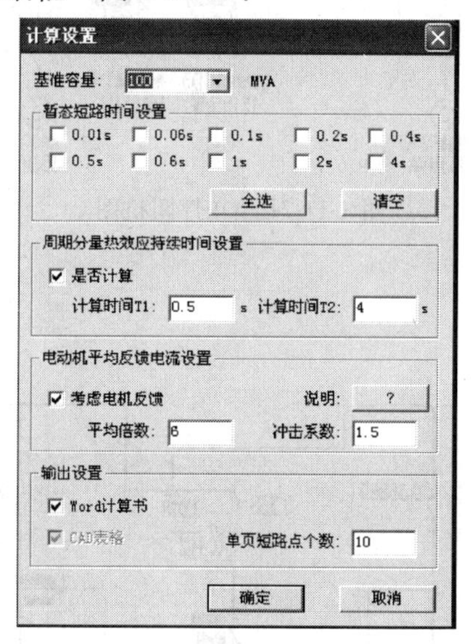

图 4-11-6　计算设置对话框

“基准容量”默认数值是“100”，下拉可选择“1000”，该数值可供用户手工改动。

“暂态短路时间设置”可勾选相应的时间，在最终的结果可以显示该时间的短路电流值。“全选”—可将时间数值全部选中；“清空”—可放弃选中的时间数值。

“电动机平均反馈电流设置”中，默认不勾选“考虑电机反馈”，此时“平均倍数”、“冲击系数”颜色变灰，不可输入。

用户可以设置是否在转换的同时出转换阻抗 WORD 计算书，并且设置单页短路点的个数。设置完毕后，点击“确定”按钮，即可生效。

4.11.7　短路计算（DLJS）

菜单位置：【高压短路】→【短路计算】

功能：自动根据阻抗图计算短路电流

参照规范：《导体和电器选择设计技术规定》DLT 5222—2005。

参照手册：《电力工程设计手册》一次部分、《工业与民用配电设计手册》第三版。

点取该命令后，命令行提示：

“请选择阻抗图的图框”，如图（图 4-11-7-1～图 4-11-7-3）：

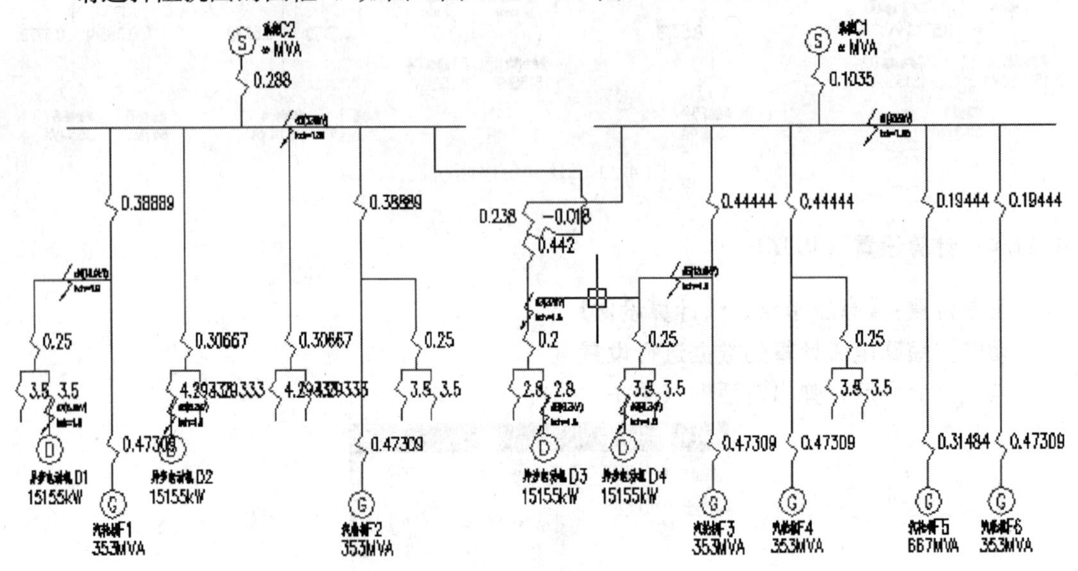

图 4-11-7-1　正序阻抗图

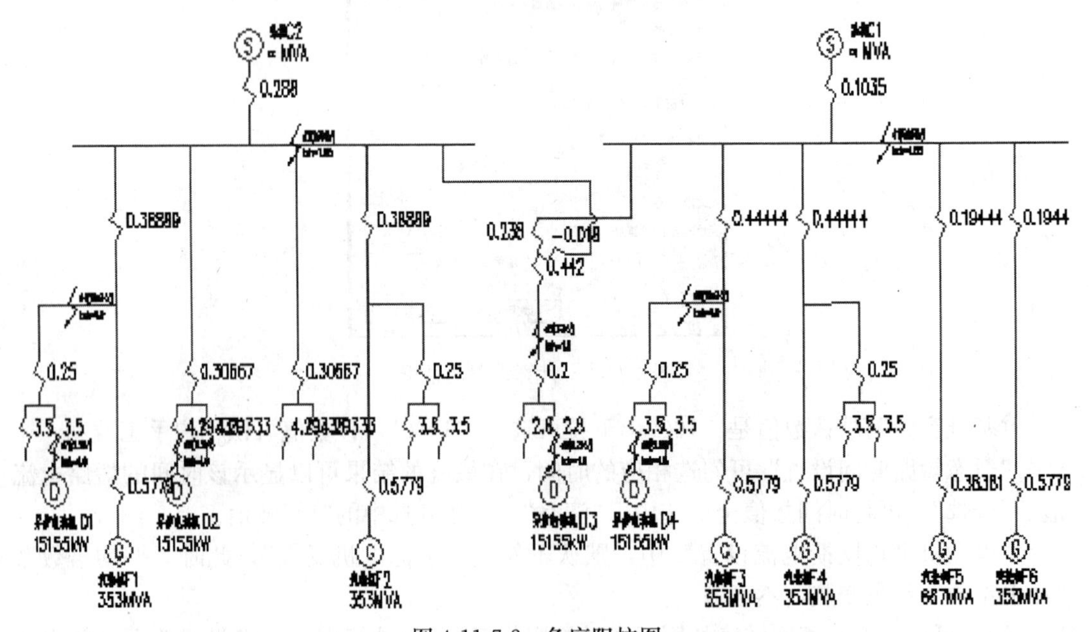

图 4-11-7-2　负序阻抗图

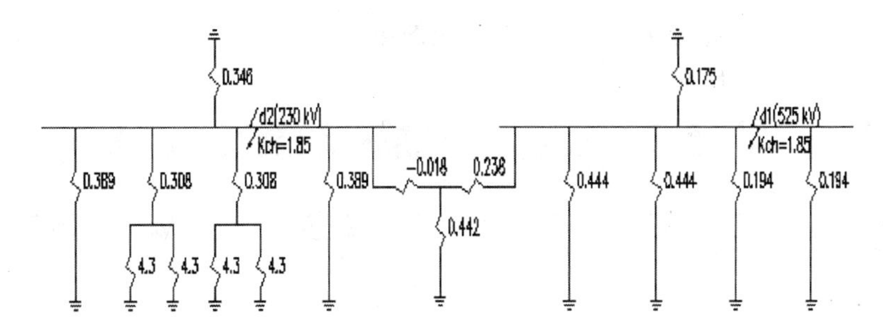

图 4-11-7-3　零序阻抗图

从图中提取数据进行计算，无需人工查表。

可以计算正序阻抗图（三相短路电流），正序、负序阻抗图（三相、两相短路电流），正序、负序、零序阻抗图（三相、两相、两相对地、单相短路电流）。如图 4-11-7-4：

符号说明:

名称	说明
I"	短路电流周期分量起始值
$I_{\alpha1}$(kA)	0.1 秒短路电流有效值
$I_{\alpha2}$(kA)	0.2 秒短路电流有效值
Ich	短路电流全电流最大有效值
ich	短路冲击电流值
S"	起始短路容量

图 4-11-7-4　短路计算说明

基准容量:Sj = 1000 MVA

短路点编号	短路点平均电压Uj(kV)	基准电流Ij(kA)	分支名称	分支电抗X*	短路电流值					
					I"(kA)	$I_{\alpha1}$(kA)	$I_{\alpha2}$(kA)	Ich(kA)	ich(kA)	S"(MVA)
d1（三相）	525	1.1	C1	0.1035	10.625	10.625	10.625	16.614	27.799	9661.8
			C2	0.655	1.679	1.679	1.679	2.625	4.393	1526.7
			F1	1.9604	0.586	0.547	0.525	0.917	1.534	533.3
			F2	1.9604	0.586	0.547	0.525	0.917	1.534	533.3
			F3	0.9175	1.292	1.118	1.018	2.02	3.379	1174.6
			F4	0.9175	1.292	1.118	1.018	2.02	3.379	1174.6
			F5	0.5093	2.32	2.022	1.849	3.627	6.069	2109.2
			F6	0.6675	1.792	1.467	1.293	2.802	4.688	1629.4
			小计	0.056	20.172	19.123	18.53	31.542	52.776	18342.9
d1（两相）					16.655			26.042	43.574	15144.6
d1（单相）					21.07			32.946	55.126	19159.7
d1（两相接地）					20.576			32.173	53.832	18710

图 4-11-7-5　短路计算表

计算结果出短路计算表，同时可以出 WORD 文件短路“计算书”。

4.11.8　算非周期

菜单位置：【高压短路】→【算非周期】

功能：计算三相短路电流非周期分量及热效应

点取该命令后，弹出对话框：

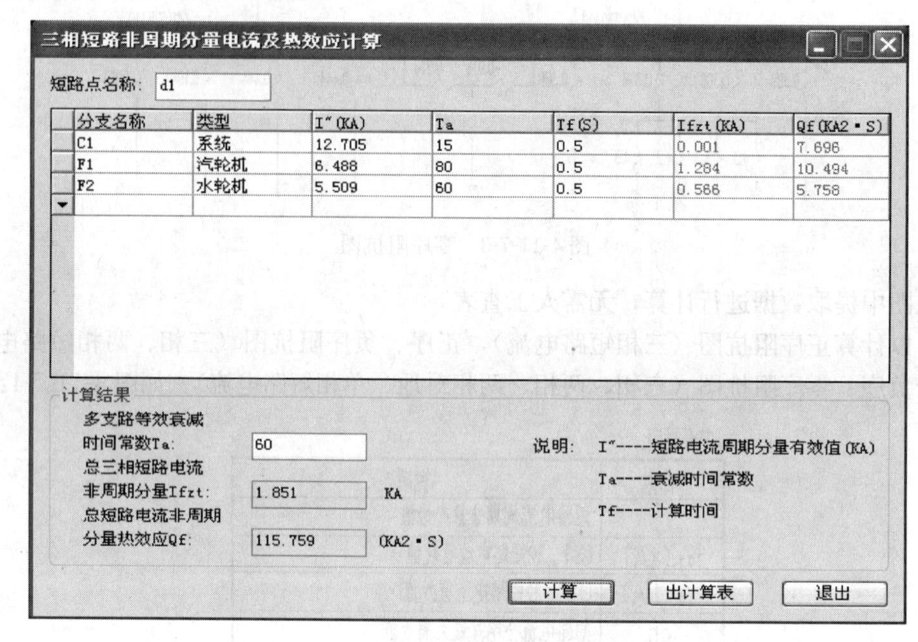

图 4-11-8　对话框

如图 4-11-8 所示：计算短路点各支路的三相短路电流非周期分量值及热效应，输入短路点的名称，各分支的名称、类型、短路电流周期分量有效值、查出衰减时间常数、计算时间，点击“计算”，即可算出结果，并出计算表格。

4.11.9　修改赋值（XGFZ）

菜单位置：【高压短路】→【修改赋值】

功能：修改图块的参数

点取该命令后，命令行提示：

“请选择图块：”

选择任意一个图块后确定，弹出该图块的参数赋值对话框，对其进行修改。

如选择一图块：

弹出赋值对话框进行修改（图 4-11-9-2）：

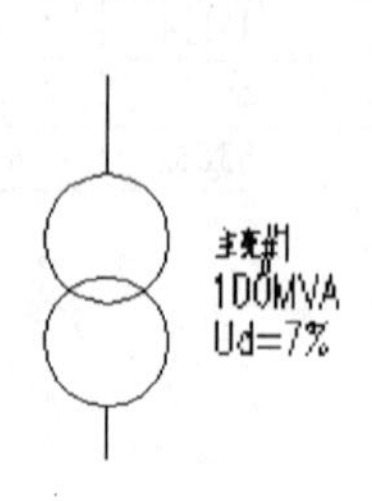

图 4-11-9-1　修改赋值前

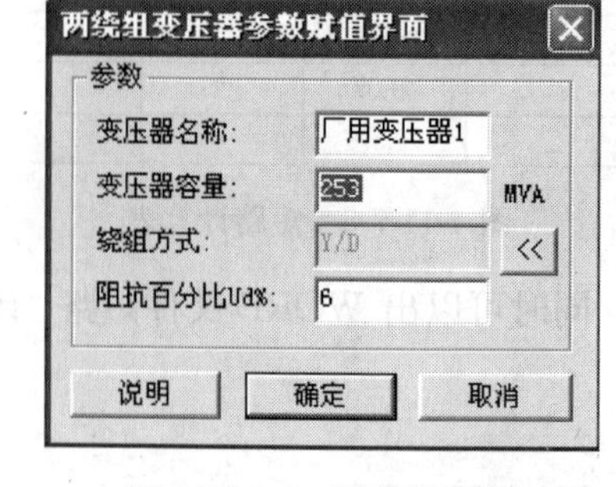

图 4-11-9-2　赋值对话框

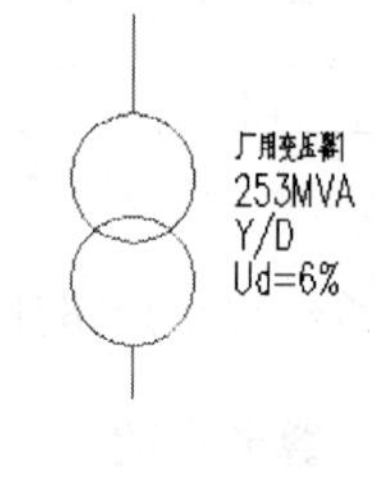

图 4-11-9-3　修改赋值后

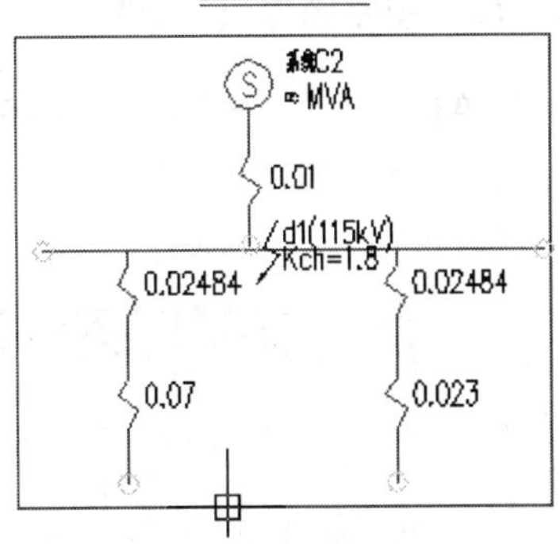

图 4-11-10　显示分支

4.11.10　显示分支（XSFZ）

菜单位置：【高压短路】→【显示分支】

功能：检查等效阻抗图是否连接，显示每个分支。

点取该命令后，命令行提示：

"请选择阻抗图的图框"，选择如图 4-11-10 显示：

在图纸上每个分支上用黄色小圈标识，检查分支是否正确。

4.11.11　错误检查（CWJC）

菜单位置：【高压短路】→【错误检查】

功能：检查阻抗图的错误

可以检查图纸阻抗接线图连通后即检查接线内部是否有错误：

检查项目如下：

（1）电源名称是否重名；

（2）电源容量值一定要大于 0；

（3）电动机名称是否重名；

（4）电动机容量值一定要大于 0；

（5）阻抗值不为 0；

（6）短路点编号是否重名；

（7）短路点直接设置在电源出口侧。

点取该命令后，命令行提示：

"请选择阻抗图或主接线图的图框"，如图 4-11-11-1：

弹出错误检查对话框（图 4-11-11-2）：

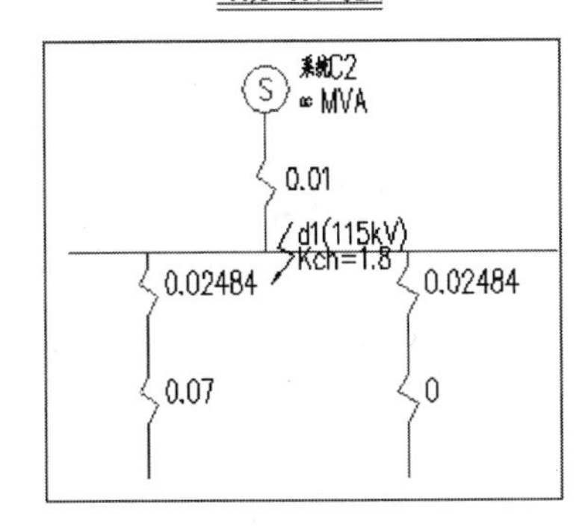

图 4-11-11-1　正序阻抗图

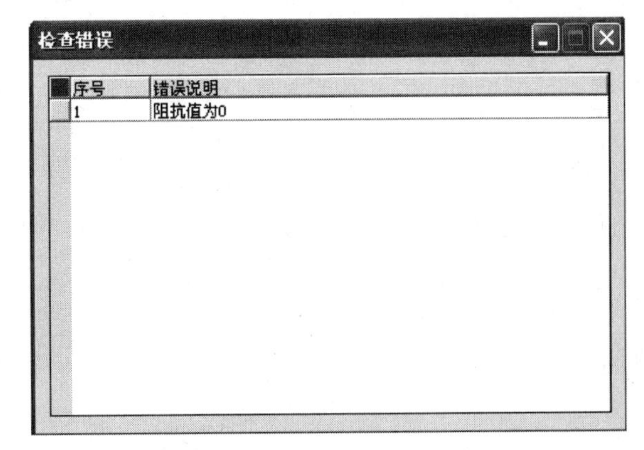

图 4-11-11-2　错误检查对话框

如果图纸没有错，命令行会提示图纸正确。

4.11.12 短路图库（DLTK）

菜单位置：【高压短路】→【短路图库】

功能：短路电流计算阻抗图图库

点取该命令后，弹出天正图集对话框（图 4-11-12）：

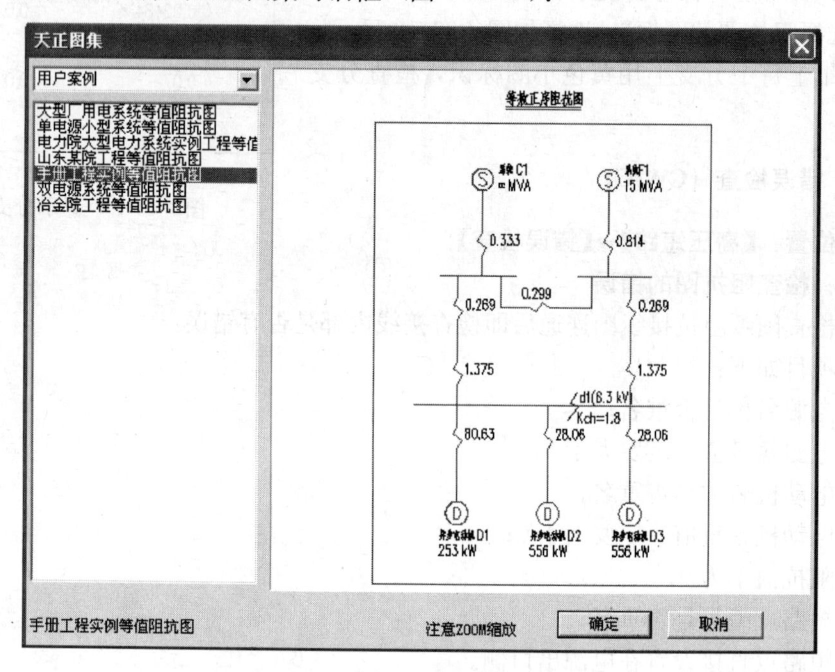

图 4-11-12　短路图库对话框

点击确定插入所选阻抗图。

第 5 章
三维桥架与电缆敷设

☞三维桥架

“三维桥架”功能，采用自定义实体技术，能进行“二维、三维同步设计”。可同时绘制多层桥架，绘制带隔板的桥架，也可以对已有桥架增加隔板与通道。绘制过程中自动生成弯通、三通、四通、变径等构件，桥架各部分构件相互关联，拖动一部分其余相关联部分随之联动。同时拖动桥架的绘制夹点即可执行桥架的绘制程序。可以对桥架进行自动编码，自动进行桥架标注，以及桥架材料统计，双击一段桥架可通过属性对话框对其进行修改，同时标注也随之改动。

☞三维支吊架

可绘制三维支吊架。“平面统计”生成支吊架材料表。

☞电缆敷设

该部分主要是进行电缆敷设，统计电缆长度：可导入“电缆清册表”、“电机表”，可选择根据噪音等级、指定通道自动进行电缆敷设，自动绘制电缆敷设图，自动计算每一回路的电缆长度及穿管规格、长度；也可逐条手工敷设，统计电缆长度，导出清册；进而自动分类汇总材料清单；方便查寻每一条电缆路径，该路径自动高亮显示、可在三维中显示；并可查看每段桥架的电缆填充率，不同的填充率采用不同的颜色高亮显示；可对已经敷设的电缆进行自动标注。自动生成配电柜出线图。

5.1　三维桥架

该部分主要是三维桥架的绘制，该功能可同时绘制多层桥架，可生成垂直段的桥架，方便编辑修改桥架参数，另外可对桥架进行标注及平面的统计。

5.1.1　桥架设置

菜单位置：【三维桥架】→【桥架设置】

功能：提供多种样式参数进行设置。

在菜单上选取本命令后，弹出如图 5-1-1-1 所示绘制桥架对话框：

图 5-1-1-1　桥架样式设置对话框

可通过幻灯片选择桥架弯通等构件的拐角样式；“显示设置”包括以下内容：

【显示分段】：指是否显示桥架分段；

【分段尺寸】：可以设置桥架分段的尺寸；

【边线宽度】：设置桥架边线的宽度；

【边线加粗】：勾选显示桥架边线按照桥架设置的边线宽度进行加粗；

【显示中心线】：控制是否显示桥架中心线；

【遮挡虚线显示】：控制两段不同标高有遮挡关系的桥架是否显示遮挡虚线；

【显示桥架件连接线】：控制是否显示桥架如弯通、三通等构件与桥架相连的连接线；

【显示隔板】：控制是否显示设置有隔板的桥架隔板线；

在“其他设置”中有以下内容：

【移动桥架关联拉伸】：可以控制相关联的桥架通过“MOVE”命令移动其中一段桥架，其他相关联的桥架是否联动；

【层间距离】：指当增加一层桥架时，其标高为其上一层桥架标高＋该设置的层间距离；

在【标注设置】中，可对桥架标注的文字、标注的样式进行设置，如图5-1-1-2：

字体设置中：可对字体的颜色、字高、字距系数等参数进行设置；

标注样式：有三种标注样式可以选择，右边有相应的幻灯片显示；最下面可对桥架的标注内容进行设置、选择，上下箭头可以控制其标注排列的顺序。

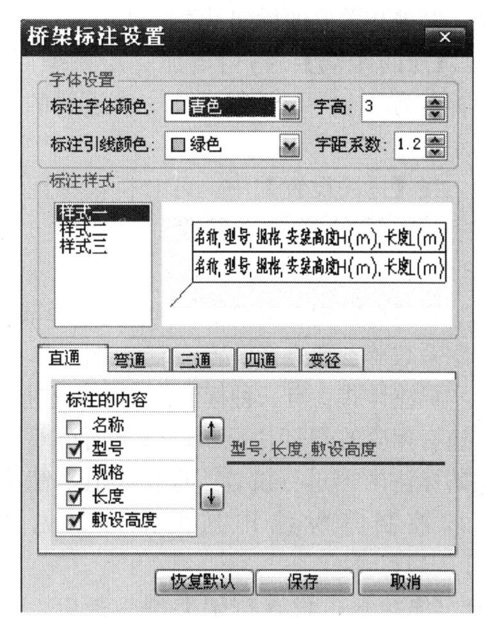

图5-1-1-2　桥架标注设置

5.1.2　绘制桥架

菜单位置：【三维桥架】→【绘制桥架】

功能：在平面图中绘制桥架（三维）。

在菜单上选取本命令后，弹出如图5-1-2-1所示绘制桥架对话框：

绘制桥架时，其绘制基准线分【水平】、【垂直】设置，对于【水平】有“上边”、“中心线”、“下边”三种选择，默认“中心线”；对于【垂直】有“底部”、“中心”、“顶部”三种选择，默认“底部”；【偏移】指绘制电缆沟时，实际绘制准线距选择的基准点的距离。【锁定绘制角度】指在绘制电缆沟过程中，基准线在允许的偏移角度范围内（15度），绘制的电缆沟角度不偏移，否则，则电缆沟角度随基准线的角度；“＋”“－”指增加或删除一行桥架；桥架属性栏包括“类型”、“宽×高”、“标高”、“盖板”属性，可通过选择或直接修改其属性。

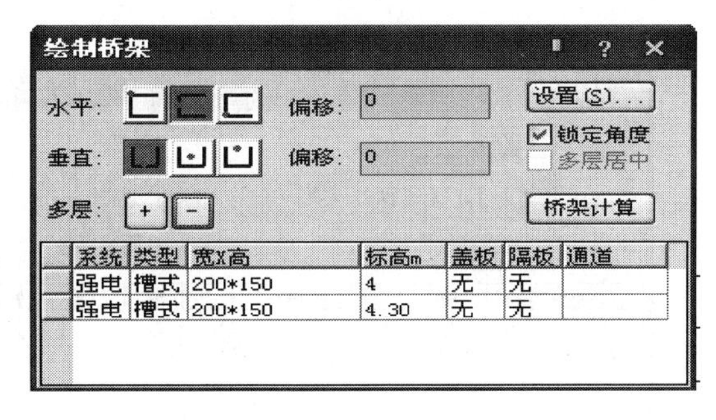

图5-1-2-1　绘制桥架对话框

点击【设置】按钮，弹出设置对话框，如图5-1-2-2：

可通过幻灯片选择桥架弯通等构件的拐角样式；“显示设置”包括以下内容：

【显示分段】：指是否显示桥架分段；

【分段尺寸】：可以设置桥架分段的尺寸；

【边线宽度】：设置桥架边线的宽度；

【边线加粗】：勾选显示桥架边线按照桥架设置的边线宽度进行加粗；

【显示中心线】：控制是否显示桥架中心线；

【遮挡虚线显示】：控制两段不同标高有遮挡关系的桥架是否显示遮挡虚线；

【显示桥架件连接线】：控制是否显示桥架如弯通、三通等构件与桥架相连的连接线；

在“其他设置”中有以下内容：

【移动桥架关联拉伸】：可以控制相关联的桥架通过“MOVE”命令移动其中一段桥

架，其他相关联的桥架是否联动；

【层间距离】：指当增加一层桥架时，其标高为其上一层桥架标高＋该设置的层间距离；

在【标注设置】中，可对桥架标注的文字、标注的样式进行设置，如图 5-1-2-3；

字体设置中：可对字体的颜色、字高、字距系数等参数进行设置；

标注样式：有三种标注样式可以选择，右边有相应的幻灯片显示；最下面可对桥架的标注内容进行设置、选择，上下箭头可以控制其标注排列的顺序（见图 5-1-2-4）；

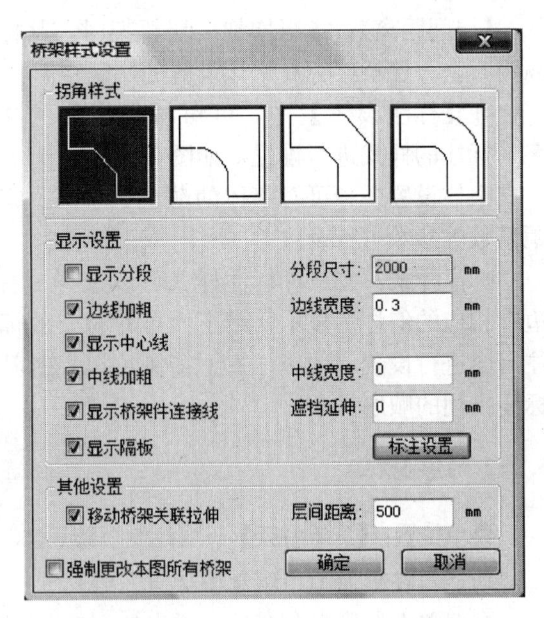

图 5-1-2-2　桥架样式设置对话框

【系统】可设置桥架类型为强电、弱电、消防或其他，【类型】点击下拉菜单可选择桥架的类型。【宽×高】中可以设置桥架的尺寸，也可手动输入，【标高】中设置桥架的标高，盖板可选择有无。隔板可选择有无，选择有隔板时，弹出隔板设置对话框如图 5-1-2-5：

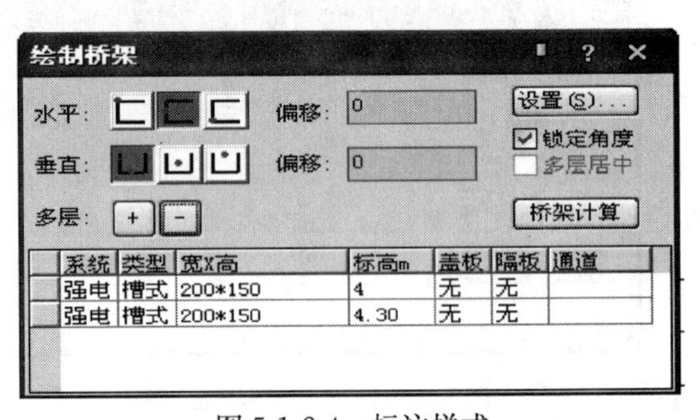

图 5-1-2-4　标注样式

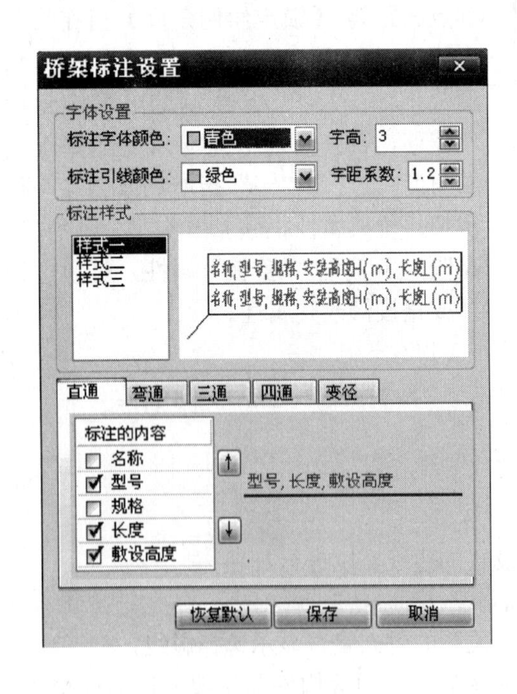

图 5-1-2-3　桥架标注设置

图 5-1-2-5　隔板设置对话框

点击【桥架计算】按钮，弹出桥架计算对话框，在其中输入相应规格电缆数量，点击计算按钮，可自动计算建议桥架规格，如图 5-1-2-6：

桥架计算

电力电缆　控制电缆

电缆型号：电力电缆

电缆截面积	电力电缆直径											
	3		3+1		3+2		4		4+1		5	
截面积	直径	根数	直径	根数	直径	根数	直径	根数	直径	根数	直径	根数
2.5	12.2		12.6		13.2		12.8		13.4		13.5	
4	12.8		13.4		14.3		13.7		14.5		14.8	
6	13.6		14.6		15.6		14.9		15.9		16.1	
10	16.2		17.3		18.4		18		18.9		19.6	
16	18.6		20		21.4		20.6		21.9		22.4	
25	22.2		23.8		25.4	2	24.8		26.2		27.2	
35	24.1		25.8		27.5		27.6		28.8		30.5	
50	27.7	1	29.9		32.1		31.6		33.4		35	
70	32.1		34.6		37.1		36.8		38.8		40.8	
95	36.4		39.3		42.2		41.8		44.1		46.4	
120	40.5		44.2	3	47.7	2	46.5		49.5		51.7	
150	44.6	3	48		51.4		51.6		54.1		57.4	
185	50		53.8		57.7		57.6		60.5		64.1	
240	56.1		60.5		64.9		64.9		68.2		72.3	
300	60		66.9		74		71.8		75.1		80	

总的电缆面积：14480.06　桥架截面填充率：40 %　计算桥架截面积：36200.15

电缆横排所需总宽度（注：电缆是相邻紧贴排列）：440.3　建议桥架规格：400*100

计算　退出

图 5-1-2-6　桥架计算对话框

对桥架设置完毕后，进行绘制，命令行已经提示：

"请选取第一点："

选取桥架第一点后，命令行继续提示：

"请选取下一点［回退（u）］："

绘制完毕后的桥架平面图如图 5-1-2-7：

桥架的绘制是智能的一个过程，其自动生成弯通、三通、四通等构件，图 5-1-2-8～图 5-1-2-10 为桥架三维效果图：

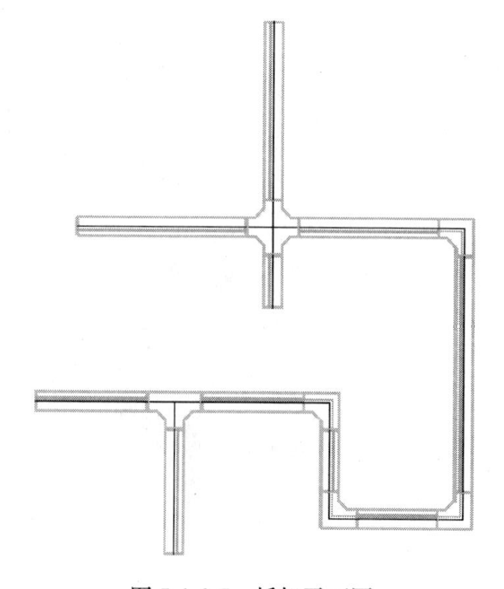

图 5-1-2-7　桥架平面图

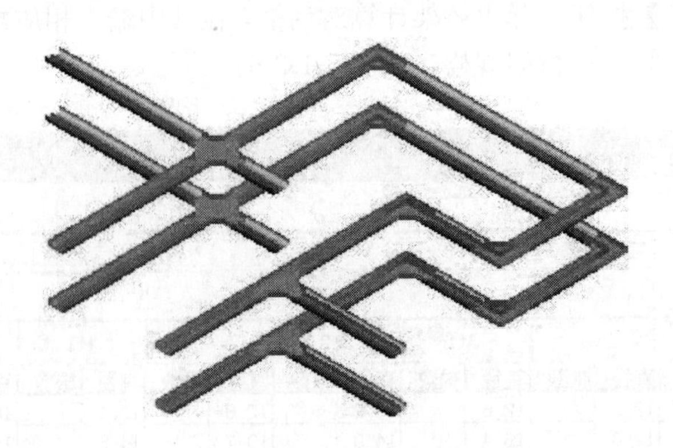

图 5-1-2-8　桥架三维效果图 1

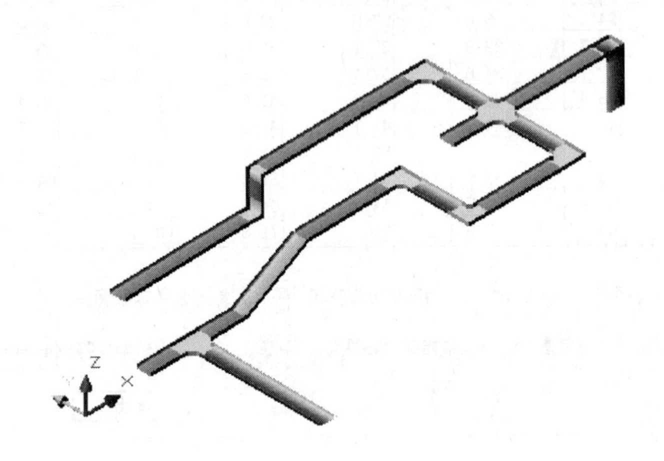

图 5-1-2-9　桥架三维效果图 2

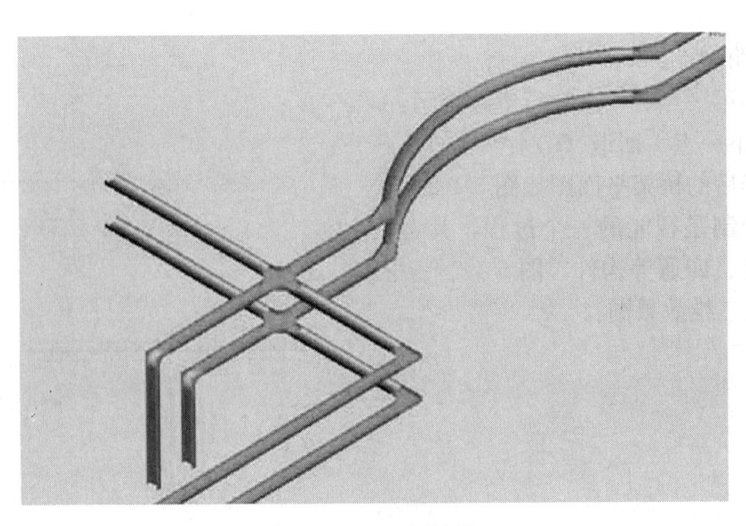

图 5-1-2-10　弧形桥架

5.1.3 绘制竖管

菜单位置：【三维桥架】→【绘制竖管】

功能：在平面图中绘制空间竖向桥架。

在菜单上选取本命令后，命令行提示：

“请选择绘制桥架定位点：”

点选平面桥架中要绘制竖向桥架的位置（桥架中部），命令行提示：

“请输入竖桥架标高（当前桥架标高：4.3m）：”

输入竖桥架的标高“0.5”确定后弹出对话框，如图 5-1-3-1：

不同的连接方式，垂直三通的形式也不一样，如图 5-1-3-1，三通连接方式“水平垂直”、“水平中间”、“水平靠左”、“水平靠右”四种，选择“水平靠右”的形式，生成的桥架平面图如图 5-1-3-2 和图 5-1-3-3：

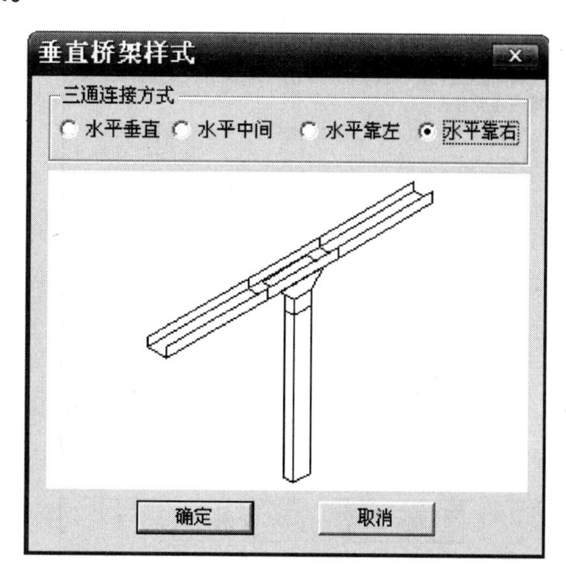

图 5-1-3-1　垂直桥架样式选择对话框 1

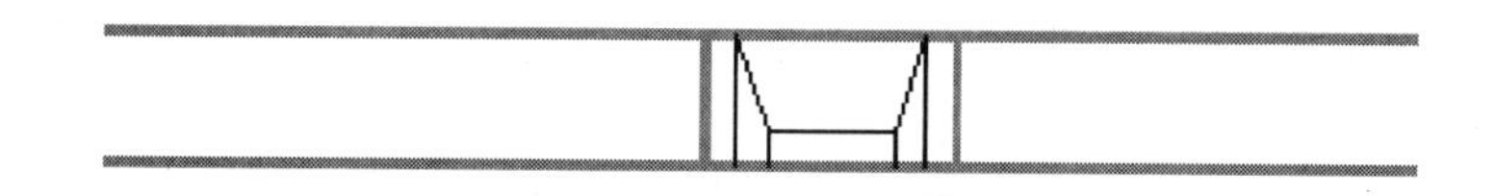

图 5-1-3-2　竖向桥架平面图 1

图 5-1-3-3　竖向桥架三维效果图 1

若是在平面桥架的端部绘制竖向桥架，则弹出如图 5-1-3-4 对话框：

选择“水平中间”的形式，生成的桥架平面图如图 5-1-3-5：

其三维显示图如图 5-1-3-6：

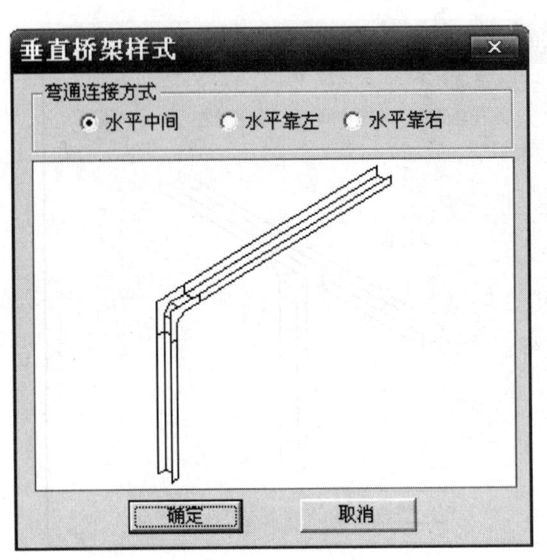

图 5-1-3-4　垂直桥架样式选择对话框 2

图 5-1-3-5　竖向桥架平面图 2

图 5-1-3-6　竖向桥架三维效果图 2

绘制多层桥架竖管时，点选平面桥架中要绘制竖向桥架的位置（桥架中部）后，弹出如图 5-1-3-7 所示绘制桥架对话框：

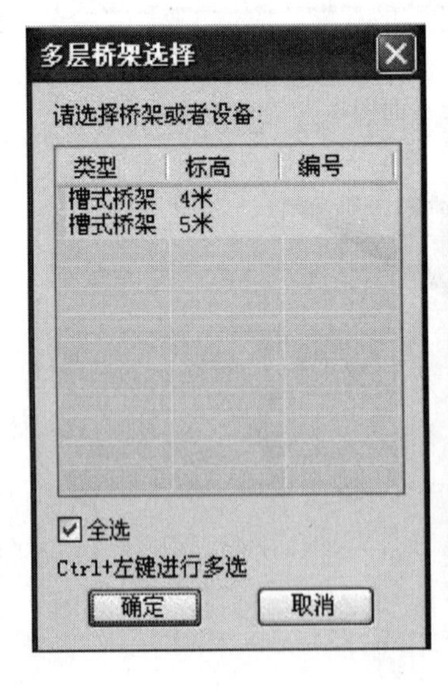

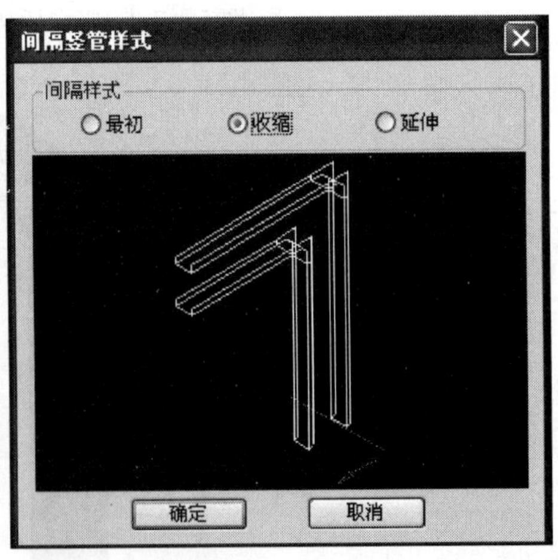

图 5-1-3-7　多层桥架选择对话框

软件可选择多层竖管样式，沿参考点延伸或收缩，并根据两层桥架之间高度差，自动生成如图 5-1-3-8 所示桥架：

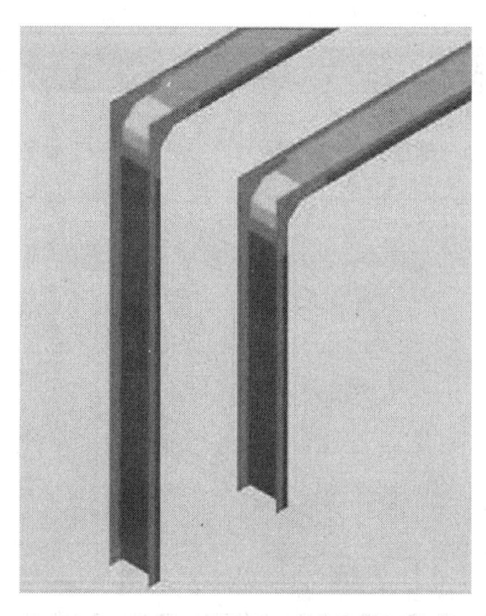

图 5-1-3-8　自动生成的桥架

5.1.4　绘制竖井

菜单位置:【设置】→【工业菜单】→【三维桥架】→【绘制竖井】

功能：在平面图上绘制竖井。

点击命令，弹出图 5-1-4-1 对话框：

设置竖井起点和终点标高等参数后，在图中选取插入位置，即可生成（图 5-1-4-2)。

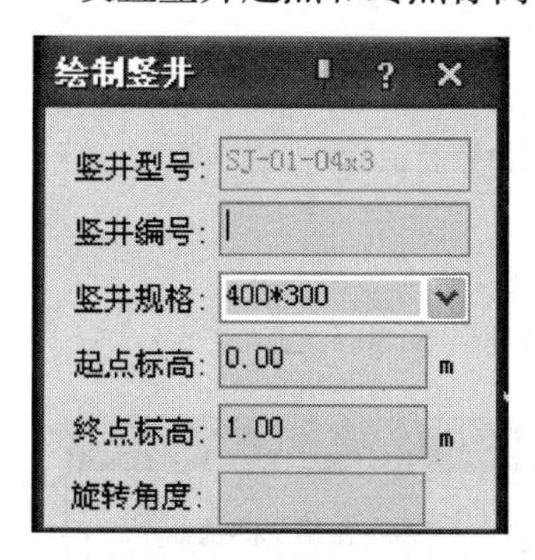

图 5-1-4-1　对话框

图 5-1-4-2　绘制结果

5.1.5　两层连接

菜单位置:【三维桥架】→【两层连接】

功能：在平面图中绘制空间竖向桥架。

在菜单上选取本命令后，命令行提示：

“请选择不同标高的桥架:”

栏选相同平面不同标高的两层桥架，命令行提示：

“请选择插入点:”

点选确定垂直桥架位置后，则弹出对话框，如图 5-1-5-1：

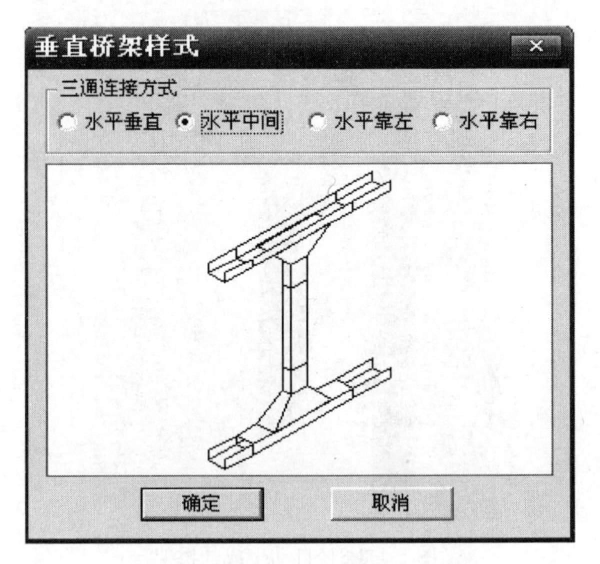

图 5-1-5-1　垂直桥架样式选择对话框 3

不同的连接方式，垂直三通的形式也不一样，如上图，三通连接方式“水平垂直”、“水平中间”、“水平靠左”、“水平靠右”四种，选择“水平中间”的形式，生成的桥架平面图如图 5-1-5-2：

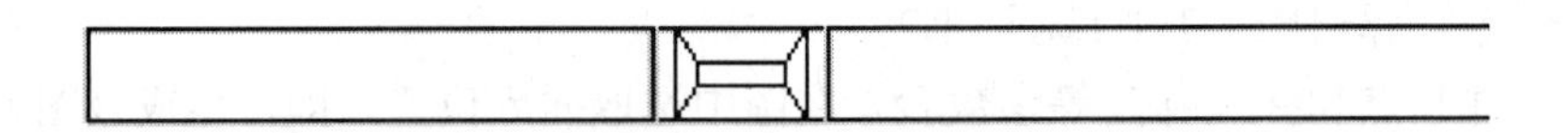

图 5-1-5-2　竖向桥架平面图 3

注：若两层桥架之间的距离不满足生成垂直构件的空间距离，则命令行提示：

“无法生成垂直连接件，两层桥架之间距离不够！

最短距离为 900.0”

若是在平面桥架的端部绘制竖向桥架，则弹出如下对话框（图 5-1-5-4）：

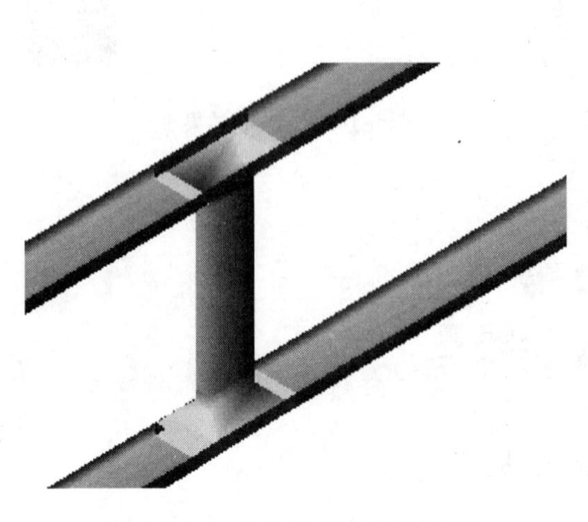

图 5-1-5-3　竖向桥架三维效果图 3

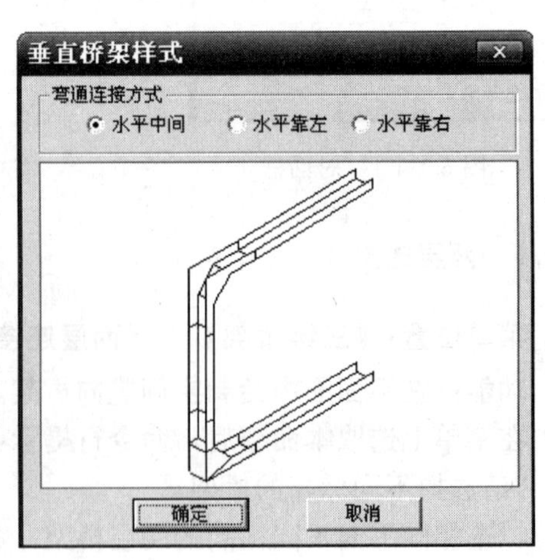

图 5-1-5-4　垂直桥架样式选择对话框 4

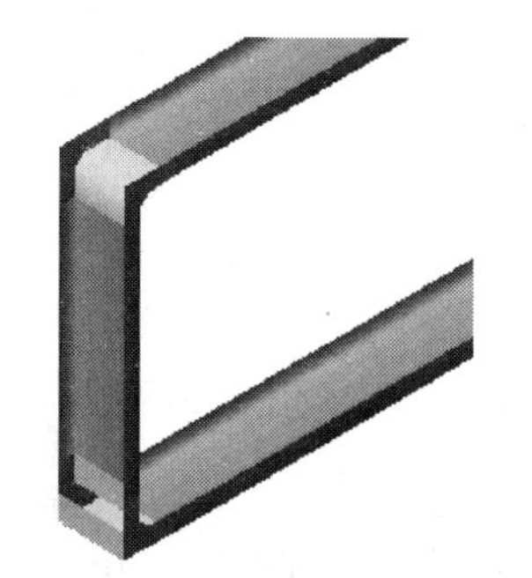

图 5-1-5-5　竖向桥架三维效果图 4

5.1.6　局部升降

菜单位置:【三维桥架】→【局部升降】

功能：在局部升高或降低一部分桥架，可以 45 度、90 度升降。

在菜单上选取本命令后，命令行提示：

“请选择需要升降的桥架＜退出＞：”

选择要局部升降的桥架确定后，则弹出对话框，如图 5-1-6-1：

图 5-1-6-1　桥架升降对话框

有 2 种升降方式选择，45 度、90 度（若 90 度升降需满足一定的升降距离，若不满足则出现提示框），当设置完毕确定后，命令行提示：

“选取桥架升降开始点”

确定桥架桥架升降的开始点后，命令行继续提示：

“选取桥架升降结束点：”

确定结束点位置后，即结束，平面效果如图5-1-6-2：

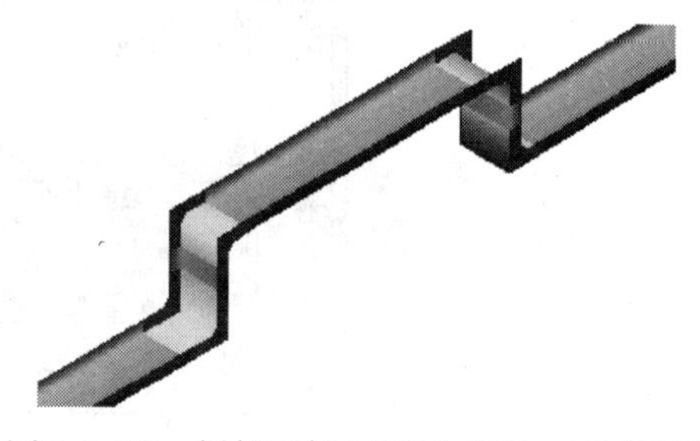

图 5-1-6-2　桥架局部 90 度上升 1m 后平面图　　图 5-1-6-3　桥架局部 90 度上升 1m 后三维图

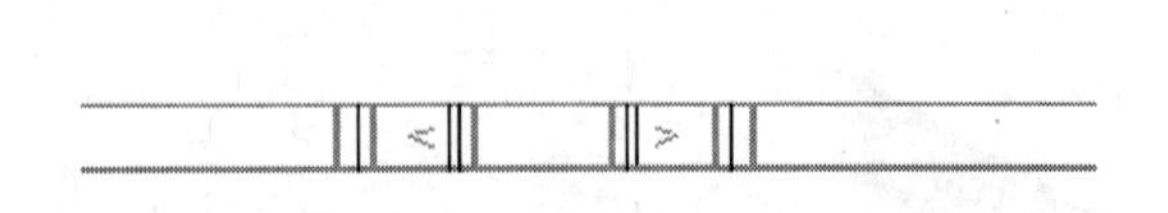

图 5-1-6-4　桥架局部 45 度上升 1m 后平面图

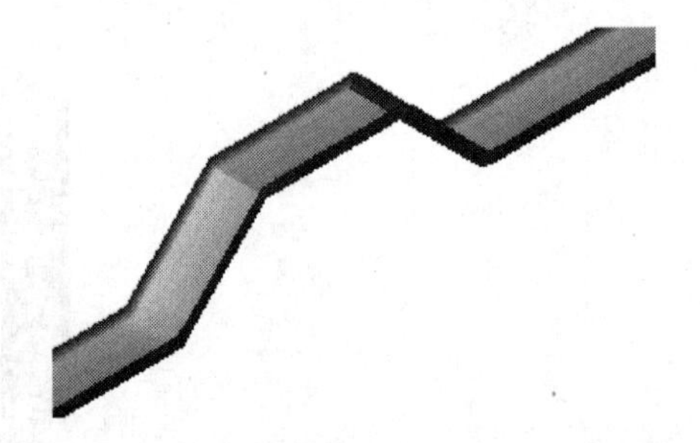

图 5-1-6-5　桥架局部 45 度上升 1m 后三维图

该命令同时支持两层桥架。

5.1.7　桥架合并

菜单位置:【三维桥架】→【桥架合并】

功能：将两段等高共线的桥架合并。

在菜单上选取本命令后，命令行提示：

“选择第一段桥架：

选择第二段桥架：”

分别选中两段桥架即可完成合并。

5.1.8　平面弯通

菜单位置:【三维桥架】→【平面弯通】

功能：在平面相交两桥架间生成平面弯通。

在菜单上选取本命令后，命令行提示：

“请选择标高相同且互相垂直的两段桥架<绘制>:”

直接确定则是要绘制弯通，命令行提示：

“请选择桥架端点:”

选择桥架端点则弹出弯通选择对话框（图 5-1-8-1）：

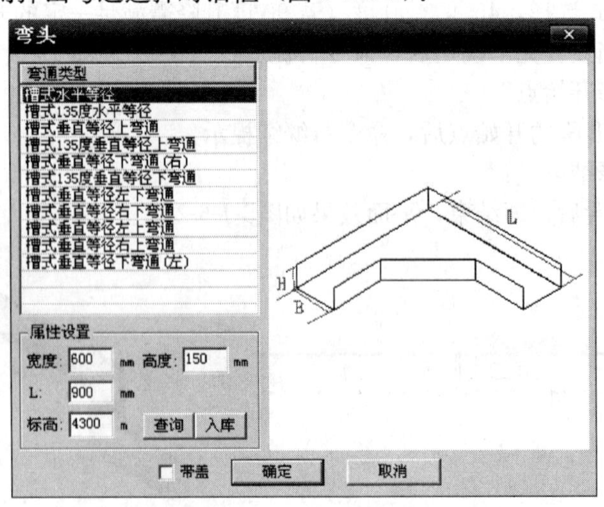

图 5-1-8-1　弯头选择设置对话框

选择弯通类型，可以设置弯通属性，可以将设置好的弯通基本属性数据入库保存，另外，也可以通过“查询”进入数据库查询里面的数据（图5-1-8-2）。

槽式水平等径

编号	型号	规格	B	H	L
1	XQJ-C-02A	50*25	50	25	300
2	XQJ-C-02A	100*50	100	50	350
3	XQJ-C-02A	150*75	150	75	400
4	XQJ-C-02A	200*100	200	100	500
5	XQJ-C-02A	300*100	300	100	600
6	XQJ-C-02A	400*100	400	100	700
7	XQJ-C-02A	500*100	500	100	800
8	XQJ-C-02A	600*100	600	100	900
9	XQJ-C-02A	800*100	800	100	1100
10	XQJ-C-02A	200*150	200	150	500
11	XQJ-C-02A	300*150	300	150	600
12	XQJ-C-02A	400*150	400	150	700
13	XQJ-C-02A	500*150	500	150	800
14	XQJ-C-02A	600*150	600	150	900

删除　确定　取消

图5-1-8-2　通过“查询”进入数据库

最终桥架弯通设置完毕后，则命令行提示：

“选择弯通放置方式［┌ └ ┘ ┐ 切换（T）］：”

输入“T”则可切换弯通的方向（图5-1-8-3）。

若两段桥架（相同标高）可运行该命令，只需框选两段桥架则自动生成平面弯通，如图5-1-8-4：

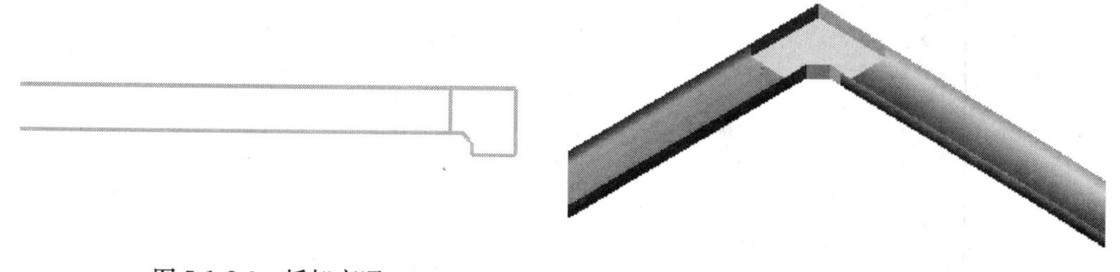

图5-1-8-3　桥架弯通

图5-1-8-4　桥架弯通

5.1.9　平面三通

菜单位置：【三维桥架】→【平面三通】

功能：在平面相交三桥架间生成平面三通。

在菜单上选取本命令后，命令行提示：“请选择标高相同的几段桥架<绘制>：”

直接确定则是要绘制三通，命令行提示：“请选择桥架端点：”

选择桥架端点则弹出三通选择对话框（图5-1-9-1）：

选择三通类型，可以设置三通属性，可以将设置好的三通基本属性数据入库保存，另外，也可以通过“查询”进入数据库查询里面的数据（图5-1-9-2）。

最终桥架三通设置完毕后，则命令行提示：

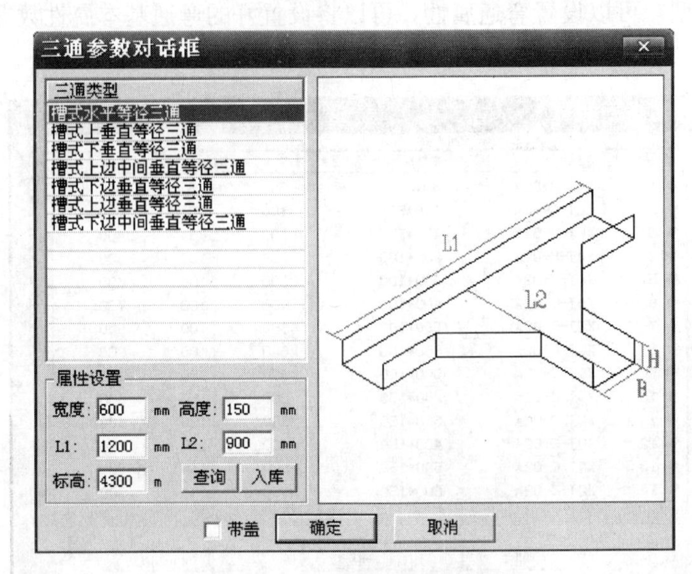

图 5-1-9-1　三通选择设置对话框

槽式水平等径三通

型号	规格	L1	L2	B	H
XQJ-C-03A	50X25	550	300	50	25
XQJ-C-03A	100X50	600	350	100	50
XQJ-C-03A	150X75	650	400	150	75
XQJ-C-03A	200X100	800	500	200	100
XQJ-C-03A	300X100	900	600	300	100
XQJ-C-03A	400X100	1000	700	400	100
XQJ-C-03A	500X100	1100	800	500	100
XQJ-C-03A	600X100	1200	900	600	100
XQJ-C-03A	800X100	1400	1100	800	100
XQJ-C-03A	200X150	800	500	200	150
XQJ-C-03A	300X150	900	600	300	150
XQJ-C-03A	400X150	1000	700	400	150
XQJ-C-03A	500X150	1100	800	500	150
XQJ-C-03A	600X150	1200	900	600	150

删除　确定　取消

图 5-1-9-2　通过“查询”进入数据库

“选择三通放置方式［┌ └ ┘ ┐ 切换（*T*）］:”

输入“T”则可切换三通的方向（图 5-1-9-3）。

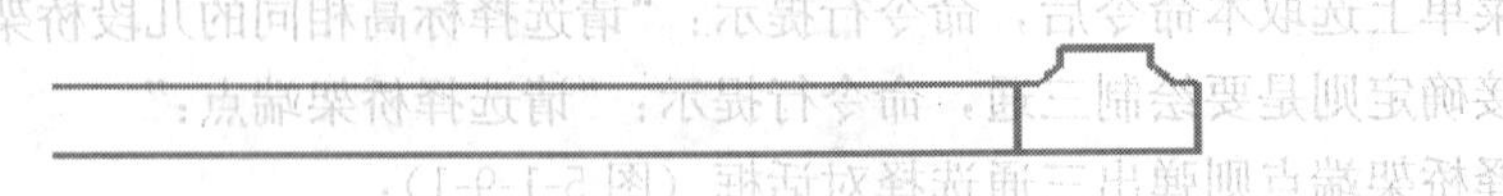

图 5-1-9-3　桥架三通

若几段桥架（相同标高）可运行该命令，只需框选桥架则自动生成平面三通，如图 5-1-9-4：

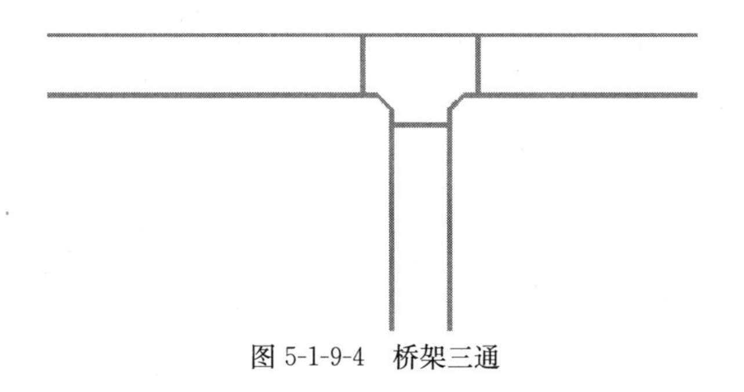

图 5-1-9-4　桥架三通

5.1.10　平面四通

菜单位置：【三维桥架】→【平面四通】

功能：在平面相交的几段桥架间生成平面四通。

在菜单上选取本命令后，命令行提示：

“请选择标高相同的几段桥架<绘制>：”

直接确定则是要绘制四通，命令行提示：

“请选择桥架端点：”

选择桥架端点则弹出四通选择对话框（图 5-1-10-1）：

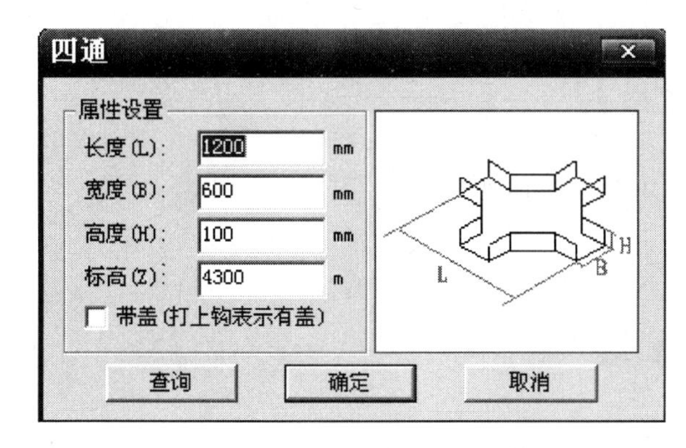

图 5-1-10-1　四通选择设置对话框

选择三通类型，可以设置四通属性，可以将设置好的四通基本属性数据入库保存，另外，也可以通过“查询”进入数据库查询里面的数据（图 5-1-10-2）。

下平四通接头

型号	规格	L	B	H
XQJ-P-04A	50x25	550	50	25
XQJ-P-04A	100x50	600	100	50
XQJ-P-04A	150x75	650	150	75
XQJ-P-04A	200x100	800	200	100
XQJ-P-04A	300x100	900	300	100
XQJ-P-04A	400x100	1000	400	100
XQJ-P-04A	500x100	1100	500	100
XQJ-P-04A	600x100	1200	600	100
XQJ-P-04A	800x100	1400	800	100
XQJ-P-04A	200x150	800	200	150
XQJ-P-04A	300x150	950	300	150
XQJ-P-04A	400x150	1000	400	150
XQJ-P-04A	500x150	1100	500	150
XQJ-P-04A	600x150	1200	600	150

删除　确定　取消

图 5-1-10-2　通过“查询”进入数据库

最终桥架四通设置完毕后，确定即可绘制四通（图 5-1-10-3）：

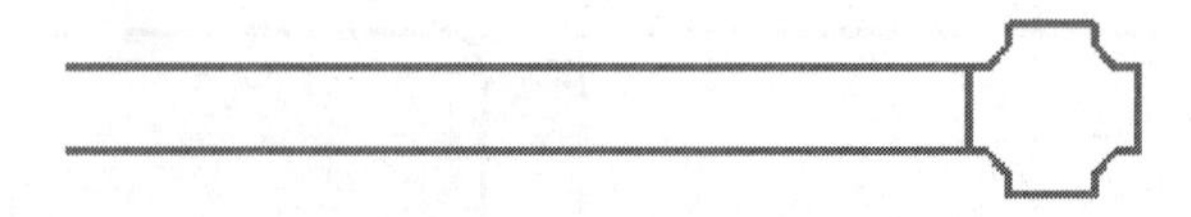

图 5-1-10-3　桥架四通

若几段桥架（相同标高）可运行该命令，只需框选桥架则自动生成平面四通，如图 5-1-10-4：

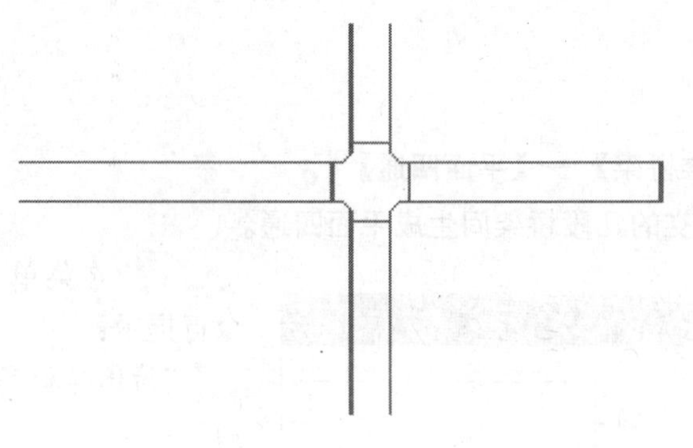

图 5-1-10-4　桥架四通

5.1.11　乙字弯

菜单位置：【三维桥架】→【乙字弯】

功能：实现桥架的乙字弯连。

在菜单上选取本命令后，命令行提示：

“请选择第一段桥架<退出>：”　选择后命令行提示

“请选择第二段桥架<退出>：”　选取后提示

请选择连接方式［乙字弯连接（1）/桥架直接连接（2）］<桥架直接连接>：

选择连接方式后即完成乙字弯连接。

5.1.12　更新关系

菜单位置：【三维桥架】→【更新关系】

功能：对于局部无法处理遮挡关系的桥架，本命令可强制更新遮挡。

5.1.13　碰撞检查

菜单位置：【三维桥架】→【碰撞检查】（3WPZ）

功能：全专业协同设计时用于检查图中管线碰撞情况，以红色圆圈标识出来并可将碰撞点信息标注在图上。

菜单点取【三维碰撞】或命令行输入“3WPZ”后，弹出如下对话框（图 5-1-13-1）：

对话框中功能项介绍：

设置：点取“设置”后弹出如下对话框（图 5-1-13-2）：

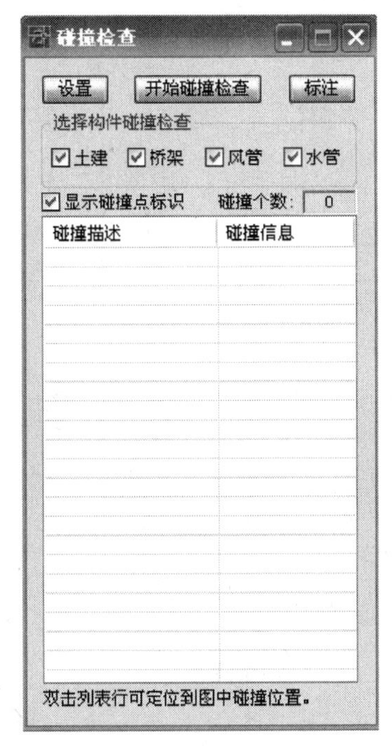

图 5-1-13-1　碰撞检查对话框

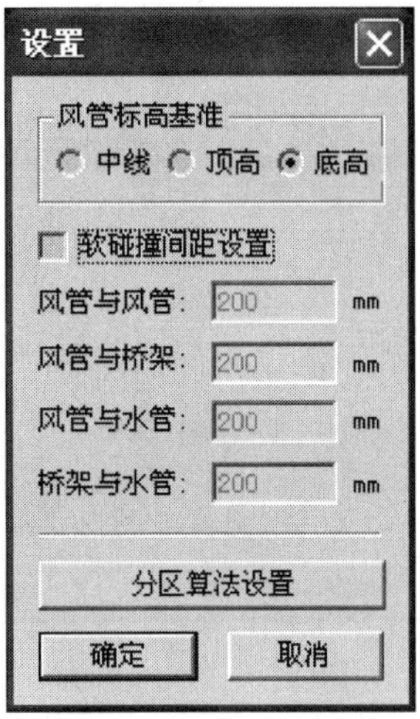

图 5-1-13-2　碰撞检查设置对话框

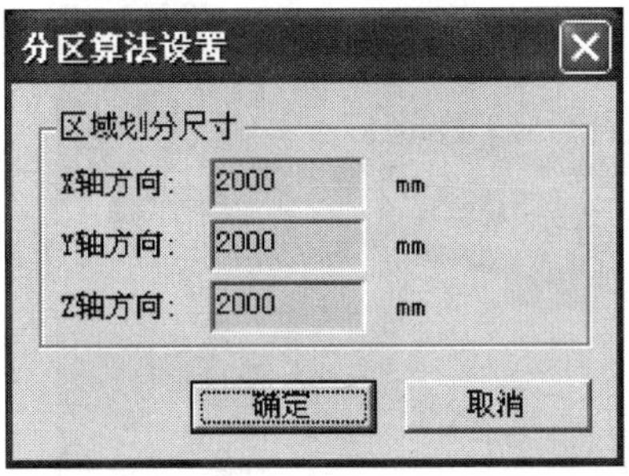

图 5-1-13-3　碰撞检查分区算法设置对话框

风管标高基准：三维碰撞检查过程中选择风管的中线标高、顶高、底高作为显示基准；

软碰撞间距设置：设置风管、水管、桥架之间的安全间距，在安全距离之内的非实际碰撞，也将被检查出来。

分区算法设置：点取“分区算法设置”后，弹出如图 5-1-13-3 对话框：

区域划分尺寸：程序会按设置的尺寸将待检查的图形划分成多个空间，X 轴、Y 轴、Z 轴可以采用默认设置，无需修改。

标注：对碰撞点进行标注，显示碰撞点的截面尺寸及标高信息等。

碰撞检查类型：土建、桥架、风管、水管。

即统计范围，需要统计的实体对象选择，包括单独的风管、桥架、水管或者全部统计；

显示碰撞点标识及碰撞个数：控制是否在图中显示碰撞点的标识及显示图中的碰撞点总数；

碰撞描述及碰撞信息：描述碰撞的管线相关信息，双击列表行中的信息可定位到图中的碰撞位置。

碰撞统计选择统计范围之后，点取，命令行提示：请选择检查碰撞的实体（实体类型：全部）：框选碰撞检查的全部实体，回车后，如图 5-1-13-4 所示（红圈表示管线存在的碰撞点）：

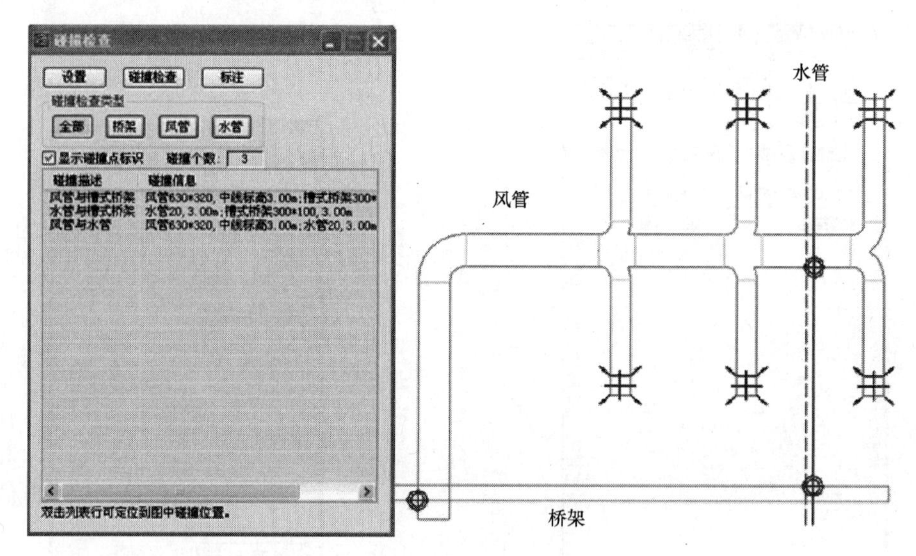

图 5-1-13-4　碰撞检查对话框

注：此功能可支持电气桥架、暖通风管，以及给排水管道的综合碰撞检查。

检查结果三维显示见图 5-1-13-5

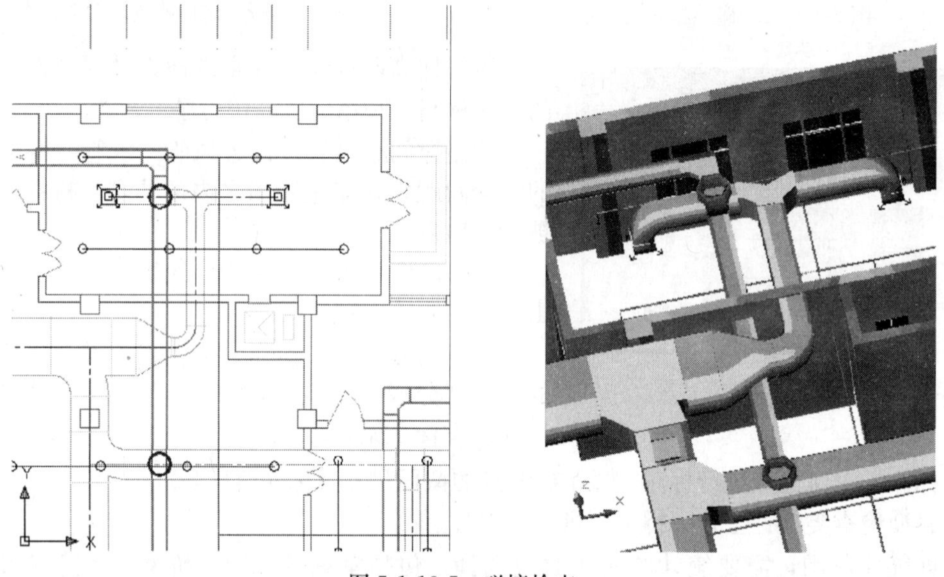

图 5-1-13-5　碰撞检查

5.1.14　桥架填充

菜单位置：【三维桥架】→【桥架填充】

功能：提供灰度、斜线、斜格等五种填充方案，填充桥架。

在菜单上选取本命令后，命令行提示：

请选择要填充的桥架：<退出>

点取桥架，命令行继续提示：

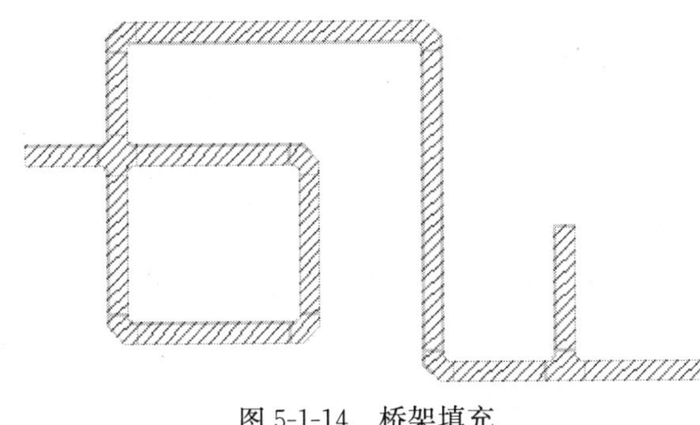

图 5-1-14　桥架填充

请选择填充样式［斜线 ANSI31 (1)/斜网格 ANSI37 (2)/正网格 NET (3)/交叉网格 NET3 (4)/灰度 SOLID(5)］：

可根据自己的需要选择 1、2、3、4、5 来选择填充样式，默认的填充样式为：<斜线 ANSI31>：，直接点右键或回车即可，则相关联的桥架即被填充。

5.1.15　绘制吊架

菜单位置：【三维桥架】→【绘制吊架】

功能：在桥架平面图上绘制桥架三维吊架。

在菜单上选取本命令后，命令行提示：

“请选择桥架上选取一点：”

同时弹出绘制吊架对话框如图 5-1-15-1：

二维图例可自定义，对吊架可双击编辑，同时对多层桥架（层间距小于设定距离的）可生成多个托臂，吊架二维效果图显示见图 5-1-15-2：

吊架三维效果图显示见图 5-1-15-3：

单臂双排悬吊，绘制时点取两个桥架之间的内侧点，进行绘制。

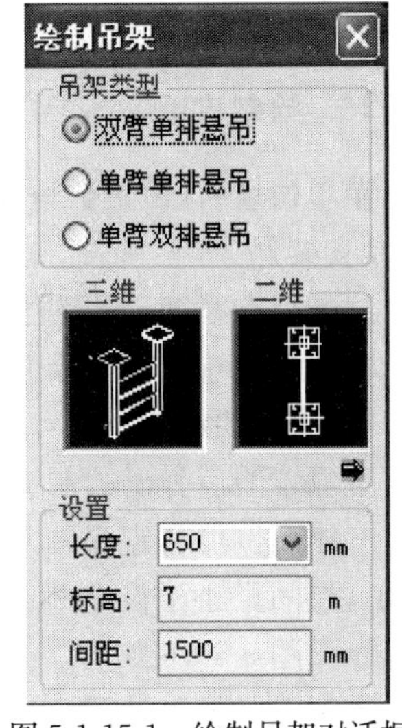

图 5-1-15-1　绘制吊架对话框

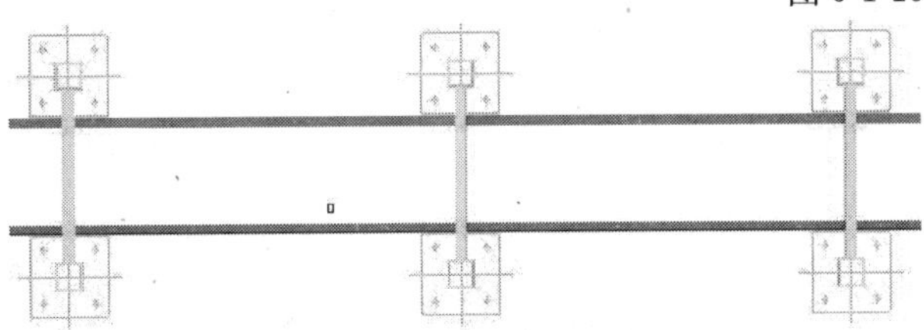

图 5-1-15-2　绘制吊架

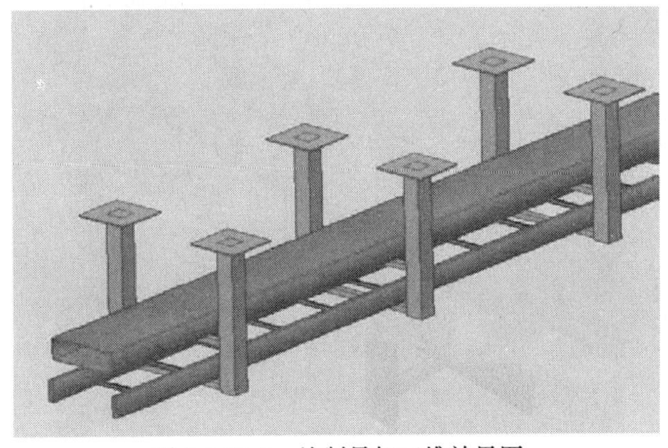

图 5-1-15-3　绘制吊架三维效果图

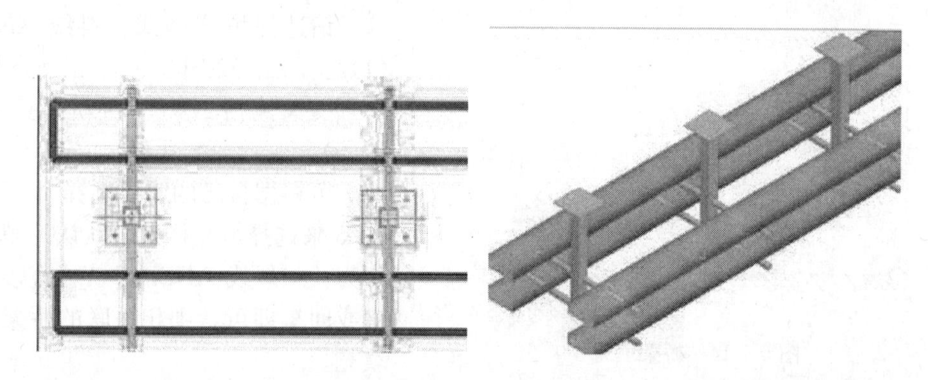

图 5-1-15-4 单臂双排悬吊

5.1.16 绘制支架

菜单位置:【设置】→【工业菜单】→【三维桥架】→【绘制支架】

功能：在桥架平面图上绘制桥架三维支架。

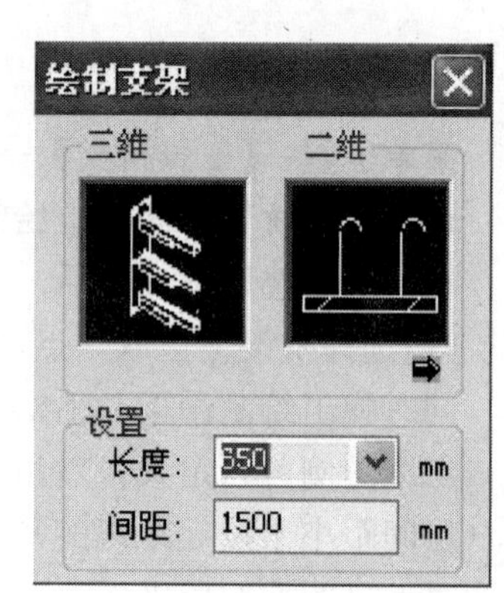

图 5-1-16-1 绘制支架对话框

在菜单上选取本命令后，命令行提示：

“请点取墙线上一点：<退出>”

点取墙线后弹出绘制支架对话框，如图 5-1-16-1：

二维图例可自定义，对支架可双击编辑，同时对多层桥架（层间距小于设定距离的）可生成多个托臂，支架二维显示见图 5-1-16-2：

支架三维显示见图 5-1-16-3：

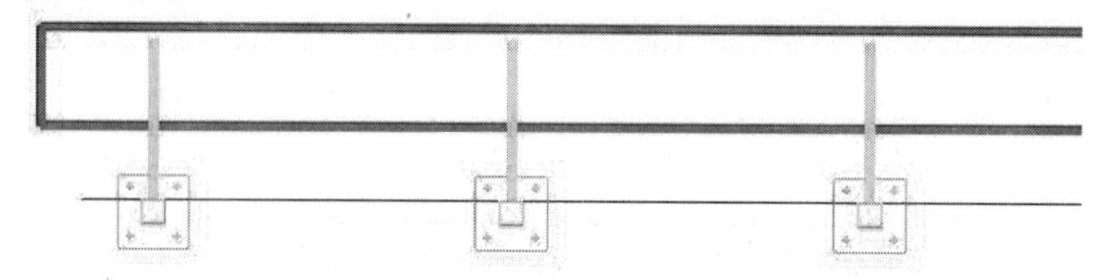

图 5-1-16-2 绘制支架二维

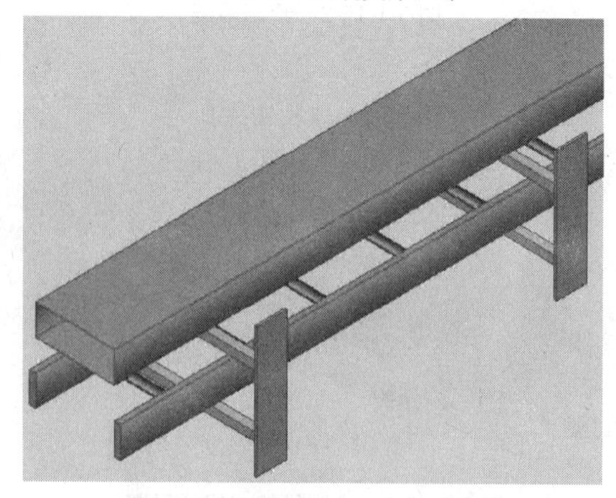

图 5-1-16-3 绘制支架三维效果图

5.1.17　增加隔板

菜单位置:【设置】→【工业菜单】→【增加隔板】

功能：可对未带隔板的桥架进行隔板设置

可在设置时，选择有隔板，如图 5-1-17-1，并弹出隔板设置对话框，见图 5-1-17-2。

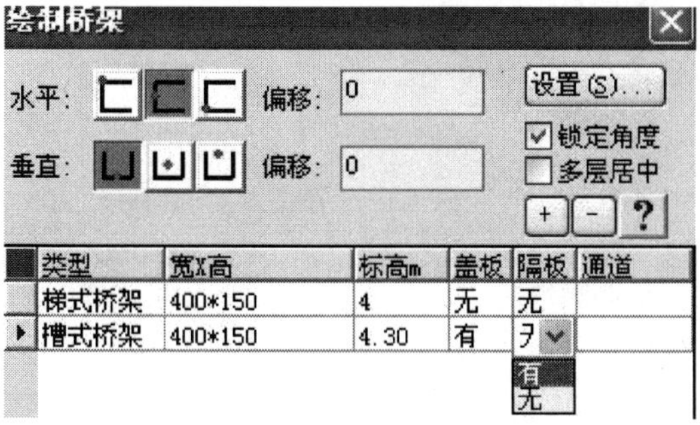

图 5-1-17-1　绘制隔板

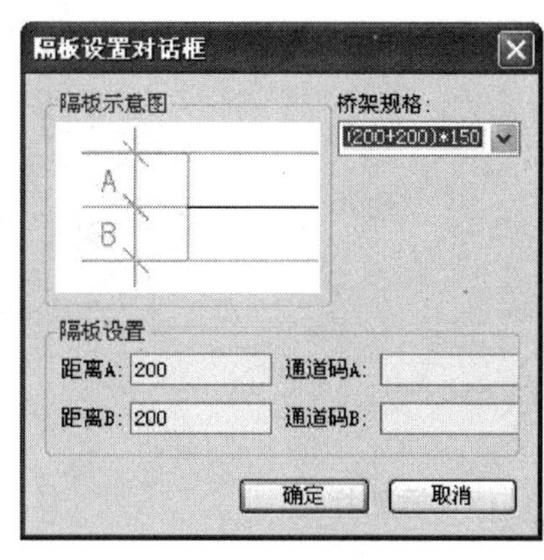

图 5-1-17-2　隔板设置对话框

也可对已有桥架增加隔板，弹出“增加隔板对话框”如图 5-1-17-3，并可进行隔板设置，见图 5-1-17-4。

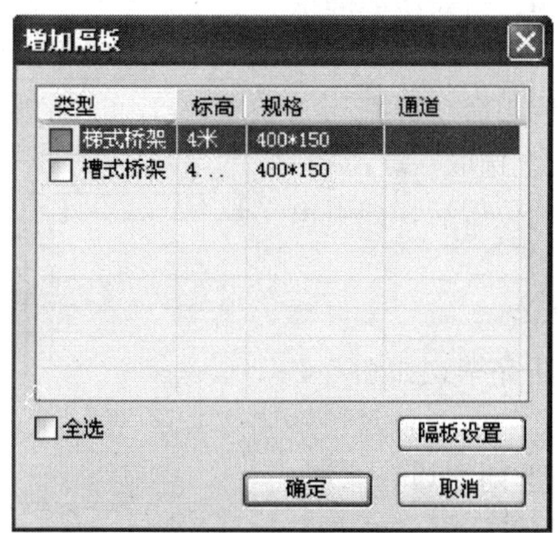

图 5-1-17-3　增加隔板对话框

在菜单上选取本命令后，命令行提示：

“请选择起始桥架<退出>:”

绘制隔板二三维效果，见图 5-1-17-4 和图 5-1-17-5。

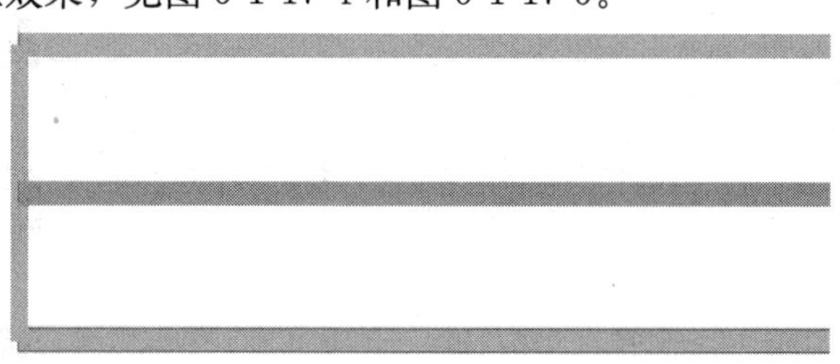

图 5-1-17-4　绘制隔板 1

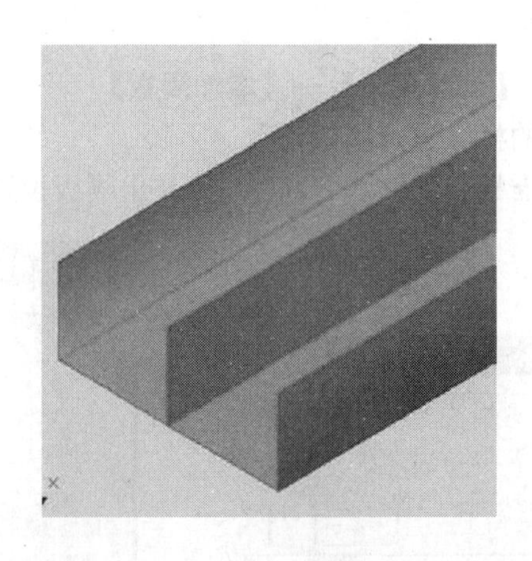

图 5-1-17-5　绘制隔板 2

5.1.18　桥架标注

菜单位置:【三维桥架】→【桥架标注】

功能：在桥架平面图上标注桥架参数。

首先在“桥架设置”中，可对桥架的标注样式进行设置。

在菜单上选取本命令后，命令行提示：

“请在需要标注的桥架上选取一点:”

点取桥架上需要标注的位置后，即引出标注，命令行继续提示：

“请确定标注的位置:”

确定标注位置后即标注完毕，如图 5-1-18-1：

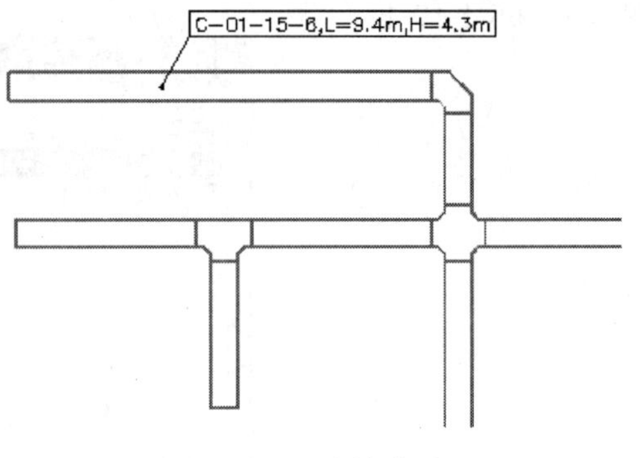

图 5-1-18-1　桥架标注 1

当然还可对桥架的构件如弯通、三通、四通等进行标注（图 5-1-18-2）：

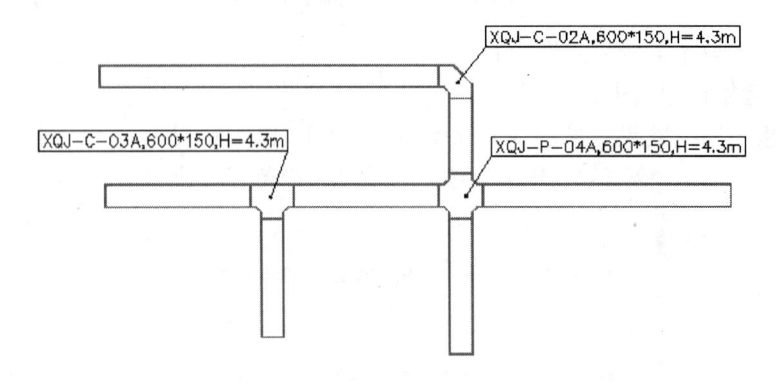

图 5-1-18-2　桥架标注 2

5.1.19　桥架统计

菜单位置：【三维桥架】→【桥架统计】

功能：根据面桥架图，生成桥架构件统计表。

在菜单上选取本命令后，命令行提示：

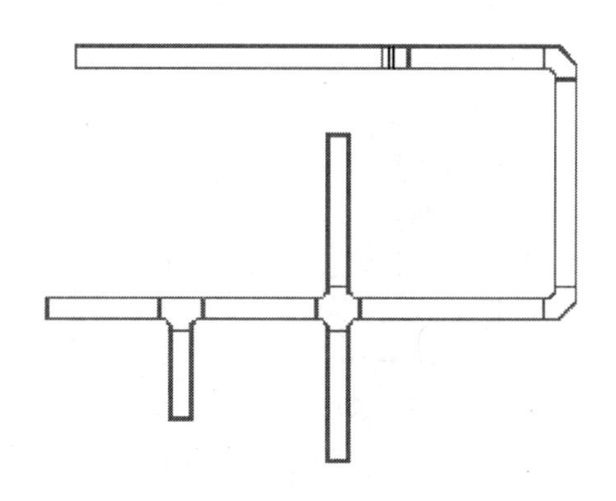

图 5-1-19-1　桥架平面图

“请选择桥架统计范围［选取闭合 PLINE（P）/统计线槽（S）］：＜整张图＞”

可框选要统计的平面范围，也可输入“P”选择统计闭和 PL 线范围内的桥架，若直接确定则统计目前整个平面图的桥架，选择框选平面范围确定后，命令行继续提示：

“点取表格左上角位置：”

鼠标点取表格放置位置，即可插入桥架统计的表格：

序号	型号	规格	单位	数量	备注
1	C-01-15-6	600X150	米	41.9	槽式直通桥架
2	XQJ-C-02A	600X150	件	2	槽式水平等径弯通
3	XQJ-C-02C	600X150	件	1	槽式垂直等径上弯通
4	XQJ-C-02E	600X150	件	1	槽式垂直等径下弯通(右方向)
5	XQJ-C-03A	600X150	件	1	槽式水平等径三通
6	XQJ-C-04A	600X150	件	1	槽式下平等径四通

图 5-1-19-2　桥架平面统计表

5.1.20　桥架编码

菜单位置：【三维桥架】→【桥架编码】

功能：对桥架进行编码，可同时对多层桥架进行自动编码（KKS 码）功能（自动搜寻相连通桥架）。

在菜单上选取本命令后，命令行提示：

“请选择要进行编码的起始桥架＜退出＞：”

选取后弹出编码对话框（图 5-1-20）：

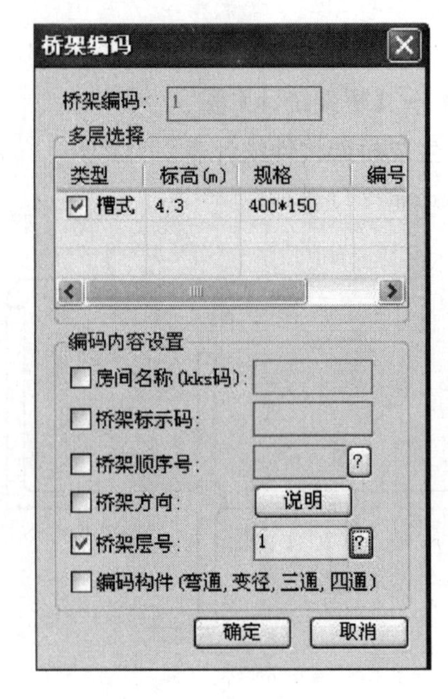

图 5-1-20 桥架编码对话框

5.1.21 编码检查

菜单位置:【三维桥架】→【编码检查】

功能:对桥架编码进行检查。

在菜单上选取本命令后,弹出如图 5-1-21 所示编号检查对话框:

命令行提示:

“请选择需要检查的桥架(构件)<整张图纸>:”

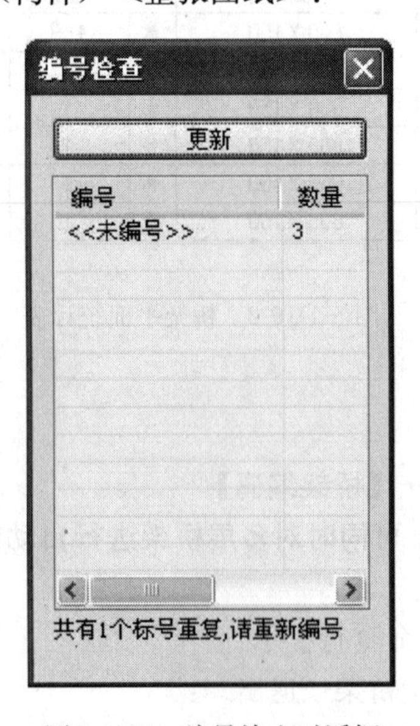

图 5-1-21 编号检查对话框

5.1.22　桥架复制

菜单位置：【三维桥架】→【桥架复制】

功能：复制桥架的某些部分到指定标高。

在菜单上选取本命令后，命令行提示：

“请选择需要复制的桥架：”

框选要复制的桥架，确定后弹出对话框（图 5-1-22-1）：

在“复制的标高”控制框填写要复制到的标高，下面的“＋”、控键是可以将要确定的标高进行添加，可添加多个标高；“—”控键即可以删除添加的标高；“确定”即完成该操作。见图 5-1-22-2。

图 5-1-22-1　复制桥架

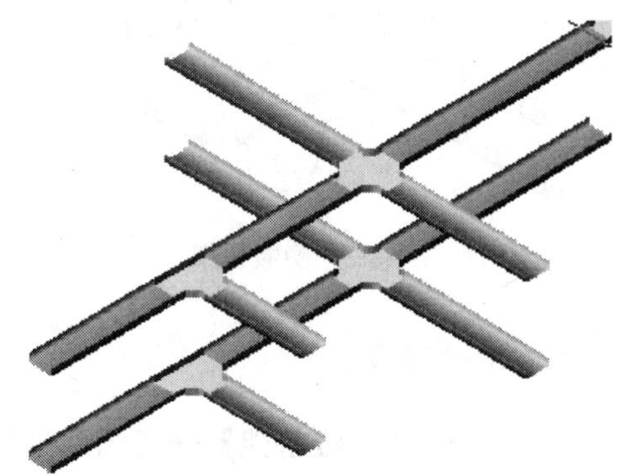

图 5-1-22-2　复制后的桥架

5.1.23　桥架隐藏

菜单位置：【三维桥架】→【桥架隐藏】

功能：复制桥架的某些部分到指定标高。

在菜单上选取本命令后，弹出对话框：

在该对话框中，显示了各层桥架的标高参数，若隐藏哪一层，则只需将其勾选确定即可。见图 5-1-23-1 和图 5-1-23-2。

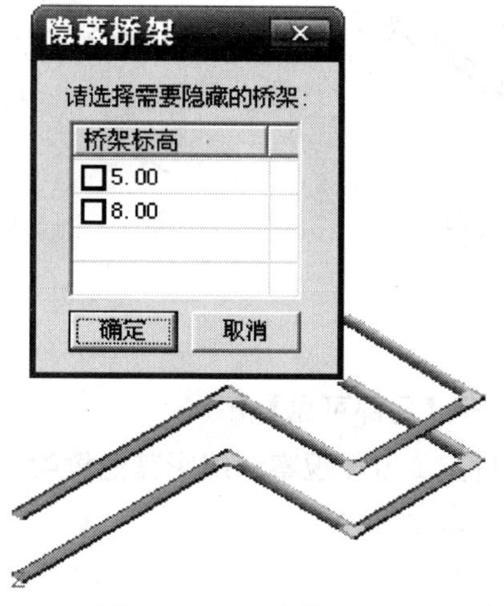

图 5-1-23-1　隐藏桥架 1

隐藏 5m 标高的桥架，如图 5-1-23-3：

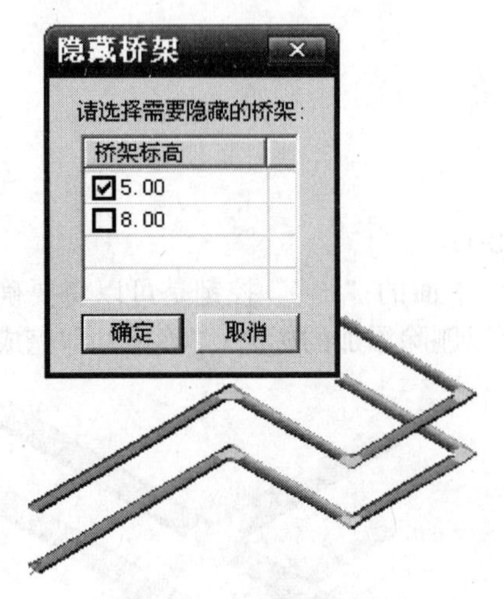

图 5-1-23-2　隐藏桥架 2

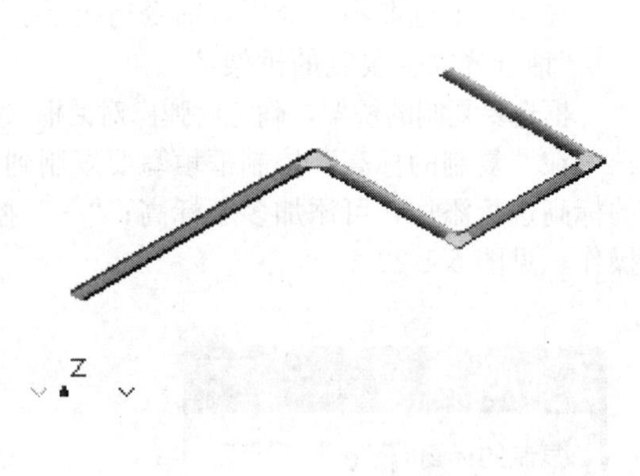

图 5-1-23-3　隐藏后的桥架

5.1.24　局部隐藏

菜单位置:【三维桥架】→【局部隐藏】

功能：隐藏指定部分桥架，方便观察和编辑其他桥架。

在菜单上选取本命令后，命令行提示：

“选择对象:”

选择要隐藏的桥架部分，确定后，即被隐藏（见图 5-1-24-1 和图 5-1-24-2）：

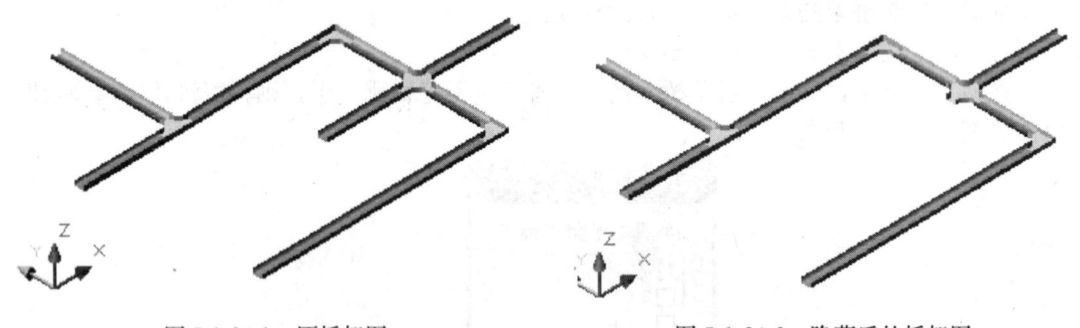

图 5-1-24-1　原桥架图　　　图 5-1-24-2　隐藏后的桥架图

5.1.25　局部可见

菜单位置:【三维桥架】→【局部可见】

功能：临时隐藏非选定桥架，方便观察和编辑其他桥架。

在菜单上选取本命令后，命令行提示：

“选择对象:”

选择不被隐藏的桥架部分，确定后，其余桥架即被隐藏。

5.1.26　恢复可见

菜单位置：【三维桥架】→【恢复可见】

功能：恢复临时被隐藏的对象。

在菜单上选取本命令后，临时被隐藏的对象就恢复可视状态了。见图 5-1-26-1 和图 5-1-26-2。

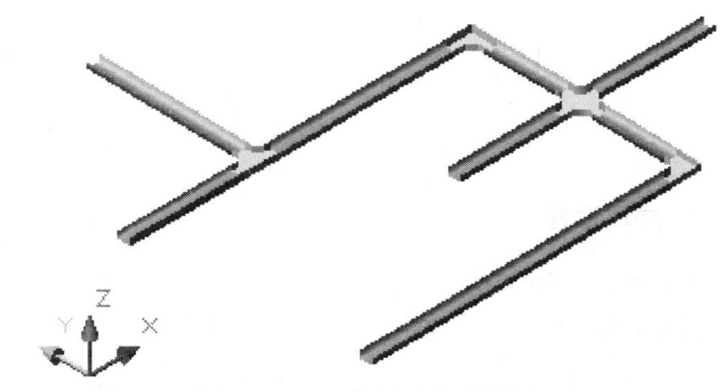

图 5-1-26-1　被隐藏的桥架图

图 5-1-26-2　恢复可见后的桥架图

5.2　电缆敷设

该部分主要是进行电缆敷设，统计电缆长度：导入“电缆清册表”、“电机表”，可自动进行电缆敷设，自动绘制电缆敷设图，自动计算每一回路的电缆长度；也可逐条手工敷设，统计电缆长度，导出清册；可方便查寻每一条电缆路径，该路径自动高亮显示，可对已经敷设的电缆进行自动标注。

5.2.1　工程管理

菜单位置：【电缆敷设】→【工程管理】

功能：综合管理电缆敷设的工程

启动该命令后会弹出如图 5-2-1-1 对话框：

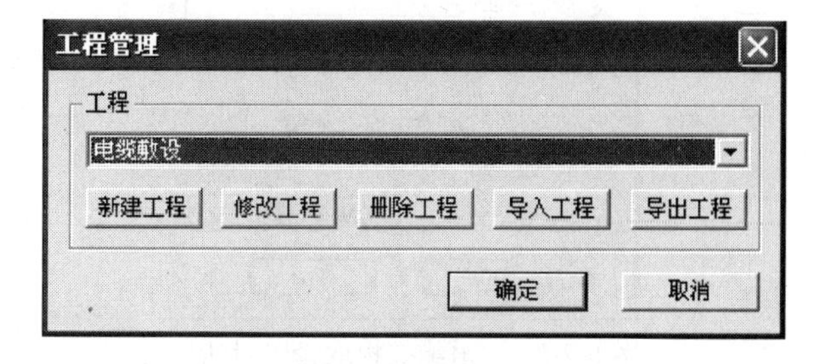

图 5-2-1-1　工程管理对话框

可以新建一个电缆敷设的工程、修改工程名、删除工程、可把一个新的工程导入，导入工程出现重复时，提示重复。导出工程把整个工程导出到一个 mbd 文件夹如图 5-2-1-2：

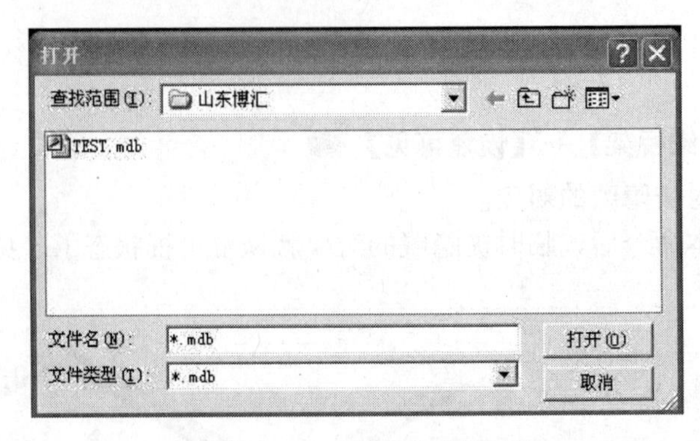

图 5-2-1-2　工程导出链接对话

5.2.2　提取设置

菜单位置:【电缆敷设】→【提取设置】

功能：设置清册电缆表。

点取该命令后，弹出对话框，可以设置提取清册时电缆表数据结构，对其进行设置，方便将系统图中的数据提取到数据库中去。如系统图表中数据电缆编号在第五行，设为“5”依次类推，一一对应，如图 5-2-2-1：

图 5-2-2-1　电缆表提取设置对话框

去掉支持控制电缆提取勾选，点击“控制电缆与二次图号设置”，弹出对话框，可手工输入控制电缆规格型号等，如图 5-2-2-3：

输入二次图号、电缆编号、型号、规格。终点设备可以点取下拉菜单进行选择，也可以输入。设置完毕后，点击“确定”按钮。

图 5-2-2-2　提取数据对应系统图设置

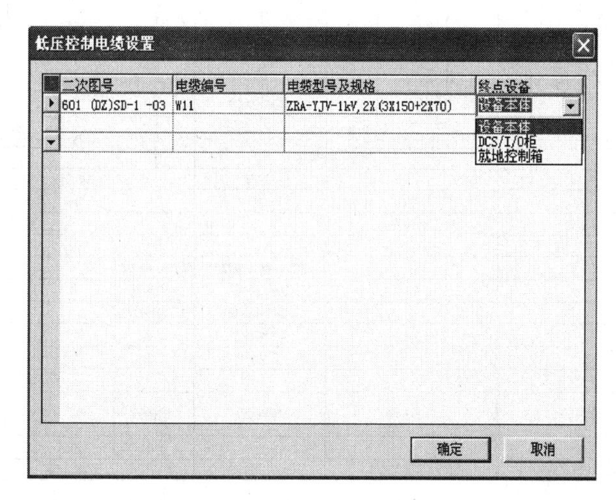

图 5-2-2-3　控制电缆设置对话框

5.2.3　提取清册

菜单位置：【电缆敷设】→【提取清册】

功能：提取系统图的数据到电缆表清册。

点取该命令后，弹出提取数据对话框（图 5-2-3-1）。

点击提取，在系统图中框选出范围，显示红色范围框，有效数据显示红色闪动，如图 5-2-3-2：

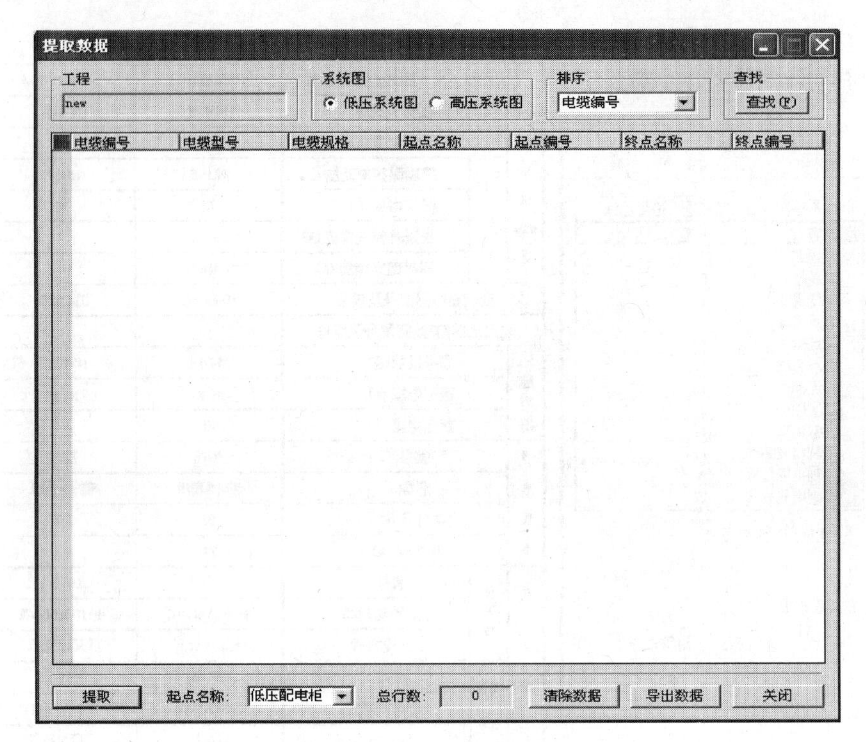

图 5-2-3-1　提取数据对话框

图 5-2-3-2　提取范围内的提取的数据显示红色

确定后数据被提取到数据表格中，黑色为电力电缆，红色为控制电缆。如图5-2-3-3：

当系统图中，所需提取的信息有两个甚至多个在一行，并且存在不规则分隔符时，可手工进行分隔符设置，如图 5-2-3-4：

提取完成后，导出数据（图 5-2-3-5）：

设置完毕后，点击“导出”按钮。把提取的数据导出到一个已设定好的 EXCEL 表格中。

提取数据

工程：new　　系统图：◉ 低压系统图 ○ 高压系统图　　排序：电缆编号　　查找：查找(F)

电缆编号	电缆型号	电缆规格	起点名称	起点编号	终点名称	终点编号
AA604-W03	ZRA-YJV-1kV	3X185+2X95	低压配电柜	AA1106	循环水备用电源	AA604
AA604-W04	ZRA-YJV-1kV	3X185+2X95	低压配电柜	AA1106	循环水备用电源	AA604
FC103A-W01	ZRA-YJV-1kV	3X150+2X70	低压配电柜	AA1104	二次风机变频器	FC103A
FC103A-W02	ZRA-YJV-1kV	3X150+2X70	低压配电柜	AA1104	二次风机变频器	FC103A
FC104A-W01	ZRA-YJV-1kV	3X185+2X95	低压配电柜	AA1103	引风机变频器	FC104A
FC104A-W02	ZRA-YJV-1kV	3X185+2X95	低压配电柜	AA1103	引风机变频器	FC104A
FC104A-W03	ZRA-YJV-1kV	3X185+2X95	低压配电柜	AA1103	引风机变频器	FC104A
VL11A-W01	ZRA-YJV-1kV	4X2.5	低压配电柜	AA1106	给水泵进口电动阀	VL11A
VL11A-W11	ZRA-YJV-1kV	2X(3X150+2X70)	低压配电柜	AA1106	给水泵进口电动阀	VL11A
VL11B-W01	ZRA-YJV-1kV	4X2.5	低压配电柜	AA1106	给水泵进口电动阀	VL11B
VL11B-W11	ZRA-YJV-1kV	2X(3X150+2X70)	低压配电柜	AA1106	给水泵进口电动阀	VL11B
VL2-W01	ZRA-YJV-1kV	4X2.5	低压配电柜	AA1106	至抽汽机电动阀	VL2
VL2-W11	ZRA-YJV-1kV	2X(3X150+2X70)	低压配电柜	AA1106	至抽汽机电动阀	VL2
VL7-W01	ZRA-YJV-1kV	4X2.5	低压配电柜	AA1106	至(225)减温减压器电动阀	VL7
VL7-W11	ZRA-YJV-1kV	2X(3X150+2X70)	低压配电柜	AA1106	至(225)减温减压器电动阀	VL7
VL9-W01	ZRA-YJV-1kV	4X2.5	低压配电柜	AA1106	高压抽汽至(227)减温器电动	VL9
VL9-W11	ZRA-YJV-1kV	2X(3X150+2X70)	低压配电柜	AA1106	高压抽汽至(227)减温器电动	VL9

提取　起点名称：低压配电柜　总行数：17　清除数据　导出数据　关闭

图 5-2-3-3　提取数据界面

电缆编号 CABLE NO.	电缆型号 CABLE TYPE	备用 SPARE	电压 volt kV	电缆去向 起点 from	电缆去向 终点 to
=1+LCU11-W11	ZR-DJVPVRP-1X2X1.0	1	0.5	1#机组LCU A柜 +LCU11	1#机组LCU B柜 +LCU12
=1+LCU11-W12	ZR-KVVP-4X4	1	0.5	1#机组LCU A柜 +LCU11	1#发电机出口断路器柜+MS4
				1#机组LCU A柜 +LCU11	1#发电机机端PT柜+MS2
				1#机组LCU A柜 +LCU11	1#机组调速器电气柜+GV
				1#机组LCU A柜 +LCU11	1#机组LCU B柜 +LCU12
				1#机组LCU A柜 +LCU11	主轴密封水流量开关及压力变送器+
				1#机组LCU A柜 +LCU11	油冷却器出水流量开关+PH-S
				1#机组LCU A柜 +LCU11	发电机空冷器出水流量开关+P
				1#机组LCU A柜 +LCU11	冷却水总管流量开关及压力变送器+
				1#机组LCU A柜 +LCU11	廊道层水机仪表盘+PL-BP1,2,
				1#机组LCU A柜 +LCU11	拦污栅前后差压变送器+PL-B
				1#机组LCU A柜 +LCU11	轴承润滑油管路进油流量开关+
				1#机组LCU A柜 +LCU11	1#机组水轮机端子箱+TC2
				1#机组LCU A柜 +LCU11	轴承润滑油箱及漏油箱端子箱+
				1#机组LCU A柜 +LCU11	1#发电机端子箱+TC1

电缆表提取设置

工程：山东项目

低压系统图　高压系统图　通用图纸

内容	所在行
电缆编号	3
电缆型号	4
电缆规格	4
起点名称	7
起点编号	7
终点名称	8
终点编号	8
二次图号	
设备功率	
控制电缆编号	
控制电缆型号	
控制电缆规格	

分隔符设置：

所在行	分隔符
3	=1+
4	
7	+
8	+

☑ 支持控制电缆提取

控制电缆与二次图号设置

不同分隔符请以分号(;)隔开

指定表格层：　拾取

分隔符设置 <<

确定　取消

图 5-2-3-4　手工进行分隔符设置

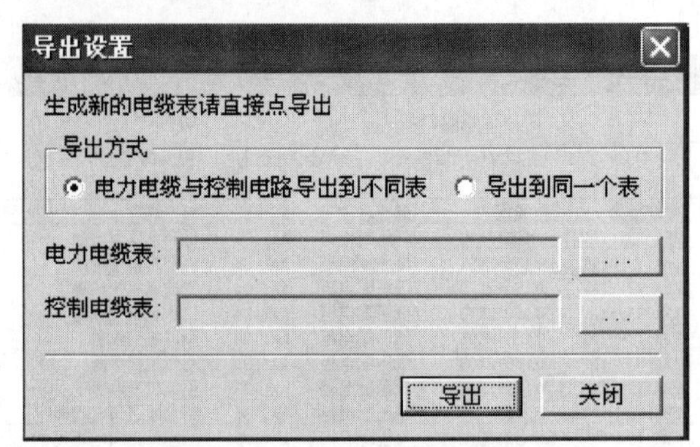

图 5-2-3-5　数据导出设置对话框

5.2.4　标识楼层

菜单位置:【电缆敷设】→【标识楼层】

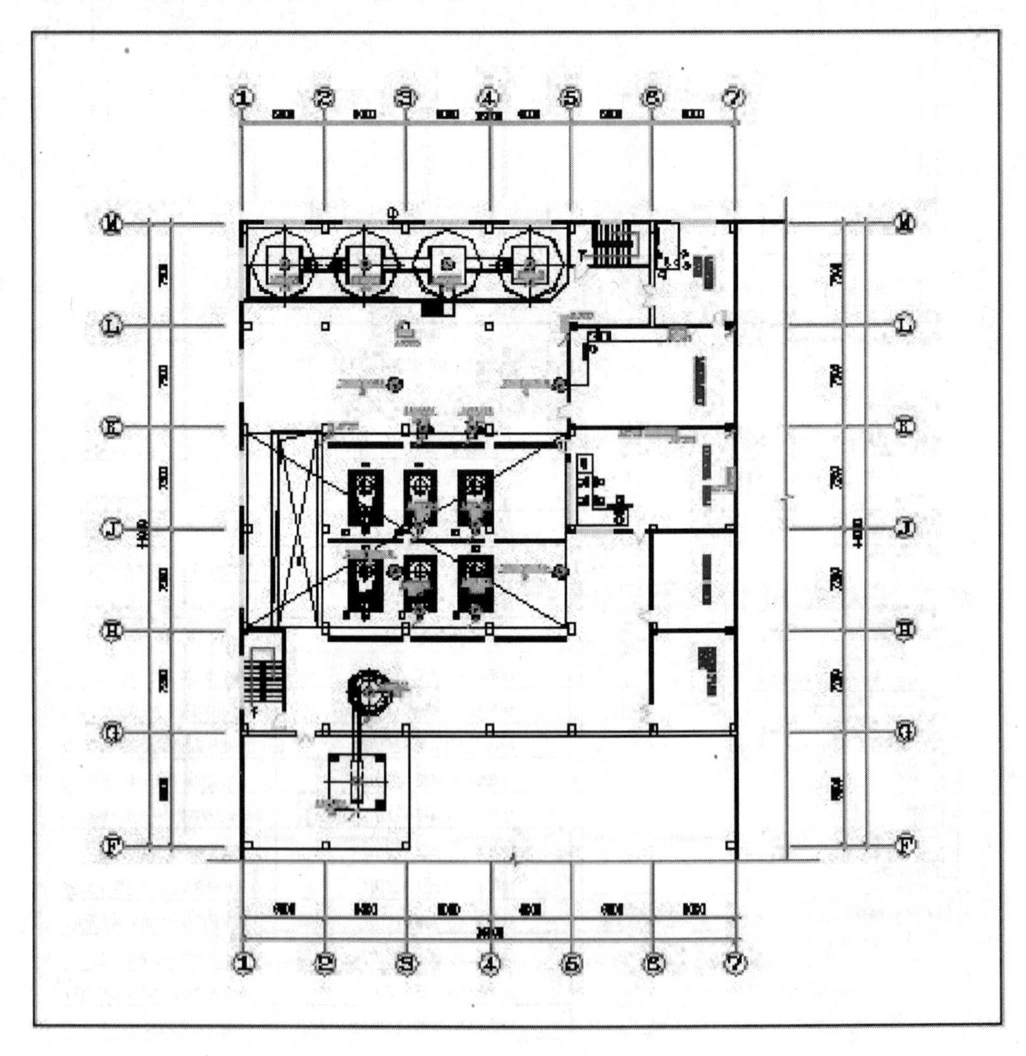

图 5-2-4　标识楼层

功能：标识出进行电缆敷设的楼层区域，对敷设的工程设置楼层标识，分楼层敷设。

点取该命令后，命令行提示：

请输入楼层号<1>：

输入楼层号后，框选楼层区域

请选择起始点<退出>：

请选择对角点<退出>：

选取区域后，命令行提示选择楼层基点，默认为区域的左下角

请指定楼层基点<左下点>：

全部设置好后，命令行提示

是否隐藏标识区域［是（Y)/否（N)］<N>：

确定后，标识完成。

5.2.5　桥架转 PL

菜单位置：【电缆敷设】→【桥架转 PL】

功能：将天正桥架转为 PL 线。

点取该命令后，命令行提示：

“选择需要转换为 PLINE 线的桥架<退出>：”

选择桥架后，命令行提示：

“请选择定位点<退出>：”

点取桥架的定位点，命令行提示：

“请点取 *PL* 线放置位置<默认在原图生成，*Esc* 退出>”

直接回车，在原位置生成 PL。见图 5-2-5-1 和图 5-2-5-2。

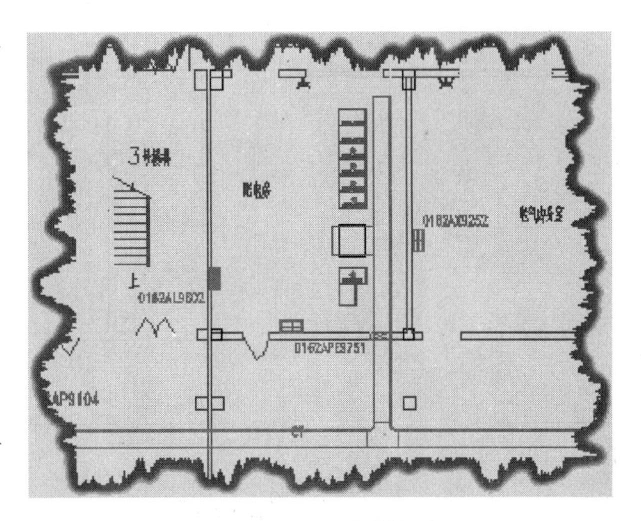

图 5-2-5-1　桥架转换前

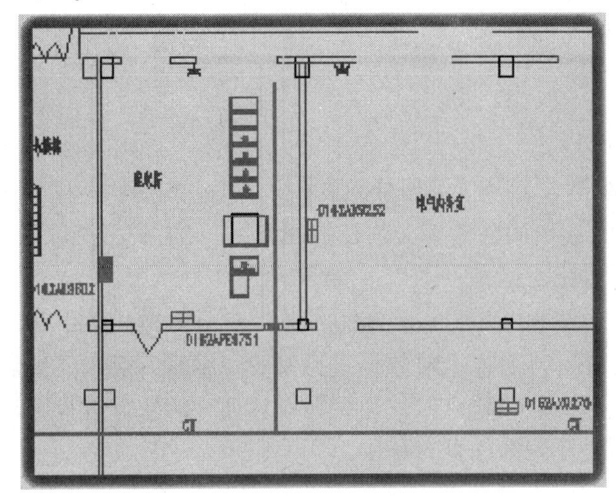

图 5-2-5-2　桥架转换后

5.2.6 清册设置

菜单位置：【电缆敷设】→【清册设置】

功能：设置清册电缆表。

点取该命令后，弹出对话框（图 5-2-6）：

可以设置工程项目名称，根据电缆清册、电机表的数据结构，对其进行设置，方便将 EXCEL 表中的数据导入到数据库中去。如 EXCEL 表中数据起始行从第 8 行开始，则在“电缆清册结构”中“起始行”输入 8，依次类推。

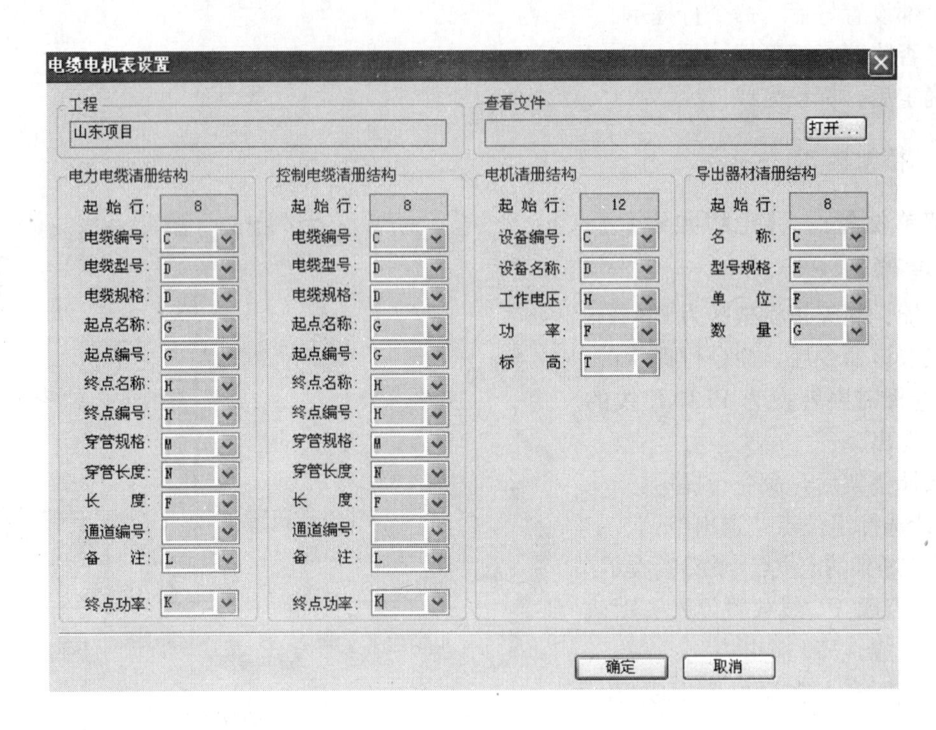

图 5-2-6 电缆电机表设置对话框

设置完毕后，点击“确定”按钮。

5.2.7 清册导入

菜单位置：【电缆敷设】→【清册导入】

功能：将 EXCEL 表中的数据导入到数据库中。

点取该命令后，弹出对话框（图 5-2-7-1）：

点击“导入电力电缆表”、“导入控制电缆表”、“导入电机表”可将相应的 EXCEL 表中数据导入进来，可在导入界面上对数据进行修改、编辑，点击“确定”后，数据导入到数据库中。可根据“起点”、“终点”、“类型”对界面中的数据进行筛选，同时可根据“电缆编号”等条件进行排序，如图 5-2-7-2：

点击“查找”按钮，可查找数据，同时可以进行模糊查找，查到的高亮显示，如图 5-2-7-3：

清册导入

工程：山东项目　删除(E)　筛选条件　起点：全部　终点：全部　类型：全部　排序：电缆编号　查找：查找(F)

电缆编号	电缆型号	电缆规格	起点名称	起点编号	终点名称	终点编号	终点功率(kw)	终点标高(m)	备注
TM701-W01	NRA-YJV-6kV	3x120	造纸车间6kV配电	AH2113	变压器	TM701			长度见造纸车间6k
M80201-W01	ZRA-FCMC-PFG-1k	3x2.5+3x1.5	低压开关柜	AA7104	摇摆输送机	M80201	4		
M81501-W01	ZRA-FCMC-PFG-1k	3x2.5+3x1.5	低压开关柜	AA7104	螺旋输送机	M81501	4		
M85501-W01	ZRA-FCMC-PFG-1k	3x2.5+3x1.5	低压开关柜	AA7104	螺杆泵	M85501	4		
M85901-W01	ZRA-FCMC-PFG-1k	3x2.5+3x1.5	低压开关柜	AA7104	螺杆泵	M85901	4		
M81601-W01	ZRA-FCMC-PFG-1k	3x16+3x2.5	低压开关柜	AA7105	微细粉磨机电机	M81601	18.5		
M82401-W01	ZRA-FCMC-PFG-1k	3x16+3x2.5	低压开关柜	AA7105	螺旋输送机	M82401	15		
M87301-W01	ZRA-FCMC-PFG-1k	3x2.5+3x1.5	低压开关柜	AA7106	螺杆泵	M87301	3		
M88301-W01	ZRA-FCMC-PFG-1k	3x2.5+3x1.5	低压开关柜	AA7106	螺杆泵	M88301	3		
M88601-W01	ZRA-FCMC-PFG-1k	3x2.5+3x1.5	低压开关柜	AA7106	螺杆泵	M88601	3		
M88901-W01	ZRA-FCMC-PFG-1k	3x2.5+3x1.5	低压开关柜	AA7106	螺杆泵	M88901	3		
M83701-W01	ZRA-FCMC-PFG-1k	3x2.5+3x1.5	低压开关柜	AA7107	螺杆泵	M83701	0.37		
M83801-W01	ZRA-FCMC-PFG-1k	3x2.5+3x1.5	低压开关柜	AA7107	螺杆泵	M83801	0.37		
M86201-W01	ZRA-FCMC-PFG-1k	3x2.5+3x1.5	低压开关柜	AA7107	螺杆泵	M86201	4		
M80301-W01	ZRA-YJV-1kV	3x25+1x16	低压开关柜	AA7108	颚式粉碎机	M80301	30		
M80501-W01	ZRA-YJV-1kV	4x2.5	低压开关柜	AA7108	带式输送机	M80501	4		
M81101-W01	ZRA-YJV-1kV	3x50+1x25	低压开关柜	AA7108	锤式粉碎机	M81101	45		
M81201-W01	ZRA-YJV-1kV	4x2.5	低压开关柜	AA7108	斗式提升机	M81201	5.5		
M81605.1-W01	ZRA-YJV-1kV	4x2.5	低压开关柜	AA7108	微细粉磨机电机	M81605.1	4		
M81605.2-W01	ZRA-YJV-1kV	4x2.5	低压开关柜	AA7108	微细粉磨机电机	M81605.2	3		
M81605.3-W01	ZRA-YJV-1kV	4x2.5	低压开关柜	AA7108	微细粉磨机电机	M81605.3	1.1		
M81605.4-W01	ZRA-YJV-1kV	4x2.5	低压开关柜	AA7108	微细粉磨机电机	M81605.4	1.1		
M81603-W01	ZRA-YJV-1kV	3x95+1x50	低压开关柜	AA7109	微细粉磨机电机	M81603	315		
M81603-W02	ZRA-YJV-1kV	3x95+1x50	低压开关柜	AA7109	微细粉磨机电机	M81603	315		
M81603-W03	ZRA-YJV-1kV	3x95+1x50	低压开关柜	AA7109	微细粉磨机电机	M81603	315		
M81603-W04	ZRA-YJV-1kV	3x95+1x50	低压开关柜	AA7109	微细粉磨机电机	M81603	315		
M81901-W01	ZRA-YJV-1kV	4x2.5	低压开关柜	AA7110	螺旋输送机	M81901	3		
M82001-W01	ZRA-YJV-1kV	4x2.5	低压开关柜	AA7110	回转阀	M82001	1.1		
M82101-W01	ZRA-YJV-1kV	4x16	低压开关柜	AA7110	风站电机	M82101	18.5		
M83201-W01	ZRA-YJV-1kV	2x2.5	低压开关柜	AA7110	计量泵电机	M83201	0.12		
M83301-W01	ZRA-YJV-1kV	4x2.5	低压开关柜	AA7110	隔膜泵	M83301	3		
M85301-W01	ZRA-YJV-1kV	3x70+1x35	低压开关柜	AA7110	泥浆制备槽搅拌器	M85301	110		
M85301-W02	ZRA-YJV-1kV	3x70+1x35	低压开关柜	AA7110	泥浆制备槽搅拌器	M85301	110		
M83601-W01	ZRA-YJV-1kV	4x2.5	低压开关柜	AA7111	螺杆泵	M83601	1.1		

导入电力电缆表　导入控制电缆表　导入电机表　总行数：107　确定　取消

图 5-2-7-1　清册导入对话框

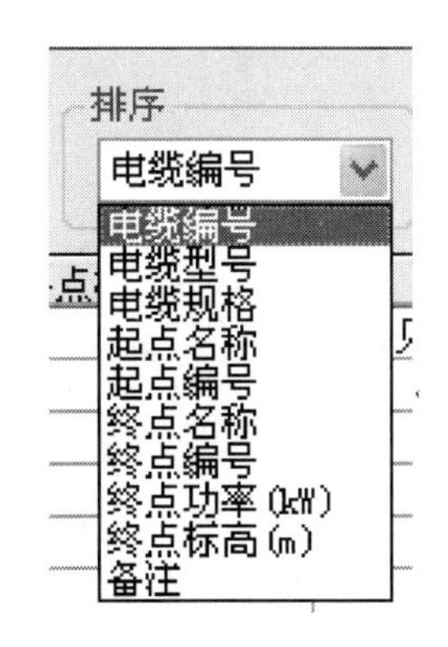

图 5-2-7-2　排序类型

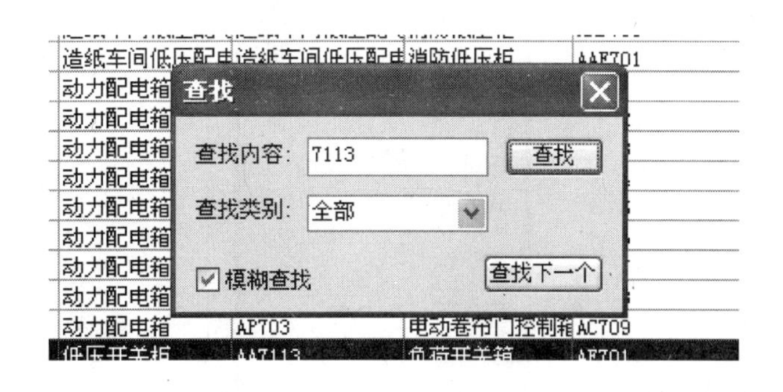

图 5-2-7-3　查找数据

5.2.8　标注设备

菜单位置：【电缆敷设】→【标注设备】

功能：对图中起点、终点设备进行标注赋值。

点取该命令后，弹出对话框（图 5-2-8-1）：

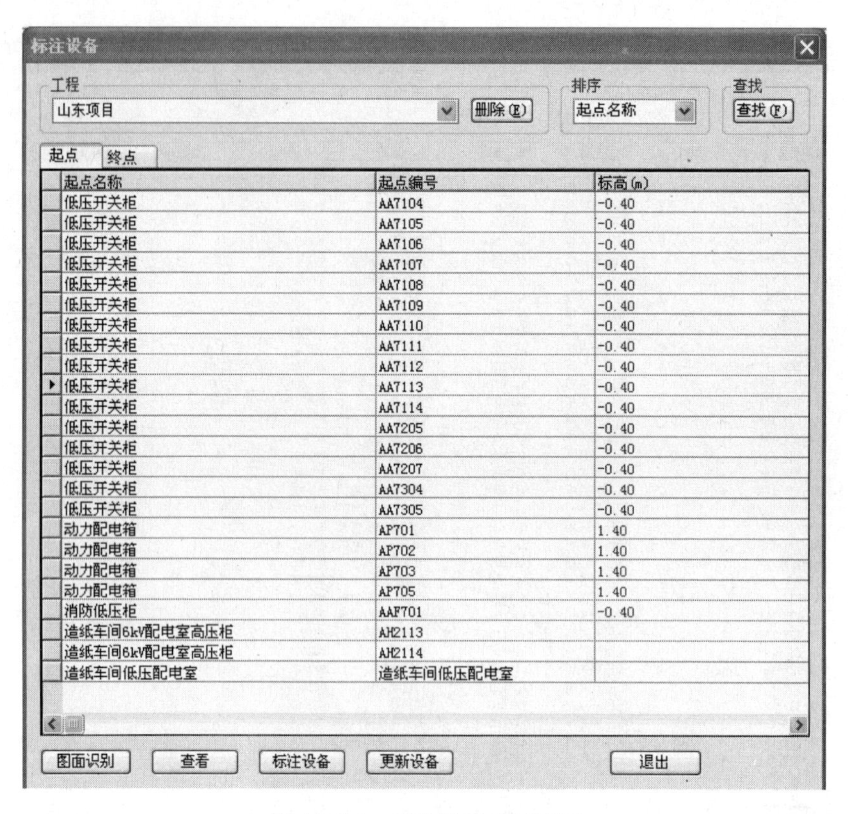

起点名称	起点编号	标高(m)
低压开关柜	AA7104	-0.40
低压开关柜	AA7105	-0.40
低压开关柜	AA7106	-0.40
低压开关柜	AA7107	-0.40
低压开关柜	AA7108	-0.40
低压开关柜	AA7109	-0.40
低压开关柜	AA7110	-0.40
低压开关柜	AA7111	-0.40
低压开关柜	AA7112	-0.40
低压开关柜	AA7113	-0.40
低压开关柜	AA7114	-0.40
低压开关柜	AA7205	-0.40
低压开关柜	AA7206	-0.40
低压开关柜	AA7207	-0.40
低压开关柜	AA7304	-0.40
低压开关柜	AA7305	-0.40
动力配电箱	AP701	1.40
动力配电箱	AP702	1.40
动力配电箱	AP703	1.40
动力配电箱	AP705	1.40
消防低压柜	AAF701	-0.40
造纸车间6kV配电室高压柜	AH2113	
造纸车间6kV配电室高压柜	AH2114	
造纸车间低压配电室	造纸车间低压配电室	

图 5-2-8-1　标注设备主对话框

点击“标注设备”可对设备进行标注，弹出对话框，如图 5-2-8-2：

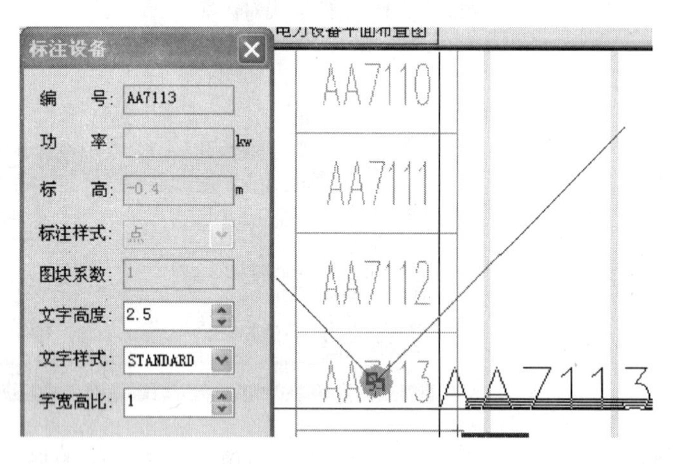

图 5-2-8-2　标注设备

可对标注设备的参数进行设置，如设备功率、标高以及标注的样式、图块系数、字体等参数进行设置，其中，标注样式含有 3 种表示形式可选择：“点”、“圆圈”、“无”，标注设备功能具有自动定位功能，通过模糊搜索可定位到要标注的设备位置，并以红色的“V”高亮显示位置。标注完该行数据后，标注设备主对话框 已标注的数据自动变蓝，且自动跳到未标注的下行数据，进行标注。

图 5-2-8-2 标注配电柜采用了“点”的形式，若标注一些设备如配电箱等，可采取“无”的形式，只是将信息赋值到已有图块中去，并不绘制设备；采取“圆圈”的形式主要针对一些大型设备，可定义接线点。如图 5-2-8-3：

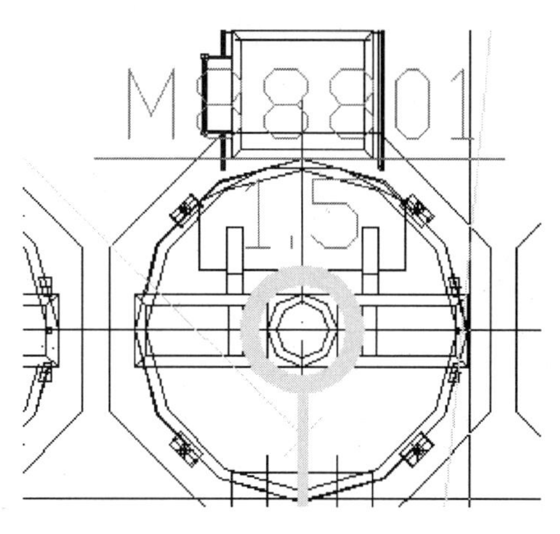

图 5-2-8-3　标注设备“圆圈”

点击“查找”按钮，可查找数据，同时可以进行模糊查找，查到的高亮显示，如图 5-2-8-4：

“图面识别”功能是对图中进行搜索，将已经进行标注（赋值）的设备数据变成“蓝色”，区分未标注的设备，也可将图中设备的信息（标高）等读入到界面，如图 5-2-8-5：

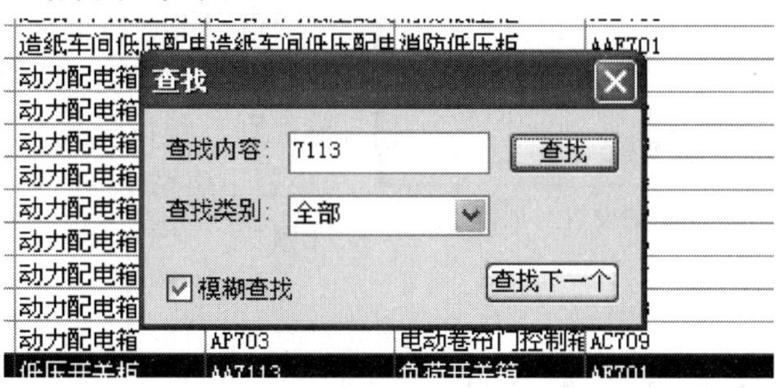

图 5-2-8-4　查找数据

标注设备

工程：山东项目　删除(E)　排序：起点名称　查找：查找(F)

起点　终点

起点名称	起点编号	标高(m)
低压开关柜	AA7104	-0.40
低压开关柜	AA7105	-0.40
低压开关柜	AA7106	-0.40
低压开关柜	AA7107	-0.40
低压开关柜	AA7108	-0.40
低压开关柜	AA7109	-0.40
低压开关柜	AA7110	-0.40
低压开关柜	AA7111	-0.40
低压开关柜	AA7112	-0.40
低压开关柜	AA7113	-0.40
低压开关柜	AA7114	-0.40
低压开关柜	AA7205	-0.40
低压开关柜	AA7206	-0.40
低压开关柜	AA7207	-0.40
低压开关柜	AA7304	-0.40
低压开关柜	AA7305	-0.40
动力配电箱	AP701	1.40
动力配电箱	AP702	1.40
动力配电箱	AP703	1.40
动力配电箱	AP705	1.40
消防低压柜	AAF701	-0.40
造纸车间6kV配电室高压柜	AH2113	
造纸车间6kV配电室高压柜	AH2114	
造纸车间低压配电室	造纸车间低压配电室	

图面识别　查看　标注设备　更新设备　退出

图 5-2-8-5　图面识别

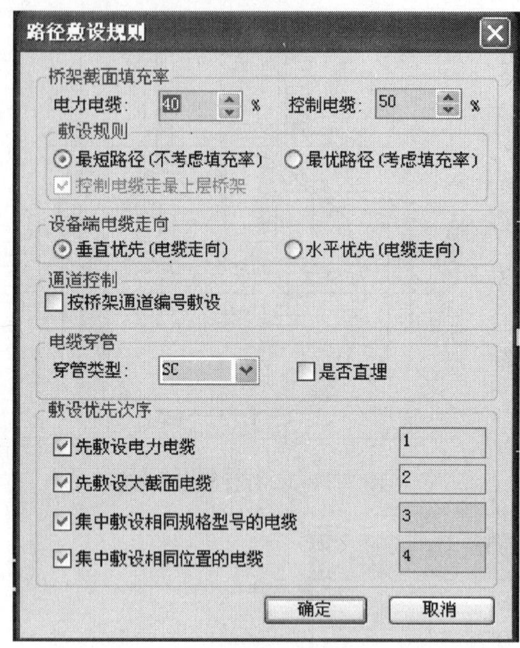

图 5-2-9　路径敷设规则设置对话框

“查看”功能是，选中图中一行数据，可在图面上进行搜索，定位到该设备图面位置，并高亮显示。

“更新设备”可将手动填写的标高信息赋值到图面中去。

5.2.9　敷设规则

菜单位置：【电缆敷设】→【敷设规则】

功能：路径敷设规则设置。

点取该命令后，弹出对话框（图 5-2-9）：

可以设置桥架截面填充率上限，以及自动敷设过程中路径选择方式、控制电缆规则、敷设优先次序。勾选是否直埋，电缆自动敷设时将不计算穿管长度及规格。

5.2.10　电缆敷设

菜单位置：【电缆敷设】→【电缆敷设】

功能：进行电缆敷设，确定每根电缆的敷设路径，并统计电缆长度。

电缆敷设主界面见图 5-2-10-1。

“自动敷设”可对选择的电缆进行自动敷设，上图为敷设完毕的电缆，自动计算电缆长度，敷设成功的电缆数据行变成蓝色，未成功的变成洋红色，同时敷设图也自动生成（图 5-2-10-2）。

“手动敷设”可以对电缆一条条手工敷设。选中一行数据，点击“手工敷设”，命令行提示：

“请选择敷设电缆的起点设备（AA7104）＜退出＞”

选择起点设备，命令行提示：

“请选择桥架或设备（M85901）进行电缆敷设：”

点到电缆沟后，命令行提示：

“任意键继续！”

摁下任意键，自动寻找到终点设备位置，点选终点设备，提示：

“请选择桥架或设备进行电缆敷设：”

选择桥架，若是多层桥架，弹出选择框（图 5-2-10-4）：

选择要敷设的桥架，确定后，确定倒角方向，自动高亮显示敷设路径（图 5-2-10-5）：

此时命令行提示：

“请选择［调整路径（M）/手动绘制路径（P）］＜当前路径＞：”

直接确定，就默认该显示路径，并将长度统计到主界面中去。输入“M”是对该显示路径进行调整，输入“P”则是直接进行手工绘制。

“查看路径”功能可查询选中回路的电缆路径，可在三维中查看（图5-2-10-6）：

电缆敷设

工程：山东项目　删除(E)

筛选条件：起点：全部　终点：全部　类型：全部

排序：电缆编号

查找：查找(F)

电缆编号	起点名称	起点编号	终点名称	终点编号	长度(m)	备注
M80201-W01	低压开关柜	AA7104	摇摆输送机	M80201	80.88	
M81501-W01	低压开关柜	AA7104	螺旋输送机	M81501	78.44	
M85501-W01	低压开关柜	AA7104	螺杆泵	M85501	61.03	
M85901-W01	低压开关柜	AA7104	螺杆泵	M85901	59.93	
M81601-W01	低压开关柜	AA7105	微细粉磨机电机	M81601	75.57	
M82401-W01	低压开关柜	AA7105	螺旋输送机	M82401	74.25	
M87301-W01	低压开关柜	AA7106	螺杆泵	M87301	39.98	
M88301-W01	低压开关柜	AA7106	螺杆泵	M88301	51.10	
M88601-W01	低压开关柜	AA7106	螺杆泵	M88601	45.61	
M88901-W01	低压开关柜	AA7106	螺杆泵	M88901	44.80	
M83701-W01	低压开关柜	AA7107	螺杆泵	M83701	46.47	
M83801-W01	低压开关柜	AA7107	螺杆泵	M83801	45.29	
M86201-W01	低压开关柜	AA7107	螺杆泵	M86201	58.03	
M80301-W01	低压开关柜	AA7108	颚式粉碎机	M80301	64.61	
M80501-W01	低压开关柜	AA7108	带式输送机	M80501	77.40	
M81101-W01	低压开关柜	AA7108	锤式粉碎机	M81101	82.39	
M81201-W01	低压开关柜	AA7108	斗式提升机	M81201	74.54	
M81605.1-W01	低压开关柜	AA7108	微细粉磨机电机	M81605.1	76.12	
M81605.2-W01	低压开关柜	AA7108	微细粉磨机电机	M81605.2	73.77	
M81605.3-W01	低压开关柜	AA7108	微细粉磨机电机	M81605.3	73.17	
M81605.4-W01	低压开关柜	AA7108	微细粉磨机电机	M81605.4	70.67	
M81603-W01	低压开关柜	AA7109	微细粉磨机电机	M81603	74.97	
M81603-W02	低压开关柜	AA7109	微细粉磨机电机	M81603	74.97	
M81603-W03	低压开关柜	AA7109	微细粉磨机电机	M81603	74.97	
M81603-W04	低压开关柜	AA7109	微细粉磨机电机	M81603	74.97	
M81901-W01	低压开关柜	AA7110	螺旋输送机	M81901	62.90	
M82001-W01	低压开关柜	AA7110	回转阀	M82001	60.36	
M82101-W01	低压开关柜	AA7110	风站电机	M82101	60.19	
M83201-W01	低压开关柜	AA7110	计量泵电机	M83201	49.38	
M83301-W01	低压开关柜	AA7110	隔膜泵	M83301	39.78	
M85301-W01	低压开关柜	AA7110	泥浆制备槽搅拌器	M85301	67.54	
M85301-W02	低压开关柜	AA7110	泥浆制备槽搅拌器	M85301	67.54	
M83601-W01	低压开关柜	AA7111	螺杆泵	M83601	45.66	
M85401-W01	低压开关柜	AA7111	贮存槽搅拌器	M85401	51.41	

自动敷设　手动敷设　查看路径　长度导出　清除长度　关闭　<<

图 5-2-10-1　“电缆敷设”主界面

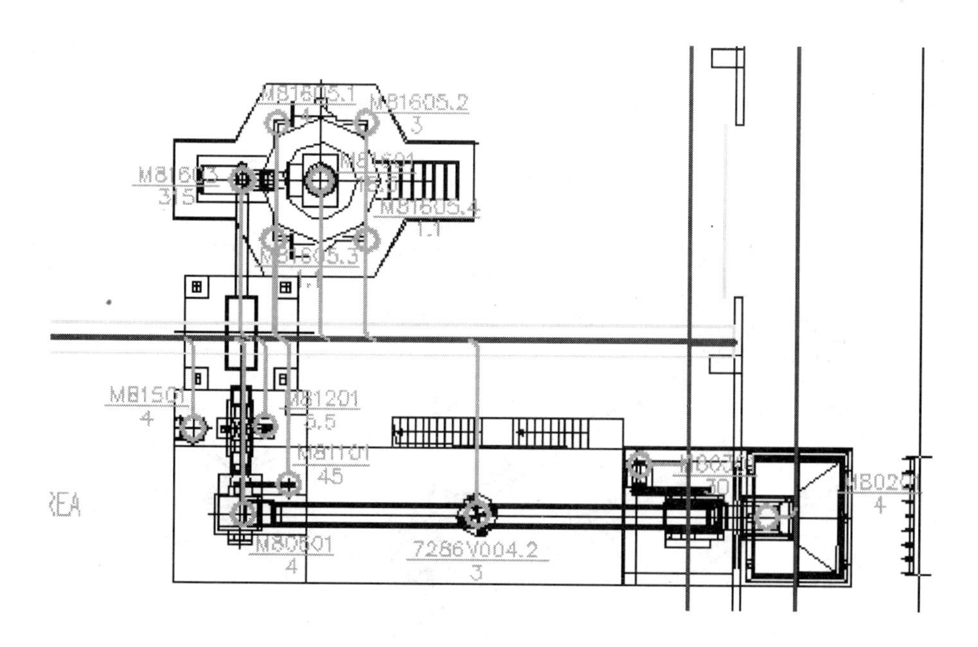

图 5-2-10-2　敷设图

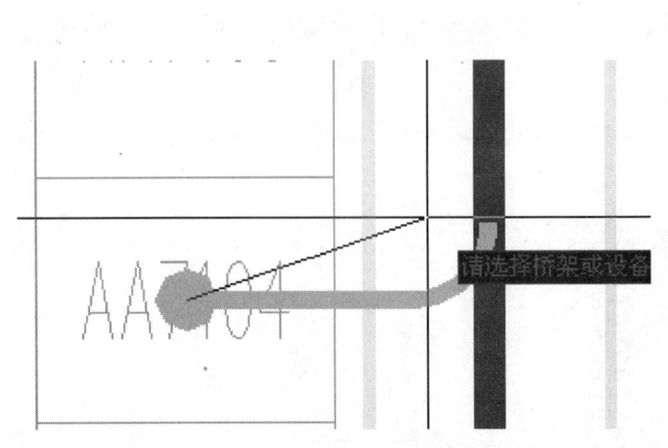

图 5-2-10-3　手动敷设

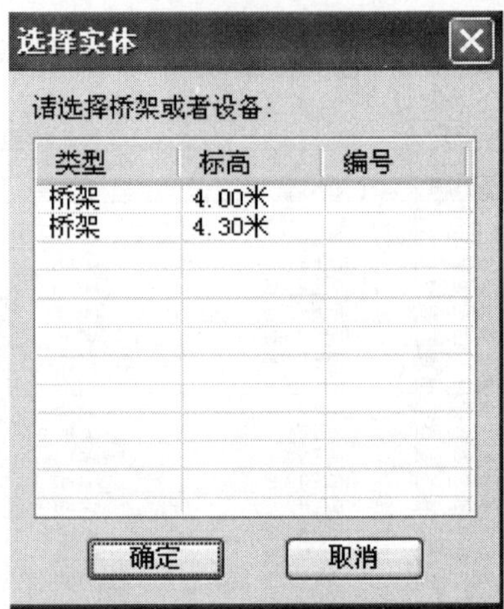

图 5-2-10-4　桥架选择

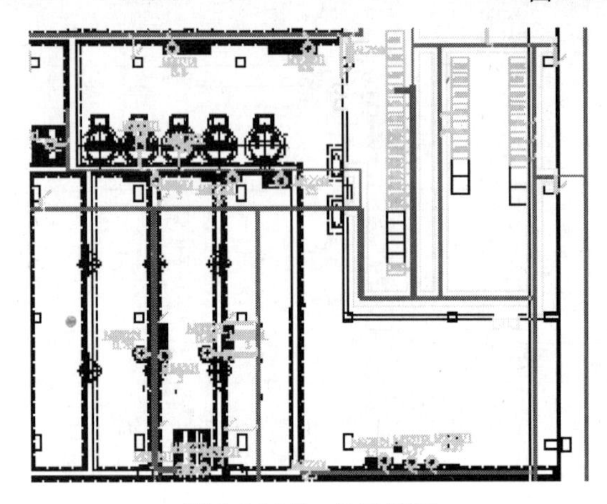

图 5-2-10-5　显示路径

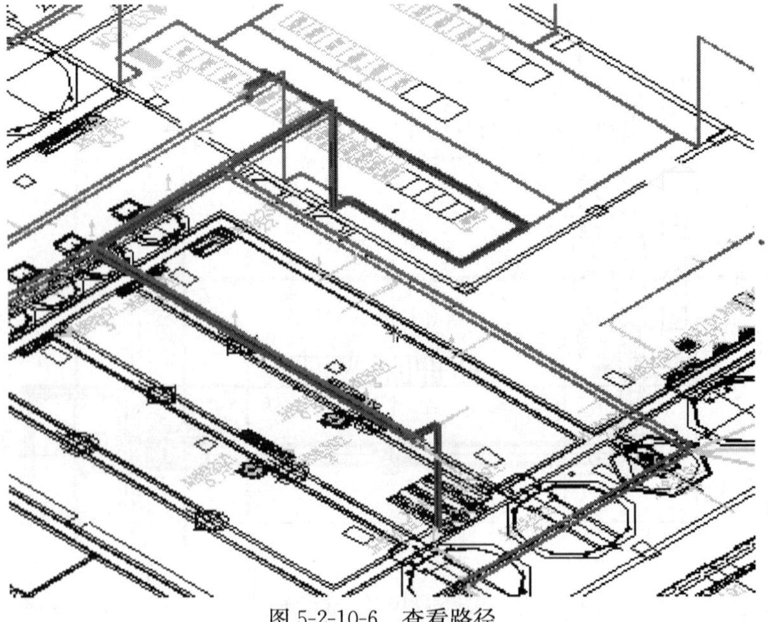

图 5-2-10-6　查看路径

“长度导出”功能是将电缆长度、穿管数据导出到清册表中去。并且可以调控电缆裕度（图 5-2-10-7）。

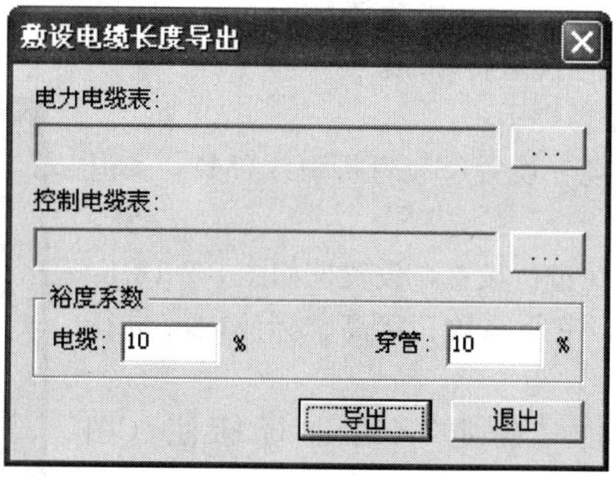

图 5-2-10-7　长度导出

5.2.11　查容积率

菜单位置:【电缆敷设】→【查容积率】

功能：查看桥架的容积率。

点取该命令后，弹出对话框（图5-2-11-1）：

点取“显示状况”，框选要查看的图形区域，则该区域的桥架根据填充率以不同的颜色显示，便于直观了解每段桥架的填充情况（图5-2-11-2）；

关闭对话框后，桥架颜色回复原状。

图 5-2-11-1　查容积率对话框

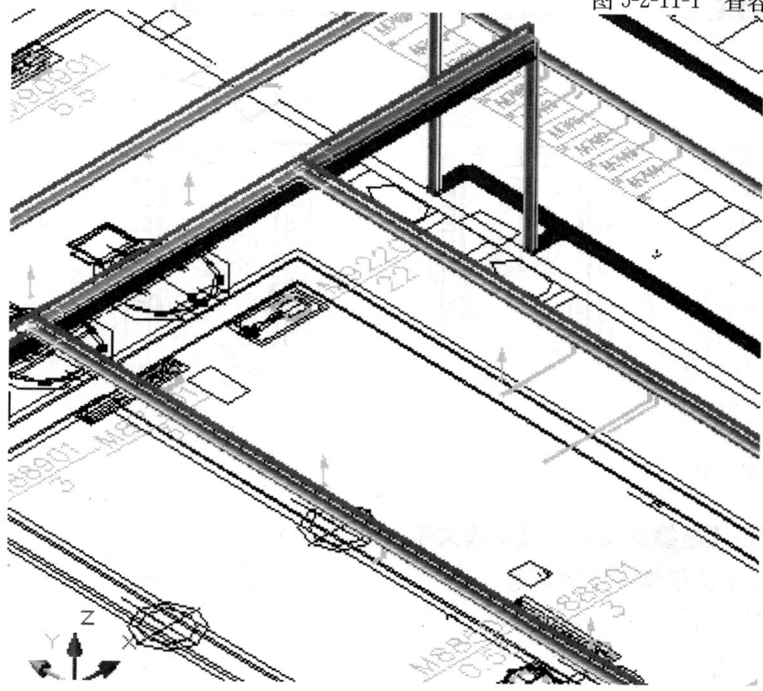

图 5-2-11-2　三维状况下显示填充率

5.2.12　电缆标注

菜单位置：【电缆敷设】→【电缆标注】

功能：对已经敷设的电缆进行标注。

点取该命令后，命令行提示：

“请选择要标注的电缆［设置(S)/弯折引线(M)］＜退出＞：”

若输入“S”可对标注进行设置，设置框如图 5-2-12-1：

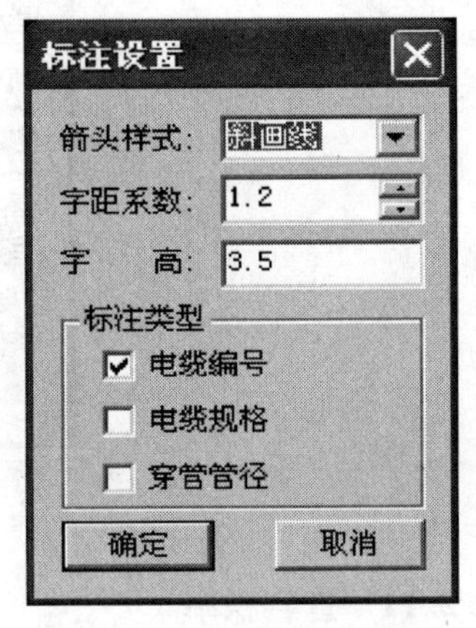

图 5-2-12-1　电缆标注设置框

可对标注箭头样式、字距系数、字高、标注内容进行设置。

设置完成后，点击“确定”，可进行标注（图 5-2-12-2）。

“请选择要标注的电缆［设置(S)/弯折引线（M)］＜退出＞：”

可以直接标，也可以根据命令行提示按 M 进行弯折线标注，并且可以支持引线标注。

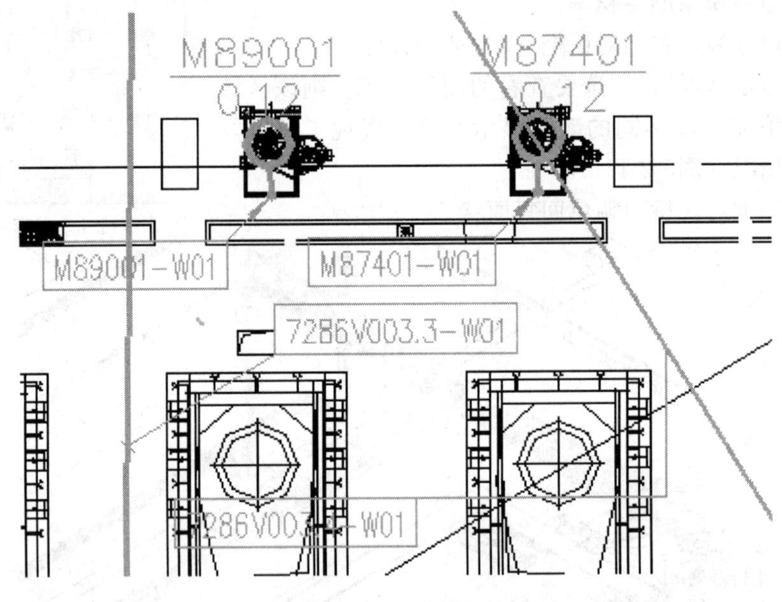

图 5-2-12-2　电缆标注

5.2.13　电缆文字

菜单位置：【电缆敷设】→【电缆文字】

功能：生成从桥架引出的符号。

点取该命令后，命令行提示：

“请输入要显示的文字＜X＞：”

默认为 X 或自行输入确定后，命令行提示：

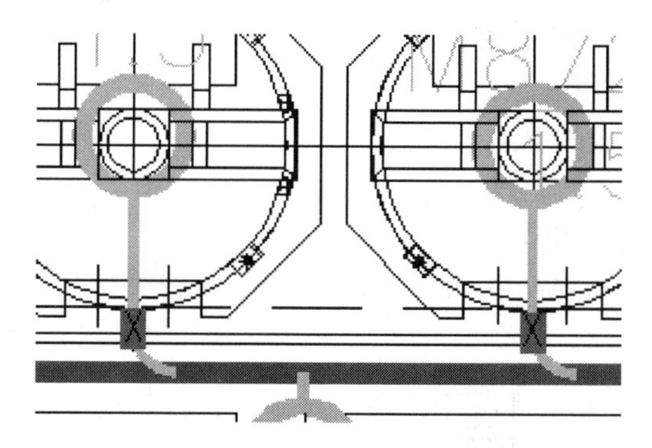

图 5-2-13　电缆文字

“请请点取起始点（电缆的一边）<退出>:”

点取一边确定后，命令行提示：

“请点取结束点（电缆的另一边）<退出>:”

确定后，在你两点所确定的直线与电缆的交汇处生成电缆文字。

5.2.14　穿管信息

菜单位置:【电缆敷设】→【穿管信息】

功能：修改穿管数据。

点取该命令后，命令行提示：

“请选择需要修改穿管数据的电缆线<退出>:”

选取电缆后弹出如下对话框（图 5-2-14）

可以相应的修改电缆编号、穿管型号、穿管管径。

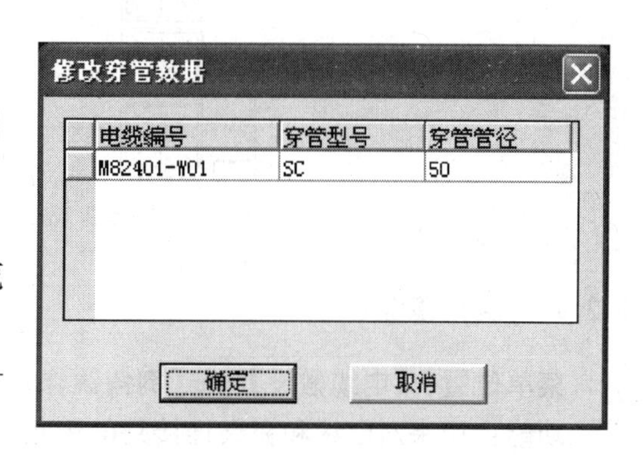

图 5-2-14　电缆电机表设置对话框

5.2.15　重新敷设

菜单位置:【电缆敷设】→【重新敷设】

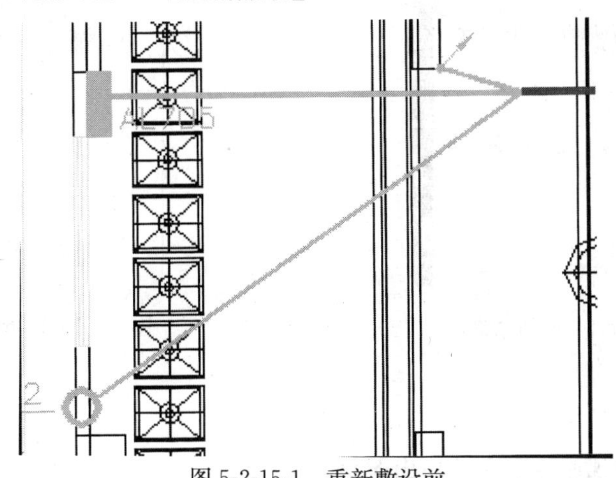

图 5-2-15-1　重新敷设前

功能：调整已敷设好的电缆路径。

点取该命令后，命令行提示：

“请选择需要重新敷设的电缆＜退出＞：”

选择新的路线后确定，命令行会有类似如下提示：

“成功修改了 1 条电缆路径

电缆编号（7286V002.2-W01）起点设备（AP701）终点设备（7286V002.2）＊取消＊”

表示修改路径成功。

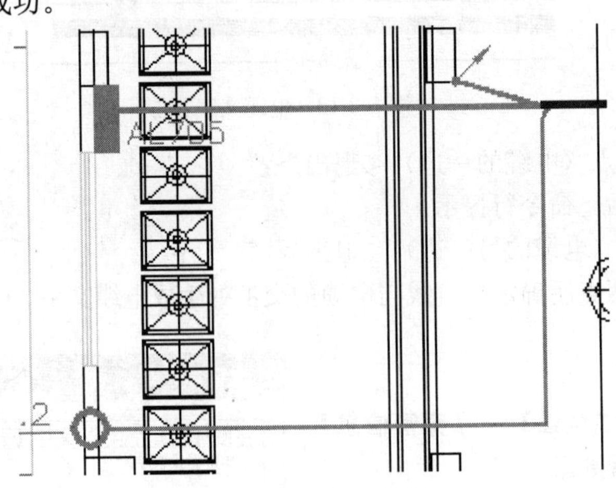

图 5-2-15-2　重新敷设后

5.2.16　倒角镜像

菜单位置：【电缆敷设】→【倒角镜像】

功能：用来对电缆和桥架连接处的倒角进行镜像。

点取该命令后，命令行提示：

“请选择需要倒角的敷设电缆＜退出＞：”

选择需要镜像的倒角（可多选），确定即可完成镜像。

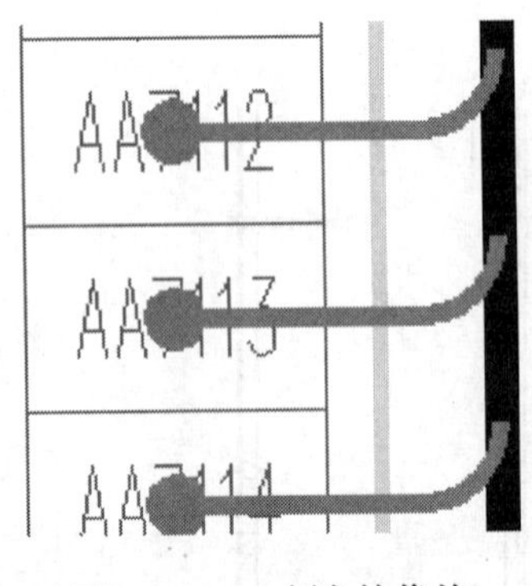

图 5-2-16-1　倒角镜像前

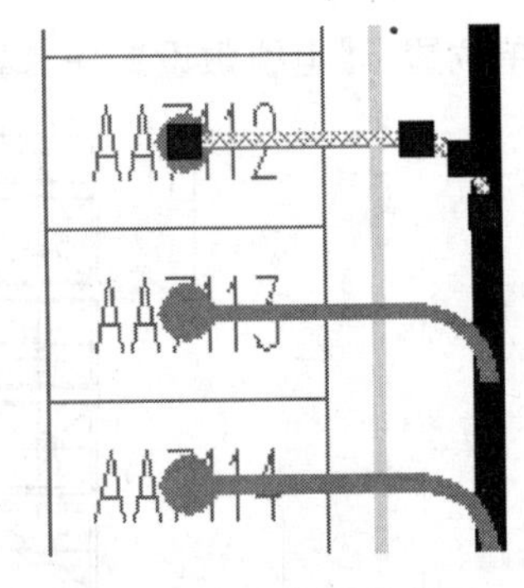

图 5-2-16-2　倒角镜像后

5.2.17　导出器材

菜单位置：【电缆敷设】→【导出器材】

功能：导出电力器材表。

完成敷设与长度导出之后，可以进行电力器材表的导出：

启动该命令后会弹出如下对话框（图 5-2-17）：

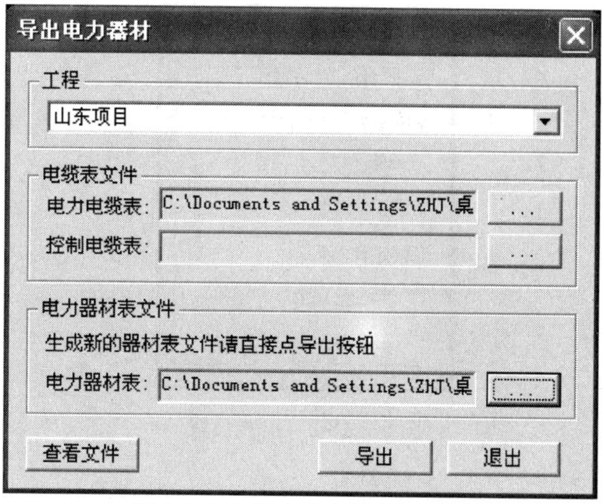

导出电力器材

工程

山东项目

电缆表文件

电力电缆表：C:\Documents and Settings\ZHJ\桌

控制电缆表：

电力器材表文件

生成新的器材表文件请直接点导出按钮

电力器材表：C:\Documents and Settings\ZHJ\桌

查看文件　导出　退出

图 5-2-17　导出电力器材对话框

“电缆表文件”给定已经导出长度的电缆表的路径，“电力器材表文件”可以给定好路径点导出自动生成 EXCEL 表格，也可以选定已建好表格将相应信息导入。

所生成的电力器材表是一个汇总表格，包括各类电缆的总长度型号规格，还包括了穿管信息。

5.2.18　盘柜出线

菜单位置：【电缆敷设】→【盘柜出线】

功能：从每个电器柜所引出的电缆线的统计。

点取该命令后，命令行提示：

“请选择电器柜［设置（S）］<退出>：”

在进行完电缆敷设的图面上选择要统计的所有电器柜右键确定，命令行提示：

“请选择插入点<退出>：”

确定插入点以后图面上会生成如图 5-2-18-1 所示表格：

AA7110

MB5301-WD2
MB5301-WD1
M82101-W01
M81901-W01
MB3301-WD1
M82001-WD1
MB3201-WD1

AA7111

M90101-W01	N88201-W01
N90201-W01	N87401-W01
N90301-W01	N87201-W01
N90401-W01	
N83601-W01	
N85401-W01	
N85801-W01	
N89001-W01	
N88801-W01	
N88501-W01	

AA7112

M92201-W01
728BKV001-W01
M93201-W01
M93101-WD1
M90901-W01
M90701-W01
M90501-W01

图 5-2-18-1　盘柜出线

此时命令行再次提示“请选择电器柜［设置（S)］＜退出＞：”

命令行输入 S 可弹出编辑框，供我们进行相应的设置。

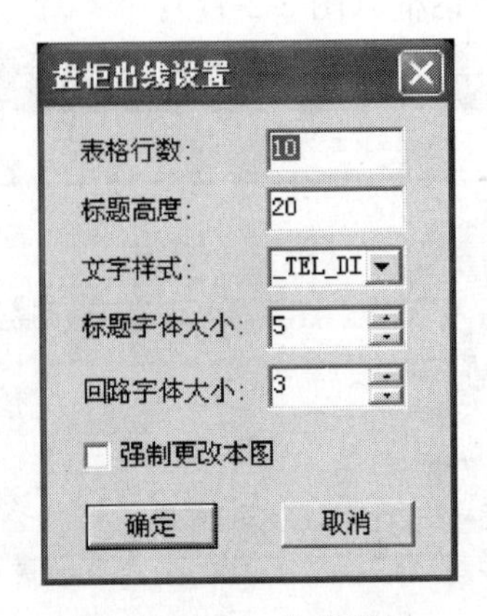

图 5-2-18-2　出线设置

5.2.19　多图连接

菜单位置:【电缆敷设】→【多图连接】

功能：用来完成引线以及各层之间连接的功能。

点取该命令后，弹出如下对话框（图 5-2-19-1)：

连接标识：底层几口引自其他车间。

上下引线：点此图块以后会弹出如图 5-2-19-2 对话框，插入引线关联设备，以完成设备与电缆的连接。使用上下引线，进行多图连接可与标识楼层命令配合使用，在目标楼层和中间楼层生成相应引线。

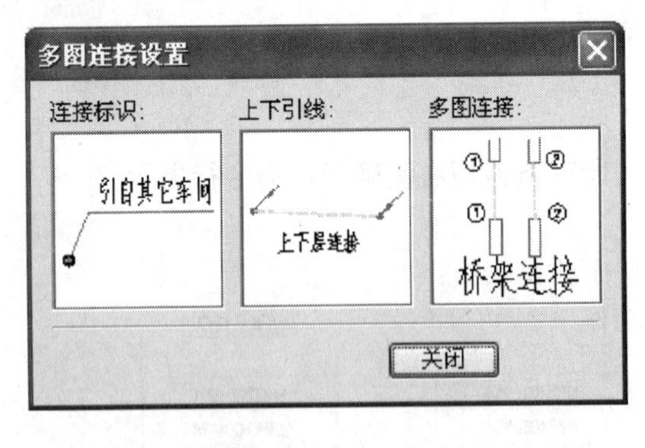

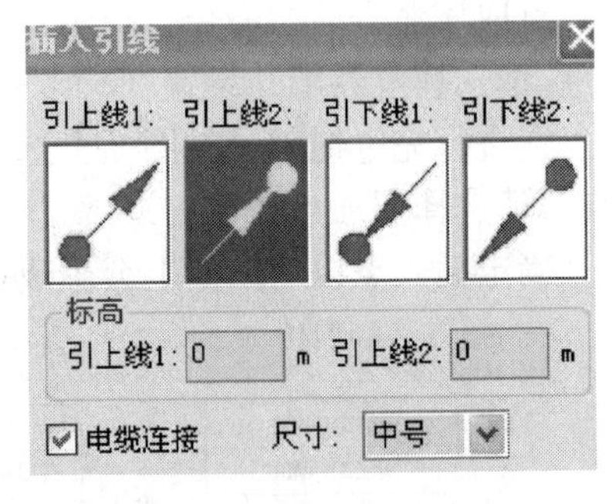

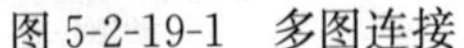

图 5-2-19-1　多图连接　　　图 5-2-19-2　引线连接

多图连接：平面图上两层之间桥架接口，点击多图连接图片命令行提示如下：

“请选择桥架（电缆沟）或由桥架（电缆沟）转成 PL 的引出端＜退出＞：”

捕捉引出端后命令行提示“请输入编号＜1＞”

确定编号后命令行提示“请选择编号放置位置：”

最后“请选择桥架（电缆沟）或由桥架（电缆沟）转成 PL 的引入端＜退出＞：”

捕捉引入端，选择编号放置位置，即完成多图连接。

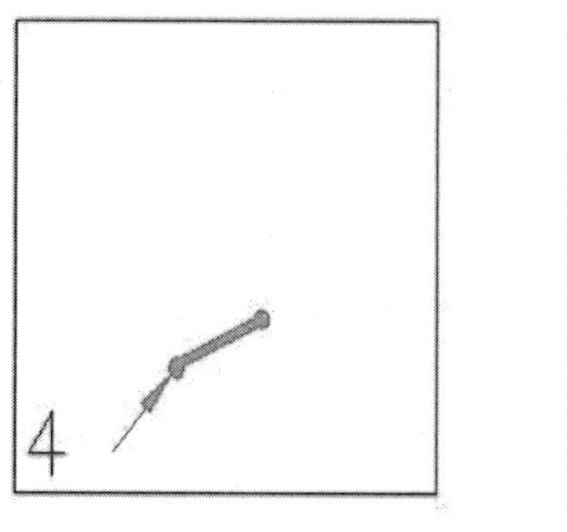

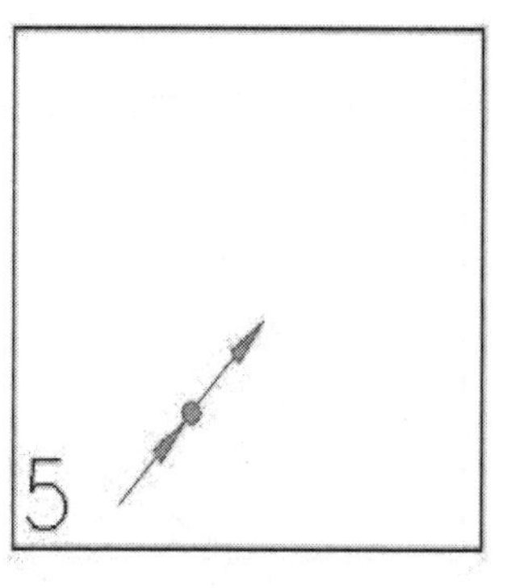

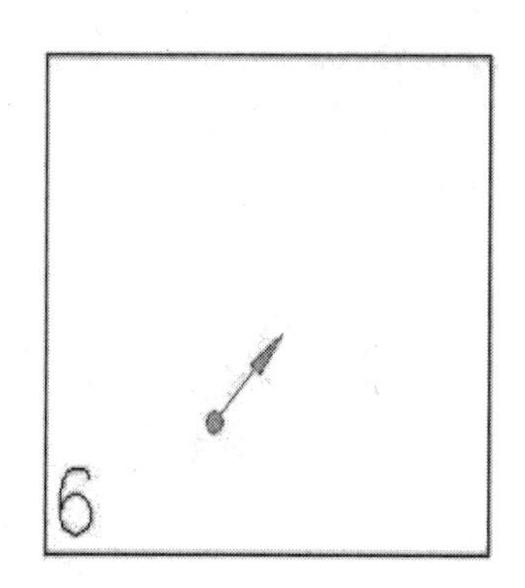

图 5-2-19-3　使用上下引线

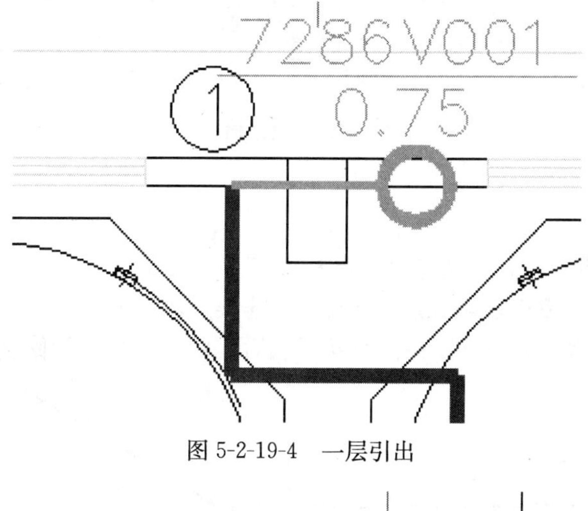

图 5-2-19-4　一层引出

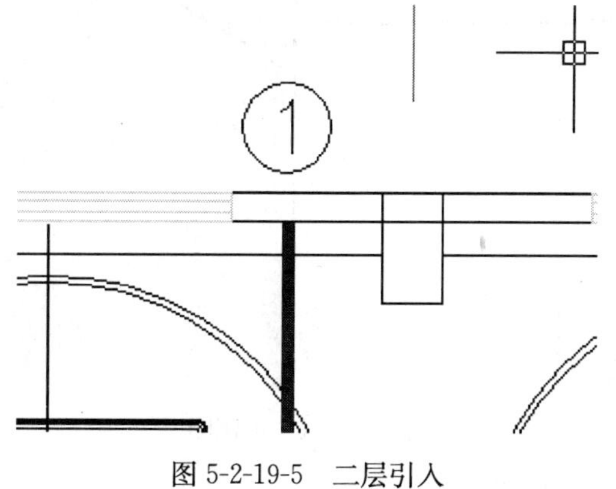

图 5-2-19-5　二层引入

5.2.20　通路检查

菜单位置:【电缆敷设】→【通路检查】

功能：检查电缆敷设 PL 路径是否连通。

点取该命令后，命令栏提示：

选择需要查看连接的线<退出>：

点击桥架转换完成的 PL 线，相互连通的 PL 会以红色显示，便于查看未连接的 PL

加以修改。

可切换至三维空间进行检查便于查看，如下图，发现 PL 有断开点。可搭配【修复连接】命令，进行修复。

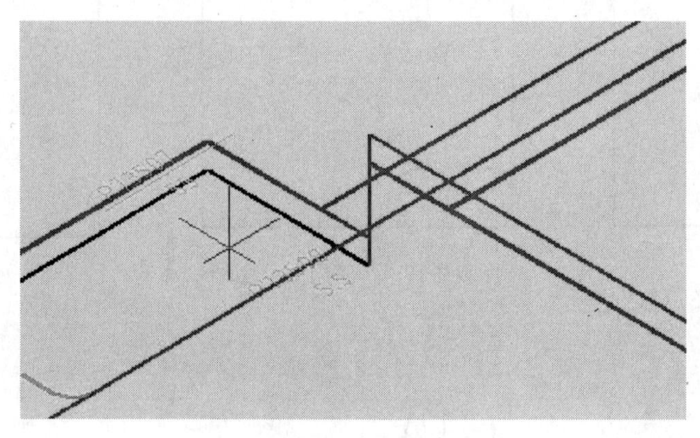

图 5-2-20　通路检查

5.2.21　修复连接

菜单位置：【电缆敷设】→【修复连接】

功能：检查并修复桥架及电缆沟转 PL 后没连接上的地方。

通过通路检查命令，发现 PL 路径中断开点后，用此命令进行修复，如图 5-2-21-1：

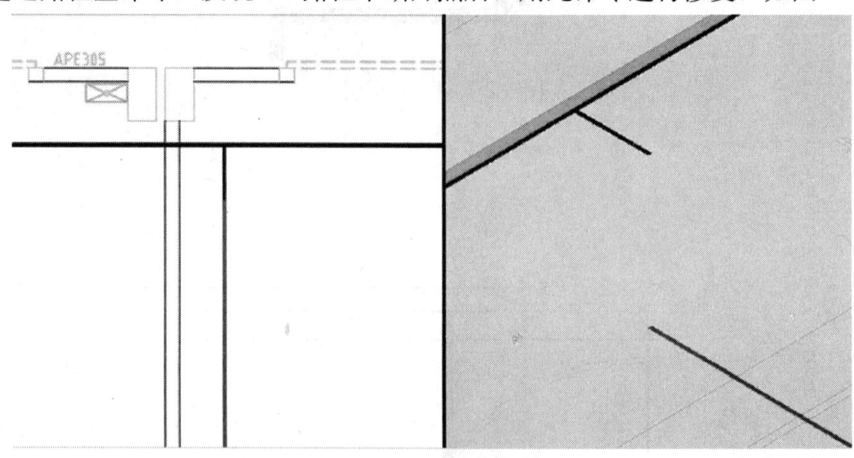

图 5-2-21-1　示例图

点取该命令后，命令行提示：

“请选择第一条 PL<退出>：

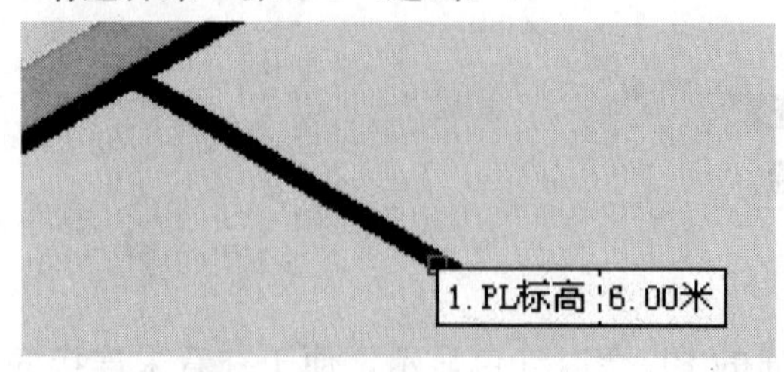

请选择第二条 PL<退出>：

在选择 PL 线的同时，当鼠标落在线上，会显示此条 PL 的标高，用户可通过标高，确认所选是否为需要修复的 PL 线。

二维平面图下，可能会出现选择错误，如图中存在两条 PL，所以修复时建议切换至三维空间，增加修改的准确性。

选择两条 PL 后，命令行提示：

输入参照点：<最近点>"

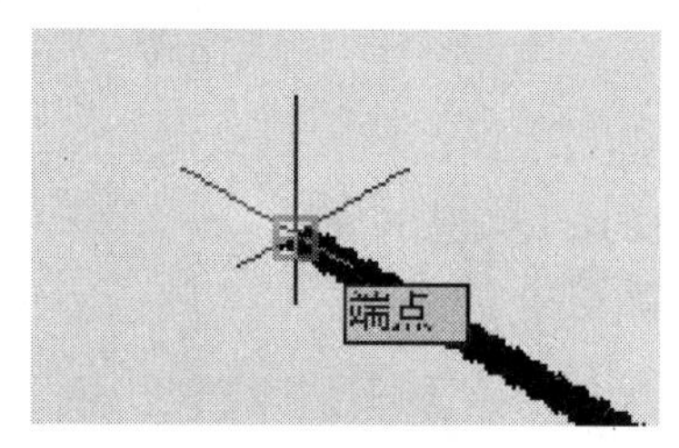

选择最近连接点

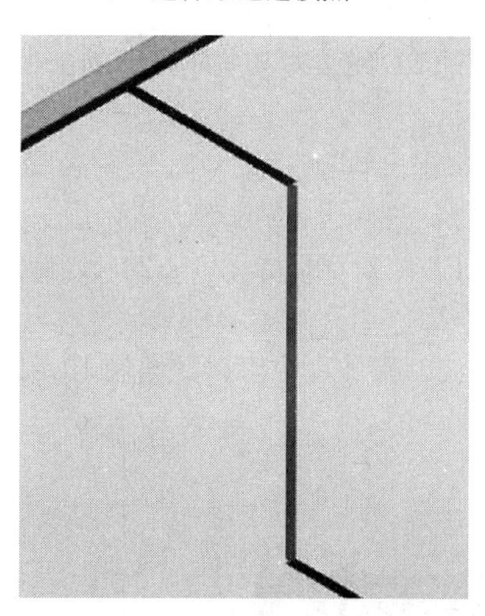

图 5-2-21-2　修复连接效果

选择参照点，即相连的最近点后，软件会自动连接两条 PL 线：

是否刷新关系［是(Y)/否(N)］<Y>：

连接后软件会提示是否刷新，确认 Y 则立即刷新 PL 线关系。

修复完成后，可用通路检查命令，检验 PL 路径是否连通：

5.2.22　更新桥架

菜单位置：【电缆敷设】→【更新桥架】

功能：更新桥架和电缆沟转成 PL 的连接关系。

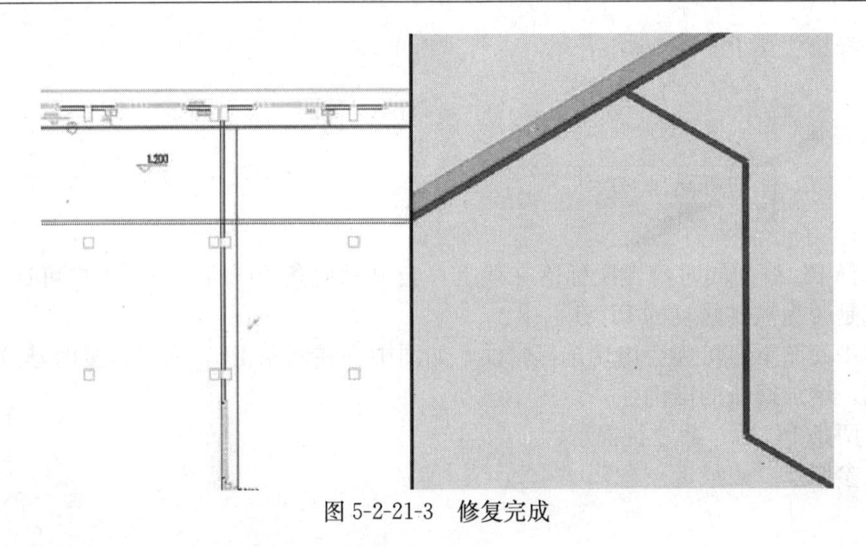

图 5-2-21-3　修复完成

点取该命令后，命令行提示：

“请选择桥架或电缆沟转成的 PL＜退出＞：

选取范围确定，即完成更新

5.2.23　绘制 PL 线

菜单位置：【电缆敷设】→【绘制 PL 线】

功能：绘制带有桥架属性的 PL 线，对某些不连通的部位可采用改功能进行连通。

点取该命令后，命令行提示：

“请选择起始 PL 上一点：＜退出＞”

选取范围确定，即完成更新

选择 PL 先后，出现绘制 PL 线对话框如图 5-2-23-1，命令行提示：

“请输入下一点：＜退出＞”

点取后，会重复“请输入下一点”命令，以此绘制 PL 线，如图 5-2-23-2。

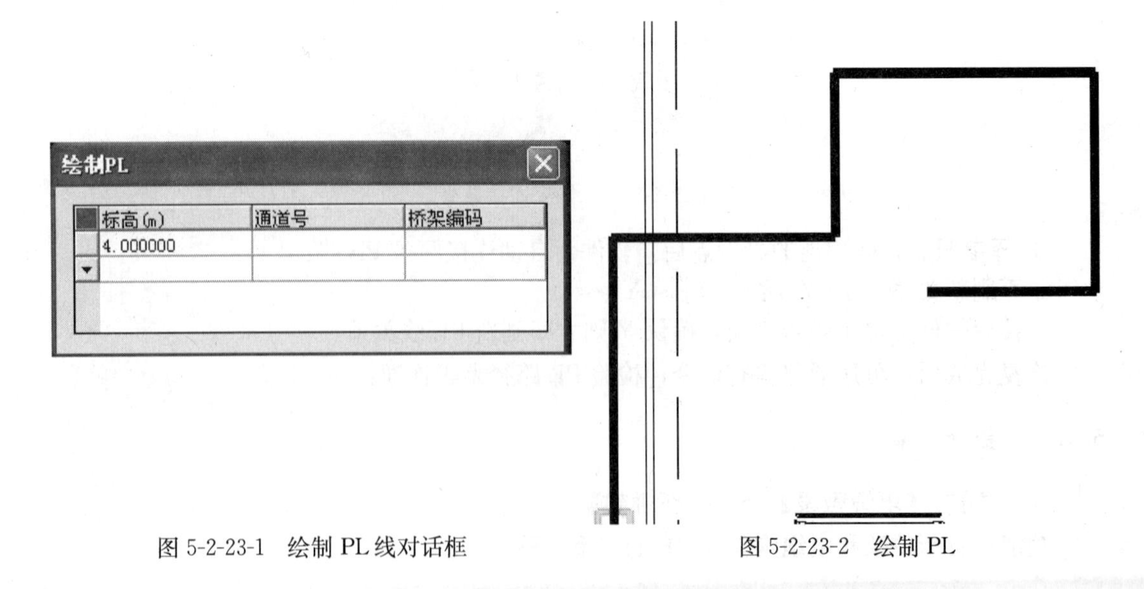

图 5-2-23-1　绘制 PL 线对话框　　　　图 5-2-23-2　绘制 PL

5.2.24　通道检查

菜单位置:【电缆敷设】→【通道检查】

功能：绘制带有桥架属性的 PL 线，对某些不连通的部位可采用改功能进行连通。

点取该命令后，命令行提示：

“选择范围：<整张图纸>”

选择完成后，弹出对话框，如图 5-2-24

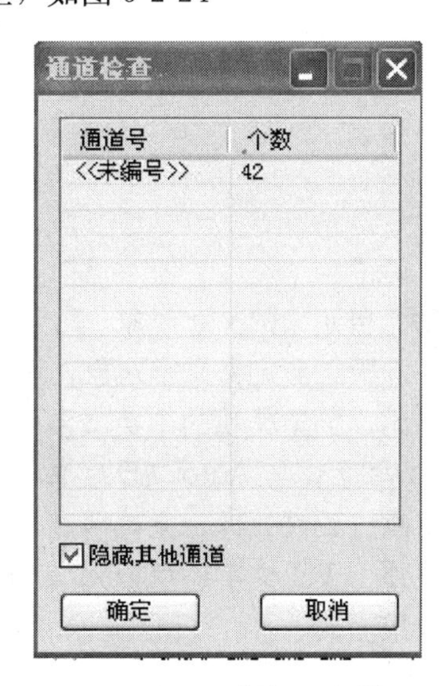

图 5-2-24　通道检查对话框

5.2.25　显示楼层

菜单位置:【电缆敷设】→【显示楼层】

功能：显示楼层标识框

点取该命令后，楼层标识框全部显示。

5.2.26　隐藏楼层

菜单位置:【电缆敷设】→【隐藏楼层】

功能：显示楼层标识框

点取该命令后，命令行提示：

“请选择需要隐藏的标识框<全部>”

选取需要隐藏的楼层标识框，即可隐藏。

第 6 章 文字与表格

☞ 自定义的文字对象

天正自定义文字对象，可以方便设置中西文字体及其宽高比，创建美观的中英文混合文字样式，同时可使用 Windows 字体与 AutoCAD 字体，自动对两者的中文字体进行字高一致性处理，完善地满足了中文图纸特有的标注要求。此外，天正文字还可以对背景进行屏蔽，获得清晰的显示效果。

☞ 文字输入与编辑

使用自定义文字对象可以处理单行或者多行文字；文字输入对话框不但可以方便输入成段的文字，还有多种预定义图标简化了建筑设计常用的专业符号、上下标符号的输入；多行文字的夹点设计简化了文字分段排版的操作，段落重排所见即所得；专业文字提供常用的建筑、电气、暖通、给排水等专业词库。

☞ 表格的绘制与编辑

自定义表格对象可以电子表格的方式处理图纸中出现的各种表格，表格可以通过夹点拖动修改行高、列宽与整体尺寸。

☞ 与 Excel 交换表格数据

与最流行的办公电子表格处理软件 Excel 交换表格数据，大大提高了工程制表的能力。

文字表格的绘制在建筑制图中占有很重要的地位。AutoCAD 提供了一些文字书写的功能，但主要是针对西文的，对于中文字，尤其是中西文混合文字的书写，编辑就显得很不方便。在 AutoCAD 简体中文版的文字样式里，尽管提供了支持输入汉字的大字体（bigfont），但是 AutoCAD 却无法对组成大字体的中英文分别规定宽高比例，您即使拥有简体中文版 AutoCAD，有了文字字高一致的配套中英文字体，但中英文的宽度比例也不尽如人意。

天正的自定义的表格对象，特有的电子表格绘制和编辑的功能不仅可以方便地生成表格，还可以方便地通过夹点拖动与对象编辑修改和编辑这些表格。

天正软件通过自定义文字和表格，AutoCAD 提供了一个相当完整的中文字处理系统。

6.1　汉字输入与文字编辑

6.1.1　文字字体和宽高比

AutoCAD 提供了设置中西文字体及宽高比的命令—Style，但只能对所定义的中文和西文提供同一个宽高比和字高，即使是 AutoCAD2000 简体中文版本亦是如此。而在建筑设计图纸中如将中文和西文写成一样大小是很难看的。而且 AutoCAD 不支持建筑图中常常出现的上标与特殊符号，如面积单位 m^2 和我国特有的钢筋符号等。基于这两方面的考虑，天正的自定义文字可以同时让中西文两种字体设置各自不同的宽高比例。

天正为解决这些问题，开发了自定义文字对象，可方便地书写和修改中西文混合文字，可使组成天正文字样式的中西文字体有各自的宽高比例，方便地输入和变换文字的上下标，输入特殊字符。特别是天正对 AutoCAD 所使用两类字体（SHX 形文件与 True-type）存在实际字高不等的问题作了自动判断修正，使汉字与西文的文字标注符合国家制图标准的要求。

图 6-1-1 所表示的是用天正文字编辑调整的文字与 AutoCAD 文字的比较。

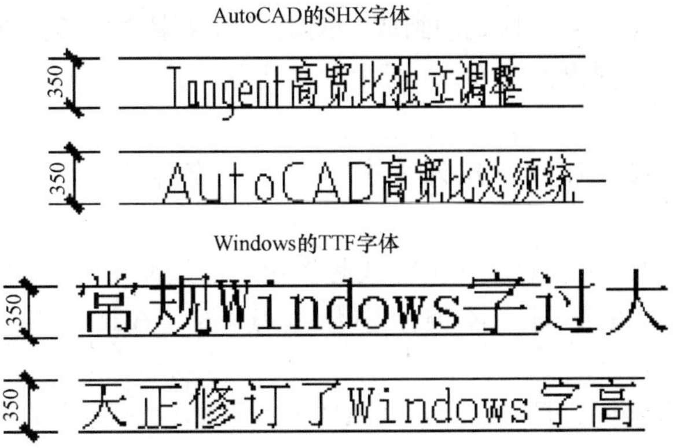

图 6-1-1　天正文字与 AutoCAD 文字

6.1.2 天正的文字输入方法

1. 直接在图上输入文字

(1) 首先执行天正文字样式命令，定义本图的文字样式。

(2) 使用天正提供的单行文字或多行文字命令往图形中标注文字。首先按下<Ctrl+Space>键，由西文状态切换为中文状态，用 Windows 提供汉字输入方法用键盘键入进行文字输入。输入完毕后，按下<Ctrl+Space>键，就由中文状态切换为西文状态。

(3) 也可以将用 AutoCAD 标准的 text 等文字标注命令标在图上的文字，通过文字转化命令转换为天正文字。

用上述方法书写的文字，因为中西文的字体和尺寸可以自由搭配，所以显得很美观，同时又增加了编辑修改与变更比例的灵活性。

2. 输入来自其他文件的文本内容：

(1) 复制（Ctrl+C）与粘贴文字

用户可以在打开天正软件的同时，再打开其他程序，选择在 AutoCAD 之外书写，准备输入的文字，以复制（Ctrl+C）与粘贴（Ctrl+V）的方式调入图中；此时推荐使用天正多行文字命令，在多行文字对话框中粘贴（Ctrl+V）来自其他编辑程序的文字内容。

如果直接在 AutoCAD 上使用粘贴（Ctrl+V）功能，得到的是 AutoCAD 的 MTEXT 对象，无法获得天正自定义文字的增强特性。

(2) 嵌入 OLE 文字对象

利用 AutoCAD 中的［插入］/［OLE］功能可以将 Word 文档或 Excel 表格插入到 AutoCAD 中，这时文字保留原有的特性，必要时双击该文字，启动 Word 或 Excel 进行编辑。

6.2 文字相关命令

6.2.1 文字样式（T93_TStyleEx）

菜单位置：【文字】→【文字样式】

功能：为天正自定义文字样式的组成，设定中西文字体各自的参数。

执行命令后，屏幕弹出如图 6-2-1 所示的对话框，其中各项目的意义说明如下：

样式名：

［新建］文字样式或选择下拉列表中已有的文字样式，允许对已有文字样式［重命名］。

［删除］样式仅对图中没有使用的样式起作用，已经使用的样式不能被删除。

新建样式时可以在下列字体类型中任选其一：［AutoCAD 字体］与［Windows 字体］。

用于确定当前文字样式是基于 AutoCAD 矢量字体，还是基于 Windows 系统的turetype 字体。如果选择了 AutoCAD 字体，那么由下面的中文参数与西文参数各项内容决定这个文字样式的组成。如果选择了 Windows 字体，那只有由中文参数的各项内容，True-

图 6-2-1　文字样式对话框

type 字体本身已经可以解决中西文间的正确比例关系，而且天正软件对 AutoCAD 中两类字体大小不等的问题做出了改进，可以自动修正 Truetype 类型的字高错误。与 ACAD 字体相比，这类字体打印效果美观，缺点是会导致系统运行速度降低。

［中文参数］：其中项目用于修改中文的文字参数。包括［宽高比］、［默认字高］和［中文字体］。其中［宽高比］编辑框中的数字表示中文字宽与中文字高的比，［中文字体］用于设置样式所使用的中文字体，［默认字高］是默认大小与宽高比例关系。

［西文参数］：用于修改西文的文字参数。包括［字宽方向］、［字高方向］和［西文字体］多项。其中［字宽方向］编辑框中的数字表示西文字宽与中文字宽的比，［字高方向］编辑框中的数字表示西文字高与中文字高的比，［西文字体］设置组成文字样式的西文字体。

以下说明此对话框的使用方法：

(1) 选择单击新建或下拉列表修改已定义的文字样式。

(2) 选择 AutoCAD 的字体或者 Windows 的字体。

(3) 字体选择。［西文参数］和［中文参数］区中分别设有［选字体］一项。单击方框右边的箭头打开一个列表框，可在其中选择所需字体。

(4) 字体尺寸比例设置。AutoCAD 中文字体有宽高比的变化，在［中文参数］框中，单击［宽高比 R］编辑框，输入宽高比即可。数字越小，字体越瘦长。西文字大小是相对中文而定的，用户可以在［西文参数］区中分别输入字宽方向和字高方向与中文字体的比值，数字越小，英文字就越小。

如果使用系统的 Windows 的 Truetype 字体，定义时所不同的是，这种字体中西文的比例是合适的，因此不必使用修正功能。在修改字体参数后，单击预览按钮，预览区中会显示出变化后的中西文字体的比例关系，供用户观察比较。

选定所有参数后，单击［确定］，对话框消失。以后有关的文字标注和表格处理等与文字相关的命令执行时，将按照此次设定的字体参数书写文字。

注意：1. 如字高为 0，表示不设置文字样式的默认字高，字高由文字表格命令设置。

2. 您改变文字参数后如切换到别的文字样式，会提示您保存该样式与否。

对话框控件的说明（表 6-2-1）：

对话框控件的说明 **表 6-2-1**

控件	功　能
新建	新建文字样式，首先给新文字样式命名，然后选定中西文字体文件和高宽参数
重命名	给文件样式赋予新名称
删 除	删除图中没有使用的文字样式，已经使用的样式不能被删除
样式名	显示当前文字样式名，可在下拉列表中切换其他已经定义的样式
宽高比	表示中文字宽与中文字高之比
中文字体	设置组成文字样式的中文字体
字宽方向	表示西文字宽与中文字宽的比
字高方向	表示西文字高与中文字高的比
西文字体	设置组成文字样式的西文字体
Windows 字体	使用 Windows 的系统字体 TTF，这些系统字体（如“宋体”等）包含有中文和英文，只需非设置中文参数即可
预 览	使新字体参数生效，浏览编辑框内文字以当前字体写出的效果
确 定	退出样式定义，把“样式名”内的文字样式作为当前文字样式

6.2.2 单行文字（T93_TText）字

菜单位置：【文字】→【单行文字】

功能：使用已经建立的天正文字样式，输入单行文字，可以方便设置上下标。

执行命令，屏幕弹出［单行文字］对话框如图 6-2-2-1 所示。

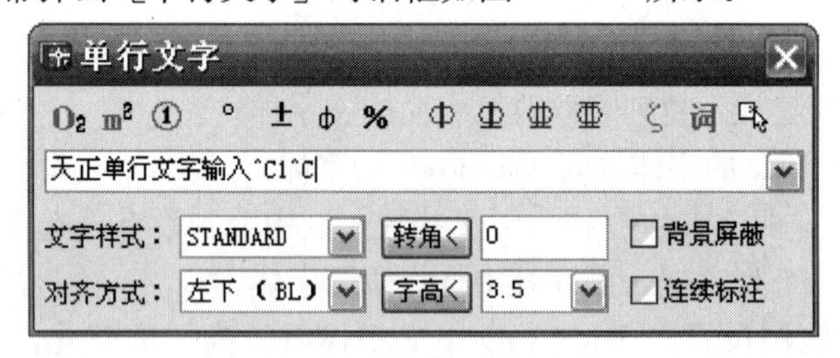

图 6-2-2-1 天正单行文字

1. 单行文字的输入

对话框中各项目的功能说明：

对话框中各项目的功能 **表 6-2-2**

项目	功　能
文字输入列表	可供键入文字符号；在列表中保存有已输入的文字，方便重复输入同类内容，在下拉选择其中一行文字后，该行文字复制到首行
文字样式	在下拉列表中选用已由 AutoCAD 或天正文字样式命令定义的文字样式

续表

项目	功　　能
对齐方式	选择文字与基点的对齐方式
转角	输入文字的转角
字高	表示最终图纸打印的字高，而非在屏幕上测量出的字高数值，两者有一个绘图比例值的倍数关系
背景屏蔽	勾选后文字可以遮盖背景例如填充图案，本选项利用 AutoCAD 的 WipeOut 图像屏蔽特性，屏蔽作用随文字移动存在
连续标注	勾选后单行文字可以连续标注
上标、下标	鼠标选定需变为上下标的文字，然后点击上、下标图标
加圆圈	鼠标选定需加圆圈的文字，然后点击加圆圈的图标
钢筋符号	在需要输入钢筋符号的位置，点击相应的钢筋符号
其他特殊符号	点击进入特殊字符集，在弹出的对话框中选择需要插入的符号

> **注意：** 天正软件支持多比例的多窗口布图，当前比例在一个图形中并非唯一，在图中不同的布图区域，可能使用不同的比例。

2. 单行文字的编辑

由于单行文字属于自定义对象，不能采用 AutoCAD 标准的文本编辑命令进行修改，天正提供了方便的对象编辑工具：在位编辑和文字编辑。双击文字进入在位编辑，移动光标到编辑框外右击，即可调用单行文字的快捷菜单进行编辑，如图 6-2-2-2；文字编辑需要选中单行文字，右击鼠标，即可从右键菜单中选择命令进入单行文字对话框进行编辑，如图 6-2-2-3。

单行文字只有一个夹点，仅能用于位置移动。

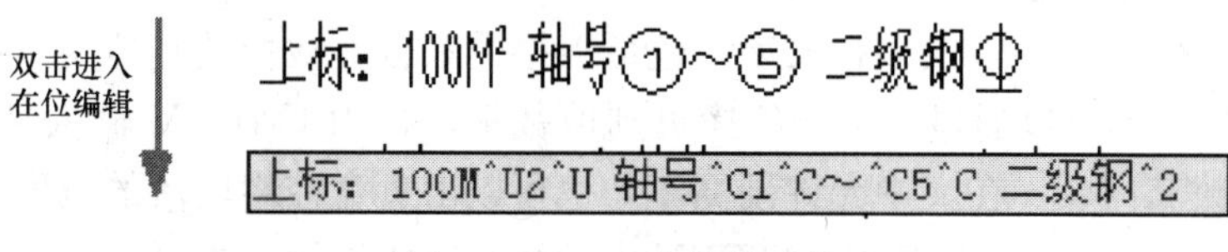

图 6-2-2-2　在位编辑功能

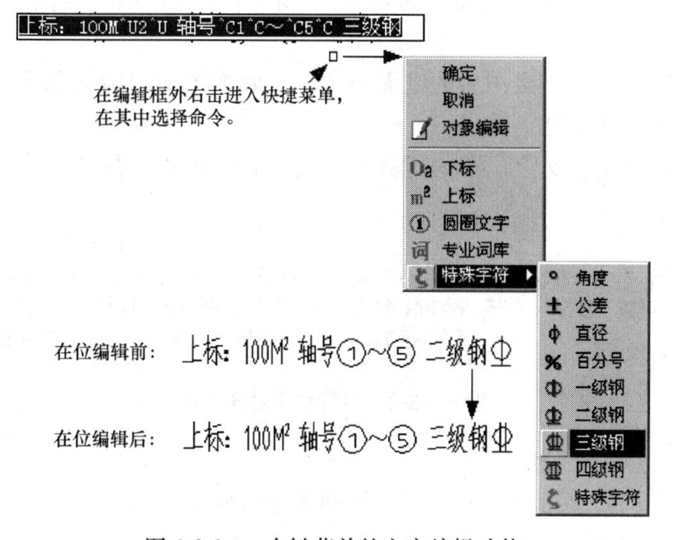

图 6-2-2-3　右键菜单的文字编辑功能

6.2.3 多行文字（T93-TMText）

菜单位置：【文字】→【多行文字】

功能：使用已经建立的天正文字样式，按段落输入多行文字，可以方便设置上下标、设定页宽与硬回车位置，并随时拖动夹点改变页宽。

执行此命令屏幕弹出［多行文字］对话框如图 6-2-3-1 所示。

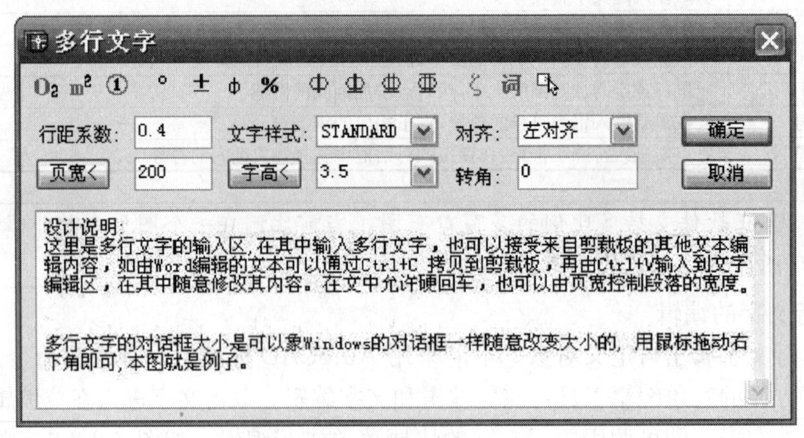

图 6-2-3-1 ［多行文字］对话框

下面介绍该对话框的使用方法。

1. 多行文字的输入

多行文字对话框中各项目的意义说明如下：

［文字输入区］：其中输入多行文字，也可以接受来自剪裁板的其他文本编辑内容，如由 Word 编辑的文本可以通过 Ctrl＋C 拷贝到剪裁板，再由 Ctrl＋V 输入到文字编辑区，在其中随意修改其内容。在文中允许硬回车，也可以由页宽控制段落的宽度。

［行距系数］：与 AutoCAD 的 MTEXT 中的行距有所不同，本系数表示的是行间的净距，单位是当前的文字高度，比如 1 为两行间相隔一空行，本参数决定整段文字的疏密程度。

［页宽和字高］：指的是出图后的纸面单位，实际数值应以输入值乘以当前比例得出，也可以直接从图上取两点距离获得。

［对齐方式］：决定了文字段落的对齐方式，共有左对齐、右对齐、中心对齐、两端对齐四种对齐方式。

左对齐：文字段落的对齐方式，共有左对齐、右对齐、中心对齐、两端对齐四种对齐方式。	右对齐：文字段落的对齐方式，共有左对齐、右对齐、中心对齐、两端对齐四种对齐方式。	中心对齐：文字段落的对齐方式，共有左对齐、右对齐、中心对齐、两端对齐四种对齐方式。	两端对齐：文字段落的对齐方式，共有左对齐、右对齐、中心对齐、两端对齐四种对齐方式。

图 6-2-3-2 多行文字对齐方式

2. 多行文字的夹点行为

与单行文字不同，多行文字允许通过拖动夹点改变文字的参数，在一个多行文字对象中存在两个有效的夹点，如图 6-2-3-3 所示：

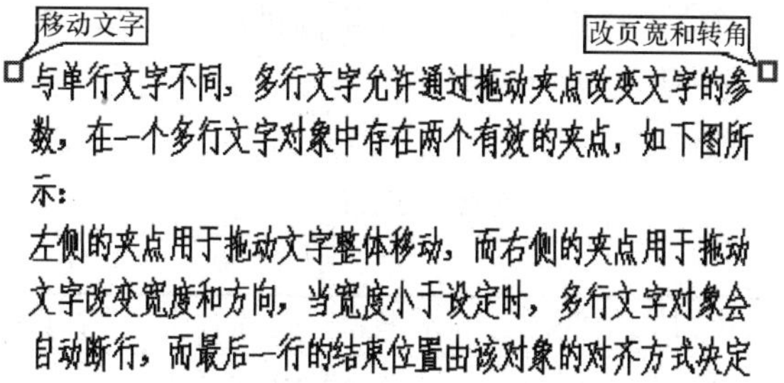

移动文字　　改页宽和转角

与单行文字不同，多行文字允许通过拖动夹点改变文字的参数，在一个多行文字对象中存在两个有效的夹点，如下图所示：

左侧的夹点用于拖动文字整体移动，而右侧的夹点用于拖动文字改变宽度和方向，当宽度小于设定时，多行文字对象会自动断行，而最后一行的结束位置由该对象的对齐方式决定

图 6-2-3-3 多行文字实例

左侧的夹点用于拖动文字整体移动，而右侧的夹点用于拖动文字改变宽度和方向，当宽度小于设定时，多行文字对象会自动断行，而最后一行的结束位置由该对象的对齐方式决定。

3. 多行文字的对象编辑

多行文字支持右键菜单或双击文字激活编辑对话框，从中可修改文字内容或改变对齐方式和字体，还用于引入其他来源的文本内容。

6.2.4 专业词库（T93_TWordLib）

菜单位置：【文字】→【专业词库】

功能：组织一个可以由用户扩充的专业词库，提供一些常用的建筑及相关专业的专业词汇随时插入图中，词库还可在各种符号标注命令中调用，其中作法标注命令可调用其中北方地区常用的 88J1-X1（2000 版）工程作法的主要内容。

执行命令屏幕弹出［专业文字］浮动对话框，如图 6-2-4 所示，在此对话框中按类别提供了多种给排水平面图中常用的文字。

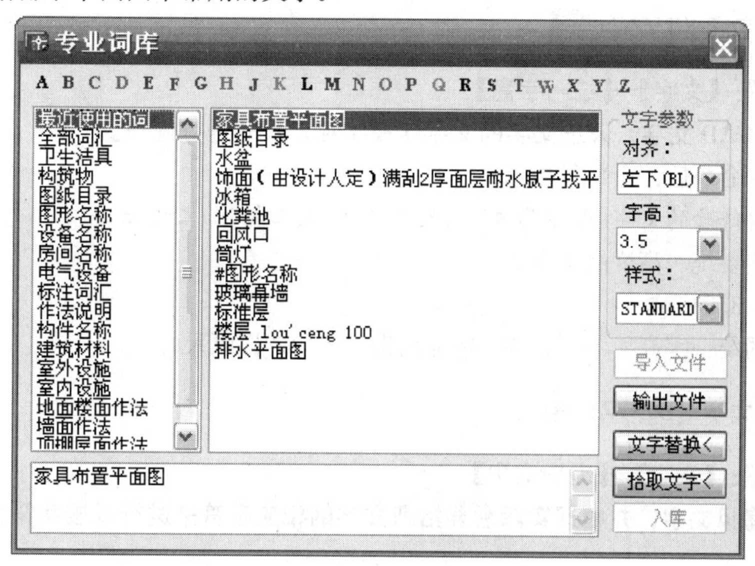

图 6-2-4 ［插入专业文字］对话框

对话框最下行为文字编辑行，选取适当的文字该文字显示在编辑行内，您可以在编辑行修改文字以得到最终文字。

对话框中提供了文字对齐的各种方式以及字高供用户选择，插入文字的样式宽高比可以在选项设置的【天正设置】中进行修改。

对话框控件的功能说明：

对话框控件的功能 **表 6-2-4**

控件	功　能
词汇分类	在词库中按不同专业提供分类机制，也称为分类或目录，一个目录下列表存放很多词汇
词汇列表	按分类组织起词汇列表，对应一个词汇分类的列表存放多个词汇
入库	把编辑框内的文字添加到当前类别的最后一个词汇
导入文件	把文本文件中按行作为词汇，导入当前类别（目录）中，有效扩大了词汇量
输出文件	把当前类别中所有的词汇输出到一个文本文件中去
文字替换<	命令行提示：请选择要替换的文字图元<文字插入>：选择好目标文字，然后单击此按钮，进入并选取打算替换的文字对象即可
拾取文字<	把图上的文字拾取到编辑框中进行修改或替换
分类菜单	右击类别项目，会出现"新建"、"插入"、"删除"、"重命名"多项，用于增加分类
词汇菜单	右击词汇项目，会出现"新建"、"插入"、"删除"、"重命名"多项，用于增加词汇量
字母按钮	以汉语拼音的韵母排序检索，用于快速检索到词汇表中与之对应的第一个词汇

同时，命令行提示：

请指定文字的插入点<退出>：

编辑好的文字可一次或多次插入到适当位置，回车结束

本词汇表提供了多组常用的施工作法词汇，与【作法标注】命令结合使用，可快速标注"墙面"、"楼面"、"屋面"的国标作法。

6.2.5 统一字高（TYZG）

菜单位置：【文字】→【统一字高】

功能：ACAD 文字，天正文字的文字字高按给定尺寸进行统一。

单击菜单命令后，命令行提示：

请选择要修改的文字(ACAD 文字、天正文字、天正标注)<退出>：

选择这些要统一高度的文字。

字高()<3.5mm>：4

键入新的统一字高 4，这里的字高也是指完成后的图纸尺寸。

6.2.6 递增文字（DZWZ）

菜单位置：【文字】→【递增文字】

功能：拷贝文字，并根据实际需要拾取文字的相应字符来进行以该字符为参照的递增或递减。

执行本命令，命令行提示：

请选择要递增拷贝的文字图元(同时按 CTRL 键进行递减拷贝)<退出>：

请指定文字的插入点<退出>：

拷贝后的文字保留源文字的内容、字高、文字样式、对齐方式、角度等参数。

提示： 注意拾取的字符不同，递增的方式不同，详细递增情况参看图6-2-6。

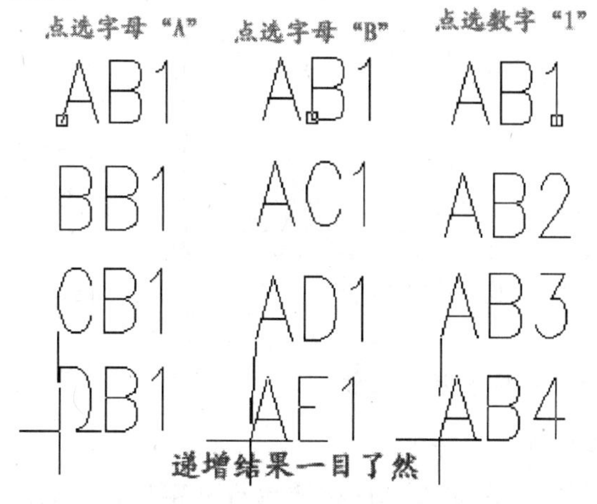

图6-2-6 递增文字

注意： 同时按CTRL键进行递减拷贝。

6.2.7 转角自纠（T93_TTextAdjust）

菜单位置：【文字】→【转角自纠】

功能：用于翻转调整图中单行文字的方向，使其符合制图标准对文字方向的规定天正软件—电气系统可以一次选取多个文字一起纠正。

执行本命令，屏幕命令行提示：

请选择天正文字<退出>：

点取要翻转的文字后回车，其文字即按国家标准规定的方向进行调整，如图6-2-7。

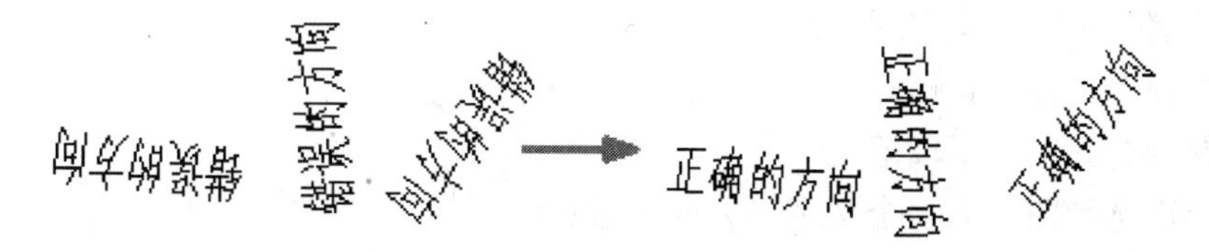

图6-2-7 转角自纠

6.2.8 查找替换（T93_TRepFind）

菜单位置：【文字】→【查找替换】

功能：搜索当前图形中所生成的ACAD格式文字、天正文字以及图块属性，按要求进行逐一替换或者全体替换，在搜索过程中在图上找到该文字处显示红框，单击下一个时，红框转到下一个找到文字的位置。

在查找字符串编辑框中，键入要查找的字符串，单击查找下一个开始进行查找，每次查找一个，同时图中找到该字符串处显示红框如图6-2-8-2：

单击替换按钮进行替换，或者单击全部替换按钮进行全部替换。

查找和替换
查找字符串：
搜索范围：
整个图形
替换为：
查找　替换　全部替换　关闭

图 6-2-8-1　查找对话框界面

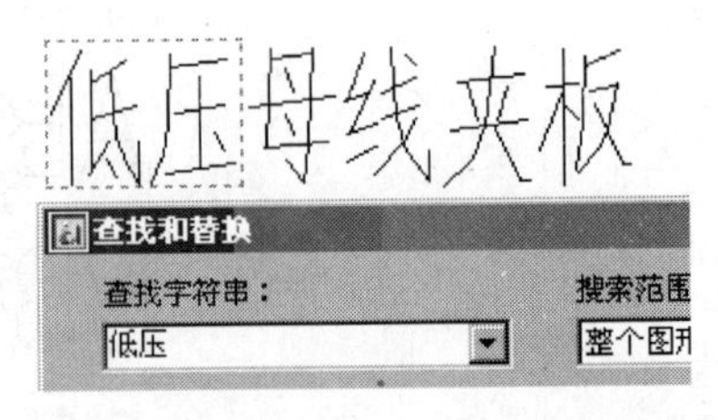

图 6-2-8-2　查找到文字的标志

6.2.9　文字转化（T93_TTextConv）

菜单位置：【文字】→【文字转化】

功能：将天正旧版本生成的 ACAD 格式单行文字转化为天正文字，保持原来每一个文字对象的独立性，不对其进行合并处理。

执行本命令，命令行提示：

请选择 ACAD 单行文字：

可以一次选择图上的多个文字串，回车结束

全部选中的 3 个 ACAD 文字成功的转化为天正文字！

本命令对 ACAD 生成的单行文字起作用，但对多行文字不起作用。

6.2.10　文字合并（T93_TTextMerge）

菜单位置：【文字】→【文字合并】

功能：将天正旧版本生成的 ACAD 格式单行文字转化为天正多行文字或者单行文字，同时对其中多行排列的多个 text 文字对象进行合并处理，由用户决定生成一个天正多行文字对象或者一个单行文字对象。

执行本命令，命令行提示：

请选择要合并的文字段落：

可以一次选择图上的多个文字串，回车结束

{合并为单行文字［D］}＜合并为多行文字＞：

回车表示默认合并为一个多行文字，键入 D 表示合并为单行文字

移动到目标位置＜替换原文字＞：

拖动合并后的文字段落，到目标位置取点定位。

如果要合并的文字是比较长的段落，希望你合并为多行文字，否则合并后的单行文字会非常长，在处理设计说明等比较复杂的说明文字的情况下，尽量把合并后的文字移动到空白处，然后使用对象编辑功能，检查文字和数字是否正确，还要把合并后遗留的多余硬回车换行符删除，然后再删除原来的段落，移动多行文字取代原来的文字段落。

文字合并的实例：

有如图 6-2-10-1 所示的工程说明，是天正 3.0 绘制的 text 对象，要求转换为多行文字对象并进行整理。

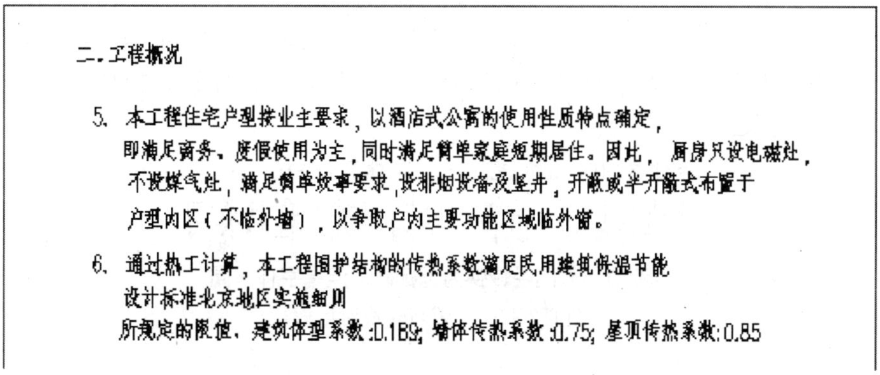

二、工程概况
5、本工程住宅户型按业主要求，以酒店式公寓的使用性质特点确定，
即满足商务、度假使用为主，同时满足简单家庭短期居住。因此，厨房只设电磁灶，
不设煤气灶，满足简单效率要求，设排烟设备及竖井，开敞或半开敞式布置于
户型内区（不临外墙），以争取户内主要功能区域临外窗。
6、通过热工计算，本工程围护结构的传热系数满足民用建筑保温节能
设计标准北京地区实施细则
所规定的限值，建筑体型系数:0.189；墙体传热系数:0.75；屋顶传热系数:0.85

图 6-2-10-1　合并前

完成合并，并进行对象编辑改变行距后的结果如图 6-2-10-2 所示，其中标题和序号不参与合并：

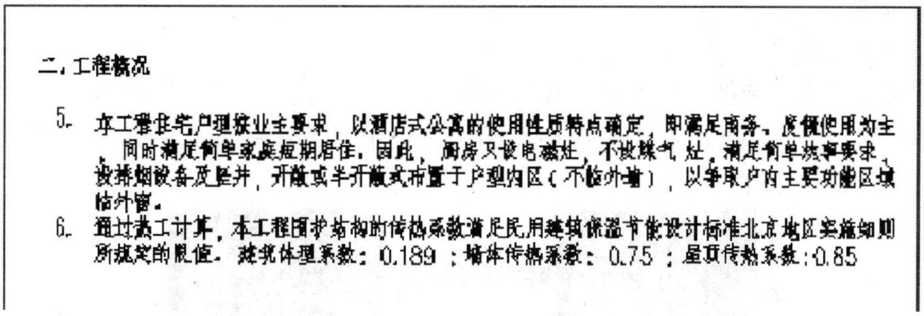

二、工程概况
5、本工程住宅户型按业主要求，以酒店式公寓的使用性质特点确定，即满足商务、度假使用为主，同时满足简单家庭短期居住。因此，厨房只设电磁灶，不设煤气灶，满足简单效率要求，设排烟设备及竖井，开敞或半开敞式布置于户型内区（不临外墙），以争取户内主要功能区域临外窗。
6、通过热工计算，本工程围护结构的传热系数满足民用建筑保温节能设计标准北京地区实施细则所规定的限值。建筑体型系数：0.189；墙体传热系数：0.75；屋顶传热系数：0.85

图 6-2-10-2　合并后

6.2.11　繁简转换（T93_TGB_BIG5）B5

菜单位置：【文字】→【繁简转换】

功能：将图中的文字由国标码转为台湾的 BIG5 码，请自己更改文字样式字体。

中国大陆与港台地区习惯使用不同的汉字内码，给双方的图纸交流带来困难，【繁简转换】命令能将当前图档的内码在 Big5 与 GB 之间转换，为保证本命令的执行成功，应确保当前环境下的字体支持路径内，即 AutoCAD 的 fonts 或天正软件安装文件夹 sys 下存在内码 BIG5 的字体文件，才能获得正常显示与打印效果。转换后重新设置文字样式中字体内码与目标内码一致。

单击菜单命令后，显示如下对话框（图 6-2-11-1）：

繁简转换
转换方式
简转繁
繁转简
对象选择
本图全部
选择对象
确定
取消

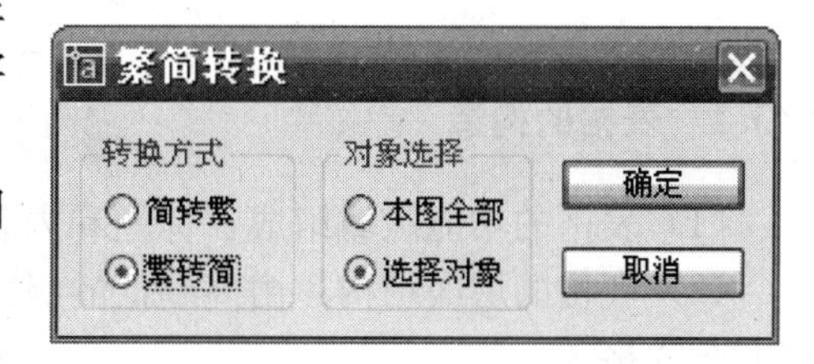

图 6-2-11-1　繁简转换对话框

按当前的任务要求，在其中选择转换方式，例如要处理繁体图纸，就选“繁转简”，取“选

择对象”，单击“确认”后命令行提示：

选择包含文字的图元：在屏幕中选取要转换的繁体文字

选择包含文字的图元：回车结束选择

经转换后图上的文字还是一种乱码状态，原因是这时内码转换了，但是使用的文字样式中的字体还是原来的繁体字体如 CHINASET.shx，我们可以通过 Ctrl＋1 的特性栏把其中的字体更改为简体字体，如 GBCBIG.shx；以下是一个内码相同而字体不同的实例（图 6-2-11-2）：

字体是CHINASET.shx　　字体是GBCBIG.shx

中国建筑工程总公司

两者内码都已经转换为国标码，但是字体不同

图 6-2-11-2　繁简转换对话框

6.2.12　快速替换（KSTH）

菜单位置：【文字】→【快速替换】

功能：选图中一图块或文字为样本，单选其他图块进行替换，或将选中的两个图块或文字进行位置互换。

执行快速替换命令，命令行提示：

请选择基准文字或图块［互换（A）］＜退出＞

键入“A”进行替换和互换的切换，操作过程中支持选中图元带角度，并且支持对 CAD 图块或文字的操作。

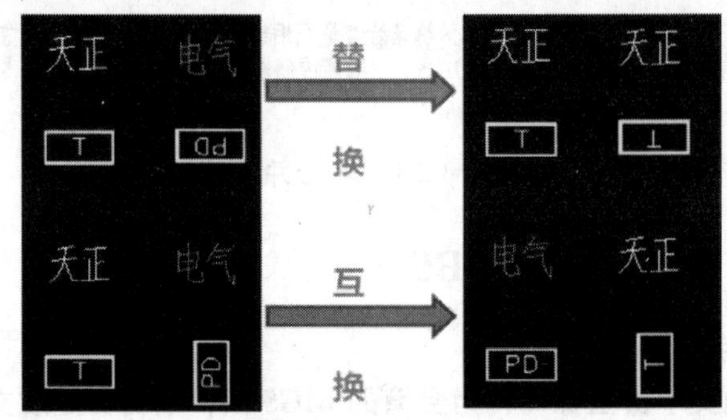

图 6-2-12　快速替换

6.3　表格的绘制与编辑

6.3.1　表格的构造

（1）表格的功能区域组成：标题和内容两部分。

（2）表格的层次结构：由高到低的级次为：1. 表格；2. 标题、表行和表列；3. 单元格和合并格。

（3）表格的外观表现：文字、表格线、边框和背景，表格文字支持在位编辑，双击文

字即可进入编辑状态，按方向键，文字光标即可在各单元之间移动。

表格对象由单元格、标题和边框构成，单元格和标题的表现是文字，边框的表现是线条，单元格是表行和表列的交汇点。天正表格通过表格全局设定、行列特征和单元格特征三个层次控制表格的表现，可以制作出各种不同外观的表格。

图 6-3-1-1 为标题在边框内的表格对象图解：

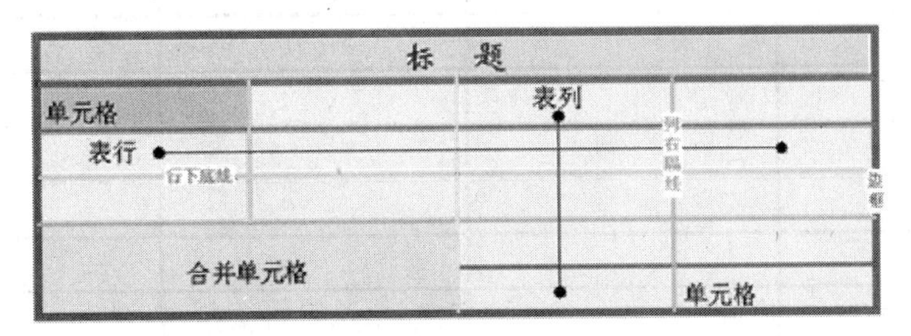

图 6-3-1-1　标题在边框内的表格对象图解

图 6-3-1-2 为标题在边框外的表格对象图解：

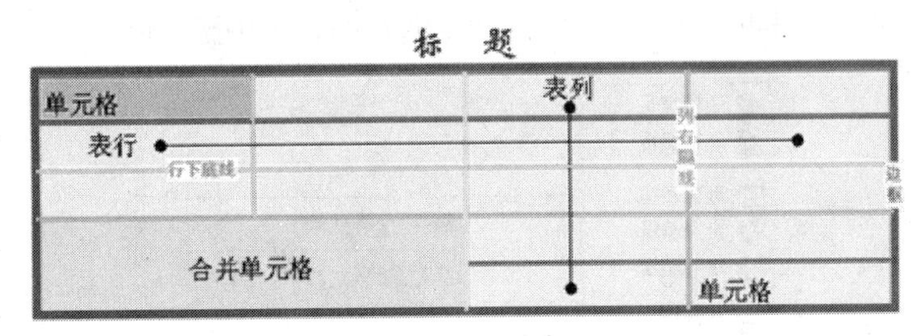

图 6-3-1-2　标题在边框外的表格对象图解

6.3.2　表格对象特性

（1）全局设定：表格设定。控制表格的标题、外框、表行和表列和全体单元格的全局样式。

（2）表行：表行属性。控制选中的某一行或多个表行的局部样式。

（3）表列：表列属性。控制选中的某一列或多个表列的局部样式。

（4）单元：单元编辑。控制选中的某一个或多个单元格的局部样式。

1. 表格的夹点行为

对于表格的尺寸调整，除了用命令外，也可以通过拖动图 6-3-2-1 中的夹点，获得合适的表格尺寸。在生成表格时，总是按照等分生成列宽，通过夹点可以调整各列的合理宽度，行高根据行高特性的不同，可以通过夹点、单元字高或换行来调整。角点缩放功能，可以按不同比例任意改变整个表格的大小，行列宽高、字高随着缩放自动调整为合理的尺寸。如果行高特性为“自由”和“至少”，那么就可以启用夹点来改变行高。

在生成表格时，总是按照等分生成列宽，通过夹点可以调整各列的合理宽度，行高根据行高特性的不同，可以通过夹点、单元字高或换行来调整。角点缩放功能，可以按不同比例任意改变整个表格的大小，行列宽高、字高随着缩放自动调整为合理的尺寸。

2. 表格对象编辑设定

移动表格　移动第1列　移动第2列　移动第3列　移动第4列

第一行第1列	第一行第2列	第一行第3列	第一行第4列
第二行第1列	第二行第2列	第二行第3列	第二行第4列
第三行第1列	第三行第2列	第三行第3列	第三行第4列

角点缩放

图 6-3-2-1　天正表格的夹点行为

点取表格对象，右击鼠标出现如图 6-3-2-2 所示的表格快捷菜单。

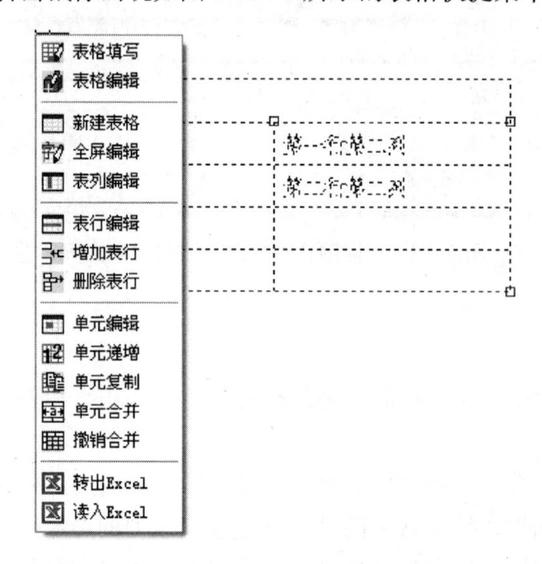

图 6-3-2-2　表格快捷菜单

单击［表格编辑］项，显示出如图 6-3-2-3 所示的［表格设定］对话框，该对话框有多个选项卡，实现多项表格编辑功能。同时，每个选项中的均存在多个选项，大多数都比较容易理解，此处只对一些重点功能做些说明。

在标题选项中，只要选中“标题在边框外”的复选框，即可生成标题处于表格边框外的表格。图 6-3-2-4 为“标题在边框外”没有选中时的表格标题形式，图 6-3-2-5 为“标题在边框外”选中后的表格标题形式。同样，也可以选择隐藏不显示标题。

表格的边框可以选择不同的颜色、线型和线宽，如图 6-3-2-6。同样，也可以进行表格内横线和竖线参数的设定，见图 6-3-2-7 及图 6-3-2-8。

图 6-3-2-9 是一个有标题但没有边框的表格。

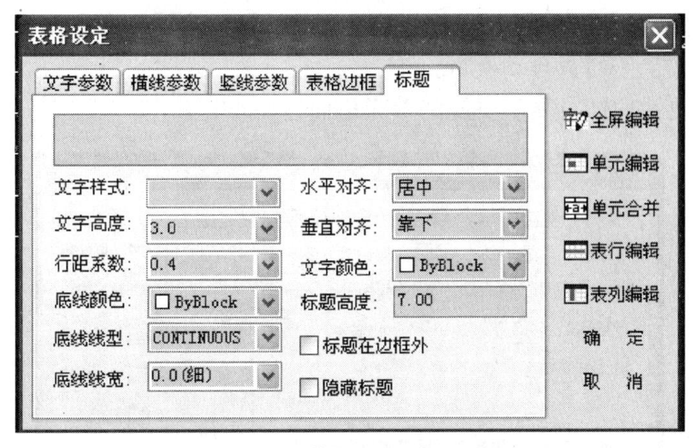

图 6-3-2-3 ［表格设定］对话框

表格标题与内容可用不同字体表示			
第一行第1列	第一行第2列	第一行第3列	第一行第4列

图 6-3-2-4　表格内的标题

在表格边框外的标题可不是用TEXT写的啊

第一行第1列	第一行第2列	第一行第3列	第一行第4列
第二行第1列	第二行第2列	第二行第3列	第二行第4列

图 6-3-2-5　表格外的标题

图 6-3-2-6　表格设定边框

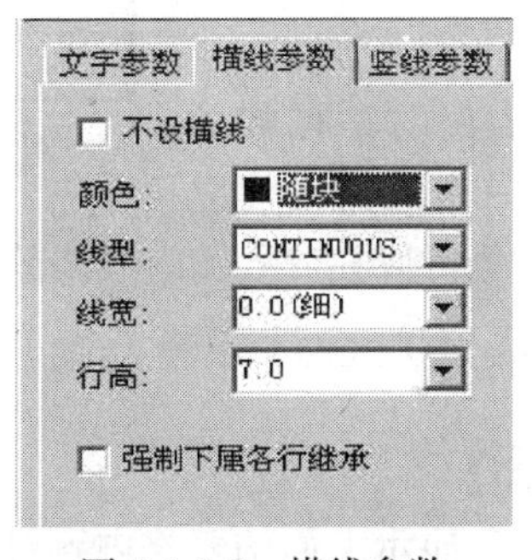

图 6-3-2-7　横线参数

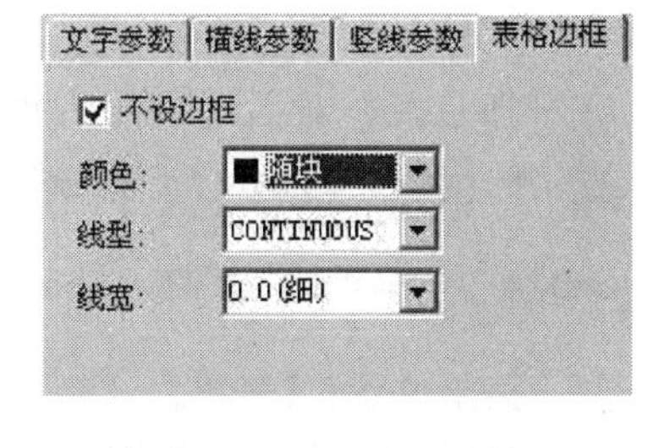

图 6-3-2-8　竖线参数

这是个没有边框的表格

第一行第1列	第一行第2列	第一行第3列	第一行第4列
第二行第1列	第二行第2列	第二行第3列	第二行第4列
第三行第1列	第三行第2列	第三行第3列	第三行第4列

图 6-3-2-9　没有边框的表格

还可以对表格的横线与竖线分别设置各自的表行、表列参数，其中“强制下属各行/各列”的复选框表示将这里的参数设置成全局性的，优先于“表行编辑”与“表列编辑”命令中的设定，如果不选该项，则行列编辑中对一些行与列的不同参数优先保留。

同样理解，文字参数的设定是对表格内容的整体设定，其对话框见图 6-3-2-10。如果

“自动换行”复选框选中，而且表行高度参数（在“表行编辑”命令中设定）设为“自动确定”时，表格文字按列宽自动换行。

文字的对齐属性均针对文字所属的单元格而设。

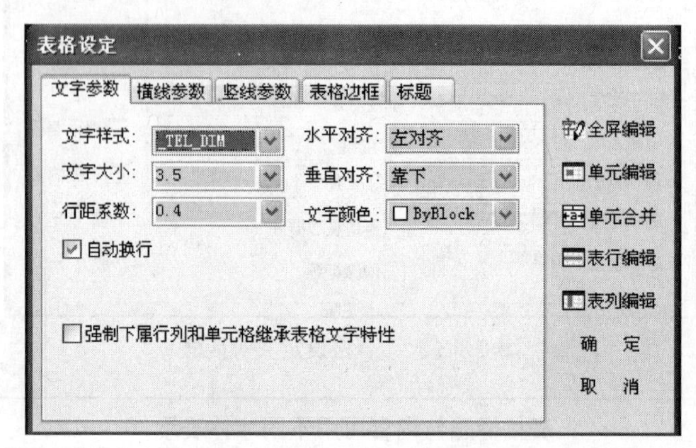

图 6-3-2-10 文字参数设定

6.3.3 新建表格（T93_TNewSheet）

菜单位置：【表格】→【新建表格】

功能：从已知行列参数通过对话框新建一个表格，提供以图纸尺寸值（毫米）为单位的行高与列宽的初始值，考虑了当前比例后自动设置表格尺寸大小。

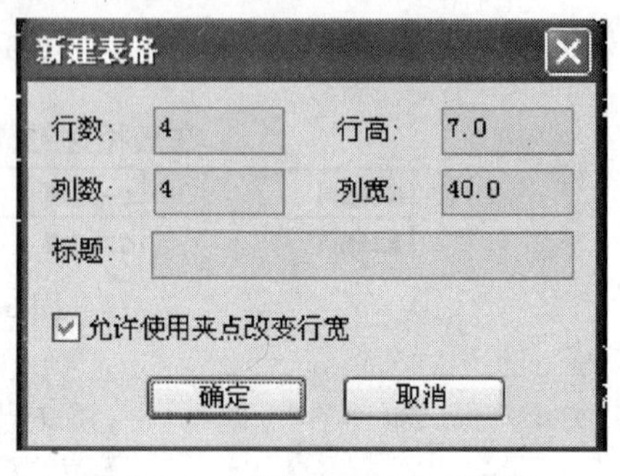

图 6-3-3 ［新建表格］对话框

执行本命令，屏幕弹出新建表格对话框如图6-3-3所示，在对话框中的编辑框中输入需要建立表格的行数、列数及行宽、列宽，也可以在此处输入表格的标题。

6.3.4 全屏编辑（T93_TSheetEdit）

菜单位置：【表格】→【全屏编辑】

功能：从图形中取得所选表格，显示上面的表格内容对话框，可以方便地编辑其中各个单元内容。

除了“复制插入”和“交换表行”功能外，在天正软件—电气系统上可由在位编辑所取代。

执行本命令，命令行提示：

选择表格：

选择图中已有的表格，屏幕弹出如图 6-3-4 所示的表格内容对话框：

在对话框的电子表格中，可以输入各单元格的文字，输入文字时可以使用工具条输入特殊的字符，有关特殊字符的说明可以参见【单行文字】。此外还可以进行表行、表列的操作，包括行列的删除和复制等，单击“确定”按钮完成操作。

在对话框中选择行首的操作：选择一个表行右击，有插入空行或者复制插入表行的选择项，按 Ctrl 键选择两个表行右击，这时有两行交换的功能。

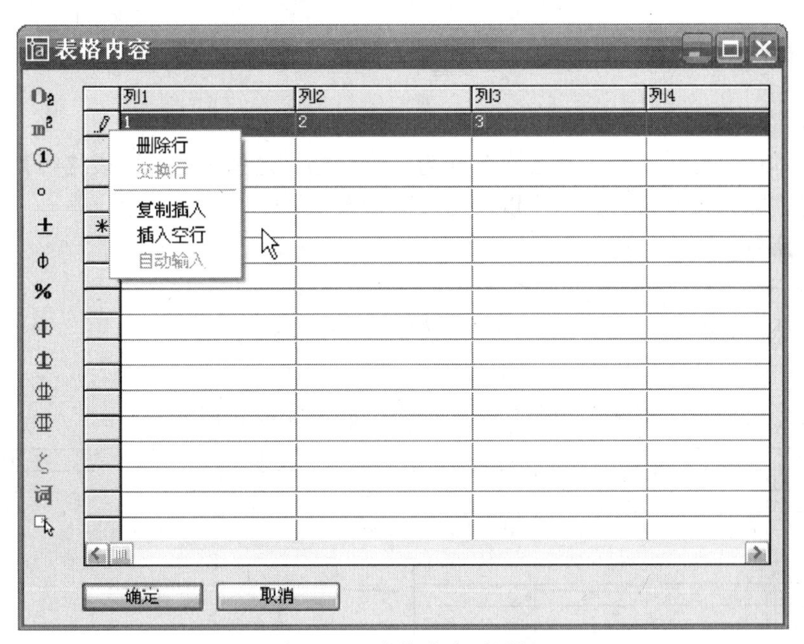

图 6-3-4　表格内容对话框

6.3.5　拆分表格（T93_TSplitSheet）

菜单位置：【表格】→【拆分表格】

功能：把表格按行或者按列拆分为多个表格，也可以按用户设定的行列数自动拆分，有丰富的选项由用户选择，如保留标题、规定表头行数等。

执行本命令，出现拆分表格对话框，如图 6-3-5-1：

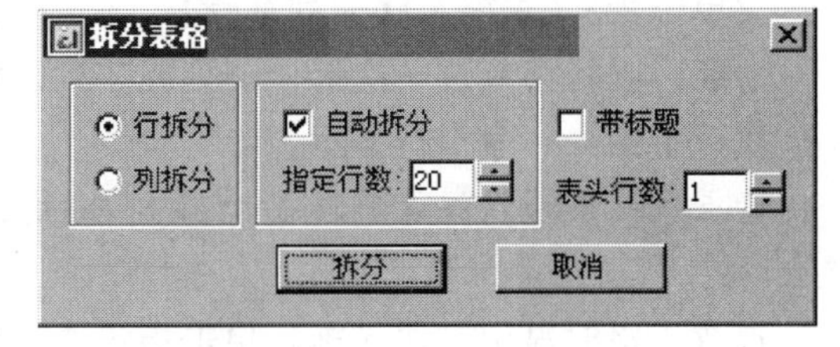

图 6-3-5-1　拆分表格对话框

［拆分方式］选择行拆分或者列拆分。

［自动拆分］用以指定每次进行自动拆分的行列数。

［带标题］选择拆分出的表格是否带标题行及设定标题行之下所带表行的数量。

拆分表格前

A	B	C	D
B	B	C	D
C	C	C	D
D	D	D	D

A	B	C	D
B	B	C	D
C	C	C	D
D	D	D	D

拆分设定

拆分表格
行拆分
列拆分
自动拆分
指定行数: 2
带标题
表头行数: 0
拆分
取消

A	B	C	D
B	B	C	D

C	C	C	D
D	D	D	D

拆分结果

图 6-3-5-2　拆分表格步骤

6.3.6 合并表格（T93_TMergeSheet）

菜单位置:【表格】→【合并表格】

功能：本命令可把多个表格逐次合并为一个表格，这些待合并的表格行列数可以与原来表格不等，默认按行合并，也可以改为按列合并。

执行本命令，命令行提示：

选择第一个表格{列合并[C]}<退出>:

系统默认行合并，如果需要列合并，按字母 C 键切换。

选择下一个表格<退出>:

按照命令行提示，依次选择要合并的表格，即可完成表格合并。

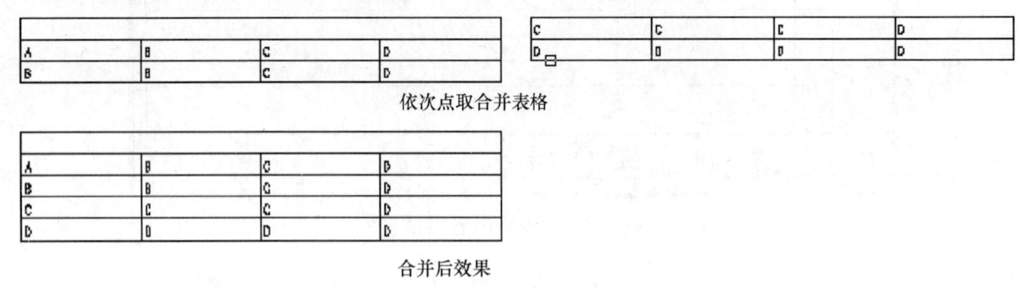

图 6-3-6　合并表格步骤

6.3.7 表列编辑（T93_TColEdit）

菜单位置:【表格】→【表列编辑】

功能：以行为单位一次选择一列或多列，统一修改其属性。

执行本命令，命令行提示：

请点取一表列以编辑属性或{多列属性[M]/插入列[A]/加末列[T]/删除列[E]/交换列[X]}<退出>:

点取表格时显示方块光标，单击指定要编辑的某一列，显示对话框（图 6-3-7）：

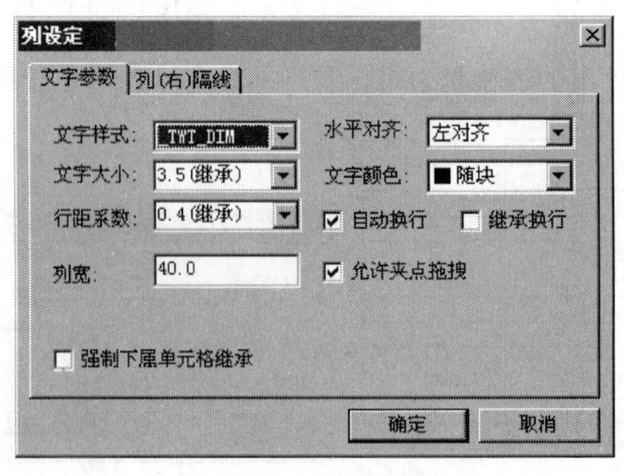

图 6-3-7　表列编辑对话框

若点取表格，屏幕弹出列设定对话框如图 6-3-7 所示。修改后单击［确定］返回图形进行更新。

若键入选项，作以列单位的编辑操作。

参数说明　　表 6-3-7

控件	功　　能
继承表格竖线参数	勾选此项，本次操作的表列对象按全局表列的参数设置显示
强制下属单元格继承	勾选此项，本次操作的表列各单元格按文字参数设置显示
不设竖线	勾选此项，相邻两列间的竖线不显示，但相邻单元不进行合并
自动换行	勾选此项，表列内的文字超过单元宽后自动换行，必须和前面提到的行高特性结合才可以完成

6.3.8　表行编辑（T93_TRowEdit）

菜单位置：【表格】→【表行编辑】

功能：以行为单位一次选择一行或多行，统一修改其属性。

执行本命令，命令行提示：

请点取一表行以编辑属性或{多行属性[M]/增加行[A]/末尾加行[T]/删除行[E]/复制行[C]/交换行[X]}<退出>：

点取表格时显示方块光标，单击指定要编辑的某一行，显示对话框

若点取表格某一行，则屏幕弹出表行编辑对话框如图 6-3-8-1 所示。

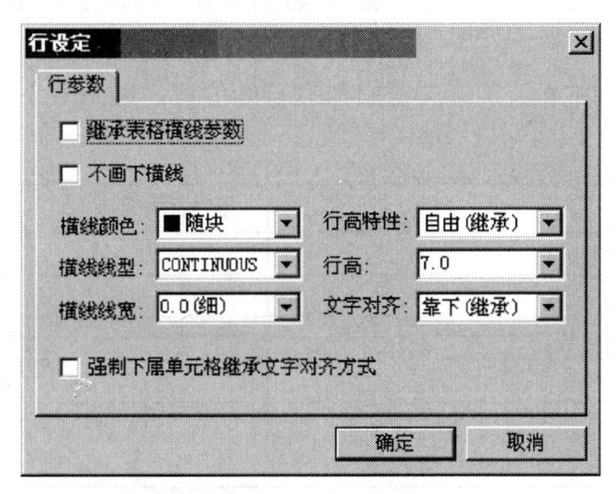

图 6-3-8-1　表行编辑对话框

修改后单击［确定］返回图形进行更新。

若不点取表格，而是键入选项，作以行为单位的编辑操作。

［行高特性］：有五种选项，默认是“继承”，“继承”表示采用“表格设定”里给出的全局行高设定值。

“至少”表示行高无论如何拖动夹点，不能少于“表格设定”里给出的全局行高设定值。

“自由”表示所选的行高可以因拖动自由改变，此时表格对象在给定行首部增加了多个夹点如图 6-3-8-3 所示。

“自动”表示选定行的单元格文字内容允许自动换行，但是某个单元格的自动换行还要取决于它所在的列或者单

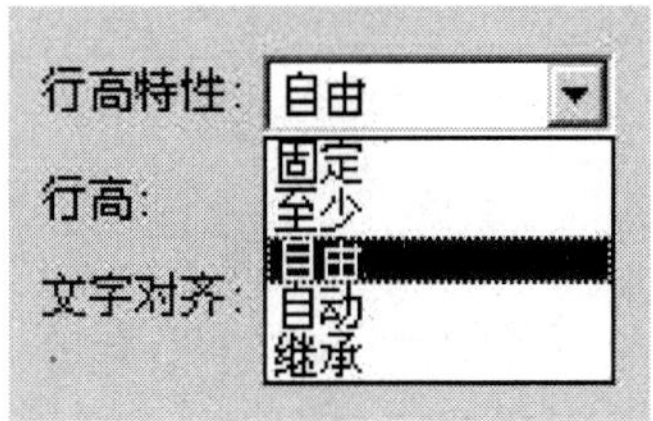

图 6-3-8-2　行高特性

元格是否已经设为自动换行。

"固定"表示行高采用表列编辑对话框中的设定值，不受单元内容文字的换行而变。

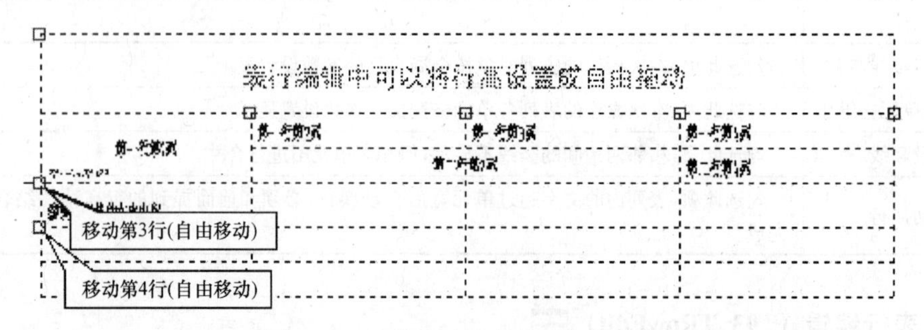

图 6-3-8-3　行高自由特性增加的夹点

6.3.9　增加表行（ZJBH）

菜单位置：【表格】→【增加表行】

功能：在指定的行之前或者之后增加一行，可选择插入空行或者是复制已经存在的表行；本命令也可以通过［表行编辑］实现。

执行本命令，命令行提示：

请点取一表行以(在本行之前)插入新行{在本行之后插入[A]/复制当前行[S]}<退出>：

点取表格时显示方块光标，单击要增加表行的位置，如图 6-3-9-1 所示：

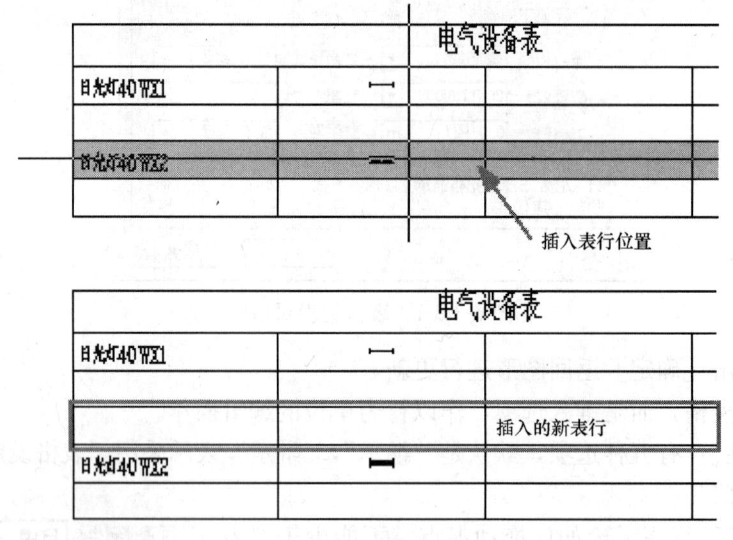

图 6-3-9-1　增加表行

或者在提示下响应如下：

请点取一表行以(在本行之前)插入新行[在本行之后插入(A)/复制当前行(S)]<退出>：S

键入 S 表示增加表行时，顺带复制当前行内容如图 6-3-9-2 所示：

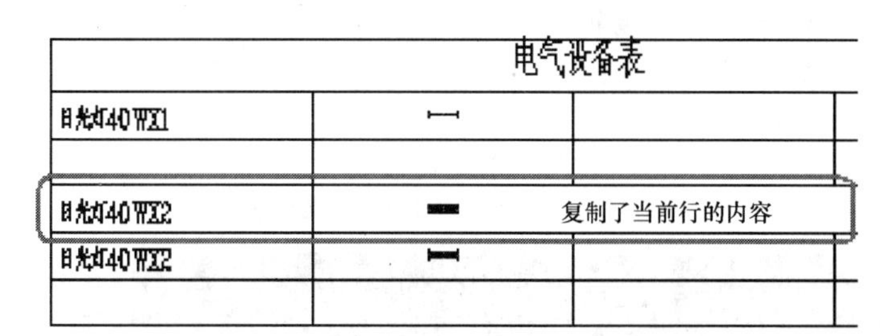

图 6-3-9-2　复制当前内容

6.3.10　删除表行（SCBH）

菜单位置：【表格】→【删除表行】

功能：删除指定的行（本命令基本等同于［表行编辑］中的［删除行］，不同的是它不能同时选取多行进行操作。）

单击菜单命令后，命令行提示：

请点取要删除的表行＜退出＞：

点取表格时显示方块光标，单击要删除的某一行；

请点取要删除的表行＜退出＞：

重复以上提示，每次删除一行，以回车退出命令。

6.3.11　单元编辑（T93_TCellEdit）

菜单位置：【表格】→【单元编辑】

功能：从图形中取得指定表格单元，显示下面的单元编辑对话框，可以方便地编辑该单元内容或改变单元文字的显示属性，实际上可以使用在位编辑取代，双击要编辑的单元即可进入在位编辑状态，可直接对单元内容进行修改。

执行本命令，命令行提示：

请点取一单元格进行编辑或｛多格属性[M]/单元分解[X]｝＜退出＞：

点取表格时显示方块光标，单击指定要修改的单元格，显示单元格编辑对话框

此时可在图形上点取单元格或者键入M或X执行其他操作。

点取某一单元格后，弹出该单元格编辑对话框如图6-3-11-1所示。根据需要按照对话框提示对该单元格进行编辑修改，直到完毕后按［确定］进行图形更新。

如果要求一次修改多个单元格的内容，可以键入M选定多个单元格，命令行提示：

请点取确定多格的第一点以编辑属性或｛单格编辑[S]/单元分解[X]｝＜退出＞：

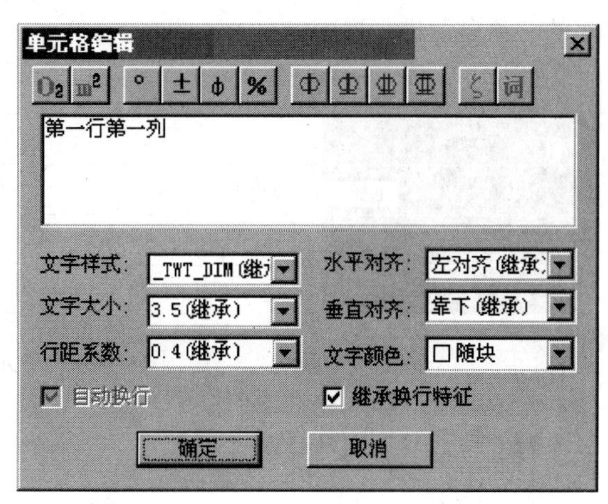

图 6-3-11-1　单元格编辑对话框

请点取确定多格的第二点以编辑属性<退出>：

这时出现单元格属性编辑对话框，其中仅可以改单元文字格的属性，不能更改其中的文字内容。

一次可以选多个单元格			
第一行第1列	第一行第2列	第一行第3列	第一行第4列
第二行第1列	第二行第2列	第二行第3列	第二行第4列
第三行第1列	第三行第2列	第三行第3列	第三行第4列

图 6-3-11-2　多选单元格改变属性

对于已经被合并的单元格，可以通过键入 X 单元分解选项，把这个单元格分解还原为独立的标准单元格，恢复了单元格间的分隔线。提示：

请点要分解的单元格或{单格编辑[S]/多格属性[M]}<退出>：

分解后的各个单元格文字内容均拷贝了分解前的该单元文字内容。

[自动换行]：此复选框配合“表行编辑”或“表列编辑”命令，决定单元格的自动换行特性，详见有关命令的章节。

6.3.12　单元递增（DYDZ）

菜单位置：【表格】→【单元递增】

功能：本命令将含数字或字母的单元文字内容在同一行或一列复制，并同时将文字内的某一项递增或递减，同时按 Shift 为直接拷贝，按 Ctrl 为递减。

执行本命令，命令行提示：

点取第一个单元格<退出>：单击已有编号的首单元格

点取最后一个单元格<退出>：单击递增编号的末单元格

选取第一个单元格，再选取要递增的单元的最后一个单元格，在选取的过程中在鼠标右侧有一个提示框显示第一个单元格中的内容和最后一个单元格中的内容，确定后所选范围内含有数字的一项自动进行递增（如图 6-3-12）。如果按住 SHIFT 键，则将第一个表格中的内容复制到所有被选的单元格中，如果按住 CTRL 键，则确定后所选范围内含有数字的一项自动进行递减。

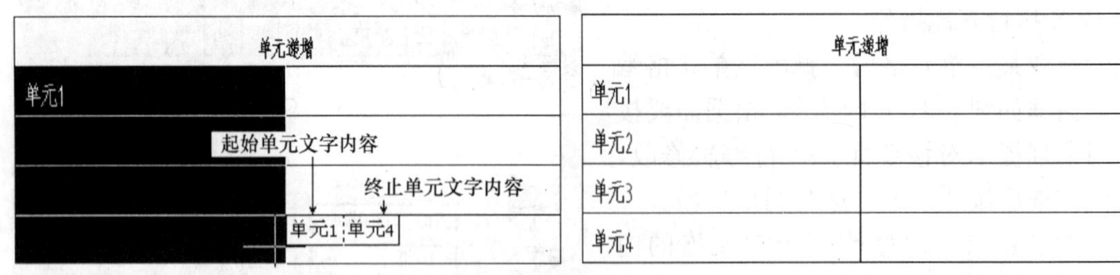

图 6-3-12　单元递增示例

6.3.13　单元复制（DYFZ）

菜单位置：【表格】→【单元复制】

功能：复制表格中某一单元的内容至目标单元。

执行本命令，命令行提示：

点取拷贝源单元格{选取文字[A]}＜退出＞：

从表格中选取要拷贝源单元格，此时拷贝源内容变为红色，此时命令行接着提示：

点取粘贴至单元格(按 CTRL 键重新选择复制源){选取文字[A]}＜退出＞：

再点取粘贴的目标单元格，则源单元格中的内容复制到目标单元格中。如果按住 CTRL 键，则所选单元格变成新的拷贝源单元格；如果键入“A”则可以以图中的文字作为拷贝源内容（变为红色）复制到表格中（如图 6-3-13）。

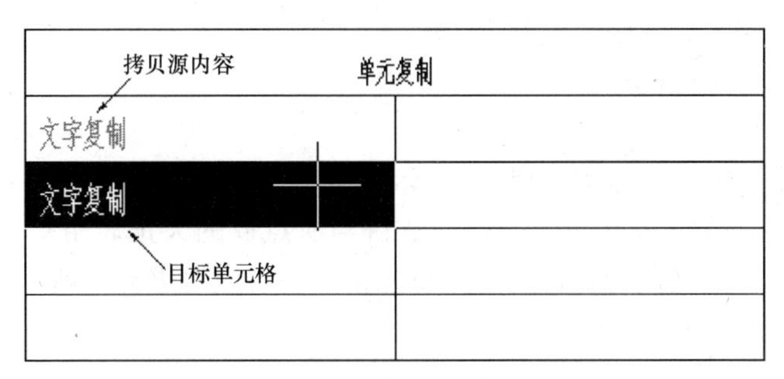

图 6-3-13　单元复制示例

6.3.14　单元合并（T93_TCellMerge）

菜单位置：【表格】→【单元合并】

功能：将几个单元格合并为一个大的表格单元，其行高、列宽等于被合并的单元的高宽之和，也就是说原来通高、通长的行列表格线被大单元中断。

执行本命令，命令行依次提示：

点取第一个角点：

点取另一个角点：

点取表格时显示方块光标，单击指定要合并的左上单元格与右下单元格即可。

合并后的单元文字居中，使用的是第一个单元格中的文字内容。

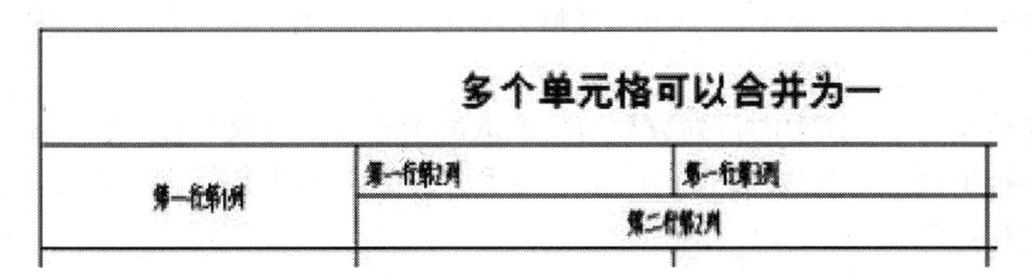

图 6-3-14　多个单元格的合并

6.3.15　撤销合并（CXHB）

菜单位置：【表格】→【撤消合并】

功能：撤消曾经经过合并操作的单元格，恢复到最初的单元格形式；也可以通过［单元编辑］->［单元分解］实现。

执行本命令，命令行提示：

点取已经合并的单元格<退出>：

如果点取的单元格不是经过合并的，命令行会提示：

该单元格不是合并单元格，无法撤销合并！

也就就不能完成单元格的分解操作。

6.3.16　转出 Excel

菜单位置：【文字表格】→【表格编辑】→【转出 Excel】

功能：把图中的天正表格输出到 Excel。

执行本命令，命令行提示：

Select an object　　　　选择一个表格对象

如果新建表单，则系统自动开启一个 Excel 进程，并把所选定的表格内容输入到 Excel 中。否则系统将检验 Excel 选中的行列数目与所点取的天正表格对象的行列数目是否匹配，如果不匹配将拒绝执行，否则按照单元格一一对应地进行更新。

6.3.17　读入 Excel

菜单位置：【文字表格】→【表格编辑】→【读入 Excel】

功能：把当前 Excel 表单中选中的数据更新到指定的天正表格中，支持 Excel 中保留的小数位数。

单击菜单命令后，如果没有打开 Excel 文件，会提示你要先打开一个 Excel 文件并框选要复制的范围，接着显示对话框如图 6-3-17-1：

是否在图中新建一表格? Y-新建,N-更新　　　　Y 为新建表格，N 为更新表格

如果新建表格，则命令行提示：

左上角点或{参考点[R]}<退出>:在图中点中放置位置或按 R 键选择参考点；右键退出。

如果更新表格，则提示：

Select an object　　　　选择一个表格对象

事先需要在 Excel 表单中选中一个区域，本命令是根据 Excel 表单中选中的内容，新建或更新一个天正表格对象。

系统将检验 Excel 选中的行列数目与所点取的天正表格对象的行列数目是否匹配，如果不匹配将拒绝执行，系统弹出如图 6-3-17-2 所示拒绝执行的提示框；否则按照单元格一一对应地进行更新。

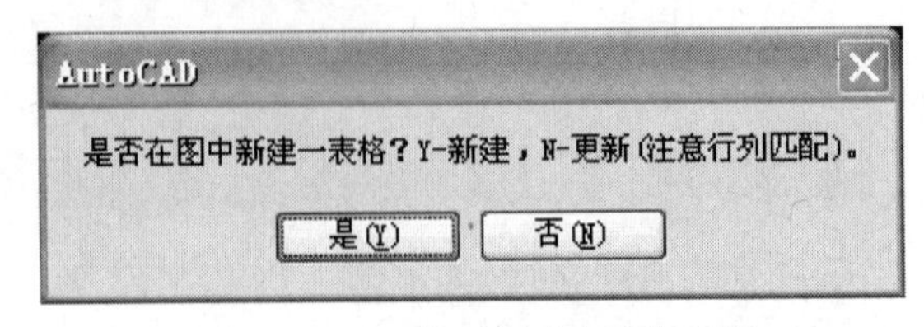

图 6-3-17-1　是否新建表格提示框

图 6-3-17-2　拒绝执行提示框

第 7 章
尺寸与符号标注

☞ 自定义尺寸标注对象

天正的自定义尺寸标注对象，可以满足线性标注与角度标注等不同的标注要求。

☞ 尺寸标注

介绍使用尺寸标注对象的专用标注命令，对建筑门窗与墙体等建筑构件专业对象进行方便的标注。

配套提供一系列调整和移动标注的位置，修改标注值，擦除标注的方法，一些常用操作仅依靠夹点拖动即可实现。

☞ 工程符号的标注与修改

天正自定义符号标注对象，满足施工图的专业化标注要求，可以方便地绘制剖切号，画指北针，绘制箭头，绘制图名符号，引出标注符号等，独有动态开关，控制新增的坐标与标高符号自动更新数值。

自定义符号标注对象绘制的剖切号、指北针、箭头、引出标注等工程符号等都可以根据绘图的不同要求，拖动夹点修改，不必重新绘制。

尺寸标注是设计图纸中的重要组成部分。天正向用户提供了符合国标规定，专用于建筑设计的尺寸标注命令，可以连续快速地标注尺寸，成组地修改尺寸标注。

天正软件全面使用自定义专业对象技术，专门针对建筑行业图纸的尺寸标注开发了自定义尺寸标注对象，其功能取代了 AutoCAD 的尺寸标注，该对象按照国家建筑制图规范的标注要求，对 AutoCAD 的通用尺寸标注进行了简化和优化，使用专用夹点可以灵活方便地修改和标注尺寸。

天正软件提供了传统尺寸标注到天正尺寸标注的转换功能，同时也实现了天正尺寸标注分解（explode 旧译“炸开”）后转为带比例样式的天正传统尺寸标注，可靠性与兼容性得到了充分的保证。

7.1 天正尺寸标注的特征

天正尺寸标注分为连续标注与半径标注两大类，其中连续标注包括线性标注和角度标注，是与 AutoCAD（以下简称 ACAD）中的 dimension 不同的自定义对象，它的使用与夹点行为也与普通 ACAD 尺寸标注有明显区别。

1. 天正尺寸标注的基本单位

天正尺寸标注（除半径标注外）以一组连续的尺寸区间为基本标注单位，单击天正尺寸标注对象，可见相邻的多个标注区间同时亮显，这时会在尺寸标注对象中显示出一系列夹点，而 ACAD 一次仅亮显一个标注线，其夹点意义与天正所定义的不同。

2. 天正尺寸标注的转化与分解

由于天正的尺寸标注是自定义对象，在利用旧图资源时，要将原图的 ACAD 尺寸标转化为等效的天正尺寸标注对象。反之，对有必要输出到天正环境不支持的 R14 格式或者其他建筑软件，也都需要分解天正尺寸标注对象。

分解时，天正可以按当前标注对象的比例与参数，生成外观相同的 ACAD 尺寸标注。

3. 天正尺寸标注基本样式的修改

为了兼容，天正的尺寸标注对象是基于 AutoCAD 的标注样式发展而成的，用户可以利用 AutoCAD 标注样式命令修改天正尺寸标注对象的特性，例如：天正默认的线性标注基本样式是_TCH_ARCH，角度标注样式是_TCH_ARROW。在 DDIM（标注样式）命令中可以按您的要求修改此基本样式，再重生成（regen），就可以把已有的标注按新的设定改过来。其他所用到标注也可以类推一一进行修改。

当然，并非标注样式的所有设定都在天正尺寸标注中体现，由于建筑制图规范的规定，只有部分设定在其中生效，对天正尺寸有效的 ACAD 标注设定参见表 7-1，当天正尺寸标注被分解成 ACAD 尺寸对象后，原本无效的设定有可能生效，因此也请勿修改除表中所示以外的标注设定。

对天正尺寸有效的 ACAD 标注设定 **表 7-1**

中文含义	英文名称	标注变量	默认值
尺寸线 Dimension Line			
尺寸线颜色	Color	Dimclrd	随块

续表

中文含义	英文名称	标注变量	默认值
尺寸界线 Extension Line			
尺寸界线颜色	Color	Dimclre	随块
超出尺寸线	Extend Beyond	Dimexe	2.5
起点偏移量	Offset	Dimexo	3
文字外观 Text Appearance			
文字样式	Text Style	Dimtxsty	_TCH_DIM
文字颜色	Color	Dimclrt	黑色
文字高度	Text Height	Dimtxt	3.5
箭头 Arrow			
第一个	1st	Dimblk1	建筑标记
第二个	2nd	Dimblk2	建筑标记
箭头大小	Size	Dimasz	1
主单位 Primary Unit			
线性标注精度	Precision	Dimdec	0
角度标注精度	Precision	Dimadec	0

注：其中英文名称是在 ACAD 英文版本的尺寸样式对话框中变量所使用的名称。

4. 圆弧尺寸标注的形式

系统默认按角度来标注弧线上的各个区间，根据需要用户可以把它转化为弦长标注。

5. 尺寸标注的快捷菜单

单击尺寸线后右击鼠标，系统根据当前激活的对象是尺寸标注，自动把右键快捷菜单的内容切换为尺寸标注命令，如图 7-1 所示：

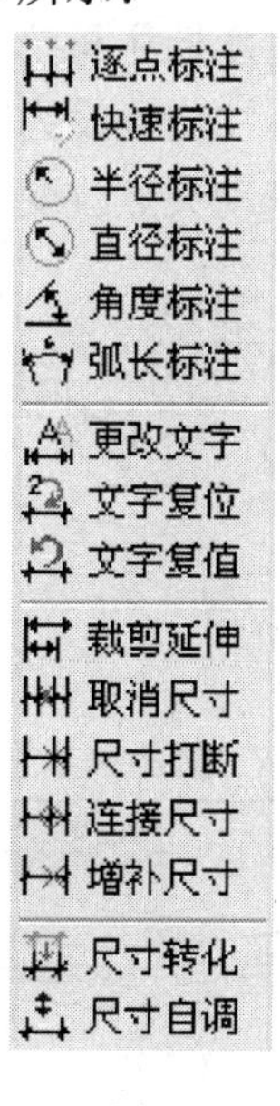

图 7-1　尺寸标注快捷菜单

此时可以单击任何一个尺寸标注菜单项，调用尺寸标注命令。

7.2　天正尺寸标注的夹点

7.2.1　直线标注的夹点

标注线两侧夹点：用于尺寸线的纵向移动（垂直于尺寸线），用来改变成组尺寸线的位置，尺寸界线定位点不变（长度随之动态改变）。

尺寸界线端夹点：作为首末两尺寸界线，此夹点用于移动定位点或更改开间（沿尺寸标注方向）方向的尺寸。

内部尺寸界线夹点：端夹点用于更改开间方向尺寸，当拖动夹点至重合于相邻夹点时，两尺寸界线合二为一，起到“标注合并”的作用。

尺寸文字夹点：用于移动尺寸文字，该夹点行为等同于 ACAD 的同类夹点。

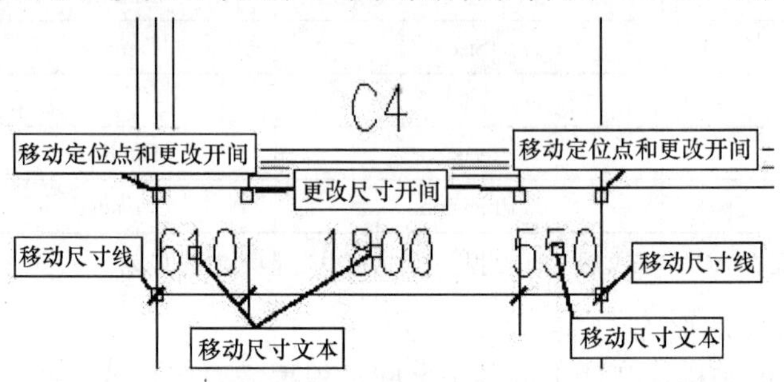

图 7-2-1　直线标注的夹点

7.2.2　圆弧标注的夹点

天正圆弧标注有两种表现形式：角度标注与弦长标注。两者由命令“切换角标”互相转换，由角度转弦长时，系统自动把标注位置设为圆弧外向，由弦长标注转换回角度标注时标注位置保留在弦长标注位置，可拖动夹点改变。

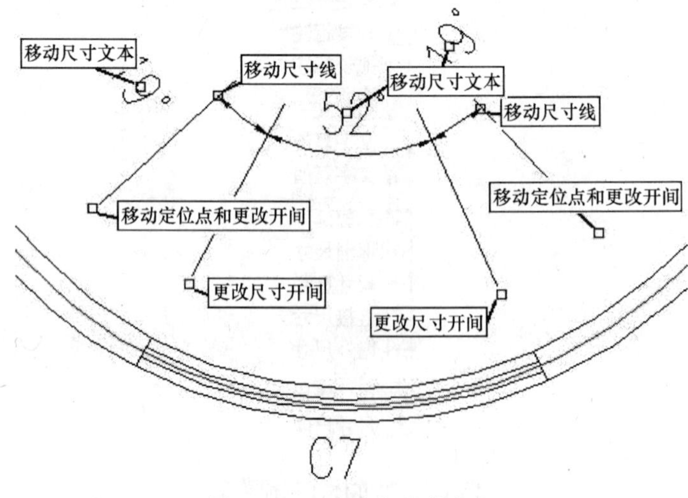

图 7-2-2-1　角度标注的夹点

1. 角度标注

标注线两侧夹点：用于沿径向改变尺寸线位置，这时整组尺寸线动态沿径向拖动，尺寸界线起点不变。

尺寸界线端夹点：对首末两尺寸界线，可用于移动定位点又可以更改开间（沿圆弧的切向）角度。对中间尺寸界线夹点，只用于更改开间角度，当拖动该夹点到重合于相邻夹点，两角度合二为一，实际上新增加了角度标注合并功能。

尺寸文字夹点：与前述相同。

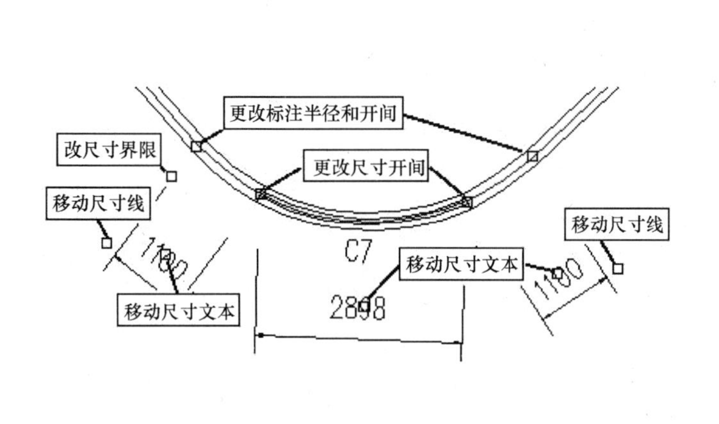

图 7-2-2-2 弦长标注的夹点

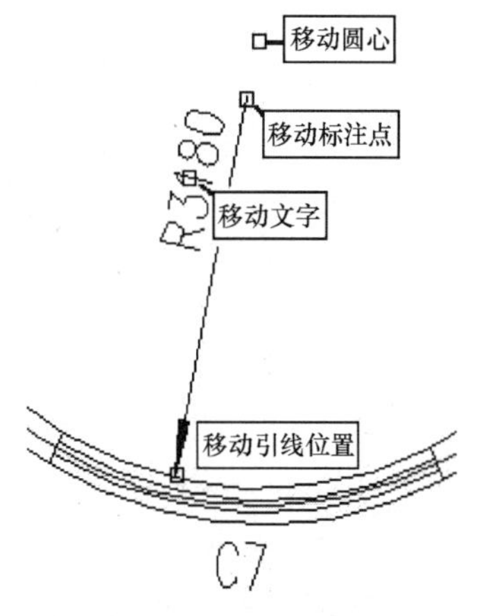

图 7-2-2-3 半径标注的夹点

2. 弦长标注

可由角度标注切换而来，它表示弧墙基线上与门窗边线、径向轴线交点构成的各个弦长，为便于施工放线提供了一种惯用的制图表达方式。

标注线两侧夹点：用于沿径向改变尺寸线位置，这时整组尺寸线动态沿径向拖动。尺寸界线端夹点：该夹点功能与前述不同，新增加用于更改标注半径的功能，径向拖动可针对同角度，但半径不同的弧墙进行标注；切向拖动时可更改相邻开间角度（弦长）。

中间弦注夹点：仅有改开间角度（弦长）的功能。

同样将此夹点拖动到与相邻夹点重合，弦长将会与相邻开间合并。

3. 半径标注

箭头端夹点：该夹点用于改变箭头引线的位置，它总是从圆心指向圆周方向旋转，拖动该点可躲开附近其他物体进行标注。

引线端夹点：该夹点总是从圆心指向圆周方向伸缩，拖动该点具有改变引线长度的功能。

圆心夹点：该夹点总是从圆心指向箭头方向，拖动该点具有改变圆心的功能，同时保持箭头端位置不变。

7.3 尺寸标注命令

7.3.1 逐点标注（T93_TDimMP）

菜单位置：【尺寸】→【逐点标注】

功能：本命令是一个通用的灵活标注工具，对选取的一串给定点沿指定方向和选定的位置标注尺寸。特别适用于没有指定天正对象特征，需要取点定位标注的情况，以及其他标注命令难以完成的尺寸标注。

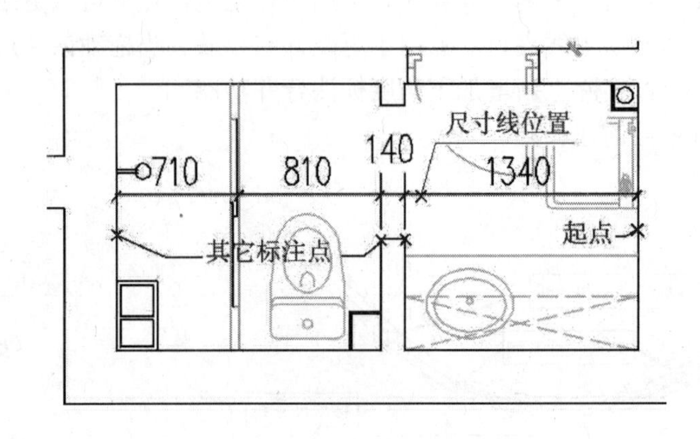

图 7-3-1　逐点标注实例

点取本命令，命令行依次提示：

请输入起点或{参考点[R]}<退出>：点取第一个标注点作为起始点

请输入第二个标注点<退出>：点取第二个标注点

请点取尺寸线位置或{更正尺寸线方向[D]}：

这时动态拖动尺寸线给点，使尺寸线就位或者键入 D 通过选取一条线来确定尺寸线方向

请输入其他标注点<退出>：逐点给出标注点，回车结束

请输入其他标注点<退出>：反复提示，回车结束

7.3.2　快速标注（T93_TQuickDim）

菜单位置：【尺寸】→【快速标注】

功能：本命令类似 AutoCAD 的同名命令，适用于天正对象，特别适用于选取平面图后快速标注外包尺寸线，不过在非正交外墙角处存在少量误差。

点取菜单命令后，命令行提示：

选择要标注的几何图形：

选取天正对象或平面图

选择要标注的几何图形：

选取其他对象或回车结束

请指定尺寸线位置或[整体(T)/连续(C)/连续加整体(A)]<整体>：

选项中整体是从整体图形创建外包尺寸线，连续是提取对象节点创建连续直线标注尺寸，连续加整体是两者同时创建。

选取整个平面图，默认整体标注，下拉完成外包尺寸线标注，键入 C 可标注连续尺寸线，如图 7-3-2 所示：

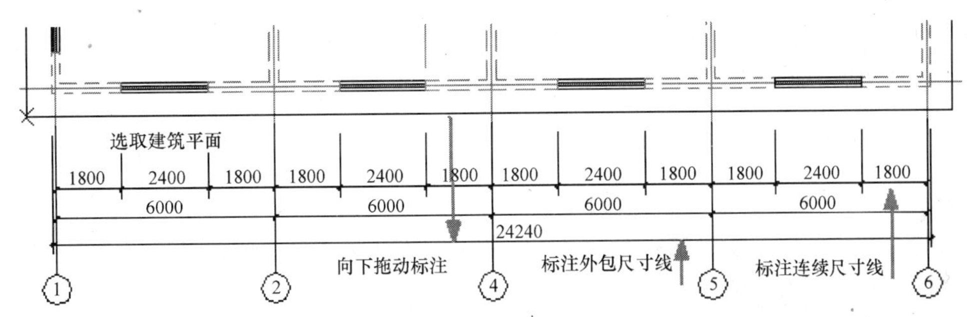

图 7-3-2　逐点标注实例

7.3.3　半径标注（T93_TDimRad）

菜单位置：【尺寸】→【半径标注】

功能：本命令在图中标注弧线或圆弧墙的半径，尺寸文字容纳不下时，会按照制图标准规定，自动引出标注在尺寸线外侧。

点取本命令，命令行提示：

请选择待标注的圆弧或弧墙<退出>：

此时点取圆弧上任一点，即在图中标注好半径。图 7-3-3 为半径标注的一个实例。

图 7-3-3　半径标注实例

7.3.4　直径标注（T93_TDimDia）

菜单位置：【尺寸】→【直径标注】

功能：本命令在图中标注弧线或圆弧墙的直径，尺寸文字容纳不下时，会按照制图标准规定，自动引出标注在尺寸线外侧。

执行本命令，命令行提示：

请选择待标注的圆弧<退出>：

此时点取圆弧上任一点，即在图中标注直径。图 7-3-4 为直径标注的两个实例。

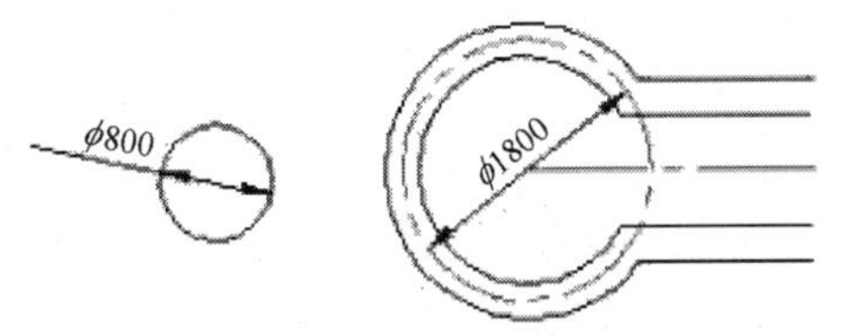

图 7-3-4　直径标注实例

7.3.5　角度标注（T93_TDimAng）

菜单位置：【尺寸】→【角度标注】

功能：本命令按逆时针方向标注两根直线之间的夹角，请注意按逆时针方向选择要标注的直线的先后顺序。

点取本命令，命令行提示：

请选择第一条直线<退出>：在标注位置点取第一根线

请选择第二条直线<退出>：在任意位置点取第二根线

注意一般要求标注内角（＜180°）时应按逆时针选择线的顺序，可以使用夹点调整定位点，以及更改开间。关于角度标注的夹点，请参见图 7-2-2-1。

7.3.6　弧长标注（T93_TDimArc）

菜单位置：【尺寸】→【弧长标注】

功能：本命令以国家建筑制图标准规定的弧长标注画法分段标注弧长，保持整体的一个角度标注对象，可在弧长、角度和弦长三种状态下相互转换。

执行本命令，命令行提示：

请选择要标注的弧段：点取准备标注的弧墙、弧线

请点取尺寸线位置＜退出＞：类似逐点标注，拖动到标注的最终位置

请输入其他标注点＜结束＞：继续点取其他标注点

……

请输入其他标注点＜结束＞：回车结束。

7.3.7　更改文字（T93_TChDimText）

菜单位置：【尺寸】→【更改文字】

功能：为了方便起见，有时需要将尺寸标注中自动标注的尺寸数字用自己输入的文字串代替（内容可以是新的尺寸也可能是文字）。可以使用本命令改变尺寸的测量值。

点取本命令，命令行提示：

请选择尺寸区间：　　　　　此时点取要改值的任意天正尺寸标注，回车后提示

输入标注文字＜1800＞：3 等分　　　　　此时键入要修改的字符串后回车

此时程序立刻对所选到的尺寸标注数值改为输入的文字内容。

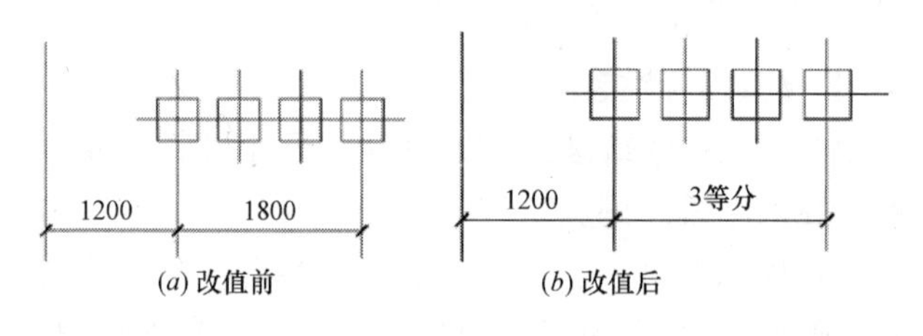

(a) 改值前　　(b) 改值后

图 7-3-7　文字改值

如果中文字显示为乱码，那么是标注样式所用的文字样式不含中文字体，需要更改该文字样式的定义。

7.3.8　文字复位（T93_TResetDimP）

菜单位置：【尺寸】→【文字复位】

功能：将尺寸标注中被拖动夹点移动过的文字恢复回原来的初始位置。

点取本命令，命令行提示：

请选择天正尺寸标注 ＜退出＞：

此时点取要恢复的任意天正尺寸标注，随即回车结束命令；此时程序立刻对所选到的

尺寸标注文字恢复原始位置。

由于天正尺寸标注是包括多个标注区间的自定义对象，选中时各区间同时亮显，在一些场合，同属于一个标注对象的一些标注文字的位置可能被误拖动，引起标注文字与所属的区间无法识别的混乱，以本命令恢复文字的原始位置，可保证标注文字的可识别性。

7.3.9　文字复值（T93_TResetDimT）

菜单位置：【尺寸】→【文字复值】

功能：将尺寸标注中被有意修改的文字恢复回尺寸的初始数值。

本命令是为了将一些有意修改过的，与图形自动给出的不一致的尺寸标注文字恢复到初始值。有时，为了方便使用会把一些标注尺寸文字加以改动，在进行校对或者提取工程量等需要尺寸和标注文字一致的情况下可以用本命令按尺寸恢复实测数值。

点取本命令，命令行提示：

请选择天正尺寸标注 <退出>：

此时点取要恢复的任意天正尺寸标注，回车，此时系统立即恢复所选到的尺寸标注文字的实际测量数值。

7.3.10　剪裁延伸（T93_TDimTrimExt）

菜单位置：【尺寸】→【剪裁延伸】

功能：在尺寸线的某一端，按指定点剪裁或延伸该尺寸线。本命令综合了剪裁（trim）和延伸（extend）两命令，自动判断对尺寸线的剪裁或延伸。

点取本命令，命令行提示：

请给出裁剪延伸的基准点或{参考点[R]}<退出>：　　点取剪裁线要延伸到的位置

要剪裁或延伸的尺寸线<退出>：

点取要作剪裁或延伸的尺寸线后，所点取的尺寸线的点取一端即作了相应的剪裁或延伸。命令行重复以上显示，<回车>退出。

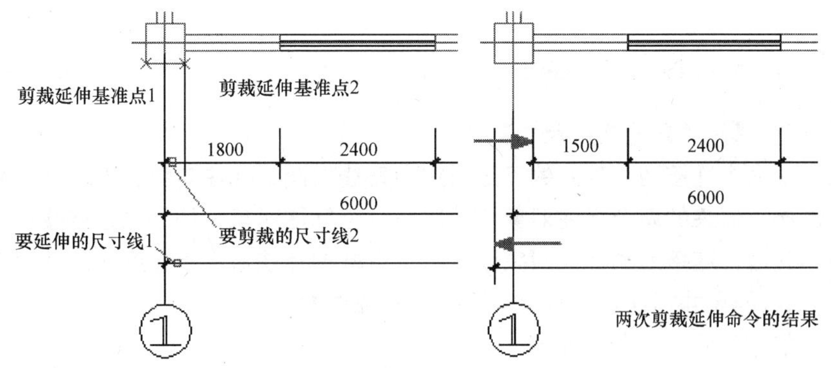

图 7-3-10　裁剪延伸图

7.3.11　取消尺寸（T93_TDimDel）

菜单位置：【尺寸】→【取消尺寸】

功能：本命令删除天正标注对象中指定的尺寸线区间，如果尺寸线共有奇数段，【取

消尺寸】删除中间段会把原来标注对象分开成为两个相同类型的标注对象。因为天正标注对象是由多个区间的尺寸线组成的，用 Erase（删除）命令无法删除其中某一个区间，必须使用本命令完成。

点取本命令，命令行提示：

请选择待取消的尺寸区间的文字＜退出＞：

点取要删除的尺寸线区间内的文字或尺寸线均可

请选择待取消的尺寸区间的文字＜退出＞：

点取其他要删除的区间，或者回车结束命令

7.3.12　尺寸打断（T93_TDimBreak）

菜单位置：【尺寸标注】→【尺寸打断】

功能：本命令把整体的天正自定义尺寸标注对象在指定的尺寸界线上打断，成为两段互相独立的尺寸标注对象，可以各自拖动夹点、移动和复制。

点取菜单命令后，命令行提示：

请在要打断的一侧点取尺寸线＜退出＞：

在要打断的位置点取尺寸线，系统随即打断尺寸线，选择预览尺寸线可见已经是两个独立对象。

执行【尺寸打断】命令，结果如图 7-3-12 所示：

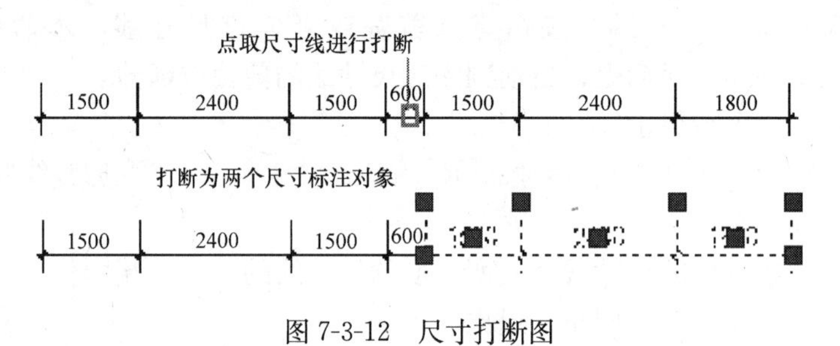

图 7-3-12　尺寸打断图

7.3.13　连接尺寸（T93_TMergeDim）

菜单位置：【尺寸】→【连接尺寸】

功能：本命令连接两个独立的天正自定义直线或圆弧标注对象，将点取的两尺寸线区间段加以连接，原来的两个标注对象合并成为一个标注对象，如果准备连接的标注对象尺寸线之间不共线，连接后的标注对象以第一个点取的标注对象为主标注尺寸对齐，通常用于把 AutoCAD 的尺寸标注对象转为天正尺寸标注对象。

点取菜单命令后，命令行提示：

请选择主尺寸标注＜退出＞：点取要对齐的尺寸线作为主尺寸

选择需要连接的其他尺寸标注＜结束＞：点取其他要连接的尺寸线

……

选择需要连接的其他尺寸标注＜结束＞：回车结束

执行【连接尺寸】命令，结果如图 7-3-13 所示：

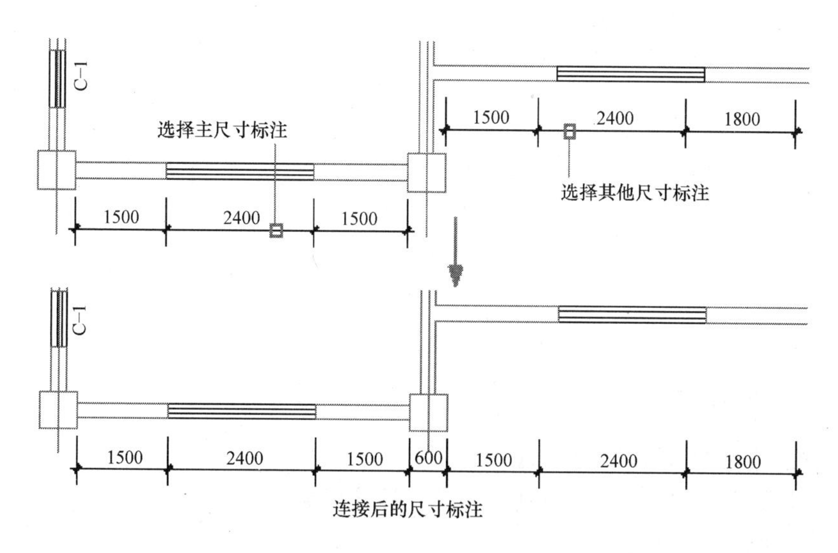

图 7-3-13　连接尺寸图

7.3.14　增补尺寸（T93_TBreakDim）

菜单位置：【尺寸】→【增补尺寸】

功能：在一个天正自定义直线标注对象中增加区间，将点取的尺寸线区间段断开，加入新的尺寸界线后仍然成为一个标注对象。

点取菜单命令后，命令行提示：

请选择尺寸标注<退出>：

点取要在其中增补的尺寸线分段。

点取待增补的标注点的位置或[参考点(R)]<退出>：

捕捉点取增补点或键入 *R* 定义参考点。

如果给出了参考点，这时命令提示：

参考点：

点取参考点，然后从参考点引出定位线，提示：

点取待增补的标注点的位置或[参考点(R)/撤消上一标注点(U)]<退出>：

按该线方向键入准确数值定位增补点

点取待增补的标注点的位置或[参考点(R)/撤消上一标注点(U)]<退出>：

连续点取其他增补点，没有顺序区别

……

点取待增补的标注点的位置或［参考点(R)/撤消上一标注点(U)]<退出>：

最后回车退出命令

执行【增补尺寸】命令添加标注，结果如图 7-3-14 所示：

> **注意：**尺寸标注夹点提供“增补尺寸”模式控制，拖动尺寸标注夹点时，按 Ctrl 切换为“增补尺寸”模式即可在拖动位置添加尺寸界线。

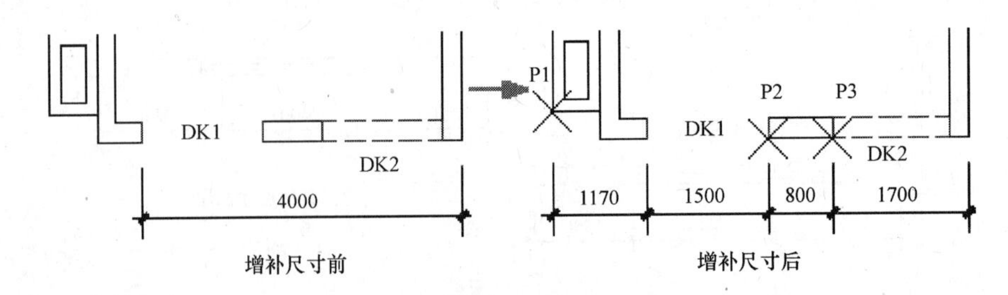

图 7-3-14　增补尺寸图

7.3.15　尺寸转化（T93_TConvDim）

菜单位置：【尺寸】→【尺寸转化】

功能：将 ACAD 尺寸标注对象转化为天正标注对象。

点取本命令，命令行提示：

请选择 ACAD 尺寸标注：一次可以选择多个尺寸标注回车一起转化

全部选中的 3 个对象成功的转化为天正尺寸标注！

注意：您选择的几个标注尽管可能是共线的尺寸标注对象，转化后不会自动连成连续的天正尺寸标注对象，如需进一步连接起来，可以使用［连接尺寸］命令。

7.3.16　尺寸自调（T93_TDimAdjust）

菜单位置：【尺寸】→【尺寸自调】

功能：将直线或圆弧标注中尺寸较小的区间中，已经标注的重叠文字位置自动上下调整，使之分开。

点控制尺寸线上的标注文字拥挤时，是否自动进行上下移位调整，可来回反复切换，自调开关的状态影响各标注命令的结果。

执行命令后提示：

请选择天正尺寸标注：

选择已经标注的重叠文字，如果当前尺寸自调处于打开状态，即可将重叠的标注文字分开

注意：本命令不受自调开关的控制，对选中的尺寸标注对象进行上下文字的调整，使之不致上下重叠。

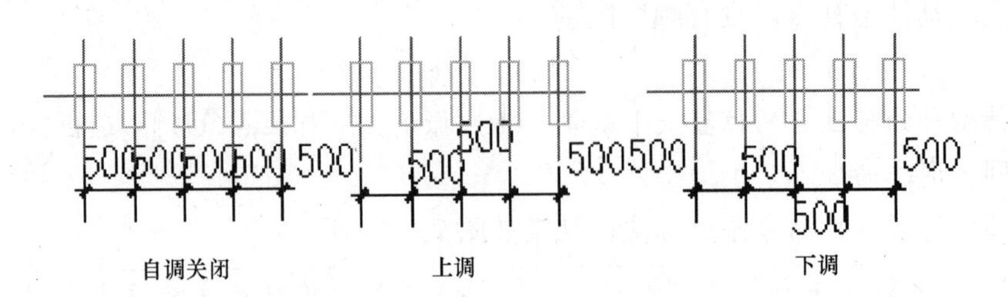

图 7-3-16　尺寸自调图

7.4 符号标注命令

按照建筑制图的国标工程符号规定画法，天正软件提供了一整套的自定义工程符号对象，这些符号对象可以方便地绘制剖切号、指北针、引注箭头，绘制各种详图符号、引出标注符号。使用自定义工程符号对象，不是简单地插入符号图块，而是在图上添加了代表建筑工程专业含义的图形符号对象 ，工程符号对象提供了专业夹点定义和内部保存有对象特性数据，用户除了在插入符号的过程中通过对话框的参数控制选项，根据绘图的不同要求，还可以在图上已插入的工程符号上，拖动夹点或者 Ctrl+1 启动对象特性栏，在其中更改工程符号的特性，双击符号中的文字，启动在位编辑即可更改文字内容。

天正软件—电气系统提供了多项有关工程符号标注的改进：

(1) 引入了文字的在位编辑功能，只要双击符号中涉及的文字进入在位编辑状态，无需命令即可直接修改文字内容。

(2) 索引符号增加了多索引特性，拖动索引号的"改变索引个数"夹点即可增减索引号，结合在位编辑满足提供多索引的要求。

(3) 为剖切索引符号提供了改变剖切长度的夹点控制，适应工程制图的要求。

(4) 箭头引注提供了规范的半箭头样式，用于坡度标注，坐标标注提供了 4 种箭头样式。

(5) 新增图名标注对象，方便了比例修改时的图名的更新，新的文字加圈功能便于注写轴号。

(6) 工程符号标注改为无模式对话框连续绘制方式，不必单击"确认"按钮，提高了效率。

(7) 作法标注结合了新的【专业词库】命令，新提供了标准的楼面、屋面和墙面作法。

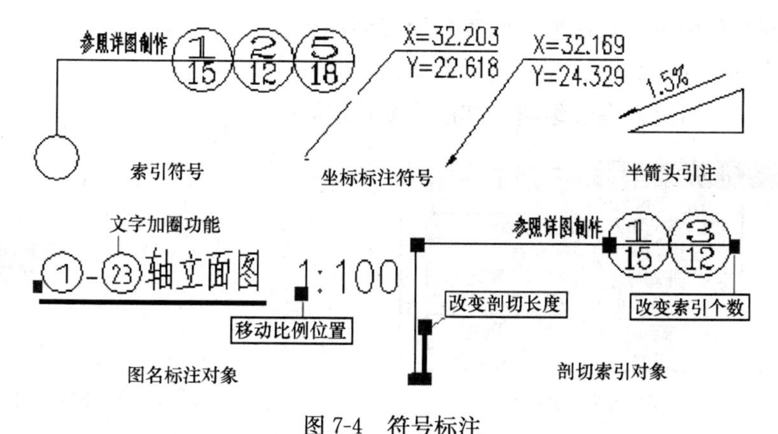

图 7-4 符号标注

天正的工程符号对象可随图形指定范围的绘图比例的改变，对符号大小，文字字高等参数进行适应性调整以满足规范的要求。剖面符号除了可以满足施工图的标注要求外，还为生成剖面定义了与平面图的对应规则。

符号标注的各命令由主菜单下的"符号标注"子菜单引导：

【指向索引】、【剖切索引】和【索引图名】三个命令用于标注索引号；

【剖面剖切】和【断面剖切】两个命令用于标注剖切符号，同时为剖面图的生成提供了依据；

【画指北针】和【箭头绘制】命令分别用于在图中画指北针和指示方向的箭头；

【引出标注】和【作法标注】主要用于标注详图；

【图名标注】为图中的各部分注写图名。

7.4.1　单注标高（T93_TElev）

菜单位置：【符号】→【单注标高】

功能：一次只标注一个标高，通常用于平面标高标注。

点取菜单命令后，显示对话框（图 7-4-1-1）：

图 7-4-1-1　［单注标注］对话框及标注结果

命令行提示：

请点取标高点或［参考标高(R)］＜退出＞：

请点取引出点＜不引出＞：

请点取标高方向＜当前＞：

插入标高过程中可在对话框中修改各项标注内容。

双击标注可进入［编辑标高］对话框修改，如图 7-4-1-2。

双击标注文字可进入在位编辑，如图 7-4-1-3 所示。

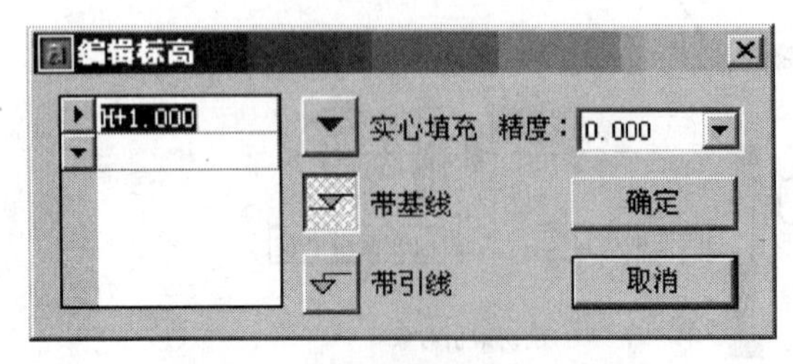

图 7-4-1-2　［编辑标高］对话框

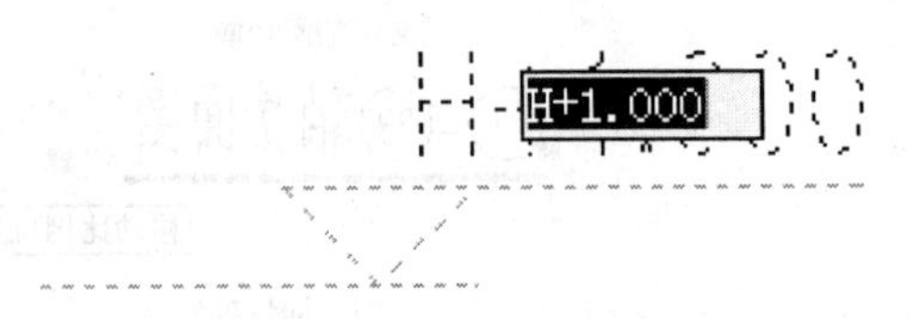

图 7-4-1-3　标高在位编辑

7.4.2　连注标高（T93_TMElev）

菜单位置：【符号】→【连注标高】

功能：本命令适用于平面图的楼面标高与地坪标高标注，可标注绝对标高和相对标高、也可用于立剖面图标注楼面标高，标高三角符号为空心或实心填充，通过按钮可选，

两种类型的按钮的功能是互锁的，其他按钮控制标高的标注样式。

点取菜单命令后，显示对话框（图 7-4-2-1）：

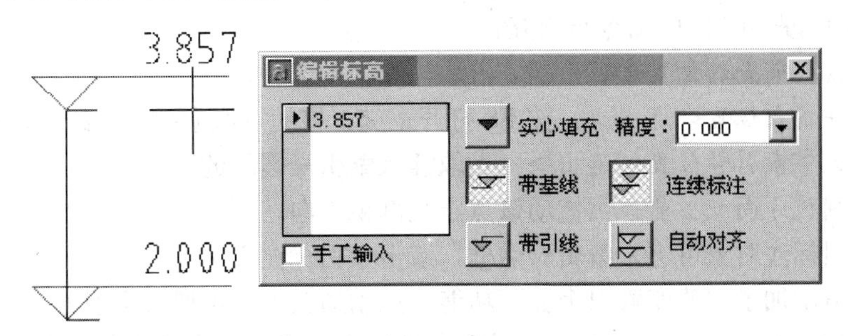

图 7-4-2-1　连注标注对话框

勾选“带基线”或者“带引线”复选框，可以改变按基线方式或者引线方式注写标高符号。如果是基线方式，命令提示您点取基线端点，然后返回上一提示。如果是引线方式，命令提示您点取符号引线位置，给点后在引出垂线与水平线交点处绘出标高符号。

勾选“手工输入”复选框后，不必添加括号，在第一个标高后回车或按向下箭头，可以输入多个标高表示楼层地坪标高（图 7-4-2-2）。

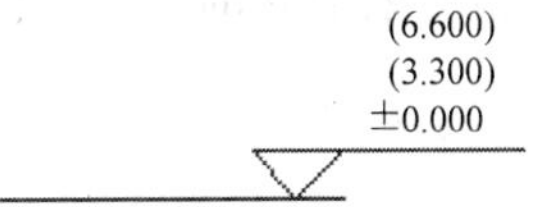

图 7-4-2-2　输入多个标高

7.4.3　索引符号（T93_TIndexPtr）

菜单位置：【符号】→【索引符号】

功能：本命令为图中另有详图的某一部分标注索引号，指出表示这些部分的详图在哪张图上，分为“指向索引”和“剖切索引”两类，索引符号的对象编辑新提供了增加索引号与改变剖切长度的功能。

点取菜单命令后，对话框显示如图 7-4-3-1 所示：

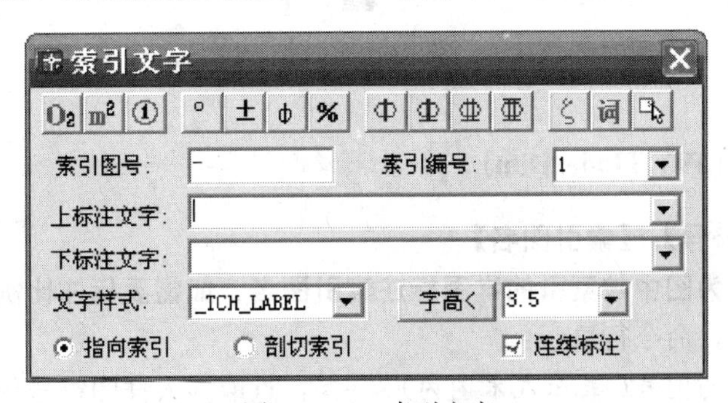

图 7-4-3-1　索引文字

其中控件功能与【引出标注】命令类似，区别在本命令分为“指向索引”和“剖切索引”两类，标注时按要求选择标注。

选择“指向索引”时的命令行交互：

请给出索引节点的位置<退出>：点取需索引的部分；

请给出索引节点的范围<0.0>：拖动圆上一点，单击定义范围或回车不画出范围；

请给出转折点位置<退出>：拖动点取索引引出线的转折点；

请给出文字索引号位置<退出>：点取插入索引号圆圈的圆心；

选择“剖切索引”时的命令行交互：

请给出索引节点的位置<退出>：点取需索引的部分；

请给出转折点位置<退出>：按 F8 打开正交，拖动点取索引引出线的转折点；

请给出文字索引号位置<退出>：点取插入索引号圆圈的圆心；

请给出剖视方向<当前>：拖动该点定义剖视方向；

双击索引标注对象可进入编辑对话框，双击索引标注文字部分，进入文字在位编辑。

夹点编辑增加了“改变索引个数”功能，拖动边夹点即可增删索引号，向外拖动增加索引号，超过 2 个索引号时向左拖动至重合删除索引号，双击文字修改新增索引号的内容，超过 2 个索引号的符号在导出天正 3～7 版本格式时分解索引符号对象为 AutoCAD 基本对象。

索引符号与编辑实例：

指向索引和剖切索引与编辑实例如图 7-4-3-2 所示：

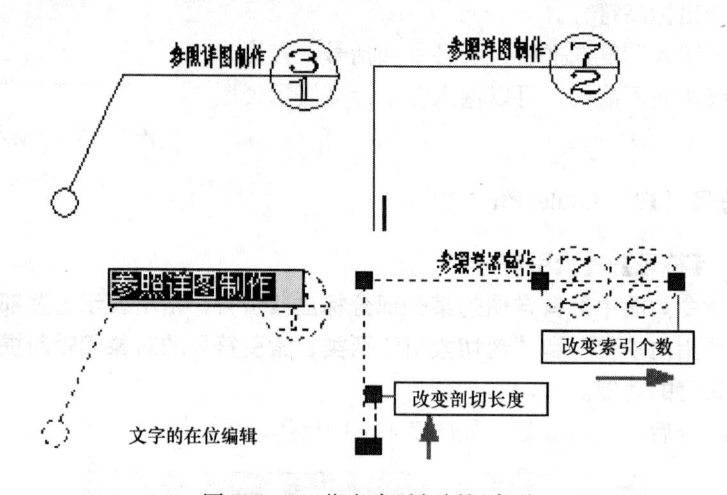

图 7-4-3-2　指向索引与剖切索引

7.4.4　索引图名（T93_TIndexDim）

菜单位置：【符号】→【索引图名】

功能：本命令为图中被索引的详图标注索引图名，如需要标注比例要自己补充。

点取本命令后，命令行显示：

请输入被索引的图号(-表示在本图内）<->：点取插入详图符号的位置

按建筑制图标准的规定：（1）如果此详图与被索引的图样同在一张图纸内时，只需在详图符号内注上详图的编号，此时可以<回车>响应此显示；（2）如果详图与被索引图样不在同一张图纸内，应在下半圆中注明被索引图纸号，此时应输入被索引图纸号后再回车，命令行继续显示：

请输入索引编号 <1>：键入索引编号后回车

请点取标注位置<退出>：

您可以在图中点取插入点，即可在该点位置绘出索引图号，如图 7-4-4 所示。

可以右击对象，使用对象编辑功能修改索引编号。

(a) 被索引图在本图内　(b) 另有被索引图

图 7-4-4　索引图号标注

7.4.5　剖面剖切（T93_TSection）

菜单位置：【符号】→【剖面剖切】

功能：本命令在图中标注国标规定的断面剖切符号，它用于定义一个编号的剖面图，表示剖切断面上的构件以及从该处沿视线方向可见的建筑部件，生成剖面中要依赖此符号定义剖面方向。

点取本命令后，命令行提示：

请输入剖切编号＜1＞：键入编号后回车

点取第一个剖切点＜退出＞：给出第一点 P1

点取第二个剖切点＜退出＞：沿剖线给出第二点 P2

点取下一个剖切点＜结束＞：给出转折点 P3

点取下一个剖切点＜结束＞：给出结束点 P4

点取下一个剖切点＜结束＞：回车表示结束

点取剖视方向＜当前＞：给点表示剖视方向 P5

标注完成后，拖动不同夹点即可改变剖面符号的位置以及改变剖切方向。

在图中指定位置注上剖面剖切符号，如图 7-4-5 所示，图中可见各夹点的功能。

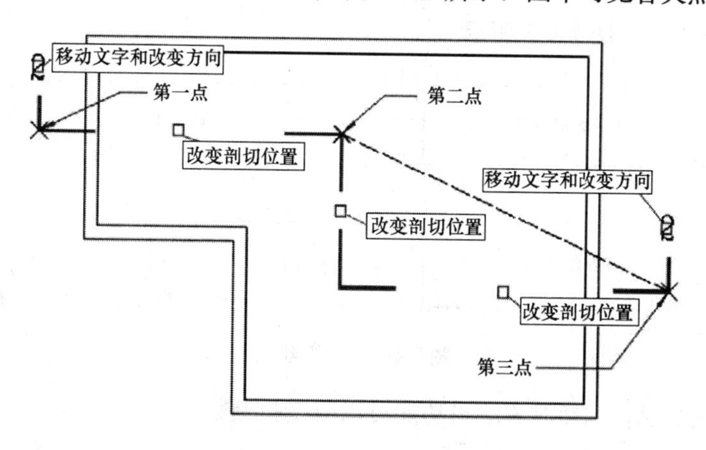

图 7-4-5　剖面剖切符号绘制

可以右击对象，使用对象编辑功能修改剖面编号。

7.4.6　断面剖切（T93_TSection）

菜单位置：【符号】→【断面剖切】

功能：本命令在图中标注国标规定的剖面剖切符号，指不画剖视方向线的断面剖切符号，以指向断面编号的方向表示剖视方向，在生成剖面中要依赖此符号定义剖面方向。

点取本命令后，命令行提示：

请输入剖切编号<1>：键入编号后回车

点取第一个剖切点<退出>：

点取第二个剖切点<退出>：点取起始与结束点后，命令行继续显示

点取剖视方向<当前>：

此时在两点间预显了断面剖切符号，由剖切编号所在侧已经指示了当前剖视方向，您可以移动鼠标改变当前默认的方向。点取剖视方向后或回车采用当前方向，即在图中指定位置注上断面剖切符号，如图 7-4-6 所示：

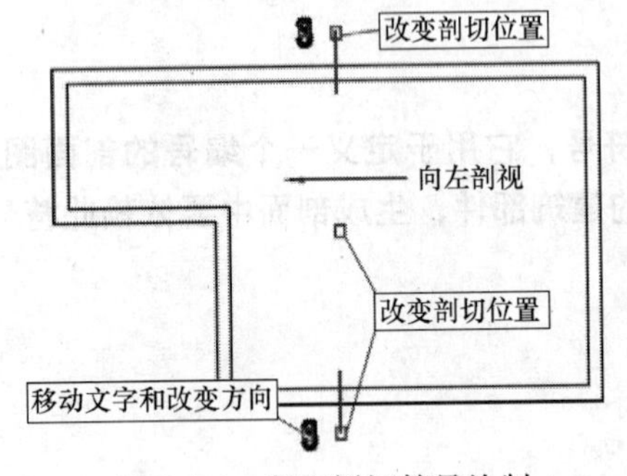

图 7-4-6　断面剖切符号绘制

同样可以通过右击对象，使用对象编辑功能修改剖面编号。

7.4.7　加折断线（T93_TRupture）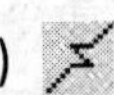

菜单位置：【符号】→【加折断线】

功能：本命令以自定义对象在图中加入折断线，形式符合制图规范的要求，并可以依照当前比例，选择对象更新其大小。

点取菜单命令后，命令行提示：

点取折断线起点<退出>：点取折断线起点

点取折断线终点或{折断数目(当前=1)[N]/自动外延(当前=开)[O]}<退出>：

点取折断线终点或者键入选项

键入 N 改变折断数目，键入 O 改变自动外延，双击折断线改变折断数目

加折断线实例，如图 7-4-7 所示：

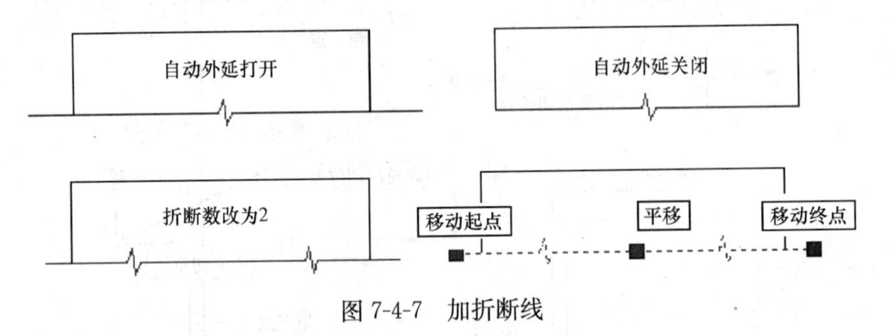

图 7-4-7　加折断线

右击折断线对象，选择对象编辑功能可以改变折断数目。

7.4.8　箭头引注（T93_TArrow）

菜单位置：【符号】→【箭头引注】

功能：本命令绘制带有箭头的引出标注，文字可从线端标注也可从线上标注，引线可以转折多次，用于楼梯方向线，新添半箭头用于国标的坡度符号。

点取菜单命令后，对话框显示如图 7-4-8-1 所示：

在对话框中输入引线端部要标注的文字，可以从下拉列表选取命令保存的文字历史记录，也可以不输入文字只画箭头，对话框中还提供了更改箭头长度、样式的功能，箭头长度按最终图纸尺寸为准，以毫米为单位给出；新提供箭头的可选样式有箭头和半箭头两种。

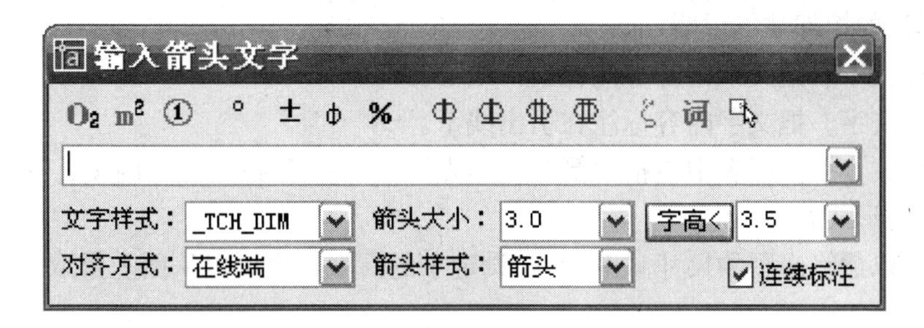

图 7-4-8-1　插入【箭头引注】对话框图

对话框中输入要注写的文字，设置好参数，按命令行提示取点标注：

箭头起点或 [点取图中曲线(P)/点取参考点(R)]<退出>：　点取箭头起始点

直段下一点 [弧段(A)/回退(U)]<结束>：　画出引线（直线或弧线）

……

直段下一点 [弧段(A)/回退(U)]<结束>：　以回车结束

双击箭头引注中的文字，即可进入在位编辑框修改文字。

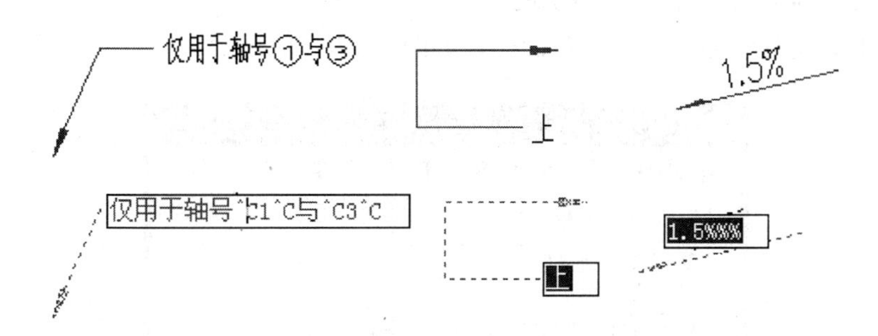

图 7-4-8-2　箭头引注与在位编辑实例图

7.4.9　引出标注（T93_TLeader）

菜单位置：【符号】→【引出标注】

功能：本命令可用于对多个标注点进行说明性的文字标注，自动按端点对齐文字，具有拖动自动跟随的特性。

点取菜单命令后，对话框显示如图 7-4-9-1 所示：

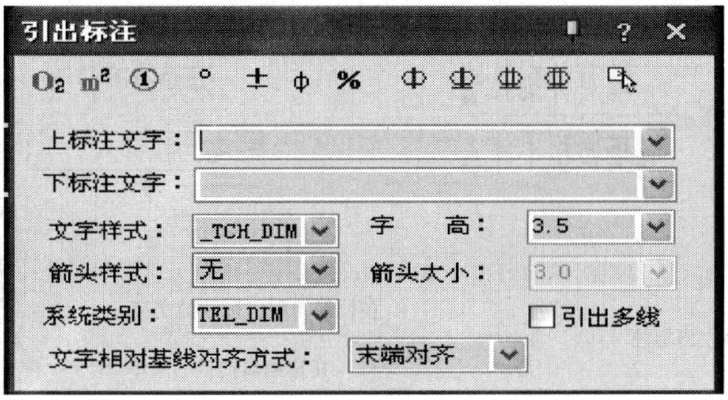

图 7-4-9-1　引出标注对话框

引出标注的控件功能说明：

[上标注文字] 把文字内容标注在引出线上。

[下标注文字] 把文字内容标注在引出线下。

[箭头样式] 下拉列表中包括“箭头”、“点”、“十字”和“无”四项，用户可任选一项指定箭头的形式。

[字高] 以最终出图的尺寸（毫米），设定字的高度，也可以从图上量取（系统自动换算）。

[文字样式] 设定用于引出标注的文字样式。

在对话框中编辑好标注内容及其形式后，按命令行提示取点标注：

请给出标注第一点<退出>：点取标注引线上的第一点

输入引线位置或［更改箭头形式(A)］<退出>：点取文字基线上的第一点

点取文字基线位置<退出>：取文字基线上的结束点

输入其他的标注点<结束>：点取第二条标注引线上端点

……

输入其他的标注点<结束>：回车结束

双击引出标注对象可进入编辑对话框，如图 7-4-9-2 所示：

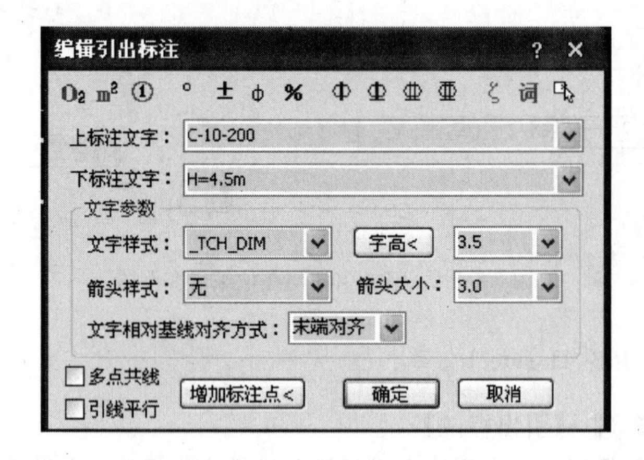

图 7-4-9-2　引出标注编辑对话框

在其中与引出标注对话框所不同的是下面多了“增加标注点<”按钮，单击该按钮，可进入图形添加引出线与标注点。

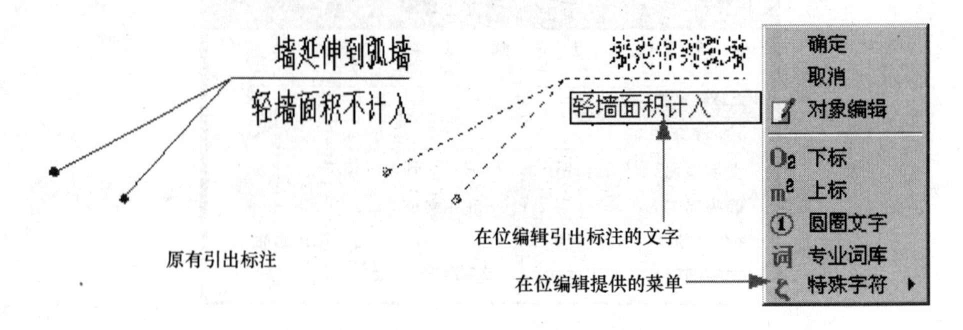

图 7-4-9-3　引出标注与在位编辑实例

7.4.10　作法标注（T93_TComposing）

菜单位置：【符号】→【作法标注】

功能：本命令用于在施工图纸上标注工程的材料作法。

点取菜单命令后，对话框显示如图 7-4-10-1 所示：

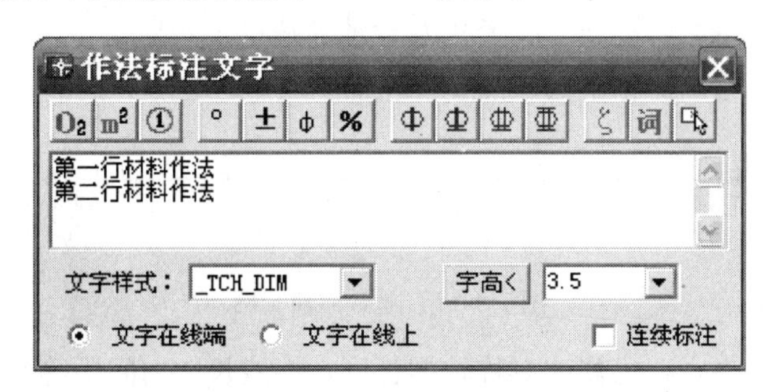

图 7-4-10-1　多线引出对话框

作法标注的控件功能说明：

［多行编辑框］供输入多行文字使用，回车结束的一段文字写入一条基线上，可随宽度自动换行。

［文字在线端］文字内容标注在文字基线线端为一行表示，多用于建筑图。

［文字在线上］文字内容标注在文字基线线上，按基线长度自动换行，多用于装修图。其他控件的功能与【引出标注】命令相同。

光标进入“多行编辑框”后单击“词库”图标，可进入专业词库，从第一栏取得系统预设的做法标注。

在对话框中编辑好标注内容及其形式后，按命令行提示取点标注：

请给出标注第一点<退出>：点取标注引线上的第一点

请给出标注第二点<退出>：点取标注引线上的转折点

请给出文字线方向和长度<退出>：拉伸文字基线的末端定点

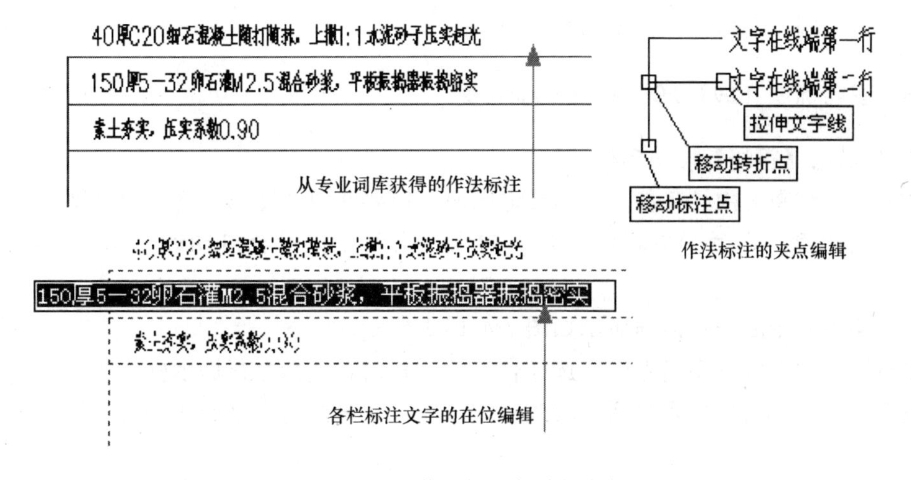

图 7-4-10-2　作法标注与编辑实例

7.4.11 画对称轴（T93_TSymmetry）

菜单位置：【符号】→【画对称轴】

功能：本命令用于在施工图纸上标注表示对称轴的自定义对象。

点取菜单命令后，命令行提示：

起点或［参考点(R)］<退出>：给出对称轴的端点 1

终点<退出>：给出对称轴的端点 2

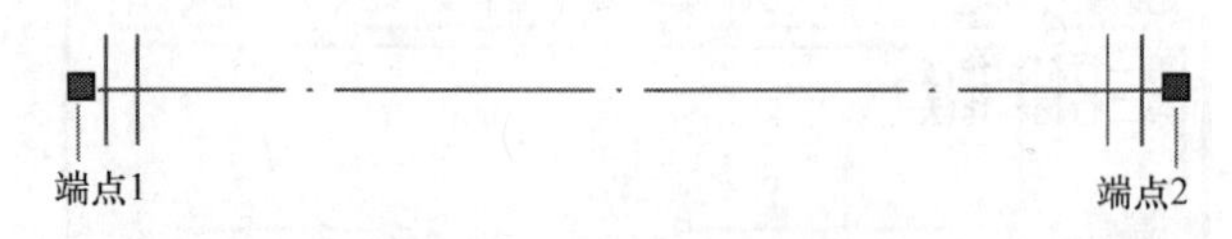

图 7-4-11　画对称轴实例

拖动对称轴上的夹点，可修改对称轴的长度、端线长、内间距等几何参数。

> **注意：** 对称轴符号中的中轴线的显示效果受您的图形当前轴线图层的线型与颜色的控制，如果该图层关闭或冻结，中轴线不能显示。

7.4.12 画指北针（T93_TNorthThumb）

菜单位置：【符号】→【画指北针】

功能：本命令在图上绘制一个国标规定的指北针符号，从插入点到橡皮线的终点定义为指北针的方向，这个方向在坐标标注时起指示北向坐标的作用。

点取本命令后，命令行显示：

指北针位置<退出>：

点取指北针的插入点

指北针方向<90.0>：

拖动光标或键入角度定义指北针方向，X 正向为 0

此时从插入点引出一条橡皮线，从插入点到橡皮线的终点为指北针的方向（或以 X 轴正向为 0，按逆时针方向键入角度），就在指定位置绘制一个指北针，见图 7-4-12。

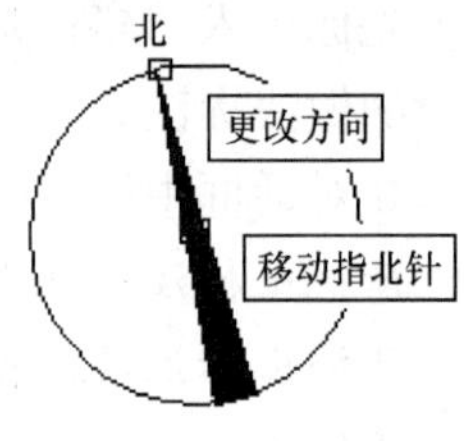

图 7-4-12　画指北针

7.4.13 图名标注（T93_TDrawingName）

菜单位置：【符号】→【图名标注】

功能：一个图形中绘有多个图形或详图时，需要在每个图形下方标出该图的图名，并且同时标注比例，本命令是新增的专业对象，比例变化时会自动调整其中文字的合理大小。

点取菜单命令后，对话框显示如图 7-4-13-1 所示：

在对话框中编辑好图名内容，选择合适的样式后，按命令行提示标注图名。

双击图名标注对象进入对话框修改样式设置，双击图名文字或比例文字进入在位编辑修改文字。

两种图名标注的实例以及夹点编辑如图 7-4-13-2 所示：

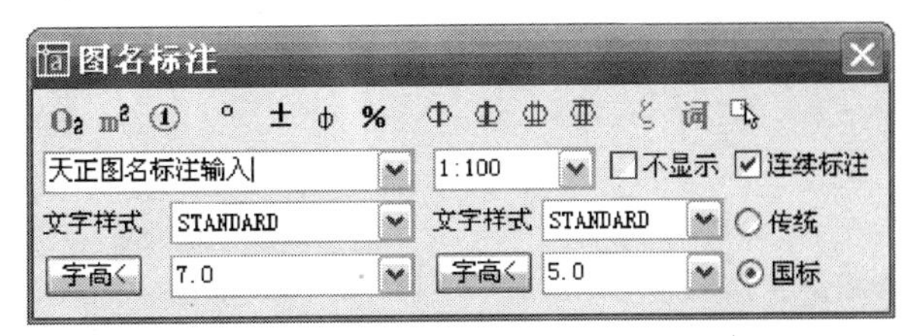

图 7-4-13-1　图名标注对话框

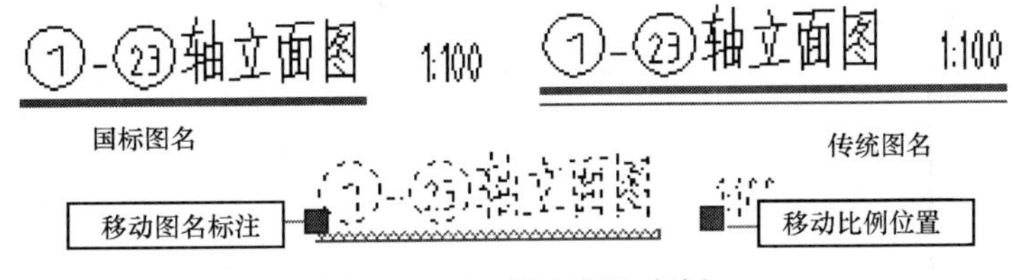

图 7-4-13-2　图名标注实例

7.4.14　绘制云线（T93_TRevCloud）

菜单位置：【符号】→【绘制云线】

功能：在图纸上以云线符号标注出要求修改的范围。

点取菜单命令后，对话框显示（图 7-4-14）：

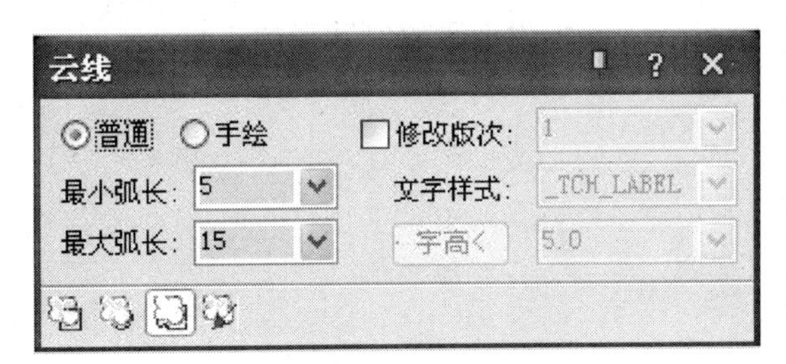

图 7-4-14　云线对话框

提供矩形、圆形、手绘等多种绘制方式。

第 8 章
绘图工具

☞ 对象操作

天正提供针方便图元对象选择查询的工具。

☞ 移动与复制工具

天正提供针对于 AutoCAD 图形对象的复制与移动工具，使用更方便、更自由。

☞ 绘图工具

提供各种绘制图形的工具。

8.1　对象操作

8.1.1　对象查询（'T93_TObjinfo）

菜单位置：【绘图工具】→【对象查询】

功能：随光标移动，在各个对象上面动态显示其信息，并可进行编辑。

用此命令可以动态查看图形对象的有关数据，执行本命令，当光标靠近某一对象，屏幕就会出现文字窗口，显示该对象的有关数据，如果点取对象，则自动调用对象编辑功能，进行编辑修改，修改完毕继续对象查询状态。

对于天正定义的专业对象，将有反映该对象的详细的数据；对于 AutoCAD 的标准对象，只列出对象类型和通用的图层、颜色、线型等信息，点取标准对象也不能进行对象编辑。

例如图形中存在表格，执行【对象查询】命令后将鼠标在图形中移动，移到表格的时候便会出现如图 8-1-1-1 所示的详细的信息显示。

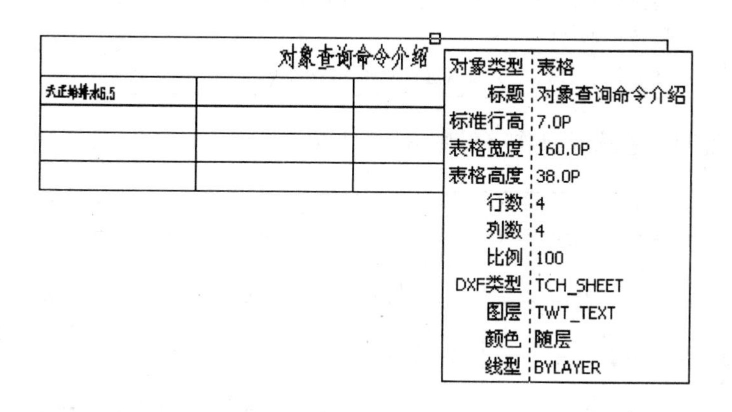

图 8-1-1-1　对象查询实例（表格）

图 8-1-1-2 为单行文字的对象查询的详细信息。

沿天棚面或顶板面敷设

对象类型	文字
文字内容	沿天棚面或顶板面敷设
文字样式	STANDARD
对正方式	左下
文字高度	3.5P
旋转角度	0
比例	100
DXF类型	TCH_TEXT
图层	TEL_TEXT
颜色	随层
线型	BYLAYER

图 8-1-1-2　对象查询实例（文字）

8.1.2　对象选择（T93_TSelObj）

菜单位置：【绘图工具】→【对象选择】

功能：先选参考对象，选择其他符合参考对象过滤条件的图形，生成预选对象选择集。

本命令用于对相同性质的图元的批量操作。如对建筑条件图进行的批量删除操作；在后期设计中，对之前的设计做整体修改……【对象选择】结合【特性表】或【对象编辑】等命令可以使您的工作事半功倍。

对话框功能说明　**表 8-1-2**

控件	功　能
对象类型	过滤选择条件为图元对象的类型，比如选择所有的 PLINE
图层	过滤选择条件为图层名，比如过滤参考图元的图层为 A，则选取对象时只有 A 层的对象才能被选中
颜色	过滤选择条件为图元对象的颜色，目的是选择颜色相同的对象
线型	过滤选择条件为图元对象的线型，比如删去虚线
其他	过滤选择条件为图块名称、门窗编号、文字属性和柱子类型与尺寸，快速选择同名图块，或编号相同的门窗、相同的柱子
快捷键 2	恢复上次的选择对象并将其选择使夹点显示出来

下面举例说明对象选择操作（见图 8-1-2-1）：

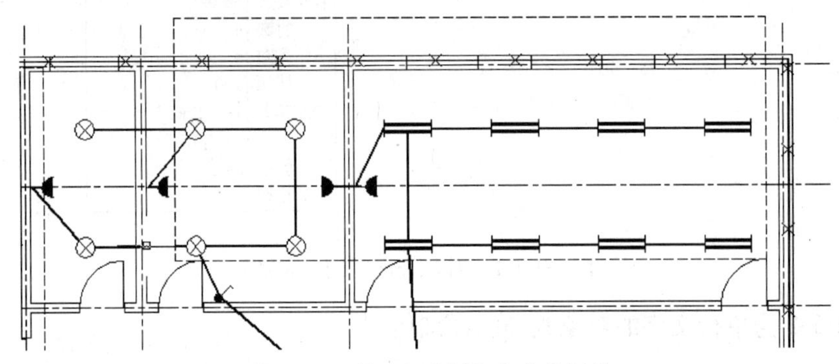

图 8-1-2-1　【对象选择】命令执行前

1. 点取【绘图工具】→【对象选择】命令。

勾选对话框中的复选框定义过滤选择项后，进入命令行交互：

请选择一个参考图元或［恢复上次选择(2)］<退出>：选择要过滤的对象（如灯具）

2. 在图形上点取任意一个电气设备。

提示：空选即为全选，中断用 ESC！

选择对象：框选范围或者直接回车表示全选（所有灯具）

3. 开窗口选择范围，选择范围内的设备虚显。如图 8-1-2-2 所示。

所需范围的灯具被选中，并显示夹点。

4. 选择完毕后可以执行 AutoCAD 的擦除、复制、移动等命令（见图 8-1-2-3）

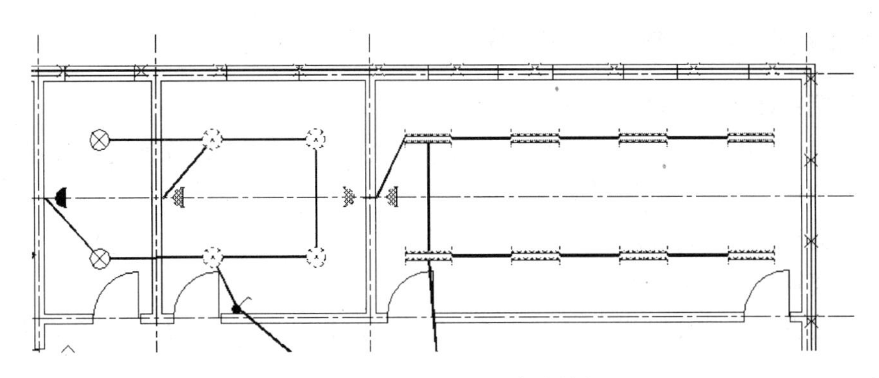

图 8-1-2-2 【对象选择】命令执行后

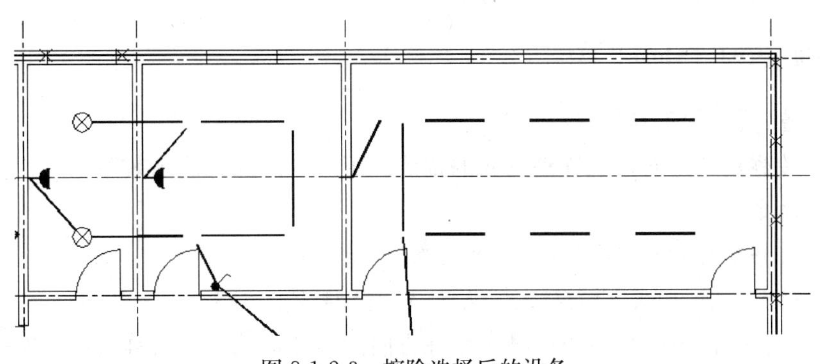

图 8-1-2-3 擦除选择后的设备

> **注意：**在选择编辑对象时要先点取参考对象作为样板，然后再用窗口等方式选择同类对象再进行编辑操作

8.2 移动与复制

天正提供针对于 AutoCAD 图元的移动与复制增强工具，拖动过程中可以动态翻转和旋转，使用更方便、更自由。

8.2.1 自由复制（T93_TDragCopy）

菜单位置：【绘图工具】→【自由复制】

功能：对 ACAD 对象与天正对象均起作用，能在复制对象之前对其进行旋转、镜像、改插入点等灵活处理，而且默认为多重复制，十分方便。

点取本命令，命令行提示：

请选择要拷贝的对象：

点取位置或{转 90 度[A]/左右翻转[S]/上下翻转[D]/改转角[R]/改基点[T]}<退出>：

此时系统自动把参考基点设在所选对象的左下角，用户所选的全部对象将随鼠标的拖动复制至目标点位置，本命令以多重复制方式工作，可以把源对象向多个目标位置复制。还可利用提示中的其他选项重新定制复制，特点是每一次复制结束后基点返回左下角。

8.2.2　自由移动（T93_TDragMove）

菜单位置：【绘图工具】→【自由移动】

功能：对 ACAD 对象与天正对象均起作用，能在移动对象就位前使用键盘先行对其进行旋转、镜像、改插入点等灵活处理。

点取本命令，命令行提示：

请选择要移动的对象：

点取位置或｛转 90 度[A]/左右翻转[S]/上下翻转[D]/改转角[R]/改基点[T]｝<退出>：

与自由复制类似，但不生成新的对象。

8.2.3　移位（T93_TMove）

菜单位置：【绘图工具】→【移位】

功能：按照指定方向精确移动图元的位置，可减少键入，提高效率。

点取本命令，命令行提示：

请选择要移动的对象：选择要移动的对象，回车结束

请输入位移(x、y、z)或｛横移[X]/纵移[Y]/竖移[Z]｝<退出>：

如果用户仅仅需要改变对象的某个坐标方向的尺寸，无需直接键入位移矢量，此时可输入 X 或 Y、Z 选项，指出要移位的方向，比如键入 Z，进行竖向移动，提示：

竖移<0>：在此输入移动长度或在屏幕中指定，注意正值表示上移，负值下移

8.2.4　自由粘贴（T93_TPasteClip）

菜单位置：【绘图工具】→【自由粘贴】

功能：对 ACAD 对象与天正对象均起作用，能在粘贴对象之前对其进行旋转、镜像、改插入点等灵活处理。

点取本命令，命令行提示：

点取位置或｛转 90 度[A]/左右翻[S]/上下翻[D]/对齐[F]/改转角[R]/改基点[T]｝<退出>：

这时可以键入 A/S/D/F/R/T 多个选项进行各种粘贴前的处理，点取一点将图形对象贴入图形中的指定点。

> **注意：**本命令对 ACAD 以外的对象的 OLE 插入不起作用。

> **提示：**AutoCAD 本身有［带基点复制］命令，粘贴这种复制到粘贴板上的图形由于有插入点，因此采用普通的粘贴就可以定位的比较好。

基于粘贴板的复制和粘贴，主要是为了在多个文档或者在 AutoCAD 与其他应用程序之间交换数据而设立的。由于 ACAD2000 的多文档功能，在多张图之间复制和粘贴图形是经常性的操作，用户不应当把多个平面图放置到一个 DWG 文件中。

8.3 绘图工具

8.3.1 图变单色（clrtos）

命令位置：【绘图工具】→【图变单色】

功能：将平面图中各图层的颜色改为一种颜色。

命令适用于为编制印刷文档前对图形进行前处理，由于彩色的线框图形在黑白输出的照排系统中输出时色调偏淡，因此特设图变单色功能临时将彩色 ACAD 图形设为单色的线框图形，为抓图做好准备。

在菜单上点取本命令后，屏幕命令行提示：

请输入平面图要变成的颜色/1-红/2-黄/3-绿/4-青/5-蓝/6-粉/7-白/＜7＞：

键入要使平面图所变成的颜色相应的数字，确定后平面图中所有已有图层改为所要求的同一种颜色。

8.3.2 颜色恢复（T93_TResColor）

命令位置：【绘图工具】→【颜色恢复】

功能：把当前图各个图层的颜色恢复为图层文件 layedef. dat 所规定的颜色。

本命令是用来恢复由【图变单色】所变成的单色平面图中所有图层的初始颜色的，在菜单上点取本命令后，所有图层颜色恢复为图层文件 layedef. dat 所规定的颜色。

本命令没有人机交互，直接执行，命令将图层颜色恢复为系统默认的颜色，但不能保留用户自己定义的图层颜色。

8.3.3 图案加洞（T93_THatchAddHole）

命令位置：【绘图工具】→【图案加洞】

功能：编辑已有的图案填充，在图案上开洞口。

执行图案减洞命令前，图上先要存在图案填充，并且图案填充上应有被天正命令图案加洞命令裁剪的洞口。

点取本命令，命令行显示：

请选择图案填充＜退出＞：

选择要减洞的图案填充对象，命令行接着提示：

矩形的第一个角点或

{圆形裁剪[C]/多边形裁剪[P]/多段线定边界[L]/图块定边界[B]}＜退出＞：

使用两点定义一个矩形裁剪边界或者键入关键字使用命令选项，如果我们采用已经画出的闭合多段线作边界，键入 L。

请选择封闭的多段线作为裁剪边界＜退出＞：选择已经定义的多段线

程序自动按照多段线的边界对图案进行裁剪开洞，洞口边界保留，如图 8-3-3 所示。其余的选项与本例类似，以此类推。

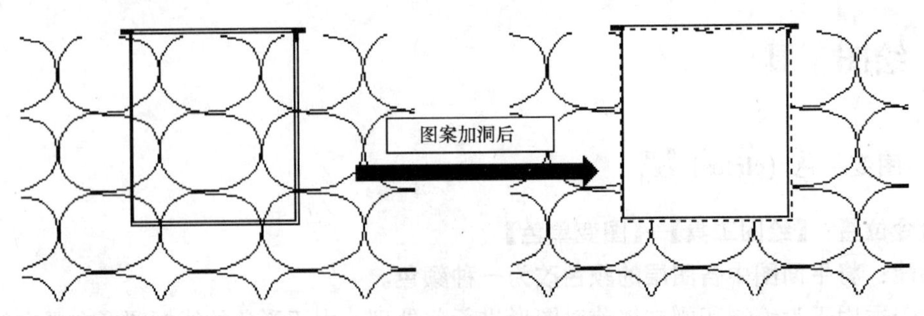

图 8-3-3 图案加矩形洞示例

8.3.4 图案减洞（T93_THatchDelHole）

命令位置：【绘图工具】→【图案减洞】

功能：编辑已有的图案填充，在图案上删除洞口，恢复填充图案的完整性。

执行图案减洞命令前，图上先要存在图案填充，并且图案填充上应有被天正命令图案加洞命令裁剪的洞口。

点取本命令，命令行显示：

请选择图案填充<退出>：选择要减洞的图案填充对象

选取边界区域内的点<退出>：在洞口内点取一点

程序立刻完成减洞的处理，恢复原来的图案，每一次只能完成一个洞口的处理。

8.3.5 线图案（T93_TLinePattern）

命令位置：【绘图工具】→【线图案】

功能：绘制线图案。

从天正软件—建筑系统 5.5 开始，原有的线图案功能升级为智能线图案，是可以连续生成的对象，不再由一段一段的图块拼接而成，新的线图案支持夹点拉伸与宽度定义，预定义的线图案单元用图库管理界面统一管理。

天正软件—建筑系统 3 的线图案是由一系列互不关联的线沿线排列组成的，一旦尺寸不合适，无法进行编辑修改，由于线图案的零散，即使是选择与删除线图案的简单操作也

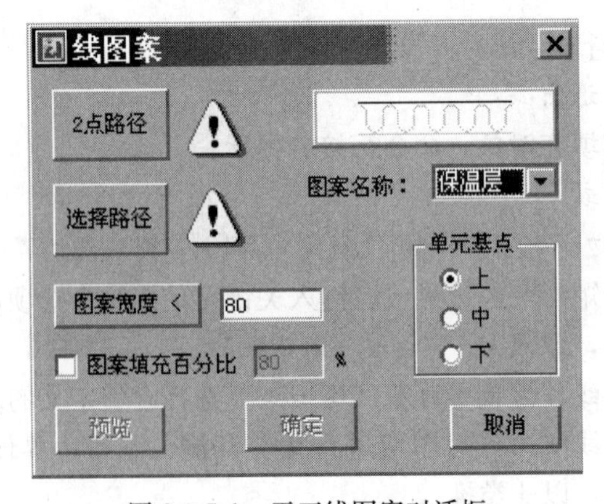

图 8-3-5-1 天正线图案对话框

令用户感到十分不便。天正软件—建筑系统 5.5 使用了自定义对象技术生成的智能线图案是路径连续的对象，解决了线图案不易编辑的难题，智能线图案可以使用夹点进行拉伸，线图案夹点类似多段线，每一段有 3 个。

控件功能介绍　　表 8-3-5

控件名称	实 现 功 能
2 点路径	点取两点定义线图案路径
选择路径	选择已有的多段线、圆弧、直线为路径
图案宽度	定义线图案填充宽度
图案填充百分比	定义线图案填充与路径之间的关系，如没有勾选就是图案紧贴路径，否则以百分比定义其靠近程度，紧贴路径为 99%
单元基点(上/中/下)	定义单元与路径之间的方向，上下为填充单元在路径的两侧，中就是居中(如图 8-3-5-2 所示)
图案名称	选择预定义的线图案，单击其上面的图像框可以进入图库管理系统
预览	临时进入图形屏幕，预览线图案的填充效果

选择路径和图案名称，可以进入预览功能，观察填充是否合理，以回车返回对话框，单击确定按钮后开始进行填充。

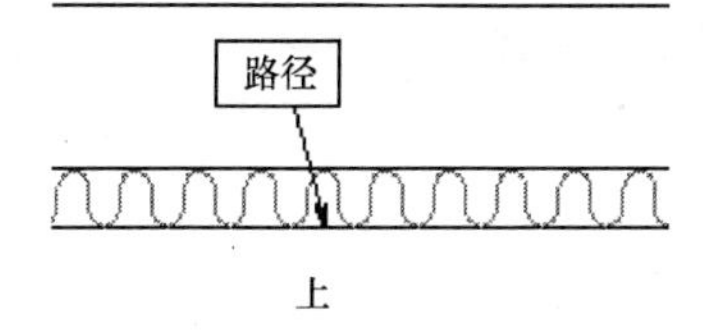

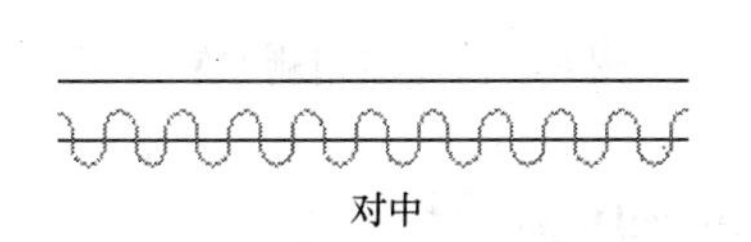

下

图 8-3-5-2　线图案的单元基点对齐关系

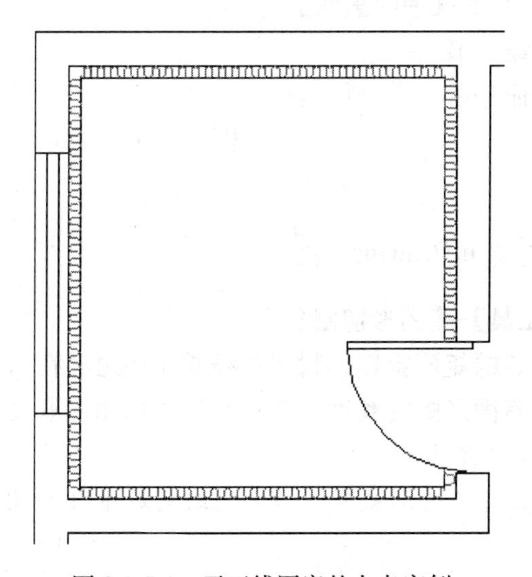

图 8-3-5-3　天正线图案的夹点实例

8.3.6　多用删除（DYSC）

命令位置：【绘图工具】→【多用删除】

功能：删除相同图层的相同类型的图元。

点取本命令，命令行提示：

请选择删除范围<退出>：在图形中选择删除范围，选择完毕后退出

请选择指定类型的图元<删除>：在图形中点取欲删除的图元，回车执行删除

执行该命令选择图元时，只需选择图中任意一个图元删除时即可将选中范围内的所有相同类型的图元全部删除。

例图 8-3-6（*a*）图为执行【多用删除】前的图形，假定欲删除选定范围内的电气元件，执行命令后先框选删除范围，再点击图中任意一个设备元件，执行删除后结果如图 8-3-5（*b*）图所示，删除了框选范围内的所有元件。

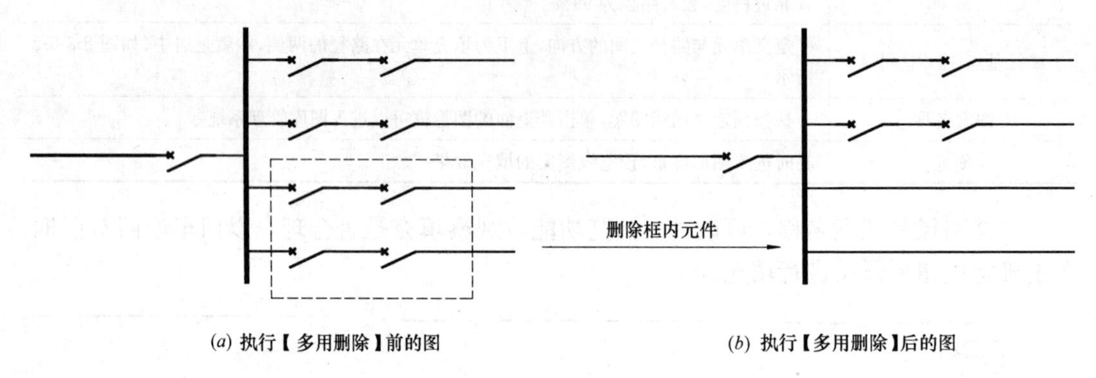

(*a*) 执行【多用删除】前的图　　(*b*) 执行【多用删除】后的图

图 8-3-6　【多用删除】示例

8.3.7　消除重线（T93_TRemoveDup）

命令位置：【绘图工具】→【消除重线】

功能：消除重合的线或弧。

鼠标或右键执行本命令后，命令行提示：

选择对象：　框选中重线，系统自动完成清除

对图层 0 消除重线：

8.3.8　图形切割（T93_TCutDrawing）

命令位置：【绘图工具】→【图形切割】

功能：本命令以选定的矩形窗口、封闭曲线或图块边界在平面图内切割并提取部分图形，图形切割不破坏原有图形的完整性，常用于从平面图提取局部区域用于详图。

点取菜单命令后，命令行提示：

矩形的第一个角点或［多边形裁剪(P)/多段线定边界(L)/图块定边界(B)］<退出>：　图上点取一角点

另一个角点<退出>：　输入第二角点定义裁剪矩形框

此时程序已经把刚才定义的裁剪矩形内的图形完成切割，并提取出来，在光标位置拖动，同时提示：

请点取插入位置：　在图中给出该局部图形的插入位置

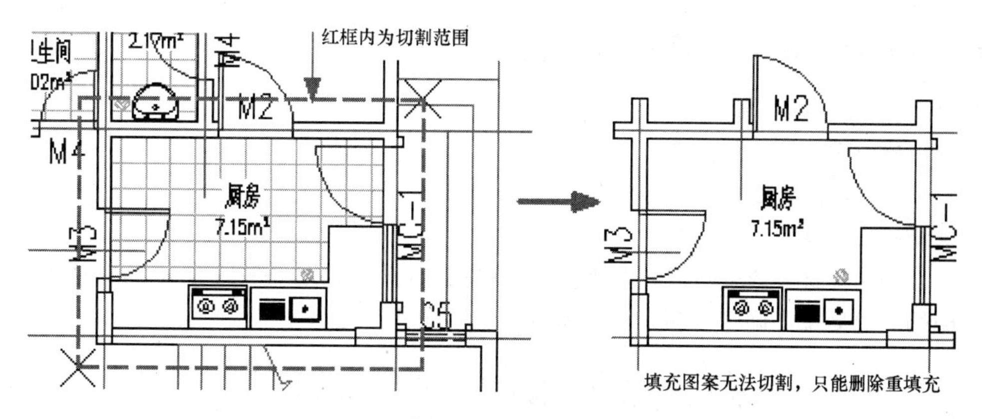

图 8-3-8　图形切割

> **注意**：本命令可以切割天正墙体等专业对象，但是无法在门窗等图块中间进行切割，或使用 Wipeout 命令进行遮挡。

8.3.9　房间复制（FJFZ）

菜单位置：【绘图工具】→【房间复制】

功能：将一个矩形房间平面设备、导线、标注等复制到另外一个矩形房间。

执行房间复制后，命令行提示：

请输入样板房间起始点:<退出>　　　选择矩形房间起点

请输入样板房间终点:<退出>　选择矩形房间终点

请输入目标房间起始点:<退出>

请输入目标房间终点:<退出>　　　选择目标房间起点、终点，弹出复制模式选择对话框，如图 8-3-9 所示

选择好复制模式及产生如图 8-3-9 所示的复制结果，根据命令行提示确认正确，完成命令。

复制结果正确请回车,需要更改请键入 Y <确定>:

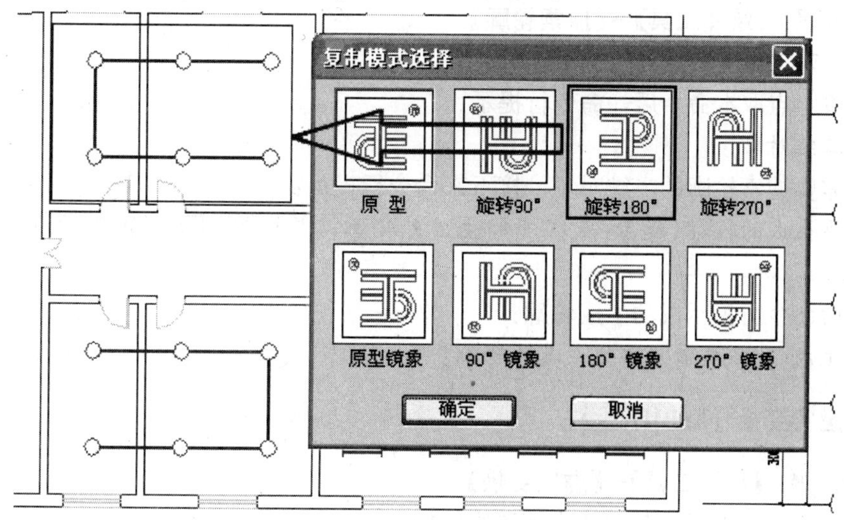

图 8-3-9　房间复制

8.3.10　图块改色（DKGS）

命令位置：【绘图工具】→【图块改色】

功能：修改选中图块的颜色。

在菜单上点取本命令后，命令行提示：

请选择范围<退出>：

在平面图中框选要改变颜色的图块，选中图块后弹出如图 8-3-10 所示的对话框，选择所希望的颜色后单击确定按钮，图中所选图块的颜色改变。

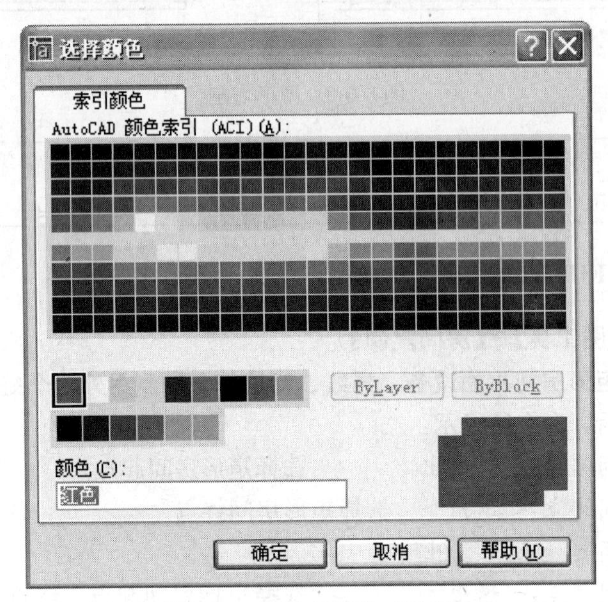

图 8-3-10　选择颜色对话框

8.3.11　搜索轮廓（T93_TSeOutline）

命令位置：【绘图工具】→【搜索轮廓】

功能：对二维图搜索外包轮廓。

在菜单上点取本命令后，命令行提示：

选择二维对象：

选择需要搜索轮廓的二维对象，接下来命令行提示：

点取要生成的轮廓(提示：点取外部生成外轮廓；PLINEWID 系统变量设置 pline 宽度)<退出>：

确认后命令行提示成功生成轮廓：

成功生成轮廓，接着点取生成其他轮廓！

8.3.12　虚实变换（XSBH）

命令位置：【绘图工具】→【虚实变换】

功能：使线型在虚线与实线之间进行切换。

在菜单上点取本命令后，命令行提示：

请选择要变换的图元<退出>

在平面图中选择要转变线型的图元（LINE线、PLINE线、曲线等都行），如果选的是虚线，确定后变为实线；如果所选线型是实线，命令行接着提示：

请输入线型{1:虚线 2:点画线 3:双点画线 4:三点画线}<虚线>

用户可由命令行提示输入1、2、3、4选择要将实线转变成的线型，如果单击鼠标右键则默认将实线转变成普通虚线。

8.3.13　加粗曲线（TOWIDTH）

命令位置：【绘图工具】→【加粗曲线】

功能：加粗指定的曲线。

在菜单上点取本命令后，命令行提示：

Select objects:

在平面图中选择要加粗的PLINE线、曲线或导线，命令行接着提示：

线段宽<50>:

输入要求的线宽后，确定曲线加粗完成。

8.3.14　转条件图（ZTJT）

命令位置：【快捷工具条】→【转条件图】

功能：对当前打开的一张建筑图根据需要进行电气条件图转换，在此基础上进行电气平面图的绘制。

执行此命令前屏幕上应有DWG图，该命令针对当前的DWG图进行转条件图的操作。

菜单上点取本命令后，屏幕出现如图8-3-14-1所示［转电气条件图］对话框。在这个对话框上勾选在转条件图后需要保留的图层，未选中的其他图层上的图元将被删去。

在［修正非天正图元］栏中各项是使非天正图层上的图元整体设置为天正图层的。

［同层整体修改］选择框，则所选中图元所在同层的所有图元变为所改天正图层的图元。

［图层管理］按钮，点击后调用【图层管理】命令，对于特别复杂的（非天正建筑条件图）建议使用【图层管理】命令进行“改为天正层”再进行转条件图操作。

［改墙线层］、［改门窗层］、［改柱子层］、［改楼梯层］按钮可以使所选择的图元转变与为与按钮相对应的天正图层。

［删属性字］按钮，可把选中的图块属性字（如门窗编号等）删除。

选择完毕后，点取［转条件图］按钮，命令行提示：

请选择建筑图范围<整张图>

用AutoCAD选图元的方法选择图中需要转换的部分后<回车>，或者是直接<回车>选择整个图形，完成转条件图的操作。

图8-3-14-2是一张建筑图，去掉了轴线、轴标、楼梯、房间、洁具转换后的图如图8-3-14-3所示。

图 8-3-14-1 ［转电气条件图］对话框

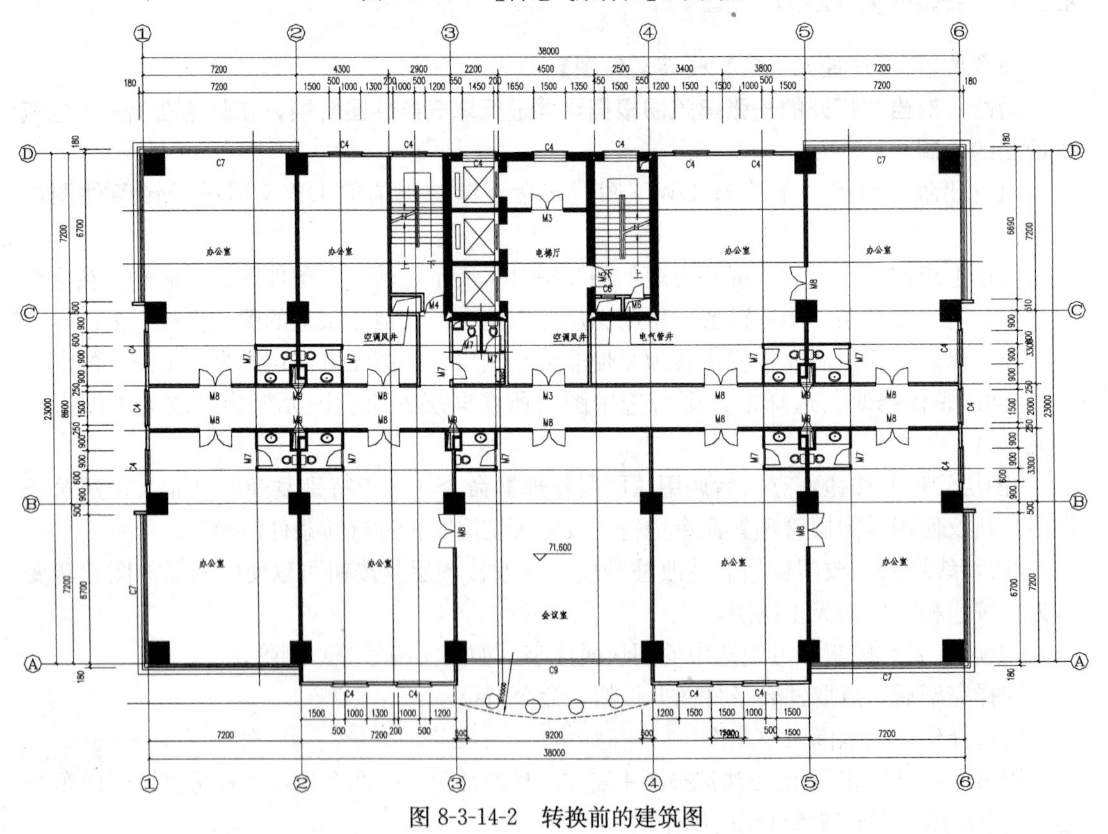

图 8-3-14-2 转换前的建筑图

对于用天正软件—建筑系统 5 所绘制的建筑图，转换后墙线变细，柱子变为空心，门窗的编号也没有了。

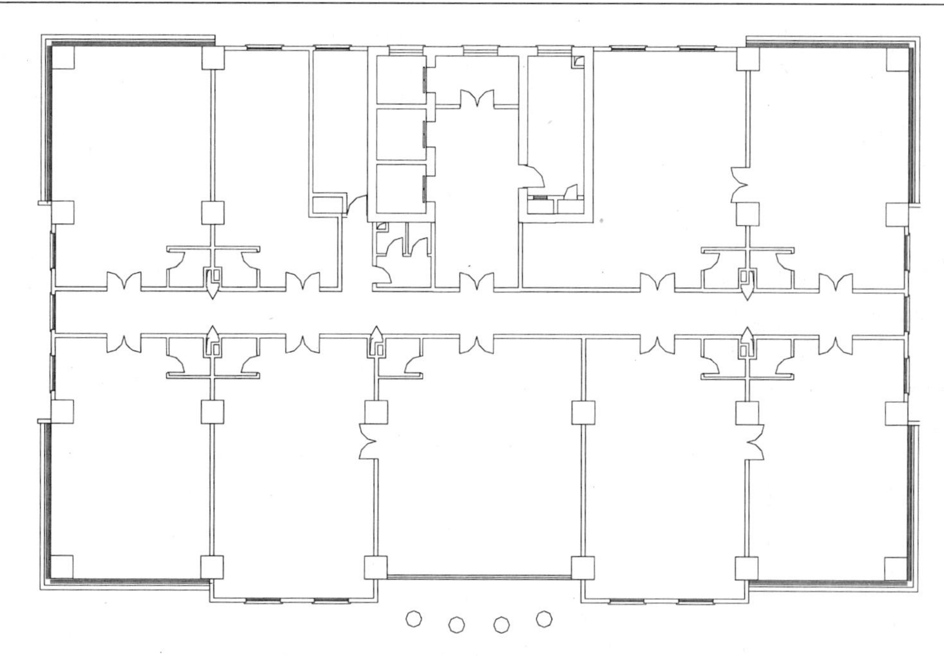

图 8-3-14-3　转换后的电气条件图

需要注意，转换完毕后应该选择与原来建筑图不同的文件名另存一张图，这样做的目的是保留原有的建筑图便于以后使用。

8.3.15　修正线型（XZXX）

菜单位置：【绘图工具】→【修正线形】

功能：修正带文字线型上文字方向倒置的问题。

本命令主要用于用户在绘制带文字线型时，绘制方向是逆向绘制的（即由下而上、由右而左绘制）时候，导线上的文字发生倒置的现象，使用本命令可以一次性将选中的所有倒置的线型文字修正过来。（注：本命令对于文字方向正常的线上文字不产生影响。）

在菜单上点取本命令后，命令行提示：

请选择要修正线形的任意图元＜退出＞：

在平面图中框选或者点选待修正的线上文字。

本命令的具体操作实例见图 8-3-15：

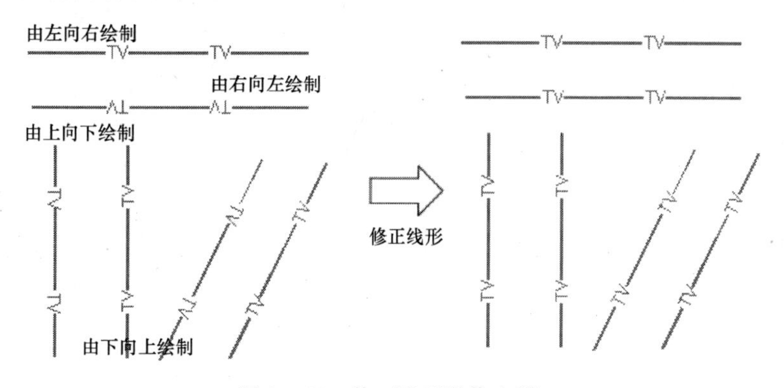

图 8-3-15　修正线型操作实例

第 9 章 文件布图

☞文件接口

提供有关文件的相关操作。

☞布图概述

总体概述天正利用 ACAD 图纸空间的多视口布图，开发了方便的多视口布图技术，同时比较各种布图方式的特点。

☞出图比例及相关比例

简要介绍出图比例及相关比例的功能作用、适用情况等。

☞单比例布图与多比例布图

软件提供了单比例布图与多比例布图命令，可以按需要实现多个不同比例详图在同一图纸上输出，同时使图纸各部分的文字、尺寸标注自动进行调整，符合国家制图标准的要求。

☞有关出图的命令

对出图前的图形进行预处理，使线型、消隐等符合要求。

9.1　文件接口

9.1.1　打开文件（T93_Topen）

命令位置：【文件布图】→【打开文件】

功能：打开一张已有 DWG 图形。

能够自动纠正 AutoCAD R14 打开以前版本的图形时汉字出现乱码的现象。AutoCAD 打开【open】命令未修正代码页问题。

点击该命令，屏幕弹出『输入文件名称』对话框如图 9-1-1 所示，根据需要输入文件名打开一张 DWG 图。

图 9-1-1　「输入文件名称」对话框

［打开文件］命令可用于打开一张 DWG 图，可配合下节的［转条件图］命令先调入一张已有的建筑图在其基础上完成给排水平面图的绘制。

9.1.2　图形导出（T93_TSaveAs）

命令位置：【文件布图】→【图形导出】

功能：将当前天正 DWG 图转化为旧版本天正 DWG 图。

点取菜单命令后，显示对话框：

图纸交流问题，所表现形式就是天正图档在非天正环境下无法全部显示，即天正对象消失。为解决上述问题引出本命令。

为方便老用户使用，天正做到向下兼容，以保证新版建筑图可在老版本天正软件中编辑出图，为考虑兼容起见，本命令直接将图形转存为 ACAD R14 版本格式。由于对象分解后，丧失了智能化的特征，因此分解生成新的文件，而不改变原有文件。

具有同样类似功能的命令还有：【批转旧版】【分解对象】，前者可对于若干天正格式文件同时转换，后者可对本图中部分图元进行转换。

9.1.3 批转旧版（T93_TBatSave）

命令位置：【文件布图】→【批转旧版】

功能：本命令将天正图档批量转化为天正旧版 DWG 格式，同样支持图纸空间布局的转换，在转换 R14 版本时只转换第一个图纸空间布局。

点取菜单命令后，显示对话框：（图 9-1-3）

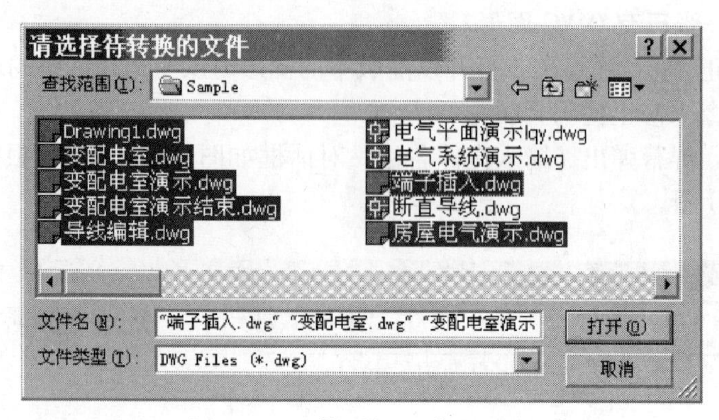

图 9-1-3 ［批转旧版］对话框

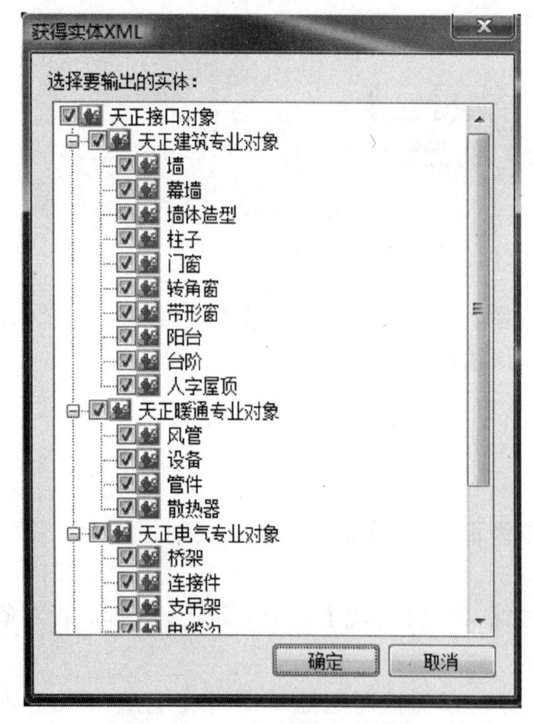

图 9-1-4-1 构件导出对话框

在对话框中允许多选文件，“打开”继续选择保存路径后，命令行提示：

请选择输出类型：［TArch6 文件 (6)/TArch5 文件（5)/TArch3 文件（3)］<3>：

输入目标文件的版本格式，默认为天正 3 格式，系统会给当前文件名加后缀 _t3，回车后开始进行转换。

9.1.4 构件导出（T93_TGetXML）

命令位置：【文件布图】→【构件导出】

功能：把天正自定义实体，导出 XML 格式的文件，提供给其他软件做数据接口。

点取菜单命令后，显示对话框：（图 9-1-4-1）

可以对要导出的各专业构件进行勾选，点击“确定”，命令行提示“选择导出的实体”

在图纸上选择实体，确定后弹出保存文件路径对话框，如图 9-1-4-2：

选择路径进行保存，生成 XML 文件。

导出 XML 文件，见图 9-1-4-3。

图 9-1-4-2　构件导出保存文件对话框

图 9-1-4-3　构件导出

9.2　布图概述

布图，是指在出图之前，对图面进行调整、布置，以使打印出来的施工图图面美观、协调并满足建筑制图规范。

使用计算机绘图首先碰到的问题是如何使不同比例、不同视口的图形在输出的图纸中保证相同的字高，天正为此提供了一系列布图命令解决这一问题，用户在设计中不需要对绘制的图形及其比例过多关注，只要在出图之前按照天正提供的方式设置出图比例即可绘制出完美的施工图。

天正软件的出图有单比例布图和多视口布图两种方式。

9.2.1　单比例布图

单比例布图是指全图只使用一个比例，该比例可预先设置，也可以出图前修改比例，要选择图形的比例相关内容（文字、标注、符号等）作更新，适用于大多数建筑施工图的设计，这时直接在模型空间出图即可。

以下是预先设置比例的简单布图方法：

（1）使用【设置观察/当前比例】命令设定图形的比例，以 1：200 为例。

（2）按设计要求绘图，对图形进行编辑修改，直到符合出图要求。

（3）进入【布图/插入图框】，设置图框比例参数与图形比例相同，现为 1：200，单击确定按钮插入图框。

（4）进入 ACAD 下拉菜单【文件/页面设置】命令，配置好适用的绘图机，在布局设置栏中设定打印比例，使打印比例与图形比例相同，现为 1：200；单击确定按钮保存参数，或者直接单击打印按钮出图。

9.2.2　多视口布图

在软件中建筑对象在模型空间设计时都是按 1：1 的实际尺寸创建的，布图后在图纸空间中这些构件对象相应缩小了出图比例的倍数（1：3 就是 ZOOM 0.333XP），换言之，建筑构件无论当前比例多少都是按 1：1 创建，当前比例和改变比例并不改变构件对象的大小，而对于图中的文字、工程符号和尺寸标注，以及断面充填和带有宽度的线段等注释对象，则情况有所不同，它们在创建时的尺寸大小相当于输出图纸中的大小乘以当前比例，可见它们与比例参数密切相关，因此在执行【当前比例】和【改变比例】命令时实际上改变的就是这些注释对象。

所谓布图就是把多个选定的模型空间的图形分别按各自画图使用的“当前比例”为倍数，缩小放置到图纸空间中的视口，调整成合理的版面，其中比例计算还比较麻烦，不过用户不必操心，天正已经设计了【定义视口】命令为您代劳，而且插入后您还可以执行【改变比例】修改视口图形，系统能把注释对象自动调整到符合规范。

简而言之，布图后系统自动把图形中的构件和注释等所有选定的对象，“缩小”一个出图比例的倍数，放置到给定的一张图纸上。对图上的每个视口内的不同比例图形重复【定义视口】操作，最后拖动视口调整好出图的最终版面，就是“多比例布图”。

以下是多比例布图方法：

（1）使用【当前比例】命令设定图形的比例，例如先画 1：5 的图形部分；

（2）按设计要求绘图，对图形进行编辑修改，直到符合出图要求；

（3）在 DWG 不同区域重复执行（1）、（2）的步骤，改为按 1：3 的比例绘制其他部分；

（4）单击图形下面的“布局”标签，将模型空间绘图切换进入图纸空间布图，见图

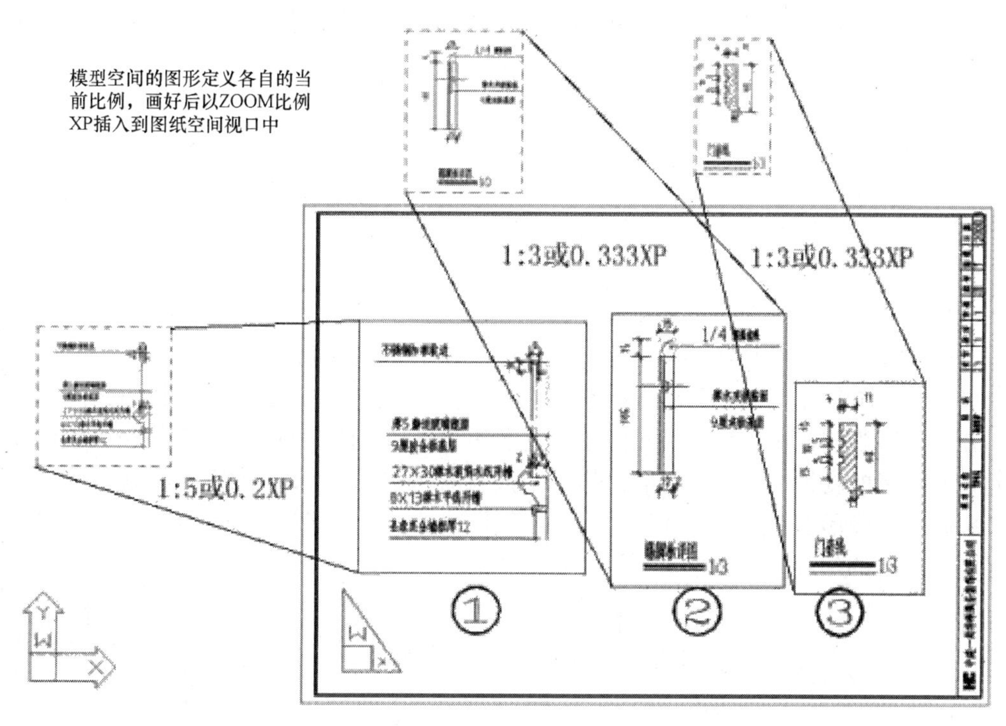

图 9-2-2-1　多比例布图

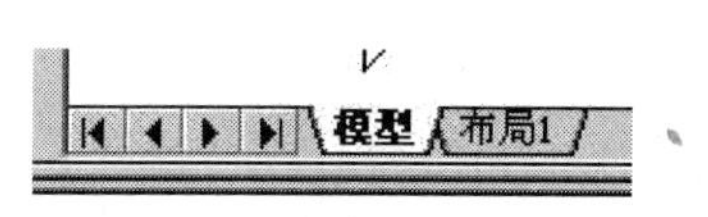

图 9-2-2-2　切换空间

9-2-2-2。如果您的绘图机没有设置好，此时 ACAD 会让您设置绘图机，您要设置好绘图机型号，出图的尺寸等参数，然后把 ACAD 自动创建的视口首先删除；

（5）以 AutoCAD【文件】→【页面设置】命令配置好适用的绘图机，在“布局”设置栏中设定打印比例为 1∶1，单击“确定”按钮保存参数，删除自动创建的视口；

（6）单击天正菜单【文件布图】→【定义视口】，设置图纸空间中的视口，重复执行（6）定义 1∶5、1∶3 等多个视口；

（7）在图纸空间单击【文件布图】→【插入图框】，设置图框比例参数 1∶1，单击“确定”按钮插入图框，最后打印出图。

9.2.3　理解布图比例

每个设计人员使用计算机绘图时，都会遇到“比例”问题，在同一张图纸上绘制不同比例的图形比较困难。使用天正的布图功能，很容易解决这一问题。但其中概念较多，容易引起混淆，因此，我们首先介绍其中涉及的各种比例问题。

1. 当前比例

“当前比例”是将要绘制的图形使用的比例，在单比例布图时相当于“出图比例”，对多比例布图时与“出图比例”有区别。

进入程序开始绘图，首先遇到的问题就是如何设置“当前比例”。天正【设置观察】子菜单下的【当前比例】命令的功能就是设定文字、尺寸、轴线标注及墙线加粗的线宽以及线型比例等全局性比例，使其在出图时保持建筑制图规范要求的适当大小规格，特别是为了保证不同比例的图形有相同的字高与线宽。

天正的“当前比例”默认值为 1∶100，这只是建筑平面图应用较多的比例，要按实际工程每张图纸的要求考虑重新设置。设置好当前比例后，新生成的图形对象就使用这个比例，所有的天正对象都有个出图比例的参数，这个参数的初始值就取自当前比例。当前比例只是一个全局设置，与最终的打印输出没有直接关系。

通常可按下列三种情况设定当前比例的新值：

(1) 作图前先设定所绘图形的当前比例，然后开始绘图。

(2) 以默认的当前比例绘制图形，待成图后再修改为新值。

(3) 绘制详图时，先将所需部分图形复制下来，插入图中后为其设定新的比例。

在设定了当前比例之后，尺寸标注、文字的字高和多段线的宽度等都按新设置的比例绘制，而图形的度量尺寸是不变的。例如一张当前比例为 1∶100 的图，将其当前比例改为 1∶50 后，图形的长宽范围都保持不变，但尺寸标注、文字和多段线的字高、符号尺寸与标注线之间的相对间距缩小了一倍，如图 9-2-3-1 所示：

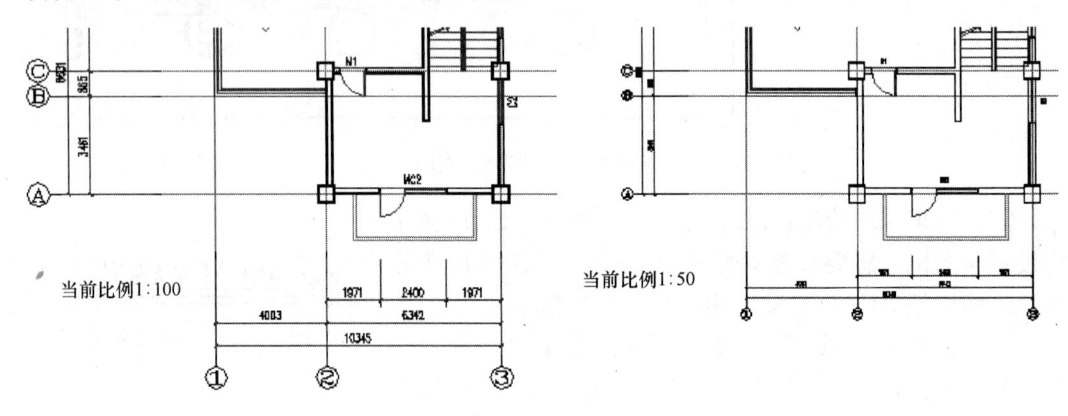

图 9-2-3-1　当前比例示意

> **注意：**当前比例值总显示在状态条上的下角，图纸空间时该比例为 1∶1

2. 视口比例

在多视口布图中，使用【定义视口】命令，在模型空间中框选一矩形，若框取模型空间中已有图形，矩形的大小以将此图形包括图名全部套入为佳；若只想开一个空白的绘图区域，就在模型空间中框定一空白区域。程序将询问此视口的比例，此时输入的比例要与视口中的图形或即将绘制的图形使用的比例一致。

如果视口比例与其框内的图形出图比例不一致，应先使用【视口放大】命令把该视口的范围切换到模型空间，使用【改变比例】命令对该视口对应的图形范围进行修改，使得出图前两者比例一致。视口比例相当于图纸空间开个窗口，用它来观察模型的比例。

3. 图框比例

使用【插入图框】命令插入图框时，此时显示图框选择对话框，需要在其中的比例编辑框设定图框比例，此比例与是否使用多视口布图有关：当单比例（模型空间）布图时，图框比例应与图形的“出图比例”相同，也要与该图形的当前比例一致。

当使用多视比例布图出图时，图框比例自动设定为1∶1，禁止自行设置。

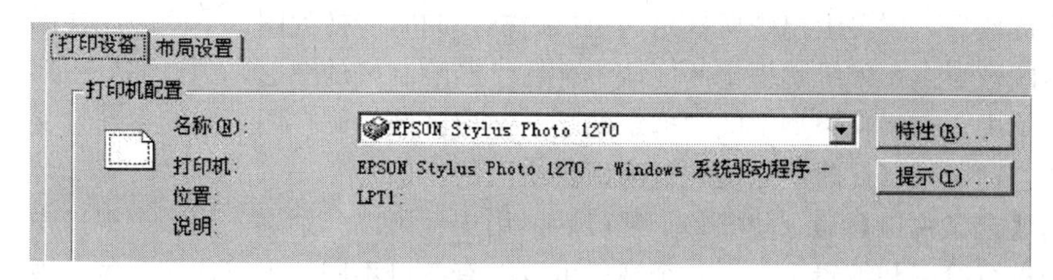

图 9-2-3-2　配置绘图机型号

4. 出图比例

出图比例在 AutoCAD 中文版中又被称为“打印比例”，是需要定义的重要出图参数之一，出图参数在【页面设置】中定义，定义出图参数前，需要事先安装绘图机驱动程序并且配置好型号。

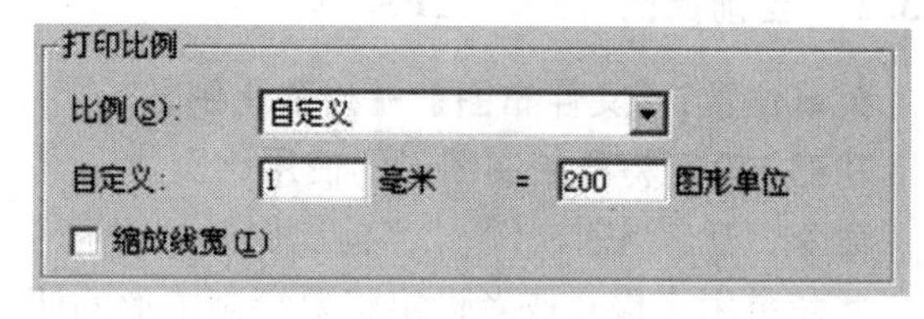

图 9-2-3-3　单比例布图的出图比例

如果没有安装绘图机驱动程序，在对话框中会找不到您要求的绘图机，绘图机和使用的图纸尺寸要先设好，然后设定打印比例。

当按单一比例布图时，对话框中的打印比例应与图形的当前比例、图框比例一致；当使用多视口布图时，打印比例一律为1∶1，如图 9-2-3-4 所示。

图 9-2-3-4　多比例布图的出图比例

9.3　布图命令

9.3.1　定义视口（T93_TMakeVP）

菜单位置：【文件布图】→【定义视口】

功能：将模型空间的图形以不同比例的视口插入到图纸空间中，或定义一个空白的绘图视口。

点取本命令后，状态即切换到模型空间，同时命令行显示：

输入待布置的图形的第一个角点＜退出＞：点取视口的第一点

在模型空间中待选图形外点取一点，命令行接着显示：

输入另一个角点＜退出＞：点取视口的第二点

点取视口的第二点，视口的大小以将模型空间的所选图形全部套入为佳。命令行显示：

该视口的比例 1：<100>：键入视口的比例

输入比例后，屏幕上出现所框定的矩形边框，同时转换到图纸空间中，在图纸空间中点取合适的位置点，如果是框定的区域中存在已经绘制好的图形，则该部分图形将被布置到图纸空间中，如果在模型空间中框定的是一空白区域，则在图纸空间中新定义了一个所定比例的空白区域（此时所定的比例为即将绘图的比例）。

使用【定义视口】命令建立一个视口后，用户就可以分别进入到每个视口中，使用天正的命令进行绘图和编辑工作。各个视口可以拥有各自不同的视口比例，每个视口的比例可以由【改变比例】命令重新设定。

9.3.2 当前比例（T93 _ TPScale）

菜单位置：【文件布图】→【当前比例】

功能：设定将要绘制图形的使用比例。

命令交互：当前比例 <当前比例值>：输入数字修改当前比例

此命令用来检查或者设定将要绘制图形的使用比例。“当前比例”的默认值为 1∶100，这只是平面图应用较多的比例。

在设定了当前比例之后，标注、文字的字高和多段线的宽度等都按新设置的比例绘制。需要说明的是，“当前比例”值改变后，图形的度量尺寸并没有改变。例如一张当前比例为 1∶100 的图，将其当前比例改为 1∶50 后，图形的长宽范围都保持不变，再进行尺寸标注时，标注、文字和多段线的字高、符号尺寸与标注线之间的相对间距缩小了一倍，如图 9-3-2-1 所示：

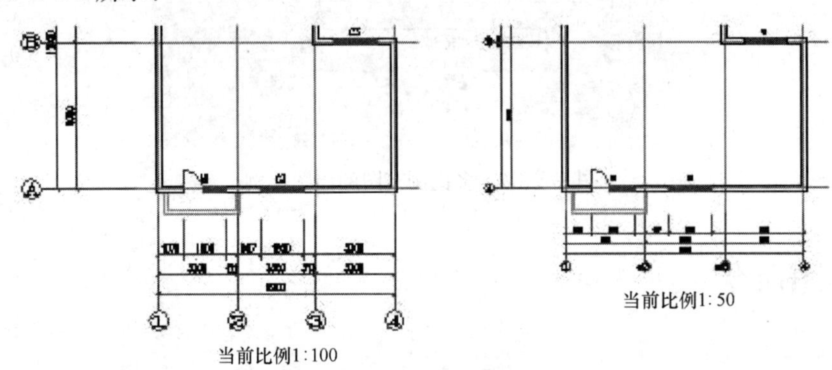

图 9-3-2-1 当前比例示意

> 提示：1. 用户可以通过软件界面左下角的比例状态栏，查看当前比例。
> 2. 对于 CAD2004、2005、2006 平台，除可查看当前比例外，还可直接点击状态栏进行修改，如图 9-3-2-2。

9.3.3 改变比例（T93 _ TChScale）

菜单位置：【文件布图】→【改变比例】

功能：在图纸空间执行时，改变视口的比例，并且同时更新视口中图形比例相关尺

寸。在模型空间执行时，改变模型空间中某一个范围的图形比例相关尺寸，设定新的当前比例。

在布图过程中，定义视口时仅仅是把图形的总体比例设置为正确的视口比例。但是如果用户不是对每一个视口中的图形事先改好当前比例再去绘图，而是统一用一个默认值来绘图的，则无法保证每个视口的图形的文字、标注、符号的尺寸都符合要求。

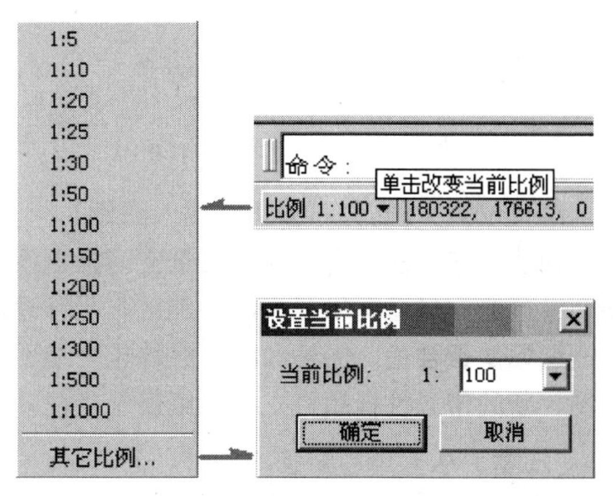

图 9-3-2-2　当前比例状态栏及其修改菜单

比如常见的就是都用当前比例 1∶30 画立面，也画局部放大详图，这时执行了定义视口命令之后，那么对其中 1∶30 的视口，比例无疑是正确的，但是对 1∶15 的详图，其中的文字、标注显然过大，需要对该视口图形按 1∶15 比例做出更新，见图 9-3-3 所示。

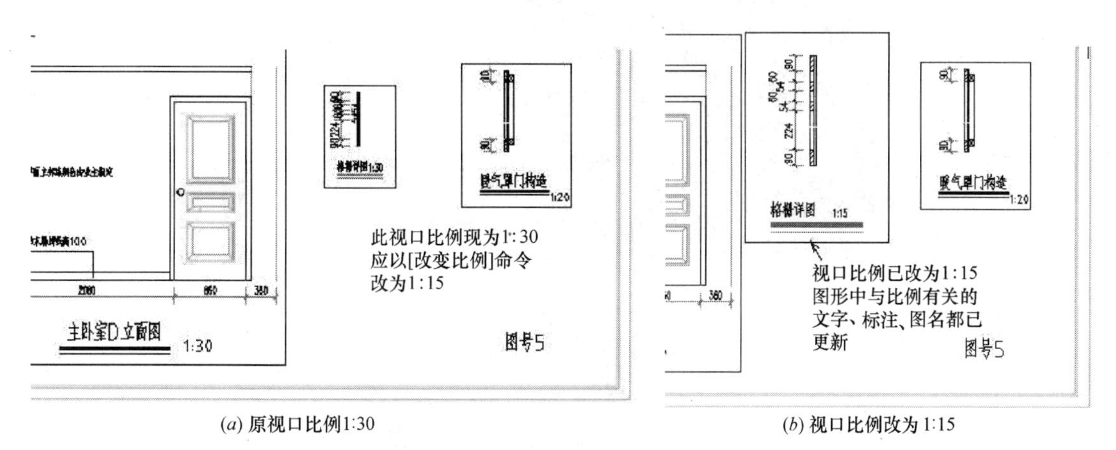

(*a*) 原视口比例1:30　　(*b*) 视口比例改为1:15

图 9-3-3　改变比例

在图纸空间执行时的命令交互：

选择要改变比例的视口：点取一个视口

在模型空间执行时的命令交互：

请输入新的出图比例<30>：50 从视口获得视口比例值作默认值，改为 1∶50

此时，视口尺寸按比例缩小，同时其中图形尺寸也相应缩小了相同比例。

请选择要改变比例的图元：从视口中以窗选选择范围，回车结束选择

这时，视口中图形与比例不符的轴圈、尺寸标注、文字、符号等都得到更新。

9.3.4　改 T3 比例

菜单位置：【文件布图】→【改 T3 比例】

功能：改变天正 3 图上某一区域或图纸上某一视窗口的出图比例，并使文字标注等字高合理。在图纸空间执行时，改变视口的比例，并且同时更新视口中图形比例相关尺寸。在模型空间执行时，改变模型空间中某一个范围的图形比例相关尺寸，设定新的当前

比例。

具体的操作方法同［改变比例］

9.3.5 插入图框（T93 _ TTitleFrame）

菜单位置：【文件布图】→【插入图框】

功能：在当前模型空间或图纸空间插入图框，新增通长标题栏功能以及图框直接插入功能，预览图像框提供鼠标滚轮缩放与平移功能，插入图框前按当前参数拖动图框，用于测试图幅是否合适。图框和标题栏均统一由图框库管理，能使用的标题栏和图框样式不受限制，新的带属性标题栏支持图纸目录生成。

> **注意：** 从天正 7.0 版本开始，天正软件系列采用了全新的图框用户定制方法，与以前完全不同

执行本命令后，屏幕弹出图框选择对话框如图 9-3-5-1 所示：

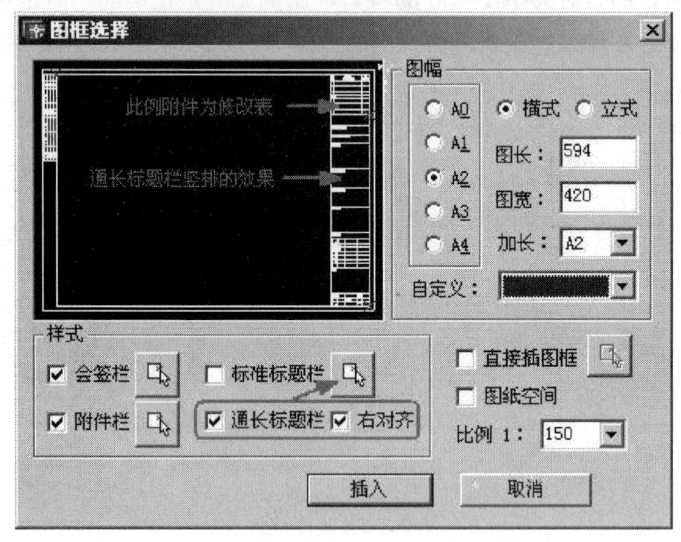

图 9-3-5-1　【插入图框】对话框

对话框控件的功能说明　　**表 9-3-5**

控件	功　能
标准图幅	共有 A4～A0 五种标准图幅，单击某一图幅的按钮，就选定了相应的图幅
图长/图宽	通过键入数字，直接设定图纸的长宽尺寸或显示标准图幅的图长与图宽
横式/立式	选定图纸格式 为立式或横式
加长	选定加长型的标准图幅，单击右边的箭头，出现国标加长图幅供选择
自定义	如果使用过在图长和图宽栏中输入的非标准图框尺寸，命令会把此尺寸作为自定义尺寸保存在此下拉列表中，单击右边的箭头可以从中选择已保存的 20 个自定义尺寸
比例	设定图框的出图比例，此数字应与“打印”对话框的“出图比例”一致。此比例也可从列表中选取，如果列表没有，也可直接输入。勾选“图纸空间”后，此控件暗显，比例自动设为 1∶1
图纸空间	勾选此项后，当前视图切换为图纸空间(布局)，“比例 1∶”自动设置为 1∶1
会签栏	勾选此项，允许在图框左上角加入会签栏，单击右边的按钮从图框库中可选取预先入库的会签栏

续表

控件	功 能
标准标题栏	勾选此项，允许在图框右下角加入国标样式的标题栏，单击右边的按钮从图框库中可选取预先入库的标题栏
通长标题栏	勾选此项，允许在图框右方或者下方加入用户自定义样式的标题栏，单击右边的按钮从图框库中可选取预先入库的标题栏，命令自动从用户所选中的标题栏尺寸判断插入的是竖向或是横向的标题栏，采取合理的插入方式并添加通栏线
右对齐	图框在下方插入横向通长标题栏时，勾选"右对齐"时可使得标题栏右对齐，左边插入附件
附件栏	勾选"通长标题栏"后，"附件栏"可选，勾选"附件栏"后，允许图框一端加入附件栏，单击右边的按钮从图框库中可选取预先入库的附件栏，可以是设计单位徽标或者是会签栏
直接插图框	勾选此项，允许在当前图形中直接插入带有标题栏与会签栏的完整图框，而不必选择图幅尺寸和图纸格式，单击右边的按钮从图框库中可选取预先入库的完整图框

一、由图库中选取预设的标题栏和会签栏，实时组成图框插入，使用方法如下：

1. 可在图幅栏中先选定所需的图幅格式是横式还是立式，然后选择图幅尺寸是A4～A0中的某个尺寸，需加长时从加长中选取相应的加长型图幅，如果是非标准尺寸，在图长和图宽栏内键入。

2. 图纸空间下插入时勾选该项，模型空间下插入则选择出图比例，再确定是否需要标题栏、会签栏，是标准标题栏还是使用通长标题栏。

3. 如果选择了通长标题栏，单击选择按钮后，进入图框库选择按水平图签还是竖置图签格式布置。

4. 如果还有附件栏要求插入，单击选择按钮后，进入图框库选择合适的附件，是插入院徽还是插入其他附件。

5. 确定所有选项后，单击插入，屏幕上出现一个可拖动的蓝色图框，移动光标拖动图框，看尺寸和位置是否合适，在合适位置取点插入图框，如果图幅尺寸或者方向不合适，右键回车返回对话框，重新选择参数。见图 9-3-5-2。

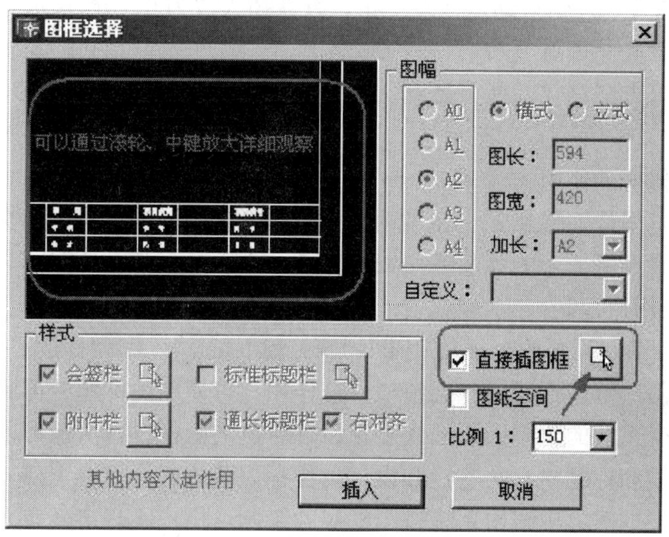

图 9-3-5-2 插入图框

二、直接插入事先入库的完整图框，使用方法如下：

1. 勾选直接插图框，然后单击按钮，进入图框库选择完整图框，其中每个标准图幅和加长图幅都要独立入库，每个图框都是带有标题栏和会签栏、院标等附件的完整图框。

2. 图纸空间下插入时勾选该项，模型空间下插入则选择比例。

3. 确定所有选项后，单击“插入”按钮，其他与前面叙述相同。

单击插入按钮后，如果当前为模型空间，基点为图框中点，拖动显示图框，命令行提示：

请点取插入位置<返回>：

点取图框位置即可插入图框，右键或回车返回对话框重新更改参数。

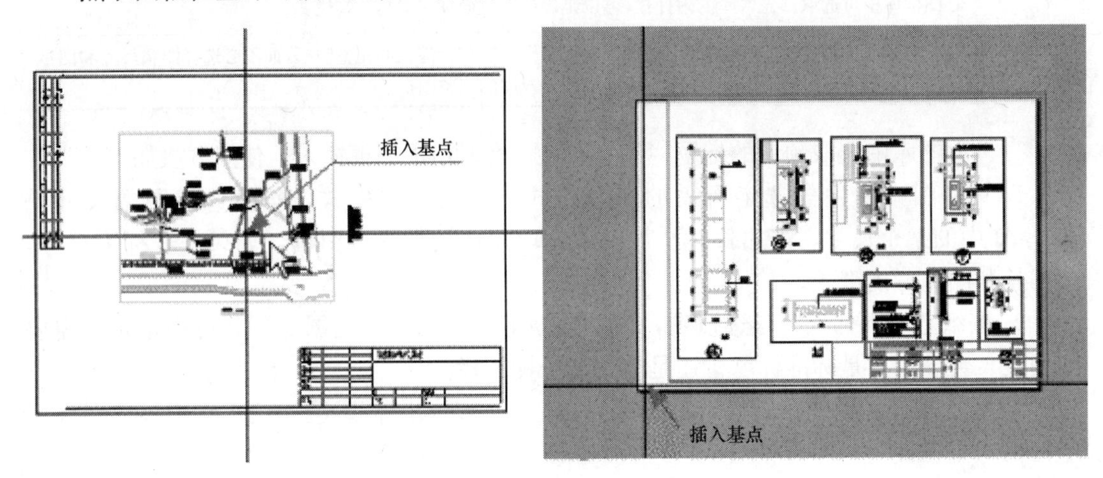

图 9-3-5-3　插入基点

三、在图纸空间插入图框的特点：

在图纸空间中插入图框与模型空间区别主要是，在模型空间中图框插入基点居中拖动套入已经绘制的图形，而一旦在对话框中勾选“图纸空间”，绘图区立刻切换到图纸空间布局 1，图框的插入基点则自动定为左下角，默认插入点为 0，0，提示为：

请点取插入位置［原点（Z）］<返回>Z：

点取图框插入点即可在其他位置插入图框，键入 Z 默认插入点为 0，0，回车返回重新更改参数。

四、预览图像框的使用

新编制的预览图像框提供鼠标滚轮和中键的支持，可以放大和平移在其中显示的图框，可以清楚地看到所插入的标题栏详细内容。

（一）图框的用户定制

天正从 T-WT7.0 开始放弃了使用 label _ 1 和 label _ 2 作为标题栏和会签栏的旧做法，改为由通用图库管理标题栏和会签栏，这样用户可使用的标题栏得到极大的扩充，从此建筑师可以不受系统的限制而能插入多家设计单位的图框，自由地为多家单位设计。

图框是由框线和标题栏、会签栏和设计单位标识组成的，把标识部分称为附件栏，当采用标题栏插入图框时，框线由系统按图框尺寸绘制，用户不必定义，而其他部分都是可以由用户根据自己单位的图标样式加以定制；当勾选“直接插图框”时，用户在图库中选择的是预先入库的整个图框，直接按比例插入到图纸中，本节分别介绍标题栏的定制以及直接插入用户图框的定制。

（二）用户定制标题栏的准备

为了使用新的【图纸目录】功能，用户必须使用 AutoCAD 的属性定义命令（Attdef）把图号和图纸名称属性写入图框中的标题栏，把带有属性的标题栏加入图框库（图框库里面提供了类似的实例，但不一定符合贵单位的需要），并且在插入图框后把属性值改写为实际内容，才能实现图纸目录的生成，方法如下：

1. 使用“图库图案->通用图库”命令打开图框库，插入您要求添加属性的图框或者标题栏图块；

2. 使用 Explode（分解）命令对该图块分解两次，使得图框标题栏的分隔线为单根线，这时就可以进行属性定义了；

3. 在命令行中，使用 Attdef 命令输入图 9-3-5-4 所示的内容：

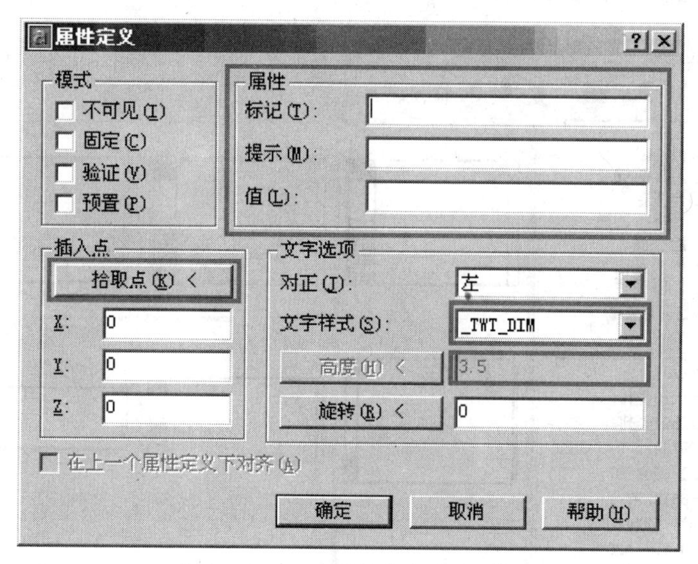

图 9-3-5-4　【属性定义】对话框

标题栏属性定义的说明：

[文字样式] 按图框内的使用的文字样式；

[高度] 按照实际打印图纸上的规定字高（毫米）输入。

[标记] 是系统提取的关键字，可以是“图名”、“图纸名称”或者含有上面两个词的文字，如“扩展图名”等。

[提示] 是属性输入时用的文字提示，这里应与“标记”相同，它提示你属性项中要填写的内容是什么。

[拾取点] 应拾取图名框内的文字起始点左下角位置。

[值] 是属性块插入图形时显示的默认值，先填写一个对应于“标记”的默认值，用户最终要修改为实际值。

4. 同样的方法，使用 Attdef 命令输入图号属性，“标记”、“提示”均为“图号”，“值”默认是“建施-1”，待修改为实际值，“拾取点”应拾取图号框内的文字起始点左下角位置；

5. 可以使用以上方法把日期、比例、工程名称等内容作为属性写入标题栏，使得后面的编辑更加方便，完成的标题栏局部如图 9-3-5-5 所示，其中属性显示的是“标记”；

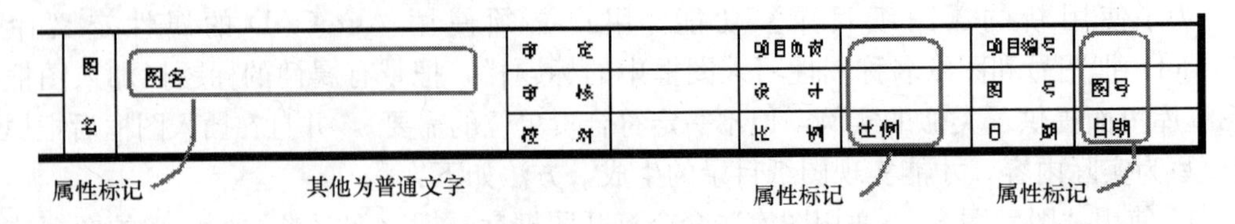

图 9-3-5-5 修改标题栏

6. 把这个添加属性文字后的图框或者图签（标题栏）使用“重制”方式入库取代原来的图块，即可完成带属性的图框（标题栏）的准备工作，插入点为右下角。

（三）用户定制标题栏的入库

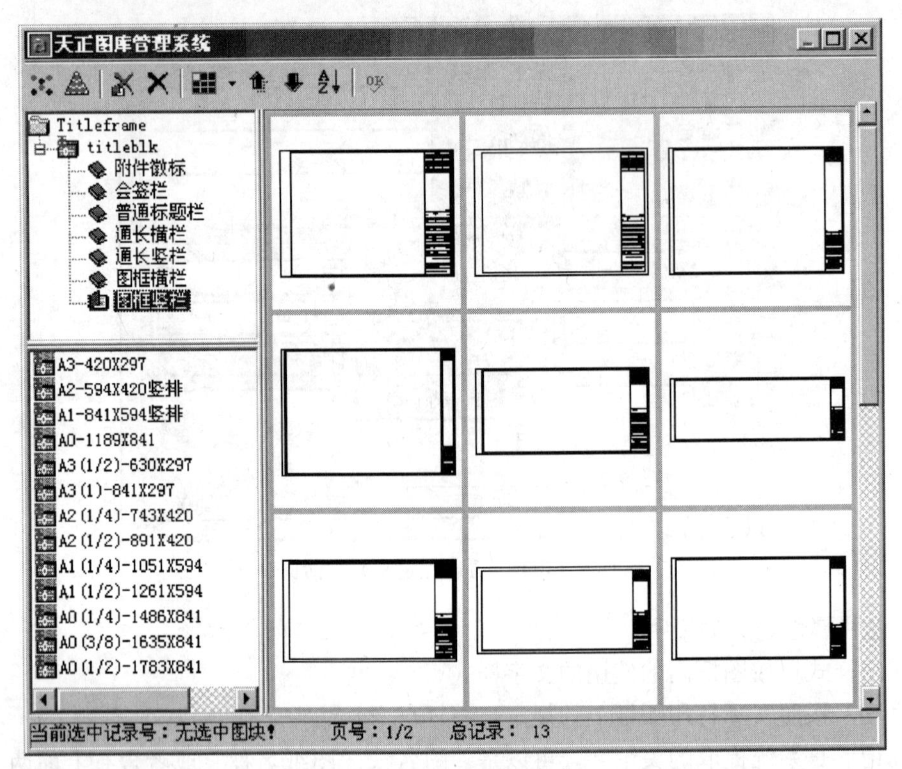

图 9-3-5-6 标题栏入库

图框库 titleblk 提供了部分设计院的标题栏仅供用户作为样板参考，实际要根据自己所服务的各设计单位标题栏进行修改，重新入库，在此对用户修改入库的内容有以下要求：

1. 所有标题栏和附件图块的基点均为右下角点，为了准确计算通长标题栏的宽度，要求用户定义的矩形标题栏外部不能注写其他内容，类似“本图没有盖章无效”等文字说明要写入标题栏或附件栏内部。

2. 作为附件的徽标要求四周留有空白，要使用 point 命令在左上角和右下角画出两对角控制点，用于准确标识徽标范围，点样式为小圆点，入库时要包括徽标和两点在内，插入点为右下角点。

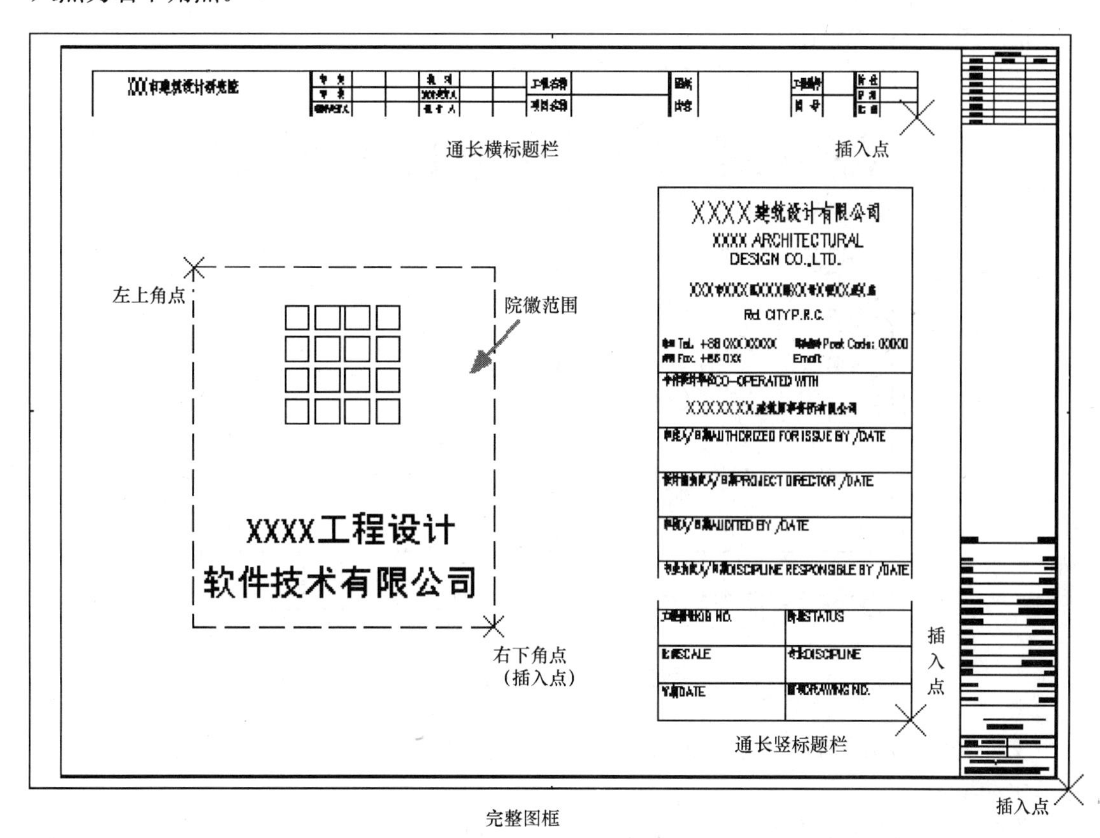

图 9-3-5-7　确定插入点

3. 作为附件排在竖排标题栏顶端的会签栏或修改表，宽度要求与标题栏宽度一致，由于不留空白，因此不必画出对角点。

4. 作为通栏横排标题栏的徽标，包括对角点在内的高度要求与标题栏高度一致。

（四）直接插入的用户定制图框

首先是以【插入图框】命令选择你打算重新定制的图框大小，选择包括你打算修改的类似标题栏，以 1∶1 的比例插入图中，然后执行 Explode（分解）图框图块，除了用 Line 命令绘制与修改新标题栏的样式外，还要按上面介绍的内容修改与定制自己的新标题栏中的属性；

完成修改后，选择你要取代的用户图框，以通用图库的“重制”工具覆盖原有内容，或者自己创建一个图框页面类型，以通用图库的“入库”工具重新入库，注意此类直接插入图框在插入时不能修改尺寸，因此对不同尺寸的图框，要求重复按本节的内容，对不同尺寸包括不同的延长尺寸的图框各自入库，重新安装天正建筑时，图框库不会被安装程序所覆盖。

9.3.6 备档拆图（BDCT）

菜单位置：【文件布图】→【备档拆图】

功能：将一个的 DWG 文件上绘制的多个图根据其图框一一拆分为多个 DWG 文件。

执行本命令后提示命令如下：

请选择范围：＜整图＞

选择拆分的图之后，右键确定弹出对话框如图 9-3-6。

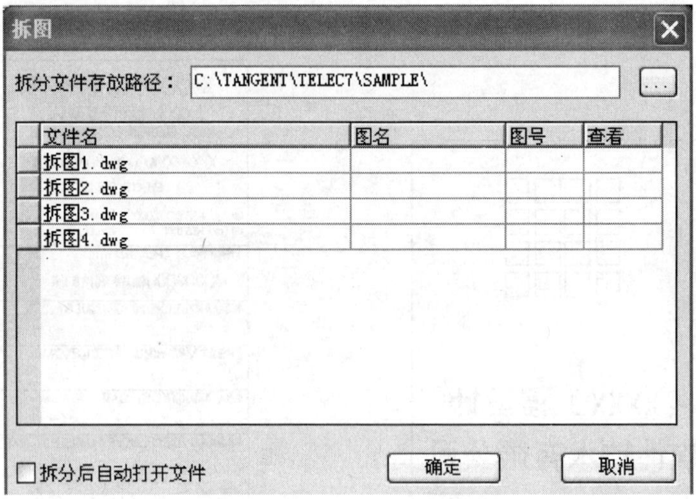

拆图

拆分文件存放路径：C:\TANGENT\TELEC7\SAMPLE\

文件名	图名	图号	查看
拆图1.dwg			
拆图2.dwg			
拆图3.dwg			
拆图4.dwg			

□拆分后自动打开文件　确定　取消

图 9-3-6　拆图对话框

文件名可手动添加，也可通过“查看”直接点取文件的名称自动添加，“图名”“图号”手动填写。

拆分文件存放路径可选择。输入完毕后点击“确定”即可。

注意：图框所在层必须是 PUB-TITLE 或 TWT-TITLE，如未在此两层，先将图框所在层改为其一。

9.3.7 图纸保护（TZBH）

菜单位置：【文件布图】→【图纸保护】

功能：将需要保护的图元制作成一个不可以被分解的图块。

执行本命令后，命令行提示：

慎重，加密前请备份。该命令会分解天正对象，且无法还原，是否继续：

注意：由于图纸加密命令会将所选的天正自定义对象分解，且是不可逆的操作，所以请事先备份本图以便继续编辑。

N：不继续进行图纸保护操作。Y：继续进行图纸保护操作。

输入 y 后，提示：

请选择范围＜退出＞：

框选范围后，提示：

请输入密码＜退出＞：

输入密码后完成。

9.3.8　图纸解锁（TZJS）

菜单位置：【文件布图】→【图纸解锁】

功能：解锁受保护的图纸。

执行本命令后，命令行提示：

慎重，加密前请备份。该命令会分解天正对象，且无法还原，是否继续：

执行本命令后，命令行提示：

请选择对象<退出>：

选择需要解锁的图元，提示：

请输入密码：

输入保护密码后解锁

注意：解锁密码不正确就不能对已经保护的图元进行再次编辑。

9.3.9　批量打印（PLDY）

命令位置：【文件布图】→【批量打印】

功能：根据搜索图框，可以同时打印若干图幅。

点取菜单命令后，显示对话框（图 9-3-9）：

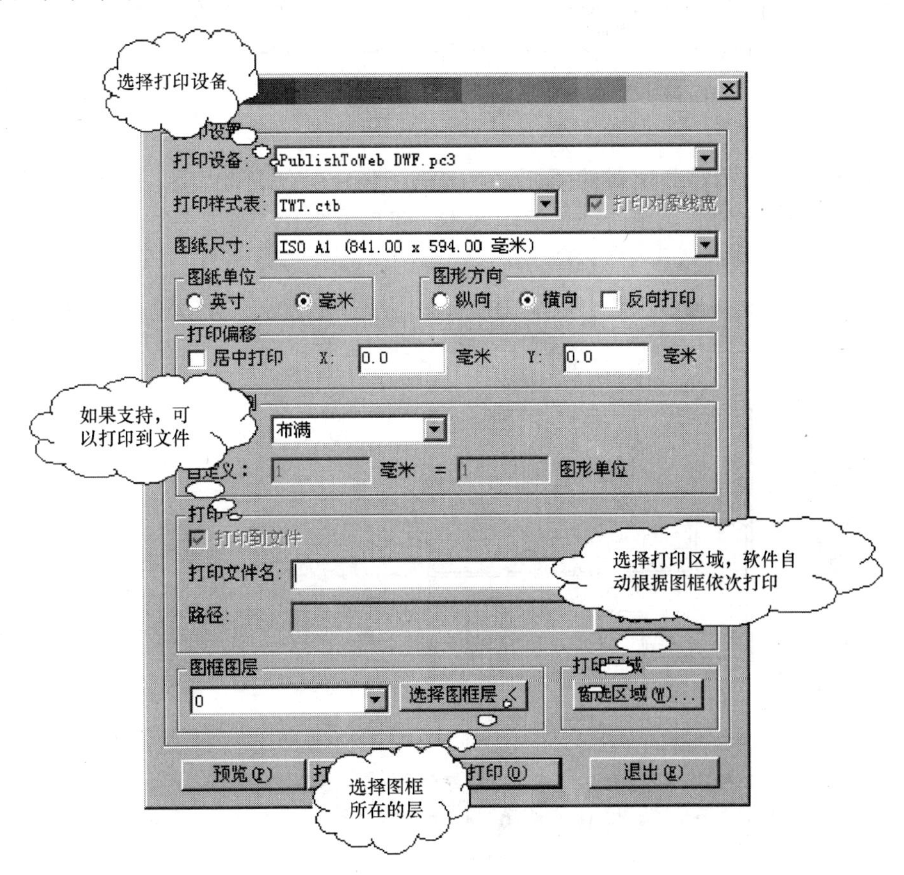

图 9-3-9　［批量打印］对话框

9.3.10　图纸比对（TZBD）

菜单位置：【文件布图】→【图纸比对】（TZBD）

功能：选择两个 dwg 文件，对整图进行比对（速度较慢）。

请注意：对比图纸时，建议在一张新开的 dwg 图纸上进行，且两对比图基点 insbase 要一致，对比结果：白色为完全一致部分、红色为原图部分、黄色为新图部分。

鼠标或右键点取本命令后，弹出对话框（图 9-3-10-1）：

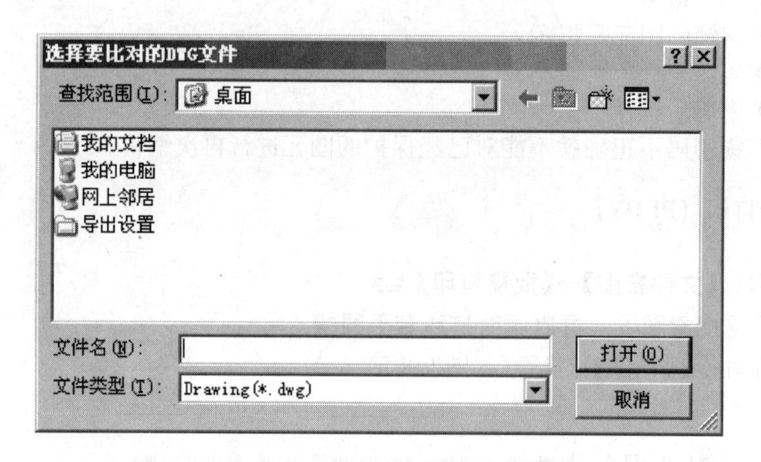

图 9-3-10-1　对话框

找到路径然后选择需要比对的图纸：双击第一张，再双击第二张。绘在动在图纸上显示出比对结果。对比的两张图应处于关闭状态。见图 9-3-10-2

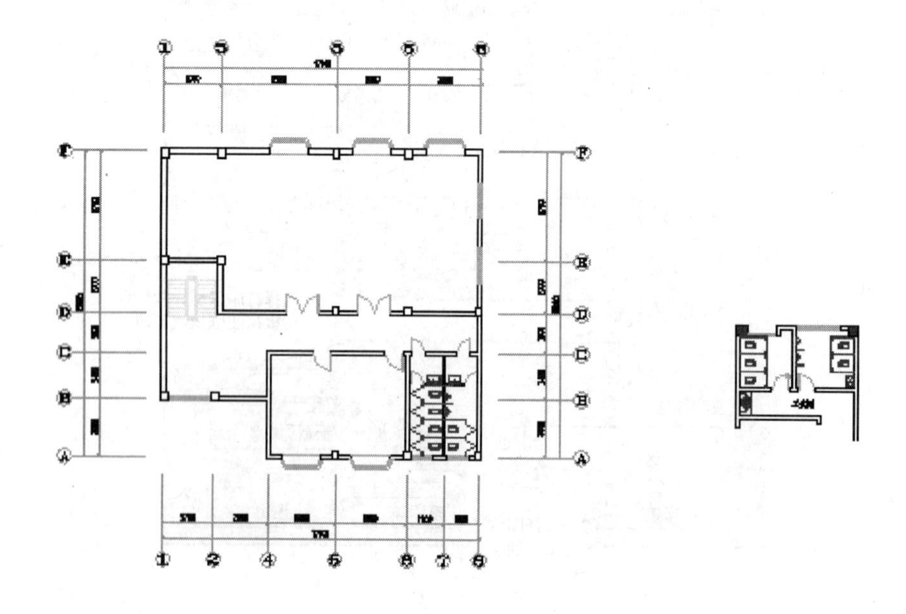

图 9-3-10-2　对比后结果示意图（一）

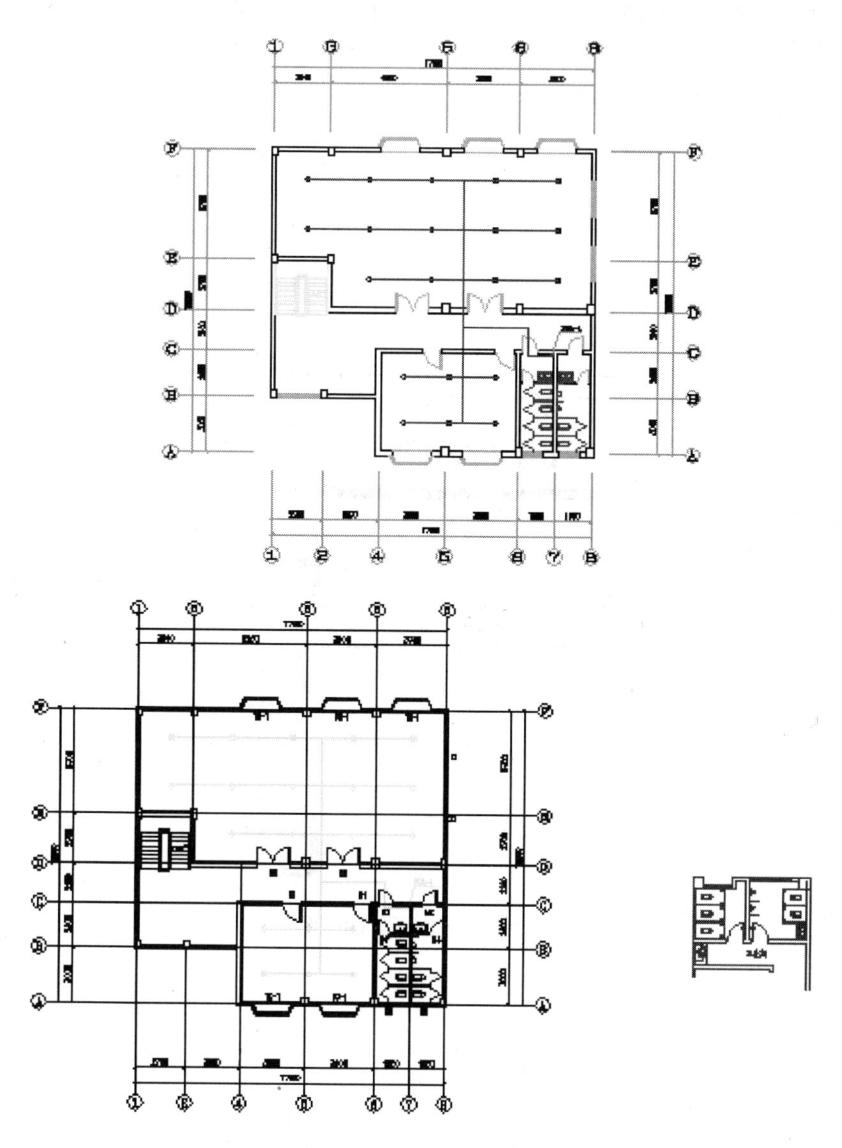

图 9-3-10-2　对比后结果示意图（二）

9.3.11　三维剖切（T93 _ TSectionall）

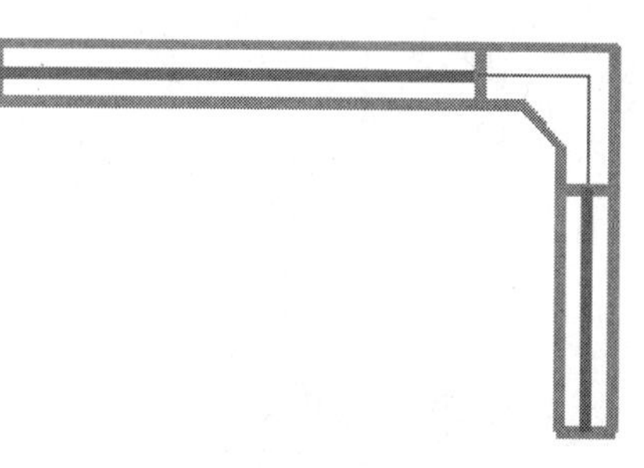

图 9-3-11-1　桥架平面图

菜单位置：【文件布图】→【三维剖切】

功能：根据图纸上的构件平面图生成剖面图。

在菜单上选取本命令后，命令行提示：

“请输入投影面的第一个点：”

点取后，命令行继续提示

“请输入投影面的第二个点：”

点取后，命令行提示

“请输入剖面的序号<1>：”

输入 1 确定，命令行提示

“请确定投影范围:”

输入投影结果如图 9-3-11-2 显示：

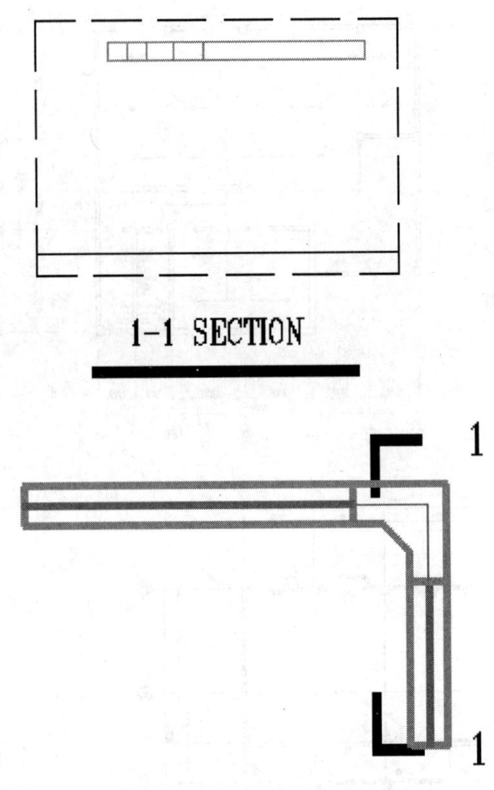

图 9-3-11-2　桥架剖面图

第 10 章
图库图层

☞图库管理系统

拖拉移动、实时更名、批量入库、随意查找等新功能使用户图库的操作更方便。

☞图层管理

提供电气所有图层的中英文对照图层名及颜色，说明图层改色的方法。

☞图层控制

进行天正图层操作。

10.1　图库管理

为了检索查询大量的图块，天正使用关系数据库对 DWG 进行管理，包括分类、赋予汉字名称等。使用一个 TK 文件可以管理单个图库，但这依然有所不足，不同 tk 所管理的图块资源难以整合。因此引入图库组（tkw）的概念，以便管理多个 tk 文件。Tkw 的文件格式很简单，主要是记录图库组由哪些文件构成，此外还有图库的说明和图库类型。

单个天正普通图库是一个 DWB 文件、TK 文件、SLB 文件的集合，DWB 文件是一系列 DWG 打包压缩的文件格式，不仅使文件数锐减，由于利用压缩存储技术，节省图库的存储空间，大大提高了磁盘的优化利用。存放于 DWB 中的 DWG 用 TK 表格进行管理查询。

10.1.1　图库管理概述

天正图库管理系统的用户界面如图 10-1-1-1 所示，命令交互通过单击工具栏上的图标或者右击界面上的对象激活的快捷菜单进行。

图库管理界面包括工具条区、类别区、名称区、图块预览区、状态栏五个分区。对话框大小可随意调整并自动记录最后一次关闭时的尺寸，类别区、名称区和图块预览区之间也可随意调整最佳可视大小及相对位置。

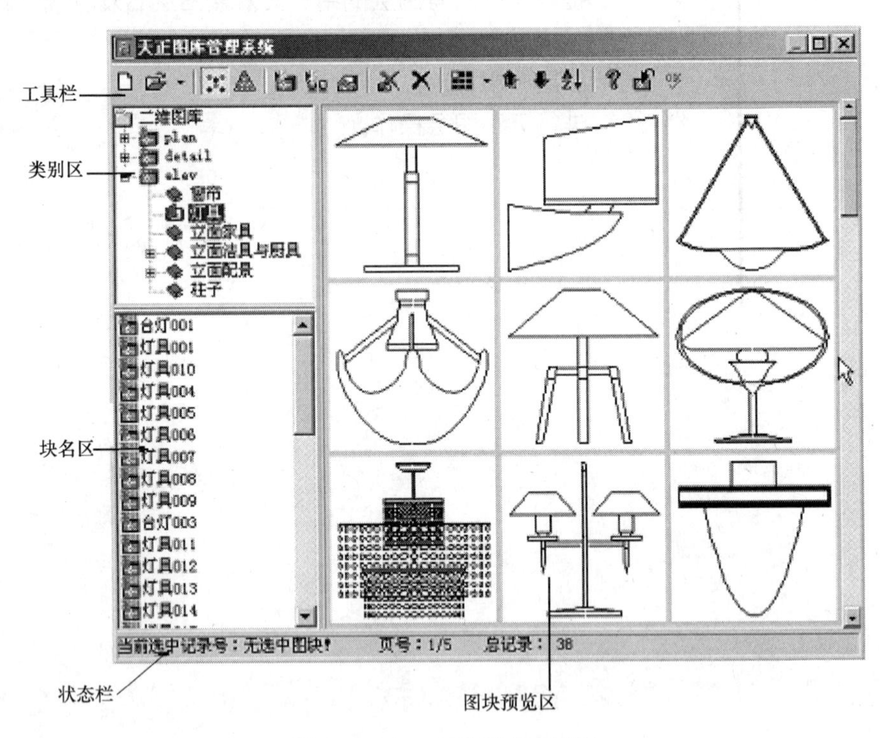

图 10-1-1-1　图库管理对话框

1. 图库管理界面各分区的功能描述

（1）工具条区提供了所有的图库管理命令图标，浮动显示命令中文提示，单击鼠标执行指定命令。

（2）图块预览区主要是显示当前库当前类别下的所有图块幻灯片。被选中的图块会出现红色边框，并加亮显示名称区列表的该项。图块预览区还支持自定义图块布局，用户可根据个人情况选择图块布局（如图 10-1-1-2），其默认布局为 3×3 格式并对最后一次关闭图库时的布局自动记录。

（3）类别区主要是显示当前库的类别树形目录。其中黑体的部分即代表当前类别。天正图库支持无限制分层次，可在目标类型项下点击右键菜单『新建类别』。要注意的是为了避免类别重名，请不要使用“新建”作为类别名称。

（4）名称区主要是显示当前库当前类别下的图块名称（注意：此名称为便理解的描述名称，不是 ACAD 图块名）。图库管理还支持按名称排序，可根据工具条『排序』的状况而定。

（5）状态栏主要是显示当前图块的参考信息及操作的及时帮助提示。

工具条集中了所有的图库管理命令，其他区域还提供了这些命令等价的右键菜单，可右击类别区和图块预览区内容选择命令。如图 10-1-1-2 与图 10-1-1-3 等所示：

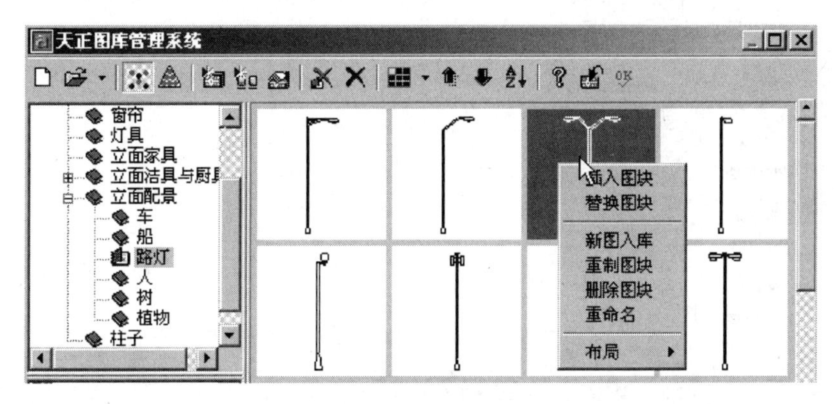

图 10-1-1-2　图块预览区右键菜单

2. 图库的鼠标拖放功能

天正图库支持鼠标拖放的操作方式，只要在当前类别中点取某个图块或某个页面（类型），按住鼠标左键拖动图块到目标类别，然后释放左键，即可实现在不同类别、不同图库之间成批移动、复制图块。

图库页面拖放操作规则与 Windows 的资源管理器类似，具体说就是：

（1）从本图库（TK）中不同类别之间的拖动是移动图块。

（2）从一个图库拖动到另一个图库的拖动是复制图块。如果拖放的同时按住 Shift 键，则为移动。

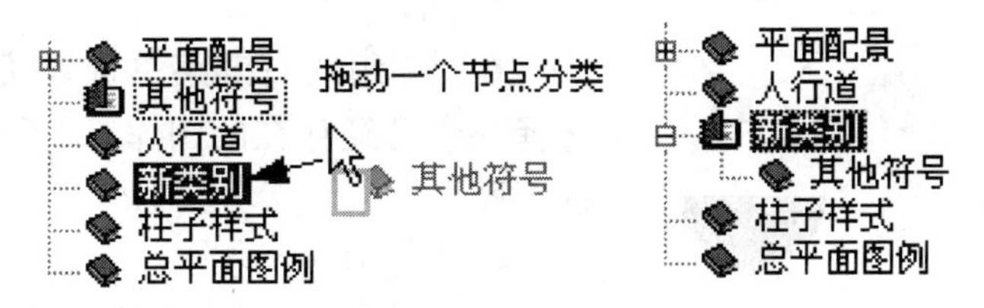

图 10-1-1-3　本图库内的页面拖动

图 10-1-1-3 左中拖动一个“其他符号”页面到“新类别”，由于是图库内的拖动，因此作用是图块移动，结果是“其他符号”页面移动到“新类别”下了。

多个图块的拖动复制也服从上述原则，多图块的选择方式是点取图块（图片或名称）的时候，按住 Ctrl 键。

10.1.2 文件管理

1. 新建图库组

如图 10-1-2-1，输入新的图库组文件位置和名称，并选择图库类型是“普通图库”还是“多视图图库”，然后单击“新建”按钮即可。系统自动建立 TKW 文件，等待加入新的图库（tk）或已有的图库（tk）。

图 10-1-2-1 新建图库界面

2. 打开图库组

选择已有图库组文件（∗.tkw）或图库文件（∗.tk）。如果选择图库文件（∗.tk），则自动为该图库建立一个同名的图库组文件。

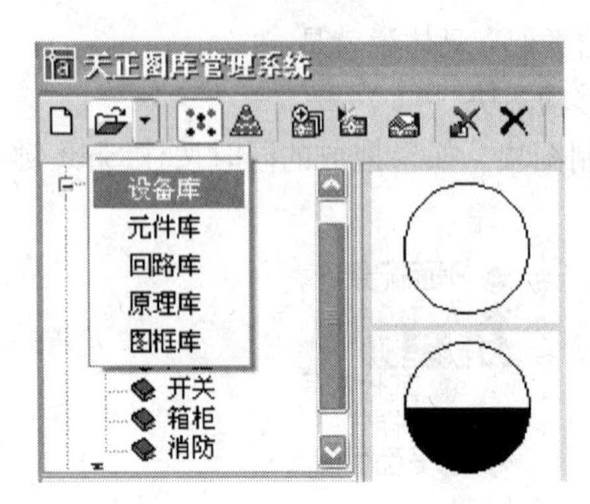

图 10-1-2-2 打开已有图库

可以使用快捷方式打开图库组，快捷菜单列出最近打开的图库组列表以及预定义的系统图库组列表，如图 10-1-2-2 所示。

3. 加入 TK

在图库组的右键菜单选择【加入 TK】菜单，选择一个已经存在的图库（TK 文件），加入到当前图库组中。

4. 新建 TK

在图库组的右键菜单选择【新建 TK】菜单

后，输入新的 tk 文件名，系统自动创建新的图库，并加入到当前图库组。

5. 移除 TK

把选中的图库（tk）从当前图库组中移除出去，但不删除磁盘上的图库文件。

6. 合并检索

天正软件—电气系统的专用图库，就是使用图库组管理用户图库和系统图库，合并前可以看到系统图库和用户图库，合并后就看不到系统图库和用户图库的差别。这样在管理维护的时候可以使用“不合并”方式，以便准确地把图块放到用户图库或系统图库。而在调用选择图块的时候可以使用“合并”方式，即对所有图库的同类进行合并列表，这样就把图库组视作逻辑上的单个图库，不必关心图块是在哪个图库。特别是多视图库，可能会采取分期提供的方式，用“合并”方式，用户就不必挨个图库的寻找图块，从而提高了检索效率。

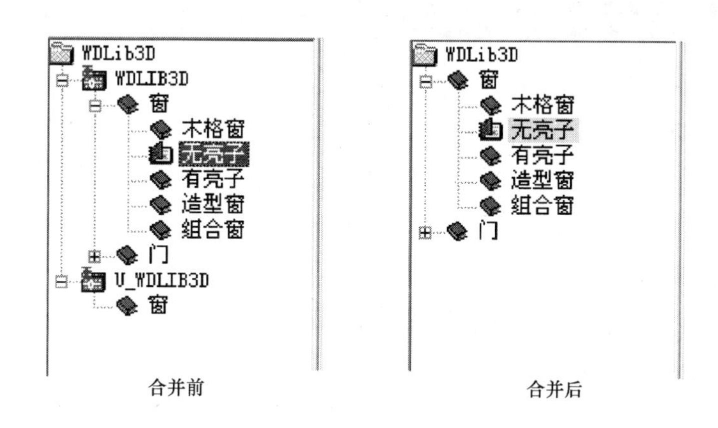

图 10-1-2-3　合并前后的图库类别

10.1.3　批量入库

命令位置：【设置】→【图库管理】→【工具条】→【批量入库】

功能：将磁盘上零散的一组图形文件（DWG）分别作为图块入库。

点取本命令，命令行提示：

1. 点击工具条【批量入库】按钮，弹出对话框，如图 10-1-3-1。

[制作幻灯片前自动进行消隐]：在制作三维幻灯片前为了达到良好的可视效果，应执行 HIDE 命令进行消隐。

2. 图库对话框关闭后，弹出文件选择对话框，如图 10-1-3-2。此时可利用 Ctrl 和 Shift 键进行多选。点击打开。

3. 正式开始入库。在 AutoCAD 左上角出现如图 10-1-3-3 进度条对话框。

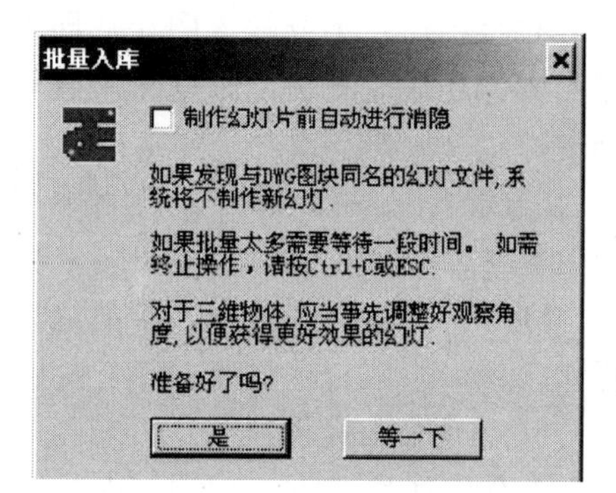

图 10-1-3-1　批量入库

注意事项：

批量入库的主要目的是将 DWG 图块并入 DWB 文件，图块幻灯片并入 SLB 文件，并建立索引。其中建立幻灯片要注意以下几点：

(1) 若对于三维图块的入库，应事先调整好观察角度，如果当前还未调整，应点击「等一下」按钮，关闭对话框回到屏幕进行调整。

(2) 如果同目录的 DWG 文件存在同名的 SLD（幻灯片）文件，系统将不制作新幻灯片。

(3) 新建的图块被系统默认命名为“新图块 . DWG”，建议立即重命名为便于理解的图块名。

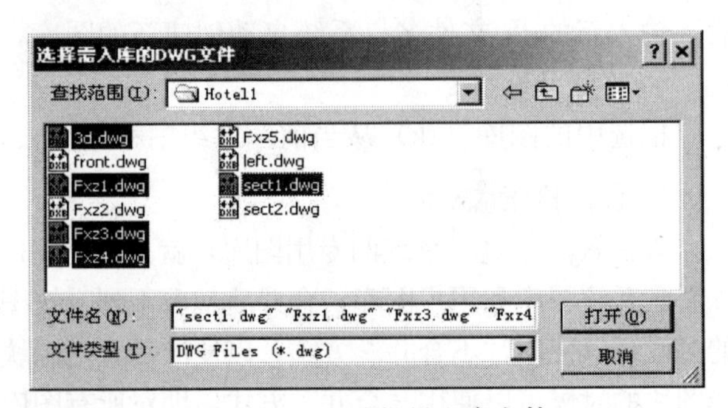

图 10-1-3-2　选批量入库文件

图 10-1-3-3　入库进度提示

10.1.4　新图入库

命令位置：【设置】→【图库管理】→【新图入库】

功能：将屏幕上的指定图形建立为一个用户图块，并存入当前库的当前类别。

点取本命令，命令行提示：

1. 备好要入库的图形，使之位于显示区范围。

2. 点击工具条按钮【新图入库】，对话框关闭，出现命令提示：

选择构成图块的对象：选择目标对象

3. 出现命令提示行：

图块基点：

输入图块基点（默认为选择集中心点）

4. 若该选择集还包含图块，则弹出一对话框（图 10-1-4）。

5. [继续]：不分解该图块，即入库图块包含其他图块，保留图块嵌套结构。

[分解]：分解该图块，使入库图块由基本对象组成。

[停止]：退出该命令，取消入库操作。

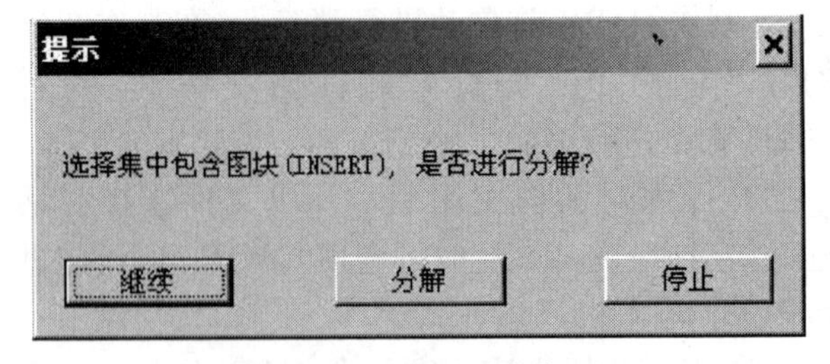

图 10-1-4　图块分解提示

6. 出现命令提示：

制作幻灯片 {消隐 [H] /不制作返回 [X] /} <制作>：

此时用 ZOOM 命令调整图块的大小及位置，然后回车或点击鼠标右键开始制作幻灯片。

[消隐 H]：执行 HIDE 命令进行消隐操作（针对三维图块）

[不制作返回 X]：退出该命令，结束入库操作

7. 制作完毕，新建的图块由系统命名为“新图块”，建议立即按图块内容特点更名为方便理解的新名称。

10.1.5 重制库中图块

命令位置：【工具】→【图库管理】→【重制】

功能：重新制作一个图块，以该图块更新图库中当前图块的内容，同时修改幻灯片，也可以仅仅修改当前图块的幻灯片，而不修改图库内容，比如对三维图块的幻灯片进行修改。

点取本命令，命令行提示：（与【新图入库】类似）

1. 备好新图。

2. 点击工具条按钮，对话框关闭，出现命令提示：

选择构成图块的图元：选择目标对象

若此时什么都不选，则认为只对幻灯片进行修改。

3. 以下同 10.1.4 新图入库。

10.1.6 删除类别 （红色）

命令位置：【工具】→【图库管理】→【删除类别】

功能：删除当前库中选定的类别，并将其下的子类别和图块全部删除。

点取本命令，命令行提示：

在类别视窗的树状目录中选中要删除的类别，点击工具条【删除类别】（红色）或打开右键菜单，点击【删除类别】即可。

10.1.7 删除图块 （黑色）

命令位置：【工具】→【图库管理】→→【删除】

功能：删除当前库中选定的图块。

点取本命令，命令行提示：

选中要删除的图块，点击工具条【删除图块】（黑色）或打开右键菜单，点击【删除图块】即可。

10.1.8 替换图块

命令位置：【工具】→【图库管理】→【工具条】→【替换】

功能：用当前选中的图块替换图中的图块。

需要设置[替换尺寸比例]：相同比例或相同尺寸，和[替换方式]：逐个替换或替换所有同类块。在图像上单击鼠标左键，即可以出现图块选择对话框，选择其他的图块，又回到替换操作状态，这样又可以连续替换。

（1）相同比例的替换

维持图中图块的插入点位置和插入比例，适合于代表标注符号的图块。

（2）相同尺寸的替换

维持替换前后的图块外框尺寸和位置不变，更换的是图块的类型，适用于代表实物模型的图块，例如替换不同造型的立面门窗、洁具、家具等图块需要这种替换类型。

（3）逐个替换

在图中点选多个需统一更换的图块，各个选中的图块逐一进行替换为同一个图块。

（4）替换所有的同类块

选中图中的一个图块，把所有与其同名的图块都更换为当前的新块。

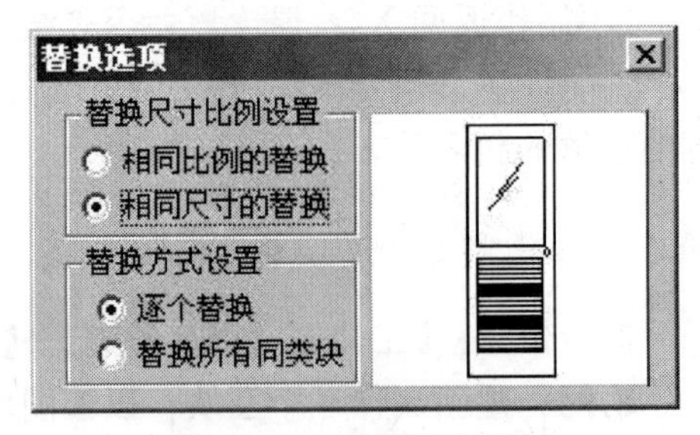

图 10-1-8　替换图块图例

替换方式与替换尺寸比例设置是并行的关系，两者互不矛盾，是共同起作用的参数。

10.1.9　图块插入

将图块插入当前图。命令行显示图块插入提示：

点取插入点｛转 90 [A]/左右 [S]/上下 [D]/对齐 [L]/外框 [E]/转角 [R]/基点 [T]/更换 [C]｝<退出>：

（1）图块的翻转与镜像

转 90 [A]：插入前图块的 90 度翻转。左右 [S]：插入前图块的水平镜像。上下 [D]：插入前图块的垂直镜像。

（2）定外框尺寸插入图块

外框 [E]：插入前可指定图块的外边框位置，并插入图块。提示如下：

第一个角点：指定图块外边框的左上角

另一个角点：指定图块外边框的右下角

（3）更换图块的插入基点

基点 [T]：插入前可任意指定插入基点。提示如下：

输入插入点<不变>：在图块上重新选定插入点

在此命令提示行下指定图块新的插入点，可方便调整基点使插入更加精确。

（4）改变图块的转角

转角 [R]：图块可带旋转角度插入。命令提示：

旋转角度<0.0> 在命令行直接输入角度值

（5）让图块沿图上某条线对齐

对齐 [L]：插入前规定图块的两点与图上的某条线（由两点定义）对齐。命令提示：

对齐参考点：在图块上选定一点作为插入基点

对齐参考轴：在图块上选定第二点与上点连成参考轴

对齐目标点：在目标图形上取一点作为插入点

对齐目标轴：在目标图形上对齐线上取第二点

此时，图块被旋转一定角度，按对齐参考轴与对齐目标轴对齐插入图形中。

10.1.10　专业图库的注意事项

天正软件—电气系统专业设备块、元件等的入库及插入、布置操作不建议使用前面几节介绍的通用图库管理系统中的［新图入库］、［图块插入］来实现。

1. 专业图库

如图 10-1-10-1 所示的专业图库系统中设备、元件、回路库等的入库操作，不建议使用通用图库管理工具［新图入库］来实现，使用其专业入库功能。

（1）设备库：详见 2.2.8 造设备。

（2）元件库：详见 3.2.6 造元件。

（3）回路库：详见 3.3.6 造开关柜。

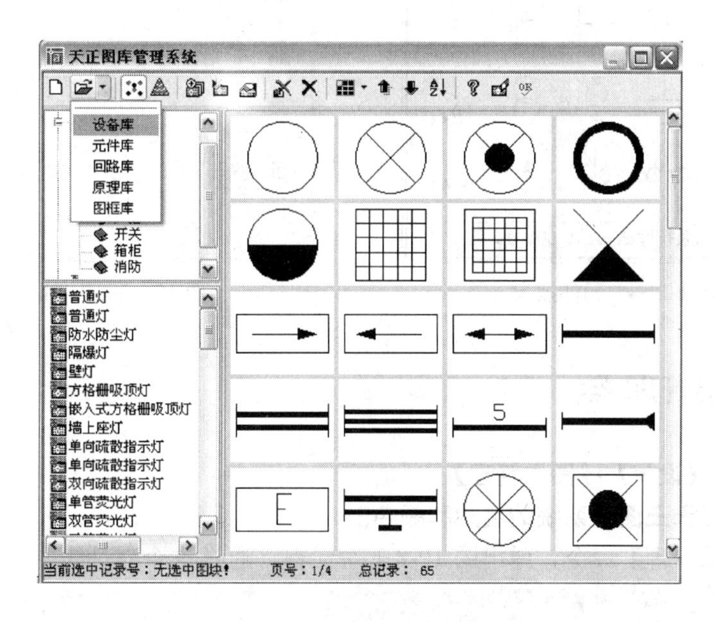

图 10-1-10-1　专业图库

2. 图块插入

在平面图中布置、插入专业图库系统中设备、元件、回路库等操作，不建议使用通用图库管理工具［图块插入］来实现，使用其专业入库功能。

（1）设备：可采用【任意布置】，如图 10-1-10-2 所示。详细介绍参见 2.1 设备布置。

（2）元件：可采用【元件插入】，如图 10-1-10-3 所示。详细介绍参见 3.2.1 元件插入。

（3）回路：可采用【插开关柜】，如图 10-1-10-4 所示。详细介绍参见 3.3.5 元件插入。

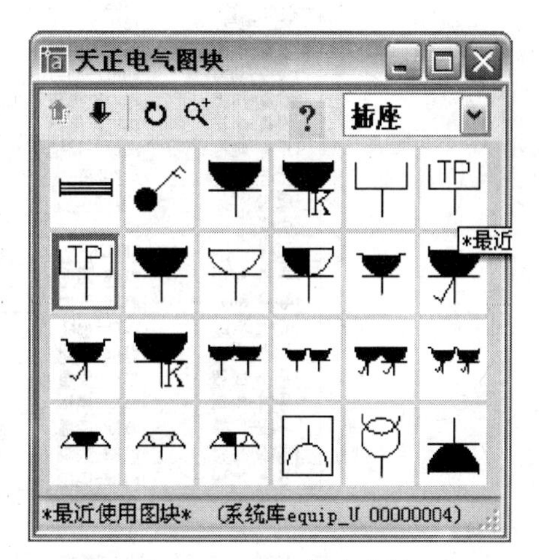

图 10-1-10-2　任意布置

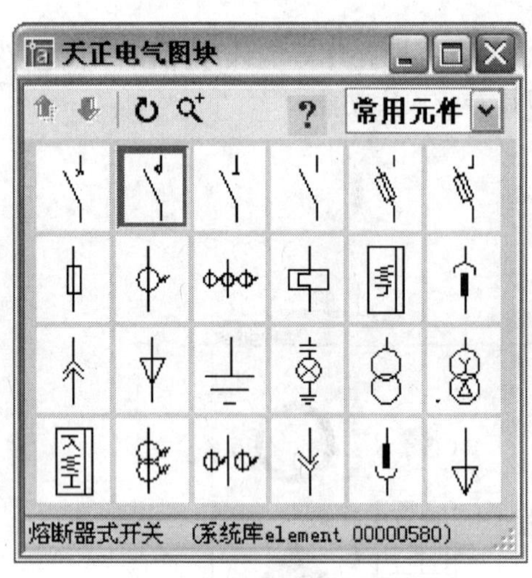

图 10-1-10-3 元件插入

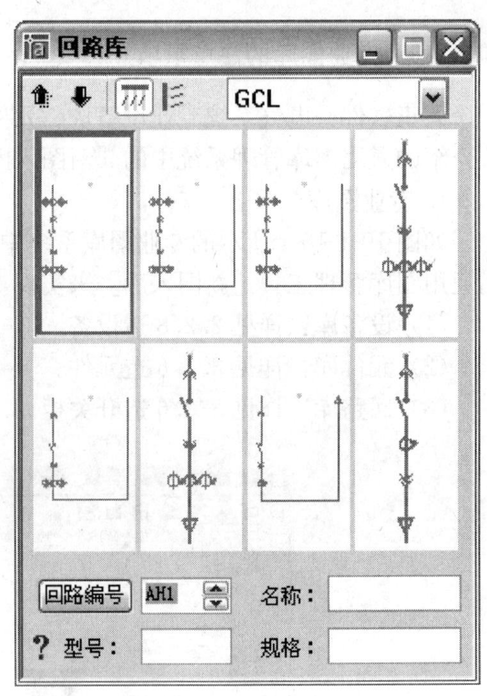

图 10-1-10-4 插开关柜

10.2 图层管理

命令位置：【设置】→【图层管理】

功能：设定天正图层系统的名称和颜色。

执行【图层管理】命令，弹出图 10-2-1 对话框，通过这个对话框用户可以自由地对

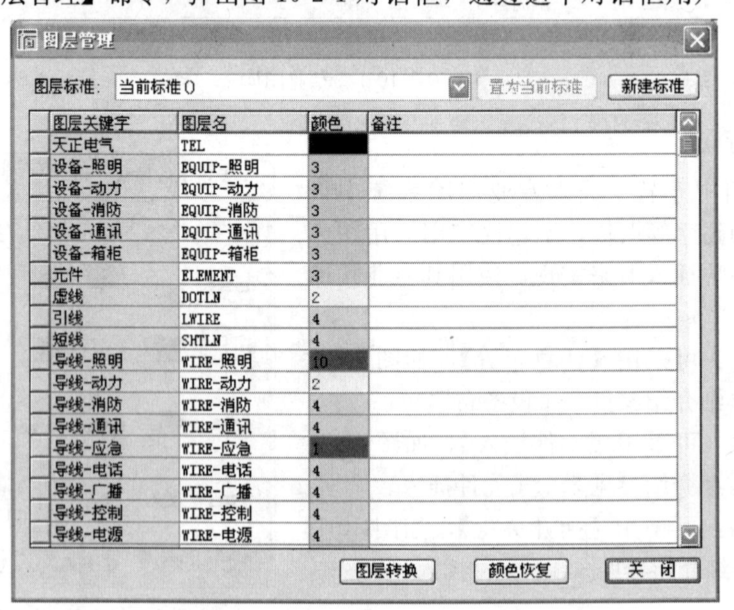

图 10-2-1 【图层管理】对话框

图层的名称和颜色进行管理。

设计软件利用图层区分不同类型的对象，天正电气软件所涉及的图层的中、英文名称、颜色如图 10-2-1 所示，各层的颜色、名称为天正提供的缺省值，用户可根据自己的喜爱在初始设置时对图层颜色进行修改。

对话框功能介绍：

[图层标准] 用于选择不同的已定制图层标准；

[置为当前标准] 将选定的图层标准置为当前；

[新建标准] 可以创建图层标准；

[图层关键字] 系统内部默认图层信息，不可修改，用于提示图层所对应的内容；

[图层名]、[颜色] 可按照各设计单位的图层名称、颜色要求进行定制修改；

[备注] 用于描述图层内容；

[图层转换] 转换已绘图纸的图层标准，如图 10-2-2 对话框；

[颜色恢复] 恢复系统原始设定的图层颜色。

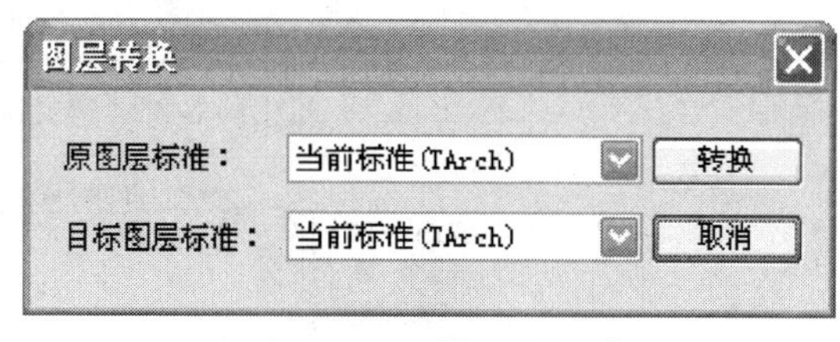

图 10-2-2　[图层转换]

10.3　图层控制

命令位置：【设置】→【图层控制】

功能：进行天正图层操作。

执行本命令后，屏幕上弹出如图 10-3-1 所示的 [图层管理] 控制菜单，通过这个菜单用户可以自由的

对图层进行管理。在 [天正图层管理] 菜单中有许多关于图层管理的命令，下面我们对本命令的具体使用方法进行介绍。

[天正建筑层] 命令，执行本命令控制所有天正软件—建筑系统所在的图层（如 WALL、WINDOW 等层）隐藏或开启

[天正电气层] 命令，执行本命令控制所有天正软件—电气系统所在的图层（如 EQUIP－动力）隐藏或开启。

执行 [定义图层] 命令，弹出对话框（图 10-3-2）。

[定义图层]：该命令主要用于建筑图中图层结构比较“规整”，大部分图元是天正预定义的图层，这样只需要将一小部分外加图层分别定义到“天正建筑层”与“天正电气层”即可实现统一开关图层的目的。

[设建筑标识] 命令，执行后为选定的图层做建筑标记，以便使用 [建筑图元] 命令来与天正建筑层一起隐藏或开启。

[建筑图元] 命令，执行本命令控制通过 [设建筑标识] 选定的所有建筑图元所在的图层（如 WALL、WINDOW 等层）隐藏或开启。

[建筑图元] 命令，执行本命令控制通过 [设建筑标识] 选定的所有建筑图元所在的图层（如 WALL、WINDOW 等层）隐藏或开启。

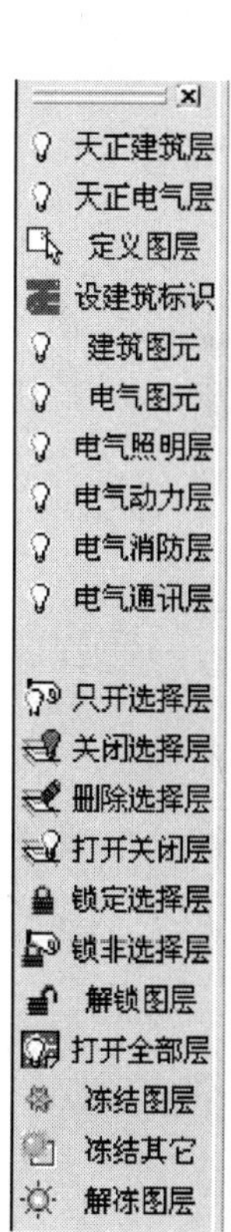

图 10-3-1　控制菜单

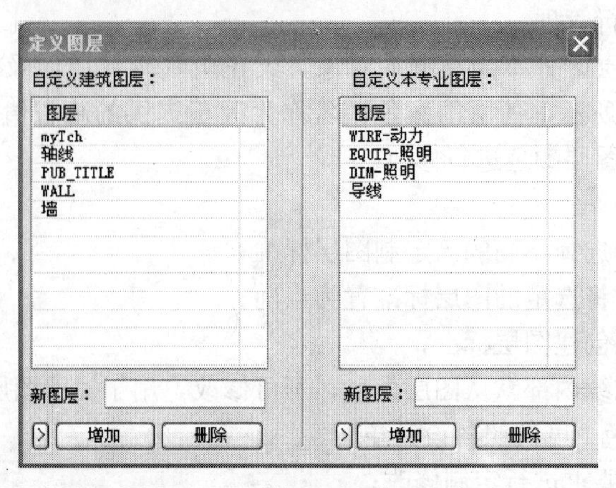

图 10-3-2 ［定义图层］对话框

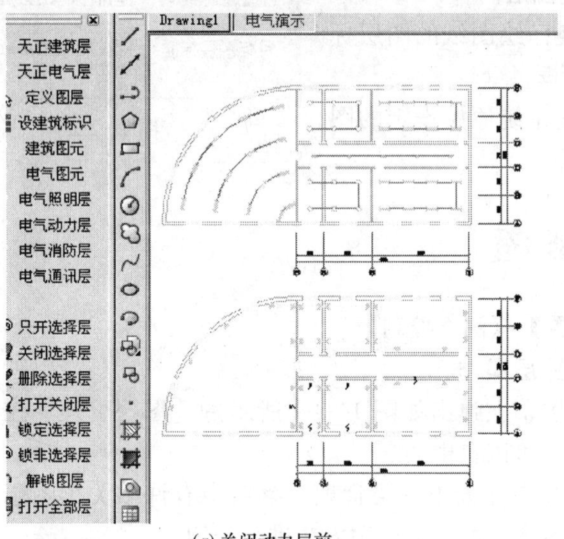

(*a*) 关闭动力层前

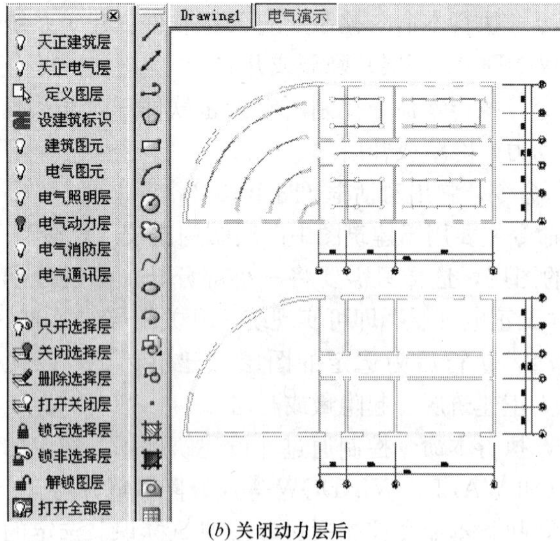

(*b*) 关闭动力层后

图 10-3-3　关闭动力层示例

［天正电气层］命令，执行本命令控制所有天正软件—电气系统所在的图层（如 E-QUIP—动力）隐藏或开启。

［电气照明层］命令，执行本命令控制所有天正软件—电气系统照明设备及其附属的导线所在的图层隐藏或开启。

［电气动力层］命令，执行本命令控制所有天正软件—电气系统动力设备及其附属的导线所在的图层隐藏或开启。

［电气消防层］命令，执行本命令控制所有天正软件—电气系统消防设备及其附属的导线等所在的图层隐藏或开启。

［电气通讯层］命令，执行本命令控制所有天正软件—电气系统通讯设备及其附属的导线等所在的图层隐藏或开启。

关闭图层实例：通过点击［图层管理］控制菜单中［电气动力层］所实现的功能（如图 10-3-3 所示）。

> **注意：**图层的关闭还是开启可以由菜单中命令旁边灯泡的开启还是关闭看出，如果灯泡开启点击菜单中的本命令此图层关闭，否则反之

10.3.1　只关选层（CloseSelLayer）

命令位置：【快捷工具条】→【只关选层】默认快捷键为“11”

功能：关闭选择实体所在的层。

执行命令后，命令行提示：

请选择关闭层上的图元或外部参照上的图元<退出>：

只需点取所要关闭图层上的任意一个对象实体，即可关闭该层。

> **注意：**［只关选择层］命令不只对本图起作用，还可用于外部参照中某个图层的关闭

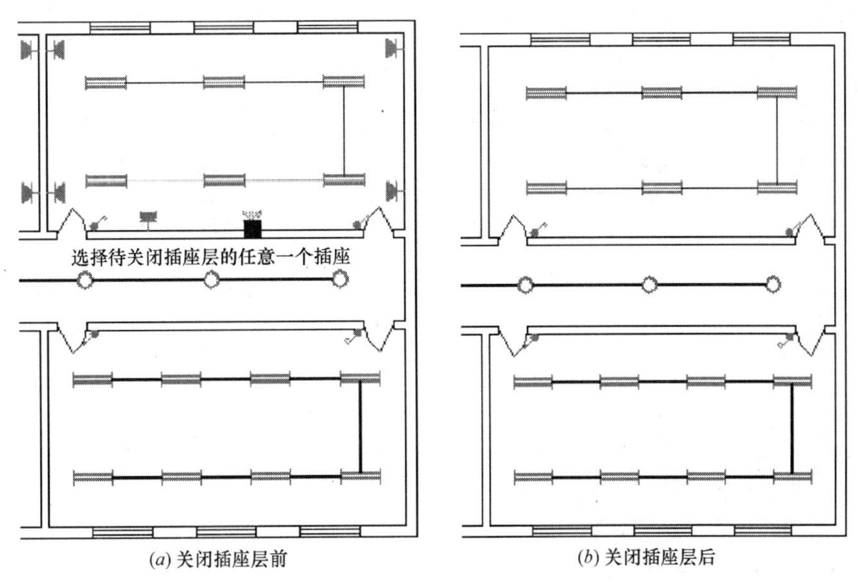

图 10-3-1-1　只关选择层操作步骤图

图 10-3-1-2 为引入的一个外部参照的一部分。

执行［只关选择层］，在外部参照上选取要关闭图层上的任意一个图元。例如：选取门窗，则门窗层被关闭。

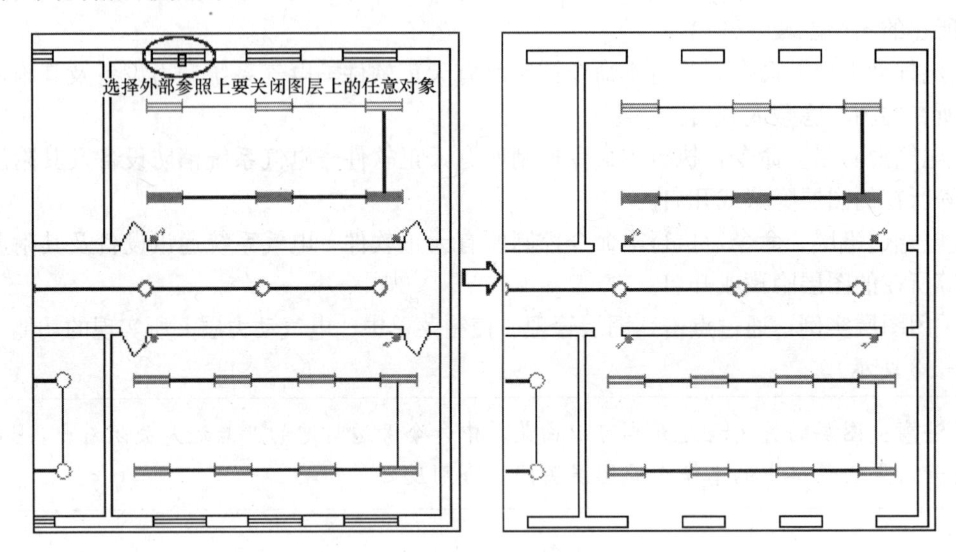

图 10-3-1-2　关闭外部参照图层操作步骤图

10.3.2　打开图层（OpenLayer）

命令位置：【快捷工具条】→【打开图层】默认快捷键为“22”

功能：打开已经关闭的图层。

执行命令后，系统会弹出一个对话框，里面显示内容是图 10-3-1-1 和图 10-3-1-2 中所有被关闭的图层，如图 10-3-2-1 所示：

用户可以根据需要选择要打开的图层，也可以通过“打开全部层”的选项，将所有关闭图层一起打开。

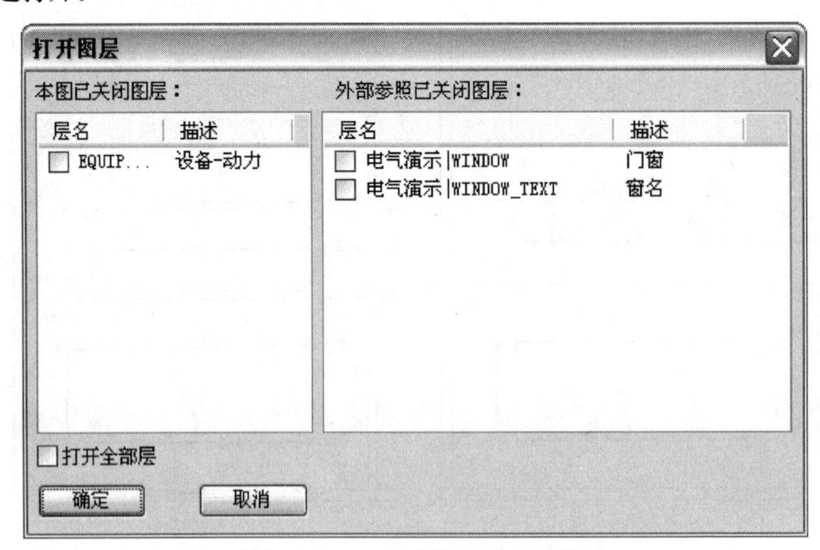

图 10-3-2-1　［打开图层］对话框

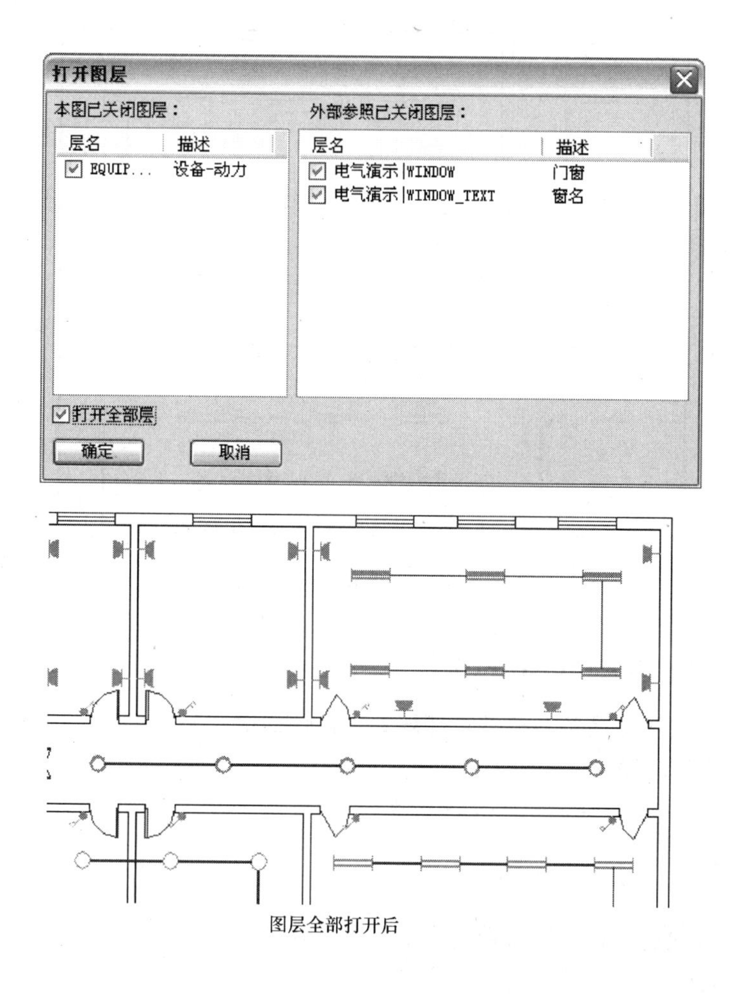

图 10-3-2-2　打开图层操作步骤图

注意：［打开图层］命令不只对本图起作用，还可用于外部参照中某个图层的打开

执行命令，弹出打开图层的对话框，可以看到当前图和外部参照中已关闭的图层直接选择要打开的图层即可。或者选择［打开全部层］即可将所有当前图和外部参照中被关闭的图层。

10.3.3　只开选层（OpenSelLayer）

命令位置：【快捷工具条】→【只开选层】默认快捷键“66”

功能：除选择实体所在的层以外都关闭。

执行命令后，命令行提示：

请选择打开层上的图元＜退出＞：

按照需要点取所保留打开的图层上任意一个实体，右键确认后即可保留该层。

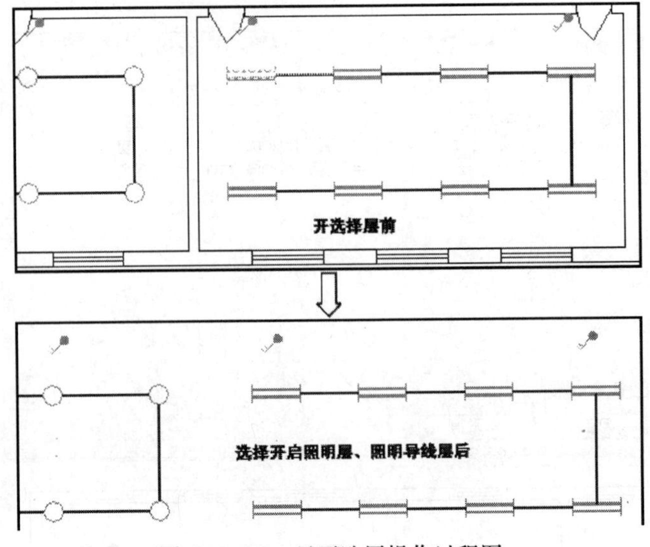

图 10-3-3-1　只开选层操作过程图

10.3.4　开全部层（OpenAllLayer）

命令位置：【快捷工具条】→【开全部层】默认快捷键“33”

功能：打开所有图层。

执行命令后系统会将所有已经关闭的图层打开。

10.3.5　锁定图层（LockselLayer）

命令位置：【快捷工具条】→【锁定图层】默认快捷命令“44”

功能：锁定选择实体所在的层。

执行命令后，命令行提示：

请选择要解锁层上的图元＜退出＞：

只需点取所要锁定图层上的任意一个实体，右键确认后即可，命令行提示相应层已经锁定。

在电气平面图的绘制中，相同层或相同房间的设备或导线布置通常会用到［天正拷贝］，而一些不需要复制的图元就会干扰我们对所需对象的选择，此时我们先用［锁定图层］命令将不需复制的图层锁定，再进行复制即可快速地实现房间布置；此外被锁定的图层依然显示在图中，且不会干扰拷贝，还有利于设备、导线等图元在房间中的定位。

10.3.6　解锁图层（UnlockselLayer）

命令位置：【快捷工具条】→【解锁图层】默认快捷命令“55”

功能：解开选择实体已被锁定的图层。

执行命令后，命令行提示：

请选择要解锁层上的图元＜退出＞：

点取所要解锁图层上的任意一个实体，右键确认后即可，命令行会提示相应图层已经解锁。

10.3.7　冻结图层

命令位置：【图层控制】→【冻结图层】

功能：冻结选择图元所在的层。

执行命令后，命令行提示：

选择对象［冻结块参照和外部参照内部图层（Q）］<退出>：

只需点取所要锁定图层上的任意一个实体，右键确认后即可。

10.3.8　冻结其他

命令位置：【图层控制】→【冻结其他】

功能：锁定选择图元之外所有的层。

10.3.9　解冻图层

命令位置：【图层控制】→【解冻图层】

功能：解开选择图元所在的已经锁定的层。

执行命令后，弹出对话框，显示当前图纸中已冻结图层，勾选需要的图层进行解冻。